计算，为了可计算的价值。

计算

吴翰清 著

電子工業出版社
Publishing House of Electronics Industry
北京•BEIJING

图书在版编目（CIP）数据

计算 / 吴翰清著. —北京：电子工业出版社，2023.11
ISBN 978-7-121-46499-7

Ⅰ. ①计… Ⅱ. ①吴… Ⅲ. ①计算数学—研究 Ⅳ. ①O24

中国国家版本馆 CIP 数据核字（2023）第 197776 号

责任编辑：张春雨
印　　刷：天津千鹤文化传播有限公司
装　　订：天津千鹤文化传播有限公司
出版发行：电子工业出版社
　　　　　北京市海淀区万寿路 173 信箱　　　　　邮编：100036
开　　本：720×1000　1/16　　印张：27.75　　字数：544 千字
版　　次：2023 年 11 月第 1 版
印　　次：2024 年 4 月第 4 次印刷
定　　价：128.00 元

凡所购买电子工业出版社图书有缺损问题，请向购买书店调换。若书店售缺，请与本社发行部联系，联系及邮购电话：（010）88254888，88258888。

质量投诉请发邮件至 zlts@phei.com.cn，盗版侵权举报请发邮件至 dbqq@phei.com.cn。

本书咨询联系方式：faq@phei.com.cn。

目录

第二部分 计算的数学基础

第三部分　计算理论的形成

第四部分　计算的极限

导论

1936 年 5 月 28 日，在阿兰·麦席森·图灵决定发表论文《论可计算数及其在判定性问题中的应用》的那个下午，他正焦虑于普林斯顿的丘奇已抢先发表了对这个著名希尔伯特问题的证明。此刻距离毕达哥拉斯学派的希帕索斯被投入大海已过去 2500 多年，而 AlphaGo 还要等到 80 年后才能击败李世石，真正把人类的傲慢踩在脚下。

计算，我们每天都在使用它。我们用个人电脑处理工作、编制图表，背后是计算；我们用手机进行通信和娱乐，背后是计算；火箭要发射，卫星要上天，股市要交易，地铁要运行，背后的核心技术都依赖于计算。计算已充分融入人类社会的所有活动，无处不在，不可或缺。人类正处在一个高度依赖计算的时代。由于计算机的普及，当前时代计算的密度已经远远超过了人类历史上各个阶段的总和。计算机发明以前的 5000 多年来，人类总共计算了不超过 10^{16} 次。这个数字怎么算出来的呢？我们假设每个人每天进行 100 次算术运算，一年 365 天，那么按照 5000 多年以来的世界人口统计（人口大增长是最近 200 多年的事情），取一个估计值，平均到每年大概 0.5 亿人口，就可算出有史以来全人类的算术运算总次数不会超过 10^{16} 次，这是一个上界。而在今天，人类每秒的计算次数都远远超过了 10^{16} 次。上下五千年，弹指一挥间。

计算机是计算的机器。毫无疑问，电子计算机是这个时代最伟大的发明，它彻底改变了人类的生活。使用机器代替人工进行计算，是自古以来数学家、科学家和哲学家们的梦想。在古代就出现了计算工具，中国古人发明了算筹和算盘，可以进行加减乘除四则运算。到了 17 世纪的欧洲，则出现了机械式计算器，可以完成包括开方在内的简单算术运算，当时被用于人口统计等重要工作。

但机械式计算器效率低下，并未真正实现对人力计算工作的大规模替代，直到20世纪40年代，世界上第一台电子计算机出现，这才真正改变了历史。通过逻辑电路设计实现的计算系统，凭借着电流的瞬息速度，让人类终于摆脱了机械的束缚，提升了几百亿倍计算效率，实现了飞跃。在随后的70多年中，人类投入了巨大的资源发展电子计算机，并且借助电子计算机这一新工具，取得了社会、经济和文化的辉煌成就。电子计算机这项发明仿佛是被人类盗取的普罗米修斯之火，为全人类带来了光明。借助这一工具，人类触碰到了前所未见的领域——现代化的跨海大桥设计、高清数字电影、沉浸式的游戏、能自动行驶的汽车，这些以前只存在于科幻小说中的梦想在短短的几十年中变为了现实。我们身处一个剧变的年代。

因此对我们这个时代的人来说，理解计算的原理、学会使用计算机，就是必需的，毕竟这是人类文明积累了几千年智慧的成果。秉持着一种计算的世界观来看待和理解世界，就能看清可能与不可能的边界，从而感知风险、发现机遇，并有能力找到人们心中的信仰和未来的方向。

计算的三个问题

我是一名工程师，长期工作在云计算领域，在探索计算的道路上，遇到过许多问题，观察到许多现象，有诸多感慨，也有更多困惑。有的问题经过反复探索后有了答案，有的问题则依然如一团迷雾。这些问题我认为都是重要的，它们涉及21世纪最重要的概念——计算。我写作本书的出发点，就是希望能让更多人对计算的概念有相同的认知基础，能在同一水平面上进行对话。

这些问题可以简单地归结到三个根本问题上：

- 计算的原理是什么？
- 计算的技术如何实现？
- 计算将对世界产生什么影响？

从这三个根本问题出发，会引申出一系列问题，对此我们都应当严肃认真地讨论，一探究竟，而避免人云亦云。我计划写三本书，分别回答这三个问题，本书是对第一个问题的回答。

在“计算”的概念上，我发现不同人的理解完全不同：

- 在大多数老百姓的眼中，计算是加减乘除，是在菜市场买菜时拿计算器算一算钱数的那件事。这一理解还停留在3000多年前古埃及、古巴比伦人测量田地和金字塔高度的阶段。

- 在程序员的眼中，计算是芯片执行指令的过程。程序员倾向于把计算和算法区分开，将指令、高级程序语言的编写归入算法一类。
- 在信息产业从业者（如产品经理、市场销售、咨询顾问等人）的眼中，计算只是提供算力的机器和操作系统。他们将人工智能、大数据、数据库等应用归到了软件类。
- 在计算机科学家的眼中，计算是图灵机所描述的严格数学定义。自 20 世纪 40 年代以来，数学家们用研发出的可计算性理论建立了不少与图灵机等价的计算模型。
- 在哲学家的眼中，计算可以是生物的进化、群体的演化，乃至宇宙本源的奥秘。

不能说这些理解是错的，但在我看来其中一定混淆了概念。历史上计算是数学的价值放大器，计算对社会的应用价值就是数学对社会的应用价值。古埃及人、古巴比伦人、古印度人和古代中国人发明了测量技术，开始把数学应用于日常生活中。17 世纪牛顿创作了《自然哲学的数学原理》，将数学作为工具来解释自然的规律。数学成为科学的基础，推动了人类的进步。到了 20 世纪 40 年代，电子计算机的发明解决了计算效率的问题，带来了社会的大改变。正如望远镜和显微镜的发明极大地拓展了人类的视野，电子计算机的发明则解放了人类的思想。一方面它让人们节约了脑力，一些数学问题可以让机器去“算一算”，另一方面它也让人们可以从更大的尺度进行思考，能够想以前所不敢想。计算不再仅仅是人类的数学心理活动过程，而是变成了实实在在的改造世界的工具。

因此，为了追求更充分的人力解放，自然而然地出现了更高级的问题：“机器能具备和人一样的智能吗？”如果能，显然有很多原本需要人工完成的高级工作可被机器替代，社会的效率进一步提高。为了追求更高级、更高效的计算，人类也在不断发展和改造社会以推动计算技术的发展，越来越强大的计算机器逐渐变成整个人类社会的基础设施。当今计算技术日新月异，我们能看到很多激动人心的结果由机器得出，机器在信息检索、竞技博弈、设计建模等多个领域超越了人脑的能力，新时代的到来初见端倪。尽管如此，对于机器智能的潜力开发依然只迈出了第一步，对于用计算技术去解决人类社会的发展问题尚有巨大的空间值得探索。

那计算机是怎么发展到今天这一步的呢？计算机的设计结构有什么问题和不足吗？我们应该造什么样的计算机呢？这些问题就是“计算的技术如何实现”的问题。计算机是实现计算的工具，所以要理解清楚计算该如何实现，我们就必须先理解清楚：计算的目的是什么？计算能算什么，不能算什么？我们需要什么样的计算？这些问题都可归结为“计算的原理是什么”。一项新技术的出现，对社会的影响是巨大的，其带来的变化往往是技术的发明者也不可预知的，计算机就是一项这样的技术。计算技术会带来什么样的新机会？世界会变好还是变坏？我们每个人又该如何适应这种变化呢？这就是“计算对世界将产生什么影响”的问题。

本书先回答“计算的原理是什么”的问题，这是一切问题的根源。要回答这个问题，就要回顾计算的起源。计算伴随着数学与哲学而诞生，古希腊时期，毕达哥拉斯和亚里士多德就已开始探索数与自然的规律，而无穷的迷思也从那时起被提出。对无穷的探索可以说贯穿了数学的发展，也决定了计算的边界，是从哲学层面上思考计算的一条主线。无穷的概念涉及世界的本源，至今尚无标准答案。

接下来是数学的发展。在三次数学危机的解决中，计算理论诞生了。尤其是从 19 世纪末到 20 世纪初，第三次数学危机导致数学基础的动摇。这段惊心动魄的历史，在一个大师辈出、群星璀璨的年代上演。而第三次数学危机的直接成果就是诞生了由哥德尔、丘奇、图灵等人建立的可计算性理论，它成为现代计算机的理论基础。我们将回到哥德尔、图灵和冯·诺依曼的年代，用最接近巨人的思考方式理解他们的思想脉络，从而理解计算的能力边界。计算机科学是一门非常特殊的学科，计算机在诞生之前就已经有了完备的理论基础，把计算机能做什么、不能做什么都定义清楚了。

今天的计算机看起来无所不能，但事实上许多人不知道的是，计算机有其能力边界，有许多题是今天的计算机永远算不出来的，这个能力边界在一个世纪前的数理逻辑里已经讲得很清楚了。略微令人尴尬的是，数理逻辑现在在高校里已变成一门小众学科，大多数程序员更是从没修习过这门课。如果对计算的原理缺乏深刻的理解，在日常实践时问题不大，但在想要做出突破性贡献时则很容易遇到瓶颈。

最后，我们将探索计算的边界，这是现代计算理论发展的最新成果，涉及计算复杂性、复杂系统、量子计算和人工智能。而我也将尝试为计算的能力边界提供一个终极答案。

计算与数学

早期的计算

从 3000 多年前的古埃及和古巴比伦有数的概念以来，人类就开始了数的计算。通过对数字符号的操作，可以测量田地、给粮食计数，这是最早的计算应用。到了公元前 4 世纪的古希腊时期，演绎和推理方法逐渐成形，尤其是亚里士多德提出的公理化演绎推理方法，以及欧几里得总结的《几何原本》，将数学建立在了逻辑与几何的基础之上，数学以逻辑推理为基础，进入数与形共同发展的阶段。数学也迅速在随后的千年里成为人类认知世界的主要工具，从伽利略到笛卡儿、牛顿，在研究自然世界的规律时无不尊崇数学。

但在中世纪的欧洲，由于教会的存在禁锢了科学的思想，数学的发展也陷入停滞的状态。此时反倒是在东方，由于古印度、古代中国较为重视数学的实用价值，因此虽然未建立古希腊那样的公理化逻辑推理体系，但是数学却发展出了实用的计算技术。这些计算技术，在阿拉伯世界与古希腊的数学发生了融合，诞生了代数学。这一时期的阿拉伯文明成为世界文明的一个高峰。花拉子米的代数是算术的发展，从求解算术上的已知量走向了求解代数中的未知量，并且借助还原与对消的形式，建立了基本的方程思想。最后随着丝绸之路和十字军东征，代数学被传入了欧洲。

此时，恰逢其时的印刷术发明，成为代数学传播的巨大助力。到了文艺复兴时期，欧洲的数学气象一新。随着韦达和笛卡儿发明新的数学符号，代数因效率被彻底地激发出来，成为一种解决应用问题的实用技术。然而随着对高次方程求解的研究，不可约的现象逐渐从多项式方程中被发现，这就是所谓的一元五次方程没有根式解的问题。从 17 世纪的牛顿开始，经历了 18 世纪的拉格朗日，最后到 19 世纪的伽罗瓦，欧洲数学家们通过不懈的努力，终于用一个优雅的理论诠释了代数中的不可约现象，在这个伟大的数学发现过程中也扩展了数系的概念。

人类的数学发展史，同时也是一部计算的进化史。在早期，人们更多地将计算作为一种应用方法，通过机械式的工具（如算盘）来使用。数学虽有了大的发展，但依然是人类思维的一种活动。只是通过对各种不可约现象的解释，数学在过去的 2000 多年中变得严格了。数学中的几何、代数、逻辑、分析都分别完成了“严格化运动”，将基础建立在了算术之上。这让计算变成了一种最方便的工具，可以驱动数学的各个领域。

但是令人惊讶的是，直到 20 世纪 30 年代，数学家们才精确定义了什么是“计算”。丘奇、图灵、哥德尔和克莱尼等人分别用不同的方法从数学上精确定义了计算的概念，后来这些方法被证明都是等价的，并发展成为可计算性理论、递归理论。其中图灵的方法——一个存在于理论中的“通用图灵机”模型——成为现代计算机的基础。可以说，现代计算机都是通用图灵机。而现代计算机用到的计算模型，都来自数理逻辑，往前可以追溯到莱布尼茨。

计算与逻辑

早在 17 世纪莱布尼茨就有了一个关于计算的梦想。世人熟知的是莱布尼茨和牛顿分别独立发明了微积分，但莱布尼茨的贡献绝不仅限于此。莱布尼茨上承古希腊时代的亚里士多德，在逻辑学上开创性地用数学方法来处理逻辑。他提出了逻辑演算和普遍符号语言的想法，希望设计一套符号，用符号之间的演算来断定真理。

当有人发生纠纷时，只需要“算一算”就能做出裁决。他认为这种符号系统将成为所有学科的基础，成为不同地区的人们交流思想的工具。这一构想使得莱布尼茨成为数理逻辑的创始人。

但莱布尼茨生前并没有足够的时间和精力来完成他的“伟大工程”，这一想法因此被搁置。直到 200 多年后的 19 世纪，英国人乔治·布尔重拾了莱布尼茨的思路，希望通过数学来研究思维的规律。布尔首次融合了逻辑和代数，进而创造出了我们今天称为“布尔代数”的逻辑代数。与此同时，德·摩根和施罗德发展了关系逻辑。在布尔、摩根和施罗德的努力下，数理逻辑得到了进一步的发展，逻辑代数和关系逻辑建立起来。布尔代数在今天的计算机中已经被广泛应用。使用 0 和 1 这种可以对应二进制的数字来表示逻辑上的真和假，是从布尔开始的。

此后在弗雷格、皮亚诺、怀特海和罗素等人的努力下，为了理解数学命题的性质和数学思维的规律，古典逻辑演算、命题演算和谓词演算得以提出，进而推动了数理逻辑的快速发展。相对完善的符号系统和逻辑演算方法在被建立起来之后，逐步形成一个完整的体系，朝着莱布尼茨梦想的“伟大工程”迈进了一大步。至此，始自亚里士多德的逻辑，经由莱布尼茨传递，最终传承至怀特海和罗素（罗素也自认为是莱布尼茨逻辑演算系统的实现者），计算化的过程终于完成。但恰恰就在此时，数学界爆发了第三次数学危机，数学的基础被动摇，数学充满了不确定性，前途未卜。

数学的不确定性问题由来已久，只是一直被人们所忽视。早在古希腊时代，在公元前 5 世纪，毕达哥拉斯学派就发现了直角三角形的斜边的平方等于两直角边的平方和，并称之为毕达哥拉斯定理。这个定理在中国古代也曾出现，被称为勾股定理。但毕达哥拉斯的学生希帕索斯在求解正方形对角线长度时，即求解腰长为 1 的等腰直角三角形斜边长度时，发现了不可通约数，即无理数 $\sqrt{2}$ 的存在。这在当时引起了毕达哥拉斯学派的恐慌，因为这个带着神秘宗教色彩的学派认为万物皆数，宇宙中的一切均由优雅的整数组成，无法理解无理数的存在。这在数学史上被称为第一次数学危机。可怜的希帕索斯因此被野蛮地投入大海，成为为数学真理殉葬的第一人。

此后数学的发展一直回避对无理数的探索。到了公元前 3 世纪左右，古希腊的欧几里得编写了《几何原本》。几何学的出现标志着数学的诞生。古希腊人使用“推理”回避了无理数的不可理解性。欧几里得继承了亚里士多德的公理化思想，在《几何原本》中采用公设，推出了许多几何定理。欧氏几何的公理化方法和推理的严谨性成为数学这门学科的典范。但它却一直有一个隐忧，即欧几里得的第五公设，关于平行线的公设，看起来就像一个定理。千年以来，数学家们一直想从其他的四个公设推理出第五公设，但一直没有成功。直到 19 世纪意大利数学家贝尔特拉米证明第五公设是独立于前四条公设的。这在当时引发了数学界的恐慌，但这一次数学家们没有采取回避的态度，而是通过修改第五公设的方式，创立了曲面几何、黎曼几何、罗氏几何等非欧几何。数学的领域一下子就被拓宽了。

在这种背景下，非欧几何的公理是否一致（即无矛盾）成为一个问题，没人知道是否会从非欧几何的公理中推导出矛盾的结论。为了验证非欧几何的严密性，数学家们通过模型化方法，将非欧几何映射到欧氏几何，证明如果使用了千年的欧氏几何是一致的，那么非欧几何也是一致的。但第五公设的独立性让欧氏几何突然间不再那么令人放心，人们这才想起来，尽管使用了上千年，但从来没有人证明过欧氏几何是一致的。因此在 19 世纪末，伟大的数学家希尔伯特重新建立了平面几何的公理体系，并借助解析几何的方法，将平面几何映射到基于实数的代数学，证明了如果实数代数是一致的，那么平面几何也是一致的。

但这种模型化的映射方法无非是将一个系统的问题转化为另一个系统的问题，总有退无可退的时候。代数学基于实数的概念，实数包含了有理数和无理数，而无理数的定义是基于有理数定义的，有理数的定义则是由自然数的定义得来的，因此整个数学的基础就建立在自然数的基础之上。数学家克罗内克甚至说过：“上帝创造整数，其余的数都是人造的。”

“自然数”定义的严格性，因而成为一个关键问题。历史的发展很有趣，19 世纪的数学家们先精确定义了无理数，然后才精确定义了自然数。无理数的概念发展是数学中的一个核心话题，因为涉及对无穷的理解。自古希腊时期通过几何推理回避了无理数这一怪胎后，无穷的概念沉寂了上千年。到了 17 世纪，牛顿和莱布尼茨分别独立发明了微积分，其中用到了无穷小这一概念。但牛顿和莱布尼茨都没有解释清楚什么叫无穷小，因此遭到主教贝克莱的批评。贝克莱提出“无穷小量到底是不是 0”的悖论，导致第二次数学危机。直到 19 世纪，柯西精确定义了极限和收敛的概念，建立了极限理论，才驯服了无穷小量：无穷小即任意小的趋于零的变量。可惜的是，柯西的极限理论并没有定义无理数，缺少一个实数系作为极限理论的根据，因此以无理数为极限的无穷序列也就缺少真正的极限。这一缺陷直到 19 世纪后期，才由魏尔斯特拉斯、戴德金和康托尔弥补，他们的工作精确定义了无理数。在这个过程中康托尔创立了集合论，并开始对无穷大进行研究。

此后，在戴德金、康托尔、皮亚诺和弗雷格等人的努力下，自然数被严格定义。在康托尔创立了集合论之后，戴德金、弗雷格等人借助集合论定义了自然数，皮亚诺则建立了一个符号体系和自然数的公理系统，他在其中定义了 0 是自然数，每个自然数有一个唯一的后继，以及自然数的加法和数学归纳法。我们今天的初等算术都在使用皮亚诺的算术公理体系。从皮亚诺算术的公理出发，可以推导出自然数的乘法和除法等四则运算。这样，整个数学的基础就建立在康托尔集合论的基础之上了。19 世纪的数学严格化运动，让数学家们对未来充满了信心。第二次数学危机关于无穷小量的危机被消除了。法国数学家庞加莱在 1900 年的第二届国际数学家大会上乐观地宣称："今天我们可以宣称绝对的严密已经实现了！"但庞加莱高兴得太早了，因为一场空前的危机正在到来。

康托尔在研究无穷大时，将无穷作为一个具体存在的量来看待，取得了很多突破性进展。他定义了无穷集合的序数和基数。他创造性地通过一一对应的方法，证明了自然数的无穷集合和实数的无穷集合是两种集合，后者的基数[①]远远大于前者，这种创造性的方法由于是在数列之间通过画箭头来表达数字的一一对应关系的，因此极其直观和简单，被称为对角线方法。大道至简，莫过如是。对角线方法对后来的数学家们产生了很大的影响。同时，康托尔有一个猜想，认为在自然数的基数和实数的基数之间不存在任何中间数，即一个无穷集合的基数要么和自然数集合等势，要么和实数集合等势。由于实数又被称为连续统，因此这个猜想又被称为"连续统假设"。康托尔为这个猜想癫狂，但终其一生都没有找到想要的答案。康托尔在研究集合的性质时发现，一个集合的所有子集所组成的集合（称为该集合的幂集）比该集合的基数要大，这被称为康托尔定理。因此，总能找到一个更大的集合。那么有没有一个所有集合的全集呢？如果存在，那么该集合的幂集则又一定比它更大，这很矛盾。康托尔已经从他的集合论中发现了悖论，数学危机初现端倪，但更大的风暴即将到来。

就在弗雷格撰写的《算术的基本规律》第二卷即将印刷之际，罗素给弗雷格写了一封信，提出了一个悖论，指出根据集合论的定义，一个集合 S 如果由所有不属于它的集合组成，那么 S 是否是自己的子集呢？如果 S 是自己的子集，根据 S 的定义，它不应该属于 S；反之，如果 S 不属于自己的子集，根据 S 的定义，它应该被包含在 S 中。这个悖论被称为"罗素悖论"，它与"理发师悖论"是等价的，即"小镇上的理发师只给不剪自己头发的人理发，那么理发师该不该给自己理发？"罗素悖论看似简单，但极难解决，直接动摇了作为数学基础的集合论，数学陷入空前的危机，一切数学的结论可能不再可靠。弗雷格受到巨大的打击，他在《算术的基本规律》第二卷的末尾写道："一个科学家碰到的最倒霉的事，莫过于在他的工作即将完成时却发现所干的工作的基础崩溃了。"弗雷格心灰意冷，从此远离了数学一二十年，开始专心研究哲学。

重建数学基础

为了应对数学基础的危机，重新建立一个稳固的数学大厦，出现了四个流派，分别从不同的道路进行尝试。罗素在弗雷格的基础上，结合了皮亚诺的符号技术，

① 基数表示一个无穷集合的元素个数。

试图通过逻辑公理推导数学。他和怀特海合著了 20 世纪最重要的数学著作《数学原理》，这一流派被称为逻辑主义。《数学原理》可以看作对莱布尼茨的逻辑演算和普遍符号语言的一种实现。可惜罗素和怀特海建立的系统，由于不可避免地采用了有争议的可化归性公理、无穷公理和选择公理，而未尽全功，因此试图将数学建立在逻辑公理之上的尝试是失败的。

第二个流派是直觉主义，以庞加莱、克罗内克、布劳威尔和外尔为代表。直觉主义者的直觉不是指对事物的认知，而是指数学活动是纯粹的人的思维过程。直觉主义者拒绝承认无理数，也不接受排中律，认为数学必须建立在可构造的基础之上，无理数因为无法被真实构造出来，不应得到承认。这涉及数学的实在论，直觉主义积极的一面在于其承认的数学是可构造的，因此都是可以被应用的，有巨大的社会价值。直觉主义者的观点基本上否定了大部分的古典数学，尤其对排中律的拒绝基本上让古典数学寸步难行。这种对数学阉割的做法遭到来自希尔伯特的强烈反对，为了挽救古典数学，重建数学基础的大厦，希尔伯特创建了公理化的形式系统，提出了证明论的思想。

尽管希尔伯特本人并不认为自己是形式主义者，但他确实明确提出过抽离符号意义的想法，因此形式主义者都将其视作祖师。希尔伯特认为直觉主义的做法不可取，也认为逻辑主义者过于理想化地将数学建立在逻辑公理之上并不现实。希尔伯特早年曾通过模型化的方法重新制定了平面几何的新公理体系，将平面几何的一致性问题转移到了实数代数上，这是一种转移问题的方法，并没有解决根本问题，因为实数代数的一致性也没有得到证明。因此这次希尔伯特希望能够一劳永逸地解决整个数学基础不稳固的问题。这一次他不再使用模型方法来回避问题，而是直面真正的困难和挑战。他试图为数学建立公理化系统，然后抽离符号原本的含义，通过符号之间的变换规则，完成公式之间的变换，而数学证明的过程就是一个公式序列，定理就是公式序列的最后一个公式。希尔伯特认为这个过程可以用来刻画人的思维过程，这个系统即他的形式系统。从此数学的研究对象就高度抽象起来，侧重点从研究数学对象变成了研究对象之间的关系。这为现代数学打开了一扇全新的大门。这种研究数学的数学，被称为“元数学”或“证明论”。

希尔伯特认为这样的形式化公理系统需要证明公理的独立性、一致性、完备性和可判定性[①]，而算术形式化的相容性证明是这个系统的核心问题。但区别于极端和狂热的形式主义者，希尔伯特在其思想里将数学分为具有真实意义的“真实数学”和不具有真实意义的“理想数学”，并希望通过有穷主义的构造性方法，在元数学

① 形式化公理系统的独立性，即要求公理之间互相独立，不存在蕴涵关系；一致性指公理之间是无矛盾的，不会从公理推出相互矛盾的定理；完备性指从公理出发可以推出系统中的所有定理；可判定性则指是否存在一个通用方法可以判定命题是否可证，如果判定性问题有解，那么马上可以知道类似丢番图方程的可解性、哥德巴赫猜想等命题是否可证。

中证明理想数学的相容性。希尔伯特认为数学真理在于有穷性，这与形式主义者是有所区别的。一旦希尔伯特的构想顺利完成，数学就有了一个坚固的基础，而且所有数学系统都将建立在希尔伯特的元数学基础之上。希尔伯特在20世纪20年代开始实施他的这项宏伟计划，很多数学家投身其中，第三次数学危机似乎就要画上一个句号。

然而，就在希尔伯特满怀雄心壮志地向全世界宣布“我们必须知道，我们必将知道”之时，一个叫库尔特•哥德尔的无名后辈横空出世，证明了“一个包含初等算术的希尔伯特形式系统既不完备，也无法从系统内部证明自身的一致性”。哥德尔先用编码的思想将形式系统编码成哥德尔数，然后使用康托尔的对角线方法构造出了一个“既不可证是，又不可证否”的命题，用归谬法完成了证明。哥德尔的方法启发了丘奇和图灵，后两者延续哥德尔的思路，进一步证明了希尔伯特的判定性问题的答案也为否。被希尔伯特寄予厚望的重塑数学基础的计划就这样彻底破产。但是形式系统的性质却因为哥德尔、丘奇和图灵等人的工作，被研究透彻，形成了完善的理论。

什么是可计算的

图灵在20世纪30年代尝试证明德国数学家大卫•希尔伯特在20世纪初提出的数学形式系统的判定性问题。希尔伯特的形式系统基于公理化方法，试图剥离数学符号原本的意义，仅保留符号之间的变换规则和变换关系。基于这一高度抽象的系统运行，所有的定理和证明都变成了一种纸上的符号游戏，可以从公理（初始的公式）中推理得到。

这种系统的定义几乎和图灵对“计算过程”的定义如出一辙，所以计算的概念和希尔伯特的形式系统有着高度的相关性。事实上，图灵在论文中用图灵机实现了希尔伯特形式系统的一阶谓词逻辑，进一步还用图灵机实现了初等算术的加法和乘法。因此，研究清楚希尔伯特的形式系统的性质，也就研究清楚了图灵机的本质，进而也就研究清楚了计算机的理论本质。计算机的能力边界，几乎就可以等同于希尔伯特形式系统的能力边界。

图灵在证明希尔伯特的判定性问题的过程中，大胆地提出了一个构造性的想法，即图灵机。他设计了一个理论中的机器，有一条无限长的纸带和一个读/写头，读/写头每次可以读取或修改纸带上的一个字符。这样通过一步步的机械操作，就可以完成一次计算的过程。图灵论证了图灵机的操作过程等价于人类的思维过程，并且证明了通用图灵机①的存在。而后来证明，同时期的其他计算方法，如丘奇的 λ 演

① 如果一台图灵机可以模拟另一台图灵机，则称为通用图灵机。通用图灵机意味着可编程，现代计算机都是通用图灵机，都可编程。

算、克莱尼的一般递归函数，都是和图灵机等价的。至此，人类在发明了数学2000多年后，终于对计算有了一个精确的数学定义：计算即图灵机的运行过程，如果一个函数是图灵机可计算的，则称之为可计算函数。类似地，这个计算的定义也有λ演算和一般递归函数的等价形式。这种计算的通用性和等价性，又被称为丘奇-图灵论题。

图灵机将希尔伯特的形式系统具象化了，让人们更容易理解。因此，之前希尔伯特形式系统中被研究透彻的理论，同样适用于图灵机。图灵机在包含初等算术的情况下也是不完备的，也无法证明自身系统的一致性，以及不存在一个通用的判定过程。由于现代计算机建立在可计算性理论的基础之上，都是这样的通用图灵机，因此现代计算机都受到这样的理论约束。现代计算机并非万能的，有很多题目计算机永远都算不出来！

由丘奇、图灵、哥德尔、克莱尼等人研究的计算边界问题，被称为可计算性理论，也被称为递归论。它严格地约束了计算的边界。因此从计算的角度，如果一个问题不可计算，人们就大可不必再浪费时间用计算机来算。在电子计算机发明后，有了实际的工具，人们更关注的是，如果一个题目理论上可以计算出来，那么到底需要计算多少次才能得出结果。如果计算的次数太多，消耗的时间太长，比如以超级计算机为基准要几亿年或几百亿年才能算出结果，那这样的计算对现实也没有太大意义。因此，数学家和计算机科学家们将重心转移到了计算复杂性理论。

1971年史蒂芬•库克提出了NP完全性理论，建立了计算复杂性理论的内核。计算机科学家们认为图灵机能在多项式时间内求解的问题为P类问题，图灵机能在多项式时间内判定结果的问题为NP问题，而库克提出的NP完全问题则是所有NP问题中最难的问题，可以说任何NP问题都可以归约到NP完全问题上。但NP完全问题是否存在多项式时间内的高效算法，即P是否等于NP，却是一个未知问题。这个问题被列为“千禧年七大数学问题”之一，谁一旦证明该问题就即可获得克雷数学研究所的百万美元奖金。许多著名的优化问题，如旅行商问题，都属于NP完全问题，研究计算机对这类问题是否可高效求解，有着重要的社会价值和经济价值。但比较悲观的是，直到今天，我们依然没有一个较好的思路。

为解决第三次数学危机，在三大流派之外还出现了公理化集合论的方法，可称之为第四大流派。以策梅洛为代表的数学家们认为康托尔的集合论之所以出现悖论，是因为允许“所有集合的集合”存在，因此如果通过公理约束了这一条件，就能修复集合论中的漏洞，从而有机会建立一个完善的数学系统。同时，因为康托尔在创立集合论时本身对集合的描述过于模糊，采用了类似直觉的说法，所以也需要通过公理化来让集合论得到精确定义，完成集合论的严格化。这一运动的结果就是著名的集合论策梅洛-弗兰克尔公理系统诞生了。该系统也被称为ZFC公理系统，它由

10 条公理组成。其中 Z 为策梅洛的名字首字母，F 为弗兰克尔的名字首字母，AC 为选择公理，ZF+AC 简写为 ZFC。从集合论的 ZFC 公理出发，可以推导出自然数和初等数论，以及其他很多数学系统。当今的数学家们已经普遍接受了 ZFC 公理系统，它是目前看起来最重要的数学基础。集合论也由此被划分成康托尔的朴素集合论和公理化集合论。

可是不能高兴得太早。根据哥德尔不完备定理，ZFC 公理系统的一致性同样无法在系统内得到证明，因此我们也不知道 ZFC 公理系统是否存在矛盾。更糟糕的是，在随后的几十年里，哥德尔和科恩的工作证明了连续统假设与选择公理是独立于 ZFC 公理系统的，属于不可证命题。因此 ZFC 公理系统也是不完备的，事情变得扑朔迷离起来。既然选择公理和连续统假设是独立的，那么就可以使用新的公理代替选择公理，来建立新的集合系统。就像当年欧几里得第五公设被证明是独立的，最后催生出非欧几何的各种系统一样，在集合论的 ZFC 公理体系中，出现了同样的局面。新的公理被加入后，数学家们创造出各种各样的数学系统，其中一些公理还是互相矛盾的，比如决定性公理与选择公理矛盾。在 ZF 中，如果用决定性公理（AD）代替选择公理（AC），可以证明每个实数集都是勒贝格可测的，从而不会推导出巴拿赫-塔斯基定理的怪论。类似地，选择公理使得一些分割性质是假的，但决定性公理却能推导出这些分割性质。数学的未来充满不确定性，似乎建立一个大一统的理论越来越困难。解决第三次数学危机迄今为止的结果，不但没有让数学基础收敛，反而让其越来越发散了。

数学已经无法带来确定性的结果，我们只能选择接受什么数学系统。现代计算机选择接受古典数学，以图灵机为理论模型，实现了初等数论的加法和乘法。世界上最早的计算机 EDVAC 项目，通过“冯·诺依曼架构”的设计方法实现了通用图灵机的模型。现代计算机在中央处理器（CPU）中都有运算器，其中包含了算术逻辑单元，实现了初等算术的加法和乘法。也正因如此，所有基于冯·诺依曼架构的现代计算机（实际上包含运算器），都受到哥德尔不完备性定理的约束。计算机的能力有先天的局限性。

数学和哲学在人类文明发展的很长一段时间里是不可分的。从古希腊时期的毕达哥拉斯、柏拉图、亚里士多德，到 17 世纪的牛顿、莱布尼茨，以及近代的哥德尔，他们都既是哲学家，又是数学家。莱布尼茨，与其说他是一个数学家，不如说他是一个哲学家。在柏拉图创建的学院里，数学属于哲学系，这一传统一直到希尔伯特和哥德尔的时代依然保留。希尔伯特上的大学的数学专业隶属于哲学系，而哥德尔攻读的博士学位则是哲学专业的，他是哲学博士。

我们从哲学层面来探讨四个与计算有关的哲学问题。这四个问题我没有答案，世界上所有的数学家和科学家也都没有答案，只有猜想。因为这四个问题涉及这个世界的本源，目前还无有效手段进行验证。因为没有答案，所以不存在对错。面对这些未解的终极难题，我们只能依靠心中的信仰做出自己的选择。正如历史上很多数学家与科学家那样，在方向问题上，他们更多依靠的是心中的直觉，而非理性。先有大胆假设，才能小心求证。

数学是发明还是发现

首要的问题是数学的本体论——数学是发明还是发现？这个问题对于计算之所以重要，是因为这是一个到底该如何设计计算机的终极问题。数学本体论是否实在，意味着计算理论是否需要重建，也意味着计算机的根本逻辑是否需要重新设计。如果数学是物理实在的，则无穷、连续性都是实在的物理对象的性质，只是我们现在在物理学范畴还没有发现它们，人类还感知不到它们。但我们终有一天有机会发现它们，那现在基于离散过程的计算理论就需要彻底重建。如果数学并非物理实在的，而是一种精神或心灵意义上的客观存在，那我们可能永远都无法达到理想中的数学世界，现在的计算理论就已经接近甚至达到物理上的天花板。如果数学连精神或心灵上的客观存在都不是，那就仅仅是人类思维的发明物，那么理论极限也许会发生变更，未来也许会有新的理论来修正现有的理论。

这是一个争论超过 2000 年的问题。数学的演变，经历了亚里士多德定义的“量”的科学，发展到 19 世纪的纯粹数学，再到现代将数学重新定义为研究各种抽象模式的关系与结构的学科。2000 多年来，对于这个问题人类至今尚无答案。

柏拉图认为存在一个理想的世界，知识存在于理念之中，数学是理念和现实的桥梁，是通往知识的途径。这种观点将数学置于发现的位置，我们只不过是发现了本来就存在于理念世界中的数学知识。历史上不乏著名的数学家和哲学家持有此种数学柏拉图主义的倾向，比如哥德尔、物理学家彭罗斯等。哥德尔和彭罗斯都相信数学实在论，认为还有一个理想的数学世界存在。在他们眼中，数学家的工作只是在“发现”这个理想的数学世界。

发明了物理学的亚里士多德则秉持完全不同的哲学态度，并对柏拉图做出了批判。他认为并不存在一个柏拉图所谓的理念世界，所以数学概念只是实体属性的抽象。亚里士多德的这种实在论与毕达哥拉斯学派的立场是一致的，毕氏学派认为数与物质是不能分离的，因此关于数学本体论的实在性，从古希腊时期起，就有了柏拉图立场和毕达哥拉斯立场的分歧。而对于 20 世纪初的数学直觉主义者来说，数学是无实体存在的，仅是人类思维活动的结果，因此有意义的数学都要求是可以构造出来的。但对直觉主义者的一种批评认为，他们无法解释为何古典数学对物理世界适用。

目前我们尚未找到任何关于数学本体论的实在性的证据，也并未在物理世界中发现与实数对应的物理性质（严格对应而不是近似对应）。因此，我们先放下数学的物理实在性这一假说，让我们考虑将数学作为抽象的概念。数学是客观世界的规律，或者是一种思维活动的结果。秉持其中任一种观点的数学家都大有人在。前者认为数学作为一种有效的工具，能够解释自然现象，已经很难用巧合来形容，因此数学是高度契合自然规律的，数学理论是对大自然法则的一种发现。而后者则认为，物理定律往往只是对实验数据的一种迎合，基于数学工具的物理定律更新是很快的，人们总能找到一种更新的解释。比如，超弦理论有完美的数学结构，却找不到任何的实验证据，已经偏离了科学的本意。因此，后者认为数学起源于人的直觉，是一种思维活动的发明。

从历史来看，人们认为牛顿和莱布尼茨“发明”了微积分理论。人们的普遍用语是“发明”而不是“发现”。通常我们认为，发明是创造了一个并不存在的事物，典型的如瓦特发明蒸汽机、爱迪生发明电力系统等；发现则是发现了一个已存在的事物。柏拉图认为“存在”一个理念世界，数学是其中的桥梁，因此在他的哲学中数学是一种发现。对于微积分这样大的理论框架，在公元 1650 年之前，并不存在一种强有力的代数方法可以计算曲线围成的面积或曲线在某个给定点的切线，也不存在一种理论能够深刻地揭示、证实不同技术之间的关系，因此从大的范围来说，人们习惯于说微积分理论这样的抽象作品是被发明出来的。当牛顿和莱布尼茨给出具体的表现方式后，这些抽象的实体才得以存在。

那么按照对发明与发现的定义，我们也可以说，在 19 世纪末期，康托尔“发明”了超穷数理论，然后在超穷数理论下“发现”了康托尔定理，提出了连续统假设的猜想，并尝试“发现”它的证明。从数学历史的脉络中，我们还能找到很多这样的例子。

我认为，数学是发明还是发现，取决于“公理”这个初始概念或定义。在公理确定的那一刻，内涵的模式与结构就已经确定了，但此时系统内的信息却非显性的，而是需要挖掘的。这个挖掘的过程就是推理的过程，也是数学发现的过程。数学的发现，只是在发现蕴含在公理内的信息而已。而有的数学理论则是修改了公理，或者新定义了一条公理，那就会带来实质上的内涵改变，此时这种改变了公理的数学活动，应当被视为一种发明。比如，对欧几里得第五公设的修改，导致非欧几何的诞生，我认为这是一种发明，因为修改了几何公设。而此后在非欧几何里各种定理的证明，则应当被视为一种发现。

有的数学理论在创立早期还没有完成公理化（比如康托尔在创立集合论的时候），但此时数学家的脑海中已经存在隐性的初始概念，这种初始概念模糊地存在于数学家的脑海之中，只是没有用数学语言精确地描述出来，因此有一个类似于

“公理”的出发点或起点，已经蕴含了所有信息，等待挖掘。此时数学家依据脑海中模糊的初始概念，开始进行模式与结构的发现活动。这个模糊的初始概念的提出，可被视为发明，后续的挖掘活动，可被视为发现。

数学是发明还是发现，如果联系到物理世界，那么终极答案可能蕴含在无穷是否实在的问题中。如果无穷是实在的，那么计算机的能力就可以突破现有的数学瓶颈，计算理论也需要重建。关于无穷的问题，体现了数学中的不和谐现象。但最早的数学概念自然数抽象于大自然的性质，自然数起源于大自然，为何却能推导出无理数和实数这样的不和谐产物？那大自然是否是和谐的？无穷的问题把数学和宇宙的终极奥秘联系到了一起，我们需要再进一步审视无穷。

无穷的本质是什么

第二个问题是无穷的本质是什么。如果说数学实在论还是普通人可以尝试思考的问题，那么无穷的本质则和量子理论一样让人无比费解。在古希腊时期，芝诺就提出过几个关于无穷的悖论，然而当时的人们并未对此深究。亚里士多德则把无穷分为潜无穷和实无穷两种。潜无穷指的是一个永无止境的过程，比如单个的自然数是有限的，但列举全体自然数则是一个永无止境的“不可得”的过程。而实无穷则将无穷看作一个具体存在的对象。亚里士多德认为实无穷是不存在的，应严格禁止对实无穷的使用。

到了 17 世纪，牛顿和莱布尼茨在发明微积分时，则将无穷小量当作一个真实存在的量来使用。但随后也因为什么是无穷小量无法精确解释，引出贝克莱悖论等一系列的荒谬结论，从而导致第二次数学危机发生。直到 19 世纪柯西建立了极限理论，用极限的方式重新定义了无穷小量，使得无穷小量成为“一个可逐步逼近却永远达不到”的量，这是一种潜无穷的思想。随着微积分地位的稳固，在标准分析中极限理论一直被潜无穷的思想主导。到了 20 世纪 60 年代，鲁滨逊建立了非标准分析，重新将无穷小量视为一个实在的量，才又建立起极限理论之外的数学分支。

另一方面，康托尔在 19 世纪末建立了集合论，深入无穷大领域，将无穷集合视为一个现实的、存在的、完成着的整体。康托尔是千年以来第一个大胆打破亚里士多德禁令并如此深入研究实无穷的人，因此他也遭到当时很多数学家的强烈抨击，其中包括他的老师克罗内克。克罗内克不接受无理数，康托尔则大胆地接受了实无穷，并以此为基础提出了无穷集合的序数和基数的概念，为“理想数学”的建立奠定了基础。但由于集合论的理论尚不完善，随着悖论出现爆发了第三次数学危机，数学基础再次遭到动摇。罗素为了解决危机，提出一个方案，希望将数学建立在逻辑的基础之上。他与怀特海合著的《数学原理》一书试图完成这一方案，但是由于其中不可避免地引入了无穷公理和选择公理而未尽全功。无穷公理是指集合存在无穷多个量，选择公理则是指可以做无穷多次选择，这两者都意味着承认了实无穷。

希尔伯特则提出建立公理化形式系统的证明论来解决数学危机。他接受了康托尔提出的实无穷，但是又非常谨慎地坚持采用有穷性方法，他的证明论要求在有穷步骤内得出结论。然而这种数学系统的不足随后被哥德尔找到，他的不完备性定理表明这样的数学系统既不完备，也无法从内部证明自身的一致性。哥德尔有着数学上的柏拉图主义倾向，由于相信一个真实的理想数学世界，因此他对于实无穷的接受程度，似乎比希尔伯特更加彻底。他基于无穷主义的思想，证明了不完备性定理。而希尔伯特的证明论，则坚持使用有穷主义的构造方法。这是两人的主要区别，哥德尔认为希尔伯特的计划之所以失败是因为尝试用有穷囊括无穷。因此，哥德尔和希尔伯特两种观点之间的界线，可能恰恰是数学可构造性的边界。

希尔伯特的数学系统是可构造的，而哥德尔后期建立的数学系统则难以构造，是一种理想数学。但我们也应当注意到，从希尔伯特的形式系统开始，到后来的很多数学系统，都同时具备潜无穷和实无穷两种特性。比如，我国老一辈数学家徐利治认为，自然数列的“内蕴性”和“排序性”使其具备潜无穷和实无穷的二重性质。自然数的内蕴性指自然数之间的内在关系，如种种数论的性质。由于自然数无尽增长，新的关系层出不穷，内蕴性是无法通过构造的方法穷尽的，从这种角度看，自然数列只能是“潜无穷”。而从排序性的角度来看，自然数列依次相续的宏观性质整体不会发生变化，不需要能动性的构造活动，因此将自然数列视为“实无穷”是合理的。我认为徐利治教授的这个认知是极其深刻的。

康托尔在朴素集合论中提出了著名的连续统假设（简称 CH），认为自然数集的基数小于实数集的基数。图灵机只用到自然数集合，因为自然数集合在物理世界中是普遍可构造的。而实数集则被认为不可捉摸，无法被真实构造出来。此后，公理化集合论的发展则大多接纳了实无穷的理想数学，并将连续统假设升级为广义连续统假设（简称 GCH）——实数集仅仅是无穷集合的开始，有无穷多个基数比实数集基数大的集合。以集合论的策梅洛-弗兰克尔公理（简称 ZF）为基础，出于对不同公理的选择，比如 ZF+AC、ZF+CH 或其他公理，数学家们从理论上构建了一个无穷集合的宇宙，称之为 V，V 由全体集合组成。V 有时候又被称为“冯·诺依曼宇宙”，因为 V 是借助冯·诺依曼证明的超穷归纳原理所构建的。所有抽象的数学，如群、环、拓扑，都可以证明在 V 中能找到一个对应的集合与其同构。就像修改欧几里得第五公设而得到各种非欧几何的成果一样，数学家们在集合论中通过修改不同的公理也得到了丰硕的数学果实。哥德尔在其中做出了突出贡献，他通过内模型的方法定义了一个可构造集的类，称之为 L。L 是一个比 V“瘦得多”的宇宙。哥德尔构建 L 是为了证明 AC 是否为真、CH 是否为真的问题，因为这两个问题在 ZF

中是独立的不可证命题，因此只能寻求 ZF 之外更强的公理系统。如果 $V=L$，那么很多数学问题都会是有解的。这是数学上至今还在探索的终极问题。很显然哥德尔相信 L 的数学实在性。

从物理上看，量子理论代表着对无穷小的探索，宇宙模型代表着对无穷大的探索。但迄今为止，物理上都没有任何证据表明无穷是一种实在。因此，现代计算机在物理实现上都是有穷的。尽管图灵在定义图灵机时，让其可以有无限运行时间和无限存储空间，但后来的计算机科学家们从现实意义出发，都期望图灵机能够在有限时间内停机并输出结果。因此，现代计算机使用的图灵机都是有穷模型，在有穷时间内会停机。对于无理数等有着无穷位的实数，现代计算机的处理是以精度的概念将无穷的数字截断为有穷的数字，只取前几位数字结果进行输出。计算机的能力很明显受到了有穷与无穷之边界的约束。

机器能思考吗

到了 20 世纪 50 年代，电子计算机从理论变为现实以后，数学家和计算机科学家们对计算有了更加直观的认识，其社会价值也得以凸显。为了追求更高效率的人力替代，机器是否能具备人类的同等智能就变成一个重要问题。“机器能思考吗”是我们的第三个哲学问题。第一眼看上去这似乎是个工程技术问题，再一看还是个社会伦理问题，但深入进去后，会发现没有这么简单，它还是一个和计算边界有关的哲学问题。

早在 20 世纪 40 年代，神经学家沃伦·麦卡洛克和数学家沃尔特·皮茨就发表了一篇跨时代的论文《神经活动内在概念的逻辑演算》，他们为大脑的神经元建模，并证明了特定类型的神经网络原则上能够计算特定类型的逻辑函数。每个命题演算都可以由某种网络来实现，每个图灵机可计算函数也都可以通过某个网络来计算。这篇论文影响深远，既是电子计算机的基础，又是人工智能的基础。皮茨是维纳的学生，皮茨的论文出来后，维纳马上意识到，反过来用电路模拟神经元，不就生成“电脑”了吗？于是他马上把这篇论文推荐给了冯·诺依曼。冯·诺依曼划时代的报告《关于 EDVAC 的报告草案》中唯一引用的一篇论文就是麦卡洛克和皮茨的这篇。此后在人工智能的发展中，只要探讨符号主义和连接主义的源头，都会追溯到这篇论文。因为它让人工智能的核心任务变成如何确定和设计出具有计算能力的网络，使之能够完成模拟思维和心灵的过程。

这样从莱布尼茨的构想开始，到乔治·布尔思考人类思维过程，再到图灵证明图灵机与人类计算者等价，最后结合了神经科学的进展，一个实现人类思维过程的有效计算路径终于由麦卡洛克与皮茨总结出来：如果大脑的思维过程可以用图灵在

1936 年论文中定义的“有效计算过程”来解释，那么一台图灵机就可以对大脑进行模拟，进而让机器获得与大脑同等程度的智能。这一立场被称为“图灵信念”。

图灵在 1950 年的著名论文《计算机器与智能》中明确提出了“机器能思考吗”这一问题。图灵认为，确认一个人能思维的唯一方法，就是变成这个人，那么对机器也是如此。但这是不现实的，我们无法变成另一个人，也无法变成一台机器。因此，图灵采取了一种折中的方法，通过一种回答问题的模仿游戏来对比人和机器的智能。这种方法在今天被称为图灵测试，是检验机器智能程度的主要手段。

对图灵信念的批评与争议一直不断。抛开工程问题、心理问题、伦理问题和宗教问题等不谈，最针锋相对的是持有数学柏拉图主义信念的哥德尔所提出来的批评。由于不完备定理的存在，可计算系统内存在着一些机器永远无法判断的命题，但是人却能够直接判断这些命题是否为真。因此哥德尔认为机器的计算永远无法达到人的思维程度，人的心灵高于机器。这种观点被称为“哥德尔信念”。

科学界再次分成两大阵营。哥德尔信念与图灵信念差别的关键之处在于对大脑中“有效计算过程”的理解。图灵机的形式计算要求这一过程是离散的，是从一个状态转移到下一个状态的。而哥德尔认为人的思维过程是连续的，并非离散的。与霍金一起获得诺贝尔奖的物理学家罗杰·彭罗斯也持有哥德尔信念，他则更激进地认为在人脑中发生了一种奇妙的量子过程，从而使机器永远不可能达到人脑的智能程度。

“机器能思考吗”这个问题，把对数学中关于无穷的争议给具象化了，即大脑的思维过程到底是离散的，还是连续的。哥德尔和彭罗斯站在理想数学的角度来审视可构造的实用数学，必然会得出机器无法诞生出与人类大脑同等智能的结论。一种针对哥德尔信念的批评观点认为，人的大脑未必是一致的，比如人是善变的，经常会陷入自我矛盾，所以不完备性定理未必适用。目前也尚无证据表明大脑的工作机制超出了形式计算的范畴。当今大多数计算机科学家相信机器是可以达到大脑同等智能水平的，他们属于图灵信念阵营，我本人亦持这种观点。

另一个与此相关的问题是机器是否会诞生自我意识。目前的一种流行观点认为意识只是人的一种幻觉。从这个角度看，机器完全有可能诞生自我意识，尽管我们还不知道如何做到这一步。现代脑科学的一些进展，如“全脑信息工作站”模型，给出了一些关于意识的解释，这个领域非常前沿。而一旦机器能够涌现出自我意识，则意味着人类进入机器文明的新纪元。

人类的大脑生理结构之谜正在一步步揭开，为计算机科学的发展给出了许多启示。人工智能在经历两次寒冬后，掀起第三次浪潮，以深度学习为代表的连接主义获得了胜利。但深度神经网络面临的一个主要问题就是可解释性问题，它得出了结果，但难以解释原因。从麦卡洛克和皮茨发表论文到现在，摆在我们面前的一条计算的道路，就是为可计算函数寻找合适的网络。我们能在现实世界里找到各种各样的网络，只要多个元素之间互相发生关系，就会形成网络，比如大脑的神经网络、交通的网络、社交的网络、经济的网络，计算机科学家们开始逐一模拟它们以期找到更强大的计算网络。

微观的神经网络和宏观的社会网络表现出一种共性，都缺乏可解释性。这些网络都是复杂网络，我们能观察到结果，却无法解释为什么。无法解释原理，就无法完成主动设计与控制。复杂性科学出现于20世纪80年代，试图解释各种宏观上复杂现象的形成机制和原理。在复杂性科学里，牛顿以来的机械主义宇宙观失效了，世界不是由还原论决定的，宏观现象无法通过因果还原到微观元素，因此需要全新的科学研究方法。从复杂性科学的角度看，大脑的智能和意识，与人类社会的经济运转规律一样，都是一种复杂网络的涌现结果，都需要一种新的科学解释。一旦我们解开中间的谜团，也许就能造出达到甚至超过人类智能水平的机器。

宇宙是台计算机吗

如果大脑的思维过程是连续的，则这个世界也应当存在真实的无穷小量，因此实数也理当能被构造出来。可是现代量子理论解释的世界却是离散的，而非连续的。因此，我们迄今依旧无法从物理上构造出实数。从量子理论的角度看，物质的最小尺度为普朗克长度，大致为 1.6×10^{-35} 米。小于普朗克长度时，时间和空间都失去了物理学上的意义。物理学里所有的量都必须是普朗克长度的整数倍，比如粒子的大小，或者粒子移动的距离。现代物理学回答不了的问题是，比普朗克长度更小的是什么？这就是无穷的本质，也即“这个世界到底是离散的还是连续的”的终极问题。数学中的未解问题，则可能需要物理来指导，二者共同揭开世界的本源之谜。

但此时我们尚未能解释的一个问题是，为何物理世界可以用数学来解释？伽利略曾说大自然这本大书是用数学语言书写的。爱因斯坦也提到：这个世界最不能理解的地方，就是它竟然是可以被理解的。17 世纪开普勒发现行星的运行轨迹是椭圆，但数学上的椭圆诞生于公元前 4 世纪。为何有如此高度的巧合？现代量子理论用数学来解释宇宙的微观现象，我们对宇宙的认知都建立在数学上，那么到底是我们用了与实验结果相合的一种数学上的近似解释，还是这个世界本身就是按照数学的规律来运行的？为何微观的粒子也依然可以用建立在初等算术之上的数学来描述？要知道一直到 19 世纪晚期皮亚诺才建立了自然数的算术公理，初等算术目前完全是一个人造的产物。我们似乎又回到了第一个哲学问题，是否存在一个真实的数学世界？

自然数最早起源于人类对时间的直觉，因此一个可能的答案是，人类通过观察自然的规律总结出数学。亚里士多德要求公理是不言自明的，这本身就意味着公理是观察自然的结果。因此数学公理可能就意味着这个世界的运行规律与物理有着共同的本质，都是对这个世界的刻画与解读。但数学是人类在过去几千年中由经验总结得出的，这似乎有点不让人放心，因为经验毕竟是经验，有可能会出错，有可能只是对真理的近似描述而非真理本身。这一问题从欧氏几何第五公设的独立性，到第三次数学危机爆发，演变成了摆在眼前的现实难题。公理似乎不再是自然的真理，而是可变的和可人为定义的，数学至今尚缺乏一个统一的基础。因此，到底用何种数学系统来描述和刻画物理世界更合适，就变成了一个困难的选择题。

如果世界真的是离散的，且满足初等算术的条件，那么我们可以得出一个惊人的结论，即这个世界是可计算的！宇宙是一台图灵机，遵循一组计算规则，通过一个状态到一个状态的转换，完成了生生不息的演化。那么不管这个计算系统有多复杂，它都需要满足哥德尔不完备性定理，即这个宇宙要么是不完备的，要么是不一致的。如果宇宙是一致的，那么必然无法演化出所有可能性；如果宇宙是完备的，它可以演化出所有可能性，则必存在矛盾之处。我们的宇宙要么存在不足，要么存在矛盾，似乎无论如何也没有一个完美的结果。这个结论可能是图灵也未曾想到的，他的图灵机意义之深远，超出了所有人的想象，似乎正好架设在可能与不可能的边界上。

1978 年英国数学家罗宾·甘迪证明了丘奇-图灵论题的物理形式。他从现代物理学的结论出发，假设信息的密度有限、信息的传播速度有限，那么自然可观察有限时间内物理系统的状态。从初始状态出发，通过一组计算规则，就可以计算得出物理系统的每个状态。因此，小到一台机器，大到整个宇宙，物理系统为解决某一特定问题所需的算法，可以用一组计算规则来表达。只要有足够的算力，甚至可以用一台机器模拟出我们所在的这个宇宙！

丘奇-图灵论题带给我们深刻的启示：不同计算系统的计算能力是等价的，都等价于图灵机的计算能力。如果人脑是一台图灵机，宇宙也是一台图灵机，那么从计算能力上说，它们是等价的。当然宇宙能调动的计算资源比人脑要多得多，但从数学模型上它们并无不同。因此，在有足够算力的前提下，比如给人脑扩充一个“人造外脑”，人脑理论上可以计算大自然能计算的一切事物。人类就有可能进化成为“超人”。这也同样意味着，所有人脑能计算的事物，物理系统都能计算，机器达到甚至超越人脑的智能水平是完全有可能的。

如果世界是连续的，那么用有穷的计算方法就很难发现世界的全部本质。我们不能用以自然数为基础的有穷计算工具，来计算宇宙中的无穷小和无穷大，我们必须找到无穷的物理实在并驾驭它。与此同时，集合宇宙 V 很可能变成一种物理实在，平行宇宙就不再是一个幻想。在我们所处宇宙之外确实可能存在无穷多个宇宙。我们无法理解它们的存在，就像柏拉图在理想国中描述的人们只能看到墙上的影子，从而窥探到背后真实世界的一二，却永远对真实世界不可知一样。如果世界是连续的，我们就需要一个新的可以计算连续对象的模型。只是那时计算一词可能需要重新定义。在当前，我们的计算都是离散的过程。

计算主义

丘奇-图灵论题已经超出了数学的范畴，用到了心理学和物理学的知识，因此这个论题无法从数学上证明，它不是一个定理。但它确实深刻地揭示了计算的等价性和通用性，图灵机、λ演算和一般递归函数在计算上是等价的。计算的定义简单到了极点，以致很多人都很难相信这种状态之间的机械转化能够计算所有可计算函数，包括丘奇自己本人都难以置信。但事实证明大道至简。我们不得不重新审视计算到底是什么。

图灵、丘奇等人为计算给出了一个数学上的定义，这个定义是精确的，但并未说明清楚很多背景和意义。计算的过程可视作通过算术关系来模拟[①]自然界的事物，先通过数字化完成编码，再通过算术关系来驱动编码后的数字符号的变形，来表达状态间的转化。这样就能用算术关系来模拟自然界事物的内在结构。计算机是实现这一过程的人造工具。比如，淘宝的在线购物是对现实购物的一种模拟，Facebook的社交网络是对现实社交的一种模拟，谷歌的搜索是对现实文档资料检索的一种模拟。通过计算机，完全可以模拟各种各样的自然过程，有的简单，有的极其复杂。但只要这个目标对象是可计算的，那么理论上就可以用计算机来模拟。从图灵机的定义不难看出，通用图灵机完全就是用一台图灵机模拟了另一台图灵机。

计算的目标对象并不要求一定是真实存在的，通过丘奇-图灵论题的心理形式可知，任何人脑想象的事物都是可计算的，因此任何虚构的事物都可以用计算机来模拟。如果试图计算一个并不存在的事物，只要给出定义和初始状态，执行计算规则就能得出结果。这往往是计算更大的价值所在。无论我们设计一个大楼的建设草图，还是设计一款电子游戏，这些事物事先都是不存在的，只存在于人脑的思维活动中，但只要给出定义和初始状态，计算机就能完成工作。因此，计

① “模拟”一词在中文中有多种含义，对应到英文中则会清晰很多。我谈到的“模拟”概念对应到英文应是simulate，而并非analog或emulate。analog指的是模拟信号、模拟计算相关的概念，其中模拟信号是相对于数字信号来说的，一般通过特定的逻辑电路实现。emulate一词则与simulate相近，但emulate特指高还原度的软件仿真，而simulate更加灵活，还包含一定的变化含义。在模拟这一词上，英文比中文更精确地表达了具体含义。

算还可用于创造。

计算不仅可以用于人脑思维和心理活动过程中产生的创造，也可以用于大自然的创造。大自然的进化过程也是一种计算进化的过程，亦即从简单中诞生复杂的过程。这一过程可以用机器来实现。1970 年《科学美国人》杂志刊登了一则消息，计算机科学家约翰·康威教授发明了一个生命游戏，他基于元胞自动机的思想，用非常简单的初始规则做出定义，在二维网格中用不同方块之间的关系变化模拟生命的演化。后来证明元胞自动机和图灵机是等价的，所有图灵机可计算的事物元胞自动机也都能计算。生命游戏最了不起的地方在于它从简单中得到了复杂，即使初始状态是确定的，也不知道最后会计算出什么样的结果，每一次的演化过程都是不同的。进化计算能带来完全不可预期的结果，计算似乎并不一定要以某一特定目标为对象。在计算过程中，规则比结果重要。

计算是处理信息的过程，以符号变换为载体，演化万物。集合论认为我们所处的宇宙仅仅是集合宇宙 V 中处于底层的可数集[①]。由勒文海姆-斯科伦定理可知，在一个无穷集合中，一组公理对应的模型有无穷多个。因此，如果丘奇-图灵论题的物理形式为真，就意味着可能还有无穷多个物理宇宙会满足集合宇宙 V 中的其他数学模型。这就彻底打开了人类想象力的大门。这是计算带给我们的终极礼物。

因此，对于世间万物，似乎都可以秉持着一种计算的观点来看待。这种观点和立场就是计算主义。计算主义者普遍相信丘奇-图灵论题，进一步会相信大脑乃至宇宙是一台计算机。在计算主义的观点之下，世界被重新解读。比如，在计算复杂性理论的框架下，会发现时间资源是宝贵的，有的问题不存在任何捷径，因此人们应当珍惜光阴。而由于世界可能存在单向函数，因此许多问题的逆向求解要困难得多，这可能是这个世界会存在犯罪的主要原因。世界的底层规律蕴含在计算的原理中，因此如何洞察万物的模式和结构，然后找到一个高效算法来模拟和驱动，就成为关键。凡是成功找到这条通路的人，都成了古往今来的大贤者。

计算的奥秘，就是世界的奥秘。

① 此处的宇宙指的是数学上的宇宙，区别于物理上的宇宙。可数集（比如自然数）的基数是$\aleph_0$，是无穷基数序列的第一个，处于集合宇宙 V 的底层。

第一部分 计算的诞生

第 1 章 毕达哥拉斯的困惑

数的计算

从数觉到计数

要理解什么是计算，我们要先从数的诞生开始讲起。

最早对数的认知从何而起已经无从考证。我们推测应当起源于一种动物的原始数觉。这种原始数觉并非人类所独有，有的鸟类和哺乳动物都具有原始数觉，人的数觉也并非更加发达。如果将一个鸟巢内的四个卵拿去一个，鸟可能发现不了异常，但如果拿走两个，鸟可能就会警惕地逃走。鸟类会用一种奇怪的方法分辨剩下的数量是二还是三。

乌鸦是鸟类中最聪明的。有个农庄主曾想捕获一只偷吃他庄园中食物的乌鸦，但乌鸦很警觉，每次人一靠近它筑巢的望楼，就飞走了。有一天，农庄主想了个办法，两个人进入望楼，一个人离开，一个人留守在楼里等待乌鸦归巢。但这个诡计很快被一旁观察的乌鸦识破，直到第二个人也离开，乌鸦才放心地归来。农庄主一连实验了几天，二个人、三个人、四个人，直到用了五个人：四人离开，一人留下后，才混淆了乌鸦的数觉，成功捕获了乌鸦。

所谓原始数觉，就是不能数数，一眼望去就能感知到物体的具体数目，而无须用到各种心理活动的计数技巧。人类学的研究告诉我们，在澳洲的原始部落中，只有很少的土人能够分辨四，而七则几乎没有土人能够分辨。南非的布须曼族中，除了一、二和多，再也没有别的数字。可见，在原始数觉上，人类并不比其他动物优越。

有一种说法认为，原始数觉起源于早期人类对时间和空间的长期感知。因为时间的变化，如昼夜更替，人类有了一天、两天的感觉。还有一种说法，人类在生活的过程中观察到不同的物体，比如动物、植物，从而产生了对数目的感觉。康德认为，人类对数的认知应当是从时间和空间的感觉中来的。这种说法不无道理。

早期的人类对数的理解是具体的。在人类各个种族的语言中，都不约而同地出现“一群”“一堆”“一捆”等词语，分别用于不同场合。事实上，早期的数极可能是根据不同的具体事物来确定的，比如鸟的翅膀可以代表数字二，苜蓿叶代表三，兽足代表四，人的单掌手指代表五。正是这种具体，在我们的语言中留下了如此深刻的痕迹。从具体到抽象出数的概念，人类不知演化了几千几万年，正如罗素所说：不知道要经过多少年，人类才发现一对锦鸡和两天同是数字二的例子。

在没有计数的情况下，人们也可以用非常简单的方法来分辨多和少，进而明确数的概念。一间屋子里摆放着 10 把椅子，进来了 11 个人，每个人都找了一把椅子坐下，那么总有一个人必须站着。这时候不需要计数，也能知道人的数量比椅子的数量多。这种“对应”的法则，也带来了“比较”。通过对应，人们可以建立许多标准的数的集合，比如代表二的鸟的翅膀，代表三的苜蓿叶，代表四的兽足和代表五的手指。在需要对新的集合计数时，只需要将其和标准集合进行一一对应，直到刚好匹配上，那么新的集合的数就等同于标准集合的数。这样通过对应法则得到的数，就是“基数”。

但从无序的标准集合的基数中无法诞生出算术，要想得到能够运算的算术，必须对基数进行排序。当通过比较法则，将各类标准集合排列成有前后次序的序列时，就得到了自然序列：1,2,3,⋯。于是，数制就自然而然地得以发明。要想对任一新的集合进行计数，只需要将其与有顺序的自然序列进行一一对应，一直到整个集合对应完为止。对应于集合中最后一个成员的自然序列的项，被称为这个集合的“序数”。序数的本质是可以由一个数数到它的后继数，这也是算术能运算的根本。“对应”和“序列”是数的根本法则，也贯穿了人类对数学和科学的一切研究。

然而数觉并非计数，人类的进步在于比其他动物更早进化到了领悟计数的阶段，计数的出现诞生了文明。可以这么说，计数对人类的重要性，可以与火相提并论。我们不得不感恩人类进化出了灵活的手指，五指分明，指关节可以灵活地弯曲，这种生理上的条件，促成了最早的计数——屈指计数。目前在所有发现了计数术的地方，总是伴随着屈指计数的发现。鱼类的鳍和鸟类的翅膀不像人类的手指那样分明，哺乳动物的爪子不像人类的手指那样灵活（作为人类近亲的灵长类是例外），人类能进化出屈指计数有赖于得天独厚的条件。手指是人类最早的计算工具，这一工具先天、灵活，因此具有强大的生命力。在古代中国一直有“掐指一算”的说法，往往用来形容精于计算的智者。直到今天，在小孩初学计数时，依然会使用手指这一工具。在中世纪时，发展出了相对复杂的屈指计数技术，可以计算一些乘法。下图是在1520年欧洲出版的一本小册子《数：科学的语言》中记载的手指符号。

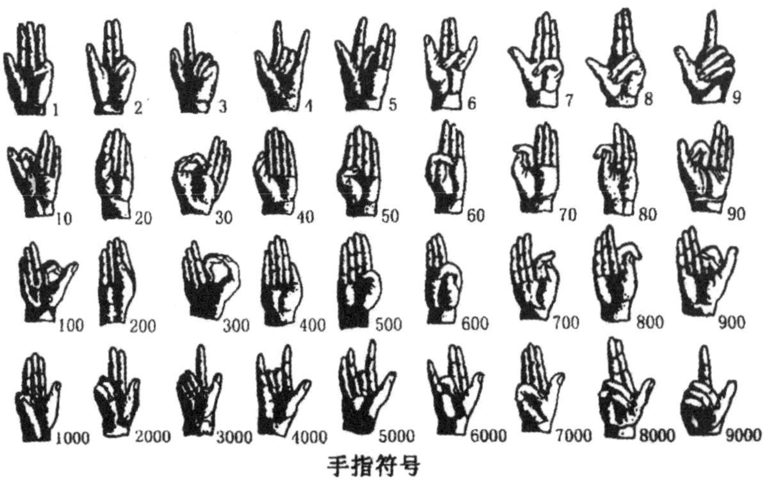

手指符号

当手指头不够用的时候，就出现了石子计数，用于表示更多的元素。但石子堆很难长久地保存信息，于是又出现了结绳与刻痕计数。在中国的《周易·系辞下》中记载着“上古结绳而治，后世圣人，易之以书契”。目前发现的最早的刻痕计数遗迹是在捷克发现的一块幼狼胫骨，其上有55道刻痕，该幼狼胫骨大约有3万年的历史。直到大约5000年前，人类发展出书写计数的符号与系统。分属各种古代文明的人们不约而同地发明了用作数字的符号，如下图所示。[①]事实上，最早的文字可能就是用于记录信息的数字。

人类的五指对计数发挥重要作用的另一佐证是命数法。在古埃及、古巴比伦、古代中国、古希腊、古印度，以及玛雅这些人类文明的主要发源地，除了古巴比伦的楔形数字采用六十进制、玛雅数字采用二十进制，其他文明古国无一例外全部采用了十进制。采用十进制的原因几乎可以断定，因为我们的双手加起来一共有 10 个指头。采用二十进制和五进制（仅少数古代人类部落采用）也与指头的数目有关，二十进制可能诞生于将双脚的脚趾头也统计在内。至今在英文里用 score 表示 20，在法文里用 vingt 表示 20，都是受到了二十进制的影响。

① 参考了《数学史概论》，由李文林主编，高等教育出版社出版。

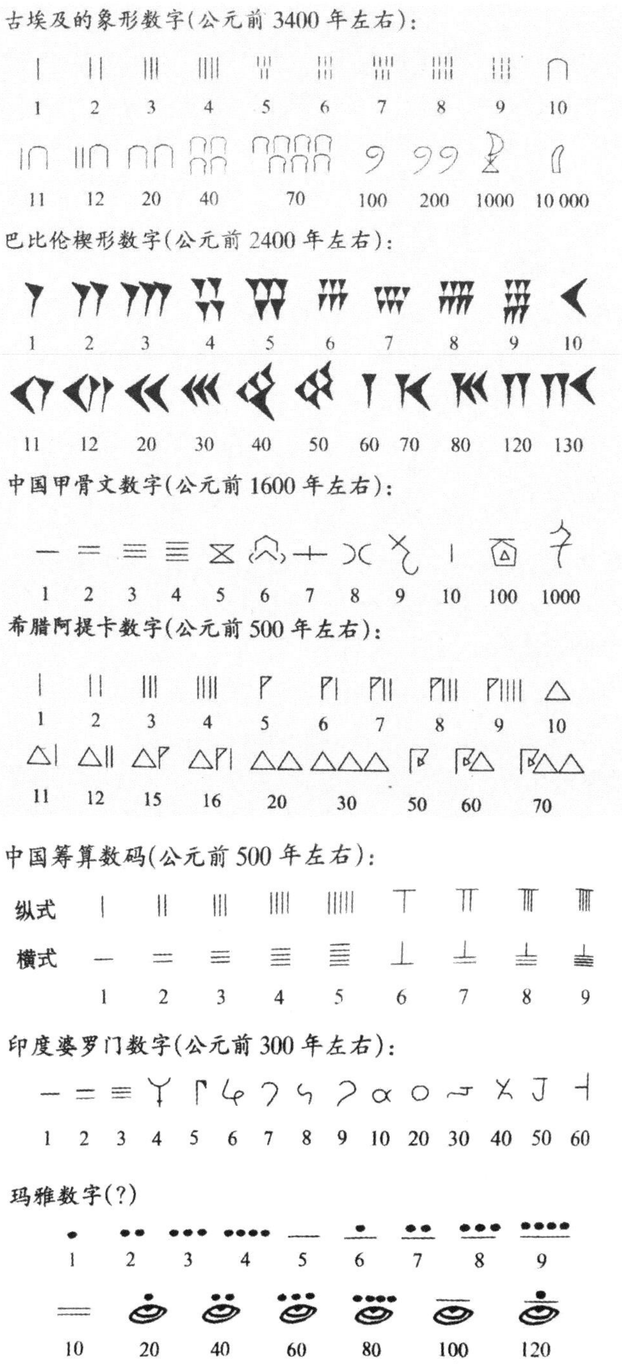

古埃及的象形数字(公元前 3400 年左右)：

1　2　3　4　5　6　7　8　9　10

11　12　20　40　70　100　200　1000　10 000

巴比伦楔形数字(公元前 2400 年左右)：

1　2　3　4　5　6　7　8　9　10

11　12　20　30　40　50　60　70　80　120　130

中国甲骨文数字(公元前 1600 年左右)：

1　2　3　4　5　6　7　8　9　10　100　1000

希腊阿提卡数字(公元前 500 年左右)：

1　2　3　4　5　6　7　8　9　10

11　12　15　16　20　30　50　60　70

中国筹算数码(公元前 500 年左右)：

纵式

横式

1　2　3　4　5　6　7　8　9

印度婆罗门数字(公元前 300 年左右)：

1　2　3　4　5　6　7　8　9　10　20　30　40　50　60

玛雅数字(?)

1　2　3　4　5　6　7　8　9

10　20　40　60　80　100　120

事实上，十进制除了方便屈指计数，怎么看都不应该是数学家们的首选。18 世纪后期的博物学家布冯曾提议采用十二进制。他指出：12 有 4 个除数，而 10 只有 2 个。正是由于我们世世代代采用十进制时都感到极为不便，所以虽然 10 是举世公认的基底，但是在大多数的度量衡中，都有以 12 为基底的辅助单位。比如，中国的辅助单位“一打”，就是以 12 为基底的。法国数学家拉格朗日则认为用素数做基底有极大的好处。他指出：用了素数基底，每个整分数就都不能化简，因此表示该数的方法只有一种。在我们现在的命数法中，以小数 0.36 为例，有无穷多种分数的写法：$\frac{36}{100}$、$\frac{18}{50}$、$\frac{9}{25}$ 等。若用 11 等素数做基底，不明之处就大大减少了。由此看来，10 既非素数，又不含足够多的因数，在数学上不是最佳的选择。但 10 个手指是人类天生的计算工具，我们早已习惯了 10 的存在，这可能是最早的计算工具影响了数学发展的案例。

文明古国的计算

有了数制和命数法，就可以开始计算了。早在公元前 4000 年到公元前 3000 年，古埃及人和古代的美索不达米亚人就开始用计算处理简单的代数问题。从陈述式算术转向疑问式算术可视为代数的开端。

现在发现的最早的古埃及人的数学文献来自两部纸草书。一部发现于埃及底比斯古都废墟，由收藏家莱茵德购得，因此被称为莱茵德纸草书，现存于伦敦大英博物馆。另一部纸草书由俄罗斯贵族戈列尼雪夫在埃及购得，现藏于莫斯科普希金精细艺术博物馆，又被称为莫斯科纸草书。这两部纸草书收集了各类数学问题。莱茵德纸草书收录了 84 个问题，莫斯科纸草书收录了 25 个，其中大多都是在解决实际问题。

古埃及人的基本运算是加法，乘法则是通过逐次加倍的程序来获得的。比如，要计算 5×80 的值，古埃及人的做法是先将 80 加倍，计算出 2×80，然后将这个结果再加倍，得到 4×80 的结果，最后把 1×80 与 4×80 相加，就得到了 5×80 的值。在除法运算中，加倍的过程被倒过来使用。

古埃及人将未知量称为堆（heap），他们已经开始求解简单的线性方程。例如，莱茵德纸草书中的第 24 题：已知“堆”与七分之一“堆”相加为十九，求“堆”的值。该问题用今天的代数符号可以表示为 $x+\frac{1}{7}x=19$，这是一个简单的一次方程。需要强调的是，在文明古国的计算中，并没有现代的数学符号，因此所有的代数问题都是用文字进行描述的，相当烦琐。正因为古代人在求解数学问题时和古埃及人一样困难，计算方法是只有专家才能掌握的技巧。对于这类一次方程的求解问题，古埃及人采用的是“假设法”，先给“堆”猜测一个值，代入运算后对结果进行比较，再按照比例方法算出正确答案。这是一种“近似计算”的求解思想。

古巴比伦的美索不达米亚人则发明了更先进的计算方法，他们可以求解更复杂的问题。美索不达米亚人居住在两河流域，即现在的伊拉克。大约在 5000 年以前，苏美尔城邦就有了关于美索不达米亚人的记载。苏美尔人的楔形文字在该地区得到传播，在这里出土了大量的楔形文字泥板，这些泥板上的楔形文字，也是世界上最早的文字。

出土的泥板记录了美索不达米亚人曾经做过这样一个算术题：在一个大型粮仓里有 100 多万份粮食，如果每人分得 7 份，能够分给多少人？他们精确地算出了结果。这说明人类最早的文字，可能就是用于计数的，文明与数学密不可分。

关于美索不达米亚人采用六十进制命数法的原因说法不一。一种说法是六十进制与圆周分成 360 份有关，精通天文的美索不达米亚人发现，太阳从东方的地平线升起，到西方的地平线落下，运行的轨道是跨越天穹的半圆，他们把这个天穹半圆分为 180 等分，每个等分就是所见太阳的直径长度，称为“度”。天穹半圆是 180 度，整个圆周就是 360 度。使用六十进制的好处是明显的，60 是 2、3、4、5、6、10、12、15、20、30、60 的倍数，众多的因数可以大大简化计算。

美索不达米亚人的计算方法比古埃及人更先进。古埃及人的计算主要还停留在线性方程之类的问题上，而同一时期的美索不达米亚人已经开始尝试解二次方程和三次方程，并且可以完成一些开方运算，甚至还得出类似毕达哥拉斯定理的结论。有些出土泥板看上去是用于记录数值表的，比如倒数表、平方表、平方根表、立方根表，甚至还有对数表，这与今天的常用数值表的作用没有什么两样。而现存于美国哥伦比亚大学的“普林顿 322 号”泥板，则保存了几组完整的“毕达哥拉斯数”的三元组数字，3 个数字分别对应于直角三角形的 3 条边。在古代的美索不达米亚，用文字记录的数表，是重要的计算工具。

由于没有简洁的符号，美索不达米亚人在解题时大费周章，通过烦琐的文字描述，将解法一步步地描述出来。但他们也因此发现了“算法”的雏形。例如，为了求正数 a 的正平方根，美索不达米亚人发明了一种“递归算法”来求解近似值。所谓算法，是指有限步骤内可描述的过程。递归算法，是指将这个有限步骤的过程重复若干次，每一次的输出是下一次的输入，这里的若干次可以是无穷次。递归的精髓在于每次执行都继承了上一次的执行结果，从而形成渐进的变化，小变化积累起来形成大变化，从简单出发就可以得到复杂的结果。递归可能是付出最小代价得到复杂结果的方法，其他任何想得到复杂结果的方法可能都要付出更大的代价。递归过程隐含着一种朴素的大道理。

用现代的代数语言翻译一下美索不达米亚人求解正整数 a 的平方根的递归算法，大致是这样的：

$$输出值=\frac{1}{2}（输入值+\frac{a}{输入值}）$$

要求解出近似值，只需要多次重复这个计算过程即可，精度取决于计算的次数。我们以计算 $\sqrt{2}$ 的值为例，令 a=2。开始计算时，先猜测一个近似值，比如 1.5，那么代入算法进行第一次计算：

$$1.416=\frac{1}{2}(1.5+\frac{2}{1.5})$$

再将输出值 1.416 代入算法进行第二次递归计算：

$$1.414215\cdots=\frac{1}{2}(1.416+\frac{2}{1.416})$$

在两次计算之后，得到的近似值已经达到了百万分位的精度。这可能是世界上最早的递归算法，事实上，它的生命力穿透了几千年，现在在电子计算器上计算平方根的算法几乎与其完全一样。

古埃及人和古巴比伦人在计算方法上已经取得了辉煌的成果，但是他们的计算主要追求应用的价值，而并不追求精确的结果，只需取得近似计算结果即可。在历史上稍晚一些的古印度和古代中国也从经验中总结出高超的计算术，却都同样只是将其作为一种实用工具，停留在近似结果的计算上。而对于精确计算结果的追求，则留给了爱思考和爱“抬杠”的古希腊人，他们区分了近似计算与精确计算，发现有一些数无论怎样计算，都无法得到精确结果，从而建立起一种一般理论，并证明行之有效。这种一般理论，就是数学。

毕达哥拉斯学派

随着古希腊人的入侵，古埃及人的经验数学被成就更加辉煌的希腊数学所取代。泰勒斯是我们所知最早的古希腊数学家，对他的记载非常少，但所有提到古希腊“七贤”的文献都无一例外地提到了他。相传泰勒斯是一个商人，生活在意大利南部的米利都，在富裕之后开始从事研究和旅行。据说他在埃及住过一段时间，在那里曾经利用影子测量过金字塔的高度，而为人津津乐道。他认为宇宙的本源是“水”。类似地，古希腊哲学起点米利都学派的另一个代表阿那克西美尼，认为宇宙的本源是“气”，持有原子论的赫拉克利特则认为是“火”。

泰勒斯曾证明了以下定理[①]：

- 圆被任一直径二等分。
- 等腰三角形的两底角相等。
- 两条直线相交，对顶角相等。
- 两个三角形，有两个角和一条边相等，则全等。
- 内接于半圆的角必为直角。

我们今天将泰勒斯看作证明几何学的鼻祖，原因在于泰勒斯是从一些更加根本的原理演绎推理出结论的，这是和古埃及、古巴比伦数学最大的区别。比如，对于“两条直线相交，对顶角相等”的证明，在古希腊之前人们大多数时候是将其当作明显的事实来看待的，如果有质疑，就将一个角裁下来，叠置于另一个之上，从而让两个角看起来相等。而泰勒斯的证明却和大多数现在的中学课本类似。如下图所示要证明 $\angle a$ 和 $\angle b$ 是相等的，泰勒斯的做法是由于 $\angle a$ 加 $\angle c$ 等于平角，$\angle b$ 加 $\angle c$ 也等于平角，因为所有的平角都相等，等量减等量，余量相等，所以 $\angle a$ 等于 $\angle b$ 。这是一个演绎推理的短链。

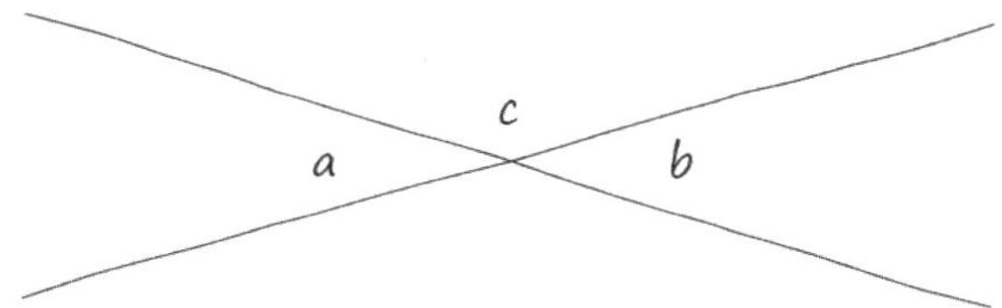

数学在古埃及时期还是一种用于计量和测量的工具，只要能求解，哪怕不甚精确也无关紧要，更没有人深入研究其原理。泰勒斯利用推理进行几何学的研究，则将数学向独立的学科推进了一大步。尤其是略晚于泰勒斯的毕达哥拉斯及其弟子们，延续这条道路对古希腊数学做出了更深远的贡献，一举开创了现代数学。也是毕达哥拉斯，发明了“哲学”和“数学”这两个词。被视为古希腊几何学集大成者的欧几里得，在《几何原本》的头两卷里整理了毕达哥拉斯学派的几何学。

毕达哥拉斯是一个非常复杂的人，是神秘主义和理性的综合体，但世界上可能也没有什么人产生过像他这样深远的影响。毕达哥拉斯活动于大约公元前 6 世纪，我们对他的生平所知极少。在一种说法中，毕达哥拉斯是萨摩岛一个家境富裕的公民姆奈萨尔克的儿子，在另一种说法中，毕达哥拉斯是亚波罗神与凡人结合所生的儿子。毕达哥拉斯比泰勒斯小 50 岁左右，萨摩岛距离米利都也不远，有一种猜测是毕达哥拉斯也许到米利都向前辈泰勒斯学习过，或者是受到其影响。毕达哥拉斯

① 《数学史概论》，作者是霍华德•伊夫斯，由哈尔滨工业大学出版社出版。

曾经到过古埃及，并在那里学到了很多东西。从后来毕达哥拉斯学派的很多研究成果中，我们都可以看到古埃及数学、美索不达米亚数学的影子。历史上每一次重大进步一般都不是凭空出现的，往往有迹可循。

在公元前 510 年左右，毕达哥拉斯活跃在意大利南部的古希腊城市克罗顿，晚年又搬到梅达彭提翁，直到去世。在克罗顿，毕达哥拉斯建立了一个学校，在那里教授公民知识。这个学校同时是一个带有神秘色彩的宗教团体，他在此宣称自己是半人半神的存在，强调道德训练的必要性：要求成员严格自律、抑制情欲，使灵魂旷达；成员之间要相互友爱，先倾听后理解。在这里每个人都穿同样的衣服，同吃同住，共同参加礼拜和宗教仪式。这个宗教团体将灵魂的轮回与吃豆子的罪恶性作为主要教义，并取得了对国家的控制权，建立了一套圣人的统治。后来由于当地公民的反对和破坏，这个团体被驱逐，但依然存在了将近 200 年之久。由于在哲学和数学上的重要地位，我们现在将其称为毕达哥拉斯学派。毕达哥拉斯学派有很多严格的戒律，比如以下这些[①]：

- 禁止吃豆子。
- 东西落地后不要捡起来。
- 不要去碰白公鸡。
- 不要掰开面包，
- 不要迈过门栓。
- 不要用铁拨火。
- 不要掐花环。
- 不要吃动物的心脏。
- 不要在大路上行走。
- 房屋里不许有燕子。

  ……

尽管有着浓重的神秘主义色彩，但毕达哥拉斯学派确实是少有的具备理性的团体。毕达哥拉斯学派观察到不同事物中蕴含着共同的数学规律，因此认为万物都是由“数”组成的，数是构成事物的最小单元，数学是自然的真理。毕达哥拉斯学派崇尚口口相传，而且将所有发现均归功于领袖，所以关于“万物皆数”思想的文字都是由后人整理的，毕达哥拉斯的原话已不得而知，晚期加入毕达哥拉斯学派的一位成员费洛罗斯曾明确宣称：“人们所知道的一切事物都包含数；因此没有数就既不可能表达，也不可能理解任何事物。”

① 《西方哲学史》，作者是罗素，译者是何兆武、李约瑟，由商务印书馆出版。

毕达哥拉斯学派对数的概念有和我们今天不同的理解。他们认为数不是一种抽象的概念，而是一种实体，是组成物质的最小单元。在古希腊时期，毕达哥拉斯学派在意大利南部的海滩上，用小石子摆出一个个不同的形状，并从中观察规律和奥秘。不难看出，这是一种构造性的方法，也必然导致他们认知中的数全部是整数——因为他们的起点是可找到的所有小石子。计算的英文单词是 calculation，源自拉丁文 calculus，原意是“小石子”。①毕达哥拉斯学派对数的具体认知，让他们几乎不太可能承认 0 是一个数，这可能也解释了为什么古希腊人没有发明数字 0。

用小石子可以形象地表达毕达哥拉斯学派关于数的概念。他们用一个个小石子摆出如下图所示的不同形状，从而形成三角形数、正方形数、五边形数，这样的数被称为“形数”。目前公认形数是由毕达哥拉斯学派发现的。

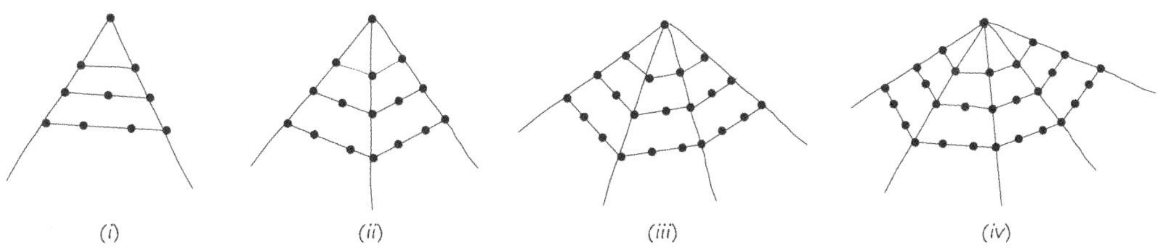

很快毕达哥拉斯学派就发现了蕴含在这样的排列中的规律。比如，1、3、6、10 这类数字的石子都可以摆成正三角形，因此被称为三角形数。他们随即发现了更有趣的事情，如果将每个三角形数乘以 8 并加 1，将得到一个奇数的平方数。

$1\times8+1=9$

$3\times8+1=25$

$6\times8+1=49$

$10\times8+1=81$

……

类似地，他们还发现任何正方形数都是两个相继的三角形数之和。这个发现如下图所示用小石子一摆，就非常形象了。

① 在本书中，计算的概念对应英文单词 computing，而不是对应 calculation。当你计算时 calculation 更主要的含义为算术意义的计算，而本书中的计算为一种可由机器执行的泛在计算。

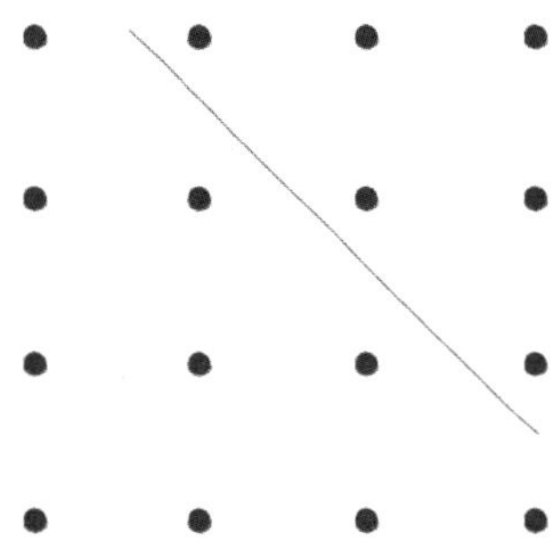

毕达哥拉斯学派了不起的地方是，他们从观察中总结规律，形成了能计算任意形数的一些公式，从一般的特例走向了数学归纳。比如，观察下图中的正方形数，很容易得出一个定理：包含 1 的任意个相继奇数之和都是完全平方数。

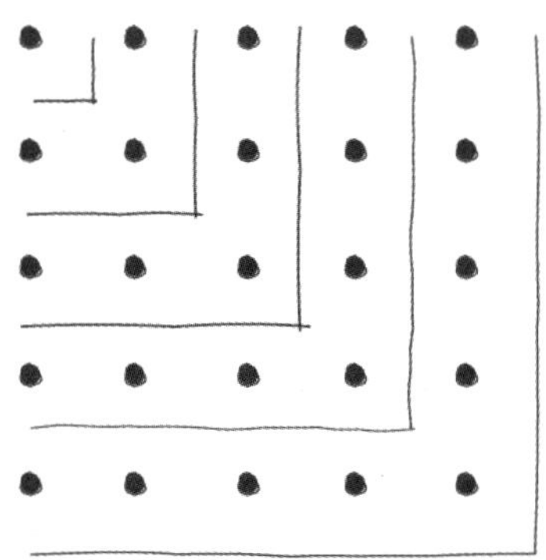

很显然，用线分隔出来的部分就是奇数递增序列 1,3,5,7,⋯。每次新增的小石子和已有的小石子组合在一起，得到的小石子数量恰好都是一个新的正方形数，也即定理中的完全平方数。

进一步地，毕达哥拉斯学派开始研究数与数之间的关系。他们将对数的抽象关系的研究，与用数进行计算的实用技能区分开。前者被称为算术（arithmetic），后者被称为算术计算术（logistic），这种分类法一直延续到 15 世纪末，此后在教科书中二者被统一成算术。

基于对数的抽象关系的研究，毕达哥拉斯学派建立了早期的数论，并发现了很多具有神秘色彩的“数”。他们认为所有的数都是整数，分数被看成是两个整数之比。毕达哥拉斯学派还对奇数和偶数进行了分类，并讨论一个数是奇数与偶数之积，还是奇数与奇数之积。亲和数的发现也被后来的哲学家归功于毕达哥拉斯。两个数是亲和的，即一个数是另一个数的所有真因子之和。毕达哥拉斯发现的一对亲和数是 284 和 220，因为 284 的真因子是 1、2、4、71、142，其和为 220；而 220 的真因子为 1、2、4、5、10、20、22、44、55、110，其和为 284。如此奇特的数在毕达哥拉斯学派眼里自然带上了神秘色彩，据传佩戴分别刻有这两个数护身符的人，会保持长久的爱情或友谊。在随后的 2000 多年里，人类也只发现了不到 100 对亲和数。在中世纪时，17296 和 18416 被发现是一对亲和数，但很快被人们遗忘，直到 1636 年被法国业余数学家费马重新发现。两年后，费马的主要竞争者笛卡儿宣布发现了第三对亲和数。100 多年后，瑞士大数学家欧拉在 1747 年给出了一个 30 对的亲和数表，后来该表又扩展到 60 对。令人惊讶的是，在 1886 年，一个 16 岁的意大利小男孩 N. 帕加尼尼发现了大数学家费马、笛卡儿、欧拉都未曾发现的，可能是自毕达哥拉斯以来最小的一对亲和数：1184 和 1210。

除了亲和数，出于对数的因子的研究，毕达哥拉斯学派还发现了完全数、不足数和过剩数。这些数在毕达哥拉斯学派中都与占卜预测或好运厄运有关联。一个数如果等于其真因子之和，则被称为完全数；如果大于，则被称为不足数；如果小于，则被称为过剩数。6 是个完全数，因为 6 恰好是其真因子 1、2、3 之和。随后的 2000 多年里，直到 1952 年，数学家们才发现了 12 个完全数，且都是偶数。欧几里得《几何原本》第九卷的最后一个命题给出了一种判断完全数的方式，18 世纪欧拉证明了每一个偶完全数必定是《几何原本》中给出的形式。奇完全数是否存在目前依然是数论中的一个未解难题。自 1952 年之后的几十年里，随着计算机的出现，借助《几何原本》中的方法，又发现了 30 个偶完全数，每一个都很大，非人工计算所能得出。①

毕达哥拉斯学派发现的“形数”是一种介于数和形的中间产物，在数和形之间达到了某种统一。通过数来研究形，是毕达哥拉斯学派的一个重要贡献。在形的研究上，古希腊人进入推理的领域，而脱离了对“量”的计算。通过推理这一工具，他们发现了很多几何定理。在这一时期，毕达哥拉斯学派发现了可能是数学史上最著名也最重要的定理：直角三角形的斜边平方为两直角边平方之和，这又被称为“毕达哥拉斯定理”。毕达哥拉斯原本的证明方法已经失传，目前记载于欧几里得《几何原本》第一卷第 47 个定理的证明方法，使用了下图中的方法。

① 《数学史概论》，作者是霍华德·伊夫斯，由哈尔滨工业大学出版社出版。

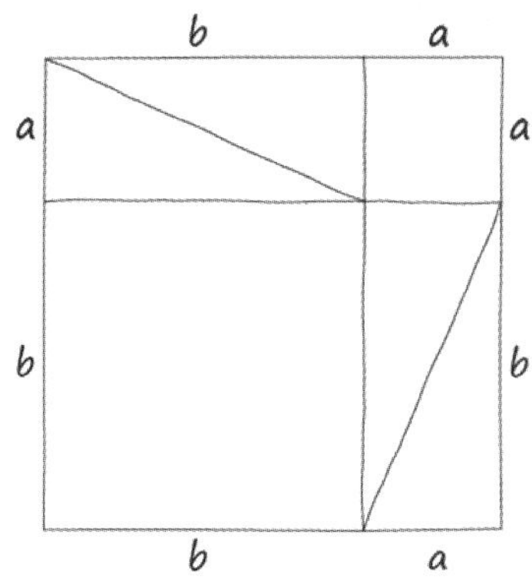

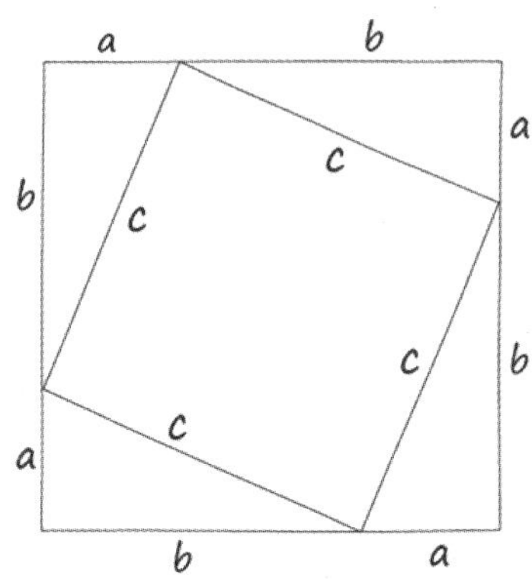

设一个直角三角形的两直角边边长分别为 a 和 b，斜边边长为 c，做出两个边长均为 $a+b$ 的正方形，这两个正方形的面积显然是相等的。根据等量减等量余量相等公理，从图中不难看出，从 2 个等面积正方形中各自减掉 4 个相等小直角三角形的面积，余量也应相等，所以右侧边长为 c 的正方形面积，应该等于左侧边长为 a 的正方形与边长为 b 的正方形面积之和。即有：

$$a^2+b^2=c^2$$

这一证明的潜在前提包括“直角三角形 3 个角的和等于两个直角”，以及一些平行线的知识，因此这些知识也被认为由毕达哥拉斯学派所发现。

据传毕达哥拉斯学派宰杀了 100 头牛以庆祝毕达哥拉斯定理的发现，但这种说法与毕达哥拉斯学派的素食主义相悖。不管怎么说，在公元前 6 世纪，毕达哥拉斯学派视这一定理的发现为一件喜庆的大事，佐证了他们对于数学是自然的真理的信仰。

满足毕达哥拉斯定理的直角三角形对应 3 条边边长的整数被称为“毕达哥拉斯数”，比如 3、4、5 就是一组最有名的毕达哥拉斯数。类似地，8、15、17 也是一组毕达哥拉斯数。一般认为，毕达哥拉斯学派已经发现了计算毕达哥拉斯数的公式：

$$m^2+(\frac{m^2-1}{2})^2=(\frac{m^2+1}{2})^2$$

其中，m 为奇数。根据研究，古巴比伦人应该也已经掌握了计算毕达哥拉斯数的方法。

毕达哥拉斯定理在中国的古代被称为勾股定理，其最早记载于《周髀算经》（约公元前 1 世纪）中的陈子（约公元前 7 世纪）测日法：“若求邪至日者，以日下为勾，日高为股，勾股各自乘，并而开方除之，得邪至日者。”勾股定理是世界上被证明次数最多的定理，一共有 370 多种证明方法。我国三国时期的吴国人赵爽，绘制了如下图所示的弦图，给出所有勾股定理证明方法中最简洁的一种。

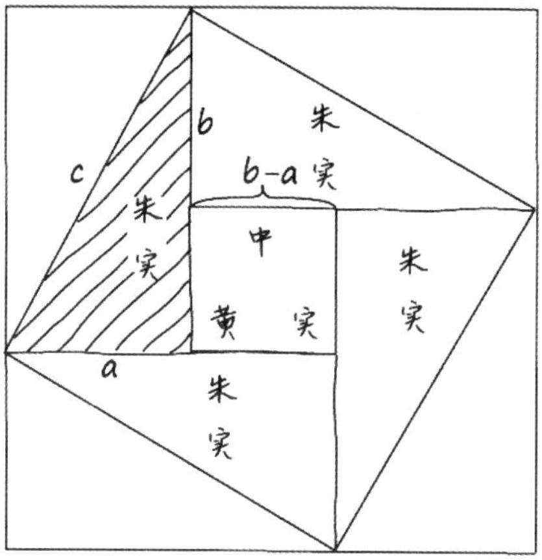

赵爽（字君卿）在《勾股圆方图注》中提到了他的计算方法：“勾股各自乘，并之为弦实，开方除之，即弦也。……案弦图，又可以勾股相乘为朱实二，倍之为朱实四，以勾股之差自乘为中黄实，加差实，亦成弦实。”这段话里的朱为红色，黄为黄色。赵爽的这个证明方法，已经融入了割补原理。

毕达哥拉斯定理以及其他几何定理的出现，是古希腊人的辉煌数学成就。古希腊数学了不起的地方不在于他们得出毕达哥拉斯定理这样的结论，类似的结论古巴比伦人也得出了。他们了不起的地方在于使用的方法，即证明过程本身，这是一种从更基本的原理出发，演绎推理出结论的“推理方法”。古埃及、古巴比伦人的经验数学将数学公式作为计算工具，古希腊数学这种演绎推理新方法的进步之处在于，不再拘泥于量的计算，而是将数学拓展到了形的领域。同时定理的出现，也是对计算效率的极大提高，以此为基础，很多复杂定理和结论才得以出现，才有了未来2000 多年的数学大发展。而这些，是只注重实用而不深入洞察背后原理的古埃及和古巴比伦数学永远做不到的。因此，方法的进步才是关键的进步，即古希腊数学是从公式计算的方法，进化到了公理化和演绎推理的方法，而后者标志着现代数学的出现。

毕达哥拉斯学派的形数与定理，是几何学的开端。在几何学的推理过程中，我们看不到对于“量”的计算，而只有命题之间的演绎。这种演绎推理的方法，要等到亚里士多德时期才得以再次兴起，最终还要等到欧几里得横空出世后才趋于成熟。我们知道数学的定义在历史上不断演进。亚里士多德认为数学是一种“量”的科学，到了 19 世纪，随着数学的严格化，以及数学的研究对象变成了证明过程本身，数学的概念演变成一种“纯粹数学”的思想。此后，在法国布尔巴基学派出现后的几十年，又出现了新一轮对数学的定义。现在大多数数学家接受的定义为“数学是一种研究事物的抽象结构与模式的学科”。而远在公元前 6 世纪的毕达哥拉斯学派，就已经开始研究不同事物中的共同抽象结构与模式了。毕达哥拉斯学派区别于前辈米利都学派的一个主要特点是，毕达哥拉斯学派重视对模式的思考，而米利都学派更关注物体的组成结构是什么。

毕达哥拉斯学派认为物质都是由“数”这种最小单元组成的，因此不同物质之间也应当有着某种关联。他们发现天文、音乐和算术、几何有着共同的美妙结构，他们追求自然中的这种和谐。如果说“万物皆数”带来了毕达哥拉斯学派对“量”的研究，那么对“和谐”的追求，则为他们带来了对数之间抽象关系的研究。“数”与“和谐”构成了毕达哥拉斯学派的主要思想，他们认为世界上的一切事物都可以并且也只能够通过数学得到解释。

宇宙的本质在于数的和谐性，这种观点被称为毕达哥拉斯主义，并影响了后来的柏拉图。值得一提的是，当今物理学的标准模型，就是一种毕达哥拉斯主义的体现。物理学研究的范式在杨振宁走上学术舞台以后，已经从伽利略和牛顿开创的实验科学，转为先由数学模型预测一种粒子的存在，再设计实验去验证。杨振宁先生有深厚的数学功底，在科学研究中以“数学之美”为指引，做出了很多重大的科学发现。

如亚里士多德所说：“由于他们（毕达哥拉斯学派）在数中见到各种各样和谐的特性与比例，而一切其他事物就其本性来说都是以数为范例的，而数本身则先于自然界中的一切其他事物，所以他们基于这一切进行推论，认为数的基本元素就是一切存在事物的基本元素。”

在毕达哥拉斯学派中，数 1 生成了所有的数，因此被称为“原因数”。他们认为万物的初始是“一元”。从“一元”产生出“二元”，“二元”是从属于“一元”的可变的物质，“一元”是原因。从完美的“一元”与可变的“二元”中产生各种数；从数产生点，从点产生线，从线产生平面，从平面产生立体，从立体产生感觉所及的一切物体，产生 4 种元素：水、火、土、气。4 种元素以不同的方式互相转化，于是创造出有生命的、精神的、球形的世界。①

在他们的观念中，点是一元，线是二元，平面是三元，立体是四元。土是立方体，火是四面体，气是八面体，水是二十面体。所有这些形式都可以用数来表示，因此数就是终极的原因。爱情、友谊、正义、健康等都是建立在数之上的。每个数都被赋予了特定的含义，高低差八度的音刚好能产生和声，因此数 8 代表和谐，爱情和友谊都由数 8 来代表。数 10 是一个完美的数，因为它是四元之和，即

① 参考了《古希腊罗马哲学》一书，由商务印书馆出版。

1+2+3+4=10。

毕达哥拉斯学派发现了音乐中“和弦”的效果，产生各种谐音的弦的长度都呈整数比。例如，一根弦如果恰好是另一根弦的 2 倍，就会产生相差八度的谐音，因此具有相同的音名。为此毕达哥拉斯学派认为 8 是代表和谐的数字。如果两根弦长比是 3 比 2，较短的那根弦发出的音比较长那根弦发出的音恰好高 5 度，这也被毕达哥拉斯学派视为一个和谐的音高频率。在现代音律中，这个比率恰好表示一个纯 5 度，毕达哥拉斯学派的音阶也以此为基础，产生了可以完整循环的所有 7 个音名，即我们今天熟悉的 do、re、mi、fa、so、la、si。这种产生毕达哥拉斯音阶的方法被称为“五度相生律”。①

古代的中国，采用与毕达哥拉斯学派相似的数学原理，产生了五音“宫、商、角、徵、羽”。在《管子》一书中曾有记载：“先主一而三之，四开以合九九，以是生黄钟小素之首，以成宫。”这种产生音阶的方法被称为“三分损益法”，在司马迁的《史记》中也有详细记载：“九九八十一以为宫。三分去一，五十四以为徵。三分益一，七十二以为商。三分去一，四十八以为羽。三分益一，六十四以为角。”中国古代的五音比毕达哥拉斯音阶少两个音，但另有一番古朴天成的味道，留下了《高山流水》《春江花月夜》等名曲。现代最有名的五音歌曲当数民歌《茉莉花》。

公元前 433 年曾侯乙墓的编钟，由 19 个钮钟、45 个甬钟和 1 个大傅钟，共 65 件组成，通过“三分损益法”产生了类似现代流行的“十二平均律”，误差仅 2%，可以发出现代钢琴黑白键的所有音名频率。中国的十二律包含 12 个音名，统称为“律吕”，排在奇数位的 6 个音名为“律”，排在偶数位的 6 个音名为“吕”。

- 六律：黄钟、太簇、姑洗、蕤宾、夷则、无射。
- 六吕：大吕、夹钟、仲吕、林钟、南吕、应钟。

欧洲的十二平均律键盘乐器出现在 16 世纪。也就是说，无论从西方毕达哥拉斯音阶的“五度相生律”出发，还是从中国古代管子的“三分损益法”出发，最终都走向了现代的十二平均律。不同事物中确实蕴含着至简的数学原理。

迄今为止，我们依然可以看到由毕达哥拉斯学派音乐上的发现在数学中留下的痕迹：“调和级数（harmonic series）”这个名字源自“和声（harmony）”。调和级数是数论中最著名的难题“黎曼假设”的一种特殊情况，当黎曼函数ζ的取值恰好为 1 时，就会产生调和级数：

$$\zeta(1)=\sum_{n=1}^{\infty}\frac{1}{n}=1+\frac{1}{2}+\frac{1}{3}+\frac{1}{4}+\cdots+\frac{1}{n}+\cdots$$

① 《数学的天空》，作者是张跃辉、李吉有、朱佳俊，由北京大学出版社出版。

类似地，在毕达哥拉斯学派的天文学里，天体的运行也符合数学的规律。他们认为宇宙是球形的，中心是火。行星围绕中心火而运转，恒星紧系于天的最高圆顶。下面是同心的球体土星、木星、火星、水星、金星、太阳、月亮和地球。因为 10 是完美的数字，所以一定有 10 个天体。这种宇宙观充满了想象力，也为后来的日心说铺平了道路。[①]

与此同时，他们认为万物由数组成，土、火、气、水元素可互相转化。这是一种变化的世界观，虽然与米利都学派的运动世界观在对世界的本源认识上有所不同，但对于世界是变化和运动的这一认识在本质上是类似的。

毕达哥拉斯学派用理性来看待世界。他们发现，大多数事物都受到时间约束，但是数字却不是。由于数学是人的思维的产物，因此数学并不受时间所约束。由此他们认为数是独立于时间存在的事物。如果有一个数学的实在存在，则这个世界是超脱于眼前的物理世界的。这影响了后来的柏拉图。伯特兰·罗素认为，柏拉图的思想基本上和毕达哥拉斯是一脉相承的。

柏拉图的理想世界

柏拉图是古希腊伟大的哲学家苏格拉底的学生。关于苏格拉底的生平和哲学思想我们不再赘述，因为本书不是一本哲学书或历史书。我们关注柏拉图，因为他提出了一些对数学至关重要的想法。

柏拉图于公元前 428 年出生于雅典的一个优裕贵族家庭。恰逢伯罗奔尼撒战争，雅典战败后，青年贵族柏拉图将战败的原因归结于民主制，尤其是当他最敬爱的老师苏格拉底被判处死刑后，他对民主制更是彻底的失望与愤恨。这就不难理解他为何去斯巴达寻求理想国的影子了。

柏拉图在雅典建立学院以传授知识，这个学院延绵长达 800 多年之久。他系统性地总结了苏格拉底的哲学，让哲学在古希腊实现了系统化和理论化。柏拉图和亚里士多德对后世产生了难以估量的影响。基督教的神学和哲学一直到 13 世纪，尊崇的都是柏拉图，而亚里士多德是柏拉图的学生。

伯特兰·罗素认为[②]柏拉图的思想主要来源于毕达哥拉斯、巴门尼德、赫拉克利特和苏格拉度。柏拉图的思想非常丰富，本书中我们只探讨和数学有关的部分。柏拉图本人对数学知识的贡献并不大，他了解数学是为了哲学。但柏拉图非常重视

① 《西方哲学史》，作者是梯利，由商务印书馆出版。

② 《西方哲学史》，作者是罗素，由商务印书馆出版。

数学，在他的学院里，音乐、天文与算术、几何是密不可分的。柏拉图在学院门口挂着一个牌子："不习得几何者，不得入内。"

柏拉图对现代数学最大的贡献，就是从哲学层面启发了"数学的研究对象"这一问题，并给出了自己的立场。其他自然科学，如物理学、生物学等，研究的对象是非常明确的——某一自然现象的规律。但数学不是，数学是一门高度抽象的学科，它来源于人的思维，因此数学的研究对象从其诞生之日起，就一直存在争议。

柏拉图根据自己的主要哲学观点"理念论"，给出了自己的答案。他认为感官接触到的世界是变化不定的、不真实的，而永恒的真实世界是由"理念"组成的世界。"理念"是一种永恒的客观精神的实体，只能通过心智活动加以理解，任何具体事物都只能是理念的"影子"。

比如，我们说"这是一只猫"时，"猫"这个字有什么意义呢？一个动物看起来是一只猫，是因为它呈现出一切猫所共有的一般性质。但是"猫"这个字如果有意义，就不是特指某一只猫，而是指某种普遍的猫性。这种猫性既不会随某只特定的猫出生而出生，也不会随着某只特定的猫死去而死去。事实上，它在时间和空间中都是没有定位的，是"永恒的"。这就是柏拉图的理念。

类似的几何中的点、直线、圆等概念也仅仅存在于理念世界中，因为在物理世界中我们永远也找不到完美的点、直线和圆。这样柏拉图就把数学与物质剥离开了，将数学对象视为一种独立的不依赖于人类思维的客观存在，是永恒地存在于理念世界中的。将数学对象概念化，是古希腊人的一个重大贡献。对古埃及人来说，一条直线只不过是一段拉紧了的绳子，或在沙地上画出的一条线，一个矩阵就是将一块田围起来的篱笆。但古希腊人把点、线、面变成了思维世界的概念实体。柏拉图认为数学对象不是理念[①]，而是感性事物和理念之间的"中介对象"，因此数学的对象就具有一种桥梁的作用，学习数学能让灵魂进入抽象的理性，从而排斥可感知的对象。数学是进入哲学的阶梯，是认识理念世界的准备工具。在《理想国》中，柏拉图写道：

> "你也知道，他们利用各种可见的图形讨论它们，但是他们心中想的实际上是这些图形所模仿的那些东西。例如，他们所讨论的并不是他们所画的某个特殊的正方形或某条特殊的对角线等，而是正方形本身，对角线本身等。他们所画的图形和所做的模型乃是实物，可以拥有其水中的影子或影像。但是现在他们又把这些东西当作影像，而学生实际要把握的则是只有用思想才能理解的那些实在。"

① 后期柏拉图学派的一些成员认为数学对象就是理念本身。

对于这样的理念世界，柏拉图有一个非常著名的洞穴比喻。将那些缺乏哲学思考的人比作关在洞穴里的囚犯，他们只能朝一个方向看，因为他们是被锁着的；他们的背后燃烧着一堆火，他们的面前是一堵墙。在他们与墙之间什么东西都没有；他们所看见的只有他们自己和他们背后东西的影子，影子是由火光投射到墙上来的。他们不可避免地把这些影子看成是实在的，而对于造成这些影子的东西却毫无概念。最后有一个人逃出了洞穴，来到光天化日之下，他第一次看到了实在的事物，才察觉到他此前一直被影像欺骗。如果他是以卫国者自居的哲学家，就会背负责任再次回到洞里，把真理传递给从前的同伴，指示他们出洞的道路。但是说服同伴是困难的，因为离开了阳光，他看到的影子还不如别人清楚，而在别人看起来，他仿佛比逃出去以前还要愚蠢。[①]

柏拉图认为数学活动是先天的，理念世界是理性认识的对象，这种认识只能通过“对先天的回忆”得到实现。这就是柏拉图的灵魂回忆论。在《美诺篇》中，柏拉图让苏格拉底通过对话引导一个没有学习过几何学的奴隶领悟了一个几何学定理。苏格拉底强调，既不是他，也不是其他任何人教会了这个奴隶几何定理，而是通过精心设计问题的引导，让这个奴隶自己发现了这个定理。柏拉图用这个实验来说明他的理论，所谓“学习”，只是让人“回忆”起过去灵魂在理念世界的生活。对于这种带有神秘主义色彩的理论，后来的大多数柏拉图主义学者都是持反对意见的。

柏拉图也阐述了为何几何学可以应用于物理世界。在《蒂迈欧篇》中，柏拉图讲述了一个物理世界如何从 5 种柏拉图体（四面体、八面体、六面体、十二面体、二十面体）中构建出来的故事。而柏拉图对于算术和几何的观点类似，也认为算术与代数均独立于数学家、物理世界，以及心灵。柏拉图将数的理论称为算术，与之不同的是称为逻辑斯蒂（logistic）的关于计算的理论。柏拉图的算术单独处理自然数，涉及计数、加法和减法，最终是其更高层面哲学的一部分；而他的逻辑斯蒂涉及数之间的关系，涉及纯单位之间的比值，更类似于今天的“算术”，且逐渐成长为一门清晰的关于数之间关系的科学。对逻辑斯蒂，柏拉图提出了自然数如何从其他自然数“产生（通过日冕的指针）”的原则，这类似于公理化处理本体论的起源。[②]

柏拉图认为在数学中唯一有效的方法是“辩证法”，即完全抛开感性的事物，从理念出发，揭露理念之间的关系，最后上升到无矛盾的“善”的理念。这种辩证法也被称为“论辩术”，是纯逻辑的。由于柏拉图强调数学思维是一种纯粹的心智活动，因此反对把数学用于实际事务，反对数学中任何转向感性世界的倾向。他进

① 《西方哲学史》，作者是罗素，译者是何兆武、李约瑟，由商务印书馆出版。

② 《数学哲学》，作者是斯图尔特·夏皮罗，译者是郝兆宽、杨睿之，由复旦大学出版社出版。

而从数学的基本方法中提炼出分析和归谬法，并最早坚持将演绎推理作为证明的唯一方法。可见纯粹数学的思想从柏拉图时就开始存在了。

毕达哥拉斯学派认为数是万物的本原，是不能与物质相脱离的。尽管深受毕达哥拉斯的影响，但柏拉图剥离了数和物质，将数上升到了独立于物质和心灵的一种永恒理念世界。正如亚里士多德所说："他（柏拉图）与毕达哥拉斯学派的主要区别在于，他使'一'和'数'与感性事物相分离，并引进了形式。"

作为柏拉图的弟子，亚里士多德却对老师的观点做出了非常尖锐的批评。他的名言有"吾爱吾师，吾更爱真理"。他的唯物论思想认为具体的事物是真正存在的，数学概念是实体属性的抽象。根据这种解释，自然数是通过对物理对象的聚合抽象而来的。例如，对于 5 只羊的一个组合，我们有选择地忽略羊的特征，只抽象出每只羊是不同对象这一事实，从而得到数 5。由此可见，亚里士多德的数，存在于所属的那组对象中。他否认任何数学先验对象的存在，指出凡是存在的数学属性，都必须加以构造证明——这可能是数学哲学中直觉主义构造论最古老的源头。

亚里士多德关于数总是某物的看法与柏拉图一致，但对亚里士多德来说，数是日常对象聚合的数，即柏拉图的物理数。在亚里士多德的观念里，数学对于物理世界的可应用性是可以直接得到的，不需要在数学和物理之间假设一个连接，因为本来两者就不可分。这种思想是经验主义的种子。

因此，欧几里得的"在两点之间做一条直线"的原理，对柏拉图来说，是一个伪装的关于直线的命题，真实的直线只存在于理念世界中；而对于亚里士多德来说，却可以从字面理解这一原理，它是一个允许人们有所作为的命题。但亚里士多德并不反对出于使用方便虚构一个数学对象用于计算，他认为这是无害的。亚里士多德认为数学是研究"量"与结构的科学。他对数学最大的贡献在于建立了逻辑学，将数学和形式逻辑结合到一起。这些容后再述。

柏拉图的理念世界立场与亚里士多德的唯物论立场之间的对立，是一种哲学思想上的对立。受此影响，后世对哲学和数学的激烈争论不绝于耳，直至今日尚无答案。如果柏拉图的理念是真理，那么数学就是一种发现；反之，数学只不过是人类思维活动的一个过程，是人类的发明物。

在历史上的每个时期，都不乏秉持柏拉图主义的数学家与哲学家。近代的数学柏拉图主义者，在柏拉图学派的基础上又有所发展，他们相信上帝用数学方案构造了宇宙，只是之后上帝不再干预，以避免宗教对科学的压制。这一认知对后世产生了难以估量的影响。同时他们认为数学对象是客观的精神实体，需要通过心智活动加以认识，因此不应受直观感觉的约束；数学观念是先验的或先天的，数学真理具有必然性和唯一性。

第一次数学危机

哲学和数学从柏拉图时代起就进入了理性时代。但尚处在萌芽状态的数学，却即将面临一场巨大的危机。只有经历这场危机的洗礼，数学这门新生学科，才能真正化茧成蝶，蜕变为人类最重要的工具。

无理数的发现

事情要从毕达哥拉斯学派说起。由于毕达哥拉斯学派认为万物皆数，追求事物的和谐，将任何量看成两个整数之比，因此在毕达哥拉斯学派的数学中允许有理数的存在。以几何线段为例，两条线段之外一定存在第三条线段，可对前两条线段完美细分，即第三条线段的长度就是前两条线段的共同单位，也即前两条线段的长度是可通约的。

然而这一结论出现了一个意外情况，正方形的对角线和其边是不可通约的。在一个等腰直角三角形里，弦的平方等于其每一边平方的 2 倍。那么当边长为 1 时，弦有多长呢？现在我们知道，这个长度是一个无理数 $\sqrt{2}$，但是在毕达哥拉斯时代，从未遇到过这种情况的古希腊人对此极度恐慌。

据说是毕达哥拉斯的学生希帕索斯最先发现这个问题。发现这个问题的时候希帕索斯正和毕达哥拉斯学派的其他成员在一条船上，他拒绝否认 $\sqrt{2}$ 的存在，而这将摧毁几乎整个毕达哥拉斯学派的核心理论和信念，世界不再是和谐的。因此在极端的恐慌下，可怜的希帕索斯被其他毕达哥拉斯学派的成员捆绑起来，丢入无垠的大海，被汹涌的波涛吞没。希帕索斯可能是历史上第一个为坚持数学真理而献身的人。

我们知道毕达哥拉斯学派发现了形数的存在，他们对于数的最早的认知都是用小石子一个一个摆出来的，由此就不难理解为何毕达哥拉斯学派起初就认定了数学的基础是整数，以及为何如此难以理解不可通约的无理数的存在，并视其为大不敬——他们无法理解不能由整数构造出来的数，必然会认为其违背了自然的规律。

对于 $\sqrt{2}$ 和 1 是不可通约的证明收录于《几何原本》第十卷的附录 27，这是一个极其简洁漂亮的归谬法证明，简单描述如下：

> 先假定等腰直角三角形的直角边为 1，如果其弦是可通约的，那么就可以表示为两个整数之比，假设为 m/n。那么根据毕达哥拉斯定理 $(m/n)^2=1^2+1^2=2$，即 $m^2/n^2=2$。如果 m 和 n 有一个公约数，则可以将其约掉，于是最终的 m 和 n 必有一个是奇数。现在 $m^2=2n^2$，所以 m^2 是偶数，m 也是偶数；因此 n 是奇数。假设 $m=2p$，那么 $4p^2=2n^2$，因此有 $n^2=2p^2$，所以 n 是偶数，这与 n 是奇数相矛盾，所以不存在 m/n 可以约尽的弦。

$\sqrt{2}$可能是古希腊人发现的第一个无理数，但随后更多的无理数被发现，尤其是在建筑的设计中，古希腊人崇尚的美学让他们不断增加几何多边形的边数，直到突然发现不能再增加了，而这个过程就伴随着新的无理数出现。比如，在边长为单位 1 的正六边形中，较短的对角线长度为$\sqrt{3}$。而古希腊人喜爱的黄金比例，也是一个无理数。

种种迹象表明，从毕达哥拉斯学派开始，新发现的无理数给古希腊人带来尴尬和恐慌。这次数学上的尴尬、信仰上的恐慌，史称“第一次数学危机”。在算术中无法解释这些不可通约量的存在，于是古希腊人将这些量从算术比率中抽离出来，构造出几何的量。几何可以使用推理作为工具处理一个像$\sqrt{2}$这样的线段，而算术处理不了。通过几何对象的逻辑关系，代数上无限不可分的性质被回避了。这促成了从算术到几何的转变，而这一转变又恰恰是从数的计算向演绎推理的转变。

《几何原本》记录了伟大的古希腊数学家欧多克索斯如何用几何思想回避不可通约量，巧妙地完成了诸多定理的证明。此外，《几何原本》第十卷专门总结了对不可通约量的计算，古希腊数学家泰阿泰德做出了主要贡献。欧多克索斯用来处理不可通约量的定义，在 2000 多年后被 18 世纪德国数学家理查德·戴德金采纳，用于精确地定义无理数。欧多克索斯的定义方法也被阿基米德称为“欧多克索斯公理”，在《几何原本》第五卷中给出了其关键定义：

> “如果其中一个量超过另一个量，这两个数的大小能够用比来表示。”

用这个定义可以比较不同的可通约量或不可通约量。比如，可证明$\sqrt{3}>\sqrt{2}$或$2>\sqrt{2}$。

欧多克索斯继续做出定义：

> “有 4 个量，第一量比第二量与第三量比第四量叫作相同比，如果对第一量和第三量取任意等倍数，又对第二量和第四量取任意等倍数，而第一与第二倍量之间依次有大于、等于或小于的关系，那么第三与第四倍量之间便也有相应的关系。”

这段话有点儿拗口，用现代的代数学表述更好理解，这段话的意思即：

比例 $a:b=c:d$，对一切正整数 m 和 n 有：

若 $ma>nb$，则 $mc>nd$。

若 $ma=nb$，则 $mc=nd$。

若 $ma<nb$，则 $mc<nd$。

巧妙的是，这个定义里没有要求比较的是相同类型的量，也就是说 a 和 b 可能是长度，c 和 d 可能是面积。欧多克索斯以强大的洞察力，将深陷不可通约性泥潭一个多世纪的古希腊人拯救出来。就这样，古希腊人回避了无理数带来的尴尬，却也错过了建立实数分析的机会。这一错过，就是 2000 多年。

芝诺悖论：无穷之辩

无理数的出现已经触碰到了无穷的问题：一个量可以被无限分割下去吗？而古希腊时期的另一个哲学家芝诺，则提出关于时间和空间无限分割的 4 个问题，其与人们对世界的直觉感受相悖，被称为芝诺悖论。芝诺悖论通过对无穷的诡辩，进一步将“第一次数学危机”推向高潮。

芝诺是古希腊南意大利的爱利亚人，出生于公元前约 490 年，他是古希腊哲学家巴门尼德的学生。根据柏拉图在《巴门尼德篇》里的描述，芝诺身材魁梧，仪表堂堂。第欧根尼•拉尔修的《著名哲学家的生平和学说》记载了作为哲学家和政治精英的芝诺，曾密谋推翻僭主暴君的独裁统治，事发被捕后，他因遭受痛苦折磨而死去。据说芝诺死得很悲壮，面对僭主拷打他时的问题：“明白哲学教会你什么了吗？”芝诺轻蔑地回答：“视死如归！”

根据柏拉图的记载，芝诺提出悖论是为老师巴门尼德的学说辩护。巴门尼德和芝诺都不认同米利都学派、毕达哥拉斯学派关于“世界是运动的”的学说，他们认为万物是静止的。芝诺由此提出了 4 个悖论，以证明万物是静止的。原文都已遗失，现在看到的芝诺的观点都来自亚里士多德在《物理学》中的论述。

芝诺的第一个问题是“二分法”。芝诺认为运动不存在，理由是位移事物在到达目的地之前必须先抵达路程的一半处。“要走完一段路程，必须先走完一半路程，然后再走完剩余一半路程的一半，依此类推，这些一再两分的一半路程是为数无穷的，而走完为数无穷的路程是不可能的，因此走完全程是不可能的……随着运动的进行，每走完一半路程，就先计一半数，因此得出一个结论：如果要走完全程，就必须数无穷多的数，而众所周知这是不可能的。”[①]

芝诺的第二个问题是“阿喀琉斯与乌龟”。阿喀琉斯是荷马史诗《伊利亚特》中希腊联军的英雄，英勇善战，善于奔跑。芝诺辩称善跑的阿喀琉斯追不上一只乌龟，因为阿喀琉斯必须首先跑到乌龟的出发点，但在阿喀琉斯到达这一点时，乌龟又往前爬了一段路程，阿喀琉斯继续追，乌龟继续爬，如此往复。因为乌龟不是停止不动的，哪怕再慢也一直在移动，因此阿喀琉斯永远追不上乌龟。

① 《物理学》，作者是亚里士多德，译者是张竹明，由商务印书馆出版。

芝诺的“二分法”和“阿喀琉斯与乌龟”本质上是一样的问题。在中国古代，庄子曾经提出过类似的诡辩思想，在《庄子·天下》中有“一尺之棰，日取其半，万世不竭”的说法。

芝诺的第三个问题是“飞矢不动”。芝诺认为，飞行的箭是静止不动的。如果把箭和标靶之间的距离（时间和空间）无限分割下去，那么箭在无限分割的每个时空里总是处于静止不动的状态中，而且箭要通过的时间和空间也无穷多，所以箭永远到不了标靶上。要理解芝诺的观点，我们可以想象一部电影的胶片，播放时看起来是连续的，但分开看都是一帧帧的静止画面，芝诺的想法是让这样的静止画面有无穷多个。在《庄子·天下》中也有“飞鸟之影未尝动也”“镞矢之疾，而有不行不止之时”的说法，和芝诺的“飞矢不动”悖论如出一辙。

芝诺的第四个问题是“运动场”。跑道上有两排物体，大小相同，数目相同，一排从终点排到中间点，另一排从中间点排到起点，它们以相同的速度做相反的运动。芝诺认为，一半时间和全部时间相等。

亚里士多德对芝诺的 4 个悖论都进行了反驳。对于“二分法”和“阿喀琉斯与乌龟”，亚里士多德认为芝诺犯了一个错误，在《物理学》中，亚里士多德反驳道：“他主张一个事物不可能在有穷时间里通过无穷的事物，或者分别和无穷事物相接触。须知长度和时间被说成是‘无穷的’有两种含义，而且一般来说，一切连续事物被说成是‘无穷的’都有两种含义：分割上的无穷，或者延伸上的无穷。因此，一方面，事物在有穷的时间里不能和无穷的事物相接触，另一方面，却能和分割上无穷的事物相接触，因为时间分割后本身也是无穷的。因此，通过一个无穷的事物是在无穷的时间里而不是在有穷的时间里进行的，和无穷的事物接触是在无穷数的而不是在有穷数的‘现在’上进行的。因此，既不能在有穷的时间里通过无穷的量，也不能在无穷的时间里通过有穷的量；而是：时间无穷，量也无穷，量无穷，时间也无穷。因此，经过一定的时间可以越过一定的距离。”

对于“飞矢不动”，亚里士多德认为，“这个结论是因为把时间当作由‘现在’合成而得出的，如果不认定这个前提，这个结论是不会出现的……因为时间不是由不可分的‘现在’组成的，正如别的任何量也都不是由不可分的部分组成的那样”。①

对于“运动场”的悖论，亚里士多德的看法是，“这里错误在于，他把一个运动的事物经过另一个运动的事物，和以相同速度经过相同大小的静止事物所花的时间看作相等的，事实上这两者是不相等的”。今天，我们用牛顿的运动观点很容易解释芝诺的这个问题，运动是相对的，相向运动的物体速度要乘以 2。而牛顿要在

---

① 《物理学》，作者是亚里士多德，译者是张竹明，由商务印书馆出版。

芝诺出生之后将近 2000 年才出生，所以芝诺认真地提出问题，亚里士多德必须认真地回答。

芝诺提出的 4 个悖论，涉及时间与空间表示的问题，在数学上又深入了无穷的领域，涉及连续性、极限、无穷等问题。时间与空间是物理问题，无穷是数学问题，物理问题与数学问题交织在一起，成为最深刻难解的问题，困扰着人类对宇宙的认知。此后，数学家试图从无穷的角度解释芝诺悖论，物理学家试图从时间与空间的角度解释芝诺悖论。在任何一条道路上如果有突破，都会取得巨大的进步。历史上每个时期都有学者在反驳芝诺，而每个学者都觉得他们有反驳的必要，这就是芝诺悖论最大的成功。

如果按照牛顿的思维范式反驳芝诺，应该是“时间和空间是绝对的，因为不可切割”。如果按照爱因斯坦的思维范式反驳芝诺，应该是“时间和空间是一体的，切了空间也就切了时间，切了时间也就切了空间；如果非要切，请以光速来切”。①

从数学史上看，三次数学危机都与芝诺悖论涉及的无穷概念有关。伯特兰·罗素曾说：“从芝诺时代到我们今天，每一代最杰出的知识分子都反过来攻击这类问题，但宽泛地说，一无所获。然而，在我们所在的时代，3 位杰出的人物，魏尔斯特拉斯、戴德金和康托尔，不仅推进了对这些问题的思考，而且完全解决了它们。这些解释，对于熟悉数学的人来说，是如此清晰以至于不再有任何疑问或困难。在无穷大、无穷小和连续性这 3 个问题当中，魏尔斯特拉斯解决了无穷小的问题，其他两个问题的解答由戴德金开始，最后由康托尔完成。”

第一次数学危机涉及的无理数概念，等到 19 世纪建立严格的实数理论后才完美解答；第二次数学危机本质上源于微积分对于无穷小概念的滥用，等到 18 世纪建立极限的概念、19 世纪数学严格化后才完美解答。因为到那时才能借助求导和极限的数学概念清楚回答芝诺的二分法和阿喀琉斯悖论。无穷个无穷小相加并非等于无穷大，而是存在一个极限。飞矢悖论则可以用瞬时速度或者导数的定义来完美解答。第三次数学危机由对“无穷大”概念的探索引起，涉及数学的基础，至今尚未完全解答。但是在解答过程中建立了集合论。二分法和阿喀琉斯悖论实际上也是相关集合是否完备的问题。芝诺尝试证明“运动不存在”，提出的悖论用现代数学来表述，就是“如果运动存在，那么就存在无穷集合；因为无穷集合是荒谬的，所以运动不存在”。

为了应对无穷是否存在的问题，亚里士多德提出将无穷分为“潜无穷”与“实无穷”两种。潜无穷是变化发展的过程，能够接近，但不必达到。而实无穷是将无穷视为一种实在，比如，自然数列$\{1,2,3,4,\cdots\}$。如果将其视为一个永远在增长的没

① 《时空简史》，作者是朱伟勇、朱海松，由电子工业出版社出版。

完没了的数列，那么是潜无穷的观点；如果将其视为一个整体，所有自然数都囊括在内，则是实无穷的观点。在毕达哥拉斯学派，无穷是恶的，有穷是善的。到了亚里士多德时代，则明确禁止对实无穷的使用。他不认为线段是由无穷多个点组成的，但承认“潜无穷”，认为无穷只是潜在的存在，是在变化发展的过程。

亚里士多德对潜无穷和实无穷的划分，后来变成了基督教的教义：只有上帝才是“实无穷”的，他所创造的其他东西都不可能是。直到 17 世纪，伽利略在他的《两门新科学的对话》中嘲弄了这种说法。他说，当一条直线是直的的时候，你声称它只是潜在包含了无穷多个部分，但如果把线段弯成一个圆的时候，你却把所包含的无穷多个部分变成了实在的东西。[①]但无论如何，亚里士多德对实无穷的禁令，统治了人类的思想 2000 多年之久，直到 19 世纪才由德国数学家康托尔打破。

有了对无穷的初步理解，我们可以回过头来再看看引发第一次数学危机的罪魁祸首，史上的第一个无理数 $\sqrt{2}$ 。它还有其他的展现形式，如果将其写成连分数，那么有如下的等式：

$$\sqrt{2}=1+\cfrac{1}{2+\cfrac{1}{2+\cfrac{1}{2+\cdots}}}$$

这种无理数 $\sqrt{2}$ 的连分数形式，非常好地用有穷形式表达了无穷特征[②]，同时也给出了一种 $\sqrt{2}$ 的计算方法。但它还有更简洁的写法，如果令：

$$x=1+\cfrac{1}{2+\cfrac{1}{2+\cfrac{1}{2+\cdots}}}$$

那么有：

$$x=1+\frac{1}{1+x}$$

如果用现代数学知识来解释，则这是一个递归过程，对它的计算是不断在调用自身的定义。从这个等式也可以看出，在对无穷的计算中，“整体等于局部之和”不再适用。有文献表明，这种计算 $\sqrt{2}$ 的方法，已经为柏拉图时代的数学家们所掌握。

① 《时空简史》，作者是朱伟勇、朱海松，由电子工业出版社出版。

② 这句话是计算思想的精髓之一。

17 世纪法国哲学家笛卡儿曾说："无穷可以被认知，但无法理解。"无穷问题的诡异之处就在于它是反直觉的。我们再看一个反直觉的无穷悖论，它由汤姆逊提出。

有一盏电灯，用按钮来控制开关，把灯拧开 1 分钟，然后关掉半分钟，再拧开 1/4 分钟，如此往复。每次的时间都是这个序列中前次的一半。这个序列的结束时间恰好是 2 分钟。现在问题来了，在这个序列结束后，电灯是开着的还是关着的？如果电灯是开着的，则计数是奇数；如果是关着的，则计数是偶数。

这是一个可以让人发疯的思想实验，它等价于在问自然数列最大的数是奇数还是偶数，但它的本质和芝诺的二分法悖论没有区别。如果用潜无穷的观点看，我们根本就得不到这个数，因为无限分割的过程只存在于潜在中，永远是尚未发生的状态。如果用实无穷的观点来看，则根本无须关心最终结果的数，而只需将整体拿来运算。这里的陷阱是，不管我们采用哪种无穷观点，我们都得不到最终结果的数。这是一个思想实验，因为现实中根本构造不出这样的实验。在物理构造中，电灯必然会在某一精度达到物理极限值，即时间或空间上的极限值，从而得到结果。这告诉我们，不能基于真实操作的观念去看待无穷的概念，无穷的作用是概念性的，是基于计序操作的概念性创造。

到了近代，哲学家和数学家们才终于对芝诺悖论给出了一个相对合理的说法。18 世纪德国哲学家黑格尔在《哲学史讲演录》的"芝诺篇"中解释了悖论产生的根源。黑格尔认为，芝诺所论述的连续统（时间、空间和反映时空本质的运动连续统）都具有"点积性"和"连续性"的双向性结构物。点积性与连续性是互相否定的，点积性表明了元素之间的区别性，而连续性恰恰抹杀了点与点的区别性，甚至无视点的单独存在性。连续统本来就是连续性与点积性相互结合的产物，而芝诺对其概念强行拆分，抛弃了实际存在的连续性，只考虑抽象出来的"点积性"，悖论就产生了。黑格尔这段话是一种哲学基础，很像量子力学中的波粒二象性。

20 世纪初，法国的布尔巴基学派在数学的基础问题上提出了结构主义，认为整个数学基于 3 种母结构：序结构、代数结构和拓扑结构，不同数学对象都是由这 3 种数学结构混杂在一起得到的。他们认为实数集同时具备这 3 种数学结构，既有比较大小的序结构，又有由算术运算（加法和乘法及其逆运算）定义的代数结构，最后还有由极限理论（规定了某些点必须在另一些点的附近）定义的拓扑结构。[①]实数系统是一个"完备有序域"，是由这 3 种结构交汇而成的，具有有序性、稠密性和完备性。

在过去，数轴经常用来形象化地表示实数，但数轴实际上是一种图像概念化的

① 《芝诺悖论告诉我们什么》，作者是李为，由吉林人民出版社出版。

产物，它引入了直觉上超出以上 3 种结构的东西，因此通过数轴对实数进行表达往往会引起一些误会。19 世纪末戴德金关于无理数的研究告诉我们，有理数虽然处处稠密，但是无法覆盖整个数轴，实数轴上充满了孔隙，这些孔隙是运算所不能达到的无理数，是纯想象之物，因此稠密性不等于连续性。实数轴代表的其实是一种序结构，序结构是一种完全静态的结构，序操作给出的是两个点之间必有一个中间点，点之间的次序是靠序的比较运算实现的，点其实根本动不起来。

从人的直觉来看，点的移动形成了线，这是一个错误的说法。芝诺提出的问题，恰恰默认了这个假设前提。但从数学上来说，点和线是完全不同的数学概念。用布尔巴基学派的结构主义解读“连续”，马上就能看出芝诺悖论的逻辑问题。线是拓扑结构，点在直线上的排布是一种序结构，无法代替线的“线性”拓扑结构。线是基于开集定义的拓扑结构，有无限小的线度存在，但再小，它也依然是线，是基于邻近意义的拓扑结构，而不是基于度量意义的序结构。线之所以连续，是因为线具有非“点性”的“线性”。基于序结构只能得出本质是离散的结论，这就是芝诺悖论在尝试将运动进行概念化时犯的错误，点的移动无法组成线，它只是一种运动的表象。这里完全没有任何线存在的迹象，芝诺悖论在数学上得到的其实是离散的结构，不依靠对运动的想象，点是动不起来的。而这种想象的直觉是需要从数学上排除的冗余信息。

演绎推理：逻辑学和几何学

第一次数学危机困扰了古希腊人上百年之久，它的直接产物导致了逻辑学和几何学的诞生，为现代数学奠定了基础。其中，亚里士多德为了解决危机，通过三段论和公理化方法建立了逻辑学，而欧几里得继承了亚里士多德的思想，并总结了古希腊的几何学成就，编撰成《几何原本》一书，流芳百世。

从毕达哥拉斯起，所有古希腊哲学家都认为宇宙是按照人的思维能理解的数学规律运行的，这一思想影响了后世众多的数学家。也因此，古希腊人决心探索真理，尤其是自然的数学化设计的真理。那么如何寻求真理并证明其是真理呢？演绎推理成为古希腊人最重要的工具。亚里士多德和欧几里得对此做出了杰出的贡献。

亚里士多德的逻辑学

亚里士多德是古希腊时期伟大的哲学家、物理学家、逻辑学家，他涉足的领域非常多，涵盖政治、历史、美学、伦理等。我小时候读到关于亚里士多德的介绍时，总是惊诧于一个人能够在这么多领域有所建树，不由得怀有敬意。他的思想影响了西方世界长达 2000 多年之久。直到 2000 多年后，西方才诞生了和亚里士多德比肩的哲学家和逻辑学家。我们在前文中已经多次提到了亚里士多德，现在我们来谈谈亚里士多德在逻辑学上的贡献。

亚里士多德于公元前 384 年出生于色雷斯的斯塔吉拉，他的父亲是马其顿王的御医。亚里士多德 18 岁时来到雅典，成为柏拉图的学生，并在柏拉图学院一直待了 20 多年，直到柏拉图逝世。在柏拉图去世后，亚里士多德开始外出游历，并娶了一个僭主的妹妹（或侄女）。公元前 343 年，亚里士多德成为帝国继承人亚历山大的老师，时年亚历山大 13 岁。此后一段时间，亚里士多德定居在雅典，并开办了自己的学院，写出了他的大部分著作。由于他的教学方式一般是边和人散步边讨论问题，因此他的学派又被称为“逍遥派”。公元前 323 年，亚历山大死后，雅典人起来造反，攻击了亚历山大一党，亚里士多德也受到了牵连，他被判以对神明不敬的罪名。亚里士多德被迫逃亡在外，第二年就去世了。逍遥派在亚里士多德去世后，依旧延续了很多年。亚里士多德的很多著作被弟子们奉为经典和权威，也因此禁锢了西方世界的思想长达千年之久。而西方历史上每次科学、哲学和数学的进步，几乎都离不开对亚里士多德的权威发起挑战。

亚里士多德的著作颇丰，我们主要关注逻辑学里与计算相关的部分，因为这为数学和计算奠定了基础。亚里士多德开创了形式逻辑这门学科，因此他又被尊为“逻辑之父”。他定义了语句、命题、判断、词项、证明等多种概念，并提出了一个完整的系统性的逻辑推理体系，即“三段论”。三段论学说对人思维中的一种推理进行了详尽的考察，并建立了形式化的系统。亚里士多德总结了三段论的正确形式和保证推理形式正确的规则，并考察了正确形式之间的关系。三段论让逻辑脱离了论辩术，把推理形式当作和思维完全无关的纯形式来研究。所谓三段论就是一个包含大前提、小前提和结论 3 个部分的论证。比如：

> 所有的人都会死。　　　　（大前提）
> 苏格拉底是人。　　　　　（小前提）
> 所以苏格拉底会死。　　　（结论）

在《前分析篇》中，亚里士多德详细介绍了三段论的格和式。他引入了一些符号来代表不同词项，比如 A、B、Γ、Δ 等。三段论有 3 个格，第一格、第二格和第三格，第一格被称作完善的格，第二格和第三格都被称作不完善的格。亚里士多德论述了三段论各个格的规则，以及有哪些式是正确的，为什么不能有其他的式，在什么情况下能建立三段论，什么情况下不能，不完善的三段论如何变完善等。在分析第一格时，亚里士多德提出了 4 个正确的式：AAA、EAE、AII、EIO。比如，关于 AAA 式，他说："如果 A 被断言于一切 B，B 又被断言于一切 Γ，则 A 一定被断言于一切 Γ 。"

在此我们无意对亚里士多德的三段论再做详细论述，因为经过 2000 多年的发展，我们有更先进的逻辑方法可以使用。正如罗素指出的，亚里士多德的三段论存在一些形式的缺点，依然会造成逻辑上的混淆。比如，我们说："所有的金山都是山，所有的金山都是金的，所以有些山是金的。"这个结论就是错误的，尽管前提都是真的。但无论如何，亚里士多德第一次系统化地提出形式逻辑的丰功伟绩依然是不可磨灭的。

三段论主要是演绎法的应用。亚里士多德通过三段论来追求真理。但三段论的有效使用依赖于前提是真实的，无法通过证明的方法来证明所需的根源，所以需要追根溯源到一个根本的真实正确的事物，才能建立后续演绎推理的可靠性。亚里士多德是通过"公理化"来解决这一问题的。

亚里士多德的公理化方法中，将证明的初始前提分为始理、公理和公设，三者都是不需要加以证明的。始理是证明中作为论据的一些基本原理，公理是一种通用概念，公设则是用在某一专用领域的。通用概念和公设都是自明的。亚里士多德认为，不可定义是公理化方法的起点，凡是可以定义的概念，都应是可演绎推理证明的或可构造的。这一点应是受到当时兴起的几何学的启发——证明的初始命题不可证明。亚里士多德的论述引用了许多几何学方面的例证。

他相信证明的最可靠方法就是公理化，且认为在系统（比如数学）中公理越少越好。每一个学科都有所属领域的基本原理，还有一些原理是许多学科所共有的，比如逻辑的归谬律、排中律和同一律。由于这些初始原理的存在，证明不会产生循环，因此证明是可能的，而且是可靠的。

那么这种自明的公理或公设又是怎么得到的呢？由于亚里士多德反对柏拉图的"灵魂回忆"说，并不认为知识存在于一个理念世界，因此他给出了另一种解释。亚里士多德认为，所有的知识都是后天通过感觉得来的。人们从感觉中获得知觉，并在心灵中保存下来形成记忆。同样的知识多次重复，记忆会产生经验，经验又创造了匠人的技艺或科学家的知识。因此，亚里士多德说："知识是从感官的知觉发展而成的。"①

他认为这种获得知识的方法是依靠直觉的。在《后分析篇》中他提到："因此很明显，我们必须借助归纳法去获悉原始的前提；因为感官知觉借以牢固树立普遍方法的是归纳。……科学知识和直觉总是真实的；进一步说，除了直觉，没有任何

① 参考了亚里士多德的《后分析篇》。

其他种类的思想比科学知识更加确切。”亚里士多德在这里提到了归纳法，因为其来自直觉，不同于在《前分析篇》中提到过的简单的枚举归纳法和三段论的完全归纳法，其被称为“直觉归纳”。

可以看到，亚里士多德将公理的可靠性建立在人的直觉归纳之上，因而他是直觉主义的先驱。他总结道：“了解原始前提的将是‘直觉’……因此它是科学知识以外唯一的真实思想，直觉就是科学知识的创始性根源。”

因此数学对于亚里士多德来说，是人为的发明物，没有任何知识需要从一个柏拉图描述的理念世界中发现。

对于人的思维规律，亚里士多德提出了归谬律、排中律和同一律。他在《形而上学》中将这 3 个逻辑定律放在非常重要的位置，但在描述时又将其同事物的基本规律有点儿混淆。因此，对于亚里士多德而言，这 3 个逻辑定律超出了逻辑的范围，属于认知的原则和规律。他提出这 3 个逻辑定律主要为了反驳赫拉克利特和阿那萨哥拉的哲学，赢得辩论。归谬律不容许自相矛盾。在对方的议论中引出矛盾，从而否定对方的论点、论断，是古希腊哲学家们在辩论时采用的主要方法。芝诺悖论即采用了这一方法。

对于排中律，亚里士多德给予它独立的地位，并经常和归谬律一同使用。他提到：“两个相反的叙述显然不能同时都是真的，另一方面，也不能都是假的。”他还提到：“有一个原理……就是同一事物不能在同一时间既是什么又不是什么，或者容许有其他类似的相反两端。”[①]他对于同一律的要求则是“每一字必须指示可以理解的某物，每一字只能指示一个事物，绝不能指示许多事物，假如一字混指若干事物，就该先说明指示的究竟是其中哪一个事物。……我们必须依据一个定义来进行辩论”。

有了三段论和公理化方法，有了逻辑三定律，亚里士多德就建立了史上第一个形式逻辑系统。三段论中第一格的前两式，又被称为 Barbara 和 Celarent，在亚里士多德的三段论体系中起着公理的作用。所有第二格、第三格的各个有效式，通过换位和调动前提，都可转换为第一格相应的某个式。以第一格前两式为基础，就可以推导出各个格的其余有效式。这个演绎三段论的公理系统可以概括地表达：

- 初始符号：A（属于所有的）、E（属于无一的）、I（属于有些）、O（不属于有些）。
- 逻辑联结词：$\wedge$（并且）、$\rightarrow$（如果、那么）、$\neg$（否定）、$\leftrightarrow$（等值）。
- 词项变元：A、B、C、R、S、P。
- 定义：I=df. $\neg$E；O=df. $\neg$A。

① 参考了亚里士多德的《形而上学》。

- 公理：Barbara ├ MAP　SAM → SAP。
  Celarent ├ MEP　SAM → SEP。
- 规则：代入规则、分离规则、定义置换规则、命题换位规则、等值规则、由全称可推特称规则。

这样，亚里士多德的演绎三段论系统，在我看来就构建起一个最早的“公理化计算系统”，按照“规则”，可以推证（计算）出整个三段论的各个有效式。在这个系统中，不包含任何形式上的错误，且是无矛盾的和可判定的。

在亚里士多德的著作中，除了演绎，还明确提到了归纳。他不仅探讨了有穷的“完全归纳法”，还探讨了涉及无穷的“不完全归纳法”。归纳，就是从个别向一般的过渡。它是演绎的逆运算。辩证三段论是由一般到个别，而归纳是由个别到一般。他举出这样一个归纳推理的例子：有经验的舵手是最有效能的，有经验的驾车手是最有效能的，所以，凡是在自己专业上有经验的人都是最有效能的。现在来看，这是一种“递推”的思想。但是亚里士多德并没有将这种归纳的方法绝对化，而是认为它在认识中更接近于感性知觉。

亚里士多德的工作是开创性的，此后数学的发展建立在公理化的演绎推理之上。亚里士多德之后，亚历山大里亚时期成为古希腊的第二个文化高峰，出现了欧几里得、阿基米德、托勒密等伟大的数学家，他们发展了几何学，并将其应用在天文学和力学上，通过对天体的研究，建立了真理的权威。亚里士多德将非形式逻辑（自然语言）和形式逻辑分离，这也是他的丰功伟绩。由于这种分离，数学的理论体系才得以诞生。杨振宁认为，古代中国讲究天人合一，因此始终没有做这种分离，因此也就失去了建立数学推理系统的机会，这是杨振宁对于李约瑟难题[①]的回答。形式逻辑后来由莱布尼茨进一步构想，最终在布尔、弗雷格、罗素手上臻至大成。

我国著名数学家与逻辑学家张家龙曾将数理逻辑的发展史划分为若干阶段。在他的划分中，亚里士多德所处的是古典阶段，他通过公理化三段论，开创了形式逻辑；此后从 17 世纪的莱布尼茨到 19 世纪的乔治 • 布尔，经历的是数理逻辑的初始阶段；19 世纪末的弗雷格、康托尔和罗素，代表了数理逻辑的奠基阶段；20 世纪初数学基础的三大学派，逻辑主义、直觉主义、形式主义，代表了数理逻辑的过渡阶段；20 世纪上半叶随着哥德尔不完备性定理的横空出世，数理逻辑进入一个全新的发展阶段；而在当前阶段，数理逻辑发展出模型论、集合论、递归论、证明论和非自然语言形式逻辑等不同分支，果实累累。我们关注数理逻辑的发展史，也是因为数理逻辑最终奠定了计算机的基础。

① 英国历史学家李约瑟曾提出问题，以中国古代历史之悠久，文化与经济成就之高，为何现代科学没有诞生在中国？这被称为李约瑟难题。

欧几里得的《几何原本》

在亚里士多德去世后不久，欧几里得出生于亚历山大港，他的生平绝大多数已经不可考证。下面介绍他的两则逸事。一是托勒密王曾请欧几里得去教导几何学，问他如何速成，他回答“几何学没有捷径”。二是有一个学生听完一段证明之后，问欧几里得学几何学有什么好处，于是欧几里得就告诉一个奴隶：“去拿三分钱给这个青年，因为他一定要从他所学的东西里得到好处。”和柏拉图一样，欧几里得的几何学是鄙视实用价值的。然而鄙视实用价值的几何学，最后却因实用主义而大放异彩。在古希腊时期，没有人知道圆锥曲线理论有什么用，直到17世纪伽利略才发现抛射体是沿着抛物线运动的，圆锥曲线理论上可以用来计算投石车的轨迹。①

欧几里得编著了可能是人类有史以来最伟大的著作之一《几何原本》。从数量上看，《几何原本》应该是《圣经》之外流传最广的书了，其手抄本统治了几何学近1800年之久。印刷术发明后，这本书被翻译成多国文字，据统计它有2000多个版本。此外，还有数不清的数学著作引用了《几何原本》中的内容。伯特兰·罗素曾评价：“欧几里得的《几何原本》，毫无疑问是古往今来最伟大的著作之一，是（古）希腊理智最完美的纪念碑。”

《几何原本》的大多数内容都不是欧几里得的创见，比如头两卷和数论的内容主要是毕达哥拉斯学派的贡献，第五卷是欧多克索斯的比例理论，第十二卷的穷竭法同样也是他的贡献，但是全书的框架和逻辑结构却是欧几里得的手笔。这部书收录了古希腊的所有几何学成就，并以继承自亚里士多德的公理化演绎推理方法对几何命题加以证明。越是研究几何学的人，越能感觉到这部书的优美。从《几何原本》开始，人类的现代数学正式拉开了帷幕。

《几何原本》一共分为13卷：

- 第一卷论述最基本的直线形及其作图法，最后引出了毕达哥拉斯定理。
- 第二卷讲述了几何代数，即用几何方法讨论代数问题，其中包括黄金分割。
- 第三卷讲述了圆、切线、割线、圆周角、圆心角等概念及问题。
- 第四卷讨论了有关圆的内接和外切正多边形命题。
- 第五卷论述了比例论，巧妙地解决了不可公度量引起的麻烦，从而适用于广泛的几何命题证明。
- 第六卷利用比例理论研究了相似形。
- 第七、八、九卷是数论的内容，讲述了关于整数和整数之比的各种计算方

① 《西方哲学史》，作者是罗素，何兆武、译者是李约瑟，由商务印书馆出版。

法，包括辗转相除法，即欧几里得计算法。

- 第十卷主要讨论无理量的计算方法，但只涉及 $\sqrt{\sqrt{a} \pm \sqrt{b}}$ 这个级别的无理量。
- 第十一、十二、十三卷主要讨论立体几何。

欧几里得最大的贡献是从原始概念和公设出发，将几何学发展成一个完善的演绎系统，这是公理化方法的最佳体现。《几何原本》一开始就给出一些基本定义，如点、线、面。比如，“点是没有部分的”“线只有长度而没有宽度”“直线是和它上面的点一样的平放着的线”，等等。

然后给出 5 条公设：

- 由任意一点到另外任意一点可以画直线。
- 一条有限直线可以继续延长。
- 以任意点为心及任意的距离可以画圆。
- 凡直角都彼此相等。
- 同平面内一条直线和另外两条直线相交，若某一侧两个内角的和小于两个直角的和，则这两条直线经无限延长后在这一侧相交。[①]

接着又给出了 5 条公理：

- 等于同量的量彼此相等。
- 等量加等量，其和仍然相等。
- 等量减等量，其差仍然相等。
- 彼此能重合的物体是全等的。
- 整体大于部分。

在亚里士多德的形式逻辑中，公理是通用概念，而公设是用于某个专用领域的。欧几里得在这里用公设特指用在几何领域的初始概念。《几何原本》全书一共给出了 119 个基本定义、5 条公设和 5 条公理，然后基于此循序渐进，由简单到复杂地推理和证明了 465 个命题，其中包括 54 个作图题，精彩绝伦。因此，欧几里得被认为是成功而系统化应用公理化方法的第一人，《几何原本》被公认是最早用公理化方法建立演绎数学体系的典范。

欧几里得的另一贡献在数论领域，他最早证明了素数有无穷多个，这一优雅的证明是数学推理论证的绝佳范例。在此基础上，他进一步证明了今天所谓的“算术

① 注意最后一条公设，即著名的“平行线公设”，它是千年后引发欧氏几何危机的主要根源。

基本定理”，即任意大于 1 的自然数可以被唯一地分解为有限个素数之积。这是一种“唯一因子分解”的思想，内涵深刻，影响深远。它意味着素数是自然数的基石和最小单元，它的推广形式在中世纪演变成“代数基本定理”，并在 18 世纪从整数域推广到复数域，它的应用形式在 20 世纪影响了哥德尔，并在可计算性理论的形成过程中发挥了重要作用。

《几何原本》大约在公元 800 年被翻译成阿拉伯文。现存最早的拉丁文译本，则是公元 1120 年左右从阿拉伯文译本转译过来的。在 1607 年，欧几里得的《几何原本》传入中国，由徐光启和传教士利玛窦翻译前 6 卷。“几何”一词为徐光启和利玛窦首创，首先几何是 geometria 的词头 geo 的音译，其次在汉语中几何又有“多少”“若干”的意思，又属意译，因此是个绝佳的翻译。徐光启曾给予这部书极高的评价：“此书有四不必：不必疑，不必揣，不必试，不必改。有四不可得：欲脱之不可得，欲驳之不可得，欲减之不可得，欲前后更置之不可得。有三至三能：似至晦，实至明，故能以其明明他物之至晦；似至繁，实至简，故能以其简简他物之至繁；似至难，实至易，故能以其易易他物之至难。易生于简，简生于明，综其妙在明而已。”后来，李善兰、韦烈亚在 1857 年合译了后 9 卷的内容。

人类数学的发展自《几何原本》起，开始转向偏重于“形”的研究。第一次数学危机中发现了无理数，由于无理数作为数没有可靠的逻辑基础，最终古希腊人通过在几何学中建立比例理论绕过了无理数，借助于形来解释无理量。由于整数及其比不能包括一切几何量，而几何量可以表达一切数，因此古希腊人认为几何比算术有更重要的地位，他们把整个数学的基础都建立在几何学之上。这就在其后的数学发展中建立起几何对算术的绝对优势，一直影响西方数学长达 2000 多年之久。今天我们习惯于把 x^2 的上标称为“平方”而不是“二次方”，习惯于把 x^3 的上标称为“立方”而不是“三次方”，足见古希腊几何学的余威。

古希腊的这种处理方式也有一些弊端，比如不能把 3 个以上的数相乘，因为空间只有三维；要遵守同类量之间加减的要求，即体积与体积相加，面积与面积相加；列方程时要求各项都是“齐性”的，因为不如此就会导致几何解释无意义。类似的限制，让现代的代数运算在古希腊数学中几乎不可能实现，原本能紧密结合的数与形也就此变得更加割裂。而古代东方数学更偏重于实用价值，同样回避了无理数的逻辑，但将精力集中在算术上，由此发展了代数学，与古希腊数学走上了不同的道路。数与形，要到 2000 多年后，在 17 世纪笛卡儿建立解析几何时，才又紧密地结合在一起。

因此可以说，古希腊人是用几何推理在驱动数的计算，而非今天我们熟悉的通过数的计算来驱动几何推理。古希腊人的几何学是对客观物体的一种抽象，现实中并不存在几何学意义上的点、线、平面和立体，但通过对客观物体的抽象，几何学很好地进行了一种近似表达，并将其用于推理。我们可以将几何学的概念定义看作对客观物体的一种符号表征。笛卡儿建立解析几何之后，几何与代数、计算紧密联系了起来，因此欧几里得的几何证明，与亚里士多德的逻辑演绎一样，又都可看作一种计算系统。

古典数学里狭义的计算概念只是指“数的计算”，而现代数学意义上的计算概念则泛指一类形式系统。这样的计算系统，都具有符号表征、变换规则等计算系统的共同特点。而亚里士多德的三段论作为一个计算系统（尽管亚里士多德的初衷不是计算，也不会从这个角度来看待），更是诞生于数学之前。这样的计算系统，已经具备由机器驱动的所有条件。我想特别指出的是，古典的三段论如果作为一个由机器驱动的计算系统，完全不依赖于初等算术。这与现代的数字计算机不同，后者依赖于二进制数的算术。

悖论：推理的暗面

亚里士多德和欧几里得建立的公理化推理方法，取得了巨大的成功，但是并非完美无瑕。人们偶尔会在推理过程中发现一些不可理喻的命题，甚至是自相矛盾的命题，这些怪论、悖论萦绕在人们的心头，困扰着人们的思维。最早这些悖论并未引起人们的足够重视，而仅仅被当作思维游戏的玩物。但随着科学、数学的发展，在理性的大厦建立后，这些始终绕不开的悖论，仿佛一根根扎在肉里的刺，不将其拔除，理性的大厦就有倾覆的危险。不可通约量的发现，以及芝诺悖论，就是这样的怪论，它们从被认为正确的前提中推导出荒谬的结论，进而引发了第一次数学危机。

最早的悖论可以追溯到公元前 6 世纪古希腊的埃匹门尼德。他提出了著名的“说谎者悖论”的最初形式：“所有的克里特岛人都说谎。”如果他的话为真，由于他也是克里特岛人，因此他也在说谎，他说的话就是假的；如果他的话为假，则有的克里特人不说谎，他可能也是其中之一，因此他说的话可能是真的。这个典故被《圣经·新约》的《提多书》记载，影响巨大。

历史上出现过很多不同形式的悖论，而对于悖论中矛盾的研究，则被视为逻辑的起源。中国先秦时期的很多思想家，如庄子、名家的邓析和惠施、公孙龙、墨子、韩非等，都提出过一些涉及悖论的思想。庄子首创的“吊诡”，被用作“悖论”的代名词。墨家也用到“悖”这一概念，表达某种自相矛盾的说法。《墨经·经下》曾有言：“以言为尽悖，悖，说在其言。……之人之言可，是不悖，则是有可也；

之人之言不可，以当，必不当。”意思是：断言“所有言论都是假的”将导致矛盾：如若这句话是真的，则至少有的言论（如这句话）是真的，故“所有言论都不是真的”就是假的。所以“言尽悖”的人就陷入自相矛盾的境地。这是“说谎者悖论”的墨子版本。[①]

公孙龙提出的“白马论”则可视为中国古代逻辑学的开端。公孙龙（约公元前325年至公元前250年）是战国末期人，曾在赵国平原君门下做客卿，以“善辩”著称。公孙龙的“白马论”见于《公孙龙子》，以对话的形式写成。据说有一次公孙龙骑马过关，关吏说：“马不准过”，公孙龙答道：“我骑的是白马，白马非马。”关吏被他说糊涂了，遂放行。

“白马非马”的主要论点为“马者，所以命形也；白者，所以命色也。命色者非命形也，故曰：白马非马”。公孙龙认为“马”是指一类动物的形状，“白”是指一类物体的颜色，“白马”则是指动物的形状加颜色，三者内涵各不相同，是不可等同的。今天的我们如果理解了集合论，就很好理解公孙龙的诡辩，他用“等同”的概念替换了“属于”的概念。公孙龙强调的是马这个群体和白马这个群体并非等同的，而在古汉语里，“非”这个词兼具了“不等同”和“不属于”的含义，因此造成了混淆。从“属于”的角度，白马当然属于马，因为马包含了各种颜色的马；但从“等同”的角度，白马当然无法代替更大群体的马，两者是不能等同的。将等同的场景用在属于的场景，就造成了“白马非马”的怪论。

历史上出现的悖论，一直在推动着数学、科学的进步。第一次数学危机后建立了几何学与公理化推理方法；第二次数学危机由对无穷小量的滥用导致，由于缺乏精确定义，贝克莱从微积分中导出了矛盾，但危机的解决则建立起极限和实数理论；第三次数学危机出现在集合论中，罗素借助于一个类似“说谎者悖论”的形式，导出了矛盾，引发数学基础的危机，为了解决悖论，产生了各种各样的现代数学方法。第三次数学危机极大地推动了数学的发展，甚至计算机的理论基础也诞生于对这次危机解决方法的研究之中，但该数学危机到今天也没有完全消除。

悖论的英文是“paradox”，来自拉丁词语“paradoxa”，其前缀“para”表示“超过、超越，与……相反”等意思，后缀“doxa”表示“信念、意见、看法”等意思。在历史上和悖论相近的词有 antinomy（二律背反，如康德关于时空的二律背反）、riddle（谜题）、dilemma（两难）、predicament（困境，如囚徒困境）、puzzle（谜题）等。历史上的这些悖论与怪论不尽相同，比如芝诺悖论是一种似是而非的假命题，

① 《悖论研究》，作者是陈波，由北京大学出版社出版。

与人的直观感受或公认看法相矛盾，但其中蕴含着深刻的思想；还有一类看似违反常识，但似非而是，比如无穷小悖论，在微积分中的无穷小量似零（作为加项可以略去）但又非零（可以做分母），自相矛盾，又比如伽利略悖论，即自然数和自然数的平方数一样多，整体与部分一样多，违背了常识但又是正确的。我们认为这些似非而是的命题与似是而非的命题，都不能算严格的悖论。

对于数学上严格的悖论，我们可以采纳弗兰克尔的说法，“如果某一理论的公理和推理原则看上去是合理的，但在这个理论中，却推出了两个互相矛盾的命题，或者证明了这样一个复合命题，它表现为两个互相矛盾的命题的等价式，那么我们就可以说这个理论包含一个悖论”。苏珊·哈克也曾指出：“悖论在于‘从表面上无懈可击的前提，通过表面上无可非议的推理，推出了矛盾的结论’。而一种合理的悖论解决方案不得不完成两个任务：一是从形式上说明哪些表面上无懈可击的推论的前提或原则是不被允许的；二是从哲学上说明，为什么这些前提或原则表面上是无懈可击的，但实际上是有懈可击的。”

悖论的存在，尤其是严格悖论的存在，说明公理化的演绎推理方法存在缺陷。但由于人们过于关注演绎推理方法的重要作用，这些一时未被发现有什么用处的悖论往往被忽略了。于是，隐患一直深藏于整个数学和逻辑的基础之中，不断迎来爆发之日。但每次悖论的解决又都能带来理论的进步——用一种新的解释代替旧的解释，理论变得更加稳固。

悖论，也是进步的契机！

第2章 计算之术

代数：字符的计算

古希腊人热爱思考，他们从对精确计算的追求中发明了演绎和推理，进而建立了数学。可惜的是，欧洲在古罗马之后进入黑暗的中世纪，教会的经院哲学派整合了亚里士多德的理论，给出了一种符合教会利益的哲学解释，但也因此禁锢了科学的思想，数学的发展在欧洲出现停滞甚至倒退。而古代的东方则走了另一条路，古印度、古代中国都发展出高超的计算术，但与古埃及和古巴比伦有些类似，更重视计算的实用价值。古印度和古代中国将同一类问题的计算方法进行高度归纳后，形成了类似今天我们称为“算法”的方法，但又都不甚重视通过对算法的一般性方法证明来论证其有效性，因此没有建立基础的理论体系。古代中国对于“无理数”这样的现象则豁达地选择了接纳，并没有放在心上，却也失去了进一步发展理论的机会。此后古印度、古代中国和古希腊的不同数学在阿拉伯世界得到融合，并随着十字军东征反向传入欧洲，文化的碰撞之下，最终形成了今天的“代数学”。

代数学最早是一门求解未知量的学问。现在一般尊崇古希腊亚历山大里亚时期的丢番图为代数之父，他创造性地引入了表示未知量的符号，这被认为是代数学的开端。但代数学的建立绝对不是某一个人的功劳，而是全世界智慧的结晶。算术计算的是已知量，代数计算的是未知量。代数学开启了对广义的数的探索，它的发展一次次地挑战和突破了人们的思想，数系也一次次地被扩大。直到今天，代数学变成一门研究抽象结构的学问。代数学与计算关系密切，也是数学中最重要的工具。几何、数论、分析都可以通过代数学这一工具进行研究，而代数学与计算几乎是一体的。代数的求解过程由机械的步骤构成，与计算过程一样，因此完全可以由机器计算完成对代数方程求解的驱动。这就让计算工具成为大量数学理论的研究工具。

代数学与其他数学分支一样，都是人类思维活动的反映。从丢番图到笛卡儿，再到伽罗华，对未知量的求解一开始是基于人的思维的，但在计算工具解放了效率后，未来有可能变成由机器模拟人的思维进行问题求解。这其中的差别在于，人的思维求解基于某个知识背景下的纸笔计算过程，而机器求解可能是在没有知识背景的前提下，从一堆数据中推测与拟合出一个近似计算的多项式方程，而这就是今天在使用的机器学习和人工智能方法。我们要清楚认识到，没有代数学的发展，机器的所有想象力都不会存在。

符号与代数

零的诞生

代数学的发展建立在符号的发明和简化之上。事实上，代数可以被看作对符号的计算，或者再进一步，代数可以被看作按照一定规则对符号的移位和消去的操作。

人类出于对计数的需要发明了数字，数字是一种符号。不同的古代文明发明了不同的符号，经过漫长的历史发展和文化融合，不同文明的数字符号和运算符号开始融合与简化。为了计数方便，人类从五指的启示中发明了命数法，又由于双手的手指有十个，最终大多数文明选择十进制。然而此时还有个问题没有解决，在大多数文明的数字符号中，并没有零的存在。

古代美索不达米亚人和古代中国都采用空位来表示零。在古代中国，用算筹表示一个数，这种方法使用了近 2000 年的时间。中国最早的数字符号出现在距今六七千年前的半坡文明的一件陶器上，共 8 个符号。而在公元前 16—公元前 11 世纪的甲骨文上则出现了 13 个独立符号，都采用十进位命数法。公元前 5 世纪出现了下图所示的算筹，采用纵横两种布筹方法，计数时纵横相间，以表达不同位数，如果遇到零，则留空表示。公元 3—4 世纪成书的《孙子算经》有记载：“凡算之法，先识其位，一纵十横，百立千僵，千十相望，万百相当。”直到 13 世纪，算筹式记数法被描摹应用在纸张之上，不断演变和改进，在添加了符号 O 用以表示零后，成为一套完整的位值制命数法。从三国时期到晚唐，算筹向珠算过渡，二者互相影响，共存了千年。直到明代，算筹才退出历史舞台，被珠算所替代。而直到 1910

年左右，现在流行的印度-阿拉伯数字才在中国出现，沿用至今。

纵式：	𝍠	𝍡	𝍢	𝍣	𝍤	𝍥	𝍦	𝍧	𝍨
横式：	𝍩	𝍪	𝍫	𝍬	𝍭	𝍮	𝍯	𝍰	𝍱
表数：	1	2	3	4	5	6	7	8	9

中国算筹也是世界上最早的十进制位值制的计数系统。在数字的表示中，个位通常用纵式，其余的纵横相间，比如十位用横式，百位用纵式，千位用横式，万位用纵式，遇到零时就空一位。类似地，世界上的其他文明也都先后发展出计数盘，用以方便地计数。比如，古代罗马也发展出了一种算盘。这类基于位置命数法的计数盘，都不约而同地用不同位置的数字表示对应的位数，同时用空位表示零。

但这种用空位表示零的做法容易引起混淆，比如 32、302、3002 代表的 3 个数，在古代的计数盘上可能都被表示为≡＝。要避免这种含糊之处，就需要找到一个办法，把中间的空位表示出来。最简单的方式莫过于发明一个新符号，用于表示中间的空位。因此可以说，在古代，是由于计算工具发展的需要，零才得以发明的。

现在一般认为零是由古印度人发明的，具体是谁发明的已经不可考。在很早以前，古印度人已经采用 sunya 表示零，意思是空或者无。此后为了解决计数空位的问题，大约在公元 3—4 世纪，古印度人用•将两个数字隔开以表示空位。公元 876 年古印度瓜廖尔的一块石碑上出现用符号 O 表示的零，这是最确切的一次记录，因此我们可以推断古印度最晚在公元 876 年已经出现了零。

零最早是为解决计数空位的问题而出现的，具有空或无的含义，因此将数看作一种实在的古希腊人很难意识到或承认零是一个数。在古巴比伦、古代中国等文明中仅仅将零作为空位的记号，古印度人的伟大之处在于对此做出突破，率先将零看作一个数。将零看作一个数是一个伟大的进步。公元五六世纪古印度的《五大体系历书》中有记载："太阳（从白羊宫开始）的每日运行速度依次为 60（分）减 3、3、……、60（分）减 0、1。" 60-0=60，这是我们第一次发现的涉及零的计算，零正式作为一个数出现在古印度的数学中。

事实上，没有零，数学几乎无法进步。恩格斯认为零是既不是正数又不是负数的唯一真正中性数。罗素则认为："零涉及无穷、无穷小和连续性 3 个问题。" 零有很多作用，在二进制中，用 0 和 1 的组合就可以表达全部的整数；在数轴中，零用以区分正数和负数；在零件加工中，18 毫米和 18.0 毫米意味着完全不同的精度要求；在温度中，零度是一个刻度，绝对不是无的意思。

然而，我们已经习以为常的零，却经历几千年的风霜才得以成型。公元 13 世纪，数字零通过阿拉伯传入西欧，当时罗马在法律中规定不允许在银行、商业中使用包括零在内的印度-阿拉伯数字。罗马教皇尤斯蒂尼昂宣布："罗马数字是上帝创造的，不允许零存在，这个邪物加进来会玷污神圣的数。"第一个发现零的罗马学者偷偷传播零，最终被捕入狱，惨遭酷刑后被害死在监狱中。罗马对零的禁令直到公元 10 世纪才被打破。

言辞代数

符号对计算的作用还体现在对代数的简化上。在古埃及和古巴比伦的数学中已经有了对未知量的描述，但在古印度和古代中国的计算问题中，采用的都是极其烦琐的语言描述，这又被称为"言辞代数"。复杂的语言和文字阻碍了普通人理解计算和算法，因此计算方法只掌握在极少数的专家手中。

比如，在公元前 6 世纪古印度用于仪轨（比如建造仪式的祭台）的《绳法经》中记载了求解 $\sqrt{2}$ 的近似值的一种算法：

> "将单位长度增加其三分之一，再在这（三分之一）基础上增加这三分之一的四分之一减去（单位长度三分之一的四分之一）三十四分之一后的数量；这就是（边为单位长度）正方形的对角线（的值）。"

这段烦琐的文字展示了高超的计算技巧，用现代的符号表示则明显简洁得多，即边长为 1 的正方形的对角线为：

$$1+\frac{1}{3}+\frac{1}{3\times 4}-\frac{1}{3\times 4\times 34}\approx 1.414215$$

古印度人求得的 $\sqrt{2}$ 的近似结果已经与今天的计算值相当接近了，但是《绳法经》却并未提及推导出这一求解公式的原理和过程。重视实用价值，而不太注重对一般性原理的推导和论证，恰恰是古代东方数学和古希腊数学的最大区别。

古代中国与古印度类似，采用的是一种言辞代数，且体现出比较强烈的算法倾向。这类算法注重总结针对具体问题的一般性计算经验，而不注重推理验证其合理性与正确性。中国现存最早的数学著作是公元前 2 世纪西汉时期的《周髀算经》。这本书作者不详，但其中记载的数学、天文学知识可以追溯到西周时期（公元前 11 世纪至公元前 8 世纪）。与其他古代文明类似，古代中国的数学一早是用于天文学的，《周髀算经》从数学上讨论了"盖天说"的宇宙模型，它也是中国最早提出勾股定理的著作。

但中国最重要的古代数学著作当属《九章算术》。这部书最晚成书于公元前 1 世纪，应当是由《周礼》记载的君子六艺中的一门"九数"发展而来的，在西汉时期由张苍、耿寿昌等众多学者删补。魏晋时期大数学家刘徽编著了《九章算术注》，为《九章算术》添加了大量注解，使其成为中国数学的第一个高峰。《九章算术》采用问题集的形式，共包含 246 个问题，分成 9 章，依次为方田、粟米、衰分、少广、商功、均输、盈不足、方程、勾股。

《九章算术》包含丰富的数学思想，下面仅简述一二。在代数方面，《九章算术》用文字言辞来描述所有数学问题，比如“今有上禾三秉，中禾二秉，下禾一秉，实三十九斗；上禾二秉，中禾三秉，下禾一秉，实三十四斗；上禾一秉，中禾二秉，下禾三秉，实二十六斗。问上、中、下禾实一秉各几何？”

这段言辞中“禾”为黍米，“秉”指捆，“实”是打下来的粮食。如果用现在的数学符号，这个问题可以表示为三元一次联立方程组，看上去会简洁很多：

$$3x+2y+z=39$$

$$2x+3y+z=34$$

$$x+2y+3z=26$$

用现代的代数方法可以很快求出解为 $x=9\frac{1}{4}$、$y=4\frac{1}{4}$、$z=2\frac{3}{4}$。而在《九章算术》中，没有表示未知数的符号，而是用算筹将 x、y、z 的系数与常数项排成一个方阵，采用自右至左纵向排列的方式。刘徽在《九章算术注》中曾提到：“群物总杂，各列有数，总言其实。令每行为率，二物者再程，三物者三程，皆如物数者程之，并列为行，是为方程。”这就是“方程”一词的由来。《九章算术》采用一种“遍乘直除”的方法，通过算筹的变形完成演算过程。这种遍乘直除法就是今天在代数里应用很广的“高斯消去法”。下图是将算筹简化为印度-阿拉伯数字后的演算示意图。[①]

在还没有使用纸笔计算的时代，算筹、算盘一类计算工具可以相对高效地帮助人们完成计算。《九章算术》中通过算筹解方程组的这一过程，可以让我们很好地理解计算与算法的含义。算筹在方阵上摆好后，通过一种方法变形到下一状态，这个过程就是计算；这种变形的方法就是计算规则；状态之间转换的有序步骤就是算法，这种步骤是有限的。由于摆一次算筹方阵需要耗费大量时间，因此需要精心设计一种简洁的算法来提高计算的效率，并且这种算法最好可以重复使用，而不需要每次都更换。体会到这一点，也就理解了递归算法对于计算的重要性。而此后发展出来的纸笔计算无非是将算筹与算盘替换为纸笔与符号，计算的本质并没有变化，这也就是为什么说计算是一个机械式的符号变形过程。

① 参考了《数学史概论》，由李文林主编，高等教育出版社出版。

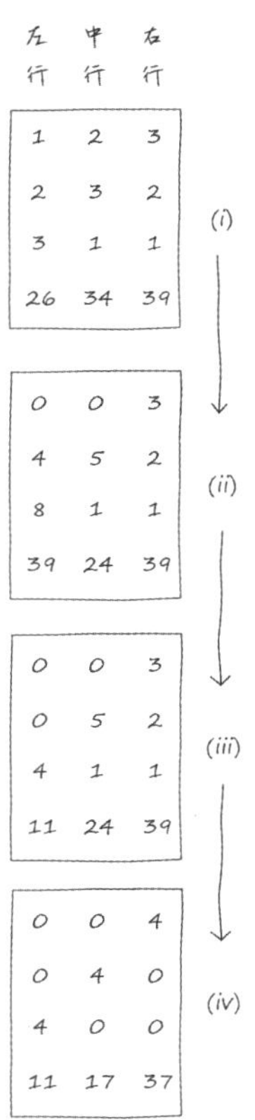

《九章算术》还引入负数来扩大数系，这是因为在计算过程中难免会遇到减数大于被减数的情况，不引入负数就不能保障“直除”的程序顺利进行。豁达的古代中国人毫不犹豫地接受了负数。在《九章算术》中有记载：“同名相除，异名相益，正无入负之，负无入正之。其异名相除，同名相益，正无入正之，负无入负之。”同名、异名即同号、异号，相益、相除指二数绝对值相加、相减。魏晋时期大数学家刘徽在《九章算术注》中指出：“两算得失相反，要令正负以名之。”他还主张在筹算中用红筹代表正数，黑筹代表负数。不同于古代中国心安理得地接受负数，欧洲一直到 16 世纪仍然在回避对负数的使用。

《九章算术》的“少广”一章还提出开方术和开立方术，分别用一根算筹代表未知量的平方或未知量的立方，使得筹式开始具备代数意义。这部著作还很明确地指出无理量的存在——“若开之不尽者，为不可开”，并给这种不尽根取了一个名字“面”。刘徽在“开方术注”中明确提出用十进制小数任意逼近不尽根数的方法，称为求微数法：“其一退以十为母，其再退以百为母，退之弥下，其分弥细，则朱幂虽有所弃之数，不足言之也。”正如豁达地接受了负数一样，古代中国的数学家们也豁达地接受了无理数，但一句“不足言之也”，也让他们失去了从无理数中发展出演绎推理的机会。这种价值导向的不同，也是古代东方数学和古希腊数学的差异之处。

然而古代中国的数学也曾一度发展出论证的趋势。在魏晋南北朝时期，刘徽的“割圆术”和体积理论、祖冲之父子对圆周率的计算以及祖氏原理，都已经出现演绎推理的倾向。祖冲之父子的方法都被记载在《缀术》中，其在隋唐时期曾位列“算经十书”之一，成为国学的标准数学教科书，可惜在唐宋之交失传了。中国的数学发展在魏晋南北朝时期达到一个高峰，但展现出论证趋势后却戛然而止，陷入停滞，不能不令人惋惜。宋代之后的中国数学进入另一个算法活跃的时代，与演绎推理的论证趋势就更加泾渭分明了。

未知量的表示

在地球的另一侧，古希腊数学已经历了毕达哥拉斯学派、欧多克索斯、欧几里得时代的繁荣。古罗马人征服了古埃及后，由于古罗马人注重实用价值，追求思想自由，刨根问底的古希腊文明因而逐渐凋零，位于埃及的亚历山大城进入一个新的时代——亚历山大里亚时期。亚历山大城出现过很多了不起的数学家，欧几里得正是在这里办学，而另一位大数学家阿基米德很有可能曾经受教于欧几里得。但在亚历山大里亚时期，欧几里得和阿基米德都已远去，辉煌的古希腊文明走向衰落，身处这个时期的丢番图，却另辟蹊径将代数从几何中独立出来。

我们对丢番图的生平了解非常少，只知道他大约生活在公元 3 世纪。但是我们却能准确地知道他活了 84 岁，因为他在墓志铭上留下一段谜语：

> “上帝让他的童年时期占一生的六分之一，又过了一生的十二分之一，他开始长胡子；再过了一生的七分之一，上帝为他点燃了婚礼的烛光，婚后第 5 年，赐给他一个儿子。天呐，这真是个晚生的孩子；孩子活到父亲一半年龄的时候，就被残酷的命运之神带走了；他花了 4 年的时间用数的科学抚慰自己的悲伤，之后也就去世了。”

用现代数学很容易列出这个谜语里的线性方程并完成求解。而且这段墓志铭很好地概括了丢番图为代数奉献的一生。

今天我们之所以尊丢番图为代数之父，是因为他的著作《算术》一书。与其他大多数古代数学著作一样，《算术》也是一本问题集，尝试用数学方法解决生活中遇到的各种问题。现在《算术》流传下来的篇幅只有不到原来的一半，已知的收录问题有 189 个。丢番图对代数学的重大贡献是他尝试引入一种字母符号体系，并开始用字母符号表示未知量。与美索不达米亚人、古印度、古代中国的言辞代数不同的是，丢番图的《算术》中几乎没有非数学的文字。他在表述数和方程性质的时候用的都是字母符号，而非类似“树的高度”“谷物分配”这样的文字。《算术》一开始也说明了他的字母符号体系和方法，这是人类首次尝试对代数学的基础做出说明，具有重大意义。

丢番图使用希腊字母符号体系来表示数学里的数与量，这些字母符号有时还包括一些过时的字母，因此今天想读懂丢番图的字母符号体系是很艰难的，但一旦理解了其中的规则，就会感受到其精巧。比如一个现代形式的方程：

$$x^3-2x^2+10x-1=5$$

用丢番图的字母符号来表示则如下图①所示。

$$K^{Y}\overline{\alpha}\varsigma\overline{\iota}\ \pitchfork\ \Delta^{Y}\overline{\beta}\ \mathbf{M}\ \overline{\alpha}\ \text{'}\iota\sigma\ \mathbf{M}\overline{\varepsilon}$$

值得一提的是，丢番图使用希腊字母 ς 来表示未知量，这可能是他从某位前辈那学到的，真实情况已经无从得知。但是从《算术》的巨大影响力来看，代数之父的尊称丢番图是当之无愧的。

《算术》对代数学的另一贡献体现在对不定方程的探讨上。我们用“方程”来表示某种东西等于另一种东西，比如“二加二等于四”，而当方程包含多个未知量并且可能出现无穷多组解时，其被称为不定方程。丢番图对包含未知量的方程非常感兴趣，不过《算术》中的不定方程求的都是正有理数解。正有理数是两个正整数之比，因此求解不定方程正整数解的问题又被称为丢番图方程。历史上最著名的丢番图方程可能是费马大定理，17 世纪的费马正是在阅读丢番图的《算术》的拉丁文译本时想到了这一数学问题。此后在公元 1900 年，大数学家希尔伯特将丢番图方程可解的判定性问题列为 20 世纪最重要的数学问题之一，彼时距离丢番图的时代已经过去 1700 多年。丢番图熟练掌握了移项、合并同类项和因式分解等技巧，因此也显然意识到了负数的存在，但他不承认负数的存在，并认为负数是荒谬的。同时，丢番图知道无理数，但并不感兴趣，遇到无理数时他会修改问题的条件，以便得到一个有理数解。

在《算术》中，表示未知量的符号只有一个，不能表示出 2 个、3 个或更多的未知量，因此丢番图不得不考虑一种折中的方法，用第一个未知量来表示更多的未知量，这难免有点儿烦琐。同时，在那个时代还没有符号 0，这也带来一些麻烦。丢番图的《算术》对问题的解法往往缺乏一般性，解决一个问题的算法不方便推广到一般性问题。但作为公元 3 世纪的数学先驱，我们已经很难要求更多，而应感激其对后世的巨大贡献。代数学的进一步发展，要等到阿拉伯世界的花拉子米，他是另一位代数之父。

---

① 参考了约翰·德比希尔的《代数的历史》。

还原与对消

丢番图离世 600 多年后，代数学领域终于出现了另一位伟大的数学家，他改变了代数学的发展。但此时的世界已经发生了巨大的变化，亚历山大城经历了战火，古埃及人先后被波斯人和拜占庭人统治，欧洲的文化开始陷入凋零与停滞。这也影响了数学的发展，很多数学的思想和典籍在欧洲失传。而在东方，大唐高僧玄奘西行后，印度开始与中国保持文化往来，波斯通过丝绸之路与中国有了频繁的贸易。此时的巴格达处于东西方交流的地理枢纽，巴格达人通过与亚历山大城及拜占庭帝国的贸易，了解到古希腊和古罗马文化，又通过丝绸之路吸收了来自古印度和古代中国的思想，最终融会贯通。彼时统治巴格达的阿拔斯王朝国力强盛，形成了一个文化高峰。他们修建了一个伟大的学院“智慧宫”，用于保存全世界的文献，并且经常举办演讲和学术交流会议。在阿拔斯王朝的第七任哈里发马蒙统治时期，智慧宫的发展达到顶峰，该学院组织翻译了大量的古希腊、古印度文献。后来在欧洲流传的《几何原本》，不是古希腊欧几里得的原版，而是从阿拉伯文翻译为拉丁文的版本。让这些古代文明的火种得以保留，是阿拉伯为世界文明做出的巨大贡献。伟大的数学家花拉子米就生活在阿拉伯文化鼎盛的时代。

我们对于花拉子米的生平了解得非常少，只知道他大约生活在公元 783—850 年。他的全名为穆罕默德·本·穆萨·阿尔·花剌子模（Abu Ja’far Muhammad ibn Musa al-Khwarizmi），我们通常称他为花拉子米。他的名字 al-Khwarizmi 在欧洲经常被读错并误写为 algorismi，后来又出现简写的 algorithm，即算法的英文单词。

花拉子米编写过几部关于天文学、地理学、犹太历法、古印度数字体系、编年史的著作。我们今天知道他主要是因为他的一部著作《还原与对消计算概要》。这部书是花拉子米受到哈里发马蒙的鼓励而写出的，分为 3 部分，分别论述还原与对消、贸易问题和面积问题、遗产继承问题。我们真正感兴趣的是第一部分“还原与对消”，其中详细讨论了线性方程和二次方程的一般性求解方法，这就为初等代数建立起系统性的基础。

花拉子米指出，这部分数学内容都是由根（未知量）、平方和常数这三者组成的，可根据题意列方程。他采用的方法就是还原与对消。还原（al-jabr）意为将方程一侧一个减去的量转移到方程另一侧变为加上的量，比如 $3x+2=12-2x$ 可以变形为 $5x+2=12$。对消（al-muqabala）意为将方程两侧同类正项消去，比如 $5x+2=12$ 可以变形为 $5x=10$。后来常用 al-jabr 来代指整个还原与对消的过程，并逐渐用来表示一个数学的分支，最终它演变成今天英文中的代数一词 algebra。

花拉子米将所有线性方程和二次方程划归为 6 个分类，用今天的代数符号表示就是：

$$x^2=bx,\ x^2=c,\ x=c$$

$$x^2+bx=c,\ x^2+c=bx,\ x^2=bx+c\ (b, c>0)$$

花拉子米接下来探讨了这 6 种方程解的形式，尤其对于后 3 种，给出了类似今天的公式解。值得一提的是，对于 $x^2+c=bx$ 这种形式的方程，花拉子米已经注意到它是 6 种形式中唯一可能存在两个正根的形式：

$$x=\frac{b}{2}\pm\sqrt{(\frac{b}{2})^2-c}$$

同时也是唯一一种可能无根的形式，因此花拉子米给出了根存在的条件，即今天我们所说的判别式。

从影响渊源来看，花拉子米主要受到东方数学的影响。比如，他在求解二次方程之后，还要求未知数的平方，这种做法与印度数学传统相同。他在求解代数方程时也用到很多几何模型，但其几何思想更接近古代中国、古印度的“出入相补”，而不似古希腊《几何原本》中的公理系统和论证推理方法。

另一方面，花拉子米并未受到丢番图的《算术》影响。在花拉子米的《还原与对消计算概要》中，相对于丢番图的《算术》在某些方面是倒退的，他研究的问题比丢番图简单很多。但他的先进之处在于讨论了代数方程的一般性解法，而丢番图的很多解法则是专用的。此外，花拉子米并没有像丢番图那样提出符号代数，而是倒退回言辞代数，比如题目“用二乘以九的平方根”用花拉子米的言辞代数描述解题过程就是：

> “令一个数与九的根（平方根）相乘。如果你想让九的根加倍，可以按照下列步骤计算：二乘以二得四，用九与四相乘得到三十六，即得到三十六的根六。我们知道它是两个九的根，即三的二倍。而三是九的根，将它和自身相加得到六。”

这段文字用现在的代数符号表述起来非常简洁：

$$2\sqrt{9}=\sqrt{4\times9}=\sqrt{36}=6$$

这再次说明了符号对于代数学的重要性，没有符号，代数学几乎就没法进步。事实上，花拉子米了解印度的数字符号，还专门写了一部书《印度数字计算法》，但我们并不清楚为何在他的代数学中没有引入任何一种数字符号系统。

今天，我们熟知的数字符号 0～9 被称为阿拉伯数字，但其实却是由古印度人发明的，因此称为印度-阿拉伯数字更合适。随着印度数学经由阿拉伯人的翻译和整理，印度的数字符号终于在 13 世纪传入欧洲并普及开来。这得益于意大利数学家斐波那契的著作《计算之书》，这本书继花拉子米之后成为东西方文化沟通的桥梁，斐波那契也成为 13 世纪欧洲最伟大的数学家。

斐波那契大约生活在公元 1170—1250 年，他父亲是比萨的一个商人。在《计算之书》的序言中，斐波那契写道："家父远离家乡，在布吉亚海关供职，布吉亚海关为比萨的商人们所建立，他们常常群聚此处。考虑到能为我创造一个舒适而有意义的未来，父亲就将幼时的我带在身边。他希望我在那里学习数学，接受一段时间的数学教育。来自印度的 9 个数字，远远胜过别的任何东西，那些精妙解说令我如此着迷。我向所有精于这方面知识的人们学习，学习各种各样的方法，他们来自附近的埃及、叙利亚、希腊、西西里和普罗旺斯。为了更深入地学习，我后来在这些商贸地区四处周游，在相互辩难中所获甚丰。"

在《计算之书》中曾提到："印度数字有 9 个，分别是 9、8、7、6、5、4、3、2、1。加上在阿拉伯语中被唤作 sifr 的零，就能够随心所欲地记下任何数。"零是古印度人发明的，斐波那契得到的却是阿拉伯人的叫法，从这里可以明显看出印度数字符号经由阿拉伯人传入欧洲这一过程。

斐波那契在旅行与经商途中，学习到十进制计数法及其计算方法。在与当时欧洲流行的罗马数字计算系统对比后，它发现印度-阿拉伯数字更适合计算和商业应用。于是回到比萨后，斐波那契基于印度-阿拉伯数字系统，写作了《计算之书》，全面地介绍了相关的算术、代数方法。事实上，印度的数字符号更适合用于笔算，当印度数字符号普及之后，笔算就逐渐代替了算盘。当时欧洲的主要计算工具还是算盘，因此还发生了好几场笔算和算盘之间竞赛，如下图所示。

斐波那契是中世纪晚期的人，他的数学融合了埃及、希腊、印度、中国和阿拉伯的数学。一些经典的问题和算法被他收录到书中，比如古代中国的“百鸡问题”。他的《计算之书》传播广泛、影响巨大，尤其为印度-阿拉伯数字系统的普及起到了重要作用。重商的意大利人出于记账和贸易的需要，选择了更先进的数学，接受了阿拉伯传入的数学思想，印刷技术的发明更为数学的传播提供了良好的环境。这些都为欧洲文艺复兴时期的数学复兴铺平了道路。

代数符号

代数学的发展历程是曲折的，丢番图的著作被放在巴格达的图书馆里束之高阁，阿拉伯的数学家们似乎对此视而不见。而代数符号的真正改变要等到韦达和笛卡儿两位法国数学家来完成，这时已经到了 16 世纪。

1540 年，韦达出生在一个胡格诺教徒家庭，他的父亲是一名律师。韦达出生时恰逢乱世，法国经历了长期的宗教战争，一些胡格诺教徒遭到了屠杀。但是韦达却成功入仕，先后辅佐了法国国王亨利三世和亨利四世，担任他们的宫廷顾问。亨利三世性格怪异，爱在宫廷里穿女装。由于受到复杂宫廷斗争的影响，韦达在 1584 年被迫离开，在一个海边的小镇上开始了长达 5 年左右的休假，但这反倒成为他数学上创造力最旺盛的时期。韦达是大器晚成的代表，当时已经年近 50 岁。在亨利四世继位后，韦达回到巴黎继续辅佐他。出于政治斗争的需要，韦达曾经帮助亨利四世破解过西班牙国王腓力二世写给一些法国贵族的密信，为此腓力二世曾向教皇抱怨亨利四世使用了禁忌的魔法。

1593 年荷兰大使来到法国宫廷向亨利四世提出一个数学挑战。他列出一个荷兰数学家提出的一元 45 次方程，并认为没有法国人能够解出这个方程。亨利四世当即找来韦达，韦达现场就求出了 1 个解，并在第二天又给出了 22 个解。可见韦达在代数方程上已经有了很深的造诣。韦达精通三角学，他的很多数学思想都是从三角学中得来的。当时韦达求出了这个 45 次方程全部的解，包括 23 个正数解和 22 个负数解，但是认为负数没有意义而将其忽略了。

韦达对代数学的重大贡献，是系统化地使用字母符号来代表许多不同的量。现代代数学里的字母符号体系，是继承自韦达而非丢番图。虽然丢番图的字母符号体系创建得更早，但是已经被遗忘得太久。

韦达在著作《分析引论》里，将量分为未知量和已知量。未知量用大写元音字母 A、E、I、O、U 等表示，已知量用大写辅音字母 B、C、D 等表示。所以现代符号表示的方程 $bx^2+dx=z$ 可用韦达的字母符号体系表示为：

B in A Quadratum, plus D plano in A, aequari Z solido.

在这个表述中，A 代表未知量，其他大写字母代表已知量，这让代数学充分地进入了字母符号系统的时代，从此字母符号代表了“数”，从只包含已知量的算术进化到了包含未知量的代数。在那个年代，代数学的任务是将所有计算已知量的算术方法应用到计算未知量上。

但韦达的代数学也有落后的地方。除了不承认负数，韦达还受古希腊几何学的影响，认为代数必须严格建立在几何的基础之上，因此他的代数都遵循“齐次性原则”，即方程中的每一项必须具有相同的维度。他的每个符号都代表一条适当长度的线段。在上面的方程中，因为 b 和 x 都是一维的，因此 bx^2 是三维的。根据齐次性原则，dx 和 z 都必须是三维的，所以 d 是二维的，被韦达表述为“D plano”，z 是三维的，被表述为“Z solido”。plano 和 solido 都是从几何中来的。代数依赖于几何意义的观念，严重限制了韦达的代数学，而这一观念要等到法国的另一位数学家笛卡儿出世才得以打破。

1596 年 3 月 31 日，就在韦达总结出代数学的字母符号体系不久，笛卡儿出生于法国图赖讷地区的莱依镇，他的父亲也是一名律师。笛卡儿从小体弱多病，对世界充满了好奇。他终身未婚，但与一名叫海伦的女子有过很好的感情，并育有一女，可惜的是，女儿很小的时候就夭折了。笛卡儿还和波希米亚的伊丽莎白公主保持着长期的友情，他们经常通信探讨哲学和数学问题，公主认为笛卡儿是“她灵魂最好的医生”。笛卡儿终身保持晚起的习惯，一般要睡到中午或下午才起床，他习惯于躺在床上思考问题。所以赖床的人也能改变世界，这是笛卡儿给我们的“启示”。1649 年 9 月笛卡儿应瑞典女王克里斯蒂娜的邀请，到斯德哥尔摩讲课。女王把学习时间定在清晨 5 点，笛卡儿不得不改变多年晚起的习惯，在寒冷的清晨赶去皇宫为女王授课。很快他就病倒了，并于 1650 年 2 月因患肺炎去世。那一年，牛顿才 7 岁。

笛卡儿作为哲学家、物理学家和数学家，为今天的人所熟知。自文艺复兴以来，他也是第一个要求恢复并庇护人类理性权利的人。在数学上，笛卡儿创立了平面坐标系，并建立了解析几何，其伟大贡献的影响是历史性的，我们几乎可以将数学分为笛卡儿之前的数学和笛卡儿之后的数学。同时在代数符号上，笛卡儿继续完善了韦达的字母符号体系。阅读他的数学著作已经和阅读今天我们的数学书没有太大的差别，其中的数学符号高度相似。现在的代数方程中使用字母表中最后几个小写字母如 x、y、z 来表示未知量，这是从笛卡儿开始的。

笛卡儿认为古希腊人的几何学虽然直观，但过于依赖图形，束缚了人的想象力；虽然给出大量真理性的结论，但并没有说明这些真理是如何发现的。对于代数学，笛卡儿则认为其完全从属于法则和公式，而不能成为改进智力的科学；对于逻辑，如三段论，笛卡儿认为其完全不能产生任何新的结果。因此笛卡儿希望能够将几何、代数、逻辑的优点综合起来，从而创造一门新的数学，即他理念中的“普遍数学”，用于研究“一切事物的次序和度量性质”，不管它们是“来自数、图形、星辰、声，还是来自其他任何涉及度量的事物”。

笛卡儿最终在著作《几何学》中创造出他理想中的数学。我们可以将这一时期称为数学历史上的“清理期”，伽利略、笛卡儿等人一扫古希腊几何学的束缚和黑暗中世纪的宗教蒙昧主义，统合了之前数学的各个分支，建立起全新的数学理念，终结了 1500 多年以来的古代数学，开启了这个学科新的篇章。此后 200 多年的数学发展，几乎都是建立在笛卡儿的基础之上的。笛卡儿带来的重大影响主要体现在以下方面。

首先，笛卡儿颠覆性地重新思考了代数和几何之间的关系，并给出了一个新的视角，让代数不再受到几何的约束。在韦达的时代，由于齐次性原则的影响，在遇到 45 次幂时，韦达第一时间将其转化为几何的思考：把一段圆弧 45 等分。古希腊人、古埃及人、古印度人也是如此，一定要为代数找到一个几何意义。而笛卡儿的思考方式是反过来的，他认为几何对象正是数的一个便利表示。笛卡儿认为，两条线段长度 x 和 y 的乘积，不一定非要被看作一个矩形的面积 xy，也可以被看作另一条长度为 xy 的线段。单位线段的思想，让几何的代数化成为可能，这也就是解析几何的核心思想——用代数方程来表示和研究几何。

笛卡儿在《几何学》中写道：

> “当要解决某一问题时，我们首先假定解已经得到，并给为了求出此解而似乎要用到的所有线段指定名称，不论它们是已知的还是未知的。然后，在不对已知线段和未知线段做区分的情况下，利用这些线段间最自然的关系，将难点化解，直至找到这样一种可能，即用两种方式表示同一个量。这将引出一个方程，因为这两个表达式之一的各项合在一起等于另一个的各项。
>
> “我们必须找出与假定为未知线段数目一样多的方程；但是，若在考虑了每一个有关因素之后仍然得不到那样的方程，那么，显然该问题不是完全确定的。一旦出现这种情况，我们可以为每一条缺少方程与之对应的未知线段，任意确定一个长度。”

这样，笛卡儿就将算术与几何这两个一直存在对抗的分支统合了起来。这种统合首先是在笛卡儿的直觉中发生的，因为他隐含地将实数对应到直线上的点，也就暗自承认了有理数和无理数是完全平等的，只是他应该并没有意识到这一点。同时，他创立了我们今天熟知的坐标系。虽然笛卡儿的坐标系一开始不是直角坐标系，而是从古希腊的圆锥曲线论发展而来的，但是其核心思想已经与今天无异。笛卡儿的坐标系将平面上的点对应为一个实数对，这离将平面上的点看成一个数只有一步之遥，但这一步之遥，数学家们走了200多年。

坐标系另一个重要的作用，在于和复数理论的完美契合。笛卡儿坐标系的两个坐标轴是实数轴，而到200多年后，高斯在研究代数基本定理的证明过程中，于1831年系统性地描述了笛卡儿的平面几何与复数域数学的等价性。这就为复数，尤其是虚数，找到了一个实在的基础，彻底改变了复数只能作为一个辅助工具——反对者称为幽灵与鬼魂——的历史。复数完美地统合了算术与几何，在近代的数学和物理中发挥了不可替代的作用。

在谈论笛卡儿不可磨灭的贡献的同时，不得不提一下，费马也曾独立地发明解析几何与坐标系，但是他的论文直到笛卡儿的《几何学》问世30多年后才得以发表。费马在论文中提到：

> “在最终的方程中只要有两个未知量，我们总可得出一条轨迹，在未知量之一的末端会画出一根直线或一条曲线来。直线是简单的、唯一的；曲线的种类则有无穷之多：圆、双曲线、抛物线、椭圆，等等。为了便于解释方程的概念，最好让两个未知量构成一角，我们将假定这个角等于直角。”

笛卡儿的解析几何影响了后来的牛顿、莱布尼茨等人，成为研究微积分、函数论的重要工具，在每个阶段都展现出巨大的威力，而没有被发现有何矛盾之处。笛卡儿的“普遍数学”的思想也激发出莱布尼茨构建“人类思想字母表”的想法，这是“计算”上的一个终极梦想。

今天我们习以为常的数学工具，在历史上的发展却是缓慢而又充满波折的。人类被没有零的命数法困扰了几千年，直到在计算盘和计数法的驱动下，零成为一个数，数学才得以进步。没有零，就不会有负数，不会有方程，代数中的因式分解也将无从下手。从古代的言辞代数到现代的数学符号，韦达走出了关键的一步，他让只有专家才能掌握的技巧变得简单而易于普及。最重要的是，没有韦达用字母表示未知量，数学同样是无法进步的。这是因为已知量能表达的都是特殊情况，只有用字母对未知量进行抽象，才逼迫数学家们去寻找一般性的解法，描述未知量的一般性质，探索其结构与关系。在这个过程中，数学家们遇到很多自己难以理解的事情，比如复数，最后却不得不正视它们，数学因此而进步。字母符号成为广义的数，是韦达一手开创的。

同时，采用字母符号表示数的概念，让数学从人类语言的混淆中剥离出来，不再有任何含糊之处或先入之见。比如，丢番图使用的arithmos和斐波那契使用的res，在人们的概念中都意味着一个整数，而韦达使用 A 和笛卡儿使用 x 来表示未知量，都不会产生任何概念上的干扰。遵循这一思路，19 世纪魏尔斯特拉斯等人发起的分析严格化的数学运动，20 世纪初期皮亚诺、罗素等人发起的重建数学符号系统等工作，都取得了重大的成果。字母符号方便了变换文字表达式的操作，人们从而可以把任何陈述都变形为等价形式，这种变形能力就是计算。

求解多项式方程

从符号的诞生讲述到现在，关于代数的故事才刚刚开始。代数关乎计算的本质，以及一些最深奥的概念。接下来，我们将探讨代数的结构，以及数域的扩张。在此之前，我们先讲讲多项式方程的来龙去脉。

多项式一词最早见于韦达的著作，似乎也没有更容易理解的叫法，它现在已经成为代数中最重要的概念。多项式是从已知量和未知量开始，通过有理运算，即加法、减法、乘法和除法，有时候还要加上开方运算，得到的数学表达式。减法可视为加法的逆运算，除法可视为乘法的逆运算，开方可视为一种除法，因此加法和乘法是最重要的。如果考虑负数，那么一个多项式纵式可以写成加法和乘法的形式，减法变为加上一个负的量，除法和开方变成乘以分数或负数次幂。这些运算在多项式中可以出现有限多次，但不能出现无限多次。下面是一个多项式的样子，其中 x 表示未知量：

$$5x^5 + 3x + 4$$

注意，多项式不带等号，所以不是方程；如果带上等号，就会变成多项式方程，比如我们熟知的一元二次方程：

$$ax^2 + bx + c = 0$$

多项式之所以重要，是因为它是一种重要的将现实问题转化为数学模型的方法。在解析几何建立后，可以直接用多项式方程研究几何的性质。在函数论建立后，由于很多函数过于复杂，人们转而采用多项式进行近似表达，这在实践中发挥了巨大的作用。比如，气象预测、矿物勘探、火炮弹道计算等都用到了多项式，多项式方程的求解变得非常重要。从古至今，对多项式方程的研究积累了大量的成果，让我们在面对应用问题时有丰富的工具可以采用。从代数学的发展来讲，对多项式方程的研究扩展了数域，探寻了事物的本质，让数学进入更加抽象的领域，促进了现代物理学的发展，对现代世界的构建产生了巨大的作用。

从数值解到代数解

在古代，有很多近似计算未知量的方法，这类方法总会在某一精度停止求解的计算过程，因此用这类方法求出的解又被称为数值解。前文所述的古代美索不达米亚、古代印度等文明中对$\sqrt{2}$的计算方法，就属于一种数值解。这类求解采用有限算法，总会在某一精度被截断。由于在开方计算过程中不可避免地遇到了无理数，因此追求实用价值的文明很早就接纳了这种“开之不尽”，转而将注意力集中到研究一个更简约和更高效的有限算法上。

古代受到计算工具的限制，改变算法和记住一个新算法是一件很麻烦的事情，比如要在计算盘上重新摆布算珠或算筹，是一个低效率的物理过程，因此减少算法的步骤就特别有意义。所以简单来讲，古代人发明了很多求解数值解的算法，这类算法都在有限步内计算出结果，而且由于追求效率的最大化，一个算法最好是可以重复使用的，这样不用重新排列计算盘上的算珠或算筹，因此将一次算法执行过程的输出当作下一次该算法执行过程的输入，就变成最佳选择。

牛顿在 1670 年左右就提出了一个近似求解多项式方程的方法，通过反复迭代，可以求得一个越来越精确的解。比如，对于方程 $x^3-2x-5=0$，牛顿先用“瞪眼法”观察到根 x 近似地等于 2。于是他令 $x = 2 + p$，代入原方程，得到一个关于 p 的新方程：

$$p^3 + 6p^2 + 10p - 1 = 0$$

由于 x 接近 2，因此 p 很小，牛顿直接略去了高次项 p^3 和 $6p^2$，这样估算出来 $p = 0.1$，那么 $x = 2.1$。然后牛顿重复这个过程，令 $x=2.1+q$，代入原方程，又求得一个关于 q 的新方程，解得 q 的近似值为-0.0054，于是 x 的下一个近似值为 2.0946。这样就能够得到方程越来越精确的值，这些值组成了一个收敛于 x 的序列。

后来英国数学家拉夫森进一步优化了牛顿的算法，提出曲线 $y = f(x)$在 x 坐标为 a 处的切线是方程 $y - f(a)=f'(a)(x - a)$，由此就可以推出牛顿-拉夫森递推公式：

$$a_{n+1} = a_n - \frac{f(a_n)}{f'(a_n)}$$

这样就得到一个逼近的序列。特别是当 $f(x) = x^2 - c$ 时，利用这个公式可以得到求解 x 的平方根的公式，即：

$$a_{n+1} = \frac{1}{2}(a_n + \frac{c}{a_n})$$

这恰好就是美索不达米亚人在泥板上所记录的一种求解正数平方根的近似方法。

中国宋元时期的数学发展到另一个高峰，特点是出现了很多求解算法。北宋时期的贾宪曾著有《皇帝九章算术细草》，将《九章算术》中的开方法推广到三次以上的情形。这部书现在失传了，但是幸运的是南宋数学家杨辉所著《详解九章算法》摘录了其主要内容，包含贾宪的“增乘开方法”。下图是《永乐大典》中记载的版本。

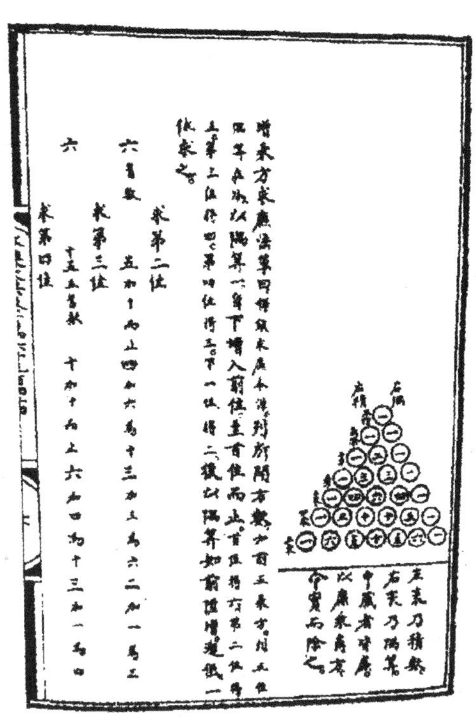
增乘方求廉法草曰释锁求廉本源列所开方数如前五乘方列五位隅算在外以隅算一自下增入前位至首位而止首位得六第二位得十五第三位得二十第四位得十五下一位得六复以隅算如前升增递低一位求之
左积
右隅
左袤乃积数
右袤乃隅算
中藏者皆廉
以廉乘商方
命实而除之

增乘开方法实际上用的是一张二项系数表，包含 $(x+a)^n(n=1,2,\cdots)$ 展开的各项系数。在上图右侧这个三角中，左右斜线上的数字“一”分别称为“积数”和“隅算”，两行斜线中间的数字称为“廉”，要开几次方，就用相应行的廉。这个三角又被称为贾宪三角或杨辉三角，在西方被称为帕斯卡三角，因为帕斯卡也曾独立地发现了这个方法。利用贾宪的增乘开方法，可以不断地递归执行这个随乘随加的过程，直到得到结果，从而可以高度机械化地开任意次方。

此后南宋数学家秦九韶推广了增乘开方法，用来求解一般的高次多项式方程。他的著作《数书九章》，全书 18 卷，共 81 题，分成大衍、天时、田域、测望、赋役、钱谷、营建、军旅、市易这九大类。其中明确记载了“正负开方术”和“大衍总数术”等经典方法。秦九韶的正负开方术是一种求解高次多项式方程的一般方法，在《数书九章》中用来最高求解了 10 次方程。此外，秦九韶的“大衍总数术”推广了中国古代的《孙子算经》中的“物不知数”问题，系统性地叙述了求解一次同余方程组的一般方法，在数学上又被称为“中国剩余定理”。

到了宋元时期，中国数学还出现了代数符号化的尝试，开始用专门的记号来表示未知量。宋元时期的李冶首先发明了天元术。天元术首先“立天元一为某某”，这里的“天元一”表示的就是未知量。在筹算盘上列天元式，在未知量一次项系数边上放置一个“元”字，其余各项按未知量幂次相对于一次项上下递增或递减排列，有时也在常数项边上放置一个“太”字来代替一次项边上的“元”字，遇到负数就在这个系数的个位数的算筹上加一斜线。所以方程 $25x^2+280x-6905=0$ 用天元式表示就如下图所示。

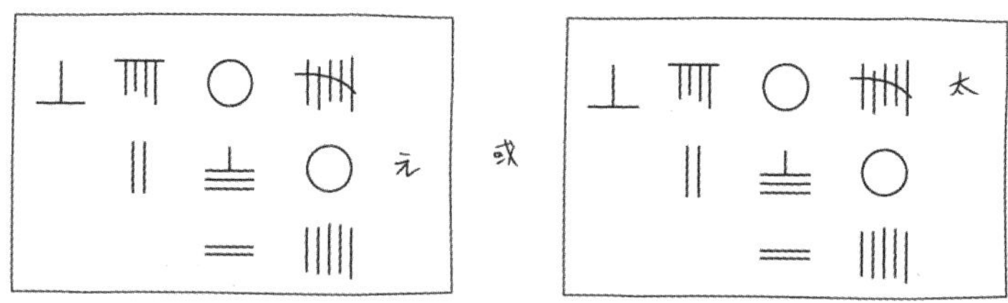

李冶列出方程后，就用增乘开方法来求解。

此后，《四元玉鉴》的作者朱世杰发展了天元术，将其推广到二元、三元和四元的高次联立方程组，称为“四元术”。天元术和四元术都是宋元数学的顶峰，此后由于战乱失传了长达 300 多年之久。元代以后，“明算科”在科举中被废除，中国的数学发展进一步受到抑制。天元术和四元术已经开始出现符号代数的迹象，但毕竟受制于筹算的形态，未能完全演化为符号代数，就此成为绝响。

从算术到代数的演变过程中，大量的生活实际问题都被转化成代数问题，而对代数问题的求解过程又使很多算法得以发明。这些机械式的算法是可以用计算工具加速以提高效率的，因此具有重要的意义。

在中世纪，花拉子米之后的 250 年左右，另一位数学家奥马·海亚姆出世。他是著名诗集《鲁拜集》的作者，同时也是一位代数学家。他在数学上的主要著作是《还原与对消问题的论证》，他在其中认真探讨了三次方程的解法。他将三次方程分为 14 类，并且受到古希腊人的启发，尝试用圆锥曲线找到其中 4 种类型的几何解法。同时，海亚姆发现了一种类似于增乘开方法的开方算法。可惜欧洲人直到 18 世纪才了解到海亚姆的工作，否则解析几何的出现可能会更早一些。

然而，以上这些计算方法，求得的都是方程的数值解，是一种近似计算，而非精确计算。数学家的追求是要找到一个方程的精确解，即用代数方法能够将方程的解表达出来。所谓代数方法就是包含有限次的加法、减法、乘法、除法和开方的表达式，又称为代数解。代数解的意义在于有助于理解清楚数学原理的本质，如果方程不可解，或者找不到代数解，那也要证明它是不可解或者是找不到解的，而不能有任何含糊之处。这种对方程求根公式的追求，促进了代数学真正的发展。

三次方程的求根公式

我们知道花拉子米的重要贡献就是研究了一元二次方程的一般性解法，尽管他的叙述是用文字给出的，但是比美索不达米亚或其他文明给出的求解近似值的方法已经前进了一大步。今天我们可以用一元二次方程的求根公式来描述花拉子米的方法，对于二次方程 $ax^2+bx+c=0$，我们可以用以下公式求解：

$$x=\frac{-b\pm\sqrt{b^2-4ac}}{2a}$$

有正负号意味着这个方程有两个实数解。根号下的表达式 b^2-4ac 又被称为判别式，当其大于 0 时有两个不同的解，等于 0 时有两个相同的实数解；小于 0 时，则出现负数的开方运算，从花拉子米的年代一直到文艺复兴时期，人们都认为这种情况是没有意义、不可解的，但现在我们已经知道这种情况说明存在两个复数解。

一元二次方程的求根公式比较简单，数学家们通过摸索能大致得出类似的结论，但是从一元三次方程开始，求根就变得不那么容易了。一直到文艺复兴时期，发明复式记账法的卢卡·帕乔利依然认为三次方程是不可解的。他在《数学大全》中列出了两类他认为不可解的方程：

$$n=ax+bx^3$$
$$n=ax^2+bx^3$$

大约 10 年后，一位来自意大利博洛尼亚大学的不太知名的学者费罗，发现了第一种类型的三次方程的公式解法。将三次项的系数简化为 1 后，把方程记为 $x^3+px+q=0$。费罗的解法非常巧妙。他令 $x=u+v$，代入方程展开后，可将原方程化为：

$$(u^3+v^3)+3uv(u+v)=-q-p(u+v)$$

这时候用“瞪眼法”观察到等号两边的形式已经非常接近，因此只需要找到特殊的 u 和 v，满足：

$$(u^3+v^3)=-q \text{ 以及 } 3uv=-p$$

那么就得到了一个解。因为 $3uv=-p$，所以 $v=-p/3u$，代入前一个式子就能得到：

$$u^6+qu^3-\frac{p^3}{27}=0$$

这个方程看起来更复杂了，但其实是一个关于u^3的二次方程，可以直接套用二次方程的求根公式求解。类似地，也可以将原方程表示成一个关于v^3的二次方程，所以u^3和v^3就是上面这个“二次”方程的解，从而可以通过求立方根得出u和v，这样就得到三次方程的求根公式：

$$x=\sqrt[3]{\frac{-q+\sqrt{q^2+(4p^3/27)}}{2}}+\sqrt[3]{\frac{-q-\sqrt{q^2+(4p^3/27)}}{2}}$$

这个公式看起来复杂，但其实有着简单的内在逻辑，容后再叙。在那个年代，公开的学术交流并不被提倡，这些知识作为绝活或者秘技，被用在大学评定职称等特殊场合。因此，费罗当时并未将他发现的解法公开，而是传授给了自己的学生菲奥尔。不久后，费罗就去世了。菲奥尔这个人有些不学无术，在学术上无所建树，仅将费罗的解法当作一种敛财工具。他在数学史上最大的贡献可能是成就了另一个解出三次方程的人——塔尔塔利亚。

塔尔塔利亚原名丰坦那，出生于布雷西亚城。法国入侵布雷西亚期间，少年丰坦那的下颌受到重伤，因此留下口吃的毛病，人们就开始叫他“塔尔塔利亚”，意思是“口吃的人”。塔尔塔利亚后来成为威尼斯的一名教师，并且独立研究出第二种类型的三次方程的求根公式，即包含二次项的三次方程的解法。菲奥尔听说在威尼斯有人解出了三次方程，就想通过一次公开的数学竞赛来打败这个人，以获得更高的声誉和地位。这在当时是很流行的做法，对大学评定职称很有帮助。于是菲奥尔在 1535 年向塔尔塔利亚发起挑战，两人都要解答对方提出的 30 个问题，并将答案交给公证人，输的人要宴请赢家 30 次。

塔尔塔利亚一开始并没把菲奥尔当回事，直到后来听说菲奥尔从数学大师费罗那里得到了第一种类型的三次方程的解法，才开始认真起来。当时塔尔塔利亚并不知道第一种类型的三次方程要怎么解，为了应对挑战，他潜心研究了一段时间，居然也解了出来。这样塔尔塔利亚就同时掌握了两种类型的三次方程的解法，而菲奥尔只懂第一种。在竞赛时，塔尔塔利亚出给菲奥尔的题目全部是第二种类型的三次方程，菲奥尔一个都没解出来，而塔尔塔利亚全部解出了菲奥尔出的题目。在菲奥尔灰头土脸地惨败后，塔尔塔利亚接受了荣誉而放弃了赌注——在 30 次宴会上与一个可怜的失败者面对面进餐，对他来说没有任何吸引力。

很快，塔尔塔利亚会解三次方程的事迹就传到米兰的卡尔达诺耳中。卡尔达诺是一位声望卓著的医生，而且很有可能是当时欧洲大陆的第一名医，很多王公贵族都请他去看病。他的影响力非常大，兴趣广泛，同时也极有个性，是一个很有人格魅力的人。卡尔达诺还是畅销书作家，他一生出版了 131 本著作，还有 111 本未出版的手稿和 170 份因自己不满意而销毁的手稿，这样看来他几乎每天都在写作。他的科学著作包含丰富的仪器、机械装置设计和测量的方法；他的文学作品《安慰》曾经影响了莎士比亚，并被引用到《哈姆雷特》中。但卡尔达诺的主要收入来自医学，而不是写作和出版，次要收入则来自赌博与占卜。他是一个不折不扣的赌徒，对骰子和纸牌痴迷不已，甚至还写了一本专著来讨论如何算牌。而占卜则让他具有一定的神秘色彩，他还宣称自己会看面相算命："如果一个女人的左脸颊的酒窝左边一点儿长有疣，那么她最终会被丈夫毒死。"但他可能并没有算到他的儿子年纪轻轻就会因为一桩杀妻案而被处死，这件事情极大地打击了他的意志。1576 年 9 月 20 日，卡尔达诺去世了，据说他是服毒或绝食而死，仅为了让自己的死亡日期能够吻合几年前占星预测出来的日子。

卡尔达诺在数学上的巨大贡献主要体现在他的著作《大术》上，部分数学家认为这部书才是代数学的开端。在《大术》中，卡尔达诺公开了一元三次方程的公式解法，同时还影响了一元四次方程求根公式的发现。但是卡尔达诺的《大术》曾牵涉一桩公案。当年卡尔达诺听说塔尔塔利亚解出了一元三次方程后，就热情写信邀请塔尔塔利亚到米兰来做客，为了索要解法软磨硬泡了很久，还答应把他引荐给当时作为意大利最有权势的人之一的阿方索•达瓦洛斯。1539 年，没怎么见过世面的塔尔塔利亚到米兰赴约，住在了卡尔达诺家中，但直到最后也没见到阿方索•达瓦洛斯。卡尔达诺热情款待了塔尔塔利亚，并逐渐套出了解一元三次方程的奥秘。塔尔塔利亚坚持让卡尔达诺发誓绝不泄露这个秘密，但很快塔尔塔利亚就发现这并没有什么用。1540 年，卡尔达诺出版了一本关于代数学的书，但其中并未包含三次方程的解法。1545 年，《大术》出版了，卡尔达诺公开了一元三次方程的解法，这激怒了塔尔塔利亚，他的余生都在谴责卡尔达诺中度过。

卡尔达诺也并非完全抄袭。首先卡尔达诺非常聪明，他在塔尔塔利亚解法的基础之上，找到了一种将任意三次方程化归为两种类型三次方程的方式，这样就能用三次方程的求根公式求解任意一元三次方程。同时，卡尔达诺还收了一个年轻聪明的学生费拉里，费拉里在学习一元三次方程的过程中受到启发，研究出一元四次方程的公式解法，这就将代数学再次向前推进了一步。1543 年，卡尔达诺和费拉里发现了一个规避道德困境的方法。他们打听到菲奥尔从费罗那里继承了一元三次方程的解法，时间还要早于塔尔塔利亚。于是他们想办法找到费罗的学生，并翻阅了费罗留下的文稿，最终确定费罗发现一元三次方程公式解法的时间要早于塔尔塔利亚。既然费罗早已不在人世，那是否应该授权卡尔达诺将奥秘公开也无从谈起。于是卡尔达诺心安理得地将三次方程的解法写入《大术》。塔尔塔利亚认为自己的荣誉被窃取和剥夺了，不依不饶地声讨卡尔达诺，而卡尔达诺总是不予理会，费拉里则不断为老师进行辩解。到了 1548 年，《大术》出版 3 年之后，塔尔塔利亚向费拉里发起了一项学术挑战赛，最终以惨败告终，这才平息了这场纷争。在今天，我们认为一元三次方程的公式解法这一伟大成就，应该归功于费罗、塔尔塔利亚和卡尔达诺 3 人。

不可约：复数的发现

但《大术》了不起的地方不仅仅在于给出了一元三次方程的一般性解法，还在于卡尔达诺首次认可了复数，尽管这种认可是含糊的、有反复的。在《大术》第 37 章中，卡尔达诺描述了一个问题，如何将 10 分成两部分，使其乘积等于 40。他写道：

> "无须考虑太多，将 $5+\sqrt{-15}$ 乘以 $5-\sqrt{-15}$，得到 25-(-15)，后面一项实际上就是+15。因此乘积是 40……这实在是太神奇了！"

在这里，卡尔达诺使用了负数开平方，接着在相乘之后抵消了这一项。[①]但他认为负数开平方是没有意义的，只是计算过程中的一个中间过程，因此没有太过在意。卡尔达诺因此称负数的平方根为"不可约"，因为那时的人完全无法理解其意义。

第一次认真严肃地讨论复数，则要到意大利数学家邦贝利的时代。他同样来自费罗所在的博洛尼亚。费罗去世的那一年，邦贝利出生了。邦贝利是一名土木工程师，他酷爱数学，深受卡尔达诺《大术》一书的影响。但他认为《大术》写得不够好，于是决定自己写一本书，要让初学者能够很快掌握代数学。在 1572 年，邦贝利写了 25 年的《代数》出版。在撰写《代数》的过程中，邦贝利还"意外"地发现了留存在梵蒂冈图书馆里的古希腊"某个叫丢番图的家伙"的手稿，得到很多启发，也让当时的欧洲数学家们重新了解到丢番图的成就。

邦贝利注意到一个三次方程 $x^3=15x+4$，通过"瞪眼法"，人们可以很快地猜出这个方程的一个解是 x=4。但是使用卡尔达诺的公式，得到的解是：

$$x=\sqrt[3]{2+\sqrt{-121}}+\sqrt[3]{2-\sqrt{-121}}$$

通过一些算术技巧和尝试，邦贝利发现 $(2\pm\sqrt{-1})^3=2\pm\sqrt{-121}$。很明显卡尔达诺公式得到的解等价于 $x=(2+\sqrt{-1})+(2-\sqrt{-1})=4$，和人们用"瞪眼法"猜出的解是一样的（还有一组解是 $-2\pm\sqrt{3}$，但是邦贝利没有算出来）。这样只要不问负数开

① 方程的根往往成对出现，这种现象又被称为共轭。共轭的根之和可以消除根号或者虚部。共轭体现了对称性。

平方的意义，就可以得到正确的解。

由于 x=4 这个方程的解就在那里，一验算便可知其正确性，是明明白白的，于是数学家们不得不正视负数开平方，必须把它当成一个严肃的、真实的数学对象来接受。邦贝利首先将其当作一个临时的过渡性工具来使用，但邦贝利的这一小步，却是人类的一大步。它标志着复数的诞生。

当时在数论和几何上都很难说清楚负数开平方的意义。笛卡儿认为 $\sqrt{-1}$ 是不可思议的、不存在的、虚无的，因此称其为“虚数”（imaginary number），以和实数（real number）相对应。后来莱布尼茨研究了邦贝利的《代数》，对虚数大为惊叹：“在一切分析中，我从来没有见过比这更奇异、更矛盾的事实了。我觉得自己是第一个不通过开方就将虚数形式的根化为实数的人。”

确实虚数是数学史上的另一个“鬼魂”，与无理数、零、负数一样，经历了漫长的过程才让人们接受。最主要的原因在于，人们很难在直观上对其进行理解，因此虚数背负了几百年的骂名。到了 1777 年，欧拉首创用符号 i 作为虚数的单位，对应着 $\sqrt{-1}=\pm\mathrm{i}$，虚数才在数学界有了一席之地。在漫长的接受过程中，最重要的变化来自虚数终于找到几何上的直观意义，因此人们终于能够理解和接受虚数是一种实在。虚数和实数统称复数。

第一个发表复数的几何表示的人是挪威的测绘员韦塞尔。可能是因为做测绘工作的原因，他对平面、距离和方向都比较敏感，因此首先借助笛卡儿坐标系思考了复数在平面内的几何意义，并且验证了解析几何中如何表示复数的加法和乘法。1797 年他用丹麦文发表了论文《方向解析表示的尝试》，并在 1799 年首先将复数诠释为平面内的一个点。对于复数 a+bi 的形式，如将 a 看作实部，将 b 看作虚部，那么 a 就对应着实数的横轴上线段的长度，b 对应着虚数的纵轴上线段的长度。复数的加法比较简单，因为复数可以被看作有方向的线段，因此复数的加法就是将后一条线段的起点挪到前一条线段的终点。对于复数的乘法，韦塞尔发现其可以被表示为线段的长度相乘、方向角相加。而且通过这一规则，可以完美地在几何上表示出复数在代数上的运算结果。这样复数就被表示为平面上的一点。数变成了二维的。

高斯实际上在很多年前就发现了复数的几何表示，但是他知道争议太大，所以一直没有发表，直到韦塞尔的论文引起巨大的争议，高斯最终才站出来一锤定音地给予肯定。也因此，高斯认为虚数的说法是不太对的，容易误导人们认为它是虚无的，于是高斯在 1832 年正式提出了“复数”这个名词。高斯和韦塞尔的工作让复数（complex number）在几何上有了明确的意义，不再是虚无的，人们终于克服了接受虚数的心理障碍。

接受了复数后，我们重新审视一元三次方程的根，就会发现复根的存在。原本卡尔达诺的三次方程求根公式，只给出了实根的求解。如果考虑复数形式的单位根，就会多出两个复根的公式。3 个求根公式分别为：

$$x_1 = \sqrt[3]{\frac{-q + \sqrt{q^2 + (4p^3/27)}}{2}} + \sqrt[3]{\frac{-q - \sqrt{q^2 + (4p^3/27)}}{2}}$$

$$x_2 = (\frac{-1 + i\sqrt{3}}{2})\sqrt[3]{\frac{-q + \sqrt{q^2 + (4p^3/27)}}{2}} + (\frac{-1 - i\sqrt{3}}{2})\sqrt[3]{\frac{-q - \sqrt{q^2 + (4p^3/27)}}{2}}$$

$$x_3 = (\frac{-1 - i\sqrt{3}}{2})\sqrt[3]{\frac{-q + \sqrt{q^2 + (4p^3/27)}}{2}} + (\frac{-1 + i\sqrt{3}}{2})\sqrt[3]{\frac{-q - \sqrt{q^2 + (4p^3/27)}}{2}}$$

这几个公式看起来极其复杂，但我们换一个视角，就会找到其中的规律。我们知道卡尔达诺在解三次方程的时候，其实是将其化归为一个未知量立方的二次方程，然后通过二次方程求根公式求解的。我们令这个二次方程的两个根分别为α和β，这样实根可以简洁地表示为：

$$x_1 = \sqrt[3]{\alpha} + \sqrt[3]{\beta}$$

对于x_2和x_3，我们注意到$(\frac{-1+\mathrm{i}\sqrt{3}}{2})$和$(\frac{-1-\mathrm{i}\sqrt{3}}{2})$实际上是 1 的另两个立方根。也就是说，$\sqrt[3]{1}$实际上在复数域有 3 个根，分别是 1、$(\frac{-1+\mathrm{i}\sqrt{3}}{2})$和$(\frac{-1-\mathrm{i}\sqrt{3}}{2})$。为何正整数 1 有后两个复数形式的立方根呢？实际上它们是解三次方程$x^3=1$解出来的。很明显 1 是这个方程的一个根，那么这个三次方程就可以分解成$(x-1)(x^2+x+1)=0$，因此求解二次方程$x^2+x+1=0$就得到剩下的两个根。我们称方程$x^n=1$的根为单位根。通常将$(\frac{-1+\mathrm{i}\sqrt{3}}{2})$记为$\omega$，通过运算可知$\omega^2$恰恰等于$(\frac{-1-\mathrm{i}\sqrt{3}}{2})$。同时还有$(\omega^2)^2=\omega^3\times\omega=1\times\omega=\omega$，因此$\omega$也是$\omega^2$的平方。我们现在可以把$x_2$和$x_3$很简洁地表示为：

$$x_2 = \omega\sqrt[3]{\alpha} + \omega^2\sqrt[3]{\beta}$$

$$x_3 = \omega^2\sqrt[3]{\alpha} + \omega\sqrt[3]{\beta}$$

这样马上可以看出这 3 个根都符合某种规律，这种规律就是置换——把α和β互换以后，根的值保持不变。这似乎在暗示着什么，容后再叙。

在这种简洁的表示中，我们用到了单位根，并找到了 1 的 3 个立方根。欧拉是最早研究单位根性质的人，他甚至列出了五次单位根的写法。如果对应到复平面上，五次单位根恰好是x以原点为圆心、半径为单位长度的圆的五等分点，如下图所示。

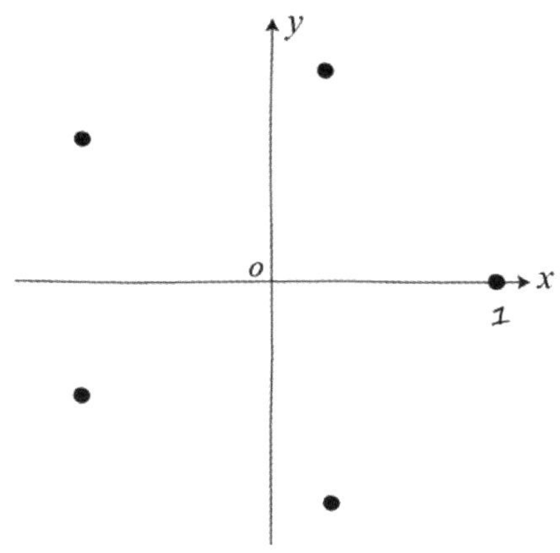

单位根具有良好的对称性，这种对称性恰恰是解高次方程的关键。从单位根的视角，我们可以重新解读最初的根号符号 √，笛卡儿在这个符号上方加了一条横杠，使其变成今天的符号 $\sqrt{\ }$。世界上最早的无理数来自求根，事实上对于 $\sqrt{2}$ 这个无理数，其最终计算结果并没有被清楚表明，$\sqrt{2}$ 可被视为方程 $x^2-2=0$ 的一个实根。从单位根的角度出发，这个二次方程的根有 $\pm\sqrt{2}$ 两个，它们在复平面上是对称的，是一对共轭的根。方程的根总是成对出现，这种对称性也是解方程的关键。

那么，对于方程 $x^n=a$，我们一般可以将它的一个单位根记为 $x=\sqrt[n]{a}$。对一个数 a 进行连续的开方运算，就能得到它的一个单位根，这个单位根与其他 n 次单位根在复平面上是均匀分布的，这是我们能研究的最简单的方程根的性质，也让我们对开方运算有了新的理解和认识。

将圆等分是一个经典的尺规作图的几何问题，高斯在年轻时期的伟大成就是对正十七边形完成了尺规作图的壮举。高斯将正十七边形对应为一个 17 次的代数方程，如果能用经典方式进行尺规作图，那么意味着其在复平面上的 17 等分圆的点，即这个 17 次方程的根，可以用整数的四则运算和开方表示。

类似地，古希腊三大尺规作图几何难题中的“三等分任意角”问题，困扰了数学家 1000 多年，阿基米德也铩羽而归，直到 19 世纪被数学家旺策尔证否。旺策尔仅用了 7 页论文，就证明了这个千年难题。他使用的方法是将这个几何问题转化为一个有理系数的三次多项式方程，最后证明如果问题能解，那么其根是一个有理数解，然后通过方程求解马上就证否了命题。

单位根对于代数来说有着特殊的意义。首先，它是分圆方程的解，在复平面上均匀分布在以原点为圆心、单位长 1 为半径的圆上；其次，数学家们在研究代数方程解的时候，通过一些变换能够将代数方程中的某些项消掉，从而将其变为相对简单的形式，这样离单位根就很接近了。比如，通过切恩豪斯变换，可以在一般的代数方程$x^n+a_1x^{n-1}+\cdots+a_n=0$中消去第二项，将其变成$x^n+b_2x^{n-2}+\cdots+b_n=$

0，按照切恩豪斯爵士的思路，一直变换下去可以得到 $x^n = a_0$ 的形式，也就是求解分圆方程的单位根。因此，设法用单位根来表示代数方程的解，就变成了一个重要的探索方向。此后布灵、克莱因都利用这个思路探索过简化五次方程并求解的过程，虽然没有得到最理想的分圆方程，但也得到了丰硕的数学成果。

复数在数学上是优美甚至是完美的。它首先融合了代数与几何。1702 年，瑞士数学家约翰·伯努利进行的“复对数”的研究，让复数打开了三角函数理论的大门。约翰·伯努利是伯努利家族最著名的数学家，这个家族盛产数学家。他上承莱布尼茨，对微积分的发展做出了重要贡献，同时还对概率学有着很大的贡献。他的学生就是被称为“数学之神”的欧拉，欧拉从很小的时候起就跟随伯努利学习数学和物理，深受其影响与熏陶。

如果将复数 $z=x+\mathrm{i}y$ 看作平面内有方向的线段，那么也可以写出 $r\angle\theta$ 的形式，对应的有：

$$z = x + \mathrm{i}y = r\cos\theta + \mathrm{i}r\sin\theta$$

那么当 r 是单位长度 1 时，引入两个角 α 和 β，其复数就是 $1\angle\alpha$ 和 $1\angle\beta$，那么就有：

$$1\angle(\alpha+\beta) = \cos(\alpha+\beta) + \mathrm{i}\sin(a+\beta)$$

如果直接将 $1\angle\alpha$ 和 $1\angle\beta$ 按照复数的乘法运算规则相乘，会发现有：

$$\cos(\alpha+\beta) = \cos\alpha\cos\beta - \sin\alpha\sin\beta$$

$$\sin(\alpha+\beta) = \sin\alpha\cos\beta + \cos\alpha\sin\beta$$

这样就直接得到三角函数的展开公式。

进一步地，法国数学家棣莫弗在 1722 年发现以下公式：

$$(\cos\theta + \mathrm{i}\sin\theta)^n = \cos n\theta + \mathrm{i}\sin n\theta$$

当 $n=3$ 时，展开后其实部对应着 $\cos 3\theta = 4\cos^3\theta - 3\cos\theta$，当年精通三角学的韦达就是用这一恒等式来解一元三次方程的。这个恒等式在复数的理论中只是一种特殊情况的推论。还有一个恒等式：

$$\cos(\alpha+\beta) + \mathrm{i}\sin(\alpha+\beta) = (\cos\alpha + \mathrm{i}\sin\alpha)(\cos\beta + \mathrm{i}\sin\beta)$$

这是形如 $f(\alpha+\beta) = f(\alpha)f(\beta)$ 的函数关系，看上去和指数函数 $f(x) = \mathrm{e}^{\mathrm{i}x}$ 的性质类似。事实上这两个函数有着完全相同的性质，由此可以得出：

$$\mathrm{e}^{\mathrm{i}\alpha} = \cos\alpha + \mathrm{i}\sin\alpha$$

这个式子被称为欧拉恒等式。此时令 $\alpha = \pi$，代入后可得欧拉公式：

$$e^{i\pi}+1=0$$

这个公式就是大名鼎鼎的上帝公式，它集中了数学中最重要的元素：自然对数底 e、复数符号 i、圆周率 π、自然数 1 和伟大的 0。其中，e 和 π 是两个最基本的超越数，1 和 0 是代数中两个最基本的单位元素，i 则是连接表象和内涵的钥匙。

我们用三角函数和指数函数作为数学语言描述了不同的事物规律。在有了复数后，它们之间突然建立起连接。这意味着我们在揭示数的结构的同时，也揭示了这个世界内在规律之间的关系。

复数对数学和物理的意义太大了，可以说近代的物理学是建立在复数的基础之上的。在量子力学中，著名的薛定谔方程在引入复数后才能被优雅地写出来。虽然薛定谔后来一直想写一个不包含复数的方程，但并没激起人们的兴趣，物理学家们更偏爱包含复数形式的简洁方程。同样地，在爱因斯坦的相对论中，如将时间变量视为虚数，则能够简化一些狭义相对论和广义相对论的时间度量方程。物理学家们拥抱复数、接受复数的速度快得出奇，而更神奇的是，复数在描述自然现象和物理规律时出人意料地好用，似乎数学真的就是自然的语言。

在过去，物理学家们仅将复数用在辅助性的场合，虽然用到了复数或虚数，但是最终都是把观测量约化为实数。物理学家们需要的其实是有结构的二元数或矩阵，复数和超复数的一些性质，比如多维、共轭、完备性，恰好满足了这种需求，可以大大简化计算，便于写出优雅的方程。但是在 2022 年年初，中科大的潘建伟团队和南科大的范靖云团队分别通过独立实验验证了虚数的必要性，即仅用实数不能描述标准量子力学的实验结果。这一结论将给我们对世界的认识和思考带来全新的启示。复数的应用是一个博大精深的领域，已经超出了本书的范围，有兴趣的读者可以自行阅读相关著作。

数系的扩张

复数的发现深刻揭示了数的内涵。我们回顾一下历史，看看代数方程求解是如何一步步引入复数的。

古代的美索不达米亚人，通过使用一些实用数学技巧，已经将数从整数拓展到分数，即建立了一些正有理数的运算。对于四则运算（加法、减法、乘法、除法），有理数相对于整数存在一些“除之不尽”的情况。尽管如此，由于有理数是一种整数形式的比，还是比较好理解的。

到了古希腊时期，毕达哥拉斯学派首先发现了正方形的对角线相对于边长来说是不可约的，于是第一次发现了无理数的存在，这实际上是在求解方程 $x^2=2$，其根为一个无理数；无理数的发现居然来自一个整数的乘法逆运算过程。由于涉及对无穷的理解，无理数很难被当时的人们所接受。但也就是在求解这个二次方程的过程中，数系从整数、有理数拓展到了无理数。有理数和无理数组成实数，这就意味着随着二次方程求根的开方运算，数系从有理数系拓展到了实数系。

到了文艺复兴时期前后，卡尔达诺、邦贝利等人在三次方程求解过程中遇到“负数开方”的情况，终于开始正视这一数学对象，并最终诞生了复数及其相关理论。也就是说，三次方程的求解过程实际上蕴含着复数这一数学对象，数从一维拓展到二维，数系从实数系拓展到由实数和虚数共同组成的复数系。

现代数学家通常将自然数系记为$\mathbb{N}$，将整数系记为$\mathbb{Z}$，将有理数系记为$\mathbb{Q}$，将实数系记为$\mathbb{R}$，将复数系记为$\mathbb{C}$，采用的都是对应英文单词首字母的双线体。从代数发展角度来看，数系的发展是从自然数系中推导出整数系、有理数系、实数系和复数系，因此自然数是最基础、最重要的数系。这种从一个数系到另一个数系的推导，是由代数完成的，或者更准确地说，是在自然数系中加入了计算规则（加、减、乘、除四则运算），从而带来新的可能性。导致的结果是在自然数的缝隙中，潜在地蕴含着整数、有理数、实数和复数。这样一来计算规则就带来了新的数系的结构。

如果再深入研究一下这几个数系的性质，会发现另一些有趣的事实。对于自然数和整数来说，如果任意进行四则运算的操作，其结果可能不再会是一个自然数或整数，而是会变成一个有理数。但是对于一个有理数来说，无论做多少次四则运算，其结果依然是一个有理数。这时，我们就将有理数系称为一个“域”。有理数$\mathbb{Q}$是“有理数域”，而自然数和整数则不是。同样地，实数$\mathbb{R}$和复数$\mathbb{C}$都有着域的性质：无论实数参与多少次四则运算，结果依然是实数；无论复数参与多少次四则运算，结果依然是复数。一个数域具备封闭的性质是很有用的，它意味着这个数系是完备的，在其中做任何四则运算都是安全的，不会有太令人意外的结果。数域还需要有一些其他的条件，比如需要有一个 0，其他元素与它相加时保持不变；需要有一个单位元，比如 1，其他元素与它相乘时保持不变；此外还需要遵守代数的结合律、分配律和交换律，在一个域中，加法和乘法中元素的位置是可以交换的，比如$a \times b = b \times a$，这实际上是一个很苛刻的要求，以后我们会看到并不是所有情况都是如此。

从方程求解中可以推出复数，然而数系还可以进一步扩张。复数是二维的，就已经引出丰硕的数学成果和广泛的应用，数学家们忍不住思考是否存在更高维的数学。我们生活在一个三维时空中，到了 19 世纪，对更高维的想象与思考已经出现在幻想文学作品中，刺激着数学家们打开思维之门。从 1835 年开始，爱尔兰裔的数学家哈密顿开始研究更高维的数学，他用了长达 8 年多的时间来思考如何构建三维的代数。他创造了一种三元组，但始终只停留在三元组的加法和减法上，而无法构建出乘法。直到 1843 年 10 月初，和妻子一起沿着都柏林的皇家运河漫步时，他突然灵光一现，脑海中闪现出一个念头：既然三元组无法构建出代数，那么四元组呢？他马上想到下面这个基本公式：

$$\mathrm{i}^2=\mathrm{j}^2=\mathrm{k}^2=\mathrm{ijk}=-1$$

从二维复数 $a+\mathrm{i}b$ 扩张维度的下一步不是三维，而是四维的超复数 $a+\mathrm{i}b+\mathrm{j}c+\mathrm{k}d$。哈密顿立刻用刀在河边布鲁姆桥的石头上刻下了这个公式。今天人们到都柏林依然可以看到布鲁姆桥上的一块铭牌，上面记载着这一事件，尽管哈密顿的手刻早已风化。但为了让四元数代数足够严格，必须放弃乘法的交换律，因此在四元数代数中，$\mathrm{i}\times\mathrm{j}$ 不等于 $\mathrm{j}\times\mathrm{i}$，而是等于 $-\mathrm{j}\times\mathrm{i}$。从古至今，我们在使用自然数、整数、有理数、实数乃至复数进行运算时，都将交换律看作天经地义的事情，从未想过这一运算法则居然会失效或者可被替换，但哈密顿的四元数代数却无懈可击地表明这种新的数学确实不需要以交换律为基础。这给当时的人们带来巨大的思想冲击。在哈密顿之后，约翰•格雷夫斯发现了八元数，这种八维代数放弃了乘法的结合律。也就是在这个时期，人们突然开始意识到，数学中似乎亘古不变的公理不一定是真理，而是人为定义的。在几何中，人们也注意到类似的情况，欧氏几何的第五公设是可被替换的，容后再叙。

迄今为止，我们讨论的都是用代数方程可以求解的数，如果代数方程的系数是有理数，那么求解出来的根则称为代数数。很明显代数数包括所有的有理数，但代数数有可能会超出有理数的范围，包含无理数。比如 $x^2=2$ 的根就是无理数，这时候有理数域就不足以容纳这个方程，因为其解超出了有理数的范畴。我们可以通过扩张有理数域，将这个方程的根 $\sqrt{2}$ 纳入，记作 $Q(\sqrt{2})$，表示由全体有理数以及 $\sqrt{2}$ 一起组成的一个新的集合。这种方法称为域扩张，我们在后面将看到，它在解更复杂的方程时变得极为关键。

数学家的研究表明，依然存在一些数，无论怎样构造整系数多项式方程，都无法表示出这些数。即这些数不是任何整系数多项式方程的根，它们被称为超越数。最早构造出超越数的数学家是法国数学家刘维尔，他在 1844 年构造了一个数：

$$a=\frac{1}{10^{1!}}+\frac{1}{10^{2!}}+\frac{1}{10^{3!}}+\frac{1}{10^{4!}}+\cdots$$

并证明这个数不具备任何代数数的性质，即它不是任何一个多项式方程的根。这个数因此被称为刘维尔数，它是历史上第一个被证明的超越数。刘维尔同时还猜测自然对数底 e 也是超越数。到了 1873 年，法国数学家埃尔米特证明 e 是超越数；到了 1882 年，德国数学家林德曼证明 π 也是一个超越数。事实上，在实数中超越数远远多于代数数，但一直到 19 世纪末康托尔建立关于连续统的理论，其本质才被彻底洞察，我们将在第 4 章“数学的基础”中再一窥究竟。

π不是任何整系数多项式方程的根，这就明确了古希腊三大几何难题之中的化圆为方，通过尺规作图是完全不可能实现的。因为化圆为方实际上是要求做出单位长度为 $\sqrt{\pi}$ 的线段。古希腊人尝试用穷竭法，即以内接多边形来逼近圆，但阿基米德首先意识到我们根本没有清晰定义过什么是圆。尺规作图是一个很强的约束，如果条件放宽一些，用一些特殊的工具是可以完成化圆为方的。但可以证明，尺规作图在解析几何中可以转化为一个整系数多项式方程的代数问题，而如果任何整系数多项式方程都表示不出π，那么自然也就说明无法通过尺规作图实现化圆为方。

这里只考虑多项式方程有穷的情况，并未涉及无穷的情况。其实π在无穷级数和连分数下是存在一种数学表示的。我认为超越数的存在，已经在一定程度上意味着存在一些数是不可计算的，我们可以定义这些数，但在有穷的情况下永远无法列出求解这些数的算法。代数方法从还原与对消开始，就已经是一种机械式的计算方法，但超越数的存在实际上潜在地意味着机械式的计算方法是不完备的，无法完整描述所有实数。图灵在 20 世纪初严格地定义了可计算数①，并证明了一些数的不可计算性。但对图灵来说，π是一个可计算数，这是因为图灵采用有限长度的算法描述了永远执行不完的计算过程，他已经暗自引入了无穷。从代数数到超越数，再到可计算数和不可计算数，这是对计算性质的研究进路。

代数基本定理

从算术到代数，实际上是换了一个角度描述“数”的性质和结构。代数中的已知量和未知量都是数，只是有的未知量能求解，有的不能。对那些一度认为是不可约的未知量的求解尝试，让人们对于数的认识产生一次次突破，反倒揭示了算术所隐藏的东西，即数的内蕴结构到底如何？在所有这些对数的性质的认识中最基础和重要的，可能是“代数基本定理”。尽管有些数学家调侃这个定理既不基本，也不算一个定理，甚至不是代数的，但是其深层的哲学含义却令我感到深深的困惑，我相信许多数学家也有相同的困惑。

早在 16 世纪的时候，英国数学家哈里奥特采用逆向思维，即因式分解的方法，尝试解三次方程。他猜测三次方程的 3 个根为 a、b、c，那么构造以下线性因子的乘积：

$$(x-a)(x-b)(x-c)=0$$

3 个线性因子只要有一个为 0，乘积就为 0，这意味着 a、b、c 中的一个必然

① 我们将在第 8 章“计算理论的诞生：图灵的可计算数”中详细讲述。

为 x 的根。将其展开后，可以得到这样的一个三次方程：

$$x^3-(a+b+c)x^2+(ab+bc+ca)x-abc=0$$

这就构造出来一个求解路径。事实上，哈里奥特的结论非常重要，韦达也得出了类似的结论，他们都注意到系数与根之间的一种奇妙的对称关系，这是通往求解高次方程的钥匙。可惜的是，哈里奥特的著作没有产生什么影响。

在哈里奥特去世后，1629 年法国数学家吉拉尔在他的著作《代数学新发现》中提出一个猜想，进一步描述了更一般的情况。简单来说，吉拉尔猜测“每个 n 次方程有 n 个根”，即对于多项式（其中系数为有理数）：

$$x^n+a_{n-1}x^{n-1}+a_{n-2}x^{n-2}+\cdots+a_1x+a_0$$

总是可以将其分解为：

$$(x-r_1)(x-r_2)(x-r_3)\cdots(x-r_n)$$

我们可以注意到，如果认为多项式也是一个数，那么代数基本定理是在说它可以分解成为唯一的因子，这个表述的模式和“算术基本定理”几乎如出一辙。古希腊的欧几里得证明了算术基本定理：任意大于 1 的自然数可以唯一地分解为有限个素数之积，那么代数基本定理实质上是在描述：数的更一般的形式也具有类似的可分解结构。它们是一脉相承的。

但吉拉尔并没有证明他的猜想。此后法国数学家达朗贝尔正式提出了代数基本定理，并尝试对它进行证明，但他对这个定理的证明和后来拉普拉斯、拉格朗日的一样，都不完整。第一个真正意义上的证明出自极其低调的瑞士数学家阿尔冈，他在 1806 年出版的一本匿名的小册子里记录了复数的几何表示法，并证明了代数基本定理，但他直到若干年后才承认书的作者是自己。1813 年阿尔冈修订了这个证明，并第一次将多项式的系数明确为复数，实数被看作复数的一种特殊情况。因此代数基本定理现在可以表述为“每一个复系数单变量 n 次多项式方程有 n 个复数根”。

高斯在一生中曾经 4 次证明代数基本定理。在 1799 年的博士论文中，高斯就从几何角度证明了代数基本定理，不过其中有一些拓扑上的缺陷。1816 年高斯又给出另外两个证明。高斯最后一次证明这个定理是在他生涯的晚期，1849 年高斯第 4 次证明代数基本定理，距离第一次证明已经过去了整整 50 年，可以说高斯的一生都在思考这个问题。

然而令人遗憾的是，迄今为止对代数基本定理的所有证明，都或多或少用到了连续性的概念。似乎不用连续性的概念，就无法完成对这个定理的证明。连续性是数学分析里的概念，不属于代数，这是为何有的数学家认为这个定理不是代数的。这可能意味着，从数论和代数中发现的代数基本定理，竟然与几何与分析有关联，这不能不让人再次怀疑数与世间万物之间存在某种内在的紧密联系，这也正是其在哲学意义上让人困惑和产生无限遐想的地方。

代数基本定理描述了复数的一种闭合的性质，它指出复数包含着所有代数方程的根。通过这个定理，数学家们对于代数的性质和结构有了更深入的理解。代数推广了数的概念，反映了数的结构。代数用来求解未知量，即从已知量（系数）出发，通过发现根与系数之间的关系得到根。那么，我们就可以将解多项式方程视为在一个数域里找到某些数（解域）与另一些数（系数域）之间的关系。

从这个角度，我们可以再进一步地理解计算的含义。数有内在的结构，而计算让数的内在结构与关系显现了。计算可以被看作从一些数推导出另一些数的过程，算法则是推导的路径，是对数之间结构与关系的描述。

数和代数是重要的。数的重要在于它描绘了万物。描绘万物不是由毕达哥拉斯完成的，而是在 20 世纪初由数学家哥德尔的奠基性工作完成的，他基于算术基本定理编码了万物（哥德尔数）。[①]代数的重要性在于它进一步通过计算规则定义了数的结构，并通过计算过程完成了数之间关系的挖掘与显现。因此所谓的计算，无非是在一个数域[②]中找到一条路径，从一些数走向另一些数。但也由此可知：

> 计算，可以让万物内在的结构显现。

代数的结构

求解一元五次方程

当数学家们开始关注数的结构时，代数学才又开始往前迈进。在费拉里发现一元四次方程的求根公式之后，人们开始尝试挑战一元五次方程的代数解，即找到其在有限次四则运算和开方运算下所能表达的求根公式。

欧拉曾在论文《论任意次方程的解》中提出，任意 n 次方程的求根公式应该写成：

$$A+B\sqrt[n]{\alpha}+C(\sqrt[n]{\alpha})^2+D(\sqrt[n]{\alpha})^3+\cdots$$

其中 α 是某个 n-1 次辅助方程的解，A、B、C、D 是原方程系数的一些代数表达式。可惜欧拉只研究到这里就没有继续下去了，但他的思路和证明为后续的工作打下了

① 参见第 7 章“计算不能做什么：终结者哥德尔”。

② 也可以是其他代数结构，如环、群。

一些基础，指明了一些方向。$\sqrt[n]{\alpha}$可以被看作一个单位根，单位根在这里又出现了。

但令人沮丧的是，种种努力都以失败告终，这一泥潭困扰了人们长达 160 多年之久，直到郁郁不得志的意大利数学家保罗 • 鲁菲尼证明了一元五次方程不存在代数解。他是第一个不相信这个解存在的人。

但鲁菲尼的证明起初并没有得到广泛的认可，他把证明寄给了拉格朗日，但由于糟糕的写作风格，拉格朗日并未认可这份证明。这告诉我们论文的写作规范还是很重要的！直到 1821 年，鲁菲尼去世的前一年，他才得到来自柯西的回应，柯西高度赞扬并认可了鲁菲尼的成果。

而一元五次方程不可解被世人所公认，要等到另一位悲惨的数学家阿贝尔发表他的成果。挪威数学家阿贝尔几乎是在穷困潦倒中度过短暂的一生。他几乎一直都身背债务，在人生最美好的时刻也捉襟见肘。穷到什么程度呢？1824 年阿贝尔发表了自己最重要的研究成果——一元五次方程的不可解性，因为自己出钱印刷，为了节省版面，他不得不砍掉大量证明过程，而把这一论文压缩在 6 页纸内。悲惨到什么程度呢？本来阿贝尔即将迎来命运的转折点——德国柏林大学决定聘请他为教授，但得到消息两天后他就因患肺结核而去世了，年仅 26 岁。

阿贝尔认真研究了前人关于求解一元五次方程的思考，结合了欧拉关于一元五次方程根在形式上的推测，再吸收了拉格朗日和柯西关于解的置换性的结论，用反证法证明了这样的通用代数解是不存在的。阿贝尔结束了自花拉子米以来的第一个代数时代！

要理解清楚鲁菲尼、阿贝尔对一元五次方程不可解性的思考，就需要洞察方程根的结构。

方程根的结构

根与系数的关系

从遥远的美索不达米亚文明开始，人们就已经在探索二次方程的求根公式。对于二次方程 $ax^2+bx+c=0$，我们可以用以下公式求解：

$$x=\frac{-b\pm\sqrt{b^2-4ac}}{2a}$$

在这种视角下，方程的求解过程被看作寻找根与系数之间的关系。这种思路主导了代数学很多年。对于一元三次方程和一元四次方程，人们都是通过方程系数之间的运算关系来表达方程的根的，即找出求根公式。前文已经介绍了卡尔达诺的三次方程求根公式，也提到费拉里发现过四次方程的求根公式。尽管这些公式很复杂，但都可以被写成针对方程系数的四则运算加开方运算。

事实上，如果我们从集合论的视角来解读代数方程，会发现方程中的未知量实际上就是一个解的集合，方程定义了这个集合的性质，这种性质是由系数与根之间的关系显性定义的。从集合论来说，一个代数方程就是一个内含定义的未知量集合。

但其中的问题是，方程中根与系数的关系是显性定义的，而其他隐含的性质则隐蔽得多。这些不显而易见的性质可能是至关重要的，比如根与根之间的关系。事实上根与根之间的关系，才是解一元五次方程的关键之钥。

最早意识到方程根之间存在一定规律的是韦达。在韦达去世后，他的朋友整理遗作并发表了题为《论方程的整理和修正》的论文，其中涉及对五次以下方程根的对称性的研究。韦达的研究可以用今天的语言来描述。

对于一元二次方程：

$$x^2+px+q=0$$

如果它的两个根是α 和β ，那么以下方程是原始方程的另一种表达形式：

$$(x-\alpha)(x-\beta)=0$$

展开后可得：

$$x^2-(\alpha+\beta)x+\alpha\beta=0$$

对比原方程可知：

$$\alpha+\beta=-p$$

$$\alpha\beta=q$$

类似地，对于一元三次方程$x^3+px^2+qx+r=0$，假设其根为α 、β 和γ，那么有：

$$\alpha+\beta+\gamma=-p$$

$$\beta\gamma+\gamma\alpha+\alpha\beta=q$$

$$\alpha\beta\gamma=-r$$

对于一元四次方程$x^4+px^3+qx^2+rx+s=0$，假设其根为α 、β 、γ 和δ，那么有：

$$\alpha+\beta+\gamma+\delta=-p$$

$$\alpha\beta+\beta\gamma+\gamma\delta+\gamma\alpha+\beta\delta+\alpha\delta=q$$

$$\beta\gamma\delta+\gamma\delta\alpha+\delta\alpha\beta+\alpha\beta\gamma=-r$$

$$\alpha\beta\gamma\delta=s$$

对于一元五次方程 $x^5+px^4+qx^3+rx^2+sx+t=0$，假设其根为 α 、β 、γ 、δ 和 ε，那么有：

$$\alpha+\beta+\gamma+\delta+\varepsilon=-p$$

$$\alpha\beta+\beta\gamma+\gamma\delta+\delta\varepsilon+\varepsilon\alpha+\gamma\alpha+\gamma\varepsilon+\beta\delta+\alpha\delta+\varepsilon\beta=q$$

$$\gamma\delta\varepsilon+\alpha\delta\varepsilon+\alpha\beta\varepsilon+\beta\delta\varepsilon+\beta\gamma\delta+\gamma\delta\alpha+\gamma\alpha\varepsilon+\delta\alpha\beta+\beta\gamma\varepsilon+\alpha\beta\gamma=-r$$

$$\alpha\beta\gamma\delta+\beta\gamma\delta\varepsilon+\gamma\delta\varepsilon\alpha+\delta\varepsilon\alpha\beta+\varepsilon\alpha\beta\gamma=s$$

$$\alpha\beta\gamma\delta\varepsilon=-t$$

至此，不难发现在这些公式之间存在奇妙的对称性——对于方程的根来说，如果任意置换它们的位置，以上公式依然成立。比如，将 α 的值替换成 β 的值，将 β 的值替换成 γ 的值，将 γ 的值替换成 α 的值，就是一种置换；又比如，保持 α 的值不变，交换 β 和 γ 的值，是另一种置换。对于 3 个未知量的多项式来说，一共有 6 种不同的置换。如果任意置换未知量后多项式的值不变，这种多项式就被称为“对称多项式”。有一些形式上工整的多项式，未必是对称的。判断对称与否的依据是，在置换未知量后多项式的值是否有变化。比如，多项式 $\alpha\beta^2-\alpha^2\beta+\beta\gamma^2-\beta^2\gamma+\gamma\alpha^2-\gamma^2\alpha$ 就不是一个对称多项式，6 种根的置换方式会让这个多项式得出两个不同的值。

事实上，韦达发现的这些根与系数之间的公式不仅是对称多项式，还是“基本对称多项式”。基本对称多项式满足以下条件。

- 一次（记为 $(-1)^1\sigma_1$）：所有一元组之和。
- 二次（记为 $(-1)^2\sigma_2$）：所有二元组之和。
- 三次（记为 $(-1)^3\sigma_3$）：所有三元组之和。

其中二元组为未知量两两之积，三元组为 3 个未知量之积，依此类推，n 元组为 n 个未知量之积。在以上的这些基本对称多项式中，随着次数的增加，公式中系数的正负号总是交替出现。基本对称多项式有着最优美、最工整的对称性，实际上这暗示着不同根之间的某种等价性。

韦达已经注意到方程的系数可以用方程根的基本对称多项式来表示，而在过去对方程根的研究中，都是用方程的系数来表示方程的根，单变量的二次、三次、四次方程的求根公式皆是如此。这意味着，一元二次、三次、四次方程的根，可以用方程根的基本对称多项式来表示！这种对根的对称性研究也出现在法国数学家吉拉尔的著作中，他同样观察到基本对称多项式的奇特之处，并提出基本对称多项式的“项数”和帕斯卡三角的对应行的“项数”是相同的。吉拉尔是最早推广帕斯卡三角的人，帕斯卡三角也就是中国的贾宪三角或杨辉三角。基于这些研究，吉拉尔最早提出根的对称函数这一构想，并启发了后来的拉格朗日。

此后，在伟大科学家牛顿的一份手稿中，我们发现了一项代数学的重要定理：“包含任意多个未知量的任意对称多项式都可以用基本对称多项式来表示！”这又被称为牛顿定理。彼时 21 岁的牛顿，刚刚获得学士学位，因为当时爆发了瘟疫，剑桥大学被迫停课，牛顿回到乡下母亲家中。在乡下的两年（1665—1666 年）里，牛顿构思了他最伟大的数学和科学想法，其中就包括这个被他记录在手稿上却不愿意公开的牛顿定理。牛顿定理意味着对称多项式本质上是由形式上极其简单和优雅的基本对称多项式组成的，这就将基本对称多项式的性质推广到更一般的形式。

数学家们终于开始注意到根与根之间的关系，这就将代数学的研究重点转向了根的结构。

根与根之间的关系

第一个提出“用包含方程所有根的表达式表示方程每个根”这一思想的人，是对音乐充满浓厚兴趣的法国数学家范德蒙德，他于 1770 年在法国科学院宣读了相关论文。按照范德蒙德的思想，一元二次方程 $x^2+bx+c=0$ 的根可以表达如下。

设两个根为 α 和 β，很明显有：

$$\alpha=\frac{1}{2}\left[(\alpha+\beta)+(\alpha-\beta)\right]$$

$$\beta=\frac{1}{2}\left[(\alpha+\beta)-(\alpha-\beta)\right]$$

考虑到两个式子唯一的区别在于正负号，而对一正实数开平方，恰好有两个根，一正一负，因此 α 和 β 又可化为：

$$\frac{1}{2}\left[(\alpha+\beta)+\sqrt{(\alpha-\beta)^2}\right]$$

可以将 $(\alpha-\beta)^2$ 写为 $(\alpha+\beta)^2-4\alpha\beta$，这就是方程根的基本对称多项式。我们也得到了熟悉的一元二次方程根的判别式。因此，将一元二次方程的求根公式写成基本对称多项式的形式，才能够真正反映方程的内涵结构。即方程的解为：

$$x_{1,2}=\frac{1}{2}\left\{(x_1+x_2)+\left[\pm1\times\sqrt{(x_1+x_2)^2-4x_1x_2}\right]\right\}=\frac{\sigma_1\pm\sqrt{\sigma_1^2-4\sigma_2}}{2}$$

其中 σ_1、σ_2 为方程的基本对称多项式，它们是由方程的所有根表示的。

范德蒙德思路的重要之处在于，作为一种一般性的方法，可以将它推广到任意次的方程上。然而范德蒙德的论文并没有引起任何反响，对代数方程求解做出重要贡献的，是数学功底更加深厚的拉格朗日，他独立得出和范德蒙德类似的结论，但是洞察更为深刻。1771 年，拉格朗日在柏林科学院发表了《对代数方程解的思考》这篇划时代的论文。

拉格朗日考察了历史上所有代数方程的解法，深刻认识到根的置换对称性的重要。他认为过去一元二次方程、三次方程、四次方程的所有解法，都依赖于一个辅助方程，这个辅助方程比待解方程的阶次要低，因此可以借助低一阶次的辅助方程来求解。拉格朗日创造出一种通用的构造辅助方程（有理函数）的方法，并研究了其性质。这个辅助方程又被称为拉格朗日预解式。

拉格朗日发现，n 次方程如果有 n 个根，那么可以在形式上写为：

$$(x-x_1)(x-x_2)(x-x_3)\cdots(x-x_n)=0$$

展开后，考虑到根之间的置换对称性，又可以将其简单地记为：

$$x^n+\sum_{i=1}^{n}(-1)^i\sigma_i x^{n-i}=0$$

这个方程变化成这样，其结构就变得显著起来。其中 x^n 可以被看作分圆方程，其根为单位根，σ_i 为方程的基本对称多项式，$(-1)^i$ 体现了交替性。基本对称多项式对于根的置换是不变量，因此根之间存在着某种等价性。方程根之间的等价或差异决定了方程的结构，也决定了方程是否有解。因此拉格朗日认为根之间的差是关键之一，进一步可以定义：

$$\delta=\prod_{j<k}(x_j-x_k)$$

如果调换两数位置，两数之差只会改变正负号，一旦对其求平方，就消去了正负号的影响。因此，显然函数 $\Delta=\delta^2$ 的值对于根的置换是不变的。Δ 就是我们熟悉的判别式，当 $\Delta=0$ 时，方程有重根。这样我们就从方程根置换的角度，重新解读了判别式。

拉格朗日进一步考虑到，单位根这种最简单的形式可能有助于求解复杂方程，因此他构造了一个方程，用它逼近原来的待解方程。拉格朗日将 n 次方程的 n 个根，与分圆方程 $x^n=1$ 的 n 个根做矢量求内积，然后求其 n 次方，再考察方程根置换后的值，于是有了一个重要结论。

- 二次方程：$(x_1+(-1)x_2)^2$，　　2 个根 2 种置换得出 1 个值

- 三次方程：$(x_1+\omega x_2+\omega^2 x_3)^3$，　　3 个根 6 种置换得出 2 个值
- 四次方程：$(x_1+\mathrm{i}x_2+\mathrm{i}^2 x_3+\mathrm{i}^3 x_4)^4$，　　4 个根 24 种置换得出 3 个值
- 五次方程：$(x_1+\zeta x_2+\zeta^2 x_3+\zeta^3 x_4+\zeta^4 x_5)^5$，5 个根 120 种置换得出 24 个值

方程根的置换是根之间的一种排列组合，不同的排列组合可能导致方程算出不同的结果。到了五次方程后，置换的数量一下子变得多了起来，方程的值也突然变成了 24 种。拉格朗日敏锐地意识到，置换根之后方程不同值的数量可能意味着什么。于是他进一步研究其中的内涵，并发现了关联的规律，这就是今天的拉格朗日定理。拉格朗日定理可被描述为，假设一个多项式包含 n 个未知量，那么就有 $n!$ 种置换。$n!$ 为 n 的阶乘，即 $n\times(n-1)\times\cdots\times 2\times 1$。那么一个多项式经过根的置换后一共有多少种可能的取值呢？

拉格朗日定理告诉我们，取值数一定能够整除 $n!$。比如，三次方程置换的数量是 $3!=6$，那么取值数为 2 或 3 都是可能的，但是取值数为 4 或 5 是不可能的。在面对五次方程时，置换的数量变成了 120 种，这时预解式方程的取值数为 24，这意味着预解式是一个 24 次方程，比待解方程的次数要高很多！这是在四次方程之前从没出现过的情况（我们知道三次方程可以化归为二次方程来求解，四次方程可以化归为三次方程来求解）。此后，数学家凯莱在 1861 年为五次方程提出过一个根的表达式：

$$(x_1x_2+x_2x_3+x_3x_4+x_4x_5+x_5x_1-x_1x_3-x_3x_5-x_5x_2-x_2x_4-x_4x_1)^2$$

这个多项式的根置换只会产生 6 种结果，意味着这是一个六次多项式。事实上，这样的预解式是五次多项式的最大可解伽罗瓦群的解式，它是一个六次多项式。解式的阶次比待解方程高，因此无法再用预解式的方法来求解待解方程，过去的方法失效了！这意味着 5 次连乘 $x\cdot x\cdot x\cdot x\cdot x$ 已经不能再支撑根式解的存在，或者意味着一个宏观对象被连续分解 5 层后性质会发生某种根本变化，变得在宏观上不可解。其中的哲学意义极其深刻。

柯西在研究了拉格朗日的结论后，在 1815 年发表了一篇重要论文，探讨了在置换多项式未知量时多项式的取值问题，在拉格朗日定理的基础上进一步明确了这个取值的可能性。比如，拉格朗日定理认为对于五次多项式，由于 5!=120，因此置换多项式取值数需要能整除 120；柯西进一步发现尽管 4 能整除 120，但是不可能成为五次方程的置换多项式取值数。

同时柯西还令置换未知量这一操作变成一种原子操作，可以在两个或多个置换操作之间进行合成，这就让置换变成了一种运算！比如，定义置换 $X:(a,b,c)\mapsto(a,c,b)$ 和置换 $Y:(a,c,b)\mapsto(b,c,a)$，那么可以定义 $X\times Y=Z$，Z 实际

上是置换 $Z:(a,b,c)\mapsto(b,c,a)$。这样置换之间就可以进行乘法（乘法是针对数的，因此严格来说属于合成运算）操作了。要注意的是，这里的合成运算并不满足交换律，交换 X 和 Y 的顺序将得到不同的结果。这样拉格朗日和柯西就共同奠定了群论的基础！只是在他们那个年代还没有“群”这个名词。

阿贝尔如何思考一元五次方程不存在通用代数解的证明，现在可以说清楚了。他首先假设这个解是存在的，因此可通过有限的四则运算和开方运算，构造一个五次方程解式（参考了欧拉的思路），然后按照拉格朗日的方法将其表示成关于方程解的基本对称多项式和单位根的表达式，接下来对其进行置换操作，并利用柯西关于置换多项式的取值数有一定特征的结论，引出矛盾。至此一元五次方程不存在通用的代数解得到证明！

鲁菲尼和阿贝尔的成果说明，一般的一元五次及以上方程没有通用代数解，但并不是说所有的一元五次方程都不可解。事实上，如不考虑代数解，一些椭圆函数或超几何函数是存在公式解的。此外，如果不考虑“有限”，那么通过无限嵌套的根式也是可以表示出解的。最后，一些有特殊系数的方程也是可解的，因此数学家们在鲁菲尼和阿贝尔之后，将兴趣转向研究一元五次方程在什么情况下存在解。鲁菲尼和阿贝尔终结了第一个代数时代，而开启新时代的大门，却要等到另一个命途多舛的年轻数学家伽罗瓦。

伽罗瓦的遗珠

提到数学史上的贡献，可能只有笛卡儿的成就可与伽罗瓦媲美了。伽罗瓦的一生充满传奇色彩，他如流星般划过人间，似乎只是为了代数学的开天辟地而来。

1829 年，年仅 26 岁的阿贝尔去世时，他并不知道还有另一个不到 18 岁的法国天才，孤僻怪异、桀骜不驯的伽罗瓦，也在尝试攻克五次方程在什么条件下可解的问题。那一年伽罗瓦刚将论文《关于方程可根式求解的条件》的第一版递交给法国科学院，柯西被指定审查这篇论文。柯西对该论文给出了很高的评价，但建议年轻人再做修改。

几周后，伽罗瓦的父亲被一位恶毒牧师诽谤后自杀，这深深打击了伽罗瓦。几天后他在参加巴黎综合理工大学的入学考试时对面试官口出狂言，贬低面试官出的考题，认为结论明显到不需要回答。结果当然是落榜，伽罗瓦从而与任教于这所名校的拉格朗日、拉普拉斯、傅里叶和柯西等数学名家失之交臂。考场失意的伽罗瓦最后只能去了当时还只是一所普通师范学校的巴黎高等师范学院，习得了他短暂一生中为数不多的谋生技能——做家教。

1830 年 2 月，伽罗瓦将润色后的论文第二版寄给法国科学院的秘书傅里叶，可惜的是傅里叶在同年 5 月 16 日去世。伽罗瓦的论文第二次被尘封。而此时一度赏识伽罗瓦的柯西也因为政治原因而自我流放，离开了法国。

年轻的伽罗瓦在学术界处处碰壁，开始变得更加愤世嫉俗。他成为一个反对君主的共和主义者，并经常发表一些激进的观点，以至于最终被巴黎高等师范学院开除。离开学院后的伽罗瓦整日和共和主义的激进分子在大街上游荡，平日里就以做家教谋生。在这期间，他于 1831 年 1 月 17 日向法国科学院提交了论文的第三版，但似乎指定审稿人泊松并没有读懂伽罗瓦的论文，在评审报告中泊松是这样写的：

> “我已尽了一切努力去理解伽罗瓦的证明。他的推理不够清晰、不够充分，我们无法判断其正确性；本报告也不能就此提出任何想法。作者宣称，该文研究的特殊对象是具有众多应用的更普遍理论的一个组成部分。也许，整个理论的各个不同的部分能相互澄清，因而比孤立的部分更容易掌握。我们不妨建议作者发表其完整的结果，以便得出明确的意见。但就目前他送交科学院的部分结果而言，我们不能表态说应给予承认。”

在泊松拒绝伽罗瓦的论文时，伽罗瓦因激进的政治观点和行为第二次被捕入狱。第一次是因为他在聚会上发表了威胁国王性命的言论，第二次则是因为穿着被禁止的炮兵服并携带枪支和刀具招摇过市。我们可以感受一下，在那个混乱年代伽罗瓦所处的环境。当他于 1831 年 10 月在监狱中收到泊松的拒稿信时，想必心情不会很愉悦。自己的前途一片黯淡，牢房外面的世界充满了战乱、斗争和霍乱，牢房里面的日子似乎反倒悠闲清净一些。自暴自弃的伽罗瓦开始在监狱中酗酒。

次年由于霍乱，他被转移到一所疗养院，在这里他爱上了住院医生的女儿，一个名叫斯蒂芬妮·迪莫泰的女子。但这注定是一段无果的单相思，最终甚至成为要了伽罗瓦命的毒药。在 1832 年 4 月 29 日，伽罗瓦被释放出狱。5 月 14 日，他收到斯蒂芬妮的拒绝信，正式失恋了。5 月 25 日，伽罗瓦写下那封著名的给他的朋友奥古斯特·舍瓦利耶的绝笔信，信中留下了他对论文的注解，这是他留给世界最后的礼物。他同时提到“我死在了一个无耻的、卖弄风情的女子手里……”，这多少为几天后的事件提供了一些线索。5 月 30 日，伽罗瓦与熟悉的老朋友决斗，胃部中弹，24 小时后去世，享年 21 岁。

求解代数方程的最终答案

伽罗瓦 1829 年提出论文想法，1832 年去世，在这短短的不到 3 年的时间内，他构建出一个全新的理论，超越了那个时代，也因此不能被世人理解。直到伽罗瓦去世 11 年后，数学家刘维尔重新发现了埋藏在伽罗瓦论文里的宝藏。1843 年 7 月 4 日，刘维尔在法国科学院演讲的开场白中提到：

> “我希望我的宣告能引起科学院的兴趣；在埃瓦里斯特·伽罗瓦的那些文章中，我已发现如下具有美感的问题的一个既精确又深刻的解答：……是否根式可解？……”

刘维尔就是发现超越数的那个数学家[①]，超越数的存在意味着有些方程是列不出来的。在代数数的范围内，阿贝尔-鲁菲尼定理意味着有些方程没有公式解，即精确解，伽罗瓦的理论则进一步告诉我们哪些方程可以精确求解，哪些不能。因此对于计算来说，我们就清楚地知道了什么时候该追求精确解，什么时候不要浪费时间，而是应该尽快得到一个高效的近似解。探求代数方程的可解性问题，实际上也是在探索和明确计算的边界。我们总是不难得出一个数值解或近似解，但我们在面对复杂的高次方程时，很难得出一个精确解或根式解。

伽罗瓦放弃了传统的代数方程求解的路线，构建了一个全新的理论，极其深刻地认识到方程求解的本质问题，并真正开辟了群论。这个理论今天被称为“伽罗瓦理论”，实际上他发现的是有限置换群。

伽罗瓦思路清奇，他首先认识到方程求解的关键在于系数域和根域之间的关系，一个方程的系数属于某个域[②]，但该方程在这个域中可能没有根，因此需要扩张出一个更大的域来包含方程的根，这个更大的域就是根域。比如，通过扩张有理数域，将无理数 $\sqrt{2}$ 纳入进来[③]，记作 $Q(\sqrt{2})$，根域包括方程 $x^2-2=0$ 的一个根。伽罗瓦发现这种关系可以用群论的语言（置换）来表达，他最早提出“群”这个词。因此，可以说伽罗瓦理论连接了群论和域论。

伽罗瓦注意到，为了求解方程，需要考虑根域中的置换。在根域的所有置换中，存在一些子集，其中的置换保持系数域不变。因此，每个方程对应一个系数域，每个系数域通过扩张成根域，又对应一个置换群，我们称之为伽罗瓦群。方程根式解的关键在于，系数域是否可以通过有限次根号运算扩张成根域。这样就把方程可解性问题转化成了方程的伽罗瓦群的结构问题。伽罗瓦群体现了根的对称性。

---

① 参考本书“数系的扩张”一节。

② 参考本书“数系的扩张”一节。

③ 域扩张需要满足一些条件，比如扩张之后的域必须依然是封闭的。可以证明，$Q(\sqrt{2})$ 扩张后，所有的有理数可以写成 $a+b\sqrt{2}$ 的形式。对于以开方方式进行的有理数域扩张，扩张后多项式的项数等于根号的次数，该次数也被称为域扩张的次数。

伽罗瓦在研究了方程根域对应置换群的结构后，提出正规子群[①]的概念。它需要满足一些（自共轭的）条件。如果一个群的最大正规子群合成列的因子是素数，则伽罗瓦群是可解群，此时方程有根式解。群可能有子群，子群可能还有子群，这样就形成了一个子群序列。方程可解首先要求方程置换群的子群序列包含的都是正规子群。比如，方程的置换群 G 包含正规子群 H_1，H_1 包含正规子群 H_2，直至不可分。这样就得到了一个正规子群序列：$G \rhd H_1 \rhd H_2 \cdots \rhd H_k \rhd e$，最后的 e 是只有一个单位元的单元素群，这意味着 H_k 已经不可再分。

方程可解其次要求这个序列的商群总是素数阶的循环群。我们可以对群做类似算术的除法，得到商群的概念。那么就得到上面的正规子群序列对应的商群序列：$G/H_1, H_1/H_2, \cdots, H_{k-1}/H_k$。若商群都是素数阶的，那么必为循环群，此时方程是可解的。素数阶循环群的代表就是由单位根的乘法组成的群。反过来看，这个条件对方程的意义就在于可以一路乘方下去。伽罗瓦最后抽象出素数阶的循环群这个关键条件，明确了单位根是什么反而不那么重要，单位根背后代表的对称结构才是重要的。

我认为伽罗瓦可能是倒过来思考了拉格朗日的思路：拉格朗日利用单位根和方程的有理系数的矢量做内积，得出了预解式[②]；伽罗瓦创造出一套理论，并用自己的语言描述出正规子群的合成列，其因子为素数。素数阶群只有一个，且是循环群，典型代表就是由单位根的乘法（实际上是乘方）组成的群，而单位根实际上就代表了根号 $\sqrt{\ }$ 的含义。将方程的伽罗瓦群的最大正规子群一路分解到不可分，序列中都是正规子群，商群都是素数阶循环群，也就在单位根和待解方程之间开辟了一条通路。对应于方程的意义就是“降次”，如果方程的置换群能包含阶数更低的正规子群，且商群为素数阶循环群，那么就可以将方程降次为次数更低的解式。这样就用群论的语言重新解读了欧拉、拉格朗日、阿贝尔等人的结论。

如果方程的伽罗瓦群具有这样的结构，那么方程就存在根式解，如果不具备这样的结构，则不存在根式解。对于方程

$$x^n + px^{n-1} + qx^{n-2} + \cdots = 0$$

当 n 小于 5 时，方程对应的伽罗瓦群总是具备这样的结构；当 n 大于或等于 5 时[③]，可能具备，也可能不具备这样的结构，这取决于方程的系数 p、q 等。也因此，伽罗瓦用全新的语言和理论，最终给出“多项式方程在什么条件下有根式解”的明确

① 设群 G 有子群 H，如果对 G 中的任意元素 g 都有 $gH=Hg$，则 H 为 G 的正规子群。

② 参考本书“根与根之间的关系”一节。

③ 一般五次多项式的置换群为 S_5，其最大正规子群为交替群 A_5，有序列 $S_5 \rhd A_5 \rhd \{e\}$，A_5 的元素个数是 60，不是素数，因此五次方程不可解。

答案。他终结了几个世纪以来方程求解的坎坷历程，同时开启了抽象代数领域。

计算的法则

从伽罗瓦的理论出现开始，代数学就进入了抽象领域。群论难以理解的地方就在于它是抽象的。任何对群的表达都只是群的一个实例，而群的本质是抽象出来的那个具有共同特征的东西。那么什么是群呢？现代数学语言对群的定义是这样描述的：一个群就是一些对象按照一定的合成法则组成的集合。群满足以下公理：

- 封闭性：两个元素合成的结果必须是群中的另一个元素，必须“待在群中”。
- 结合律： 如果 a、b、c 是群中的任意元素，$\times$是合成法则，那么总有 $a\times(b\times c)=(a\times b)\times c$。
- 单位元：群里有一个特殊的元素，任何其他元素与它合成时都保持不变，比如$1\times a=a$。
- 逆元：对群里的任意元素a，总是存在另一个元素b满足$a\times b=1$，则称b为a的逆元，记作a^{-1}。

这 4 条公理就是群的定义。群已经跳出“数”的概念，不再拘泥于传统意义上的数字，而具有更加一般的意义。比如，一个正方形进行旋转也可以组成一个群。假设平面上有一个正方形，我们将它的 4 个角分别标记为 A、B、C、D，那么最多通过几种变换，能保持这个正方形的轮廓和原来一样？答案是 8 种，如下图所示。

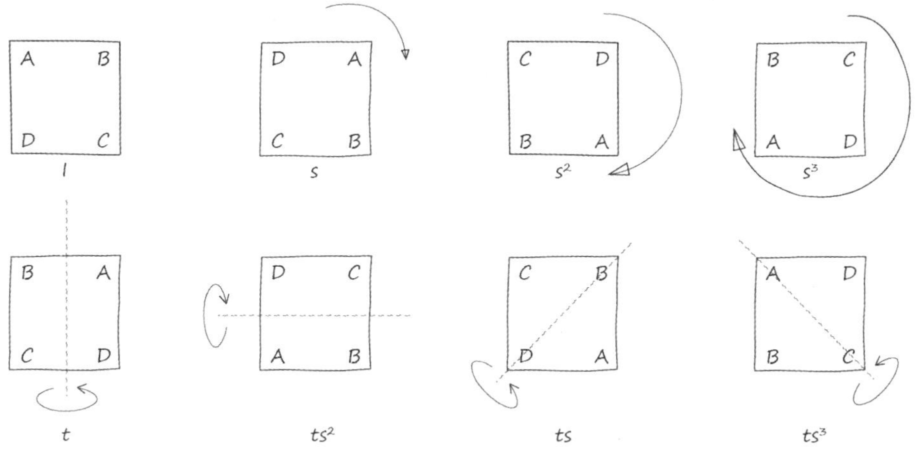

其中，在二面体群的 8 个元素中，将恒等变换标记为 I，将顺时针旋转 90°标记为 s，将旋转两次标记为 s^2，将左右翻转标记为 t。

我们将群中元素的个数称为群的阶，事实上，这个二面体群 D_4 的阶就是 8。

我们再看另一个群：有一种舞步由两对男女共同完成，跳舞时舞伴两两之间会互换位置，那么这种换位舞步的不同组合也构成了下图中的群。

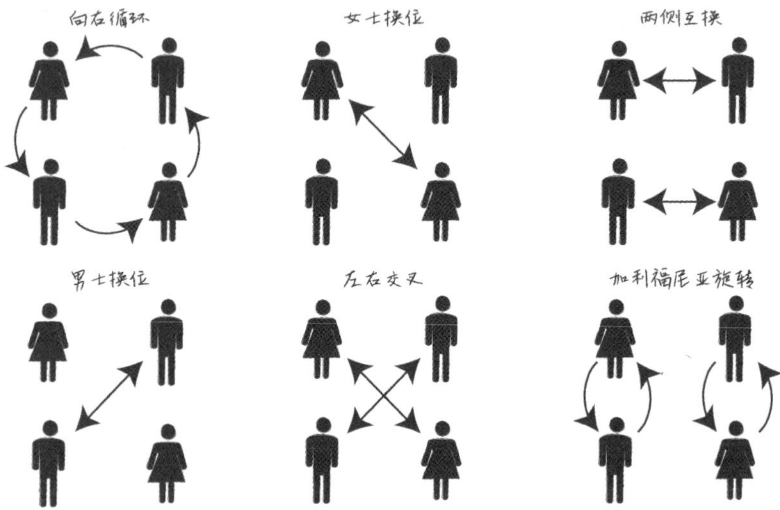

这个由行列舞步组成的群和上面正方体变换的二面体群 D_4 是等价的，二者具有完全相同的结构，又称为同构，因此具有完全相同的性质。这两个群都已经脱离经典意义上“数”的含义，都是同一个抽象群 D_4 的不同实例。虽然不是数，但我们依然可以“计算”它们。我们可以画出它们的结构，用符号代表不同的状态，定义出不同的操作，然后从一个符号状态变换到另一个符号状态。

化学家们用群来研究晶体的分子结构，同时可以快速确定是不是发现了一种新的物质。群论可以用于研究物质的分类，晶体的三维结构、蛋白质的三维结构都可以用群论来进行计算和性质研究。具有相同结构的晶体或者蛋白质，具有相同的性质。

一旦进入抽象领域，就可以研究一些最本质的规律。事实上，对每个抽象群来说，要满足 4 条公理也并非易事。每一个抽象群，就代表着一种模式，对应着成千上万个实例。对于 n 阶抽象群来说，群的个数也有下表中的特定规律。

n	1	2	3	4	5	6	7	8	9	10	11	12	13	14	15
n 阶抽象群的个数	1	1	1	2	1	2	1	5	2	2	1	5	1	2	1

这里列出阶数从 1 到 15 的抽象群的个数，其中素数阶的抽象群的个数都只有一个。事实上，对任意素数 p，其 p 阶抽象群都是 p 次单位根在乘法下构成的循环群。而伽罗瓦把方程的可解性等价为伽罗瓦群的可解性。伽罗瓦理论的核心是研究伽罗瓦群是否可分解。群可以做类似算术的除法，所以群里可能包含子群，群除以

子群后得到商群。拉格朗日定理在群中可被描述为子群的阶整除群的阶。研究商群的性质可以判断它是否是素数阶循环群，其实例就是由单位根的乘法组成的群。所以，方程求解最后落在单位根的对称性上，群的可解性最后落在素数阶群上。这让我们不得不联想到算术基本定理，任意大于 1 的自然数可被分解为素数的乘积，素数是组成自然数的基本元素；素数的神奇在群论中再一次体现，素数阶群也是抽象群的一种基本元素。

一个群如果没有正规子群就是单群。素数阶群没有真子群，因此是单群。单群是群的基石。因为群意味着一种抽象的模式，因此并不是那么好找的。对于有限单群的分类，吸引了 20 世纪数学家们的极大兴趣。1980 年，美国俄亥俄州立大学的数学家罗纳尔多·所罗门最终提出有限单群的分类定理。有限单群的分类是 20 世纪最重大的数学成就之一，它有着长达 15 000 多页的证明，几乎难以验证其中的谬误。数学家们最终找出了素数阶群、$n \geqslant 5$ 的交替群 A_n、Lie 型单群之外的 26 个散落的单群。其中如下的单群是数学家罗伯特·格里斯发现的，其阶是一个 54 位数：

808 017 424 794 512 875 886 459 904 961 710 757 005 754 368 000 000 000

格里斯将它命名为大魔群。虽然这个群看起来很可怕，但格里斯当时完全是手算的，这说明它有着良好的结构，是一个温柔的大魔。

群是由 4 条公理定义的，域是由 10 条公理定义的。群是一个非常宽泛的定义，而域则要窄得多。介于两者之间的，则是另一个抽象的数学对象：环。环的定义只需要 6 条公理，比群要窄，比域要灵活。用不严谨的语言来说，环支持加法、减法和乘法，但不能在环中随意进行除法操作。我们常见的整数就是一个环，它的除法不满足封闭性，因为两个不可约的整数相除，结果可能是一个有理数，这就跳出了整数的范畴。对群论、环论、域论等抽象代数的进一步阐述超出了本书的范畴，感兴趣的读者可以自行阅读相关著作。

我们谈及这些抽象的数学对象群、环、域，包括之前提到的四元数，是为了清楚表达“计算”这一概念并不依赖于“数”的概念存在。群、环、域等抽象的数学对象首先脱离了传统意义的数这一概念，其中的关键在于计算法则不同。数系的定义是基于公理的，公理中的加法、乘法、交换律、结合律、分配律则是计算法则。满足的计算法则不同，数学对象也不同。比如，群不要求满足交换律，满足交换律的群叫阿贝尔群，为这类群单独命名是为了纪念挪威数学家阿贝尔。类似地，矩阵、四元数也不要求满足交换律，八元数不要求满足结合律。一个整数如果满足加法、减法和乘法计算法则，那么它是一个整环，但同样的整数如果只考虑满足加法，那么也可以将其看成一个关于加法的群。

计算法则代表了抽象的模式，是真正本质的规律。

在笛卡儿和韦达发明了代数学的符号之后，经过几百年的努力，数学家们最终发现运算可以叠加到数之外的对象上，符号可以代表任何事物：数、置换、集合、旋转、变换、命题等。基于认知的进步，抽象代数诞生了，计算也得以升华。

伽罗瓦对方程根式可解性的研究，实际上也是对计算边界的研究。当今所有计算机程序都是一种代数计算。一元五次以上方程无通用根式解，已经表明通过针对“根号”的域扩张是不足以表达所有一般的多项式方程的，根号本身隐含着单位根，意味着对称，而对称结构无法涵盖世界的全部，不和谐之处是广泛存在的。

从计算的角度来看，刘维尔证明了超越数的存在，这意味着有些数可以被定义，但是列不出方程，也列不出算法（有限步骤的求解方法）；伽罗瓦的结论则意味着，有些数即便可以被定义，可以列出方程，但也列不出算法，永远计算不出精确值，甚至通过四则运算加开方运算都无法表示出来。对于这两种情况，都只能退而求其次，寻求近似的数值解。这些结论，实际上已经暗示了“不可计算问题”的存在。

计算之玄妙在于，看似简单的自然数，通过对不同关系的取舍，如对除法、开方、交换律、结合律的不同选择，能蕴含着复杂的无理数、超越数。这恰如 20 世纪对计算理论的研究，最终从初等数论中发现了不可计算函数、不可判定问题。我们所处的世界，在表象上是简单和清晰的，在内涵里却是复杂和模糊的，所以至今仍是难以理解的。

计算工具

从算术到代数，内涵是一脉相承的。数学的发展在 19 世纪先后完成了几何的代数化、分析的代数化、拓扑的代数化、逻辑的代数化，代数成为几大数学分支的底座。抛开深奥的数学思想，在应用方面这就让计算驱动解决这些领域的数学问题成为可能。

现在，我们可以来说说计算工具的事情了。人类之所以从自然界中脱颖而出，是因为人类学会了使用工具。起初，人们制造工具用于解放双手，但随着文明的发展，人类有了计数的需要，文字符号和计数系统诞生了，计算的需求也就产生了。社会越发达，计算量就越大，于是更加先进的计算工具被发明出来，用于解放人类的大脑。计算效率提高后，人们就有能力计算更大规模的数据，计算工具从而反过来推动人们思考和解决更大的问题，奔向更美好的生活。计算工具的发展正是以计算效率和计算规模为核心的。

正如前文所述，早期人类最重要的计算工具是十指，因而发明了十进制的计数法。基于手指的计算方法一直到近代都很流行，因为这确实是最方便快捷的计算方式。之后，古代的人类开始借助工具计算。计算盘很早就在东方和西方出现，古罗马人使用的计算盘和古代中国人使用的算盘，有着异曲同工之妙。算盘和算筹一直是中国最重要的计算工具，有着上千年的历史。

在一些影视作品中，不乏算盘的身影。在电视剧《大明王朝 1566》中有这样一幕，皇帝要计算全国的财税，数十个文官在大殿上埋头打算盘。在古代中国，全国财税、人口统计的最终数字都是靠算盘打出来的。而另一部讲述中国如何造原子弹的电影《横空出世》中竟然也有着类似的场景，彼时距离大明王朝嘉靖皇帝所处的年代已经过去 300 多年。由于当时中国缺乏先进的计算机，因此科研人员只能通过笔算和珠算来计算制造原子弹的各个参数。几乎可以说，中国的原子弹也是靠算盘打出来的，这对今天我们这些习惯使用计算机的人来说有些难以想象。

笔算是计算盘最有力的竞争者，这得益于古印度人发明的数字符号。这些符号让计算变得简捷和高效，从而让笔算大放异彩。此后，笔算方法经由中国明朝李之藻和传教士利玛窦编著的《同文算指》从西方传入中国，大大提高了笔算的效率，可惜的是印度的数字符号要等到清代才传入中国。手算、笔算和珠算的种种往事在前文中有所提及，此处不再赘述。

数学符号的进化史是一个颇值得研究的课题，因为正是数学的形式化符号从语言文字中独立出来，才澄清了容易与自然语言混淆的概念，同时一个好的简洁符号还能实实在在地大幅简化计算的工作量。这一事实在笛卡儿的坐标几何、莱布尼茨的微分符号、皮亚诺的数理逻辑符号、弗雷格的概念文字、罗素的《数学原理》、狄拉克的量子力学符号等各领风骚的历史中不断被证明。可以说数学符号的发明与进化，本身就是对计算效率的巨大提升。

人类计算员

中世纪后人类的计算能力，由于对数、三角函数的发展，以及对数表、三角函数表的出现而有所提高。“对数”反映的是乘法的累积，在很多时候可以大大简化计算。对数表和三角函数表列出了常用的复杂计算的近似值，只需要像查字典一样使用就可以了。现在我们依然能买到像字典一样厚的对数表和三角函数表手册。在计算机已经普及的今天，这类手册没有什么实际的意义，但在当时却是人类社会不可或缺的重要计算工具，极大地提高了计算效率——查表总比从头算一遍要快多了！同时，人类也因此多了一个职业：计算员。英文单词 computer 最初指的就是人类计算员，而并非今天我们所熟知的计算机。在图灵的论文中，computer 指的也是人类计算员。

过去测量土地、制定天文历法、统计财税收入都需要进行大量的计算，传统的做法是组织大批人类计算员分工协作。大数学家高斯对此应当不陌生，他在哥廷根大学担任教授期间，还有一个正式职务是哥廷根天文台台长，同时还从事土地测量、地图测绘工作。他曾与韦伯合作绘制了世界上第一张地球磁场图。在 1818—1826 年期间，高斯领导了汉诺威公国的土地测绘工作。1822 年，高斯写信给一位朋友时曾提到："我经过 3 个月艰苦工作，这几天刚刚完成一项最小二乘法计算，它包含 55 个未知数和 300 个条件方程。"

这样的工作是如何完成的呢？我们可以看看当时全世界规模最大的制表项目——由德普罗尼领导的地籍表项目。在法国大革命开始不久后，新政府气象一新，需要最新的法国地图，并且要废弃英制的度量衡，改用新的公制。这就需要编制一套全新的采用十进制记数法的地籍表。德普罗尼当时担任法国地籍办公室的主任，他于 1790 年启动了这个项目。

德普罗尼参考了当时最先进的思想——来自 1776 年出版的亚当·斯密的《国富论》。他意识到把工作拆分成工序，让不同的劳动者专注完成不同的工序，对于提高工作效率有着巨大的帮助。德普罗尼"突然想到，可以将同样的方法应用到自己所承担的繁重工作中，就像制造大头针那样制造对数"。

于是德普罗尼开始像在工厂里一样启动了计算的项目，顶层设计由勒让德、卡诺等 6 位著名数学家负责，旨在明确计算所需要用到的数学公式、算法和步骤。中间层管理者也由数学家或研究员担任，他们负责按照给定的数学公式、算法来组织计算，并将所有结果进行汇总。基层人数最多，由 60～80 名专职的计算员负责实际计算，他们使用了"差分法"，只需要进行加减两种基本运算，而不需要做复杂的乘除运算。因此这些计算者只需要有基本的计算能力即可，不需要具备任何高深的理论知识。德普罗尼雇用了大量失业的理发师来担任计算员。

计算员的工作过程大致是这样的：首先根据需要设计一张大表格，用于反映计算的步骤和结果校验，在这一步中计算员都是从更上层的管理者手中直接领到任务的；第二步是执行计算，将表里特定的行列填上原始数据，再照表计算，遇到平方、开方或正弦计算时，则直接查阅对数表、三角函数表等数学用表，比如 1814 年出版的《巴罗表》，遇到乘法时，则使用算盘或机械计算器来完成，并将结果记下。

谈到这里，我不得不感慨今天数学教育存在的一些误区。比如，对数学的认知还停留在心算能力快不快上，甚至学校也在强调和训练这些能力。如果一个人思维敏捷，能迅速准确地给出加减乘除的结果，往往会被认为数学很好。这其实是一种谬误，加减乘除的速算能力和数学水平实在扯不上什么关系，反映的最多是 200 多年前的计算员水平，而计算员在德普罗尼的劳动密集型"计算工厂"中，是失业的理发师都能胜任的底层职位。思维敏捷度和记忆力只和大脑发育、营养供给有关，和受教育程度、认知水平没有直接关系。数学的目的在于发现世界的模式，而不是比谁能背出更长的圆周率数字。

回到正题。也正是德普罗尼的计算项目启发了同时代的巴贝奇。我们今天谈论计算机的历史时，往往都从巴贝奇开始谈起。巴贝奇 1819 年首次造访巴黎，结识了法国科学院的拉普拉斯、傅里叶等人，同时也了解到德普罗尼的项目。此后巴贝奇本人也曾参与《航海天文历》的编制，大量烦琐的计算、核对工作让他无比厌倦。由于人工效率低下且容易出错，他萌生了用机器替代这些工作的想法。巴贝奇后来研制出来的第一台机器叫“差分机”，第二台机器叫“分析机”，均有很先进的设计理念。只可惜当时的工业水平无法提供巴贝奇所需的精度，因此未能达到理想效果。如果再晚 50 年，巴贝奇的梦想也许就能实现。他为此倾家荡产、奉献一生。但巴贝奇的分析机启发了后来的图灵和艾肯，他们分别设计出自己的计算机，据说他们都曾在大学的博物馆里见到过巴贝奇分析机的残片。

待到 1946 年，冯 • 诺依曼受图灵启发，参与了军方的一些项目，最早是帮助军方研究炮弹的轨迹，后来在二战期间参与了曼哈顿计划，设计和研发原子弹。原子弹当时只存在于理论中，没有任何实验数据可以参考，研发原子弹需要的所有数据都必须通过理论计算得出。冯 • 诺依曼发现原子弹项目的计算规模可能超过了人类有史以来全部计算的总和，靠计算员几乎难以完成。[①]在这个背景下，冯 • 诺依曼和埃克特、莫奇利等人采用全新的架构，共同研制出世界上第一台电子计算机。此后电子计算机飞速发展，造就了今天的美好生活。

冯 • 诺依曼设计的电子计算机采用了二进制，因为二进制很适合计算机。人类之所以习惯十进制，是因为人有 10 根手指头。机器没有手指头，且不知疲倦，因此机器采用二进制就足以完成所有的计算任务。从数学上讲，二进制与十进制没有本质的差别，都能完整地表达算术。计算机的出现让人类进入一个新的计算时代，计算的效率和规模得到指数级的提升。过往需要计算员数月和数年完成的工作，现在计算机 1 秒就能完成。这是人类历史上从未出现过的神奇飞跃。

面向机器的计算思维

如果认为计算机的价值仅仅在于替代人类计算员这一失业理发师都能胜任的工作，就把问题想简单了。当今的计算机正在逐步接管人脑的感知、推理、分析和决策等能力，而这一切都是有理论基础和技术实践的。计算机正在逐渐替代人类参与高级计算活动。因此当今时代的人们，有必要具备一种“面向机器的计算思维”，站在一个面向未来的角度，思考和审视社会发展的洪流。

① 中国造原子弹的工作基于很多前人的结果，计算工作得以大大简化。

这种“面向机器的计算思维”的关键，在于理解计算效率和计算规模，在于理解人脑的局限性，在于接受计算机作为人脑的延伸，在于理解计算机的能力边界，即计算机能够完成何种程度的任务，能做哪些，不能做哪些，所需的时间和成本是多少，以及如何优化。这种在人类思考和认知问题上引入计算思维的转变，以及社会的全面计算机化，开辟了崭新的计算时代。拥抱者会获得领先的优势，保守者则会被时代所淘汰。计算机革命对人类社会的影响，保守估计至少比蒸汽机革命所产生的影响更加长久，我个人估计计算机革命有500年以上的保鲜期。

我们可以从数学这一学科最近的发展中窥豹一斑。欧几里得出世以来的 2000 多年里，数学一直被公理化的演绎和推理所统治，由此建立的数学可以被称为演绎数学。但是到了 20 世纪，计算机出现之后，计算能力突破历史瓶颈，有了奇迹式的爆发，事情开始有了一些变化。

在上一节曾提到，有限单群分类问题的证明很复杂，篇幅长达 15 000 多页，靠人力已经很难逐一验证其中的谬误。数学家们在未来可能经常会面对这样的窘况，借助计算机几乎是唯一的选择。这就引申出另一个问题，只能由计算机验证的证明是否可以被称为数学证明？这个拷问曾经在四色问题的证明上出现过，该证明是人类历史上第一个只能由计算机证明，而无人可以验证的数学证明。可以说从四色问题的证明开始，人们借助计算机开辟了实验数学这一分支。

四色问题的历史由来已久。1852 年，一位叫格斯里的英国年轻数学家发现在给英国地图的不同区块着色时最多只需要 4 种颜色，着色的要求是两两相邻的区块必须着不同颜色。由此他猜测是否 4 种颜色就足够给任意地图着色。他将这个猜想告诉了还在读大学的弟弟弗雷德里克，但两人都没能证明。于是弗雷德里克去请教他的老师德·摩根教授。德·摩根进一步证明了对于 5 个国家来说，不可能每一个国家都同时与其他 4 个国家相邻，但他的进展也到此为止。尽管他将问题告知了数学家哈密顿，但后者也没有取得太多进展。这个看似简单的猜想却和费马大定理一样难以证明。

到 1872 年，英国数学家凯莱正式向伦敦数学家学会提交了这个问题，四色问题首次变得广受关注。此后在 1880 年左右，业余数学家肯普提出一个四色问题的证明，但和许多其他人提交的证明一样，被人指出了谬误。但是肯普提出了两个很关键的概念，一是构形，他证明了每张正规地图都是由 2 个邻国、3 个邻国、4 个或 5 个邻国的“构形”组成的，不存在每个国家都有 6 个邻国的地图；二是可约性，他证明了在五色地图中某国若有 4 个邻国，则国数可减少。肯普的思路为后来的数学家指明了方向，寻找可约构形的不可避免组成是证明四色问题的关键。但要验证大的构形可约，需要极其庞大的计算量，数学家们再次陷入泥潭。顺带一提，我在小学时也尝试过手工证明四色猜想，但以那时的认知水平自然是毫无进展。

1976 年，美国伊利诺伊大学的阿佩尔和哈肯，在计算机专家柯克的帮助下，采用计算机证明了四色问题，一时间名动天下。他们用了 4 年的时间，采用几台计算机运算超过 1200 个小时，检验了超过 2000 个构形，做了超过 100 亿次判断，并且证明了 1482 个不可避免构形的可约性，最后证明没有一张地图需要用到五色，四色猜想变成了四色定理。

但现在的问题在于，四色定理的计算机证明需要如此庞大的计算量，显然已经没有人能够逐步验证计算机的计算过程，而计算机又无法解释其中的逻辑，这是否还能称得上一个证明？1982 年，美国学者蒂莫兹科发表了文章《四色问题及其哲学意义》，对这一计算机证明提出了上述质疑。随即阿佩尔和哈肯撰文给予了回应，进一步阐述了他们的证明过程和原理，并认为计算机检验的过程是完全可靠的。到了今天，越来越多的年轻数学家开始习惯基于计算机开展他们的工作。

这可能打破了过去 2000 多年来统治数学领域的欧几里得研究范式——基于公理和推理的演绎数学。借助于计算机的强大算力，年轻的数学家们获得了一种新的工作方式，通过个例给出猜测，然后设计实验让计算机模拟，快速验证猜测的结论，如果验证结果为真则将猜测变为定理，如果为假则快速进入下一个猜测。基于这样的计算思维，数学正变得越来越像自然科学，可以用自然科学的实验方法来研究数学，其中改变的引擎来自计算机。正如望远镜和显微镜扩大了人类的视野，计算机扩大了人类的大脑。

到了 2016 年 3 月，DeepMind 的机器智能产品 AlphaGo 首次击败围棋世界冠军韩国九段李世石。世界冠军体现了人类大脑在固有规则下计算的极致，AlphaGo 在面对李世石时展现出压倒性的优势。赛前 DeepMind 的计算机专家提到，从他们的模拟结果来看，李世石几乎没有任何可能性获胜。大众在预测结果时对人类胜出无比乐观，因而 AlphaGo 碾压式地获胜后天下哗然。

此后 DeepMind 一路狂奔，在各个领域都尝试使用拥有强大算力的机器智能拓展学科边界，简单来说就是充分发挥机器的算力优势，在一个大数据集中通过机器学习的算法完成数据训练，自动归纳出一个复杂的计算模型，完成训练后将这个复杂的计算模型应用在待解问题的真实数据集上，从而找到一个机器认为的最优解。我们还可以对这个过程不断评估和迭代，进一步优化这个复杂的计算模型。在机器的算力加持下，计算量将大到极其恐怖，从而发生质变，使机器最终在某些方面超越了人脑的能力。

现在 AI for Science 涉足的领域越来越多。2020 年，DeepMind 的新一代 AI 项目 AlphaFold 成功预测了蛋白质折叠的三维结构，就效果而言，其算法已经远远超过人类研究者的算法，这项技术在研发新药上具有重大意义。2021 年 12 月，DeepMind 与数学家合作，通过机器学习验证了数学家的一种猜测——在一个纽结的双曲不变量和代数不变量之间存在一种未被发现的关系。研究者写道："在这个回归过程中，机器学习最重要的贡献在于，只要有足够多的数据，就可以学习到一系列可能的非线性函数。"这是实验数学获得的一次典型胜利。2022 年 10 月，DeepMind 的 AlphaTensor 改进了德国数学家施特拉森 1969 年提出的 4×4 矩阵乘法的算法，优化了 70 余种不同大小矩阵的计算速度，主要是通过减少计算步骤来实现对常用算法 10%～20%的提速，这再一次体现了机器在寻找大数据空间最优解上的优越性。

以上这些机器的胜利，归根结底仍旧是人类的胜利，因为是人设计了机器，是人驾驭着机器。但获得这种面向未来的先进能力，需要人类放下自身的傲慢，接纳机器作为人类能力的延伸，需要人类具备一种面向机器的计算思维，只有这样人类才能抓住当前的时代红利。

当前 DeepMind 的机器智能引领了计算机领域的发展，其计算思维和总体框架可以这样总结：将计算机作为工具，对待解的实际问题进行抽象，将问题转化成形式化的计算机语言，再充分发挥计算机强大的算力优势进行求解。具体实践大致分为归纳、搜索和验证 3 个阶段。在归纳阶段，通过"喂"给机器更高质量的数据集，让机器充分猜测和学习。在搜索阶段，充分发挥机器的算力优势，在一个大数据集空间里暴力搜索最优结果。尽管机器算力强大，但依然可能遇到计算次数过多的问题，由此引申出一系列的剪枝算法，或者模拟自然界某些原理（比如冶炼退火过程）的退火算法等。它们可以用来缩减搜索空间的数据集规模，降低算法复杂度。在验证阶段，完成对目标的效果评估，进一步迭代和改进算法，以设计出一个更聪明的算法。在这个阶段发展出启发式算法、遗传算法、深度学习中的反向传播算法和强化学习等反馈机制。

这种面向机器的计算思维，关键之处在于定义问题和解决问题的思路。定义问题的思路是，如何将问题抽象后转化为一个适合机器来计算的问题。机器擅长驾驭大计算量和大数据，而人脑习惯于减少计算量或是计算小数据，因此如何将一个小数据、小计算量下的难问题转化成一个大数据、大计算量下的简单问题，就成为定义问题的关键。解决问题的思路是，如何培养出一个"更聪明"的机器大脑来工作，而不是仅仅让机器作为人脑的辅助。人们需要相信在一个好的设计下，机器大脑会比人类大脑更聪明，能更高效地解决问题。要把人的精力花在如何设计一个更聪明的机器大脑上，从而克制住直接用人脑解决问题的冲动。这是一种科研范式和工程范式的巨大改变，有巨大的心理障碍和工程障碍需要克服，但也存在着颠覆式创新的巨大契机。

我以前的一位同事李昊，曾经研究如何通过机器智能完成更加精准的气象预测。用计算机进行气象预测是冯·诺依曼开启的一个研究课题，过往的研究模式是，基于气象学的先验知识，研究者先提出一个关于气象学的多项式函数，然后通过计算机进行计算，最终得出未来几天的气象报告。李昊团队采用的机器智能方法则使用了全新的模式，不需要任何先验知识，而是让机器在大量历史数据中归纳出最接近数据集结果的多项式函数，这就是一种面向机器的计算思维。李昊团队最终取得了非常出色的成果，他们的机器智能方法对气象预测的精度可以控制在 1 千米范围以内，表现大大优于之前的模式。

计算工具的效率越来越高，计算的规模也越来越大，最终计算工具将成为人类进入下一个历史阶段的重要引擎。工业革命的成果解放人类的体力，计算革命的成果终将解放人类的脑力，让人类可以充分放飞想象力。

第 3 章 莱布尼茨的计算之梦

几何学的发展带来了演绎数学，代数学的发展以及计算工具的出现，逐渐让人类摆脱了算力的束缚。但是如果仅仅把计算看作统计繁杂数字的工具，就太小看计算这一深奥的学问了。对计算的终极追求可以上溯到 17 世纪，莱布尼茨是第一个意识到计算的巨大潜力的人，也是他第一次系统化地提出了计算的终极梦想。

17 世纪在科学史上是牛顿的时代。牛顿上承伽利略、培根和笛卡儿，把科学实验、分析还原、逻辑和数学等几大工具融为一体，通过力学三定律和《自然哲学的数学原理》（简称为《原理》）一书，开创了近代科学的新时代。牛顿创造性地用数学来解释物理原理、推导自然规律，极大地颠覆了当时人们的认知，也影响了此后数百年的科学发展。在 17 世纪到 18 世纪，一门学科只需要先完成数学化，剩下的问题交给数学来推理就可以了。人类对世界的认知从此往前迈进了一大步，数学成为人类认知自然最重要的工具。追溯其源头，牛顿的《原理》一书的巨大意义不容忽视。

大多数人之所以熟悉莱布尼茨，更多是因为他和牛顿谁先发明了微积分的争论，鲜有人知莱布尼茨同时也是数理逻辑之父。正是他的创造性思想，影响了后人，最终使得今天的计算机成为可能。但只因他和牛顿生在同一时代，光芒被牛顿掩盖。这不由得令人感慨：既生瑜何生亮？

数理逻辑的创立

戈特弗里德·威廉·莱布尼茨 1646 年 7 月生于德国的莱比锡。他在数学、哲学、法律、管理、历史、文学、逻辑学方面都做出过重要的贡献，是真正的全才。在此我们仅关注莱布尼茨在逻辑学方面的贡献，因为正是他发展了承自亚里士多德的逻辑学，开创了数理逻辑，奠定了现代计算机的基础。下图是莱布尼茨的画像。

莱布尼茨出生于一个官员家庭，祖上三代都在萨克森政府任职，因此从小受到了良好的教育。莱布尼茨 6 岁那年失去了父亲，尽管如此，生前在莱比锡大学担任伦理学教授的父亲，仍将自己对历史的浓厚兴趣传给了莱布尼茨。莱布尼茨的童年是在父亲的藏书室度过的。在这里他博览群书，8 岁学习了拉丁文，12 岁学习了希腊文，从而能阅读大量历史、文学和哲学方面的古典图书。

13 岁时，莱布尼茨尚在中学，就试图改进亚里士多德的逻辑学。他从很早就开始思考逻辑学的问题。1666 年 20 岁的莱布尼茨成为法学博士。

1666 年是牛顿的“奇迹年”。在这一年，牛顿发明了微积分和万有引力。但牛顿只是将他的微积分——流数法记录在未公开发表的论文里，只有极少数几个好友知道。这为几十年后的大论战埋下了隐患。同样是在这一年，莱布尼茨写出文章《论组合术》，首次提出了关于“推理计算”和“普遍字符”的很多重要想法。这些想法在未来成为计算梦想的源头。

莱布尼茨生前的大部分著作并未发表，今天仅从公开的部分著作和文章来看，莱布尼茨被誉为数理逻辑之父名副其实。著名逻辑学家肖尔兹曾说：“人们提起莱布尼茨的名字就好像谈到‘日出’一样。他使亚里士多德的逻辑开始了新生。”莱布尼茨继承了亚里士多德的古典形式逻辑哲学，同时进一步发展了逻辑理论。他最大的贡献在于用数学化的思想来处理古典形式逻辑。数理逻辑又称符号逻辑，正是莱布尼茨出于计算的目的将逻辑符号化，并提出一整套的思想，后人才能通过努力最终构建出数理逻辑（符号逻辑）的大厦。

亚里士多德是西方逻辑之父，他的学说经历了中世纪的发展后，始终处于不可动摇的权威地位。但是到了莱布尼茨的年代，亚里士多德的逻辑理论突然成为众矢之的。他不仅丧失了权威地位，还受到了学术界的普遍抵制。亚里士多德的三段论受到来自英国经验主义的强烈攻击。培根宣扬三段论是“害多益少”，因为“它只能强迫他人同意命题，而不能把握事物”。洛克则认为“三段论顶多是用少量的知识进行诡辩的一项艺术，它丝毫不能增加我们的知识”。大陆理性派的笛卡儿则说道：“亚里士多德的三段论对于那些发现真理的人来说毫无价值……它唯一可能的作用就是偶尔向其他人解释我们已经发现过的真理。”

在这样的大环境下，莱布尼茨难能可贵地没有跟风。他站出来为古典形式逻辑进行辩护。洛克写了一本书《人类理智论》，莱布尼茨就也写了一本书《人类理智新论》，旗帜鲜明地逐条反驳洛克、笛卡儿等人的观点，称赞三段论是“人类心灵最美好，也最值得重视的东西之一”。他甚至将其视为一种普遍数学，认为其中包含着一种不谬性技术。莱布尼茨年轻时就发展了亚里士多德的三段论。亚里士多德的三段论分为 3 个格 14 个有效式，莱布尼茨则证明了第四格的存在，将三段论扩展到 4 格 24 个有效式，同时从第一格的公理出发，有效地演绎出第二格和第三格的有效式，使三段论成为一种公理化演绎系统。

莱布尼茨在逻辑学方面最重要的贡献是建立了符号逻辑，或称为数理逻辑。他的这种思想主要受吕里、霍布斯、笛卡儿 3 个人的影响。[①]

吕里早在 1305 年就出版了《至上的普遍术或大衍术》，据此还发明了一种“思维机器”。这台机器由围绕一个中心旋转的多个半径相同的圆组成，这些圆形成相互连接的网络，在交叉点上写有标识概念的词（比如“人”），以及标识各种逻辑关系的词（比如“相等”“并且”）。只要用手摇动这些圆，便能得到所有的概念组合及各种格式的推理。莱布尼茨盛赞吕里是一个“已经思考过普遍字符”和“组合术”的杰出人士，并将其思维机器作为《论组合术》手稿中的配图，如下图所示。

① 《莱布尼茨逻辑学与语言哲学文集》，作者是莱布尼茨，由段德智编译，引自编译者对莱布尼茨思想的整体分析。

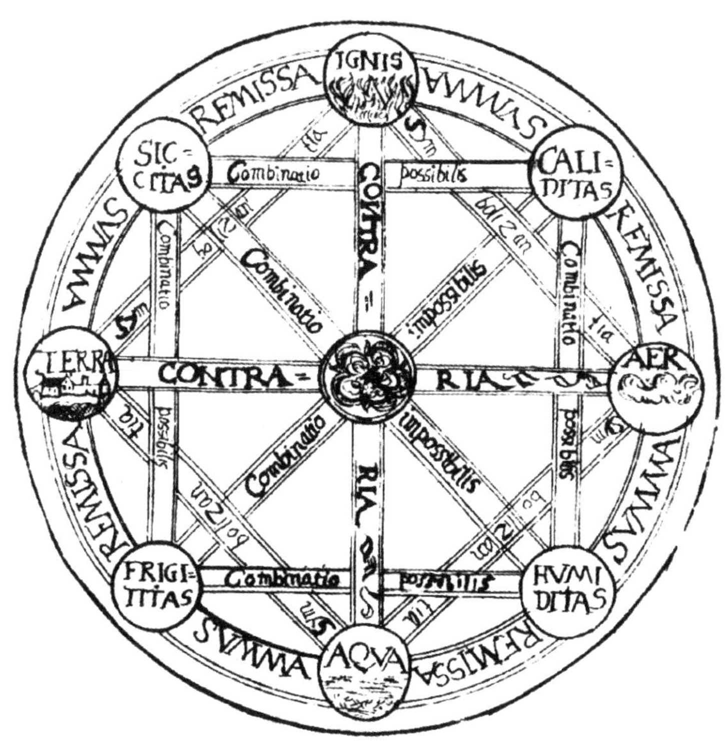

霍布斯则是西方逻辑史上第一个喊出“推理即计算”的人，但他所谓的“计算”无非是感觉观念上的“加减”。青年时期的莱布尼茨对霍布斯无比崇拜，两人有过交流。霍布斯揭示了逻辑的数学本质，他的普遍数学的思想对莱布尼茨影响巨大。

笛卡儿是符号逻辑史上第一个明确提出“普遍数学”概念的人。笛卡儿断言：“我不再专注于算术和几何的特殊研究，转而致力于探求某种普遍数学。……我们所称的数学指涉部分不仅包括上述提及的算术和几何，还包括天文学、音乐、光学、力学，以及其他一些学科。……其他一切学科和算术、几何一样有权利被叫作数学。”笛卡儿强调，只有逻辑、分析几何和代数才能够对他的科学计划和哲学计划“有所帮助”，数学的“基础”如此“牢固”和“结实”，以至于我们应当而且必须在它上面建造科学和哲学的高楼。

可以看到，在笛卡儿的思想里，数学基础和数学应用是混为一谈的。借由数学化的方法，笛卡儿将众多学科纳入数学范畴。这种分类法今天来看并不合理，但这恰恰反映了数学和科学的发展历程。在各学科理论发展的起步阶段，以笼统的数学范畴来概括和归类不失为权宜之计。直到今天，当我们没法清楚区分大数据与人工智能的技术、应用时，就再次回到了笛卡儿当年的处境，而我们似乎依然找不到更合理的分类法。

尽管在对亚里士多德三段论的看法上，莱布尼茨不赞同笛卡儿的观点，但他还是高度评价了笛卡儿的“普遍数学”理念，认为它是“独具一格的卓绝分析”。

莱布尼茨之前的思想家提出的计算或演绎方面的想法，要么没有形成公理系统，要么不够深入。而作为“数理逻辑之父”的莱布尼茨，则是集大成者，系统化地建立了这一理论框架。莱布尼茨的数理逻辑有两个核心思想：一是逻辑演算，二是普遍语言。

人类思想字母表

莱布尼茨用数学符号来代替中世纪逻辑中的语言和文字，在逻辑中引入了数学的方法，这就让逻辑的推证变得像数学的运算一样。莱布尼茨非常重视数字的作用，在《达致普遍字符》一文中，他提到：

> “数似乎可以说是一种基本的形而上学模型或符号，而算术则是一种宇宙静力学，事物的各种力都可以借由它发掘出来。
>
> “数里面隐藏着最深奥的秘密。自毕达哥拉斯时代起，人们就一直对此深信不疑。”

莱布尼茨继承了毕达哥拉斯学派的观点，认为万物中蕴含了数字的规律，而唯有数是永恒不变的。因此，莱布尼茨认为，“我们必能将每件事物的特征数字指定出来”。莱布尼茨的特征数从今天的角度来看是一种“编码”的思想，这很可能启发了后来的哥德尔。而哥德尔在晚年的时候曾痴迷于研究莱布尼茨，他和莱布尼茨一样证明了“上帝的存在”。在莱布尼茨的思想中，数学、哲学、形而上学和神学都是融合在一起的，我们在解读莱布尼茨时应当注意这一点。

使用特征数是莱布尼茨逻辑学的主要特点。在传统逻辑中，概念、判断、推理都是与语言（和语词）结合在一起的，但是在莱布尼茨看来，概念、判断、推理都蕴含着数学的形式和演算的性质。因此，他致力于用字符和数字替换传统逻辑中的语言和语词，用加法和乘法等算术关系来进行概念的解析和组合，用等式、方程式等演算来解释主谓词的包含关系和其他逻辑关系。

在《对逻辑演算的两个研究》一文中，莱布尼茨明确提出了素数的概念，并且用代表因子的素数乘积来表达复合概念。200 多年后，哥德尔创造的哥德尔数所用的编码形式，和此如出一辙。莱布尼茨在文中提到：

> “对每个词项，不管它属于什么种类，我们都可以将它的特征数指定出来。我们在演算中使用这种特征数，就像我们在推理中使用词项本身一样。……眼下，数字最有用。这一方面是由于其操作起来精确和简便，另一方面是由于概念的所有关系变得像数字那样确定和可以预测，从而一目了然。
>
> “……当一个既定词项的概念直接由两个或两个以上的其他词项组成时，该既定词项的特征数就借由组成它的这些词项的特征数相乘产生。例如，既然人是一个理性的动物，倘若动物的特征数是 a，如 2，而理性的特征数是 r，如 3，则人的特征数或 h，就将是 2 乘以 3，或 6。”

思想的大衍术

莱布尼茨称他的逻辑思想为“思想的大衍术”（Ars Magna），意指继承自中世纪西班牙神学家雷蒙·吕里的相关学说。吕里将范畴区分为 6 组，每组又各有 6 个范畴，各个范畴可以互相组合。吕里用这种组合方式来揭示宇宙的奥秘。在中国的文化里，《易·系辞》中有“大衍之数五十”的说法，该说法被三国时期的经学家王弼注释为“演天地之数，所赖者五十也”。中国的所谓大衍术，就是天地之数的推演术。莱布尼茨称自己的想法为“思想的大衍术”，旨在用这套方法推演天地宇宙之间的奥秘。

在《论思想的工具或大衍术》一文中，莱布尼茨为了解释“无限的事物能够由少数几个组合而成”，从而揭示自然的奥秘，举了一个例子，非常明确地提到了二进制：

> “当我们计数的时候，我们通常用十进制位；当我们数到 10 的时候，我们又从 1 开始。这是否方便，我现在不予争论。与此同时，我却想表明在这个地方也可以用二进制位。这样，只要我们达到了 2，我们便重新从 1 开始，如下图所示。
>
> “我现在并不讨论这一进制位的巨大优越性，只要注意到所有的数字以多么奇妙的方式用 1 和 0 这样表达出来就够了。”

	二进制	十进制	
	0	0	
2^0	1	1	10^0
2^1	10	2	
	11	3	
2^2	100	4	
	101	5	
	110	6	
	111	7	
2^3	1000	8	
	1001	9	
	1010	10	10^1
	1011	11	
	1100	12	
	1101	13	
	1110	14	
	1111	15	
2^4	10000	16	
	10001	17	
	10010	18	
	10011	19	
	10100	20	
	10101	21	
	10110	22	
	10111	23	
	11000	24	

在中国文化中，有阴阳八卦之说。《易·系辞》中有："是故，易有太极，是生两仪，两仪生四象，四象生八卦，八卦定吉凶，吉凶生大业。"下图是北宋邵雍的八卦图，将世上万物划归为八卦：乾（天）、坤（地）、震（雷）、巽（风）、坎（水）、离（火）、艮（山）、兑（泽）。八卦图还需要有阴和阳这两个基本组件，八卦之间互相组合可形成六十四卦。

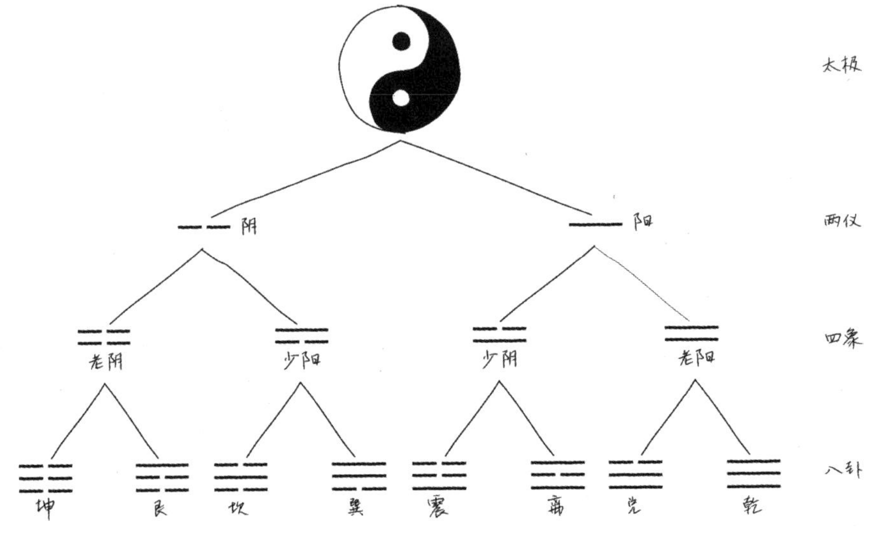

莱布尼茨在 1679 年 3 月 15 日用拉丁文撰写了《二进制算术》一文，创建了二进制。随后在 1701—1703 年，莱布尼茨与在华传教士白晋互通书信，从白晋那里得到“伏羲图”。莱布尼茨发现自己的研究成果与伏羲图惊人地一致，信心倍增。他于 1703 年 5 月公开发表了这一研究成果，标题也改为了《二进制算术阐释——仅仅使用数字 0 和 1 兼论其效能及伏羲数字的意义》。可以说，莱布尼茨独立地发明了二进制，而且其与中国古代文化里的思想不无暗合。今天的计算机世界已普遍使用二进制。

尽管二进制算术是莱布尼茨发明的，但是并没有被他应用在计算器之中。莱布尼茨也发明过如下图所示的计算器，他发明的机械计算器与帕斯卡的不同。莱布尼茨独创了一种齿轮技术，可以使得计算器能做乘法运算。设计齿轮时显然用十进制会比二进制方便很多，效果好很多，所以莱布尼茨的乘法器用的是十进制。这种齿轮被称为“莱布尼茨轮”。一直到近代，在 IBM 生产的手摇机械式计算器中，还在使用这种装置的设计。

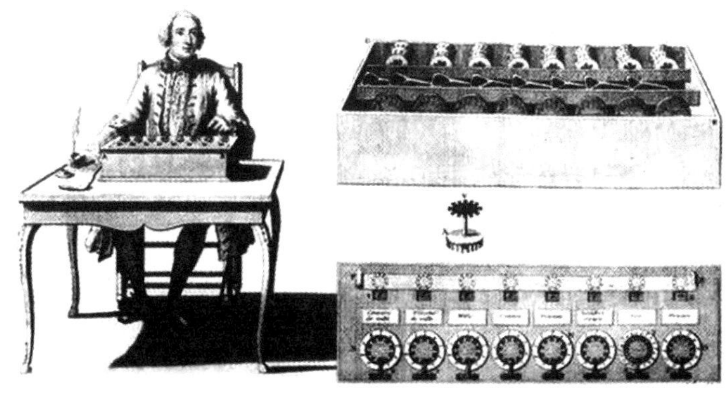

而二进制被广泛应用到电子计算机中，主要是因为香农在逻辑电路中发现，逻辑的与门、或门可以用电路的不同状态来表示，这恰好对应了二进制的 0 和 1。莱布尼茨的时代没有电，因此莱布尼茨根本不可能预见到他的二进制对后世有多么深远的影响。

莱布尼茨一度对古老神秘的中国文化十分神往。他曾有一个猜想：中国的伏羲在古代就已经发明了二进制，阴爻与阳爻的形式就可以对应到 0 和 1，在《易经》中用来表示 64 个数，即六十四爻，只是在后代失传了。古代中国人引入了不少形而上的东西，反而放弃了通过理性推理来表达更多的事物。尽管莱布尼茨有如此猜想，但是迄今为止并没有切实的证据表明，中国曾用阴爻和阳爻排列组合出六十四卦以外更多的东西，或是推演出加法和乘法这样的算术，而莱布尼茨的二进制则是明确提出了算术法则。

但中国文字对莱布尼茨的影响是确切的，而且极可能启发了莱布尼茨提出“普遍字符语言”这一重要思想。李约瑟曾说：[①]

> “一般来说，在中国文字中，一个字的发音和它的书写方式是没有任何关系的。确实，在这种意义下，人们写出来的文字的意思是固定的，不管讲什么方言的人都能明白，但他们发出来的音完全不同，彼此无法听懂。就是这种语言中的“数学”素质……引起了像莱布尼茨这样的17世纪欧洲学者的注意，也许还推动了欧洲数学逻辑的发展。
>
> ……
>
> “1666年，莱布尼茨发表了《论组合术》，这使他成为符号逻辑或数理逻辑之父。这一观念公认受到来自汉字会意特征的启发。”

李约瑟在这里提到的观念，就是莱布尼茨的普遍语言的思想。在《论思想的工具或大衍术》中，莱布尼茨提到：

> “无限的事物能够由少数几个组合而成……自然世界通常以最少的假设做尽可能多的事情，它是以最简单的方式运作的。”

这种“最简单的方式”就是莱布尼茨构思的“人类思想的字母表”。在这篇手稿中，紧接着的一句话被莱布尼茨删掉了：

> “人类思想的字母表，是那些他们自己设想出来的事物的一个目录，我们的其他观念就是由这些字母结合形成的。”

莱布尼茨甚至希望这种字母表能够成为一种普遍语言，以解决不同地区或说不同语言的人们之间的沟通和争端问题。在《达致普遍字符》一文中，莱布尼茨提到：

> “各种不同的概念和事物都能够用这种语言或字符以一种合适的顺序组合到一起；借助于这种语言和字符，不同民族的人才有望相互交流思想，把一种外来语言的书写符号翻译成他们自己的语言。”

在《人类学说的视域》一文中，他则写道：

---

① 《中国科学技术史》第二卷《科技思想史》，作者是李约瑟，由科学出版社出版。

> “现在，既然全部人类知识都能够借字母表里的字母表达出来，既然我们可以说，不管是谁，只要他懂得字母表的用法就能够认识一切，则我们便能够得出结论——我们能够计算出人类能够表达的真理的数目，我们还能够确定一部将会包括所有可能的人类知识的著作的规模，在这部著作中将会有人类能够认识、书写或发现的一切，甚至比这还要多。”

在我看来，莱布尼茨的这种人类思想字母表，可以被称为一种“元语言”。莱布尼茨则对制定出这样的字母表充满信心。

计算之梦

下面我们可以谈谈莱布尼茨的梦想了。在《普遍科学序言》一文中，莱布尼茨提到：

> “倘若我们能找到一些字符或符号适合表达我们的全部思想，就像算术表达数字或几何分析表达线段那样明确和精确，我们就能在一切学科中，在其符合推理的范围内，完成像在算术和几何中能完成的事情。
>
> “所有依赖于推理的探究都能够借字符的置换和一种演算得到实施，这将直接帮助我们发现各种各样的美妙结果。”

这段话揭示了计算的本质。莱布尼茨非常清楚地提到了“字符的置换”，其思想对后世的数理逻辑和计算有着深刻的影响。200 多年后，希尔伯特提出的形式系统，图灵对计算的精确定义，其基本思想就根植于这几个字之中。莱布尼茨继续提到：

> “我们也应该能够说服世人，使其相信我们已经发现或得出结论的东西。因为无论是再来一次，还是用类似算术检验九点[①]之类的方法，核查计算结果都非常容易。要是有人怀疑我的计算结果，我就可以告诉他：‘先生，让我们坐下来演算一下吧！’这样，只要拿起笔墨纸张，问题顷刻便迎刃而解。
>
> ……

① 可能指一种掷骰子的赌博游戏，掷出九点算赢。

> “我们也始终能够在已知数据的基础之上，决定什么是最可能的。而这正是理性能够做到的一切。
>
> “这样，那些表达我们全部思想的字符就将构成一种既能够用来写作也能够说的新语言。……这种语言将成为理性最伟大的工具。”

通过这段话，莱布尼茨论述了计算能解决什么问题。在他的构想中，计算可以用于真理的判断，同时可以用于从已知数据中发现新的真理。其中那句“我们也始终能够在已知数据的基础之上，决定什么是最可能的”则既揭示了科学研究的作用，也揭示了今天我们大数据所期盼实现的目标——通过数据找到规律、找到价值，然后对新的可能性或对未来做出预测。莱布尼茨也曾说过：

> “我敢说，这是人类心灵的最高成就，这个工程一旦竣工，就将完全致力于人类的幸福。这是因为人们从此将会获得一种工具，这种工具提高理性的功能丝毫不逊色于望远镜对我们视力的完善。
>
> “如果上帝给我足够的时间，我的抱负之一就是完成这一工程。我的这一抱负不是从任何人那里，而只是从我自己这里获得的。我是在 18 岁的年纪最早想到这件事情的。……由于我确信没有任何一项发现堪与之相提并论，我便相信没有任何事情像这件事这样能够使发明者永垂不朽。但我之所以这样想，还有一个更为有力的理由。因为我一心信奉的宗教使我确信，上帝的爱即在于对人类获得普遍福利有一种热忱的渴望，而理性也教导我，没有任何东西比理性的完善能够对人类的普遍福祉做出更大的贡献。”

莱布尼茨构思出了逻辑演算和普遍语言方面的伟大工程，可惜的是他终生也没有实现自己的梦想。但莱布尼茨的这些想法启发了后人，直接影响了乔治·布尔、弗雷格和罗素等人的工作，在他们的努力下数理逻辑的奠基终于得以真正完成。

罗素早年是一个对神学和数学都持有怀疑立场，对逻辑也不怎么感兴趣的人，但最后竟然成为现代数理逻辑的先驱。1899 年春，罗素在剑桥大学三一学院开设了莱布尼茨哲学课程，并在第二年出版了专著《对莱布尼茨哲学的批评性解释》。罗素发现“莱布尼茨哲学大厦的最幽深处”在于“莱布尼茨哲学差不多完全源于他本人的逻辑学”，而这一观点几乎构成罗素此后一生的学术信仰。

罗素与怀特海合著的著作《数学原理》于 1910—1913 年分卷出版，这可能是 20 世纪最重要的数学著作。肖尔兹将其视为“莱布尼茨逻辑系统的完成”。罗素本人也心安理得地被视为莱布尼茨“逻辑系统”的发现者和继承者，并尊莱布尼茨为

“数理逻辑始祖”。罗素谈道：

> “莱布尼茨的数理逻辑的研究成果当初假使发表了，会重要之至。那么，他就会成为数理逻辑的始祖，而这门学科也就比实际提早一个半世纪问世。”

今天的计算机是以数理逻辑为基础的，我认为莱布尼茨关于逻辑演算和普遍语言的梦想，就是计算的梦想。300 多年来大批数学家、物理学家、计算机科学家都在朝着实现这个梦想而努力，但迄今为止人们依然没有成功。前路漫漫，我辈当努力！

公元 1700 年以后，莱布尼茨热衷于组建科研团体。在他的努力下，普鲁士成立了柏林科学院，他担任首任院长。同时，他奔走于奥地利和俄国，不断游说筹建维也纳科学院与彼得堡科学院。据说他甚至还给康熙皇帝写信，期望建立“北京科学院”。只是迄今尚未找到莱布尼茨给康熙写过信的任何证据，可能这只是莱布尼茨的设想。还有一种说法，莱布尼茨曾经赠送给康熙一台机械计算器，但是同样没有证据。目前北京故宫所藏的手摇式机械计算器，都是根据法国传教士的思路由中国匠人制成的。

莱布尼茨和牛顿一样终身未婚。和牛顿不同的是，牛顿死后葬于英国伦敦的威斯敏斯特大教堂，得到了国葬的礼遇；而莱布尼茨 1716 年 11 月 14 日死于痛风和胆结石，死后无人凭吊，只是由他的私人秘书和几个工人草草地葬于一个无名墓地。欧洲的大地上再也见不到莱布尼茨乘坐着漏风的马车在颠簸的牛道上奔波于各国之间的身影。但身灭灯传，数理逻辑已经点燃火种，酝酿着 200 多年后的大放异彩。

思维规律的研究

19 世纪数理逻辑的复兴

莱布尼茨的计算之梦开启了数理逻辑的新篇章，但是它却一度被遗忘。直到 200 多年后的 19 世纪，在德 • 摩根、乔治 • 布尔、皮尔斯、施罗德等人的倡导下，数理逻辑迎来复兴。其中，英国数学家乔治 • 布尔迈出了最关键的一步。

在 19 世纪的英国爱丁堡，有一位叫哈密顿的逻辑学教授（不是发明四元数的那位）。他认为亚里士多德的三段论只量化了命题主语（所有 X，存在 X），而没有量化谓词（是 Y，不是 Y），普适性受到很大的限制。他将这一观点告诉密友逻辑学家德 • 摩根。后者在做了一些尝试后，于 1847 年通过《形式逻辑》一书提出了

“关系逻辑”的概念。

在亚里士多德的三段论中，确实存在缺乏关系逻辑这一缺陷。这会导致一些问题，这些问题莱布尼茨也曾注意到。看看下面这个三段论：

> 苹果是酸的；
>
> 酸是一种味道；
>
> 因此，苹果是一种味道。

可以看出，这个结论明显是不对的。

德·摩根试图通过改进书写逻辑公式的方式来量化谓词，但这一改变并不彻底。真正的改变由英国数学家乔治·布尔通过完整的现代代数字母符号体系完成。

乔治·布尔出生于贫寒家庭。他的父亲——老布尔是一个鞋匠，却热衷于各种技术。老布尔酷爱科学、数学，并在自己的作坊里自制各种望远镜、显微镜和照相机。布尔的童年受此熏陶，很早就开始对光学产生兴趣。布尔从小就大量阅读历史和科学著作，并热爱诗歌和外语。他在十几岁时就掌握了拉丁语、希腊语、法语、德语和意大利语。在布尔 16 岁时，父亲的作坊破产了，布尔不得不辍学回家。他找了一份助教工作，后来成为一名教师，并开始集中精力研究数学。

布尔接受正式教育的时间非常短，主要靠自学成才。这也让他在数学研究的道路上没有任何思想的束缚。到 20 岁时，布尔就攒够了钱，在家乡办了一所学校。在当校长的 18 年里，他大部分时间都在经营自己的学校，业余时间则用来研究数学和逻辑。1842 年，布尔开始与德·摩根通信，并在后者的鼓励下在英国皇家学会发表了一篇关于微分方程的论文。1849 年，布尔经过 3 年的努力，终于申请到新建成的爱尔兰科克女王学院（现在的爱尔兰大学）的教职，成为数学教授，并在这个岗位上工作了 15 年，直到逝世。

1833 年，英国数学家皮考克提出“形式永久性原则”：把代数看成一种符号与其组合规律的学科，代数定理只依赖于其符号所遵循的结合规律，而与符号的内容无关，即符号和运算可以用来表示任何事物。这种观点影响了同时代的布尔。哈密顿的四元数这一伟大成果还说明，代数中确实也存在着更多的可能性。1847 年，布尔在《逻辑的数学分析》一书中提出了他的逻辑代数。他在导言中说道：

> “凡是熟悉当前符号代数理论的人都知道，分析过程的合理性不取决于对所选用的符号的解释，而仅仅取决于它们的结合规律。任何解释体系只要不影响

> 假设关系的正确性，都是同样可以被接受的。因此，同一个过程，在一种说明体系下，可能表示一个关于数的性质问题的解法；在另一种说明体系下，则可能表示一个几何学问题的解法；而在又一种说明体系下，它又可能表示力学或光学问题的解法。这一原则确实是非常重要的；我们可以断言，这一原则在指导目前的研究中产生的影响，大大促进了纯粹分析最近取得的进步。”

布尔这段充满洞察力的话在当时代表非常激进和新颖的思想。1854 年他在代表作《思维规律的研究》中进一步阐述了自己的思想。他继承了莱布尼茨的梦想，并给出了莱布尼茨未完成的逻辑演算系统的一个具体实现，即逻辑推理规则可以由符号形式来表达，这可以使逻辑更严格并促进其应用。他提到：

> “下述论文的目的是研究思维运算的基本规则——推理正是依据这些规则而完成的——给出演算的符号语言表达式，并在此基础上建立逻辑科学和构造它的方法。”

从历史的脉络中，我们可以看到形式主义的影子。很明显，此后从罗素、希尔伯特的理论，到 20 世纪丘奇、图灵从数学上精确定义计算的概念，都基本上可以追溯到布尔的思想启蒙。罗素曾评价：“现代的纯粹数学起源于英国数学家布尔的工作。”

布尔的逻辑代数

布尔创造了一个新的数学分支，即布尔代数。他实际上构造了一个演绎思维的演算系统，方法是尝试用代数来驱动逻辑，以达到严格性和高效性。他是第一个思考将代数应用到逻辑中的人，他的工作是逻辑和代数的一个交汇点，这些工作也证明了数学对于逻辑是充分的。

与亚里士多德的三段论不同，布尔使用代数方法来表达各类之间的关系。他的逻辑方法取决于 3 个简单的运算，今天我们将其记为“AND（与）”“OR（或）”“NOT（非）”。

AND 的定义为：给定两个类 x 和 y，表达式 x AND y 表示由 x 和 y 的所有公共元素构成的集合。比如，x 表示由所有红色物体构成的类，y 表示由所有狗构成的类，那么 x AND y 就表示由所有红色的狗构成的类。但布尔的想法的独特之处在于，他尝试用代数驱动逻辑，因此他很自然地意识到 x AND y 这个符号使用起来非常不方便。他发明了“逻辑积”的概念，将 x AND y 表示为 xy。因为与 x 所有元素相同

的集合是 x 本身，因此有 x AND x 是 x，可以表示为 $xx=x$，用指数形式可以表示为 $x^2=x$。推广后，可以得到 $x^n=x$，其中 n 为自然数。这是布尔代数的一个有趣性质。在布尔代数中，乘法满足交换律，即 $xy=yx$；从逻辑上说就是，x AND y 与 y AND x 中的所有元素相同。

类似地，OR 的定义为：给定两个类 x 和 y，表达式 x OR y 表示由属于 x 或属于 y 的对象构成的集合；特别地，若一个对象既属于 x 又属于 y，那么它也属于 x OR y[①]，可以用符号化的 $x+y$ 表示。比如，x 代表男人的集合，y 代表所有老人的集合，那么 $x+y$ 代表所有男人和老人的集合（这一集合也包含女性老人）。可以进一步证明 OR 支持结合律，比如，令 z 表示民族是汉族的人的集合，那么有 $z(x+y)=zx+zy$。

而 NOT，是一个相对于全类 1 的补运算。x 相对于 1 的补可被表示为 $1-x$，意为 x 的补就是其分子属于全类但不属于 x 的事物类。

在布尔代数中，基本关系是相等关系，可以用=表示。这样，布尔就提出了他的代数系统的基本原理：

（一）$xy=yx$

（二）$x+y=y+x$

（三）$x(y+z)=xy+xz$

（四）$x(y-z)=xy-xz$

（五）如果 $x=y$，则 $xz=yz$

（六）如果 $x=y$，则 $x+z=y+z$

（七）如果 $x=y$，则 $x-z=y-z$

（八）$x(1-x)=0$

（九）$xx=x$ 或 $x^2=x$，一般而言，$x^n=x$

前 7 条公式是普通数字代数的规则，第八条公式是矛盾律，第九条公式是指数律，后面的这两条公式是布尔代数所特有的。在布尔代数中，矛盾律可以由指数律推出：

（1）$x^2=x$

（2）$x-x^2=0$

（3）$x(1-x)=0$

满足以上 9 条公式的所有理论，都被称为布尔代数。因此，布尔代数可以有

① 在布尔最早的定义里，OR 不包含既属于 x 又属于 y 的对象，这导致无法解释 x OR x。此后，由英国逻辑学家杰文斯修正完善后，现代的 OR 定义包含了既属于 x 又属于 y 的对象。

很多种解释。布尔自己给出了对以上公式的类的解释、二值解释、命题解释和概率解释。

亚里士多德的三段论，通过布尔代数可以非常简洁地书写出来。比如，如下 4 个直言命题对应的布尔代数语言为括号中的内容（其中，字母 v 表示非空的对象类）。

- 所有 x 都属于 y。（ $xy = y$ ）
- 有一些 x 属于 y。（ $v = xy$ ）
- 所有 x 都不属于 y。（ $xy = 0$ ）
- 有一些 x 不属于 y。（ $v = x(1-y)$ ）

对于布尔代数而言，三段论的逻辑只是广阔的代数空间中很小的一部分，每个命题可变成一个简单的代数方程。有了布尔代数，任何三段论都可以通过一个代数方程组表示。比如，字母 m、d、p 分别表示哺乳动物、狗和卷毛狗，以下三段论可以写成布尔代数的形式。

- 前提 1：所有的狗都是哺乳动物。（ $dm = d$ ）
- 前提 2：所有的卷毛狗都是狗。（ $pd = p$ ）
- 结论：所有的卷毛狗都是哺乳动物。（ $pm = p$ ）

根据布尔代数的 9 条公式，在这个三段论方程组的运算过程中，先用 p 乘以第一个方程，得到 $pdm = pd$ ，然后将 $pd = p$ 代入，即可得到结论 $pm = p$ 。运算过程非常简洁，结论也与三段论的推理结论相符。在这个过程中，我们非常清晰地看到了“推理即计算”。类似地，在布尔的眼里，连接符陈述的逻辑推论都可被转换为对符号的代数运算。

布尔对自己的逻辑代数系统做出的二值解释非常重要。他加上一条限制：x、y 等仅取 1 或 0 为值，布尔的 9 条公式对这种数字解释成立，这样就有了第十条公式：

（十） $x = 1$ 或 $x = 0$

于是，布尔代数就可以用二进制来进行运算了。二进制首先有一个重要的作用，就是可以用 0 和 1 来表示真与假，我们可以将其记为 T 和 F。这就从形式系统迈向了语义系统。比如，令 x 表示命题 X 为真的次数，y 表示命题 Y 为真的次数，逻辑积表示命题 X 和 Y 同时为真的次数。如果命题 X 表示“天正在下雨”，命题 Y 表示“天正在刮风”，那么表达式 xy 表示天既下雨又刮风的次数。如果 1 表示真命题，0 表示假命题，就得到了：$1\times1=1$，$1\times0=0$，$0\times1=0$，$0\times0=0$ 这 4 个公式。也可以将 AND 运算表示为下图中的真值表。

AND	T	F
T	T	F
F	F	F

采用简单的二进制代数来驱动逻辑的表达，好处是明显的。它大大简化了逻辑推理中需要人工理解的部分，从而可以在计算环节中去除大量人工工作，这样计算就可以极大地加快逻辑推理的速度。由于这种计算上的便捷性，20 世纪香农在设计逻辑电路的时候，应用了布尔的逻辑代数，通过编排电路控制电流，实现了布尔代数的 AND、OR、NOT 及其他逻辑门，这就为现代电子计算机奠定了基础。可以说，没有布尔代数，就没有今天的电子计算机。

香农在设计逻辑电路时选择的原理影响巨大，带来的结果之一就是现代电子计算机都建立在二进制的初等算术基础上。布尔的二进制算术没有涉及其他数域，比如实数、复数。尽管从物理上讲实现实数计算目前是不可能的，但是我们也需要了解，香农因选择布尔代数的二值解释放弃了数学上的其他可能性，现代电子计算机也同样失去了这些可能性。

二进制算术可以对应到自然数算术，可以推广到有理数的代数，因此多项式的应用在现代电子计算机中发挥了重要作用。事实上，在一些复杂的应用问题中，比如气象预测、弹道预测、人工智能等，要求解的函数非常复杂，不太可能实现精确计算，因此往往都是用多项式进行近似计算的。在求解多项式方程时，如遇到实数计算的问题，一般都采用级数或递归等算法计算出有理数的有限位，截取到一个可用精度，用一个有穷的有理数来近似表达要求解的实数的结果。这样的有穷计算完全可以用基于布尔代数的逻辑电路来实现。这也是现代电子计算机的基本原理。

香农放弃的可能性包括布尔对逻辑代数做出的概率解释。除了二进制解释，布尔还提出概率解释。他在《逻辑的数学分析》、《思维规律的研究》和《逻辑与概率的研究》等著作中都不同程度地提到了把逻辑代数应用于概率的问题。由于概率显然并非只有 0 和 1 两个选择，因此概率解释不满足布尔的公式（十）$x=1$ 或 $x=0$。布尔的逻辑代数的概率解释，与后来发展的模态逻辑、多值逻辑理论类似，是一种更丰富的逻辑理论。

事实上，从莱布尼茨提出普遍语言和逻辑演算开始，逻辑发展出了两个分支：一个以后来的弗雷格、罗素为代表走向形式逻辑和语言学，继承的是莱布尼茨的普遍语言的路线；另一个以布尔、施罗德、哥德尔、塔斯基、勒文海姆等为代表，走向模态逻辑和语义学，继承的是莱布尼茨的逻辑演算的路线。弗雷格、罗素等人相信的是单世界，而哥德尔、勒文海姆等人则基于更多可能性的存在，相信的是多世界。

布尔的代数系统好处明显，很快就为大多数逻辑学家和数学家所接受。他们陆续对其进行研究、发展和完善。由于布尔代数并不包括“全部”“部分”这类量词，因此布尔代数可被称为零阶逻辑。后来，逻辑学家皮尔斯、施罗德等人对其进行了进一步的完善。皮尔斯发展了布尔代数，在逻辑代数中引入了量词，这一工作是独立于弗雷格的。此外，施罗德为布尔的逻辑代数建立了完善的公理体系，使之更加严格。

布尔一生有着非常好的口碑，我们几乎找不到任何对他的负面评价。他的家庭也很幸福和睦，妻子为他生下 5 个女儿，其中第三个女儿艾丽西亚·布尔·斯托特通过自学也成为一名数学家，在高维几何领域取得了重要成果。

1864 年 11 月，布尔冒着暴雨步行 1.6 千米去学校上课，湿漉漉的衣服一直没换，回来就因肺炎病倒，接下来几天一直高烧不退。那时医学还不发达，布尔的妻子迷信土办法，选择以水克火来降温，用一盆凉水直接浇向布尔。布尔，卒，享年 49 岁。

第二部分
计算的数学基础

第 4 章
数学的基础

第二次数学危机

莱布尼茨开创了数理逻辑，提出了计算之梦，乔治·布尔则在此基础上完成了逻辑的算术化，在计算领域迈出了坚实的一步。但要实现普遍语言和逻辑演算的梦想，数学还需要变得更加严格。在历史发展过程中，数学不断经历着这样的严格化过程，将许多直观的想法沉淀为严格的理论。而正是在对数学基础的质疑和尝试解决的过程中，数学家们建立了现在的计算理论。这次回顾，要从第二次数学危机说起。

微积分的发明

数学中的三大分支是几何、代数和分析。古希腊人发明了几何学，后来，欧几里得建立了公理化方法，并使该方法成为数学这门学科最重要的基本方法。代数自算术发展而来，是计算方法在应用实践中的重要经验总结，成为计算理论涌现的源泉。而到了 17 世纪，牛顿和莱布尼茨分别独立发明的微积分的计算方法，成为推动科学和数学发展的重要工具，并通过严格化运动，最终成为分析的基础。

由于微积分涉及无穷的概念，现在一般在大学本科教科书中才会出现。而且，教授顺序一般是先微分再积分。虽然这样从数学逻辑上更通畅，但是这与历史的发展恰好是相反的。在历史上是先有积分再有微分、级数、导数和极限概念的。

古希腊时期就有了积分思想的萌芽。《几何原本》总结了欧多克索斯的穷竭法。穷竭法最早由古希腊诡辩学派的安提丰在尝试解决“化圆为方”[①]问题时创立。化圆为方是古希腊三大尺规作图难题之一，它要求画一个正方形，其面积恰好等于给定圆的面积。安提丰提出用圆的内接正多边形逼近圆面积的方法来实现化圆为方。他从正方形开始，演化出正八边形、正十六边形，重复这一步骤，逐渐“穷竭”，得到一个边长极微小的正多边形。安提丰认为这个正多边形的面积无限接近圆的面积，因此可以用这个方法来化圆为方。这当然是行不通的，在此不再赘述理由。但安提丰提出的穷竭法却被保留了下来，此后欧多克索斯将穷竭法严格化，使其成为一种严谨的证明方法。

欧多克索斯使用的穷竭法基于一个原理：“给定两个不相等的量，如果将比较大的量减去一半，然后将剩余的量继续减去一半，重复这个过程，最后必有某个余量小于给定的较小的量。”这一原理可由公理推导得出。欧多克索斯利用穷竭法，严格地证明了一些几何命题，这些证明被收录在《几何原本》中。后来阿基米德进一步发展了穷竭法，不仅用圆的内接多边形实现“穷竭”，还用圆的外切多边形实现“穷竭”，这样圆就被限定在两个多边形之间。阿基米德用这种方法求得圆周率的上界和下界分别为$3\frac{1}{7}$和$3\frac{10}{71}$，这是历史上第一次用科学方法求得圆周率的近似值。欧多克索斯和阿基米德在穷竭法中应用的思想已经非常接近定积分思想。

积分的思想虽然早在古希腊时期就已萌芽，但是微分的思想直到 17 世纪才出现。这一时期的一些重要问题，如运动的问题、求极值的问题，尤其是求切线的问题，推动了微分思想及其计算方法的出现。在解析几何创立后，许多数学家都加入了对这些问题的研究。笛卡儿、罗伯瓦尔、费马和巴罗等人都给出了一些方法。但这些方法有的依赖于直觉，有的则只能解一些特定的问题。而在求切线、极值、面积和体积等问题中，知识比较零散，也没有人将其关联起来发现一种一般性的方法。百废待兴之际，时代巨人即将登场。

牛顿和莱布尼茨在数学上的伟大贡献在于，分别独立发明了一种一般性的微积分计算方法。积分、微分的思想与方法并非他们首创，但是他们二人的确是历史上第一次采用一种通用的计算手段来计算积分与微分的人。他们引入了专用的数学符号，同时发现积分和微分是互逆运算，这构成了微积分基本定理。微积分的发明权在历史上有过争议，英国人指责莱布尼茨剽窃了牛顿的想法，而莱布尼茨则撰文予以反驳。经历史学家考证，现在基本认定两人的发明是相互独立、各有渊源的。由于本书篇幅有限，在此不再赘述神仙打架的种种轶事。

牛顿是巴罗的学生。在牛顿 26 岁时，巴罗将卢卡斯数学教授一职让位给这位

① 古希腊另外两个尺规作图难题是“三等分角”和“倍立方体”。对这三大难题的探索极大地推动了数学的发展。

年轻的数学天才，而自己改任皇家牧师。这一职位此后都由鼎鼎大名的人担任，其中包括狄拉克和霍金。1665 年，由于自己就职的大学流行瘟疫，牛顿回到乡下，度过了相当自由的两年。他的很多伟大想法，如微积分、光学和万有引力，都成形于这两年。1666 年堪称牛顿的奇迹年，他除了在物理学上做出了杰出的贡献，还留下了 5000 多页的数学手稿，但这些手稿大部分没有发表。莱布尼茨曾评价："古往今来的所有数学研究，牛顿做了一大半。"而许多数学家也认为，阿基米德、牛顿和高斯是数学史上贡献最大的 3 位数学家。[①]

牛顿发明的微积分方法，受到笛卡儿的《几何学》和沃利斯的《无穷算术》的影响。1665 年 11 月，牛顿发明了流数术（微分法），而在次年又发明了反流数术（积分法）。用牛顿的话来说："我把时间看作连续流的流动或增长，而其他量则随着时间而连续增长。我从时间的流动性出发，把所有其他量的增长速度称为流数；又从时间的瞬息性出发，把任何其他量在瞬息时间内产生的部分称为瞬。"

从这个解释来看，牛顿是从物理直观出发，借鉴了运动学中的速度，引入的流数概念。牛顿的定义通过时间直觉隐含了连续性，而他对瞬的定义本质上是无穷小，但并没有解释清楚瞬到底是点还是线段。这些许含糊和尴尬之处也为第二次数学危机的爆发埋下了隐患。但牛顿通过流数法，很清晰地建立了微分和积分的联系，即它们是互逆的运算。他敏锐地洞察到，可以从确定面积的变化率入手，通过反微分计算面积，面积计算被看成求切线的逆过程。1666 年，牛顿将流数法总结成论文《流数简论》，这标志着微积分的诞生。此后牛顿又进一步借助几何解释把流数理解为增量消逝时获得的最终比，提出"首末比方法"，该方法贯穿于他的著作《自然哲学的数学原理》和论文《曲线求积术》中。这是极限思想的雏形。

欧洲大陆的莱布尼茨则走了另一条路。莱布尼茨在惠更斯的指导下走上数学研究的道路。当时的数学家普遍在关心曲线切线、曲线围成的面积和立体图形的体积等问题。1673 年，莱布尼茨注意到帕斯卡在解决圆的面积问题时引入了"特征三角形"，突然意识到这个方法可以被推广到更一般的情况：对任意给定曲线都可以构造这种特征三角形（微分三角形）。此后，他应用这种特征三角形解决了各类面积、曲线切线的求解。在惠更斯的建议下，莱布尼茨研究了笛卡儿的理论。他曾表示："根据笛卡儿的微积分，可以把曲线的纵坐标用数值表示出来。……求积或求纵坐标之和，同求一个纵坐标（割圆曲线的纵坐标），使其相应的差与给定的纵坐标成比例，是一回事。我还立即发现，求切线不过是求差，求积不过是求和，只要我们假设这些差是不可比拟般小的。"因此，莱布尼茨把微分看作变量相邻两值无限小的差，而积分则是由变量分成的无穷多个微分之和。于是他很自然地得到了微

① 任何排名都会引起争议。我个人认为，如果排前 4 名要加上欧拉，排前 5 名还要加上希尔伯特。

积分基本定理，即积分和微分是互逆运算。

1684 年 10 月，莱布尼茨在《教师学报》上发表了一篇标题很长的论文《对有理量和无理量都适用的，求极大值、极小值和切线的新方法：一种值得注意的演算》。这篇论文只有 6 页，却总结了莱布尼茨在微分方面的所有成果，是公认的最早发表的微积分文献。1686 年，莱布尼茨又进一步发表了积分学的论文。莱布尼茨非常重视数学符号的使用，认为简洁有力的符号能够提高数学的效率。现在的许多符号都源自莱布尼茨，比如我们熟知的微分符号 d。欧洲大陆采用莱布尼茨的微分符号 dx，这被称为“d 主义”；而英国由于牛顿的影响力和门派之见抵制莱布尼茨的符号，采用了牛顿在流数法中使用的微分符号，在变量上面加一个点 $\dot{x}$，这被称为“点主义”。由于符号使用效率的不同，英国的数学发展落后欧洲大陆将近两个世纪之久，直到 19 世纪，在一群年轻数学家的努力下，英国才全面使用了莱布尼茨的符号。

消失的鬼魂：贝克莱悖论

在牛顿和莱布尼茨发明微积分的通用方法后，许多数学家在很多领域都应用这种方法得到了很好的结果，这进一步加强了数学界对微积分方法的信心。但是这时却有一位哲学家站出来，指责牛顿和莱布尼茨的微积分理论中存在基础性的缺陷，根本是空中楼阁。他就是爱尔兰主教贝克莱。这时，“第二次数学危机”爆发。

贝克莱是一位著名的哲学家，他的哲学观点是“存在即被感知”，物质是虚无的，所谓的物质实体不过是不存在的抽象概念。贝克莱后来成为一位神职人员，他尝试调和宗教和科学的尖锐矛盾，为神学建立一个新的理论基础，同时接纳神学和科学。1734 年，贝克莱在担任克罗因主教期间，在《分析学家》一书中对牛顿和莱布尼茨的微积分方法进行了强烈的批判。

贝克莱首先指出微积分中的一系列概念，如流数、瞬、消失量、最初比和最后比、无穷小增量、瞬时速度等都是相当模糊的。比如，对于瞬时速度，贝克莱认为既然速度离不开空间和时间区间，那么根本不可能想象一个时间为零的瞬时速度。而对于无穷小量，要设想一部分无穷小量，还有比它们更小的无穷小量，而且经过无穷次相乘也永远不能得到最微小的有限量。他认为这些说法是相当无理而荒谬的。

其次，贝克莱指出微积分方法中的一些问题。比如，在牛顿的流数术中，一些微小的变化增量在公式推导中有时为零，有时又不为零，相当灵活，这完全是不严谨的。贝克莱讥讽道：“这些消失的增量究竟是什么呢？它们既不是有限量，也不是无限小，还不是零，难道我们不能称它们为消逝量的鬼魂吗？”莱布尼茨的方法也有类似的问题，贝克莱认为莱布尼茨依靠“忽略高阶无穷小量来消除误差”的做法是从错误的原理出发，通过“错误的抵消”而得到他想要的结论。贝克莱一口气列出 67 个疑问，可谓刀刀见血。

在贝克莱看来，数学家和神学家没有本质区别，都秉持一种信仰。他提到："那些对宗教教义持慎重态度的数学家，对待他们自己的科学是不是也抱着那样严谨的态度？他们是不是不凭证据只凭信仰来领会事物，相信不可思议的东西呢？"

贝克莱质疑的本质是，在微积分中无穷小量究竟是否为零，因为在牛顿和莱布尼茨的方法中，无穷小量有时为零，有时又不为零。由于微积分的用处很大，数学家们普遍支持，故将贝克莱的质疑称为"贝克莱悖论"。与第一次数学危机的解决类似，微积分的根基不稳，反而成为推动数学持续进步的原动力。

分析的严格化

贝克莱对微积分的攻击言之有物、有理有据，数学家们即便心有不甘、想要反驳，也必须拿出站得住脚的理论才行。此后，数学家们不断尝试为微积分建立一个严谨的理论基础。在 18 世纪，欧拉、达朗贝尔、拉格朗日都进行过尝试，但都没有成功。欧拉是 18 世纪最伟大的数学家之一，他在许多领域都有丰硕的成果。在微积分领域，他创作了《无穷分析引论》《微分学原理》《积分学原理》，成为"分析的化身"。但是欧拉对于无穷小量的解释依然是模糊的，他认为 0∶0 可以等于任意有限的比值。无穷小量在他看来，实际上就是等于零的量。

"分析"一词最早是与综合法相对的，指假定结论为真，然后倒推回去。韦达认为代数就是一种分析（倒推）法，方程的根是根据结论列出方程后倒推求出的。在 17 世纪，分析是代数的同义词。牛顿和莱布尼茨都认为微积分是代数的扩展，只是以无穷作为对象进行计算，无穷小是其中最重要的概念，因此微积分又被称为无穷小分析。在欧拉之后，分析一词变得更加流行，且欧拉通过对函数的定义，让分析的主要对象变成函数。在 18 世纪，数学家们并没有解决微积分的基础问题，但是分析的应用却蓬勃发展，出现了微分方程、复变函数、微分几何、解析数论、变分法、无穷级数等分支，这让分析和代数、几何并称为数学三大学科。分析的重要性提高，迫切需要为它建立一个稳固的基础，但分析的严格化运动，要等到 19 世纪才最终完成。

为分析建立严格化基础的先驱是捷克数学家波尔查诺。他在尝试证明微积分中的介值定理时发现，必须先定义什么叫"连续函数"。于是他消除几何直观，给出了数学上的严格定义。但波尔查诺的工作长期被埋没，真正在分析严格化上产生巨大影响力的是法国数学家柯西。

柯西一生在数学上相当高产，成果几乎涉及数学的所有领域，产量上可能仅次于欧拉。他曾自己创办刊物，专门发表自己的论文。此外，在《巴黎科学院通报》创刊后，他在 20 年内共发表了 589 篇文章，以至于科学院不得不限制其他人递交的论文不得超过 4 页。柯西在 1821 年出版了《分析教程》和 1823 年出版了《无穷小计算教程概论》，这使得他成为分析严格化的集大成者。

柯西意识到，分析的核心问题在于极限的概念。他首先重新定义了极限："当一个变量相继取的值无限接近于一个固定值，最终与此固定值之差要多小就有多小时，就称该值为所有其他值的极限。"在极限定义的基础之上，柯西建立了对无穷小量、无穷大量、连续、导数、微分、积分等概念的严格定义。比如，对柯西来说，无穷小量是以零为极限的变量，这样就把无穷小量纳入了函数的范畴，2000 多年来让人们无比困惑的无穷小量就这样被柯西驯服了。

同样，通过极限可以定义导数。有了导数，就可以清晰地解释什么是瞬时速度，从数学的计算上就可以清晰地证明物体运动的每一刻都有瞬时速度，这也反驳了芝诺悖论中的"飞矢不动"。而对于积分，柯西坚持在计算积分前，首先要证明连续函数的积分是存在的，这成为分析从依赖直观到严格化的转折点。此外，柯西还建立了无穷级数的完整理论，提出了绝对收敛和条件收敛的概念，解决了 18 世纪级数问题遗留的很多怪论。总的来说，柯西在分析上的贡献是决定性的，他的《分析教程》成为分析严格化运动的起点。但柯西的理论还存在一些小缺陷，这些缺陷将由德国数学家魏尔斯特拉斯来弥补。

魏尔斯特拉斯一向以严谨著称，他所秉持的数学态度和编写的教材成为严格的典范和标准。他认为柯西的极限概念中"一个变量无限趋于一个极限"的说法依旧存在运动上的直观，因此为了消除这种描述性语言的含糊，他给出极限的 $\varepsilon-\delta$ 定义，用不等式区间来严格表示极限，这就使极限和连续性彻底摆脱了对几何和运动的依赖，并得以建立在数与函数的清晰定义上。比如，可将函数 x^2 在 $x\to 2$ 时的极限描述为："任取正数 ε，总存在某一正数 δ，使得当 $0<|x-2|<\delta$ 时，都有 $|x^2-4|<\varepsilon$。"此外，魏尔斯特拉斯还提出了一致收敛的概念，完善了级数的理论。

1872 年，魏尔斯特拉斯提出了一个分析史上著名的反例。他构造了一个处处连续，但处处不可微的三角函数级数，震惊了整个数学界。这个函数被称为魏尔斯特拉斯的病态函数。魏尔斯特拉斯通过这个病态函数，非常充分地说明了通过运动建立的曲线，不一定有切线，因此微积分的基础应该消除几何直观，而只建立在数的基础上。如果当初牛顿和莱布尼茨发现了这个病态函数，说不定会沮丧到直接放弃微积分方法。但是魏尔斯特拉斯提出的病态函数，在 19 世纪却成为推动分析基础严格化的强心针，进一步使数学家们意识到，为分析建立严格基础，必须对实数系进行严格的定义。

德国数学家戴德金在实数的定义上迈出了关键的一步。1872 年，戴德金在《连续性与无理数》一书中借助直线与实数的对应关系，非常巧妙地应用了一种被称为"戴德金分割"的方法，证明了稠密性和连续性是两种不同的性质，从而清晰地定义了实数的概念。

戴德金打了一个比方，如果用一把刀把直线砍成两段，那么必有一个断点，这个断点必然是两段直线中的一个端点。如果直线上只有有理数，此时考察有理数，就会发现有理数尽管是稠密的（两个有理数之间必有另一个有理数），但不是连续的！因为这一刀如果这么砍：将有理数集分成所有平方小于 2 的有理数和所有平方大于 2 的有理数，那这个断点是 $\sqrt{2}$，它不属于分割直线后两段中的任意一段，因为这个断点是一个无理数。因此，如果直线上只有有理数，这一刀下去就砍出了一个缝隙，所以有理数不是连续的，这些缝隙需要无理数来填补，这样就清楚定义了无理数。严格地说，有理数的一个分割就叫作一个实数，如果分割没有缝隙就是有理数，如果分割有缝隙就是无理数。

恰恰也是在 1872 年，魏尔斯特拉斯和康托尔分别建立了无理数的定义，从不同维度描述了实数的性质，这样完备的实数理论就建立了起来。因此 1872 年被称为“无理数之年”。在古希腊毕达哥拉斯学派的希帕索斯被投入大海 2000 多年后，引发第一次数学危机的无理数终于得到清晰的定义，第一次数学危机至此才算真正完结。同时，分析中要使用的实数概念，建立在了有理数分割的基础上，有理数又建立在了自然数算术的基础上，而自然数对很多数学家来说是基础和显然的，因此第二次数学危机中微积分的种种模糊概念就有了一个严谨且清晰的基础，第二次数学危机也就此终结了。

在这个过程中，专门的数学符号发挥了重要的作用。越来越多的数学家意识到数学概念与其他概念混用符号会引起很多混淆，尤其是和人类直觉有关的空间、时间等连续性概念。这也为皮亚诺、弗雷格和罗素的工作埋下了伏笔。数学也只有摆脱了从牛顿时代开始的对光学、力学和几何的直观依赖后，才能彻底用于独立性的思维。

然而，为了定义无理数，戴德金和康托尔不可避免地引入了无穷集合，这成为引发第三次数学危机的起点。由此看来，数学史上的三次数学危机是连贯的，有其内在联系，可谓此起彼伏。而计算的理论，就隐藏在这三次数学危机之中。比如，康托尔的研究是从“函数的三角级数表达式的唯一性问题”开始的，然后触碰到无穷点集。

集合论的诞生

无穷大有多大

格奥尔格·康托尔对数学的贡献可与伽利略对科学的贡献媲美，而他的悲惨遭遇可能也只有被烧死在火刑柱上的布鲁诺可比肩了。约瑟夫•道本曾经深入研究过康托尔，他写道："现在的数学家没有谁敢尝试从一个封闭的数学世界闯入一个奇异的、复杂的、无穷的数学世界。有一个人曾经被烧死在火刑柱上，格奥尔格•康托尔的遭遇没有那么惨烈，但他遭受了很多同时代人的审查和抵制。"

在康托尔之前，亚里士多德的潜无穷观点统治了西方数学 2000 多年之久，潜无穷仅仅将无穷视为一个持续发生的过程，其中并无实体存在，且永远不可达到终态。亚里士多德对潜无穷的禁令影响了此后大多数数学家与科学家，他们都恪守在逻辑和数学中并严禁将无穷当作实体来使用。实无穷还被中世纪的神学家视为上帝的领域，这更增添了人们对实无穷的敬畏。1831 年，大数学家高斯曾说："我反对把一个无穷量作为一个现实的实体来使用。这在数学中是绝对不被允许的，数学中的无穷大只是一种叙述方式。用这种方式，我们可以正确地描述某些比值非常接近于一个极限，而其他无穷大则允许没有界限的增长。"柯西在创立极限论时采取的也是潜无穷的观点，而非实无穷。

在以潜无穷为基础构建的数学体系中，"整体大于部分"是一个铁律。但这个铁律随着数学的发展出现了一些动摇。在中世纪已经有一些逻辑学家提出无穷集合的悖论。到 1636 年，伽利略在《关于两门新科学的对话》一书中详细论述了关于无穷集合的悖论：自然数与自然数的平方数"一样多"。对于一个自然数集合"1,2,3,4,⋯"和它的平方数集合"1,4,9,16,⋯"，很明显，有大量的自然数不是平方数，因此自然数集合里元素的数量应该比平方数集合里元素的数量多；另外，每一个自然数都有一个平方数，其平方数也是一个自然数，两者是一一对应的，因此平方数集合与自然数集合的元素应当一样多。这就形成了悖论！

伽利略还观察到了另一个现象，长线段上的点有无穷多个，短线段上的点也有无穷多个，因而前者有的点不比后者更多。这实际上是说，长线段上的实数与短线段上的实数一样多。这两个现象都与人们的知觉相悖，即"部分等于全体"。伽利略感到非常困惑，但并未深究，而是采取了回避的态度，宣布："大于、等于、小于诸性质不能用于无穷，而只能用于有穷数量。"类似地，莱布尼茨也认为"部分等于全体"是自相矛盾的，并用"所有自然数的总数与偶数自然数的总数相同"这个性质证明无穷数是不存在的。

伽利略之后的 200 多年，关于无穷集合的研究并无进展，直到 19 世纪康托尔出现。他在伽利略后退回避之处，大踏步地前进了。

格奥尔格•康托尔于 1845 年生于圣彼得堡。他的父亲是一位商人，但一家人深深沉浸于艺术之中。康托尔从小就在音乐和绘画上展现出天赋，直到 10 多岁后，数学上的才能和兴趣才显露出来。康托尔的父亲和大多数的父亲一样，希望康托尔能学工程，这样可以谋求到一个收入丰厚的职位。但康托尔一心想学数学，并坚持了自己的选择。1863 年 18 岁的康托尔进入柏林大学，开始师从魏尔斯特拉斯、库默尔和克罗内克学习数学。这 3 位是当时德国数学界的三巨头，统治了德国数学长达 25 年。年轻有天赋的康托尔师从名师，也热心于学术活动，他还担任过学生会主席。1867 年，获得博士学位后不久，他就到哈勒大学担任教师，并在那里度过了余生。

让康托尔郁郁一生的是，哈勒大学是一所二流甚至三流的大学。他一心期望申请到柏林大学或者哥廷根大学的职位，但是由于他的老师克罗内克在学术上对他有偏见，一直将他排挤在外。他曾为了这件事情给德国的教育部长写信，但最终也没有得到一个好的结果。

在哈勒大学任职期间，同校前辈爱德华•海涅意识到康托尔的过人之处。海涅曾经研究过一个问题：如果某个方程能用三角级数表示，那么该级数是否唯一？在海涅的建议下，康托尔开始研究这个问题，并于 1870—1872 年的 3 篇论文中给出了重要证明。出于研究需要，康托尔引入了直线上点集的概念，这是数学史上第一次对实数点集的探讨。1873 年 11 月，康托尔在写给戴德金的信中提出，有理数集是可数的，也就是说其可与正整数集合一一对应。同时，康托尔猜想，实数集合不能与正整数集合一一对应。1873 年 12 月，康托尔告诉戴德金，他已经证明实数集合是不可数的。1874 年，康托尔第一篇关于集合论的论文《关于一切代数实数的一个性质》发表。这篇论文证明了存在两种不等价的无穷集合：可数集与不可数集。这篇论文的发表标志着集合论的诞生。

康托尔在研究无穷集合的性质时运用了一个非常重要的原则：一一对应，一举解决了伽利略的悖论。理解“一一对应”，是理解无穷集合的关键。所谓大道至简，康托尔用极其简单的原理与方法，创建了极其深奥的理论。如果一个集合能与自己的真子集一一对应，那么它就是无穷集合。进一步地，康托尔引入了“可数集”的概念，如果一个集合能与正整数集合一一对应，则该集合是可数的。康托尔认为可数集是最小的无穷集合。

从这里出发，康托尔得到了很多有趣且重要的结论。比如，有理数集是可数的，一切代数数的集合也是可数的，实数集是不可数的；由此可知存在着超越无理数[①]，它们是不可数的。康托尔用一种非常简单的构造方法证明了有理数集与正整数集是一一对应的。在此仅考虑正有理数的情况，一个正有理数是两个正整数之比，那么所有的正有理数可以排列成下图中的一个阵列。

① 由前可推知，存在着超越无理数，这是一个非构造的存在性证明。

$\frac{1}{1}$　$\frac{2}{1}$　$\frac{3}{1}$　$\frac{4}{1}$　……

$\frac{1}{2}$　$\frac{2}{2}$　$\frac{3}{2}$　……

$\frac{1}{3}$　$\frac{2}{3}$　……

$\frac{1}{4}$　……

在这个所有正有理数的阵列中，第一行是所有正整数的集合，被表示成有理数的分数形式。只要找到一种方法，能让所有正有理数与阵列中第一行的所有正整数建立一一对应的关系，就能证明正有理数是可数的。康托尔找到一种方法可以“遍历”这个阵列，沿着图中箭头方向，可以在第一行的正整数与不同正有理数之间不断穿行，这样就建立了所有正有理数与正整数之间的一一对应关系。在这里有些数会重复，比如$\frac{1}{1}$和$\frac{2}{2}$都等于 1，但这并不影响结论。有理数的这种“数法”和自然数的顺序增长的“数法”不同。从数学上说，这意味着它们的“序型”不同，但并不影响它们一一对应的结论。从直观上看，正整数集是有理数集的真子集，有理数集应当比正整数集要大得多，但实际上却并非如此，它们是一一对应的。也就是说，对于一个无穷集合来说，其真子集可以等于这个无穷集合。

类似地，康托尔在 1874 年还证明了所有的代数数也是可数的。一个复数被视为代数数，只要它是某个多项式

$$f(x)=a_0x^n+a_1x^{n-1}+\cdots+a_n$$

的根（在这里，a_0不为 0，且a_i是整数）。如果一个复数不是代数数，则被称为是超越的。显然代数数包含所有有理数和有理数的根，一些无理数（比如$\sqrt{2}$）也是代数数。康托尔构造出了一种方法，找到了代数数和正整数的一一对应关系，他把所有可能的代数方程按照一种序型“数”了出来，比如：

定义多项式的“高”为 h，令：

$$h=n+a_0+|a_1|+|a_2|+\cdots+|a_{n-1}|+|a_n|$$

显然，h 是一个大于或等于 1 的整数，且给定高 h 的多项式只有有穷个。现在我们可以列出所有代数数：去掉任何已经列过的数，先取从 h=1 的多项式中得出的，

再取从 $h=2$ 的多项式中得出的，再取从 $h=3$ 的多项式中得出的，依此类推。这样，所有代数数就能和正整数建立一一对应的关系，代数数集也是可数集得到证明。

对角线方法

康托尔证明了有理数和代数数都是可数的，那么是否所有无穷集合都是可数的呢？为了尝试回答这个问题，康托尔向实数发起了挑战。关于这个问题，英国数学家朱得因（P.EB. Jourdain）曾写信问康托尔当时发起挑战是否为了研究超越数？康托尔在 1906 年答复："不记得是为了研究超越数。1873 年，我从线性连续统是否和一切整数有一一对应关系这个问题出发，得到否定答案的严格证明。这是我的出发点。"康托尔在 1874 年和 1890 年分别证明了实数是不可数的，在后一次证明中第一次给出了著名的"对角线方法"。康托尔的证明大致如下。

考虑区间 0 和 1 之间的所有实数，先假定它们是可数的，那么可以将该集合的数在序列 $\{p_1, p_2, p_3, \ldots\}$ 中列出。每一个 p_i 都可以被唯一地写作无限十进制小数。再规定把有理数也写成无限循环小数，比如把 0.3 写成 $0.299999\cdots$。这样所有实数的序列就可以显示于以下阵列中：

$$p_1 = 0.\, a_{11}a_{12}a_{13}\cdots$$
$$p_2 = 0.\, a_{21}a_{22}a_{23}\cdots$$
$$p_3 = 0.\, a_{31}a_{32}a_{33}\cdots$$
$$\cdots\cdots$$

这里每一个符号 a_{ij} 表示数字 0、1、2、3、4、5、6、7、8、9 中的某一个。然而，不论在 0 和 1 中如何仔细地排列实数，总存在一个实数无法被排进这个阵列中。构造一个实数 $b = 0.b_1b_2b_3\cdots$，令 $b_k \neq a_{kk}$，则实数 b 就不被包含在以上阵列中。例如当 $a_{11} = 1$ 时，令 $b_1 = 2$；当 $a_{22} = 2$ 时，令 $b_2 = 3$。总之就是要令 b_k 和阵列对角线上的数字 a_{kk} 不同，这样构造出来的实数 b 一定不等于对应的 p_k，也就不属于序列 p。但是按照 p 的定义，它已经列出了区间 0 和 1 之间的所有实数，b 应当被包含在内。由此构成矛盾，因此实数是不可数的。

我猜想康托尔当时试图构造出一个实数，让它不同于序列 p 中的每一个数。那么，按照"一一对应"的思想，一个数与另一个数相同，必须每一位都相同；反之，只要找到一位不同，那么两个数必不相同。要构造一个与序列中所有数都不相同的数，很自然地会想到对角线方法。对角线方法看似简单到极点，却是一个极其强大的方法，可以揭示出数学系统中内在关系的矛盾性。康托尔第一个发明了这个方法，未来很多重要数学定理的证明也都依赖于对角线方法的原理，我们将在后文中逐一提到。

当康托尔将数字按行与列摆成阵列时，让人不得不回想起，2000 多年前古希腊毕达哥拉斯学派在海滩上用小石子摆出形数，进而发现毕达哥拉斯定理的事迹。康托尔对构造性方法的再一次运用，让他直观地发现了一个伟大的数学事实。讽刺的是，2000 多年前同样采用这种构造方法的毕达哥拉斯学派，无法接受无理数的存在，而康托尔恰恰用类似的构造方法证明了存在无穷多个无理数，且它们是不可数的。

康托尔给这种不可数的实数集合取名为“连续统”，用符号 c 表示。这一刻，集合论诞生了，不同规模的无穷集合的观念形成了！

从以上结论也可以推知超越数的存在。有理数是稠密的，但不是连续的，有理数之间的缝隙处，是由无理数，或者说是由很多超越无理数来填充的。这种存在性证明是推理出来的，而非构造的，因此很多坚持构造主义的数学家并不承认这一证明。

在 1874 年的论文《关于一切代数实数的一个性质》中，康托尔试图证明：一切代数实数和一切正整数存在一一对应的关系，一线段上的实数与正整数不存在一一对应的关系。康托尔希望将论文发表在《克列尔杂志》上，该杂志的主编正是克罗内克。由于克罗内克一向反对无理数和实无穷的观点，因此很有可能搁置这篇文章。于是康托尔花了点小心思，很小心翼翼地把论文的标题定为“关于一切代数实数的一个性质”，让它看起来就像刘维尔一个早期定理的证明。康托尔猜测克罗内克只会匆匆一瞥论文的标题，而不会深究其内容。这个策略果然成功了，该论文蒙混过关，得以发表在《克列尔杂志》上。但两人的关系更加紧张了。

此后在 1877 年，康托尔又进一步证明了线性连续统和 n 维空间存在一一对应的关系，他在给戴德金的信中说道：“我见到了，但我不敢相信。”在 1878 年的论文中，他证明了长度为 1 的线段 OC 与边长为 1 的正方形 $ADBO$ 之间能够一一对应，如下图所示。通俗来讲就是，直线上的点和平面上的点一样多。

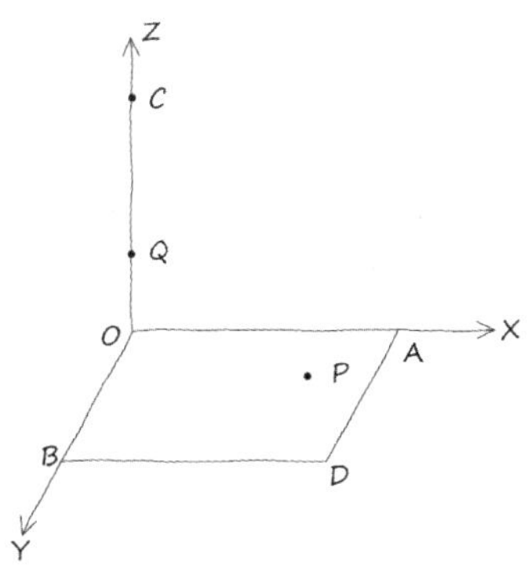

这是一个非常反直观的结论，康托尔再次运用了一一对应这个工具，揭示了线

性连续统与 n 维空间具有同样的无穷集合的本质，推进了对维度概念的研究。1879年，数学家吕洛特证明了线性连续统和单位正方形（即平面）的一一对应不是连续的。后来直觉主义代表人物布劳威尔在 20 世纪初证明了维数的拓扑不变性，表明不存在 m 维空间和 n 维空间的连续的一一对应。

康托尔的集合论是一种朴素集合论，而非严格的，必须依赖常识思维与直观，因为此时尚未完成集合论的公理化。朴素集合论的重要原则是外延原则和概括原则。康托尔把集合描述为“我们的直观或我们的思维中确定的并可区分的对象所概括成的一个总体”。一个集合具有两个重要特征：一是集合中的元素是确定的，二是集合的元素之间是可区分的。外延原则是说一个集合由它的元素唯一地确定，概括原则是说每一个性质（或谓词）产生一个集合。用通俗的话来讲，集合可以用两种方式来定义。其中，一种方式是外延的，就是把集合的元素一个个枚举出来，全部列举完也就形成了集合。但外延原则在元素多的时候不够方便，因此还有另一种通过对象的性质来定义集合的方式，把具备共同性质的对象列到一起形成集合，也就是概括原则，或者说在概括原则下集合是通过内涵定义的。

康托尔的超穷数

超穷基数与超穷序数

康托尔完全基于一种实无穷的哲学观来构建他的数学。在他的观念里，数学与哲学是不可分的。自亚里士多德以来，潜无穷的观念占据了数学界的中心地位。亚里士多德只承认有穷数的存在，他和经院哲学家们认为如果承认实无穷，可能会导致有穷数的“湮灭”。比如，给定任意大于 0 的两个正整数 a 和 b，根据“整体大于部分”的原则，有 $a+b>a$、$a+b>b$；但如果 b 是无穷的，则无论 a 如何取值都有 $a+\infty=\infty$，这与众所周知的正整数的加法性质相悖，因此实无穷的数就被视为不相容而被排斥了。

康托尔认为亚里士多德和经院哲学家们的错误在于把有穷数的性质应用于无穷数上，这种不加限制的推广导致了种种矛盾和错误。他认为不能假定无穷数必须遵循有穷数的算术规则。康托尔曾说道：“正像每个特例所表明的那样，我们可以从更一般的角度引出这样的结论——所有反对实无穷数可能性的所谓证明都是站不住脚的。他们从一开始就期望无穷数具有有穷数的所有特性，或者甚至把有穷数的性质强加给无穷数。与此相反，如果我们能够以任何方式理解无穷数，倒是可以用它们（就其与有穷数的对立而言）构成全新的数类，则可知它们的性质完全依赖于事物本身的特性。性质只是我们研究的对象，而并不从属于我们的主观臆想和偏见。”

康托尔所提到的全新的数类，就是他从无穷集合出发构建的超穷数。康托尔建立了一门全新的基于实无穷哲学观的数学，建立了符合无穷数性质的算术法则，也就解决了亚里士多德担心的有穷数“湮灭”的问题。

1878 年，康托尔提出了等价和势（即基数）的概念。他是借助一一对应原则来定义“等势”概念的。两个集合是等势的，当且仅当它们之间有一一对应的关系，康托尔把它们记为 $M \sim N$ 。等势是一种等价关系，与一个集合 M 等势的一切集合有一个共同性质，就是 M 的基数，康托尔将其记为 $\overline{\overline{M}}$ 。根据他的说法，一个给定集合 M 的势或基数，是当我们对一个集合 M 中各种元素 m 的性质及其所给定的次序进行抽象的时候从集合 M 所得到的结果。所以 $\overline{\overline{M}}$ 上的两道短横线代表了双重抽象。在康托尔的定义里， $M \sim N$ 与 $\overline{\overline{M}} = \overline{\overline{N}}$ 是等价的。我们可以将其简单地理解为集合的基数表达了集合的规模。

对于有穷集合来说，它的基数是一个自然数。但对于无穷集合来说，找不到一个自然数来表达它的基数。由于罗马字母与希腊字母已经被广泛用于数学，因此康托尔使用了希伯来字母的 $\aleph$ （读作阿列夫）来表达无穷集合的基数，以彰显他创造了一门与过去完全不同的数学。同时，康托尔用 $\aleph_0$ 表示自然数集合的基数，他认为这是最小的无穷集合，所有与自然数集合等势的无穷集合都是可数的，基数也都是 $\aleph_0$ 。康托尔认为，无穷集合的基数可以进行比较，其规则就是应用一一对应原则。如果一个集合 M 与另一集合 N 的子集一一对应，但是与 N 本身并不一一对应，那么 $\overline{\overline{M}} < \overline{\overline{N}}$ 。这种基数可比性实际上是选择公理[①]的一种等价形式。由康托尔的定义可知，实数连续统的基数 c 大于自然数集合的基数，即 $c > \aleph_0$ 。

基数是对集合双重抽象的结果，如果只从集合元素的性质进行抽象，而保留“次序”的概念，就得到了“序数”。举例说明，英语中对于数字 1、2、3 的表达有 one、two、three，也有 first、second、third，后者就是一种对次序的表达。一个集合是简单有序的，当且仅当有一个不自返的、传递的关系 $\prec$ 使得对该集合的任意两个元素 a 和 b，或者 $a \prec b$ ，或者 $b \prec a$ 。称为良序的一个序集，当且仅当它的每一个不空子集有首元素（即在给定次序中先于一切元素之前的元素）。良序集的序型被称为序数。对于有穷集合，不论其元素次序如何排列，所得序数是唯一的。

有穷集合的基数是自然数 $1, 2, 3, \cdots$，同时也可将其看成序数。但无穷集合的情况则迥异，一个无穷集合可以形成无穷多个不同的良序集，因此有不同的序数。康托尔在思考无穷集合的数学性质时，类比了有穷数的数学性质，他参照有穷数建立

① 参阅本书第 5 章“第三次数学危机”的“公理集合论进路”一节。

了超穷数理论。他将按自然次序排列的正整数集合$\{1,2,3,\cdots\}$的序数记为ω，这是最小的超穷序数。类似正整数，对应有负整数，康托尔给ω找到了一个对称的超穷序数$^*\omega$，它是倒序排列的正整数的集合$\{\cdots,4,3,2,1\}$。正整数、负整数和零的集合按通常次序排列的序数就为$^*\omega+\omega$。然后康托尔规定，两个序数的和由按规定次序的第一个序集的序数加上第二个序集的序数得到。例如，正整数后加前 5 个整数的集合$\{1,2,3,\cdots,1,2,3,4,5\}$可被记为$\omega+5$。这样，康托尔就定义了超穷序数的加法，并可以类似地定义出超穷序数的乘法。这样，康托尔就成功规避了无穷数导致有穷数“湮灭”的问题。康托尔对实无穷进行算术分析，是一种对基本常识的重新思考，也挑战了过去的算术公理。

康托尔进一步对序数进行分层，并引进“数类”这一概念。第一数类是一切有穷序数，记为Z_1。所有的可数无穷集合的序数构成第二数类，记为Z_2。这些超穷序数与其对应的良序集看起来是这样的：

$\omega+1$　　$\{1,2,3,\cdots,1\}$

$\omega+2$　　$\{1,2,3,\cdots,1,2\}$

$\omega+3$　　$\{1,2,3,\cdots,1,2,3\}$

……

$\omega+\omega$（即$\omega\cdot 2$）[①]　　$\{1,3,5,\cdots,2,4,6,\cdots\}$

$\omega\cdot 2+1$　　$\{1,3,5,\cdots,2,4,6,\cdots,1\}$

....

ω^2（即$\omega\cdot\omega$）　　$\{1,2,3,\cdots,2,4,6,\cdots,3,6,9,\cdots,k,2k,3k,\cdots\}$

……

ω^{ω}　　……

……

第二数类中超穷序数对应的良序集都有一个共同的基数$\aleph_0$。所有第二数类中的超穷序数的集合是不可数的，有一个超穷的基数，康托尔将其记为$\aleph_1$，$\aleph_1$是$\aleph_0$的后继数。然后把基数为$\aleph_1$的所有良序集的序数按以下次序排列：

$$\Omega,\Omega+1,\Omega+2,\cdots,\Omega+\Omega,\cdots$$

这些序数构成的集合就是第三数类，记为Z_3。类似地，可以继续构造第四数类、第五数类，直至无穷。这样形成了一个新的超穷基数序列：

① 注意 $2\omega=\omega\neq\omega 2$，同样 $3+\omega=\omega\neq\omega+3$。交换律不成立。

$$\aleph_0,\aleph_1,\aleph_2,\cdots$$

超穷基数也可以进行算术运算，但不遵从自然数的计算规则。根据无穷集合的性质可知，对于超穷基数的加法和乘法，有：

$$\aleph_0+\aleph_0=\aleph_0$$
$$\aleph_0\times\aleph_0=\aleph_0$$

至此，康托尔构建了一个新的无穷层次理论。其中存在不同层次的无穷，虽然它们都是无穷，但规模是不一样的。如果说自然数的无穷是可数无穷，实数连续统的无穷是不可数无穷，那么康托尔构建的高阶无穷已经超出经典数学中对无穷的一般理解，因此高阶无穷被称为超穷。1888 年康托尔写道："我的理论像岩石一样坚固，所有射向它的箭都会很快被反弹回去并射向射箭的人。我凭什么知道这一点？因为我从各方面研究它好多年了，因为我观察过各种与无穷数抵触的事物。"

康托尔在构造这种无穷层次理论时，提出了良序定理的猜想，即任一集合都可良序。康托尔认为这一定理对于集合论来说是根本性的思维规律，他在构造超穷数理论时使用了这一定理，因而只需考虑良序集。但是康托尔并未证明这一定理，这一定理的证明后来由德国数学家策梅洛完成，而且策梅洛证明了良序定理和选择公理是等价的，引起了另一场纷争，我们暂且不表。①

康托尔发明了超穷数这种全新的数，并且从自身的哲学观出发认为超穷数是实在的。他把超穷数看成借助于抽象，从实无穷集合的存在中自然产生的。一旦实无穷的存在性得到承认，超穷数的存在性就是非常自然的推论。他还拿超穷数和无理数做了类比，指出超穷数在某种意义上就是新的无理数，因为超穷数的产生方法与无理数的定义方法是完全一致的，两者都是实无穷的确定的表达形式。他还认为，超穷数理论对潜无穷的存在性和应用性都是绝对必要的，因为"任一潜无穷都必然导致超穷，离开了后者，潜无穷是无法想象的"。

为了进一步说明超穷数的客观实在性，1885 年康托尔在《数学学报》上发表的一篇文章中指出，超穷数的实在性在物理世界的物质、空间以及具体对象的无穷性中有着自然的反映，从而，我们也就应当肯定超穷数的客观实在性。他引进了关于物质和以太性质（借助莱布尼茨的学说）的两个假设：所有物质单子的集合具有第一种势，所有以太单子的集合则具有第二种势。他指出超穷数理论有可能给数学、物理带来极大的益处，还能够帮助解释和物质化学性质相关的光、热、电、磁等自然现象。

尽管康托尔信誓旦旦地宣扬超穷数理论的客观实在性，但人类迄今为止并没有

① 请参阅本书第 5 章"第三次数学危机"的"公理集合论进路"一节。

在宇宙中发现实数连续统的实在性，更遑论更高阶的超穷数。实无穷目前依然是一个数学概念，而非物理实在。

连续统假设

康托尔的超穷数理论作为一个新出现的数学课题，有若干问题值得研究。

由集合的性质可知，一个集合的元素根据组合方式的不同有若干个子集。我们称由一个集合的所有子集组成的集合为该集合的“幂集”。康托尔证明了一个集合的幂集的基数大于原集合的基数，这一结论被称为“康托尔定理”，这也是唯一一个以他的名字命名的定理。这个定理的证明思想是对角线方法的一种变形，康托尔采用反证法完成证明。设给定集合为M，将其幂集记为$\mathfrak{U}M$。根据幂集的定义，显然M与幂集中的一部分，即M的所有单元集的集合是一一对应的。现假设M与$\mathfrak{U}M$也是一一对应的，那么我们可以问：M的任一元素是不是其对应者的元素？现考虑一个集合，其元素是M中而不是其对应者$\mathfrak{U}M$中的元素。这个集合本身一定是$\mathfrak{U}M$中的一个元素，设为α。据假设，它必与M的一个元素β相对应。现在我们问，β是不是α的元素？如果是，那么根据定义，α只包含M中不是其对应者的元素，即β不是α的元素；如果不是，那么根据定义，不包含在α中的M的任一元素一定是其对应者的元素，即β是α的元素。由此导致矛盾，可证明$\mathfrak{U}M$与M不是一一对应的。这样我们就得到了$\overline{\overline{\mathfrak{U}M}} > \overline{\overline{M}}$，即幂集的基数大于原集合的基数。康托尔的这个证明方法与后来罗素从集合论中构造罗素悖论使用的方法高度相似。罗素很明显阅读了康托尔的相关文献，充分理解了康托尔的思路。

如果集合M是有穷集合，比如$M=\{0,1\}$，则M的幂集为$\{\phi,\{0\},\{1\},\{0,1\}\}$，其元素个数恰好为$2^2$个。将其推广到无穷集合后，若$M$的超穷基数为$\alpha$，则$M$的幂集$\mathfrak{U}M$的基数为$2^\alpha$。且根据康托尔定理有$2^\alpha>\alpha$。康托尔定理实际上带来一种构造更大规模无穷集合的方法——给定一个集合，可以通过幂集来构造一个更大的集合。比如构造以下集合序列：

$$M, \mathfrak{U}M, \mathfrak{U}\mathfrak{U}M, \cdots$$

对应地，就得到了越来越大的基数：

$$\alpha < 2^\alpha < 2^{2^\alpha} < \cdots$$

这是一个无穷序列，因此康托尔定理揭示了没有最大的集合与基数这一事实。自然数集合是最小的可数无穷集合，其基数是$\aleph_0$，那么其幂集的基数是$2^{\aleph_0}$。根据上面的康托尔定理，有一个越来越大的序列：

$$\aleph_0, 2^{\aleph_0}, 2^{2^{\aleph_0}}, \cdots$$

基于康托尔对数类的分层，有以下超穷序列：

$$\aleph_0, \aleph_1, \aleph_2, \cdots$$

现在我们知道了 $2^{\aleph_0} > \aleph_0$，而 $\aleph_1$ 是大于 $\aleph_0$ 的下一个超穷基数，所以 $2^{\aleph_0} \geqslant \aleph_1$。康托尔大胆猜测 $2^{\aleph_0} = \aleph_1$。由于康托尔证明了[①]实数连续统的基数 $c = 2^{\aleph_0}$，因此这个问题等价于连续统（实数集）的基数是否就是紧接着 $\aleph_0$ 的最小超穷基数的问题，即在 $\aleph_0$ 和 c 之间是否还有一个超穷基数的问题。康托尔认为在 $\aleph_0$ 和 c 之间没有其他基数，这一猜想被称为“连续统假设”（Continuum Hypothesis，缩写为 CH）。

1908 年，豪斯道夫推广了连续统假设，提出对于任意序数 α，应有等式：

$$2^{\aleph_\alpha} = \aleph_{\alpha+1}$$

这被称为广义连续统假设，或者又可被描述为，如果 k 是任一超穷基数，则不存在超穷基数 λ，使得不等式 $k < \lambda < 2^k$ 成立。

康托尔在 1878 年提出连续统假设，并为此癫狂，花了毕生精力来进行证明。希尔伯特在 1900 年第二届国际数学家大会上提出了著名的 23 个数学问题，其中首个问题就是“连续统假设”。康托尔对连续统假设发起了一次次冲锋，但每次均以失败告终，这极大地打击了康托尔的精神状态。受限于当时的数学发展水平，康托尔不知道的是，这个问题在他的框架里是找不到答案的。希尔伯特也曾尝试证明这个假设，但后来人们在他的证明中找到一处错误——他的证明基于所有自然数的子集都是递归集[②]这一前提，但自然数的子集并非都是递归的，存在着非递归的子集。1938 年，哥德尔证明了连续统假设与集合论公理是一致的，即如果集合论公理是一致的，那么连续统假设无法被证否。1963 年，科恩证明了连续统假设与集合论公理的独立性——如果集合论公理是一致的，那么无法推出连续统假设。因此，连续统假设在集合论公理的体系内是不可判定的。

对于康托尔离经叛道的实无穷思想，第一个站出来反对的就是他曾经的恩师克罗内克。克罗内克是德国数学界的权威，同时也是一个实实在在的直觉主义者。他坚定地相信所有的数学都可以建立在整数的基础之上。他对所有的数学进行分类，并把代数与分析归入算术一类。分数对他来说仅仅是从整数派生出来的，只有充当符号的用途。他认为无理数和复数都是虚幻与错误的，由一些错误的数学逻辑所得出。克罗内克的至理名言是“上帝创造整数，其余的数都是人造的”。

---

① 由于所有实数集合与[0,1]区间内的实数集合等势，因此这个问题等价于证明[0,1]区间内的所有实数的集合与自然数集合 ω 的幂集之间存在一一对应的关系。那么考虑将实数按照小数的二进制形式（$0.a_1a_2a_i\cdots$）展开，a_i的值为 0 或 1。这样随着自然数 n 的增长可以以二进制展开所有[0,1]区间内的实数，最终就可以找到一个函数 f，其与 ω 的子集之间存在一一对应的关系，证明过程在此不再赘述。

② 递归集是指在有限的步骤内可以有效枚举。

克罗内克曾经一度经商，但经商并未影响他对数学的研究，他后来在柏林大学任教。克罗内克身材矮小，和他的好友魏尔斯特拉斯的高大身材形成鲜明的反差。克罗内克很忌讳别人拿他的身材说事，有一次施瓦茨跟他说："不尊敬矮子的人，不配称作才俊。"尽管这句话并无嘲笑之意，但自那之后，克罗内克再也不曾同施瓦茨来往。

克罗内克在数学哲学观上与康托尔南辕北辙，因此完全无法接受康托尔的实无穷观点。康托尔的论文在评审时如遇到克罗内克则都无法通过，这相当于封锁了康托尔的数学研究道路。而克罗内克作为数学界的权威，很难让人忽视他的存在，或者是无法在某些重要数学活动中绕过他。让康托尔终身耿耿于怀的是，他一直期望能到哥廷根大学或柏林大学任职，但由于克罗内克的反对，一直未能如愿。康托尔认为自己被流放到哈勒大学这样的二三流大学里，无法在一个高水平的环境里研究数学。

由于超穷数理论不被同行理解，职业前景黯淡，再加上为了证明连续统假设而心力交瘁，可怜的康托尔患上了可怕的精神疾病，在后半生多次住进医院治疗。康托尔得的是一种双极性情感疾病（躁郁症）。1884 年 5 月，他在 41 岁时第一次发病，此后的 33 年里病情多次复发。在清醒的时候，康托尔能够思路清晰地研究数学，在癫狂的时候则要饱受病痛的折磨。外界的种种刺激加重了康托尔的病症，他在郁郁不得志中转向哲学和神学研究。1896 年康托尔的母亲去世，1899 年他的弟弟和小儿子也意外去世。至亲的离开给康托尔带来巨大的痛苦，他的发病时间间隔越来越短。

数学史学家一般认为康托尔的精神疾病主要来自克罗内克的排挤与迫害。这个观点主要来自贝尔写的一些数学家传记，并被后来的多数史学家采纳。但我据一些文献推测，克罗内克排挤和迫害康托尔的事可能并非如贝尔描述的那样。首先，作为德国数学界的权威，在学术观点上否定或为难一下康托尔，对克罗内克来说只是举手之劳。两人的哲学观点相悖，克罗内克这样做有必然性。克罗内克对康托尔而言意味着一座山，而当时的康托尔对克罗内克来说却是微不足道的，克罗内克没有将其当作大敌的动机。其次，目前看到的所有关于克罗内克迫害康托尔的证据都是间接的。比如，克罗内克曾暗示米塔格-列夫勒，自己要在《数学学报》上刊登一篇反对集合论的论文，后来并未兑现。但这件事情却让康托尔对米塔格-列夫勒心生嫌隙，继而绝交。从事情的原委来看，很难认定克罗内克处心积虑。康托尔在病重时期还一度写信给克罗内克期望和解，克罗内克也很客气地回复了昔日的弟子。最后，康托尔的病应该是多件事情和长期生活状态导致的。这种精神疾病患者也容易产生臆想，比如康托尔曾觉得大学同事都想要迫害他。

克罗内克性格张扬，大大咧咧。他曾在很多场合批评魏尔斯特拉斯及其学术观点，让对方不堪其扰，甚至一度避之不迭。但是，克罗内克反倒和人说魏尔斯特拉斯是自己最好的朋友。从这类事情来看，克罗内克是一个以自我为中心，对别人情绪的感知能力极差的人。他坚定地捍卫着自己的数学观点，反对自己认为错误的理论，毫不顾忌任何人的情面。他遇到敏感又神经质的康托尔，被视为病因，背负千古骂名，甚至其在数学上的成就与贡献也为之失色不少。这个悲剧教导我们，对待他人应当宽容一些，观点的对错并不总是最重要的，自己以为的捍卫真理，很可能扼杀了另一种可能性。

今天，我们几乎已经看不到克罗内克的著作。他的构造主义思想后来被数学直觉主义者布劳威尔和外尔延续与继承。我想指出的是，克罗内克关于所有数学建立在整数上的思想，对于“计算”是极其重要的。正是由于这种构造性的思想，才让数学和物理紧密联系到了一起，才让计算机有可能被造出来。康托尔的数学是理想的，但是由于始终无法找到物理实在的实无穷，康托尔的数学无法用于建造计算机器。

希尔伯特认为康托尔的理想数学是数学家的“乐园”，并认为“谁也无法把我们从康托尔的天堂中赶出去”。希尔伯特对康托尔思想的包容体现出其博大胸怀，他高度评价康托尔的连续统假设：“所以，这一定理的证明，将在可数集合与连续统（一条直线上点的全体）之间架起一座新的桥梁。”连续统问题是数学问题来源于几何、力学和物理等领域的一个范例。希尔伯特也曾反对克罗内克的直觉主义数学思想，并在他的时代和布劳威尔针锋相对，他说道：“在坚持把证明的严格性作为完善的解决问题的一种要求的同时，我反对这样一种意见，即认为只有分析的概念，甚至只有算术的概念，才能严格地加以处理。这种意见，有时为一些颇有名望的人所提倡，我认为是完全错误的。对于严格性要求的这种片面理解，会立即导致对一切从几何、力学和物理中所提出的概念的排斥，从而堵塞来自外部世界的新的素材源泉，最终实际上必然会拒绝接受连续统和无理数的思想。这样一来，由于排斥几何学和数学物理，一条多么重要的、关系到数学生命的神经被切断了！”

康托尔则认为数学最重要的是思想的自由。对数学家来讲，任何数学理论一旦被认为是相容的，在数学上就是可接受的。这是对数学理论唯一的检验标准，此外别无要求。由此，康托尔认为数学家只能依据内在相容性去判断新概念的自由创造和应用的可接受性。数学就其发展而言是完全自由的，唯一的限制只是它的概念不能包含内部矛盾，即新概念应明确源于先前给出的定义、公理和定理。他提到：“由于数学具有区别于其他科学的这一特点，以及由此而得出的相对自由性及对研究方法的解释，自由数学这一名称特别适合。如果可以选择，我倾向于使用这一名称去取代流行的‘纯粹’数学的名称。”

1917 年 5 月，康托尔最后一次住进哈勒大学医院。时值第一次世界大战，食品短缺，生活无助。他渴望回家，但未能如愿。1918 年 1 月 6 日，康托尔突发心脏病，在院中骤然离世，享年 73 岁。

在哈勒大学正中央的草坪上，立着一块康托尔的纪念碑，上面刻着伟大的对角线方法，以及康托尔的名言："数学的精髓在于自由！"

算术的逻辑化

弗雷格的"概念文字"

19 世纪末期的数学界涌现出一大批新成果。其中魏尔斯特拉斯发现的处处不可导的连续函数，再次颠覆了数学家们的认知。这是由于极限理论中的一条重要基础定理"有界单调的数列必有极限"依赖于几何直观，但是几何公理中根本没有讨论到连续的性质或极限的概念，所以单凭几何公理并不能推出这个定理。极限理论存在缺陷，这让数学家们觉得人的直观根本不可靠，必须为微积分建立严格的理论。由于极限理论、连续性、可微性都与实数系的性质有关，魏尔斯特拉斯提出一个想法，先建立严格的实数理论，再由其导出数学分析的所有概念，这就是"分析的算术化"。又由于戴德金和康托尔的工作，严格的实数理论建立在有理数的基础之上，而有理数是两个整数之比，可以化归为自然数，最终整个数学的基础就建立在自然数的基础之上。

在某些直觉主义数学家，如庞加莱、克罗内克看来，自然数是绝对可靠的。庞加莱在 1900 年的国际数学家大会上高兴地宣称"绝对的严格已经达到了"。但另有一些数学家，却对于把自然数的算术理论看作全部数学的终极基础感到不安，并继续寻找数学理论的真正可靠基础。德国的逻辑学家、数学家戈特洛布·弗雷格是其中的先驱，他认为数学的可行基础是逻辑，算术理论可以建立在逻辑的基础上。正是出于对数学基础问题的关注，弗雷格提出了数学和逻辑同一性的纲领，开创了数学基础中的逻辑主义。他在这个过程中建立了逻辑演算系统，这标志着在布尔之后数理逻辑进入奠基阶段，也可被视为现代数理逻辑的开端。

200 多年前莱布尼茨提出"普遍语言"的想法，希望建立一种通用的语言，以消除人们思想之间的歧义——两个人只需要坐下来算一算，就可以得出一致的结论。这个梦想也是计算的终极梦想。此后，布尔等人努力通过代数驱动逻辑，而且布尔的逻辑代数及其扩充（如命题代数、关系代数等），极大地丰富了数理逻辑的资料，因此到弗雷格时期已经有了较好的数理逻辑基础。但另一方面，布尔等人的逻辑代数又缺乏严格性，往往诉诸感性直观，不过这一不足为数理逻辑的发展指明了方向。弗雷格的工作和布尔的工作恰恰相反，布尔是用代数驱动逻辑，弗雷格则是用逻辑导出算术。在弗雷格的哲学中，逻辑与数学是同一的，最终可统合成数理逻辑。弗雷格的出发点是给数学建立一个逻辑基础，但他随后走上了和莱布尼茨同样的道路，产生了和莱布尼茨类似的梦想。

弗雷格认为，“任何一个真命题的最有力的证明方式显然是纯逻辑的，它不考虑事物的特殊性质，只依据构成一切认知的基础的那些规律”。数学理论是数学真命题的集合，因此数学理论显然可以建立在纯逻辑的基础上。为此他提出了两个目标：

- 纯粹数学的概念都可以根据极少的逻辑基本概念来定义。
- 纯粹数学的定理都可以从少数逻辑原理中演绎出来。

为了完成这两个目标，弗雷格需要建立一个逻辑演算系统。在这个系统中，除了那些只在本系统内进行解释的概念，不依赖任何其他概念给数下定义。“如果这方面他是正确的，那么逻辑就包括算术及所有那些可化归为算术的数学分支，只要这些数学分支可被证明只包含那些在算术或逻辑中已采用的概念。”对于这个系统，弗雷格提出了很高的严格性要求，为了证明数学定理和概念，所需要的一切东西必须在一开始就被明确地陈述出来，必须将推演的程序化简为较少的标准步骤，从而避免在证明过程中不自觉地偷偷引入一些危险的东西。

他在对“序列”进行逻辑分析时遇到了一些困难，主要是因为人们日常使用的语言不够精确，有时还有多义或歧义的情况。日常语言处处出现随意性、不精确性，并且不遵守逻辑规律，这成为逻辑推演的障碍。因此弗雷格构造了一种新的概念语言，用来弥补现有自然语言的不足。他希望这种语言简明，有逻辑关系的简单表达式，用这种语言进行推理可以察觉隐含的前提和有漏洞的推理步骤，可以检验一串推理的有效性。弗雷格还要求他的概念语言和莱布尼茨的普遍语言有类似的作用和优点。这种概念语言和日常语言的关系就像显微镜和肉眼的关系。

弗雷格曾这样评价他的概念语言和莱布尼茨的普遍语言的关系：“莱布尼茨也认识到一种适当的表达方式的优点……我们可以把算术的、几何的、化学的符号看作莱布尼茨思想在特定领域的实现。这里推荐的概念语言为这些符号增加了一种新的符号，而且这种新符号处于中心位置，它与所有其他符号邻接。因此，由此出发着手填补现存形式语言的空缺，把迄今分离的诸领域结合成一个单一形式语言的领域，并且扩展到迄今仍缺少这样一种形式语言的领域，是很有希望获得成功的。我确信，凡是必须特别重视证明有效性的地方，譬如在建立微积分基础的地方，都可以成功地应用我的概念文字。”

1879 年，弗雷格在《概念文字：一种模仿算术语言构造的纯思维的形式语言》（以下简称《概念文字》）一书中正式推出了他的逻辑演算系统，第一次建立命题演算与谓词演算。这标志着现代数理逻辑发展的开始。从这本书的书名也可以看出弗雷格的大致思维脉络。与布尔类似，弗雷格依然在用形式化的思想模拟人的思维方式。他在《概念文字》中发明了一些新符号，并严格区分了对命题的表达与断定。命题表达思想，指示其真值。我们必须要先表达一个思想，然后才能对它加以断定。他引入了符号 $\vdash$，用于表示右方的记号或命题是被断定了的（即判断）。这是《概念文字》中所有判断的共同谓词。他将全称判断、特称判断、否定判断等全都转化为只有主词内容存在区别的判断，比如，将命题“阿基米德在锡腊库斯占领时期丧生”表达为“阿基米德在锡腊库斯占领时期丧生是一个事实”。他还引入了两个初始联结词：蕴涵和否定，分别用新发明的符号表示。他进一步定义了相容析取、不相容析取、等值、分离规则等联结词和推演规则。由于弗雷格的《概念文字》把命题整体作为研究对象，因而能够立刻进入推理的研究，充分体现了现代数理逻辑先构造命题演算系统再构造谓词演算系统的特点。

弗雷格还引入了数学中的函数和自变元的概念，用它们代替传统的主项和谓项的概念。自亚里士多德以来，传统逻辑学研究者普遍认为每个命题（判断）基本上都是由主词和谓词组成的，谓词被视为将一特定性质归于主词。弗雷格却断然抛弃了这种对主词和谓词的划分，他认为传统逻辑中的主词在语句中起到的作用只是占据一个“被谈论的位置”，是说话的人希望它被听到而已，而与命题的结构无关，因此主词和谓词这种划分对于逻辑并不重要。弗雷格受到数学中函数的启发，引入了函项和变目的概念来分析命题的结构。$\phi(A)$ 表示以 A 为变目的函项（数学上的说法是以 A 为自变元的函数），$\vdash\phi(A)$ 读作“A 有性质 ϕ 是真的”。$\psi(A,B)$ 表示以 A 和 B 为变目的关系函项，$\vdash\psi(A,B)$ 读作“A 和 B 有关系 Ψ 是真的”。

在弗雷格的概念里，他将函项和函项运算区分开了。他说：“函项本身必须被视为不完全的，需要加以补充的，或者说，它是未饱和的。”严格来说，弗雷格认为，函项运算是指 ϕ 或 $\phi()$，含有空位，意义不完整，但它是确定的；函项是指 $\phi(x)$，含有变元 x，是不确定的。后来罗素进一步从命题函项的角度阐述过函项的概念，他说：“一个命题函项其实就是一个表达式，这个表达式包含一个或者多个未定的成分，当我们将值赋予这些成分时，这个表达式就变成一个命题。比如，‘x 是人’是一个命题函项，只要 x 未加规定，它既不真也不假，但是当我们给 x 规定了一个值时，它变成了真或假的命题。”在数理逻辑的发展史上，弗雷格第一次对函项运算的本质做出了科学的规定。近代数学严格区分函项运算和函项，把函项运算从函项中独立出来，并进行研究，从而形成了可计算性理论。比如，后来丘奇创立的 λ 演算就是这一思想的体现。可以说，现代可计算性理论的鼻祖就是弗雷格。

弗雷格还第一次引入了全称量词和存在量词，建立起一个自足的一阶谓词演算系统。量词的使用在数理逻辑发展史上是极其重要的。正是因为有了量词，表意的符号语言得以建立。这种形式语言的精确性要优于自然语言，也克服了布尔的代数符号语言的局限性，使得其系统具有较强的表达能力。弗雷格在陈述他的公理系统时，还区分了对象语言和元语言。他把公理和定理称为“纯思想的判断”，把推理规则称为“运用我们符号的规则”，认为“这些规则……不能在概念语言中表达，因为它们是这种语言的基础”。弗雷格在这里提到的规则，就是一种形式系统的演算规则，也就是我们的计算规则！由此可见，弗雷格在《概念文字》中提出的演算系统，是对莱布尼茨“普遍语言”思想名副其实的继承和发展，是“计算之梦”实践的里程碑。

自然数的定义

有了《概念文字》作为工具基础，弗雷格正式开展将算术逻辑化的工作。第一步就是要重新定义自然数。在此之前，数学界发起了分析的算术化运动，已经逐渐将各个数学分支划归到自然数这一基础上。而自然数的算术理论又经皮亚诺总结后，划归到 3 个初始概念和 5 条公理上。弗雷格在皮亚诺工作的基础之上更进一步，将自然数的公理化定义推进到纯逻辑定义。我们先看看皮亚诺的工作。

1889 年，意大利逻辑学家、数学家和语言学家皮亚诺在《用一种新方法陈述的算术原理》一书中提出自然数算术的一个公理系统，包含 9 条公理，此后数年逐渐优化至 5 条公理。人们称之为“皮亚诺公理”。这是对自然数算术理论的一次重要总结。从数学史上可以看出，人类自古希腊发明数学以来，对自然数的精确定义竟然花了 2000 多年之久。在绝大多数时间里，人们虽然一直在使用自然数，但从未精确定义过它。而且，与大多数人的认知不同的是，19 世纪的数学家们先定义了无理数，建立了实数理论，然后才给自然数下了一个精确的定义。最后这一步正是由皮亚诺完成的。

皮亚诺在数理逻辑上的贡献主要有两个：一是他建立了一套符号系统，其中一些逻辑符号到现在还在使用；二是他公理化了自然数算术。他也像弗雷格一样独立构造了一个逻辑演算系统，但是这个系统不算太成功，并没有陈述代入规则和分离规则，有些推导还依赖直观。尽管如此，皮亚诺的符号系统还是很深地影响了罗素，成为罗素编写《数学原理》时的重要素材。我们在这里主要关注皮亚诺在算术公理化方面的工作。

皮亚诺通过公理化的方法定义自然数，是受到了戴德金的启发。戴德金在 1888 年的小册子《什么是数，它有何意义？》中提出“链”的概念和 4 条公理。皮亚诺发展了戴德金的公理系统。在皮亚诺的定义中，3 个初始概念是：0、数、后继。他以“后继”的概念表示在自然次序中一数的次一数，比如 0 的后继是 1，1 的后继是 2，以此类推。这样就可以用数的概念表示所有自然数所构成的类。他没有假定我们知道这个类中的所有分子，只是假定当我们说这个数或那个数的时候，知道是何所指。他的 5 条公理分别如下：

公理 1：0 是一个数。

公理 2：任何数的后继是一个数。

公理 3：没有两个数有相同的后继。

公理 4：0 不是任何数的后继。

公理 5：对于任何性质，如果 0 有此性质；又如果任一数有此性质，它的后继必定也有此性质；那么所有的数都有此性质。

公理 5 是数学归纳法原则。从皮亚诺的 3 个概念和 5 条公理出发，可以得到任意自然数。我们只需要从 0 开始，按照后继的定义和公理依次找到每个数的后继，然后重复这个过程即可。类似地，也可以推出自然数的加法和乘法，建立序的概念，再进一步，可以推出初等算术里的各个命题。在现代的初等算术中，皮亚诺公理系统已经完全够用。

然而，皮亚诺公理是不够根本的，它并没有很精确地解释数的概念。因此皮亚诺公理允许有无穷多种解释，而不一定局限于自然数。比如，令“数”指我们通常说的偶数，并令后继指每一数加 2 得到的数，于是数列就变成了：

$$0,2,4,6,8,\cdots$$

它依然符合皮亚诺公理。类似地，我们可以找到无穷种这样的数列。这足以说明皮亚诺公理是不够精确的。这就给弗雷格的工作留下了空间。弗雷格更进一步地给什么是数做出了定义。

1884 年，弗雷格在自己的著作《算术基础》中，从纯逻辑概念出发定义了自然数。然后在 1893 年的《算术的基本规律》（第一卷）中进一步详细阐述了自己的理论。弗雷格的工作起初并不为人所知，直到罗素在 1901 年无意中发现了他的著作，并做了详细的阐述和评价，弗雷格的贡献才广为人知。

弗雷格认为：“数既不是占有空间的，也不是物质的，更不像观念一样是主观的，而是不可触摸但又客观的。”这段《算术基础》序言中的话，深刻反映了弗雷格的数学柏拉图主义。他同意康德关于数学是先天性知识以及几何产生于空间直觉的观点，但反对其关于自然数产生于时间直觉的看法，而认为算术命题能够从逻辑推导出来，数学的本质在于一切能证明的都要证明，而不能通过归纳来验证。这反映了数学和科学的差别，科学是归纳的，而数学不是。

在《概念文字》中，弗雷格已经从逻辑上定义了函项、序列、遗传性、后裔、前趋等重要概念，为数的定义做好了技术准备。弗雷格的序列是指由任一二元关系所决定的彼此相关的若干实体。这个定义是相当广泛的，不仅仅包括像一串珠子这样的线性序列，也包括环状和树状结构等。在有了函项和序列的概念后，弗雷格开始定义“遗传性”：如果 x 有性质 F，同 x 有 f 关系的每一个对象也有性质 F，那么就说，性质 F 在 f 序列中是可遗传的。有了遗传的概念，就可以定义后裔和前趋：不管 F 是什么，y 有性质 F，那么就说，y 在 f 序列中是 x 的后裔，x 是 y 的前趋。

有了这些基础，弗雷格在《算术基础》中借助一一对应的方法构造了 3 个定义：

1. 概念 F 与概念 G 是等数的，意为存在一个关系，使得属于概念 F 的对象与属于概念 G 的对象一一对应。
2. 属于概念 F 的数是“与概念 F 等数”这个概念的外延。
3. n 是一个数，意为存在一个概念，使得 n 是属于这个概念的数。

根据以上定义，弗雷格具体地定义了 0——0 是属于概念“不同于自身”的数。

在这里，弗雷格采用的一一对应的方法，并没有涉及 1 这个数，因此不存在恶性循环。而且可以很清晰地看到，弗雷格对于数的定义方法，与康托尔的集合论是一脉相承的。既有康托尔集合论中的直观，即概括原则，又用到了一一对应方法。对于 0 的定义，在集合论中可以把“不同于自身”的概念理解为一个空集合，0 是属于空集合的数。综合来看，关于数是什么，弗雷格的定义比康托尔的更为精确。所以，数就是将某些集合，即那些有给定项数的集合，归在一起的一种方法。

接着，弗雷格把“n 在自然数序列中是 m 的直接后继”定义为“存在一个概念 F 和归于它的对象 x，使得属于概念 F 的数是 n，属于概念‘归于 F 但不同于 x’的数是 m”。基于这个概念，就能定义出 1 是 0 的直接后继，2 是 1 的直接后继，3 是 2 的直接后继，以此类推。弗雷格进一步给出把数学归纳法化归为逻辑的大致过程。他先给出后继、数 n、数 n+1 等概念的定义，并证明了后继关系是一种一一对应的关系，除 0 外的每一个数都是某一个数的后继，每一个数都有后继。

弗雷格指出，他的数与康托尔集合论中的“势”或“基数”是等同的。两个概念等数，就是两个集合等价。所以，弗雷格定义的一般的数，实际上就是集合中的基数。这样我们就明白为什么集合论可以成为纯粹数学的基础。

罗素后来继承了弗雷格的思想，简化了弗雷格的描述，将自然数阐述为：

> 自然数就是对于“直接前趋”这一关系（“后继”的逆关系）而言的 0 的“后裔”。

基于这个定义，皮亚诺公理就可以进一步被简化，仅用 3 个基本概念中的两个

0 和后继，就可以定义剩下的一个概念——数。5 条公理中的两条“0 是一个数”和“数学归纳法”，也就变得没有必要了。0 的定义就成了“以空类为唯一分子的类”，后继的定义就成了“类 f 所有项数的后继就是 f 与任何不属于 f 的项 x 一起所构成的类的项数”。

现代集合论中采用的对自然数的定义，是由冯·诺依曼于 1924 年提出的：

$$0=\phi,$$

$$1=\{0\}=\{\phi\},$$

$$2=\{0,1\}=\{\phi,\{\phi\}\},$$

$$3=\{0,1,2\}=\{\phi,\{\phi\},\{\phi,\{\phi\}\}\},$$

......

冯·诺依曼是把每一个自然数看成所有较小自然数的集合（0 等同于空集），而弗雷格把 0 定义为空集合的集合。冯·诺依曼在集合论中对自然数的定义，只是用更简洁和成熟的集合语言进行了表达，内核思想与弗雷格是一致的。因此，现代集合论中对自然数的定义，完全可以看作由弗雷格奠基。

弗雷格虽一生低调，但对著作《概念文字》《算术基础》《算术的基本规律》（第一卷，1893 年）没有引起足够重视仍感到相当失望，因此将《算术的基本规律》（第二卷，1903 年）推迟 10 年出版。事实上，弗雷格的思想与著作如果不是被罗素发现并宣传，很可能会埋没更长一段时间。命运似乎在戏弄弗雷格，恰恰就在多年心血《算术的基本规律》（第二卷）即将印刷之际，他收到了罗素的来信，罗素在信中指出了数学基础性的问题。弗雷格尝试修补他的系统，但发现并不能解决问题，因此心灰意冷，其中曲折容后再述。

弗雷格的数学与逻辑的同一性工作最终未尽全功，他的梦想并未实现。究其根本原因，可能在于数学与逻辑的手段类似，但目标不同。数学研究的是纯符号，这些符号是事物之间的量与关系；而逻辑研究的是纯形式，是语句的逻辑结构，在意的是人的认知水平，即判断真与假。

但弗雷格通过逻辑建立数学基础的尝试过程是伟大的，尤其他发展了布尔以来的数理逻辑。他提出的逻辑演算系统，是对莱布尼茨计算梦想的重要实践。有了他的工作基础，“逻辑的计算化”才又迈出了实质性的一步。而这一历史进程，最终要到第三次数学危机的始作俑者罗素与怀特海一起撰写的《数学原理》出版时，才彻底完成。

第5章 第三次数学危机

危机：罗素悖论

集合论悖论

计算依赖于算术和代数学。19世纪末、20世纪初，第二次数学危机刚刚得以彻底解决，完成分析严格化运动的数学界信心满满，随即开始进行对数学更基础的改造。这次他们瞄准了算术，誓要为数学各大分支最重要的共同基础——算术——建立一个稳固而严格的根基。在这个过程中，涌现出丰硕的成果，康托尔的集合论无疑是最耀眼的那颗明珠。但也正是康托尔带头引出的一系列问题，激发起数学界的探索并最终建立现代数学的大厦，其中一个副产品就是与计算相关的理论。

康托尔创立的集合论为数学基础提供了一个重要工具，在第4章我们已经讲述过这个过程。但是1895年康托尔却在集合论中发现了悖论，并在1896年将其告诉希尔伯特。康托尔当时并未发表这一悖论，首先发表这一悖论的是意大利数学家布拉里·福蒂，他在1897年3月28日的巴拉摩数学会上宣读了一篇论文《关于超穷数的一个问题》，提出了最大序数悖论，即现在我们所说的“布拉里-福蒂悖论”。

最大序数悖论的描述为：在康托尔的集合论中，每一良序集必有一序数，序数是可以比较大小的。一切小于或等于序数α的序数所组成的良序集，其序数为$\alpha+1$。假设所有的序数组成一个良序集W，其序数为Ω，那么Ω应当包含在W中，且为最大序数。但由前可知，W 的序数应当为 $\Omega+1$，比 Ω 大，由此产生矛盾。

与此类似，1899 年康托尔又发现了"最大基数悖论"，现称为"康托尔悖论"。康托尔在 1899 年 7 月 28 日和 8 月 31 日给戴德金的两封信中阐述了这一悖论。他假设 S 是一切集合的集合，那么根据康托尔定理，S 的幂集的基数应当大于 S 的基数，但是 S 已经是一切集合的集合，因此 S 的幂集也应当是 S 的子集，可知 S 的幂集的基数不应当大于 S 的基数，由此产生矛盾。

最大序数悖论和最大基数悖论在当时并未引起广泛的关注，但已经使集合论的上空飘浮了几朵乌云。到 1901 年 6 月，伯特兰·罗素在仔细考察这两个悖论并分析它们的结构后，提出了一个新的悖论，被称为"罗素悖论"。

罗素悖论可被简单描述为：假设 N 是由所有不属于自身的集合所组成的集合，那么请问 N 属于自身吗？如果 N 属于 N，那么按照定义，N 不应当把自身作为元素；如果 N 不属于 N，则按照定义 N 应当包含 N。这就产生了矛盾。

1918 年，罗素将这个悖论通俗地解释为"理发师悖论"：一个村里的理发师宣称只帮不给自己刮胡子的人刮胡子，那么请问这个理发师该给自己刮胡子吗？如果他给自己刮胡子，那么按照他的声明，他不应该给自己刮胡子；如果他不给自己刮胡子，那么按照他的规则，他应当给自己刮胡子。这就陷入了矛盾。

罗素悖论由于形式非常简单且通俗易懂，引起了巨大的反响。1902 年 6 月，罗素在阅读弗雷格的著作后，给弗雷格写了一封信，在信中他首先对弗雷格的工作大加赞赏："我发现我在一切本质方面都赞成您的观点……我在您的著作中找到了在其他逻辑学家的著作中不曾有过的探讨、区分和定义。"但随即，罗素提到了他在弗雷格的《算术的基本规律》（第一卷）中发现的问题，即"罗素悖论"。弗雷格立即意识到这个问题的严重性，当时正值《算术的基本规律》（第二卷）即将出版，弗雷格马上增加了一个跋语，并附上了这个悖论。弗雷格说道：

> "在工作结束之后，却发现自己建造的大厦的基础之一被动摇了，对于一个科学家来说，没有任何事情比这更为不幸的了。恰好在本卷印刷即将完成之际，伯特兰·罗素先生的一封信就把我置于这样的境地。……在灾难中有伴相随，对于受难者来说是一种安慰。如果这是一种安慰，那么我已得到了安慰。因为，在证明中使用了概念的外延、类、集合的每一个人，都与我处于同样的境地。成为问题的不仅是我建立算术的特殊方式，而且是算术是否完全有可能被给予一个逻辑基础。"

弗雷格的话反映出当时数学家们的窘境。集合论中存在的悖论直接动摇了数学的基础，让刚刚宣布完成严格化的数学变得不再稳固。如果数学中蕴含着潜在的矛盾，那么所有数学家证明的定理可能也都是隐含着矛盾的。令人尴尬的是，罗素悖论看起来极其简单，但很难在短时间内找到一个完善的修复方案。

弗雷格之后对数学心灰意冷，转而将兴趣与热情投向哲学，并奠定了语言哲学的基础。

罗素在 1903 年出版的《数学的原则》[《数学原理》（第 1 版）] 一书的附录部分中，对弗雷格的著作做了一次广泛而详尽的评论，当然也谈到了他的悖论。罗素在晚年写道："每当我想到正直而又充满魅力的行动时，就会意识到没有什么能与弗雷格对真理的献身相媲美。他毕生的工作即将大功告成，而且其大部分著作曾被能力远不如他的人所遗忘。他的第二卷著作正准备出版，但一发现自己的基本设定出了错，他马上报以理智的愉悦，而竭力压制个人的失望之情。这几乎是超乎寻常的，对于一个从事创造性工作和知识研究，而不是力图支配别人和出名的人来说，这有力地说明了这样的人所能达到的境界。"

自我指涉

类似于罗素悖论的命题，可以追溯到公元前 6 世纪古希腊时期的"说谎者悖论"。说谎者悖论可被简单表述为"这句话是假的"。那么这句话到底是真的还是假的呢？与罗素悖论一样，它引入了矛盾。

罗素深入分析悖论的结构，考察了历史上所有的悖论，发现这些悖论都存在一些共同的特点，那就是指向了自己并形成了循环。比如，在"这句话是假的"中，"这句话"就指向自己，形成了直接循环。类似地还有一种间接循环，它表面上没有循环，但是兜了一圈之后又回到了起点，依然是循环。比如：

> 苏格拉底说：下面柏拉图说的是假的。
> 柏拉图说：上面苏格拉底说的是真的。

上下两句话都指向对方，形成了一种循环，归根结底这依然是一种自我指涉，简称"自指"。这种自我指涉，如果是奇数次否定，则构成恶性循环，会导致悖论出现；如果是偶数次否定，则是良性循环，不构成悖论。比如，我们把上面的例子扩展成：

S_0： S_1是假的。
S_1： S_2是假的。
S_2： S_3是假的。
S_3： S_4是假的。
……

S_{n-1}： S_n是假的。

S_n： S_0是真的。

一连串句子都说到下一个句子的真假，最后一个句子却说到第一个句子的真假。如果其中出现奇数个假，则所有句子构成一个悖论；如果其中出现偶数个假，则不构成任何悖论。

一般来说，悖论的形成往往涉及自我指涉、否定性概念，以及“对潜无穷对象做了实无穷处理”。我们从许多悖论中都能找到类似的特点。最大序数悖论和最大基数悖论，就是对潜无穷对象做了实无穷处理的典型例子。

为了解决自我指涉问题带来的悖论，罗素提出了著名的“（禁止）恶性循环原则”。在《数学原理》中，罗素明确说道：

> “使我们能够避免不合法总体的那个原则，可被陈述为——凡涉及一个汇集的全体者，它本身不能是该汇集的一个分子；或者，反过来说，如果假定某一汇集有一个总体，它便将含有一些只能用这个总体来定义的分子，那么这个汇集就没有总体。我们把上述原则叫作恶性循环原则，因为它能使我们避免那些由假定不合法的总体产生的恶性循环……所有命题在成为一个合法的总体之前，必须以某种方式加以限制，并且任何使它合法的限制，必须使关于总体的陈述不被包含在这个总体的范围之内。”

恶性循环原则指出了悖论的根本原因，为悖论的解决提供了一个思路。罗素强调的是，总体不能包含只有通过这个总体来定义的分子。庞加莱后来受罗素影响，在1905—1908年期间多次指出，所有悖论都和非直谓定义有关。所谓非直谓定义，就是被定义的对象被包括在定义它的各个对象中。罗素本人为解决悖论，提出了“分支类型论”，将集合进行分层。分支类型论是在恶性循环原则的基础上对广义的谓词所做的一种分类，其核心是在类型中再划分出“阶”。通过对一阶函项、二阶函项，直到 n 阶函项的构造，就将对象进行了分层。对某个阶的函项，其论断的对象总体是明确限定于某一论域之中的，这就能避免“所有命题”“所有谓词”这种“不合法的总体”。

比如，说谎者悖论可以写成“我断定 p，而 p 是假的”。如果 p 是 n 阶命题，那么作为约束变元出现的命题“我断定 p，而 p 是假的”为 $n+1$ 阶，记为 q。q 比 p 高一阶，它不能作为 p 的一个值进行代入，因此不会产生悖论。我们可以认为，“我在某一时刻所说的所有一阶命题都是假的”这句话是真的，而不会引起任何悖论，因为这句话是二阶命题。

汤普逊在研究悖论的过程中受到康托尔的对角线方法的启发，于 1962 年证明了一条对角线定理：设 S 是任一集合，R 是至少在 S 上有定义的任意关系，则 S 中不存在这样的元素，它与且仅与 S 中所有那些与其自身没有 R 关系的元素具有 R 关系。

汤普逊指出，理发师悖论、格雷林悖论、理查德悖论、罗素悖论等都是建立在对角线方法之上的。因此，这些悖论又被统称为“对角线悖论”。康托尔发明的对角线方法是一种具有伟大方法论意义的方法。

罗素用恶性循环原则解决悖论的思路是限制自我指涉。然而，我们要注意的是，罗素限制的是自我指涉中的病态部分，而非否定全部的自我指涉。自我指涉是一个很重要的概念和应用，在生活中限制自我指涉就限制了很多逻辑或语言的正常表达。比如，“这句话是真的”由于不涉及任何否定性概念，因此没有任何问题。再比如，“张三是屋子里所有人中最高的”这句话虽然涉及自我指涉，但是所有人都能理解它的含义。与限制自我指涉就限制语言或逻辑的表达力相反，如果语言或逻辑的表达力强到一定程度，则很难避免悖论的产生。

许多人认为悖论是不可避免的，在我们的语言、逻辑中，甚至是在周边的世界中，存在着大量的“自我指涉”和“循环”。畅销书作家侯世达在《哥德尔、艾舍尔、巴赫——集异璧之大成》一书中提到，他发现在哥德尔的证明、艾舍尔的画作及巴赫的曲谱中，都存在着自我指涉。这些自我指涉、自相缠绕的循环形成一个个的“怪圈”。他还将这些怪圈推广到大脑思维、人工智能、生命系统等领域，因为世界离不开这些怪圈。他认为，要接受这些怪圈，就要接受悖论是不可避免的。

目前从认识论的角度来看，悖论可能意味着客观事实与主观认识之间存在着矛盾。罗素对悖论的研究可能揭示出一个惊人的事实，即悖论不可避免，我们的逻辑和语言不可避免地会产生悖论。

在罗素提出悖论的 100 多年之后，我们从计算的角度重新审视“自指”，可能会有新的发现。在计算理论中，递归论与可计算性理论是等价的，任何可计算函数也都是一般递归函数。递归的思想是算法的核心。所谓递归，与归纳是恰恰相反的，一个递归函数是对自身过程的反复调用，这就是一种自指。比如，任何一个有规律的数列，如斐波那契数列，通常都可以非常简洁地写成递归的方式，用递归的方法计算第 n 个斐波那契数的方法是对自身求和：$F(n)=F(n-1)+F(n-2)$。自指和递归有着紧密联系，完全否定自指，就否定了递归。恶性的自指就如罗素指出的恶性循环原则一般，暗含了对无穷的滥用，如果用现代计算机以递归的方式运行一下罗素提到的恶性循环式的自指，一定会陷入计算上的死循环。因此，一般递归函数或算法都有着有穷性的要求，这是为了让递归成为一种良定义的自指，规避不可判定命题或不可计算函数。

如果我们从控制论的角度重新解读一下自指，则会有新的发现。以说谎者悖论为例，对于“这句话是假的”，按照递归的方式，将语言理解拆成机械的步骤，按“次”执行。“这句话”作为执行的第一步明确了主体，“是假的”作为公式在执行完后反馈了一个“信息”，这个信息表明这个主体是假的。在反馈信息之后，这个主体所包含的信息已经发生了变化，不再等价于执行之前的“这句话”这个主体的信息，信息的含量不同了。如果继续执行下去，应该得到：“这句话‘这句话是假的’是假的”，或者还可以继续嵌套得到：

这句话是假的。

这句话（这句话是假的）是假的。

这句话［这句话（这句话是假的）是假的］是假的。

……

这句话［……这句话（这句话是假的）是假的……］是假的。

……

每一次执行信息都在增加，因此现在的“这句话”不能简单地等同于起初的“这句话”。可以用非常简洁的算法描述“这句话是假的”的嵌套，这说明这种递归的方式是线性的，得到的增量信息非常少。从信息论的角度来看，就是信息冗余量非常大，信息量非常小。在信息论中，异常越多信息量越大。线性的递归只能得到一些相对简单的结果，而非线性的递归则会得到更多不确定的结果。随机信息的加入、递归网络的形成，都会让输出不再简单地受到输入的线性影响，不确定性的增加将带来更多的可能性。我们从大脑思维、意识、生命系统中都普遍看到递归过程与随机信息的结合。递归是一种自指，也是这个世界运转的基本计算法则之一。

悖论的解决方法

罗素为悖论的解决提供了思路。他本人提出的分支类型论，由于过于复杂和烦琐而没有得到推广。但罗素的学生拉姆塞简化了罗素的工作，提出了简单类型论。他认为非直谓定义虽然包含着循环，但这种循环是无害的，不是恶性的。比如，“屋子里最高的那个人”这句话虽然用某物所属的总体来描述某物，但是可以接受的，这里所描述的人是已经存在的，而且被这句话确定了，不是构造出来的。拉姆塞认为性质的总体实质上是已经存在的，因此他允许非直谓定义。

也由此拉姆塞揭示了恶性循环原则的一个缺陷，即恶性循环原则只能应用于我们构造的实体，不能应用于独立于我们的构造而存在的对象。因此，在拉姆塞的简单类型论中，只需要满足“任何一个集合绝不是它自身的一个元素”[①]这一类型混淆原则，便足以排除悖论。

同时，拉姆塞将悖论分为逻辑数学悖论和语义悖论。集合论悖论、罗素悖论等能用逻辑符号表达的悖论为逻辑数学悖论，这类悖论不涉及语义的问题，因此后来又被称为“语形悖论”。而另一类如说谎者悖论、理查德悖论等因为涉及语义，比如有真或假的概念，则被称为“语义悖论”。拉姆塞集中解决了前一类悖论问题，而将语义悖论交给了语义学。在解决逻辑数学悖论的过程中，拉姆塞认为《数学原理》中的可化归性公理和分支类型论都是多余的，只有在解决语义悖论时才需要用到。1937 年罗素认可了这个观点。

自罗素悖论提出以来，数学界陷入一片混乱。为了解决悖论，数学家们根据理念的不同，分裂成四大阵营，各阵营都期望从自己的路线出发，修补集合论的缺陷，重新建立一个稳固的数学基础。这四大阵营影响力巨大，分别是逻辑主义、直觉主义、形式主义和公理集合论学派。

四大阵营都有自己的领军人物，在 20 世纪初掀起一场“众神之战”，争斗不休。其中罗素领军的逻辑主义学派被称为“兔派”，布劳威尔领军的直觉主义学派被称为“蛙派”，希尔伯特领军的形式主义学派被称为“鼠派”，三大学派之间的斗争又被称为“兔蛙鼠之战”。20 世纪数学的帷幕就此拉开。

关于数学基础的论战愈演愈烈，正如庞加莱所说的“虽然来源不明，但河流仍在流淌”。

逻辑主义进路

逻辑主义者希望将数学建立在逻辑的基础之上。弗雷格是逻辑主义的先驱，已经做了大量工作，尤其是明确了逻辑主义的宗旨。

- 从少量的逻辑概念出发，定义全部的数学概念。
- 从少量的逻辑法则出发，演绎出全部的数学理论。

但罗素悖论让弗雷格心灰意冷，转向研究语言哲学，远离数学长达近一二十年之久。而罗素则扛起弗雷格的大旗，成为逻辑主义的领军人物。

① 在《公孙龙子・通变论》中曾记载了一个悖论：“谓鸡足一，数足二，二而一，故三。”意思是左足、右足再加上“鸡足”，于是鸡有三足。这显然就是把一个集合当作该集合自身的元素，这样的集合是非正常集合，也就引入了悖论。

伯特兰·罗素生于1872年，1970年以97岁的高龄去世。他是20世纪最具影响力的数学家和哲学家之一。他因畅销书《西方哲学史》而第一次变得家喻户晓。在书中他用漫不经心的语气毫不留情地调侃和驳斥了西方历史上很多著名哲学家的观点，读此书时我时常能感到他的叛逆与狂傲扑面而来。罗素并非总是正确的，但他的态度和观点总是极其鲜明和极具个性的。晚年的罗素满头白发，面庞清瘦而眼神深邃，脸上布满皱纹，优雅地抽着烟斗的样子（如下图所示），非常符合大众对哲学家的想象。

罗素出生于英国名门，他的祖父曾两次担任维多利亚女王的首相。金色贵族的家学渊源让他多了几分悲天悯人的情怀，同时衣食无忧的成长过程可能又是他性格张狂的根源。小时候的罗素展现出对众多事物的好奇与热爱，11 岁时罗素接触到《几何原本》，并由此迸发出对探索数学奥秘的热情。1890年，孤独、腼腆的罗素拿到剑桥大学三一学院的奖学金，并在这里修习他热爱的数学，之后留在了三一学院担任教职工作。

事实上，仅凭罗素在数学上的贡献，就足以让他不朽。他不仅提出动摇整个数学基础的悖论问题，还写出20世纪最伟大的数学著作之一，奠定了全新的基础。但是罗素的多情让他很难专一，他对研究领域就像他对女人一样，来时热情似火，去时迅疾如风。在哥德尔提出不完备性定理后，罗素对数学和逻辑失去兴趣，转向哲学研究领域。他是哲学家维特根斯坦的老师，但是后来反倒有些热爱和崇拜维特根斯坦。

最让我吃惊的是，罗素还因《幸福婚姻与性》拿到了诺贝尔文学奖。这本书可被视为妇女解放运动和性解放运动的先声。但就对人类语言的贡献来说，我认为罗素所著的《数学原理》更有资格获此殊荣。最讽刺的是，教导别人如何获得“幸福婚姻”并因此获得诺贝尔奖的罗素，一生结了 4 次婚，情人无数，名副其实地“伤尽天下少女心”，他还经常勾搭朋友的老婆，却丝毫不觉得不好意思。在一次北美的演讲旅行中，一群聪明的女大学生围着他问：“为什么放弃正式的哲学研究？”罗素给出了一个著名的回答：“因为我发现自己更喜欢情事。”

薄情的罗素对哲学的热情也没有持续多久。在第一次世界大战期间，他因为参与反战活动被剑桥大学三一学院开除，并被关进监狱。但这反倒激发了罗素的斗志，他成为一个社会活动家，后半生基本上都活跃在反战的一线。1954 年，他发表了反对核武器的著名电台演讲：“我个人向全人类呼吁：牢记你的人性，忘掉其他。如果能够做到这一点，通向新天堂的路就是敞开的，如果做不到，我们全完蛋，谁也不会留下。”后来他邀请爱因斯坦和其他 5 位诺贝尔奖获得者共同签署了“罗素-爱因斯坦宣言”，警告核战争的灾难性影响，这也是爱因斯坦生前做的最后一件大事。1961 年，年近 90 的罗素因为参加抗议活动而被再次关进监狱，这让他赢得了更高的声望。这些事迹让罗素再拿一次诺贝尔和平奖也不为过。罗素的一生正如他自己所说，被 3 种感情所支配着：对爱情的渴望，对知识的追求，以及对人类苦难的无比同情。

罗素桀骜不驯的一生仿佛遭受了诅咒，前妻的痛苦不堪为人所共知，一个儿子精神失常，一个孙女精神分裂，另一个孙女也由于精神抑郁而自杀。除了私生活方面，罗素的一生是正直与睿智的，对于这样的历史人物我们始终应当保持应有的敬意。下面让我们回到 20 世纪初罗素为数学做出的划时代贡献上。

对于数学与逻辑的关系，罗素和弗雷格认知不同。罗素同样确信集合论是逻辑的一部分，但他认为在数学和逻辑之间划不出一条界线来，两者实际上是一门学科。他说：“逻辑与数学就像儿童与成人，逻辑是数学的少年时代，数学是逻辑的成人时代。”

1900 年 7 月，第二届国际数学家大会在巴黎召开，青年罗素在会上遇到皮亚诺，并了解到皮亚诺发明的一套符号系统。罗素认为皮亚诺的工具对他正在研究的方向非常有帮助，于是用 2 个月时间掌握和扩充了皮亚诺的方法，并于当年 10 月开始动笔写《数学的原则》，年底完成了初稿。经过一年多的修改后，这本书于 1903 年正式出版。在书中，罗素明确提出“一切数学都可以从符号逻辑中导出”的主张，即所谓的逻辑主义论题。罗素提到：“所有的数学都是符号逻辑这一事实，是我们这个时代最伟大的发现之一。”他一直相信，逻辑原理和数学知识的实体是独立于任何精神而存在并且仅为精神所感知的，这种知识是客观的、永恒的。这表现出一种数学柏拉图主义。

1901 年，罗素提出了“罗素悖论”，此后花了很多时间研究和修补集合论，并提出了逻辑类型论，发展了《数学的原则》一书中初步的类型论思想，并在 1908 年发表论文《以类型论为基础的数理逻辑》。

为了实现逻辑主义的宏伟目标，罗素与怀特海在 1910—1913 年，开始合著 3 卷本的伟大著作《数学原理》（*Principia Mathematica*，简称 P.M.）。怀特海曾经是罗素的老师，在二人合作时是罗素的密友。《数学原理》是一部鸿篇巨著，有将近 2000 页。它的目标是从逻辑出发，一步步将一个数学系统推演出来。但这项工作太烦琐了，罗素在回忆时提到：“我们中的任何一个人都不能单独完成这部著作。甚至在一起，通过相互讨论来减压后，这一负担也是如此的沉重，以至于在最后，我们都以一种厌恶的心情在回避数理逻辑。”

《数学原理》一开始提出几个不加定义的概念，如基本命题、命题函数、断言、蕴涵，以及一些逻辑公理等，再由此推出逻辑规则。亚里士多德的三段论在《数学原理》中只是定理，归谬律、排中律、同一律都可以由逻辑公理推导出来。第二步是用逻辑概念推导出自然数，再通过自然数建立起算术、代数、分析的全部逻辑。罗素借助自己的类型论原则，在书中成功地避免了悖论，但演绎的过程非常烦琐，直到第一卷的第 363 页才推出 1 的定义，直到第 379 页才证明了 1+1=2。庞加莱曾挖苦道：“这是一个可钦可佩的定义，将它献给那些从来不知道 1 的人。”

这么烦琐的演绎过程自然吓退了很多人，不仅普通读者，连专业的数学家也望而生畏。据罗素自己在 1959 年的《我的哲学的发展》一书中提到的，在《数学原理》问世将近半个世纪后，读完整部《数学原理》的可能只有 6 个人。很多数理逻辑方面的专家也不曾读过此书，比如克莱尼，他甚至写了一部数理逻辑的教材，但也没有读过此书，图灵读的则是希尔伯特的书。罗素和怀特海当年辛辛苦苦把书写出来，最后还贴了不少钱，书才得以出版。可见书不一定要广为流传，只要思想传播开，目的就达到了。后来在 1956 年开创人工智能的达特茅斯会议上，西蒙和纽厄尔演示的机器自动证明程序“逻辑理论家”能够自动证明《数学原理》第 2 章的 52 个定理中的 38 个定理，后来西蒙将此事告诉了罗素，罗素非常高兴地说道：“得知《数学原理》现在可以由机器来证明，我很高兴。真希望我和怀特海能在花费近 10 年徒手计算之前就知道这种可能性存在。”

在《数学原理》中，为了定义自然数，不得不引入无穷公理，为了证明乘法交换律和支持类型论，又引入了选择公理，最后为了使用数学归纳法和让类型论的使用变简单，又引入了可化归性公理。无穷公理、选择公理和可化归性公理的滥用，引起巨大争议。庞加莱攻击道：“可化归性公理比数学归纳法更加靠不住，更含糊不清，前者实际上是用后者来证明的，它是后者的另一种表现形式。”而无穷公理和选择公理则被斥为根本不是逻辑公理，进而引发了对于什么是逻辑的争论，进一步使“数学建立在逻辑基础之上”这一结论遭到质疑。因为这 3 条公理的滥用，逻辑主义者已经无法回答如何用逻辑解决数学的相容性。同样地，逻辑主义观点也无法解释为何物理世界符合数学的推理。到 1919 年，罗素也承认“可化归性公理不是逻辑的必然，在逻辑体系中，承认这条公理是一个缺憾，即便从经验来看它是真的”。

在罗素提到的认真读完《数学原理》的 6 个读者里，有一个是库尔特 •哥德尔。这是罗素的不幸，却是人类的大幸。哥德尔读完《数学原理》后，灵光乍现地发现了其中的缺陷，并发表了划时代的不完备性定理。用罗素的话来说，这将他近 20 年的心血变成一堆废纸。哥德尔之后，罗素改变了认为逻辑和数学是先验真理的观点，并和当年的弗雷格一样，从此远离了自己热爱的数学与逻辑，转向哲学研究和社会活动。历史似乎重演了一遍。

尽管逻辑主义没有取得胜利，但是罗素和怀特海通过《数学原理》进行了一次彻底的完全符号形式的逻辑公理化运动，从而大大推动了数理逻辑这门学科。《数学原理》总结了自莱布尼茨以来的数理逻辑。在罗素在世时，没有比他对莱布尼茨研究更深入的人，他也以莱布尼茨逻辑演算和普遍语言的实现者自居。在我看来，从莱布尼茨开始，经布尔和弗雷格，最终到罗素和怀特海的《数学原理》，是一次彻底完成“逻辑的计算化”的过程。在此之后，则有了功能强大的形式系统，可以直接用机器来驱动计算。这可能是罗素未曾想到的。

直觉主义进路

和逻辑主义进路不同的是，在 20 世纪初期有另外一群数学家，认为集合论悖论的出现不是一个偶然事件，而是数学感染了疾病的征兆，必须对全部数学进行重新审查，并毫不犹豫地给数学做一场大手术，切除掉所有不可靠的部分。他们秉持和逻辑主义者完全针锋相对的立场，认为不但不是数学源于逻辑，而且恰恰相反，逻辑只是数学的一种。集合论能不能划归到逻辑也是非常可疑的。直觉主义者海汀说：“当你们通过公理和演绎进行思维时，我们则借助于可靠性进行思维，这就是全部区别。”

对直觉主义者来说，如何建立数学的可靠性呢？他们提出著名的口号“存在必须被构造”。他们认为所有的数学都是人类思维活动的结果，因此只有在思维活动中能构造出来的数学才是可靠的。这群数学家中有克罗内克、布劳威尔、海汀和外尔。博学多才的伟大数学家庞加莱也有直觉主义倾向，算半个直觉主义者。其中，布劳威尔对直觉主义的贡献最大，成为这个学派的奠基人。

布劳威尔是荷兰人，从小聪慧，1897 年进入阿姆斯特丹大学攻读数学，1907 年获得博士学位，其博士论文就是《论数学基础》。除了在数学基础上奠定了直觉主义学派的地位，他更大的贡献是在拓扑学中提出了“不动点定理”，这是一个反直觉的定理，而且有很多的应用。他晚年患有臆想症，在 1966 年穿过自家门前一条街道时被车撞死，享年 85 岁。

直觉主义在数学上的出发点不是集合论，而是自然数论。正如直觉主义的先驱克罗内克所说的“上帝创造整数，其余的数都是人造的”。布劳威尔认为自然数来源于人的“原始直觉”或“对象对偶直觉”。所谓“对象对偶直觉”，即所有人都有的一种能力，在某一时刻集中注意力于某一对象，紧接着又集中注意力于另一对象，这就形成了一个原始对偶对象，以(1, 2)来表示。有了这个原始的对偶对象，便可根据构造性的要求重复一次而产生(2, 3)，再重复一次而产生(3, 4)，依此递推下去，则任何一个自然数都能从这个对象对偶直觉开始，用构造性方法产生出来。直觉主义者认为，只有建立在这种原始直觉和可构造性上的数学才是可靠的。这种原始直觉“对于思想来说如此直接，其结果又如此清楚，以至于不再需要任何别的什么基础”。[①]

但直觉主义理解的“直觉”不同于对事实的断言或推论，而是一种理智的构造，它并不传达外部世界的真理，而只与心智的构造有关。对直觉主义者来说，数学是一种发明，而非发现。布劳威尔认为，直觉主义要追溯到哲学家康德。康德主张自然数是从时间直觉中推演出来的，几何理论则是从空间直觉中产生的。布劳威尔继承了康德的时间直觉主张，但是放弃了空间直觉的绝对先验性。因为对布劳威尔来说，一旦建立了源自时间直觉的“原始直觉”，就可以基于此构造往后的一切了。

直觉主义者的构造性要求，将所有的数学建立在潜无穷的基础上，而放弃和否认了实无穷。因此基于潜无穷的主张，直觉主义还可追溯到古希腊时期的亚里士多德。克罗内克明确提出并强调了“能行性”，并主张没有能行性就不得承认存在性。所谓能行性，是指在有限步骤内能终止。在直觉主义观点下，一个命题为真，是指存在一个能行的过程，使得该命题在有限步骤内被证明是真的。按照能行性要求，任何一个无穷集合或实无穷对象都是不可构造的，这就必然否认“自然数全体”这

① 《数学与无穷观的逻辑基础》，作者是朱梧槚，由大连理工出版社出版。

个概念，因为任何有穷步骤都无法把全体自然数构造出来。在他们看来，自然数列 $\{1,2,3,4,\cdots\}$ 只能永远处于生成的过程中。也因此，直觉主义者认为根本无法对每一个自然数进行逐个检查。

布劳威尔认为古典逻辑是从有穷对象中总结出来的，不能直接用在无穷对象上，而悖论就出在有穷逻辑对无穷的滥用上。他指出："人们误认为逻辑是超越和先于全部数学的东西，并且不加检验地把它应用到关于无穷集合的数学上。"因此布劳威尔从直觉主义出发，构造出自己的"逻辑"，也奠定了这个学派的基础。

说到遭到批判的传统逻辑，首当其冲的是排中律。既然无穷集合一直处于生成过程中，那就不是一个封闭域，更不可能对其中的元素一一检验。因此，直觉主义者认为只能将排中律应用在有穷集合上，而禁止将排中律用在无穷集合上。比如，对于直觉主义者来说，断言"每个自然数要么是奇数要么是偶数"就是错的，因为全体自然数这个集合是一个无穷集合。

与此类似，用反证法引出矛盾来证明一个命题为真的做法，也不为直觉主义者所承认。因为从构造性要求出发，一个命题之所以为真，是因为在有限步骤内能行地证明了该命题为真。反证法仅仅在有限步骤内引出矛盾，并不等于某物已被构造，因此不能说明该命题为真。但直觉主义者不排斥归谬律，因为归谬律可以能行地证明某物不存在，是可以接受的。

直觉主义者的这种说法招致强烈的批评，因为这意味着大部分的古典数学不可用，同样也拒绝了无理数的概念。大数学家希尔伯特曾言辞激烈地声讨直觉主义："外尔和布劳威尔的所作所为归根结底是在步克罗内克的后尘！他们要将一切他们感到麻烦的东西扫地出门，以此来挽救数学，并且以克罗内克的方式宣布禁令。但这将意味着肢解和破坏我们的科学，如果听从他们所建议的这种改革，我们就要冒险，就有可能丧失大部分最宝贵的财富。外尔和布劳威尔把无理数的一般概念、函数，甚至是数论函数、康托尔的超穷数等都宣布为不合法。无穷多个自然数中总有一个最小的数，甚至逻辑上的排中律，比如断言或者有有穷多个素数，或者有无穷多个素数，这些都成了明令禁止的定理和推理模式。我相信，正如克罗内克不能废除无理数一样，……外尔和布劳威尔今天也不可能获得成功。不！布劳威尔的纲领并不像外尔所相信的那样是在进行什么革命，他只不过是在重演一场有人尝试过的暴动，这场暴动在当初曾以更凶猛的形式进行，结果却彻底失败了。何况今日，由于弗雷格、戴德金和康托尔的工作，数学王国已经武装齐备、空前强固。因此，这些努力从一开始就注定要面对同样的厄运。"

对布劳威尔来说，进一步巩固直觉主义学说真正的挑战在于构建直觉主义分析学，其中的核心问题是如何构造性地建立实数连续统的概念。由于自然数是可数无穷，实数却是不可数无穷，二者是两个层次的无穷，因此问题不仅是要用潜无穷代替实无穷，而且是如何把高层次的无穷统一到低层次的无穷上。布劳威尔为这个问题奋斗终生，直到 1919 年，他终于想到一个绝妙的建立实数连续统的想法，能满足构造性要求，他称之为展形（Spread）连续统。

如下图所示的展形连续统，是通过一个二叉树，以二进制的方式来构造所有的实数。每个节点长出不同的 0 和 1，然后依次延伸，直到无穷无尽。这样任取一个分支，就是一个实数的二进制表示形式，且这个延伸的过程是一个潜无穷的生成过程。任意实数都可以在展形连续统系统中找到对应的分支。

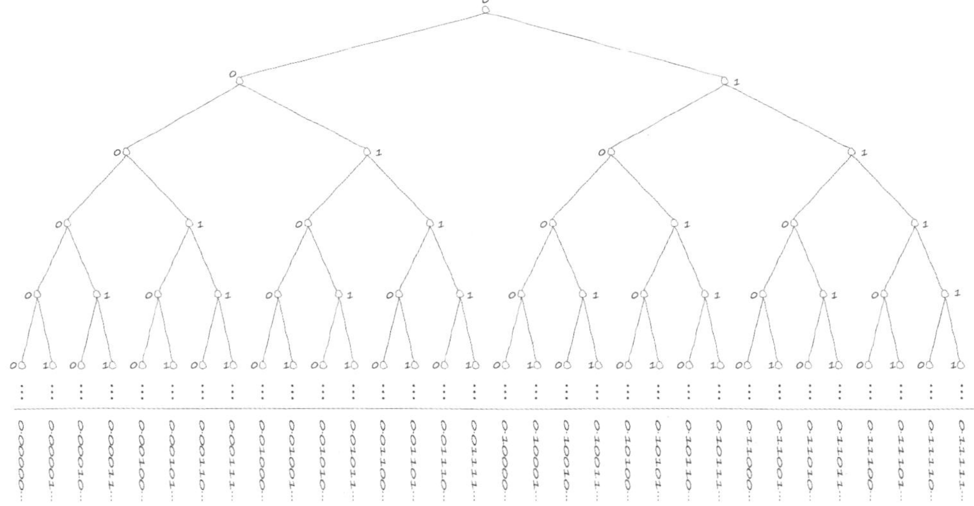

这样的展形连续统系统，在使用时，给到哪一位就算到哪一位，因此不是真正的无穷，与古典分析中实无穷的实数二进制含义完全不同。构造性方法在使用上明确的其实是“精度”的概念，这对于物理和工程具有重要意义。因为现实中不存在理想数学里的无穷，对任何数计算时都需要在某一位“截断”，这样就产生了精度。现代数字计算机都是有精度的，且所有计算过程都是“能行”的，这就是直觉主义学派对计算机的巨大贡献。

公理集合论进路

在解决集合论悖论的道路上，出现了三大学派——逻辑主义、直觉主义和形式主义。前两个学派都已经出场，形式主义学派以希尔伯特为代表，我们在第 6 章再详细讲述。这 3 个学派都有某种确定的哲学思想作为指导。然而在当时，还有另一个学派，单纯地从修补集合论的漏洞出发来解决集合论的悖论问题，最终建立了新的公理化的集合论系统，被称为公理集合论学派。这一学派的代表人物有策梅洛、弗兰克尔、斯科伦和冯•诺依曼等。事实上，当逻辑主义、直觉主义和形式主义都遭遇挫折后，数学所依赖的基础，最终选择的就是公理集合论学派。

最早罗素在研究悖论的时候，直接指出所有悖论的本质是“被定义的对象被包括在定义它的各个对象中”。罗素认为：“一个集合可以用两种方法予以定义，我们可以枚举它的元素，……，也可以指明它的性质，……，那种枚举式的定义被称为外延性的定义，而那种指明性质的定义被称为内涵式的定义。”罗素由此提出解决集合论悖论的 3 种思路：第一种是限制大小理论，或称为外延理论；第二种是曲折理论，或称为内涵理论；第三种是无类理论，主张类不是真实的对象，而是一种逻辑的假定，是一种形式符号。

在解决悖论的道路上，逻辑主义的继承者蒯因走的是曲折理论，他发展和简化了罗素的 PM 系统，建立了 NF 系统。罗素选择了最激进的无类理论，并为此建立了逻辑类型论。而策梅洛走的则是外延理论的路线，通过公理对集合的存在性做出限制和规定，以此来规避悖论。

ZFC 公理集合论

策梅洛在 1908 年发表了论文《集合论基础研究》，这标志着公理集合论的建立。在论文的开头策梅洛说道：“集合论是数学的一个分支，其任务是研究‘数’、‘次序’和‘函数’这些基本观念，研究时要基于这些观念的原始的简单形式，并由此发展全部算术和分析的逻辑基础。因此，它构成了数学的一个不可或缺的成分。然而，现在正是这门学科的存在似乎受到某些矛盾或悖论的威胁，这些悖论可以从它的原理（看来是必然支配我们思维的原理）推导出来，对这些悖论目前尚未找到任何一个令人满意的解决办法，特别是由于不包含自身作为元素的所有集合的集合这个‘罗素悖论’的出现，今天看来这一学科不允许将一个任意的逻辑可定义的集合或类作为它的外延。康托尔原来把集合定义为‘把我们的感觉或思维的确定的不同对象聚为一个总体的汇合’，所以这一定义确实需要某种限制；然而这一定义尚未成功地被一个简单而又不引起某些怀疑的定义所代替。在这些情况下，关于这一点，没有什么东西供我们使用，我们只能反其道而行之，从历史上给定的集合论出发，寻求这门数学学科的基础所需的原理。另一方面，在解决问题时，我们必须使这些原理严格受限，用来排除一切悖论，同时使它们足够广泛，以保留这一理论中的一切有价值的东西。”

策梅洛的这段话极其重要，非常简明扼要地阐述清楚了集合论中悖论的原因与他的解决思路。他的目的有二，一是通过限制排除悖论，二是尽可能保留康托尔集合论中一切有价值的东西。在策梅洛的系统中，“集合”是初始概念，即不加定义的概念，其性质由一组公理来规定。策梅洛确立了他的系统中所需要使用的 7 条公理。我们在此无意对策梅洛的公理系统进行详细的形式化介绍，想进一步了解的读者可以深入阅读任何一本集合论的教材。我们在此仅将焦点放在他的思想上。策梅洛的 7 条公理用自然语言描述起来大致如下。

1. 外延公理。该公理说，如果两个集合有完全相同的元素，则它们相等。即每一集合由它的元素确定。
2. 初等集合存在公理。它后来被拆分为无序对公理和空集公理。无序对公理指出，对于任何集合 u 和 v，总存在一个集合，恰以 u 和 v 为它的元素；空集公理指出，存在一个集合，任何对象都不是它的元素。
3. 分离公理（模式）。如果命题函项 $A(x)$对集合 M 的所有元素是确定的，那么 M 就有一个子集 M_1，使得它的元素恰恰是 M 中使 $A(x)$成立的那些元素 x。
4. 幂集公理。对任意集合，存在一个集合（被称为幂集），其元素恰好是其一切子集。
5. 并集公理。对于任何两个集合 a 和 b，存在一个集合，它的元素或者属于 a，或者属于 b，或者属于两者。这条公理的高级形式也可表达为，对任意集合 A，存在一个集合 B，它的元素正好是 A 的元素的元素全体。
6. 选择公理。对任意集族 A，可从 A 中的每一个非空集合中“选择”一个元素。
7. 无穷公理。这条公理无条件承认归纳集的存在。所谓归纳集，就是一个集合 A 如果满足：1）包含空集并将其作为一个元素；2）如果 a 是 A 的元素，则 a 的后继也是 A 的元素。其中 a 的后继可被定义为 $a\cup\{a\}$。

从无穷公理中，我们也可以直接构造出自然数集合。因为自然数集合的元素相当于 $\phi,\{\phi\},\{\{\phi\}\},\{\{\{\phi\}\}\},\cdots$。注意，这里并未证明无穷集合的存在性，而是直接以公理的形式加以确定。

除了 7 条公理，他还引入了“确定性”这一重要概念。在他的系统中，一个问题或断言之所以被称为“确定的”，是因为存在公理、逻辑规律和域的基本关系等决定性因素。

在策梅洛的系统中，分离公理（实际上是公理模式）表明，并非任一集合的一部分都是一个集合，要能从给定的集合分离出一个子集，子集必须满足某一性质。分离公理不允许由集合自身加以定义的元素所构成的悖论“集合”，因此布拉里-

福蒂悖论中所有序数的“集合”，康托尔悖论中所有基数的“集合”，以及罗素悖论中所有不是自身元素的集合组成的“集合”等，统统都不是合法的集合。在分离公理的约束下，根本不承认这些悖论中的“集合”是集合，自然也就消除了悖论。

策梅洛刚建立公理化方法的时候，系统还很不完善，因而遭到大量的攻击。主要的攻击在于选择公理、“确定性”的概念，以及系统无法证明其相容性。策梅洛在提出“确定性”的概念时表述确实过于模糊，他完全没有注意集合论所需的基础逻辑。此后，在 1922 年，斯科伦和弗兰克尔分别对策梅洛的“确定性”的概念做了严格的数学表述。这一概念的严格化带来几个产物：一是采用数理逻辑的运算，将策梅洛的公理集合论嵌入一阶逻辑演算；二是增加了替换公理，保证某些“大”集合的存在，以弥补系统的缺陷，例如集合 $\{Z_0, Z_1, Z_2, \cdots\}$，在这里 Z_0 是自然数集合，Z_i 是 Z_{i-1} 的幂集。替换公理可表述如下：

> 对于集合 A 中定义的函数 $f(x)$，存在一个集合 B，它对 A 的每一个元素 x，含有 $f(x)$的值，并且不包含其他东西。即 $f(x)$的定义域在 A 中时，它的值域在 B 中。

替换公理是一条很重要的公理，由它可以推导出分离公理（模式）和一些其他的重要性质。这样在策梅洛的系统中，分离公理就让位于替换公理，但为了使用上的方便，分离公理（模式）依旧保留了。

但在 1917 年，法国数学家梅里马诺夫又提出一个集合论悖论，指出在策梅洛的系统中允许存在一些异常集，如下降的集合序列 $a_1 = \{a_2\}, a_2 = \{a_3\}, \cdots$。为了排除这些异常集，弗兰克尔提出“限制公理”，后来其被冯 • 诺依曼用集合论语言严格表述。现在这一公理被称为“正则公理”。

正则公理是指，每个非空集合 A 中至少有一个元素 m，使得 m 与 A 没有公共元素。

这样，策梅洛的公理集合论系统，经过斯科伦和弗兰克尔等人的完善，就形成了一个严格的形式化公理系统。其语言是一阶逻辑语言，其非逻辑公理有 10 条，分别是外延公理、无序对公理、空集公理、替换公理（模式）、分离公理（模式）、幂集公理、并集公理、无穷公理、正则公理、选择公理。这个系统以策梅洛和弗兰克尔的首字母命名，前 9 条公理被称为 ZF 系统，加上选择公理后这个系统则被称为 ZFC 系统。

ZFC 系统的目的，依然在于为数学分析奠定严格的基础。在第二次数学危机之后，柯西和戴德金将微积分的基础归约到实数论，而实数论的相容性又被归约到集合论。由于康托尔在建立朴素集合论时构思得不够精确，导致悖论出现。策梅洛提出的公理集合论就是为排除悖论提供了一个解决办法，并且可以据此探求为微积分奠基。在 ZFC 系统中，通过无穷公理确立了自然数集合的合法性，再由幂集公理实现实数的合法化，然后用分离公理（模式）保证实数集中满足性质 p 的元素能构成自己的合法性。这样只要 ZFC 是无矛盾的，严格的微积分理论就能建立在 ZFC 系统的基础之上。

但由哥德尔不完备性定理[①]可知，无法在 ZFC 系统内部证明其自身的相容性，必须在某个更强的系统中证明，而这个更强的系统自身的相容性也存在问题。1930 年，策梅洛证明了如果存在不可达基数，则 ZF 系统是相容的。这就需要研究高阶的无穷逻辑这一领域，但在当时大多数数学家都不知道是否存在这个不可达基数。

ZFC 系统的相容性迄今为止也没有得到证明，因此不知道是否未来会在系统中找到新的悖论。但是对于历史上出现过的悖论，ZFC 系统都给出了解释并找到了规避办法。对此庞加莱曾讽刺："我们设置了栅栏，把羊群围住，以免遭受狼的侵袭，但谁也不知道是不是把狼也圈在栅栏里了。"

尽管如此，至今没有发现 ZFC 系统有任何矛盾之处，大多数数学家基于经验和方便，依然相信它是对的。

选择公理

在 ZFC 系统中，争议最大的就是选择公理。事实上，策梅洛正是为了维护选择公理，而建立了公理集合论的方法。

策梅洛一开始的研究方向并非集合论，1894 年，策梅洛在博士论文里研究的是变分学，之后又很快转向数学物理。1894—1897 年，他在柏林理论物理研究所做助教，之后到哥廷根大学做讲师。在哥廷根大学期间，他受到了希尔伯特的影响，开始研究数学基础问题。1901 年，策梅洛在研究施罗德的逻辑代数过程中发现了悖论，他并未将其发表，只是写信告诉了希尔伯特。两年后罗素发现了同一个悖论，即引起第三次数学危机的"罗素悖论"。

1904 年，第三届国际数学家大会在德国海德堡举办，匈牙利数学家寇尼做了"关于连续统假设"的发言，声称他证明了实数集不能被良序化，连续统假设是错误的。策梅洛听了寇尼的报告，认为证明有瑕疵，遂开始研究良序问题。同年，策梅洛提出选择公理并证明了良序定理。策梅洛对良序定理的证明和寇尼对实数不可

① 可参见本书第 7 章"计算不能做什么：终结者哥德尔"。

被良序化的证明相互抵触，因此引起数学家们的激烈争论。“无穷多次选择”这一论证或构造方法，一直被认为无害且早已被广泛使用，策梅洛敏锐地意识到它与康托尔的良序原则是等价的，而后者饱受质疑。这就等同于策梅洛为质疑由大量数学家在无意识情况下使用“无穷多次选择”而得到的数学成果提供了强有力的论据。也因此，所有对策梅洛的选择公理或良序定理的批判，实际上都是对康托尔集合论的攻击。1922 年，大数学家希尔伯特写道：“选择公理是当今数学文献中被研究最多的公理。”1958 年，弗兰克尔也曾写道：“选择公理是继欧几里得平行公设之后被研究最多的数学公理。”

通俗地讲，选择公理的含义为：对任意集族$\mathcal{F}$，可从$\mathcal{F}$中每一个非空集合中“选择”一个元素。当$\mathcal{F}$为有穷集族时，这从直觉上很好理解，但是当$\mathcal{F}$为无穷集族时，则出现了巨大的争议。需要指出的是，从单个集合中任意选取一个元素，不需要用到选择公理，即使这个集合含有无穷多个元素，因为谓词逻辑中的全称量词引入规则可以避免这种任意选取。同时用数学归纳法可以证明，从有穷多个集合的每一个集合中任意选取一个元素这一过程也不需要选择公理。

大量反对选择公理的数学家认为，当$\mathcal{F}$为无穷集族时，既无法在有限的时间内从$\mathcal{F}$的每一个非空集合中选择一个元素，也没有一种规则，对$\mathcal{F}$的每一个非空集合都唯一地确定其中一个元素。罗素曾经做过一个形象的比喻，有个百万富翁，在买一双靴子时总是同时买一双袜子。如果他不买靴子，也决不买袜子，就是这么任性，那么他一直买下去，直至无穷。此时问题来了，这个百万富翁有多少只靴子、多少只袜子？人们很自然地假定他的靴子有$\aleph_0$双，袜子也有$\aleph_0$双，对应的靴子个数和袜子个数就应该是$2\times\aleph_0=\aleph_0$。但在这里人们忽略了，靴子分左右，而袜子不分。也就是说，可以用统一的规则挑出靴子，比如全部是左靴或右靴，但是并没有同样的选择袜子的规则。所以，除非我们肯定选择公理，否则不能确定有任何一个选择类是从每一双袜子中挑出一只所构成的。

选择公理在历史上的发展由来已久，最远可以追溯到欧几里得时代。古希腊的数学家们在证明命题时需要用到“任意选取一个对象”，然后对这个对象进行论证。这成为推理证明的基础。此后在漫长的数学发展中，大量数学家都有意识或无意识地“滥用”了选择公理，比如创立极限理论的柯西，以及建立实数理论的康托尔和戴德金，他们都无意识地用到无穷次任意选取。尤其是康托尔和戴德金，在刻画有穷和无穷之间的界限时使用了选择公理。但他们和柯西一样，都没有意识到自己在使用它。

1883 年，康托尔在提出连续统假设后，意识到连续统假设蕴含实数集可被良序化，于是提出良序原则：每个集合都可被良序化。1895 年前后，康托尔给出良序原则的一个证明。在同一时期，布拉里-福蒂提出分割原则，并利用该原则证明了基数的三歧性，这也是良序原则的推论。这些结论后来也引起巨大争议。比如，罗素和波雷尔一直对良序原则和基数三歧性持怀疑态度，而希尔伯特则相信至少实数集是可良序化的，并在 1900 年第二届国际数学家大会上将连续统假设和实数集上的良序存在性列为重要的数学问题。到了 1904 年，策梅洛提出了选择公理并证明了良序定理，纷争愈演愈烈。大多数反对选择公理，或无意识地使用了选择公理的数学家，都没有意识到选择公理的推理强度，更没有人和策梅洛一样想到要用一条公理来保证这种“无穷次的任意选取”。

选择公理有非常多的等价形式。比如，康托尔提出的良序问题，或称为良序原则；罗素和怀特海在《数学原理》的 PM 系统中引入的乘法公理；其他如基数的三歧性、佐恩引理、勒文海姆-斯科伦定理、季洪诺夫定理。它还有许多弱形式，如素理想定理、可数选择公理、依赖选择公理等。选择公理已经渗透到数学的各个分支，可以说离开选择公理，今天的数学将受到很大的限制。

使用选择公理有时会推出一些怪论，这也是选择公理比较让人难以接受的地方。比如，通过无穷多次选择，会得出一个非常反直观的巴拿赫-塔斯基定理，也被称为分球怪论。它由巴拿赫和塔斯基于 1924 年首次提出：即将一个三维实心球分成有限个（不可测的）部分后，仅仅通过平移和旋转各部分，就可以组成两个半径和原来相同的完整的球。分球怪论非常反直觉，但是从逻辑推理上是完全成立的。

1935 年，哥德尔通过引入“可构成”集合的内模型方法，证明了如果 ZF 系统是相容的，那么 ZFC 系统（加上选择公理）也是相容的。在普林斯顿访问期间，哥德尔将这一结论告诉了冯·诺依曼。1963 年，科恩通过力迫法证明了选择公理相对于 ZF 系统是独立的。欧几里得几何系统里的第五公设独立性事件再次发生了。选择公理对于 ZFC 系统来说是必要的，因为选择公理无法从其他公理中推出；同时它也是不必要的，因为它和其他公理没有直接关系。

部分选择公理的反对者决心采用其他公理来代替选择公理。其中最有影响力的是 1962 年波兰数学家 Jan Mycielski 和 Hugo Steinhaus 引入的决定性公理（AD）。这条公理产生于无穷博弈：设 S 是 0-1 序列的集合，由甲乙双方分别从 $\{0,1\}$ 中选取元素。这样进行无穷多次，得到一个无穷序列。这个序列属于 S 则甲胜，否则乙胜。决定性公理是说，对于任意的 S，要么甲有取胜对策，要么乙有取胜对策。决定性公理是和选择公理矛盾的，但也有着重要的应用价值。1964 年，Mycielski 用其证明了每个实数集都是勒贝格可测的，从而通过决定性公理不会得出巴拿赫-塔斯基定理这样反直观的结论。然而，决定性公理蕴含大基数的存在性，因此要证明决定性公理的一致性，就必须假设大基数的存在性，因此决定性公理的一致性还是一个悬而未决的问题。

NBG 公理集合论

在 ZFC 公理集合论之外，也存在着其他的公理集合论。冯·诺依曼在 1923—1929 年连续发表了 6 篇集合论论文，建立起一个新的公理集合论系统。经过贝尔纳斯和哥德尔的简化与改进，它变得更为完善，现在被称为 NBG 系统，以 3 人名字的首字母命名。

冯·诺依曼曾被称为世界上最聪明的人，也是电子计算机之父。他涉足的领域非常多，在此我们先看看他建立的公理集合论。冯·诺依曼提出一种新的序数理论，并给出与此相关的超穷归纳法的证明。冯·诺依曼的系统保留了策梅洛系统的实质，但是采用完全不同的语言进行描述。策梅洛使用的是关于集合和元素的语言，而冯·诺依曼采用的是关于函项和变目的语言。这两种语言是等价的，任何函项可被解释为有序对的一个集合，而任何集合也可以用特征函项来描述。

冯·诺依曼在系统中引入两种不同的汇合体，一种是集合，另一种是类。所有的集合都是类，但不能作为元素的类不是集合，而被称为真类。简单来说，集合是一种“不太大”的总体，而类是不问“大小”的所有总体。1899 年，康托尔曾经提出要区分“一致的多数体”（集合）和“不一致的多数体”。1905 年，葛希尼也曾提出要区分“完成了的集合”（集合）和“产生过程中的集合”（类），最终冯·诺依曼做出了严格的定义。这样，由于所有集合的类、所有序数的类都不是集合，而是真类，那么罗素悖论、康托尔悖论、布拉里-福蒂悖论等自然都不能产生。因此，冯·诺依曼和策梅洛排除悖论的方式是不同的。冯·诺依曼这样做的好处在于，与类概念有关的数学论证得以保留，这样康托尔的概括原则就可以使用了，同时还不会引起悖论，等于扩展了策梅洛的理论。

冯·诺依曼提出 6 组公理，构建了包含集合与类概念的公理系统。在这 6 组公理的基础上，就可以进行集合论的推导了，可以导出包括并集、交集和幂集的一般定理。冯·诺依曼引进次序和良序的定义并证明了相关定理，在良序定理的基础上发展出超穷基数理论，并证明了无穷集合的存在，定义了最小的无穷序数。后来罗宾逊在 1937 年、贝尔纳斯在 1937　1954 年和 1958 年、哥德尔在 1940 年分别简化、修改和扩充了冯·诺依曼的系统，NBG 系统形成。

NBG 系统可以使用概括原则，数学推导极为方便，同时较早地引进了序数理论。冯·诺依曼和贝尔纳斯的原系统没有公理模式，是有穷可公理系统，因为替换公理和分离公理都可以作为定理导出。这些都是NBG系统区别于ZFC系统的地方。两个系统也有相同之处，已经确认的是，如果 ZF 系统是相容的，那么 NBG 系统也是相容的；NBG 系统中只涉及集合变元的定理也是 ZF 系统的定理。

ZFC 系统和 NBG 系统为集合论修复了缺陷，并开拓了数学新的前景。选择公理作为无穷问题的争论焦点，则真的成了一个“选择”，并带来了数学上的不同可能性。但 ZFC 系统和 NBG 系统的相容性尚未得到证明，因而数学就不得不在一艘船板尚不稳固的船上继续向前航行。

第三部分
计算理论的形成

第 6 章　计算理论的奠基：希尔伯特进路

第 7 章　计算不能做什么：终结者哥德尔

第 8 章　计算理论的诞生：图灵的可计算数

第 6 章
计算理论的奠基：希尔伯特进路

数学的无冕之王

20 世纪初，全世界所有数学专业的学生都收到同样的忠告：

> “拿起你的背包，到哥廷根去！”

传说在德国小镇哥廷根住的全是数学家。确实在 19 世纪末、20 世纪初，哥廷根成为全世界的数学中心。数学界当之无愧的领袖菲利克斯·克莱因就生活在这里。1894 年，克莱因给身在柯尼斯堡的大卫·希尔伯特写信，诚邀已经展露才华的希尔伯特加入哥廷根大学。希尔伯特万分欣喜地接受了来自哥廷根的召唤。

大卫·希尔伯特 1862 年生于东普鲁士的柯尼斯堡（现今的加里宁格勒），祖父和父亲都是法官，母亲不仅受过良好的教育，还对哲学、天文学和数学都很感兴趣。柯尼斯堡也是伟大的哲学家康德的出生地，在柯尼斯堡大教堂附近有康德的半身像，而每到 10 月 22 日康德诞辰这一天，母亲就会带着小希尔伯特前去瞻仰，并向他讲述康德的故事和思想。希尔伯特最喜爱康德的名言：

> “世上有两样东西深深震撼着我们的心灵，一个是我们心中崇高的道德法则，另一个则是我们头顶上璀璨的星空。”

希尔伯特从小记忆力就不太好，小时候数学成绩也很一般，并未展现出过人的天赋。而他一生的好友，同样成为数学家的神童赫尔曼 •闵可夫斯基，比他小两岁，有着惊人的记忆力、理解力和敏捷的反应，仅用 5 年半就读完希尔伯特要学 8 年的课程，提前上了大学。1880 年秋天，希尔伯特不顾父亲的反对，进入柯尼斯堡大学学习数学，当时数学专业设在哲学系。父亲原本希望他子承父业学习法律，但希尔伯特从未对自己的职业选择有过犹豫。最终，希尔伯特在柯尼斯堡大学获得哲学博士学位，并留校任教，直到收到来自哥廷根大学的聘约。

希尔伯特天生具有领袖气质，擅长抓大放小。他讲课时节奏比较慢，经常重复讲一个知识点，以确保所有学生都能听懂，但讲得简练、自然、逻辑严谨。他只粗略地备课，在细节上经常出错。在晚年的执教生涯中，他在黑板上解题时经常解到一半解不出来，然后大手一挥不解了，还铮铮有词——“在形式系统里成立自然能推导出来”。希尔伯特对中国学生非常友好，季羡林在日记里提到，他在哥廷根学习时曾在书店里偶遇已经退休的希尔伯特，后者非常和善地和他打招呼。下图是希尔伯特的照片。

希尔伯特也是那个时代在数学方面知识最渊博的人，他和庞加莱一样几乎踏遍数学的所有角落，在代数不变式、代数数域、数学分析、变分法、积分方程、几何基础、无穷维空间、数学基础，乃至物理学等众多领域有着杰出的贡献。在克莱因之后，希尔伯特扛起了哥廷根数学的大旗，培养出众多的数学家。如果说数学家有一个江湖，希尔伯特就是当之无愧的武林盟主。

希尔伯特问题

数学的世纪之问

1900 年，在巴黎召开的第二届国际数学家大会上，希尔伯特被邀请发表讲话。对希尔伯特来说，这是对 19 世纪的数学进行总结，以及开启 20 世纪数学大门的一次世纪讲话。希尔伯特希望通过这次讲话，进一步阐述纯数学的思想，并回应庞加莱在第一届国际数学家大会上的发言，同时也希望展望新世纪数学的发展方向，并指出一些数学家应该集中力量加以解决的重要问题。他在讲话中提到：

> “历史教导我们，科学发展有连续性。我们知道，每个时代都有它自己的问题，这些问题或得到解决，或因为无所裨益而被抛弃，代之以新的问题。如果我们想对数学知识在不久的将来可能的发展有一个概念，那就必须回顾一下当今科学提出的、期望在将来能够解决的问题。当此世纪更迭之际，我认为正适合对这些问题进行一番检阅。因为，一个伟大时代的结束，不仅让我们回顾过去，也让我们展望未来。
>
> “不可否认的是，某些问题在一些数学基础领域以及研究者的工作中发挥着巨大作用。只要一门学科能提出大量的问题，它就充满着生命力；而问题的缺乏则预示着枯萎。正如人类的每一项事业都在追求着确定的目标一样，数学研究也需要它自己的问题。正是通过这些问题的解决，研究者锻炼其意志，发现新方法和新观点，达到更广阔和自由的境界。
>
> “预判一个问题的价值是困难的，且常常不可能，因为最终的价值取决于科学从这个问题中的获益。然而，我们仍然要问，是否有一个通用的标准可以鉴别出好的数学问题？一位法国老数学家曾说过，一个数学理论，只有当我们向街上遇到的每一个人都能解释清楚的时候，它才算是完善的。我认为一个完善的数学理论和数学问题，应该清晰易懂。因为清晰易懂的问题吸引着人的兴趣，复杂的问题使人望而却步。”①

希尔伯特在世纪之交一共提出了 23 个数学问题，由于演讲时间的关系，他在大会上只讲了 10 个。这 23 个问题在历史上被称为“希尔伯特问题”。如希尔伯特所期望的那样，这些问题确实指引了 20 世纪数学的发展方向。下面是这 23 个问题，加粗标记的是巴黎会议上提到的 10 个。

① 参考了希尔伯特的《数学问题》。

1. **康托尔的连续统假设。**
2. **算术公理的相容性。**
3. 两个等底等高的四面体体积相等问题。
4. 直线作为两点间最短距离的问题。
5. 从李（S.Lie）的连续变换群概念中去掉定义群的函数的可微性假设。
6. **对物理学的公理化数学处理。**
7. **某些数的无理性与超越性。**
8. **素数问题。**
9. 任意数域中最一般的互反律之证明。
10. 对丢番图方程可解性的判定。
11. 证明存在系数为任意代数数的二次型。
12. 阿贝尔域上的克罗内克定理在任意代数有理域上的推广。
13. **证明不可能用仅有两个变数的函数解一般的七次方程。**
14. 证明某类完全函数系的有限性。
15. 舒伯特（Schubert）计数演算的严格基础。
16. **代数曲线和曲面的拓扑。**
17. 半正定形式的平方表示式。
18. 由全等多面体构造空间。
19. **正则变分问题的解是否一定可解析。**
20. 一般边值问题。
21. **对具有给定单值群的线性微分方程解的存在性证明。**
22. **通过自守函数使解析关系单值化。**
23. 变分法的进一步发展。

这些问题有的解决了，有的还没有。特别值得一提的是，对于和本书有重要关系的第 2 个问题——算术公理的相容性，哥德尔给出了部分解答，第 1 个问题连续统假设则由哥德尔和科恩给出了解答。

希尔伯特的第 10 个问题

丢番图方程可解性的问题，是一个判定性问题。这个问题是：“对于任意多个未知数的整系数不定方程，要求给出一个可行的方法，使得借助于它，通过有限次运算，可以判定该方程有无整数解。”

这个著名的问题可以追溯到古希腊毕达哥拉斯学派提出的毕达哥拉斯定理：直角三角形斜边的平方等于两直角边的平方和，亦即中国古代的勾股定理。

设三角形的直角边为 a、b，斜边为 c，则有：

$$a^2+b^2=c^2$$

到了公元 3 世纪，希腊数学家丢番图编写了《算术》一书，奠定了代数的基础。丢番图仔细研究了不定方程，因此有了丢番图方程的一般形式：

$$a_1x_1^{b_1}+a_2x_2^{b_2}+\cdots+a_nx_n^{b_n}=c$$

其中 a、b、c 均为正整数，目标是找到 x 的一组正整数解。方程的一种特殊形式即毕达哥拉斯定理。

到了 17 世纪，法国传奇数学家费马得到一本《算术》的拉丁文版本。费马有在读书时做笔记的习惯，他在第 11 卷第 8 个命题旁写道："将一个立方数分成两个立方数之和，或将一个四次幂分成两个四次幂之和，或者一般地将一个高于二次的幂分成两个同次幂之和，这是不可能的。对此，我确信已发现一种美妙的证法，可惜这里空白的地方太小，写不下。"

即：

$$x^n+y^n=z^n$$

当 $n>2$ 时，方程无正整数解。费马的这条笔记引发后人众多的遐想，其中的猜想也被称为费马大定理，或是费马最后的定理。它也是丢番图方程的一个特殊形式。历史上欧拉等众多数学家都曾仔细研究过这个猜想，但一直无法证实或证否。直到 350 多年后，英国数学家安德鲁 • 怀尔斯于 1995 年，综合近百年的数学研究成果后，用长达 100 多页的论文完成了证明。

而希尔伯特提出的第 10 个问题，不是费马猜想，而是关于更普遍的丢番图方程的问题。希尔伯特不是在问丢番图方程的解法，而是询问是否存在一种方法，通过有穷次运算可以判定丢番图方程是否有正整数解。比如，我们可以通过"筛法"判定任意自然数是否是素数，筛法在有穷个步骤内，总能判断一个自然数是会被筛掉，还是会留在筛子里。现在我们知道这种有穷次运算的方法其实是"算法"，但在当时还没有对算法的精确定义。

希尔伯特的第 10 个问题，推动丘奇和图灵去精确定义计算和算法的概念，图灵给出了对于一般计算过程不存在通用判定过程的解答。[①]而丢番图方程的通用判

① 参见本书第 8 章"计算理论的诞生：图灵的可计算数"。

定性问题，最终在 1970 年由马蒂亚谢维奇证否，结论为“一般来说，丢番图问题都是不可解的”。

希尔伯特的问题提出后，就像立了一个个靶子，引得众多数学家为其付出毕生努力，并收获累累硕果，但迄今为止仍有问题还没找到答案。

在公元 1900 年演讲的最后，希尔伯特说道：

> “我们面临着这样的问题——数学会不会遭到像有些学科那样的厄运，被分割成许多孤立的分支，它们的代表人物很难互相理解，它们的关系变得更松懈？我不相信会有这样的情况，也不希望会有这样的情况。我认为，数学是一个不可分割的有机整体，它的生命力正是在于各个部分之间的联系。尽管数学知识千差万别，但我们仍然可以清楚地意识到，在作为整体的数学中，使用着相同的逻辑工具，存在着概念的亲缘关系。同时，在它的不同部分之间，也有大量相似之处。我们还注意到，数学理论越是向前发展，它的结构就变得越协调。并且，一向相互隔绝的不同分支之间，也会显露出原先意想不到的关系。因此，随着数学的发展，它的有机的特性不会丧失，只会更清楚地呈现出来。
>
> “然而，我们不禁要问——随着数学知识的不断扩展，单个研究者想要了解这些知识的所有部分不是变得不可能了吗？为了回答这个问题，我想指出，数学中每一步真正的进展，都与更有力的工具和更简单的方法有着密切联系，这些工具和方法会有助于理解已有的理论，并把陈旧的、复杂的东西淘汰。数学发展的这种特点是根深蒂固的。因此，对于个别的数学工作者来说，只要掌握了这些简单有力的工具和方法，他就有可能在数学的各个分支中找到比其他科学更容易前进的道路。
>
> “数学的有机统一，是这门学科的固有特点，因为数学是一切精确自然科学知识的基础。为了圆满实现这个崇高的目标，让新世纪给这门学科带来天才的大师和无数热诚的信徒吧！”

希尔伯特热情洋溢的讲话照射着未来。数学的统一性，以及不同分支之间的影响和关联，是他的期盼和预言。1967 年，年仅 30 岁的加拿大数学家罗伯特·朗兰兹提出一个意义深远的猜想，认为数学中独立发展起来的 3 个分支：数论、代数几何和群表示论，其实是密切相关的，这个猜想最终演化成如下图所示的“朗兰兹纲领”①，随着近些年不断得到验证，其有成为数学中“大一统理论”的趋势。整整 100 年，足见希尔伯特眼光之长远！

① 可参考链接[1]，可扫描本书封底“读者服务”处的二维码获取。

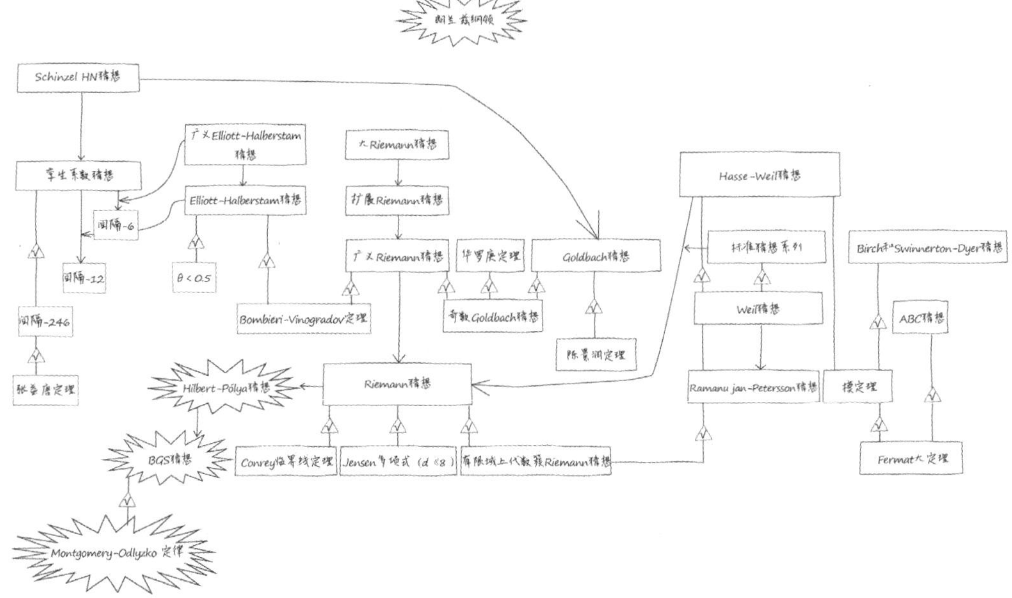

几何的算术基础

欧几里得的第五公设

1898 年，希尔伯特的兴趣开始转向几何学，其著作《几何基础》于次年出版，这可能是自公元前 3 世纪欧几里得的《几何原本》以来最全面、完善和严格的几何学著作。在 19 世纪，非欧几何取得巨大的进步和成就，这主要归功于对《几何原本》中第五公设的突破。

在古希腊时代，亚里士多德建立了实质公理化体系，提出公理都应是自明的、普遍的原理，不需要被证明。这种来自自然和经验的公理化体系被称为实质公理化，它要求公理自明为真。实质公理化系统从公理出发，通过演绎的方法推理出其他结论。欧几里得的几何学正是建立在这样一种实质公理化的基础之上的。

前 4 条公设都是一目了然的，但是下面这条第五公设却非常可疑，看起来像一个定理：

> “如果一条线段与两条直线相交，在某一侧的内角和小于两直角和，那么这两条直线在不断延伸后，最终会在该侧相交。”

今天我们所熟知的是如下这条第五公设的等价版本，由苏格兰数学家约翰·普莱费尔提出：

> “给定一条直线，通过此直线外的任何一点，有且只有一条直线与之平行。”

千百年来无数的数学家前赴后继试图从前 4 条公设中推导出第五公设，却没有一个人成功。直到 19 世纪意大利数学家贝尔特拉米证明了第五公设独立于前 4 条公设，即无法从前 4 条公设中推理出第五公设。看来欧几里得设置第五公设是非常有必要且有先见之明的。

这引发了数学思想上的一场革命。首先，人们发现存在一些命题是不可证的，这打破了思想的桎梏。其次，看来欧几里得并没有给几何学画上句号，也许可以尝试改变第五公设，以带来数学上不同的可能性。事实上，通过对第五公设的修改，高斯、鲍耶、罗巴切夫斯基和黎曼等人开辟出罗氏几何、黎曼几何等非欧几何的重要数学领域，取得了丰硕的成果。人们的认识从直观空间上升到抽象空间。非欧几何对于现实更有意义，因为现实世界中曲面比平面多得多，如果没有非欧几何的建立，爱因斯坦可能无法得出广义相对论的方程。

科学发现的重要原则，在于对传统信念的挑战，尤其是对人们习以为常的常识的怀疑和求证。在科学史上，这样的壮举比比皆是，每一次都实现了重大突破。有人问爱因斯坦他是如何发现相对论的，爱因斯坦回答：“是靠挑战一条公理。”爱因斯坦挑战的是“两个不同瞬间中的一个必定先于另一个”这条公理。类似地，罗巴切夫斯基和鲍耶向欧几里得第五公设发起了挑战；哈密顿和凯利向乘法可交换公理发起了挑战；卢凯西维奇和波斯特向亚里士多德的排中律发起了挑战；伽利略向重量大的物体落得快的传统观念发起了挑战。这些人的伟大成就，都说明了公理并非一成不变的，公理不再代表真理，而只能被视为一种设定。

最后，数学家们发现，数学不再是一种“量的科学”，而应该是“从一组给定公理或前提中按照逻辑抽取出隐含结论”的最完善的学科。而公理是否“自明为真”不再变得那么重要，数学家的任务是验证结论是否为“在初始前提下的必然逻辑结果”。传统观念认为的“一个公理系统只有一个论域（模型）”的观念也被破除了，只要容许对一个公理系统做出不同解释、找出不同模型，那就完全可以把它看成一个不与任何特定对象域绑定的形式公理系统。这种思想为希尔伯特最终建立“形式公理化系统”奠定了基础。

从实质公理化到形式公理化的过渡，是由证明非欧几何的相对一致性完成的。在修改欧几里得第五公设后，数学家们建立了非欧几何等曲面几何，但此时根基尚不稳固，除非能严格证明修改后的曲面几何的公理是一致的。一个数学系统是一致的或者说相容的，指的是系统预设的公理之间是无矛盾的，不会从公理中推导出互相矛盾的结果。这一点对数学系统相当重要。如果没有严格证明新系统的一致性，那么总有人会担忧，未来是否会发现新的矛盾定理，从而导致公理系统崩溃，无法再可靠地使用相关的数学结论。

模型方法

数学家们证明曲面几何一致性的办法，是将曲面几何映射到欧几里得几何，通过欧几里得几何的一致性来证明曲面几何的一致性。这种利用欧几里得几何一致性的方法来证明曲面几何一致性的方法，被称为“模型方法”。通常来说，它是指通过建立一个模型来论证模型的一致性，从而证明目标系统的一致性。

在模型方法中，“映射”是一个关键概念。比如，在椭圆几何里，可以将“平面”解释为一个欧几里得球面，将“点”解释为在球面上的一对对顶点（以球心为中点），将“直线”解释为球面上的一个大圆（圆心与球心重合），等等。这样每一条椭圆几何的公理都变成一条欧几里得定理。比如，据此，欧几里得第五公设在椭圆几何里就可以被解释为：通过球面上的一个点，无法画出一个和已知大圆平行的大圆。一旦初始前提改变，结论就会发生变化。在欧几里得几何里永不相交的平行线，在椭圆几何里相交了，原理如下图所示。

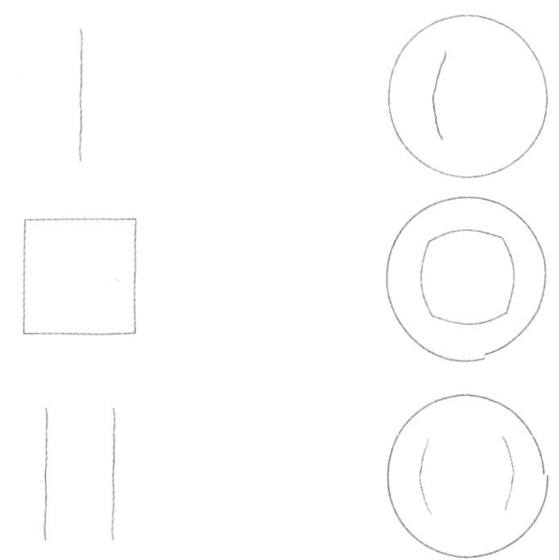

这种通过模型证明非欧几何一致性的方法，是一种相对性证明，它依赖于欧氏几何的一致性。那么欧氏几何的一致性又该如何证明呢？由于欧几里得的几何公设显而易见，千百年来也一直没出过什么差错，因此数学家们都忽略了这个问题，默认欧几里得的几何学一定是一致的。

但欧几里得的《几何原本》对于很多概念的描述都非常模糊。比如，“点”这个概念在《几何原本》中的定义为：“点，是没有部分的那种东西”，这种说法非常含糊。后来又发现有些命题在《几何原本》的公设下是不可严格证明的，欧氏几何并没有那么强的确定性，这多少会让人对欧氏几何的公理系统不那么放心。尽管一直没有出过差错，但是难保未来某一天不会出现矛盾之处。发现第五公设的独立性，让数学家们的恐慌达到顶点。因此，有必要通过一种可靠的方法建立欧氏几何的一致性。

桌子、椅子和啤酒杯：形式系统思想

希尔伯特研究几何学时，受到数学家 H. 魏纳的影响，思想开始向形式化转变。1891 年，希尔伯特听过一个魏纳关于几何实质的讲座。魏纳当时提出，要建立关于点和线之间联结和切割的一种抽象科学，要从只包括这些元素和关系的前提中推导出定理。在回柯尼斯堡的路上，希尔伯特在柏林车站对另外两位数学家说："在一切几何命题中，我们必定可以用桌子、椅子、啤酒杯来代替点、线、面。"这句话反映了希尔伯特朴素的形式公理化思想。他认为如果几何是研究"事物"的，那么公理确实不需要自明，而应当脱离直观，进行科学的抽象。公理所表述的关系，对"点、线、面"，或"桌子、椅子、啤酒杯"都应当成立。点、线、面这些初始概念在希尔伯特的公理系统中是不加定义的，没有被赋予明确的含义，公理只是表达了这些初始概念之间的关系结构。正因为如此，这个公理系统才可以有各种不同的模型，比如桌子、椅子、啤酒杯。希尔伯特的《几何基础》不仅是关于几何对象的命题所构成的系统，而且是关系结构的条件所构成的系统。关系结构是完全抽象的，是形式公理学的直接对象。

在《几何基础》中，希尔伯特借助笛卡儿的解析几何思路，引入代数方法，将几何映射为坐标轴上的变量。如果实数算术是一致的，那么几何也是一致的。这就将几何的一致性建立在实数算术一致性的基础之上了。那么算术是否一致呢？希尔伯特认为这个问题需要从算术系统内部解答。如果再映射到另一个系统，问题会无穷无尽、永无答案。希尔伯特需要一个数学上对算术系统一致性的绝对性证明。

为了解决这个问题，希尔伯特提出一种借助形式化的思想来"绝对性"地证明一致性的办法，他称之为"元数学"，又可被称为"证明论"。证明论将研究对象变成数学证明本身。在《几何基础》中，希尔伯特建立的还不是一个完全形式化的系统，概念还没有完全符号化；逻辑概念还有意义；公理和定理还不是符号公式，还具有某种关系结构；从公理到定理，采用的还是逻辑推理，而不是公式的变形。而在证明论中，希尔伯特的形式公理化思想得到进一步的发展，变得更加彻底，直到建立起证明论的宏伟纲领。

“形式主义”之父

希尔伯特真正的王者之战即将到来，这是一场荣誉之战，也是他亲自为 20 世纪数学揭幕之后最重要的一战。这场战争的起因依然是第三次数学危机。危机既然降临，就不得不面对。

在 19 世纪末，由集合论悖论、罗素悖论[①]等引发的第三次数学危机，让数学的基础不再牢靠。为了弥补数学基础的缺陷，弗雷格和罗素提出了逻辑主义，罗素和怀特海还合著了《数学原理》，期望将数学建立在逻辑的基础之上，从逻辑公理出发推导出全部的数学。而以克罗内克、庞加莱和布劳威尔为代表的直觉主义者则认为，只有构造出来的才是实在的。其中克罗内克不承认无理数，布劳威尔则拒绝排中律，他认为一个命题被证明为假，并不说明相反的命题一定为真，除非能将其构造出来。对无穷的限制和对排中律的拒绝给数学带来巨大的麻烦，大量的经典数学将被排斥在数学之外。

希尔伯特对逻辑主义和直觉主义都持批评态度。对于逻辑主义，他认为逻辑漫长的发展过程实际上已经涉及整数，尽管没有直接说整数，因此在逻辑的基础上建立整数的概念实际上就是循环论证。整数诞生于逻辑之前，有数学家曾将逻辑喻为数学家通用语言的语法，而语言早在语法建立之前就存在了。

对于直觉主义，希尔伯特则强烈地抨击了直觉主义者的哲学：“禁止数学家用排中律就像禁止天文学家用望远镜或拳击手用拳头一样。否定用排中律所得到的存在性定理就相当于完全放弃了数学的科学性。”这场信仰之争最后上升为互相攻击，布劳威尔也曾公开宣称希尔伯特是他的敌人。

在希尔伯特看来，逻辑主义和直觉主义都没有解决问题。为了“一劳永逸”地解决数学基础的可靠性，希尔伯特在 1904 年于海德堡召开的第三次国际数学家大会上，正式提出他解决数学基础问题的纲要，后来人们称之为“希尔伯特纲领”。他认为对待数学最可靠的方法就是不把它当作实际知识，而是当作一种形式上的法则，也就是说当作一种抽象的、象征性的、与含义无关的法则。正确的数学方法应该包含既有逻辑又有数学的概念和公理。根据逻辑学原理，演绎法可以归结为对符号的操作。这些符号，尽管可以表达直观意义的感知，但不能在所提出的形式数学中找到解释。希尔伯特剥离了符号本身具备的意义，认为所有的符号本身是无意义的，符号之间应该通过机械法则完成演算。这种系统被称为“形式系统”，这种哲学观点则被称为“形式主义”。[②]演算是从无意义的符号出发的，而非依赖于逻辑公

① 策梅洛独立提出了集合论悖论，一个和罗素悖论类似的结论，并将其告诉了希尔伯特。

② 尽管希尔伯特的证明论建立了形式主义学派，但他本人并不认为自己是形式主义者。

理，看起来像一种符号游戏，这是形式主义与逻辑主义相比的最大不同。这里的形式主义是不带任何贬义的，因此也许表述为数学的形式化更贴切。对于形式主义来说，数学本身就是一整套形式系统。在一个形式系统中，概念变成符号，命题变成公式，推理变成一串公式的变形，证明变成一串公式的有穷序列。

然而，在 1904 年提出海德堡计划以后，希尔伯特的精力转向了其他领域，直到 1917 年左右才重新回到数学基础上。此时希尔伯特在他的学生阿克曼、贝尔奈斯和冯·诺依曼的帮助下逐步开展“证明论”的研究，这是建立任何形式系统相容性的一种方法。为了挽救古典数学，希尔伯特的主要思路是把古典数学理论 T组织成形式系统 T_F，然后在证明论 T_m 中对形式系统 T_F 进行研究，这种研究严格坚持有穷主义，禁用超穷归纳、选择公理等有争议的原则。证明论的任务是用有穷方法证明从古典数学中抽象出来的形式系统的相容性，这样既可以用有穷方法消除悖论，又可以挽救古典数学中一切有价值的东西。

在 1927 年汉堡的演讲[①]中，希尔伯特提到：

> “因为，这种公式游戏是根据某些确定的、反映我们思维技术的法则进行的。这些法则形成一个能够被发现并加以确切陈述的封闭系统。我的证明论的基本思想，就是要刻画我们的悟性活动，制定出我们的思维过程所实际遵循的思维法则。”

希尔伯特同时承认，形式化算术的相容性（无矛盾性）确实还没有被证明，而这种相容性的证明将“确定证明论的有效范围，并构成证明的核心”。同时希尔伯特充满乐观地断言，完成这一证明已经为时不远。

> “在这里我要强调，最终的结果将会表明，数学是一门没有任何先决条件的科学。为了奠定数学的基础，我们不需要克罗内克的上帝，也不需要庞加莱的与数学归纳原理相应的天赋，或布劳威尔的基本直觉，最后，我们也不需要罗素和怀特海关于无穷性、可化归性以及完备性的公理。”

数学的研究对象变成了数学证明本身，是这一时期数学发展的一大特征，从历史来看，也是巨大的突破。

一个数学证明过程在形式系统里可以被表述为以下过程：肯定某一个公式，肯定这个公式蕴含另一个公式，肯定第二个公式。这样一系列的步骤（实际上是一个由公理出发，有先后顺序的公式链）就构成了对一个定理的证明。一个公式为真，

① 参考了康斯坦丝·瑞德的《希尔伯特——数学界的亚历山大》的第 21 章。

当且仅当它是一串公式的最后一个，其中的每一个公式，要么是形式系统的一条公理，要么是由归纳法所导出的公式。每个人都可以验证一个给定的公式是否可以通过一连串适当的推导得到，因为证明在本质上就是对一些符号的机械操作。

有穷主义证明论

希尔伯特非常重视证明论中的有穷性，他举了个例子，“如果 p 是一个素数，那么总存在一个素数大于 p”。这个论述是非有穷性的，因为它是一个关于所有大于 p 的整数的论述。而论述“如果 p 是一个素数，那么在 p 和 $p!+1$ 之间总存在一个素数。”是有穷性的，因为对于任何一个素数 p，我们所要检验的是在 p 和 $p!+1$ 之间有限个整数中是否存在一个素数。他继续说道：“我们将经常用‘有穷性的’这个词来表示问题中的论述、论断或定义被限制在完全可构造的事物、完全可行的过程范围内，并在可具体检查的领域内执行的情形。”

希尔伯特在研究几何基础的时候，深知模型方法的一个问题在于，在目标对象、演算操作有穷的情况下很容易理解和证明一致性，因为只要是有穷个对象，总是可以检验的，很容易验证是否可靠。但是在大多数无穷的情况下则比较难以建立模型和演算，因为一个无穷的模型可能是隐含有矛盾的。在过往的历史中，人们直观上的“清晰”和“显然”在很多时候并不可靠，以此构建的无穷模型也很难经得起检验。比如，康托尔对连续统的研究、罗素悖论的提出，都是从无穷的模型中推导出矛盾的结论。直觉主义者一直在排斥的就是将无穷当作一个实在的量，他们只接受对有穷对象的检验。因此，在一个无穷的模型中，只要无法一一检验目标对象，就会被直觉主义者所挑战。但数学中的大部分理论又需要用到无穷的模型，如果舍弃它，对数学的限制将非常大。

正因如此，希尔伯特的证明论要求的是一种有穷模型。证明的过程必须在有限步骤后停止，最后的那个公式就是证明的结论。为了消除模型方法的局限性，希尔伯特将证明论建立在有穷性的思维之上，取得了巨大进步。但成也萧何败也萧何，最终突破希尔伯特纲领的哥德尔，恰恰是借助无穷的思想，从哲学的直觉上直接找到了真理的方向。

事实上，我们可以看到，数学和哲学的一个根本问题在于对“无穷”的理解。这个问题从2000多年前的古希腊时期就开始了，芝诺、毕达哥拉斯、德谟克利特、亚里士多德、阿基米德等人对无穷都有着不同程度的涉猎并秉持不同立场。亚里士多德将无穷分为潜无穷和实无穷，潜无穷是未来可发生的，而实无穷是将无穷当作一个实体。亚里士多德严格禁止实无穷的使用，这也是之后 1000 多年所有数学家的立场。虽然经历了近代的科学启蒙后，牛顿、莱布尼茨研究过无穷小量，柯西、魏尔斯特拉斯进而对无穷小量严格定义，但他们依然秉承潜无穷的立场。直到 19 世纪，康托尔着手研究无穷大量，胆大妄为地打破了亚里士多德的禁令，开始严肃认真地研究起实无穷，最终提出集合论。然而，这遭到克罗内克、布劳威尔的抵制，直觉主义者拒绝实无穷。希尔伯特拥抱康托尔的集合论，但在证明论中选择了有穷方法，而哥德尔恰恰无羁绊地放弃了有穷性，彻底打开无穷的思想境界，最终推动哥德尔纲领的建立，向集合宇宙迈进了一大步。其影响一直延续至当下，也就是我们所处的 21 世纪。不同时期的数学家、物理学家、哲学家对无穷都有不同的看法，各自做出了相应的贡献与实现了一定的突破。但时至今日，这个问题依然没有标准答案。也许解答了这个问题，就找到了宇宙最本源的奥秘与真相。

在 20 世纪 20 年代，希尔伯特的数学形式化思想受到学术对手的批评与责难。直觉主义者批评形式主义为“用无意义的符号进行的无意义的纸上游戏”。布劳威尔则在 1921 年阿姆斯特丹的演讲中直接讽刺：“对于在哪里能找到数学严格性的问题，这两派提供了不同的答案。直觉主义者说在人类的理智中，而形式主义者说在纸上。”连希尔伯特最优秀的学生赫尔曼·外尔，也被这场论战牵涉。外尔深受直觉主义者布劳威尔的影响，他曾批评形式主义：“这种彻底的重新解释，企图拯救经典数学，也就是把经典数学形式化，而实际上抽取了其含义。这样就在原理上将其从直觉系统中移走，形成了一个根据固定规则进行的公式游戏。希尔伯特的数学也许是一种美妙的公式游戏，甚至比下棋更有趣。既然他的公式并不具有公认的可借以表示直觉真理的实在意义，那么它与认识又有什么关系呢？”外尔几乎完美诠释了什么是“吾爱吾师，吾更爱真理”。只是直觉主义也未必代表了真理的全部。

英国数学家哈代给了一个相对中肯的评价：

> “这难道是对希尔伯特观点的公正的评价吗？正是这个人，在构造有意义的数学方面也许比任何同时代的数学家都贡献了更丰富、更漂亮的定理。对希尔伯特的哲学观点，你们怎么认为他不合适都可以，但我绝不相信他呕心沥血、艰苦创造的宏伟数学理论只是一些无聊的、荒谬的东西。有人认为希尔伯特从根本上否定了数学概念的意义和真实性，这是没有根据的。”

对于指责，希尔伯特本人的回应更加有力：“在我们形式主义游戏中所出现的公理和可证明的定理，乃是形成通常数学对象的那些概念的映像。”

希尔伯特本人并不认为自己是形式主义者，但由于他的地位太重要，后来的形式主义者都尊希尔伯特为祖师爷。对有穷主义的坚持可能是希尔伯特与其他形式主义者的主要区别。而他提出这种有穷主义证明论的背景，则离不开当时的主要对手逻辑主义者和直觉主义者。事实上，形式系统是对逻辑主义技术工具的继承，逻辑主义者发明了体系化的符号和演绎推理工具。而有穷主义证明论，则保留了直觉主义者的“构造主义”方法。也就是说，希尔伯特为了有力地回应直觉主义者，选择了有穷主义证明论，以此证明无穷的自然数的初等算术系统，进而构建起数学的大厦。即用直觉主义的工具，来证明直觉主义者所反对的观点。

希尔伯特的有穷主义哲学思想，产生了深远的影响[①]，1936 年图灵构造图灵机时精确定义“计算”的概念直接受益于此。图灵在表达用“可计算数”计算部分无理数时，注重有限步骤内可表达的计算方法，而不是无穷无尽的计算结果。这与希尔伯特提到的“总存在大于 p 的素数”的例子非常相似，都是将一个无穷量转化为一个有穷的计算过程。图灵机定义的“计算”是一个有限步骤的机械过程，这种机械化操作与形式主义的公式变形如出一辙。图灵机的“算法”中的“可停机”概念，也与希尔伯特要求的“证明论需要具备有穷性”高度类似。通过有穷的形式方法描述无穷的数学对象，就在现实世界与理想的数学世界之间建立起一座桥梁，也为算法的出现打下基础。因为一个算法如果无法完成计算，对于现实世界来说是没有意义的。

因此，第三次数学危机引出的各个学派，对数字计算机的出现具有重要意义。逻辑主义为形式系统建立技术工具，直觉主义强调构造和有穷方法，二者最终在希尔伯特的有穷主义证明论中得以共存。而数字计算机的理论基础“图灵机”则可视作对希尔伯特形式系统的一种构造，因此兼具逻辑演算、能行性等特点。同样，希尔伯特形式系统具备的所有局限性，图灵机也都具备，我们将在本书第 7 章“计算不能做什么：终结者哥德尔”中详细论述这种系统的先天局限性。

进一步从哲学层面可以看到，图灵对机器计算与人类计算等价的证明，受希尔伯特形式系统影响的痕迹。“机器是否能具备与人同等的思维能力”，也成为延续至今的哲学大论战。对“将机械过程等价于人类思维过程”的观点，约翰·塞尔在 1980 年提出了一个有意思的反驳。他设计了一个“中文屋实验”[②]，用来证明：在一个密闭的屋子里查询字典本身并不能理解语言的含义。这个实验也可以这样理解，在希尔伯特的形式主义方法中，对符号的操作并不能理解数学的含义。今天的计算机由图灵机理论发展而来，而图灵机定义的计算过程深受形式主义影响。也难怪哥德尔会批评图灵关于计算等价于人类思维过程的观点，因为正是哥德尔最终找到了

① 详见本书第 8 章“计算理论的诞生：图灵的可计算数”。

② 详见本书第 12 章“机器能思考吗”。

形式主义的局限性。

希尔伯特纲领

希尔伯特的证明论，试图为数学基础建立严格的公理系统，从而一劳永逸地消除所有对数学基础的动摇。在希尔伯特的计划中，应当首先为初等算术建立这样的系统，因为一旦以整数为基础的算术系统完成严格的形式化证明，就可以据此建立实数体系和几何体系，进而完成整个数学大厦的构建，正如历史上数学的真实发展过程一样。为此希尔伯特发明了证明论，试图不用模型方法来证明包含初等算术的形式系统的一致性。一旦完成了这项伟业，那么在坚实的公理基础下，任何定理的推导都不再是难题，数学的基础将坚不可摧。自牛顿和莱布尼茨以来，数学成为科学发展的重要基础工具，科学家们要做的是先将一门学科数学化，剩下的交给推理。

希尔伯特的这项宏伟计划已经成为大量数学家工作的方向。为了完成这项宏伟计划，希尔伯特又提出形式化公理系统应具备的几项重要特性。

- 独立性。即系统的公理之间是没有冗余的，每条公理都不应当被其他公理所隐含。我们可以回顾一下欧氏几何的第五公设，千年以来它一直被怀疑是一条定理，可由其他公设推导出，但最终却被证明是一条完全独立的公理。
- 一致性。公理之间必须是相容的，不应推导出相互矛盾的结论。这一点对于公理系统尤为重要。如果最终是自相矛盾的，那么这样的系统就毫无意义，因为矛盾会波及整个系统，使得很多命题既为真又为假，从而引发逻辑灾难。
- 完备性。通过已有公理能够推导出所有的定理。对系统中的任意命题，要么能通过推导证明其为真，要么能通过推导证明其为假。
- 可判定性。希尔伯特强调系统的可判定性，他定义的判定性问题，作为通用方法，可用来确定一个给定公式的可证明性。

可判定性问题

希尔伯特在 1900 年的国际数学家大会上提出的 23 个问题中，第 10 个“对丢番图方程可解性的判定”就是一个判定性问题。为此希尔伯特将德文单词

Entscheidung（判定性）和英文单词 Problem 连接在一起，发明了一个单词 Entscheidunproblem（可判定性问题）。1936 年图灵划时代论文所攻克的，正是希尔伯特的 Entscheidunproblem（可判定性问题）。

1921 年，希尔伯特的助手海因里希·贝曼曾这样描述：

> "这个问题的一个特性至关重要，就是证明过程只允许根据给定指令进行纯机械式计算，不允许掺杂任何严格意义上的思考活动。如果愿意，我们可以说它是机械的或像机器一样的思考（说不定以后我们可以用机器来运行这种过程）。"

这恰恰是构造图灵机的思路。可惜的是，贝曼当时未能沿着这个思路深钻下去，从而把机会让给了 15 年后的图灵！

希尔伯特认为判定性问题相当重要，是一种数学本质上的思考。一旦通用的判定性过程存在，就可以知道所有的数学问题是否可证，而不必浪费时间在不可证的命题上。比如丢番图方程是否有整数解，或者哥德巴赫猜想是否成立，后者直到今天仍然没有人知道答案。尽管如此，其他学派却并不那么在意判定性问题，罗素和怀特海在写《数学原理》时就完全没有提到。

英国数学家哈代认为，通用的判定性方法并不存在，如果存在，数学就会变得很没意思。哈代一直有一些古典数学的情怀。他认为数学与音乐和绘画一样，是一种艺术，一种关于模式的艺术，只有懂数学的人才能欣赏到其中的美。这种复古情怀颇有古希腊时期毕达哥拉斯学派的神韵。事实上，恰恰是因为不存在通用的判定性方法，数学家们才有动力不断向新的难题冲锋。这种面对未知的勇气和坚持，才是人类最动人的魅力吧！

王者的落幕

希尔伯特不拘小节，颇有大将之风。他为人热情，桃李满天下。在克莱因去世后，希尔伯特扛起哥廷根数学的大旗，陆续培养出赫尔曼·外尔、理查德·柯朗、E. 施密特、O. 布鲁门萨尔等杰出的学生，而曾访问他并在他身边工作的数学家更是不胜枚举，包括埃米·诺特、冯·诺依曼、高木贞治、C. 卡拉西奥多里、E. 策梅洛等。

他也是一个很有气节的人。1914 年，第一次世界大战爆发，欧洲的多个国家被卷入战争。当时德国的敌人很难同时接受这个国家的"野蛮"和它的艺术成就，于是出现这样一种舆论：有两个德国，一个是德皇威廉二世的好战的德国，一个是拥有贝多芬、歌德、康德的文明的德国。德国政府随即发表《告文明世界书》，意图反驳这种舆论，开篇第一句话就在为自己开脱："说德国发动了这场战争，这不是事实。"当时德国政府要求众多的德国科学家和艺术家在宣言上签字，有着极高国际声望的希尔伯特也位列其中。

在宣言上签了字的著名科学家有普朗克、伦琴、克莱因等人。爱因斯坦当时在柏林的威廉皇帝研究所任职，他拒绝签字。但爱因斯坦加入了瑞士国籍，因而免于被德国人斥为"卖国贼"。而希尔伯特是土生土长的德国人，还是普鲁士人，他仔细研读宣言后拒绝签字的行为极其引人注目，很多"爱国分子"从此不再来听他的课。他承受了极大的压力，好在他得到了同事们的同情与学院的保护。

二战期间，在希尔伯特 70 岁这一年，希特勒上台。他要求辞退所有在大学任职的拥有犹太血统的人。希尔伯特极为愤慨，因为他一向认为科学研究不应该掺杂种族问题。大量才华横溢的人离开了，没离开的也正在计划离开。这让哥廷根遭受重创。为躲避战争，有部分人去了美国普林斯顿的高等研究院。美国成为最大的受益方，物理和数学的世界重心从此转移到美国。普林斯顿的高等研究院在未来的几十年里代替了哥廷根，成为数学世界的中心。希尔伯特的舞台落幕了。

在一次宴会上，新上任的纳粹教育部长问希尔伯特："现在哥廷根的数学已经完全摆脱了犹太人的影响，情况怎么样？"

希尔伯特回答："数学？哥廷根已经没有数学了。"

第 7 章
计算不能做什么：终结者哥德尔

昨日的世界

我们必须知道，我们必将知道

1930 年 9 月 7 日，数学界的无冕之王大卫·希尔伯特从哥廷根大学退休。他的家乡柯尼斯堡市政厅决定向他授予“荣誉市民”的称号，并邀请他在授予仪式上发表讲话。柯尼斯堡也是伟大的德国哲学家康德的故乡，对希尔伯特来说这次演讲具有特别的意义。为此他精心准备了题为《逻辑和认识自然》的演讲，演讲向当地所有市民进行广播。我们今天依然能找到这段非常珍贵的影音资料。

在演讲的最后部分，他精心安排了这样的结论：“尽管数学的应用很重要，但绝不要用它来衡量数学的价值。”他以下面这段维护纯数学的辩护词作为演讲的结尾，这也是他长期以来一直想对第一届国际数学家大会上庞加莱发言的回应：

> “数学中的纯粹数论直到今天还没有找到应用，但是，正是数论被高斯喻为数学的皇后。

> ……
>
> “在想方设法找出不可能解决的问题的例子时，法国哲学家孔德说过：科学在探查构成宇宙天体的化学成分的秘密时，绝不会成功。几年后，问题却被解决了。
>
> ……
>
> “照我的想法，孔德找不出不可解问题的真正原因是：事实上，并没有不可解的问题。”

最后，希尔伯特坚定有力地对着录音机说出了他的世纪名言：

> “我们必须知道。我们必将知道。”（Wir m ü ssen wissen.Wir warden wissen.）

这句话也成为他的墓志铭。

希尔伯特在柯尼斯堡豪情壮志地向全世界宣告数学的无所不能，然而同场还有一位默默无闻的奥地利小子——库尔特·哥德尔，他上台做了关于不完备性证明的演讲。这次柯尼斯堡会议可能是哥德尔和希尔伯特两人唯一的一次正式碰面。当时台下没有几个人能听懂哥德尔在说什么，毕竟这不是一场专业的数学家大会，因此现场的反应相当冷淡。但台下至少有一个人听懂了，冯·诺依曼在哥德尔讲完后马上截住他，表示希望进一步了解。他意识到希尔伯特的宏伟计划要被哥德尔彻底摧毁。1930 年 11 月 17 日，《数学物理月刊》收到来自奥地利的库尔特·哥德尔的投稿。

《论〈数学原理〉及有关系统的形式不可判定命题》（I）这篇论文，如洪钟大吕般震撼了整个 20 世纪的数学界，为第三次数学危机画上句号，而其哲学意义一直到今天依然具有深远的影响。可以说，哥德尔发现的不完备性定理，对于数学的贡献，就好似爱因斯坦的相对论对于物理学的贡献。由于论文的内容充满颠覆性，小心翼翼的哥德尔在论文的标题中添加了数字 I，表明他计划后续再写一些文章来作为补充和说明。可是这篇论文发表后迅速引起热烈的讨论，而其严格的数学证明很快被验证且无可辩驳，后续的文章也就不再需要了。

伟大的友谊

有趣的是，哥德尔移居美国后，在普林斯顿高等研究院和阿尔伯特·爱因斯坦成为忘年交，经常一起散步，如下图所示。

这两个人和希尔伯特的关系估计都比较微妙。1915 年，爱因斯坦研究广义相对论时，由于对数学掌握得不够精湛，广义相对论的方程迟迟写不出来，而且每次发表演讲时给出的方程都不一样。用希尔伯特的话来说就是，在哥廷根的大街上随便找一个学生都比爱因斯坦更懂数学。而当时希尔伯特的研究方向也结合了物理学基础，因为希望达到同样的目的，两人展开竞赛，都想抢先一步研究出方程。最终爱因斯坦于当年 11 月 11 日和 25 日向柏林科学院提交了两篇“广义相对论”的论文，而希尔伯特则于 11 月 20 日向哥廷根皇家协会提交了关于“物理学基础”的第一份注记。尘埃落定后两人化敌为友，并时常通信。但在这之前，爱因斯坦估计不知为自己捏了几把汗。

希尔伯特后来时常公开表达这一伟大的思想应该归功于爱因斯坦：“哥廷根马路上的每一个孩子，都比爱因斯坦更懂四维几何。但是，尽管如此，发明相对论的依然是爱因斯坦而不是数学家。你们知道为什么爱因斯坦能够提出当代关于空间与时间的最富有创造性的深刻观点吗？因为他没有学过任何关于空间和时间的哲学与数学！”

爱因斯坦则调侃道：“哥廷根的人，有时给我很深的印象，就好像他们不是很想要帮助别人解释清楚某些事情，而只是想要证明他们比我们这些物理学家聪明得多。”

两人的交集不仅于此，希尔伯特是数学《年鉴》的 3 个主编之一，爱因斯坦也是。在 3 个主编之外还有一个 7 人编辑委员会，布劳威尔身在其中。有一段时间，布劳威尔要求所有荷兰人写的论文和所有拓扑学论文都要直接交由他阅处，而他往往一拖就是几年。这种专横引发了很多人的不满，包括希尔伯特。在希尔伯特召集众人一起想办法时，有人出了个歪招，让希尔伯特直接把 7 人编辑委员会解散。希尔伯特立即采取了行动。数学家们搞起政治斗争来也一点儿都不含糊，将超常的逻辑能力发挥得淋漓尽致，直接来了个釜底抽薪。爱因斯坦无意卷入这些恩怨，便主动辞去了主编的职务。用他的话来说，这是“数学家之间的蛙鼠之战”，蛙和鼠当然都不是什么好的评价。

哥德尔的发现

库尔特·哥德尔出生于 1906 年，家中还有一个哥哥。他自幼好奇心就很强，遇事都要问几个为什么，家人叫他“为什么先生”。哥德尔童年就患上轻度的焦虑性神经官能症，1915 年患急性风湿热后又有了疑病症倾向，一生中更是饱受抑郁症的折磨，时而需要住院治疗。

哥德尔在校期间先后对物理学、哲学、神学和数学展现出浓厚的兴趣，这为他一生的研究方向打下基础。1926 年，哥德尔参加了一个名叫“维也纳小组”的学者兴趣小组，这个小组又被称为维也纳学派。他经常和青年学者讨论问题，由此遇到匈牙利数学家冯·诺依曼和波兰逻辑学家塔斯基。哥德尔的深刻洞察力与扶助同窗的热忱，让他在大学里颇具名声。更难能可贵的是，哥德尔一生都保持着良好的品德操守。

1928 年，希尔伯特开始四处宣讲他的数学计划。同年 9 月，他在波伦亚的演讲中明确提出数学系统的一致性和完备性问题。哥德尔也是在这一年开始阅读希尔伯特和阿克曼当年出版的著作《数理逻辑基础》（后来图灵解决判定性问题时也参阅了这本书），并开始将兴趣转向逻辑学。在这本书中，初等逻辑的完备性[①]与可判定性被视为悬而未决的问题。从哥德尔的借阅记录可以看出，他开始大量阅读施罗德、弗雷格等人的逻辑学著作。

1929 年夏天，哥德尔在博士论文里证明了初等逻辑的完备性，这个结论又被称为“哥德尔完备性定理”。从 1879 年弗雷格在《概念文字》里引入第一个初等逻辑形式系统算起，整整 50 年后，这类系统的完备性才终由哥德尔完成证明。这是因为这个问题实际上一直没有被清楚地定义过，一旦被定义清楚，哥德尔解决起来可谓手到擒来。

之后哥德尔将精力转向证明初等数论的一致性问题，开始阅读罗素和怀特海的著作《数学原理》。也就在 1929 年的 2 月，哥德尔的父亲突然离世，想必这一年他是在悲恸中创造出所有的研究成果的。哥德尔一生中最伟大的发现都集中在这两年，

① 英文为 Completeness，在有些书中用的是“完全性”。我认为“完全”这个词的含义太广，因此本书中统一用更精确的词“完备性”来描述这个概念。

没法让父亲看到自己的成就，成为哥德尔毕生的遗憾。

哥德尔在 1930 年 2 月获得哲学博士学位。这年夏天，他原本是在证明初等数论的一致性，受挫后意外地找到在初等数论中不可证的命题，进而发现数论中的真理无法在数论中定义。两个月后，他又悟出该结论中隐含着对初等数论一致性证明的否定，而这正是自己最初思考的问题。至此，希尔伯特在 1928 年 9 月演讲时提出的 4 个重要问题都被解决了，而且答案几乎都与希尔伯特的期望相反。在如此短的时间内连续得到这么多重要结论，也只有爱因斯坦在 1905 年连续发表 5 篇物理学论文的奇迹可以媲美，而此时哥德尔才 24 岁。

灵光乍现的一刻，哥德尔正在阅读伯特兰·罗素和怀特海的著作《数学原理》。他突然意识到，如果将符号换成数字，依然可以用书中的逻辑来推导书中的命题。这是一种自我指涉，让哥德尔很快联想到“理查德悖论”。

理查德悖论是由法国数学家儒略·理查德在 1905 年提出的。

首先选择一种语言来描述算术性质，比如英语或汉语。然后根据对算术的描述可以定义很多表达句，比如：

> ……
>
> 一个数可以被另一个数整除
>
> ……
>
> 某一个整数与自身的乘积
>
> ……
>
> 不能被 1 和其自身以外的其他整数整除
>
> ……

可以看出，每一个这样的表达句都有字符数的限制，因此可以按表达句的长度进行排序，把字符数最短的表达句编号为 1，以此类推，就得到了一个带有编号的表达句的序列，这个序列描述了算术的性质，比如：

> ……
>
> 12 一个数可以被另一个数整除
>
> ……
>
> 15 某一个整数与自身的乘积
>
> ……
>
> 17 不能被 1 和其自身以外的其他整数整除
>
> ……

既然每个表达句都可以用数字进行编号，那么在某些情况下，编号数字本身就可能符合表达句所表达的含义。比如，编号数 17 符合其对应表达句所定义的性质——“不能被 1 和其自身以外的其他整数整除”是对素数的定义，17 是一个素数。而编号数 15 则不符合其对应表达句所定义的性质——“某一个整数与自身的乘积”是对平方数的定义，15 不是一个平方数。一般把编号数 15 这样不符合对应表达句含义的数字称为“理查德数”。

我们马上发现，对理查德数的描述，属于算术的一种性质，因此描述理查德数的表达句一定存在于上述的序列当中，假设其位置编号数为 n。当我们考查 n 是不是理查德数时，出现了矛盾。假设 n 是理查德数，那么根据理查德数的定义，n 不符合其对应表达句的含义，而 n 对应的表达句恰恰表达的是理查德数的定义，所以 n 不应是理查德数；假设 n 不是理查德数，即 n 不符合其对应表达句的含义，那么根据理查德数的定义，所以 n 应是理查德数。因此，命题“n 是理查德数”既真又假：一个数 n 为理查德数当且仅当它不是理查德数。

解决理查德悖论的关键在于，需要梳理清楚被悄悄混淆的概念。序列最初的定义应该是针对整数的纯算术性质的定义，比如可以对整数使用加法和乘法。而在理查德数的描述中，序列在毫无预警的情况下，被要求接受“描述算术性质的语言的性质定义”，这已经超出纯算术定义，开始涉及表达句字符的数目等证明论概念。因此，理查德数不应该属于这个描述算术性质的表达句序列。一种是局限于纯算术性质的命题，一种是用于描述算术系统的某种记号系统的命题，即证明论的命题，对二者严格区分就可以避免理查德悖论。

在理查德悖论中有一个谬误，即混淆了“关于算术系统的证明论命题”和“算术系统内的命题”。证明论悄悄地被映射到算术系统。“映射”是一个常用的数学方法，其基本特点是：在一个范畴内的抽象结构，可以被证明在另一个范畴的不同对象之间也成立。比如，希尔伯特曾使用代数来建立几何公理的一致性，用到的方法就是一种映射。再比如，当今地图绘制普遍使用的也是一种映射，将真实的地球椭球上的点、线、面投影到地图的平面上，按一定法则形成点集之间的一一对应。理查德悖论尽管存在谬误，但表明将一个足够广泛的形式系统的证明论命题映射到这个系统本身是可能的。

编码思想：哥德尔数

哥德尔已经找到打开新理论大门的钥匙，接下来只需要仔细地验证它。为了形成严格的数学证明，哥德尔使用了哥德尔数和映射自身这两种非常有创造力的方法。[①]完整的哥德尔证明非常复杂，在开始主要证明之前需要先掌握46个预备定义和引理，在此只简单介绍一下大致思路，粗浅地领略一下这个伟大的发现是如何得来的。

首先，哥德尔描述了一个形式演算系统，称为PM。PM是《数学原理》中形式系统的一个改写版本，但包含基本的算术公理和算术关系，任何能够构建正整数和正整数加法、乘法的形式系统都适用于它的目的，因此PM可以代表任何这样的系统。

然后，哥德尔按照一定的规则，将PM里的所有符号、变量、公式和公式序列都转换成一个唯一的数字，称为“哥德尔数”。我们来感受一下哥德尔数是如何构造的。

如下表所示，用数字1~12分别表示形式系统PM里的12个符号。

固定符号	哥德尔数	意义
~	1	非
∨	2	或
⊃	3	如果……那么……
∃	4	存在一个……
=	5	等于
0	6	零
s	7	……的直接后继
(	8	左括号
)	9	右括号
,	10	逗号
+	11	加
×	12	乘

如下表所示，用小写符号 x、y、z 表示数字变量，其哥德尔数用大于12的素数表示。

数字变量	哥德尔数	可能的代入举例
x	13	0
y	17	s0
z	19	y

如下表所示，用小写符号 p、q、r 表示命题变量，其哥德尔数用大于12的素数的平方表示。

① 参考了《哥德尔证明》，作者是欧内斯特·内格尔和詹姆斯·R. 纽曼。

命题变量	哥德尔数	可能的代入举例
p	13^2	0=0
q	17^2	$(\exists x)(x=\mathrm{s}y)$
r	19^2	$p \supset q$

如下表所示，用大写符号 P、Q、R 表示谓词变量，其哥德尔数用大于 12 的素数的立方表示。

谓词变量	哥德尔数	可能的代入举例
P	13^3	$x=\mathrm{s}y$
Q	17^3	$\sim(x=\mathrm{ss}0\times xy)$
R	19^3	$(\exists z)(x=y+\mathrm{s}z)$

在 PM 中，每一个公式都有对应的唯一哥德尔数。我们考察公式 $(\exists x)(x=\mathrm{s}y)$，其含义是“存在一个 x，使得 x 是 y 的直接后继”。比如，当 y=0 的时候，y 的直接后继为 1，x 就等于 1。那么这个公式的哥德尔数是什么呢？按照表中的规则，该公式里的符号对应的哥德尔数分别是：

$$
\begin{array}{cccccccccc}
(& \exists & x &) & (& x & = & \mathrm{s} & y &) \\
\downarrow & \downarrow & \downarrow & \downarrow & \downarrow & \downarrow & \downarrow & \downarrow & \downarrow & \downarrow \\
8 & 4 & 13 & 9 & 8 & 13 & 5 & 7 & 17 & 9
\end{array}
$$

一个公式的哥德尔数可以这样计算：将所有素数从小到大排列，对应公式里每个符号的位置，然后取每个符号对应的哥德尔数作为该位置素数的指数，最终相乘得到。设这个公式的哥德尔数为 m，其计算方法为：

$$2^8\times3^4\times5^{13}\times7^9\times11^8\times13^{13}\times17^5\times19^7\times23^{17}\times29^9$$

可以看出 m 是一个很大的数，且一定是唯一的。尽管 m 很大，但它的描述方式和计算方法都很简单。

类似地，我们可以得到一个公式序列的哥德尔数。在形式系统 PM 中，要通过公理证明一个定理，实际上就是找到一系列有顺序的公式组合，即公式序列。因此，只要一个公式序列可以被表达成哥德尔数，其对应的证明过程也就被转化成了哥德尔数。例如下面的一个序列：

$$(\exists x)(x=\mathrm{s}y)$$

$$(\exists x)(x=\mathrm{s}0)$$

第二个公式 $(\exists x)(x=\mathrm{s}0)$ 可以被解读为“0 有一个直接后继”。这个结论可以依据

PM 的一条演绎规则，由第一个公式机械地推导出来，即可以将数字表达式（这里是 0）代入一个数字变量（这里是 y）中。

我们已经计算过第一个公式，其哥德尔数为 m，我们再假定第二个公式的哥德尔数为 n。将这个公式序列的哥德尔数设为 k，则有：

$$k = 2^m \times 3^n$$

通过这样的方法，可以将形式系统 PM 中的任何一种表达，不管是符号、变量，还是公式、公式序列，都赋予唯一的哥德尔数。这样形式系统的演算过程，就和正整数的某个子集建立起一一对应的关系，一旦给出一个表达式，马上就可以计算出其唯一的哥德尔数。

当然，并非所有正整数都是哥德尔数。但只要给定一个正整数，我们可以反过来确定其是否为一个哥德尔数，即是否可以从中“提取”它所代表的精确表达式。12 以内的正整数都代表 PM 系统的符号。对于大于 12 的正整数，验证其是否为素数、素数的平方、素数的立方，即可判断其是否为数字变量或命题变量。此外，根据算术基本定理[①]，一个正整数如果是合数，则可以被唯一地分解为带有相应指数的素因子的乘积，而这正是哥德尔数对公式的描述。因此，如果给定的正整数是一个较大的合数，那么通过上述分解方式，可以判断该合数是否为一个公式的有效表达。比如，对于正整数 243 000 000，其分解过程如下。

正整数	243 000 000
第一步	$64 \times 243 \times 15\,625$
第二步	$2^6 \times 3^5 \times 5^6$
第三步	6 5 6 ↓ ↓ ↓ 0 = 0
对应公式	0 = 0

在 PM 中，表达“0 等于 0”的公式的哥德尔数是 243 000 000。

认为数字是不同模式之间的普遍中介，是哥德尔的伟大创新，也很明显启发了图灵定义“可计算数”。正因如此，认真读完哥德尔的论文，再去读图灵的论文[②]时，会发现两者在思路上的许多相通之处。事实上，哥德尔已经在论文中证明了某些命题是不可判定的，图灵也得到了类似的结论。[③]而图灵定义的可计算数与哥德尔数

① 算术基本定理最早由欧几里得证明得出，是初等数论的基本定理之一。

② 图灵在 1936—1937 年发表了关于希尔伯特判定性问题的论文，在其中引入了图灵机的概念。详情见第 8 章。

③ 注意，公理系统中存在不可判定命题，与存在可判定命题的通用过程是两件事情。图灵主要证明的是后者，后者又被称为希尔伯特问题。哥德尔得到了前者的结论，图灵也得到了。

都是由计算过程转化而来的，方法不同，本质一样。另一个相同点在于，哥德尔的证明和图灵的证明都巧妙地运用了康托尔的对角线方法。尽管如此，图灵的伟大创新在于提出了图灵机这一构造性的模型，哥德尔后来对图灵机的想法大为赞赏。因为图灵机将形式系统具体化了，有了图灵机，哥德尔再也不用像他在论文里那样费劲地构造一个形式系统 PM 了。

哥德尔花了大量篇幅来描述他构造的形式系统 PM，并建立了哥德尔数与 PM 内任何一种表达的一一对应关系。接下来，哥德尔创造性地证明了，“有关形式系统中表达式的结构性质”的证明论命题，其可以被精确地映射到其演算自身。也就是说，哥德尔用 PM 来描述“关于 PM”的证明论命题。因为 PM 中的每一个表达式都有一个唯一的哥德尔数，因此“关于 PM 中表达式之间排列关系”的证明论命题，就可以被理解为“关于对应的哥德尔数之间的算术关系”的命题。这样 PM 的证明论就变得完全“算术化”了。

比如，我们去奶茶店排队买奶茶，都会得到一个号码牌，代表取餐的顺序。如果哥德尔先生是 10 号，图灵先生是 20 号，显然 10 小于 20，那么哥德尔先生要在图灵先生之前拿到自己的奶茶。顾客取奶茶这个动作的先后顺序关系（顾客取奶茶的动作类似形式系统里的命题，而这个顺序关系类似证明论描述），在这里被转化成号码牌数字的算术关系（号码类似哥德尔数）。

在这里，我们要注意“关于 PM 的命题”和“PM 之内的命题”的区别。“关于 PM 的命题”是证明论命题，是不被包含在 PM 之内的。将“关于 PM 的命题”等同于“PM 之内的命题”，即将证明论命题包含在其描述的形式系统之内，正是理查德悖论中的谬误。哥德尔小心翼翼地规避了这一谬误。他的哥德尔数之间的算术关系恰好映射了证明论命题之间的关系，但他并没有将哥德尔数直接对应到证明论命题上。而理查德数 n 描述的是 n 是否具有“理查德性质”，这是一个证明论命题。

类似地，古希腊人的说谎者悖论“这句话是假的”是真正的循环论证。我们无法直接定义“这句话”。哥德尔巧妙地利用哥德尔数打破了这种循环。哥德尔仅断言某个表达句有一个唯一的哥德尔数，这里没有任何的循环，只是恰好这个哥德尔数也可以作为这个表达句的变元。

哥德尔证明

不完备性定理

无论如何，哥德尔证明了用 PM 来描述“PM 的证明论命题”是可能的，这意味着完成了完整证明的核心部分。

第一步，哥德尔在形式系统 PM 中构造了一个命题 G，使其表达证明论命题："使用 PM 的规则，公式 G 不可证。"此时我们尚不知道 G 是真还是假，它只是一个公式，它宣称自己不可证。显然这一步受到了理查德悖论的启发。类似于构造理查德数 n 的方式，哥德尔在这里构造了一个命题 G，同理命题 G 有一个唯一的哥德尔数 g。因此 G 也等同于"具有哥德尔数 g 的公式是不可证明的"。

第二步，哥德尔证明，G 是可证明的，当且仅当它的否定形式~G 是可证明的。这类似于理查德悖论中证明 n 是理查德数当且仅当 n 不是理查德数。然而，如果一个公式及其否定形式都是可证明的，那么 PM 就是不一致的。反之，假设 PM 是一致的，则 G 和~G 都无法从 PM 的公理中推导出来，即 G 是 PM 下的一个形式不可判定的公式。

第三步，哥德尔表明，尽管 G 是形式不可证明的，但它却是真的算术公式。这一步需要借助哥德尔数来理解。前面我们已经将公式 G 等同于"具有哥德尔数 g 的公式是不可证明的"，由上一步可知这个表达显然为真，G 确实是不可证明的。

第四步，哥德尔进而表明，在 PM 中，由于 G 是真的，又是形式上不可判定的，因此 PM 肯定是不完备的。简言之，在包含初等数论的形式系统 PM 一致（无矛盾）时，我们无法用 PM 的公理推导出所有的算术定理。然而，哥德尔并不满足于此，他进一步证明了 PM 是在本质上不完备的，即使通过附加公理来扩大 PM，也依然可以按照类似的方法继续构造一个为真的公式 G'，而 G' 在扩大的 PM 系统中依然是形式不可判定的。可见进一步扩充公理是没有意义的，因为永远可以用类似的方法构造出不和谐的 G''、G'''，直到无穷。这个重要结论被称为"哥德尔第一不完备性定理"。公理化方法有着本质的缺陷，这是该定理带给我们最大的震撼。

第五步，哥德尔的表演还没结束，他继续构造出一个 PM 的公式 A，其表达的证明论命题是"PM 是一致的"。然后他证明了公式 $A \supset G$ 在 PM 中是形式可证明的。公式 $A \supset G$ 的意思是"如果存在 A，那么 G 成立"，即"如果 PM 是一致的，那么公式 G 不可证"。最后，他利用了反证法：假设 A 在 PM 内部可证，会得出 G 在 PM 内可证的结论，但前面已经证明 G 是 PM 内的不可判定公式，因此 A 在 PM 内是不可证的，从而得出另一个重要结论"包含初等数论的形式系统 PM 无法从内部证明其自身的一致性"，这被称为"哥德尔第二不完备性定理"。

在这里，我们需要注意的是，哥德尔并未否定从 PM 系统外部以证明论的方式证明其一致性。哥德尔证明的是通过 PM 自身的演绎规则，即便把证明论映射到 PM 系统内，也无法证明其公理的一致性。

哥德尔不完备性定理表明，一个包含初等数论的形式公理化系统是不完备的，这样的系统无法兼顾一致性和完备性。通过哥德尔的证明过程（尤其是对哥德尔数的编码定义）可知，这样的公理系统需要"强"到能够将足够的算术关系（比如加法和乘法）形式化。我们也需要注意，不是所有公理系统都是不完备的，相对较弱一些的公理系统可能是一致且完备的，比如 Presburger 算术，它包括所有一阶逻辑的真命题和关于加法的真命题。

哥德尔不完备性定理并非意味着只有类似自我指涉这样的命题不可证，对大多数人来说这样的命题可能意义不大。不完备性揭示了系统内可能隐含着更多不可证的命题，比如，有较高实用价值的古德斯坦定理，也被称为“九头蛇数”或“九头蛇博弈”[①]，1982 年科尔比和帕里斯证明古德斯坦定理在皮亚诺算术下不可证，它是独立的。哥德尔不完备性定理也深刻揭示了在形式系统中“可证”和“真”是两个概念。“可证”只涉及从公理出发的一系列演绎推理步骤是否严格，而“真”则涉及公理本身是否合理。这就开始对形式系统的语法和语义进行区分，语法解释“可证”，语义则需要解释真和假。

将语法和语义进行区分，或者说将形式与内容进行区分，对后世的影响深远。在图灵建立的可计算性理论中，计算是形式化的过程，与算法的内容无关。类似地，香农建立的信息论也将重点放在信息的形式与规律上，而非信息承载的内容上。这些影响都始自希尔伯特和哥德尔的贡献。

塔斯基定理

1936 年，逻辑学家塔斯基受到哥德尔第一完备性定理的启发，发表了论文《形式化语言中的真理概念》，提出了“塔斯基语义不完全定义定理”，简称“塔斯基定理”。塔斯基发现，在自然语言中，对于“真”的概念一直追根问底，是说不清楚的。因此，他认为不能简单化地处理甚至忽略类似“说谎者悖论”这样的问题，而应该认真研究其深层原因。他采用了类似哥德尔证明的方式。哥德尔在证明中构造的是类似“这个句子不可证”这样的陈述，而塔斯基构造的则是“说谎者悖论”本身，即“这句话不是真的”。为了精确描述“真”的概念，塔斯基将自然语言进一步形式化，转化成逻辑语言，再借助哥德尔数完成算术化，最后通过构造出命题的自我指涉而形成矛盾，从而严格地证明了“在任何丰富到包含初等算术的语言之内，都不可能对‘真’的概念进行完全的定义”。

塔斯基认为，需要将语言划分层次，再借助另一种足够强大的“元语言”，才有可能对对象语言内的“真”进行确切的描述，此时对“这个句子”的描述就变成了对元语言的描述，这类似于证明论之于数学的思想。这个结论也表明，世界上没有任何语言具备强自我表达能力，能够完成对自身的充分表达。塔斯基定理涉及真理的概念，以及任何语言在充分表达能力上的先天限制，因此在哲学上具有深远的

① 可参考链接[2]，可扫描本书封底“读者服务”处的二维码获取。

意义，与哥德尔不完备性定理共同构成逻辑学的基石。而从哥德尔 1931 年与冯·诺依曼的通信内容来看，哥德尔早在之前两年研究不完备性定理的一些相关结论时，就得到了类似的结论，只是一直未曾发表。

哥德尔不完备性定理和塔斯基定理带来的深刻思考，让我们可以重新审视古希腊苏格拉底时期就已提出的终极哲学问题“我是谁”。这个问题之所以没有答案，是因为它再一次指向了自身，形成了循环自指。也许用人类自己的语言，是无法理解这个问题的答案的。类似的还有“大脑告诉我们大脑是我们最重要的器官”，深入想下去也将陷入循环自指的逻辑困境。元语言和证明论有助于我们略微梳理清楚一些这类问题的思路。

希尔伯特计划的破灭

1931 年，哥德尔的论文发表后，冯·诺依曼意识到希尔伯特的计划破产了。在希尔伯特建立形式主义纲领并期望一统数学期间，冯·诺依曼也投身其中做了很多贡献。1928 年，冯·诺依曼证明了超穷归纳原理，这为后来哥德尔和保罗·科恩解决连续统问题奠定了基础。在哥德尔的论文发表后，冯·诺依曼开始转向研究哥德尔的结论。

同样在 1931 年，建立集合论公理化方法的策梅洛，因没有完全理解哥德尔不完备性定理，多次写信和哥德尔争辩。类似的事情及其在数学界产生的巨大影响，可能带给哥德尔很大的精神压力。哥德尔在 1931 年年底再次陷入严重的抑郁症，并尝试自杀。

只有直觉主义者布劳威尔才可以对哥德尔的结论满不在乎。正如他所说，在直觉主义者看来，哥德尔的结论是非常显然的。形式系统中必然存在不可判定命题，这不需要证明。然而部分数学家认为，直觉主义只是数学史上一朵昙花一现的奇葩。哥德尔的证明具有更强的说服力，在任何情况下都适用。

希尔伯特初次听说哥德尔的工作后勃然大怒。从 20 世纪开始，他花费巨大精力投入自己的事业，对人类思维的无限信心一直支撑着他强有力地去完成研究工作。他本来酝酿着正面回应克罗内克、布劳威尔和其他要限制数学方法的人，并使他们无言以对。

然而，就在种种迹象表明伟大计划即将完成之际，希尔伯特却遭受了当头一棒。一夜之间大厦倾覆。这从感情上很难让人接受。一开始他只是生气和灰心，但哥德尔证明无懈可击，理智让他重新正视现状。在年近古稀之年，他开始着手修改自己的计划。这种韧性不得不让人肃然起敬。哥德尔证明很难撼动，因此只能减少对证明论方法的限制，放宽对形式化的要求。希尔伯特提出基于“超穷归纳法”用较少束缚的方法代替完全归纳法，以此来完善形式系统。1936 年，根岑用这种方法证明了数论和分析中一些受限制部分的相容性。但这种方法已经超出形式主义原本的有穷步骤的想法。事实上，在重新审视之下，希尔伯特的有穷主义数论，相当于一种无量词的原始递归函数论。

也许，哥德尔的不完备性定理证明，是对希尔伯特退休的最大敬意。希尔伯特通过他的 23 个数学问题，如同灯塔一般照亮了整个 20 世纪的数学，为所有人指明了方向。他大胆地提出了证明论，试图一劳永逸地消除自第三次数学危机以来对数学基础可靠性的怀疑和动摇，并为之建立了希尔伯特纲领。而哥德尔用不完备性定理终结了希尔伯特纲领，最终的真理并非希尔伯特所想象的那样，但幸运的是人们打开了一扇新的大门。在哥德尔之前，希尔伯特纲领只是一个假设和猜想，但在哥德尔之后，形式主义的证明论成为科学。数学家们通过引入和修改不同的公理，创造了一个又一个有趣的数学系统，这一切对于领路人希尔伯特来说，也是一种圆满。

哥德尔纲领

哥德尔在完成不完备性定理后，进一步向希尔伯特问题发起进攻。这一次他瞄准的是希尔伯特在 1900 年提出的 23 个问题中的首个问题——连续统假设，即康托尔 1874 年的猜测：在自然数集合的基数 $\aleph_0$ 和实数集合的基数 $2^{\aleph_0}$ 之间没有别的基数。

1940 年，在著名的文章《选择公理和广义连续统假设二者与集合论公理的相容性》中，哥德尔证明了，如果 ZFC 公理系统在除去选择公理后仍是相容的，那么加上这条公理后这个系统也是相容的。这意味着选择公理不能被证伪。而且，康托尔的连续统假设，甚至广义连续统假设与 ZFC 公理系统，也是无矛盾的，即这些断言同样不能被证伪。1963 年，斯坦福大学的保罗·科恩最终通过“力迫法”证明了选择公理和连续统假设都是不可判定的，在 ZFC 公理系统内无法被证明，且独立于 ZFC 系统内的其他公理。特别是，对于连续统假设，科恩证明在 $\aleph_0$ 和 $2^{\aleph_0}$ 之间有可能存在一个超限数，即便没有任何一个已知集合具有这样的一个超限数。至此，康托尔思考了一辈子并最终为之癫狂的问题“连续统假设”，终于有了重大突破。

ZFC 公理是集合论的公理集，包含 10 条公理，分别是外延公理、无序对公理、空集公理、分离公理模式、并集公理、幂集公理、无穷公理、正则公理、替换公理模式、选择公理。前 9 条公理被称为 ZF，选择公理通常记作 C（单词 Choice 的首字母），所以集合论公理系统 ZFC 指的就是 ZF+C。ZFC 是数学的基础，任何一个已知的定理实际上都可以看作ZFC的定理。连续统假设独立于ZFC公理意味着ZFC公理系统是不完备的，它不能表达出所有的定理。

科恩的证明让数学家们一时间陷入窘境。如果克制不用选择公理和连续统假设，许多定理将无法得到证明，而且不得不排除很多数学中现存的基础性依据。类似的事情在数学史上曾经发生过，欧氏几何的第五公设后来被证明是独立于前 4 条公设的，当时也引起了数学界的混乱。最终的解决方案是，通过替换平行公设构造出新的几何系统，其关键之处在于证明新的公设和欧氏几何的前 4 条公设相容。最终在高斯、鲍耶、罗巴切夫斯基、黎曼等人的努力下，罗氏几何、黎曼几何等非欧几何系统诞生。

与欧氏几何第五公设引发的问题类似，科恩的证明让集合论呈现出一种不确定性，进而发展出很多分支。比如，集合论可分为康托尔型和非康托尔型，康托尔型集合论假设$\aleph_0$和$2^{\aleph_0}$之间不存在任何中间数，而非康托尔型集合论假设这个中间数是存在的。科恩是一个典型的形式主义者，他认为若连续统假设在 ZFC 系统里不可判定，那么它就是无意义的，而他接受这种无意义。他的力迫法是指，采用“外模型”的方法来扩张集合，从而让集合基数变大。哥德尔是典型的数学柏拉图主义者，他认为“数学对象可独立于我们的构造和我们对这些对象的直觉而客观存在”。基于这种哲学，他认为应该按照某种可靠的方式修改或加强 ZFC 公理，从而让独立性命题（如连续统假设）变得可证。

哥德尔从一个空集出发，建立了一个可构成集的类 L，这一步是通过“内模型”的方法来完成的。这种思路被称为“哥德尔纲领”。[①]但是近些年的研究表明，可构成集的类 L 与大基数公理存在矛盾，但按照哥德尔的思路依然可以继续研究下去。比如，哈佛大学的武丁教授尝试构建一个终极 L，它能够包含更多的大基数，而且对力迫法免疫。这项工作一旦取得成功，哥德尔纲领就会被成功地实施，众多不可判定命题和独立性命题在终极 L 中将都是可证的，数学基础的宏伟大厦也将真正建成，希尔伯特纲领的未竟事业将得以完成。

自亚里士多德以来

哥德尔关于数学的论文都发表于 1940 年以前，之后他主要研究哲学问题。他也是将数学和哲学结合得最好的一个人，这一点和莱布尼茨很像。尽管哥德尔的理论对计算机的诞生产生了巨大影响，但哥德尔本人可能会认为计算机是一个完全不同

① 《哥德尔纲领》，作者是郝兆宽。

的方向。就如原子弹之于爱因斯坦，尽管相对论为原子弹的诞生提供了重要的理论依据，但爱因斯坦本人肯定不会认为自己和原子弹有什么关系。

哥德尔和爱因斯坦保持了一生的友谊，这种亲密关系在科学家之间并不多见。普林斯顿高等研究院数学家和经济学家奥斯卡·摩根斯坦披露了一段相关往事。1948 年，在哥德尔取得美国国籍时，摩根斯坦与爱因斯坦一同去移民局做他的见证人。

根据摩根斯坦的记录，哥德尔在面试前非常慎重地向他请教美国的移民历史、宪法的制定过程、普林斯顿当地的行政化分史等，并参阅图书进行了认真的研究。摩根斯坦告诉哥德尔面试不会问相关问题，但哥德尔坚持己见。几天后，哥德尔非常神秘和兴奋地告诉摩根斯坦，他发现了美国宪法中一些内在矛盾之处，利用宪法中的漏洞，一个人可以用完全合法的方式成为独裁者，建立一个法西斯帝国。摩根斯坦和爱因斯坦被吓坏了，极力劝说哥德尔不要再继续研究下去。

面试当天，哥德尔在路上显得非常紧张。爱因斯坦故意问他："你真的已经为这次面试做好准备了吗？"哥德尔更紧张了，而这正是"坏坏"的爱因斯坦想看到的结果。面试审查的过程是这样的：

> "哥德尔先生，您来自哪里？"
> "我来自哪里？奥地利。"
> "奥地利政府是哪种类型的政府？"
> "奥地利是一个共和国，但宪法的规定让它最终变成一个独裁的政体。"
> "啊，这真是太糟了！这种事永远也不会在我们这个国家发生。"
> "哦，不，在这里也会发生，我可以给出证明。"

旁听的摩根斯坦和爱因斯坦如芒在背，幸好高情商的审查官马上安慰哥德尔："天呐，可别让我们变成那样。"在回家的路上，爱因斯坦继续逗哥德尔：

> "好了，哥德尔，只剩最后一次审查了。"
> "我的天呐，还有一次？"
> "哥德尔，下次审查是在你步入坟墓的时候。"
> "但是，爱因斯坦，我不会'步入'我自己的坟墓。"

爱因斯坦走到哪里都会被人认出来并索要签名。哥德尔（如下图所示）则深居简出，毫无偶像包袱，几乎拒绝一切无意义的社交活动。也因此，爱因斯坦的去世对哥德尔的打击很大。

据说哥德尔只吃他妻子做的食物，夫妻之间感情很深。妻子阿黛尔比他大 6 岁，与 21 岁的哥德尔相识于夜总会。阿黛尔当时已婚，在夜总会做舞女。哥德尔的家人强烈反对这门亲事，但哥德尔决不屈服。两人最终成婚，但终身无子女。据朋友们说，阿黛尔说话尖酸，脾气暴躁，但这并不妨碍两人伉俪情深。妻子去世后，哥德尔的疑病症愈发严重，一直怀疑有人在他的食物中投毒。王浩是哥德尔晚年最亲近的人，经常上门和他对谈，并且写了关于哥德尔的传记[①]。有一次王浩带着太太做的鸡肉去看望哥德尔，疑心重重的哥德尔却始终没有开门，王浩只好把鸡肉留在台阶上。

在哥德尔去世前一个月，王浩看到他依旧思维敏捷。他对王浩说："我已经失去了做肯定判断的能力，只能做否定判断了。"

哥德尔逝世前的第三天，在王浩打电话到医院时，他仍然彬彬有礼、语气平和。此时的他已经没有别的朋友，妄想症严重，并且绝食，王浩是他唯一亲近的人。检查报告显示，哥德尔弥留之际已明显营养不良，也就是说他死于绝食。一代巨星如此陨落，不得不令人扼腕叹息。

哥德尔的追悼会只有寥寥数人参加，王浩只认出几个在世的数学家和一些数学家的遗孀。外尔在追悼会上评价道：

> "毫不夸张地说，哥德尔是 2500 多年以来唯一能和亚里士多德比肩的人。"

哥德尔从希尔伯特问题出发，几乎凭借着一己之力推翻了希尔伯特纲领，彻底改变了数理逻辑的方向。哥德尔不完备性定理就像一块巨石，让那个时代所有在数理逻辑上满怀雄心的数学家们都难以逾越，纷纷放弃美妙幻想。哥德尔发表不完备性定理之后，希尔伯特为之扼腕，罗素从数理逻辑逐渐转向其他领域（最终阴差阳错地取得了诺贝尔文学奖），而冯·诺依曼也宣称不再看数理逻辑的论文。尽管数理逻辑对计算机发展非常重要，但变成了一个相对小众的研究领域。哥德尔成为数理逻辑领域名副其实的"终结者"。

旧时代落幕，新时代即将到来。

---

① 《哥德尔》，作者是王浩。

第 8 章 计算理论的诞生：图灵的可计算数

图灵的学业

20 世纪初，为了验证希尔伯特野心勃勃的计划，哥德尔、丘奇、图灵等人投入其中。所有数学家才突然发现，从来没有人精确定义过“计算”和“算法”，而此时距离数学诞生已经过去 2000 多年。尤其对于希尔伯特的第 10 个问题，要证明可判定性的算法存在，只需构造出这个算法；但是要想证明这个算法不存在，则需要形式化地精确定义什么是“计算”。这再次证明希尔伯特的工作很有意义，它推动数学基础和计算理论向前发展。而直到丘奇、图灵、哥德尔和克莱尼等人做出贡献之后，人类才对计算有了一个精确的定义，这距离今天还不到 100 年。

图灵于 1912 年 6 月 23 日出生于伦敦帕丁顿的疗养院。他的父母在从英国开往印度的一艘船上相识，同年就在都柏林“闪婚”。图灵是家里的第二个孩子，他和哥哥约翰在英国度过童年，由一对退休夫妇照顾，而图灵的父母则因工作原因长期住在印度。

图灵有一个童年密友克里斯托弗，两人对数学有着共同的兴趣，经常形影不离。克里斯托弗聪颖过人，图灵非常崇拜他，因此他对图灵一生的影响是毋庸置疑的。克里斯托弗和图灵约定同去报考剑桥的三一学院，这个学院是英国的顶尖学府，出过牛顿这样的巨星。结果克里斯托弗成功考上，图灵却没能如愿。然而世事难料，克里斯托弗突然患病并在短短两周内去世，这对图灵造成巨大的打击，并给他留下一生的遗憾与创伤。

次年图灵继续报考三一学院，还是没考上，最后选择去了国王学院，并在若干年后成为国王学院的教授。连续考两次都没考上，可见图灵不算当时最聪明的年轻人。这也告诉我们，不要太在意一时的考试结果，平凡人也能成就非凡的事业。图灵没有迈入三一学院，是三一学院的损失，而不是图灵的。

克里斯托弗的离世，让原本孤僻的图灵更加孤独，导师麦克斯·纽曼对此不无担心。在国王学院，图灵上了纽曼的数学基础课，认真学习了关于哥德尔不完备性定理的重要结论。因为图灵几乎与世隔绝地做着研究，所以没有关注到美国数学家阿隆索·丘奇的工作。丘奇在 1936 年先于图灵证明了希尔伯特的判定性问题。在发表论文前，丘奇曾将论文寄给纽曼，而此刻纽曼正在阅读图灵的论文《论可计算数及其在判定性问题上的应用》。有人捷足先登对图灵来说不是一个好消息，那天下午的他一定非常沮丧。但纽曼慧眼识珠，认为图灵的证明方法非常巧妙，且完全独立于丘奇的证明，鼓励他继续发表论文。同时，纽曼分别给丘奇和伦敦数学学会秘书长怀特写信推荐图灵的论文。在给怀特的信中纽曼说道：

> “我想你已经知道图灵关于可计算数的论文，正当这篇论文完成并准备发表时，我收到来自普林斯顿的阿隆索·丘奇的单行本，这篇文章在很大程度上率先给出了图灵论文的结果。
>
> “尽管如此，我仍然希望你们能发表图灵的论文，因为两个人的方法极其不同。而且，由于这个结果非常之重要，因而我们应该关注不同的处理方法。丘奇和图灵的论文的主要结果，解决了希尔伯特的追随者们研究多年的判定性问题，即找到一种机械的方法，以判定一行给定符号所表述的是否为一条可由希尔伯特公理证明的定理，它的一般形式是不可解的。”

纽曼还将图灵推荐给普林斯顿的丘奇，除了希望图灵能够接触这一领域的顶尖研究者，也希望在丘奇的引导下图灵可以不再那么孤独。因为当时在剑桥做研究并不需要博士学位，所以 24 岁的图灵还不是博士，去普林斯顿跟随丘奇攻读博士学位是一个很好的理由。于是图灵终于来到普林斯顿。在这里，除了跟随丘奇学习，图灵也在普林斯顿高等研究院再次接触到冯·诺依曼，而两人上一次见面，还是 1935 年夏天冯·诺依曼在剑桥举办的关于殆周期函数的讲座上，而图灵发表的第一篇论文恰恰是关于“左右殆周期性的等价性”的。

最终，在纽曼的帮助和自身的努力下，图灵的论文于 1936—1937 年分两次被收录在伦敦数学学会论文集里。其中，1937 年的论文对前一年论文的部分内容进行了修订。

图灵机

模拟人类计算员

今天再来审视一下“计算”的定义：计算就是指运用事先规定的规则，将一组数值变换为另一组数值的过程。而对于某一类问题，如果能找到一组确定的规则，只要按照这组规则给定这类问题中任意的具体步骤，就完全可以机械地在有限步骤内求出结果。那么就可以说这类问题是可计算的，而这种规则就是“算法”。所以“计算”是分步骤的，其中的关键词叫作“变换”，“变换”是一步一步机械地执行的。

图灵在他的论文中通过构造图灵机，对计算做了一个精确的定义。我们可以把计算精确地定义为图灵机的运算过程。同时，图灵很自然地将图灵机和人的思维过程联系到一起，他证明了两者是等价的。图灵在 10 岁左右时看过布鲁斯特的科技启蒙书《每个儿童都应该知道的自然奇观》。这本书非常形象地将人体比作机器，比如一台蒸汽机或内燃机。这种童年时期对科普知识的印象，可能在图灵的心中扎下了根，让他在后来进行数学研究时产生了某种直觉。

图灵认为人类的计算过程和机器是等价的，他在论文里提到：

> “计算通常可以通过在纸上书写某些符号来完成。我们可以假设这张纸就像小孩子的算术书，分成一个个方格。在初等算术中，有时会利用纸的二维性。但是，这种做法总是可以回避的，并且我认为，大家应该认同纸的二维性对于计算并不重要。我假定计算是在一张一维的纸上完成的，例如在一条分成方格的纸带上。另外，假定可打印符号的数目是有限的。如果我们允许数目是无限的，那么将会存在一些差异程度任意小的符号。限制符号数目并不会有严重影响，因为总是可以使用符号序列代替单个符号。通过这种方法，像 17 或 999999999999999 这样的阿拉伯数字将被认为是单个符号。类似地，任何欧洲语言的单词都被当作单个符号。
>
> ……
>
> “计算员[①]任一时刻的行为都由彼时他观察到的符号和彼时他的‘思维状态’

① 英文原文是 computer，但此处并不指计算机，而是指人类计算员。在这里，图灵试图证明人的思维过程与机器等价。

> 决定。我们可以假设，对于符号的数目或者计算员在某一时刻所能观察到的方格，存在一个上限 B。如果他想观察到更多，就必须继续观察。我们也假定，需要考虑的思维状态的数量是有限的。这样做的理由和限制符号数目的理由是相同的。如果我们允许思维状态是无限的，那么它们之中有些状态将会因‘无限地接近’而造成混淆。同样地，这种限制不会对计算造成很大的影响，因为避免使用更复杂的思维状态可以通过在纸带上写更多的符号来实现。
>
> “我们想象一下，把机器的操作分解成‘简单操作’，即最基本的操作，以至于不能想象它们能够再分解。每个这样的操作都是由计算员及纸带组成的物理系统的变化构成的。如果我们知道纸带上的符号序列，就知道了系统的状态，这些都是由计算员（通过特定次序）和计算员的思维状态观察到的。我们假设在一个简单操作里最多有一个符号会改变，所有其他的变化都可以分解成这种简单的变化，其中，符号会被改变的那些方格的情况与被观察到的方格相同。因此，我们可以不失一般性地假设，符号变化的方格总是那些‘被观察到’的方格。”

图灵认为人的思维状态是离散的而不是连续的，这是图灵认为机器的计算过程可以等价为人脑的思维过程的核心依据。而哥德尔对此持相反意见。1972 年，在图灵去世 20 多年后，哥德尔针对图灵论文里上面这段话写了短评，称其为“图灵分析中的一个哲学错误”。哥德尔认为人脑的思维过程不是静止的，而是连续变化的，而且精神上的思维状态可能会更加趋于无穷。图灵观点和哥德尔观点分别代表两种信仰，在随后的几十年里形成了图灵信念和哥德尔信念的两个流派。两个流派就一个重要问题展开大论战，即“机器能思考吗”。这个问题涉及无穷的本质，也就触碰到世界的本源，时至今日尚无定论，因此只能从哲学上探讨，从直觉上选择。我个人持有图灵信念。

图灵机模型

按照图灵的定义，图灵机是一个非常简单的模型。它有一个控制器、一个读/写头，同时有一个纸带。这个纸带是无限长的，上面排列着一个个格子，每个格子里记录着一个符号。图灵在这里主要使用了二进制，同时申明图灵机也可以打印任意其他字符。图灵机的特点使得其在使用二进制运行算术时效率很高，同时二进制的 0 和 1 还能表示逻辑中命题的真值和假值，让逻辑演算成为可能。图灵和乔治 •布尔都想到了这一点。

如下图所示，每当执行一个算法的过程时，机器会将这个纸带左移或者右移，并记录移位。如果机器的所有行为都由事先设定的程序决定，那么这样的机器被称为自动机。图灵机是一个非常简单的模型。正常情况下，图灵机将一直计算下去。图灵假想的纸带是无限长的，那么计算的时间也是无限长的。

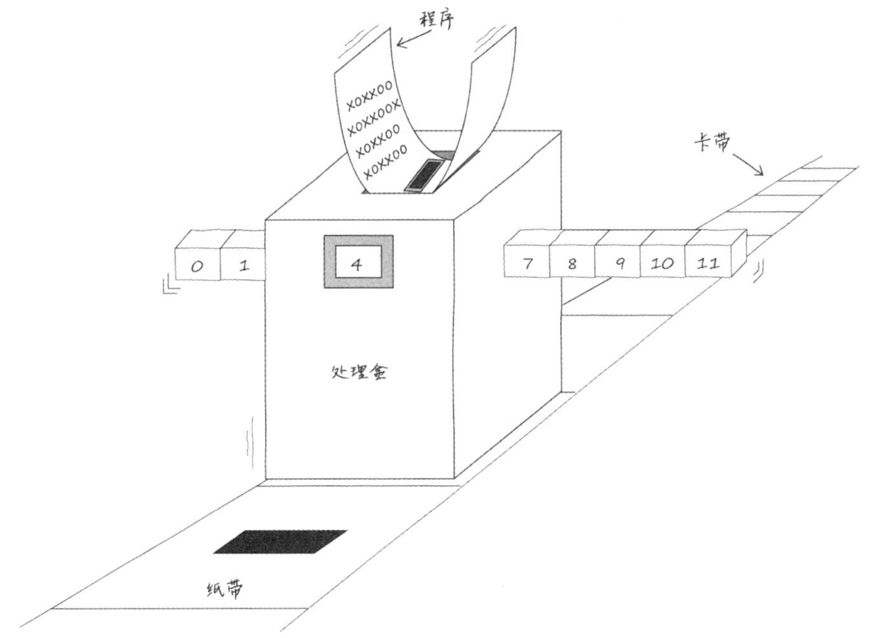

图灵本人并未在论文中画任何具体的图，因为图灵机只存在于想象之中。据后来图灵回忆，他构思图灵机时正躺在格兰切斯特的草坪上。因为距离国王学院只有 3 千米多，剑桥的学生很喜欢来这里散步。可见一个优雅和放松的环境对创造力很有帮助。

对于图灵机，我们也可以用下图来更简洁地描述。

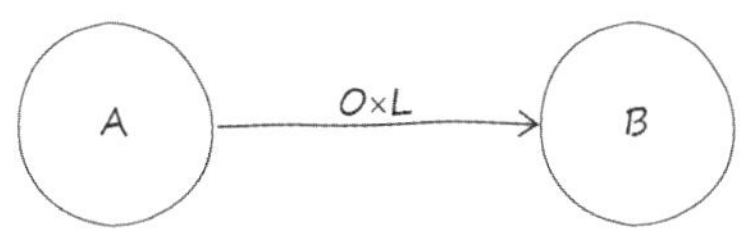

这张图表达的是：图灵机处在状态 *A*，当扫描到字符 0 时，在纸带上打印字符 *X*，读/写头向左移动，图灵机转换为状态 *B*。我们可以用 *L* 表示读/写头向左移动，用 *R* 表示读/写头向右移动。这样就形成了一个五元组(*A*,0,*X*,*L*,*B*)，它定义了图灵机的状态变化、操作和操作内容。如此一来，可以把图灵机执行指令的过程看成五元组之间的切换，五元组就是一个可计算序列。这张图非常简洁地表达了图灵机的计算本质，即状态之间的机械步骤的切换。

图灵原本设计的图灵机是可以一直计算下去的，这包含了无穷的思想。如果要表示 1，可以在打印字符 1 后不断打印字符 0：.1000000000000000…。

有理数，比如 1/3，也可以用类似的逻辑来表达。图灵机分为循环机和非循环机。如果一台图灵机进入没有意义的循环序列，比如卡住后不断打印 0，或者进入一个不存在的状态，则被称为循环机。进入循环的图灵机不会停机，但对我们来说非循环图灵机更有意义。

图灵机的读/写头接收纸带上的输入，同时还可以擦除纸带上的字符，或将其改写为新字符。因此一次计算的中间结果，可以打印在纸带上，留待后面的指令进一步处理，只需找一些格子来存储这些计算结果。

在 20 世纪 50 年代，斯蒂芬 • 克莱尼和马丁 • 戴维斯为了让图灵机更具有实用性，扩展了图灵机的概念，增加了接受（accept）状态和拒绝（reject）状态，让图灵机可以停机输出结果。比如，对于实数的计算，可以根据所需精度只计算到小数点后的若干位，之后进入拒绝状态。

墨尔本大学的安东尼 • 墨菲特提供了一个图灵机的在线模拟环境[①]，对于理解图灵机的实际运行过程有很好的帮助。同时，也可以在这个模拟环境中编写自己想要的指令来运行。

在图灵的论文中，进一步将五元组的符号替换为数字，比如用 1 代替 *A*、用 2 代替 0、用 3 代替 *B*、用 4 代替 *L*、用 5 代替 *R*、用 6 代替 *N*、用 7 代替分号。在图灵机的状态中，*N* 表示纸带上的格子为空，分号之后的内容一般是备注，不进入计算指令。

这样就得到一串正整数，而这串数字恰恰可以描述这台图灵机的结构，并且可以在图灵机中运行。这串数字就是这台图灵机的描述数。每个可计算序列至少对应一个描述数，但不存在一个描述数对应多个可计算序列。因此，可计算序列和可计算数是可数的。

可计算数

图灵机的伟大之处在于将所有任务变成数字，最终用一种极其简单的机械方式进行操作。哥德尔在证明不完备性定理时，将数学原理里的每个表达式转化为一串数字，即哥德尔数。图灵认真学习过哥德尔不完备性定理，无疑图灵的可计算数受到其启发。

图灵观察到一类具有新的性质的实数。他首先将计算范围限定为所有的正实数，因此定义的“可计算数”都是可数的。可计算数的具体定义为：

---

① 可参考链接[3]，可扫描本书封底“读者服务”处的二维码获取。

> “可计算数可以被简单地描述为其小数表达式可在有限步骤内计算出来的实数。
>
> ……
>
> “根据我的定义，如果一个数的小数形式可以被机器写下来，那么它就是可计算的。”

在论文中可以看到，首先图灵机可以计算所有的自然数和有理数，这个结论比较显然。同时，图灵机也可以计算所有的代数数，因为代数数可以用算法进行多项式表达。最后，图灵机可以计算一些超越数，比如π、自然对数 e、欧拉常数等。

以图灵机对圆周率π的计算为例。我们知道π有很多种计算方法。因为π是无穷的，因此在使用现代计算机进行计算时，往往会根据所需的精度“拒绝”计算，即计算到所需的小数点后特定位数。所以，从实用角度来讲，计算必须在有限步骤内得出结论，因此只能得到π的一个近似解。而计算π的方法可以用一个算法表达，比如莱布尼茨级数的算法表达为：

$$\sum_{n=0}^{\infty}\frac{(-1)^n}{2n+1}=\sum_{n=0}^{\infty}\int_0^1(-x^2)^n\mathrm{d}x=\int_0^1\frac{\mathrm{d}x}{1+x^2}=\frac{\pi}{4}$$

它的展开形式为：

$$\frac{\pi}{4}=1-\frac{1}{3}+\frac{1}{5}-\frac{1}{7}+\frac{1}{9}-\frac{1}{11}+\cdots$$

这个公式的好处很明显，它都是由有理数组成的，形式上非常简单。坏处是收敛得比较慢。也有收敛得比较快的，比如拉马努金公式：

$$\frac{1}{\pi}=\frac{2\sqrt{2}}{9801}\sum_{k=0}^{\infty}\frac{(4k)!}{(k!)^4}\frac{1103+26390k}{396^{4k}}$$

及其变体 Chudnovsky 公式：

$$\frac{1}{\pi}=\frac{1}{53360\sqrt{640320}}\sum_{k=0}^{\infty}(-1)^k\frac{(6k)!}{(k!)^3(3k)!}\times\frac{13591409+545140134k}{640320^{3k}}$$

这个公式是计算π最快的无穷级数公式之一，每算一项得出 14 个有效数字。

以上公式都可以转换成算法，进而可以将算法表达成一台图灵机的可计算序列，这个可计算序列又可表达成一个数字，即可计算数。因此，作为无理数的π，可以有两种表示法。一种是 3.1415926…，用省略号表达无穷。另一种是用图灵机的可计算数来表达。图灵机的可计算数是一个有限的整数，它描述了对无理数π的计算方法。只要图灵机运转起来，对π的计算就可以无限地进行下去。

此外，图灵还在论文中选用了一个很巧妙的例子——欧拉常数（见下图）。之所以说它巧妙，是因为没有人知道它是一个有理数还是无理数，1734 年人们不知道，到了 2023 年人们依然不知道。

$$\gamma = \lim_{n\to\infty}\left[\left(\sum_{k=1}^{n}\frac{1}{k}\right)-\ln(n)\right]=\int_{1}^{\infty}\left(\frac{1}{\lfloor x\rfloor}-\frac{1}{x}\right)\mathrm{d}x$$

然而，并非所有的数字都是可计算的。我们可以证明，所有的可计算数都包含在自然数之中，因此可计算数是可数的。而康托尔已经证明实数是不可数的，所以大部分的实数都是不可计算的。而且，在实数中不可计算的超越数的数量远远大于可计算数，实数基本上都是由不可计算数组成的，如下图所示。根据康托尔定理，可计算数的基数和自然数的基数是一样的，都是 $\aleph_0$，也就是可计算数和自然数是一样多的。

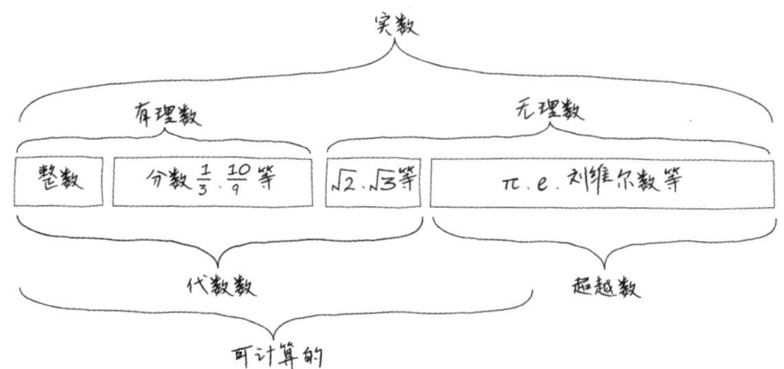

如果对图灵机的理解不深入，或者没有仔细研究图灵的论文，可能容易得出一些混淆视听的结论，比如图灵机只能计算自然数或有理数，而这些结论和图灵机最终定义的机器能力边界息息相关。所以我们有必要对“可计算数”有一个正确的认知。

可计算数表达的是一个数可以用算法（可计算序列）来描述。对于一些有着可计算性的无理数（比如 π），用来描述它的算法（可计算序列）是有穷的（比如计算程序的代码行数是有穷的），而如果算法运行有穷步骤后停下来，则图灵机会输出一个该无理数的近似值。理论上图灵机可运行无穷步（无穷时间、无穷长度纸带），这就对应了无理数小数点后的无穷位。

图灵用可计算数描述了数的一种性质。可计算数覆盖所有代数数和部分超越数，覆盖所有有理数和部分无理数。数的可计算性是一种新的性质。可计算数的集合是可数的，其元素个数是所有自然数的子集。通过枚举正整数，可以对应到所有可能的计算机程序。可计算数无法从正整数中有效枚举，不是每一个正整数都可被解释成一个有效的图灵机可计算序列，但这种枚举一定包含了所有非循环图灵机。

在图灵机的定义里，数字和程序的本质是相同的。图灵机本身也是一个可计算数，可以用另一台图灵机来计算。用数字作为媒介来对其他事物进行通用化的表达，很可能源自哥德尔数。[①]这就是“编码”的概念，今天计算机领域涵盖的一切，几乎都是被数字编码的。比如，打开存储于 Windows 或者 Linux 操作系统里的一个可执行文件、一部电影、一个游戏，会发现其中都是一些二进制（在操作系统中往往被换算成十六进制）编码。而这些文件不管有多大、读起来有多复杂，都是可数的，都是可计算的。这些文件的编码往往包括对这个文件该如何运行的描述（即程序），以及要运行的内容本身（即数据）。因此，可计算数也意味着通过编码可以赋予自然数一种结构，这种结构是由编码所定义的，是用图灵机来解释的。这真是一个神奇而美妙的结论！

在计算的世界里，程序和数据本质相同，都是数字。因此，我们可以向一台图灵机输入另一台图灵机的描述数和输入，这样就可以模拟另一台图灵机的计算过程，这台图灵机被称为“通用图灵机”。图灵在论文中描述了通用图灵机。通用图灵机非常灵活，是可编程的。现代计算机全都是通用图灵机。从可编程的角度讲，一种操作数据的规则如能模拟通用图灵机，则可被称为“图灵完备的”，比如指令集、编程语言等。对创造一门新的编程语言、指令集或其他计算方法来说，验证图灵完备性非常重要。

编码及通用图灵机的思想，在某种程度上启发了冯·诺依曼。冯·诺依曼后来在设计早期电子计算机 EDVAC 时解决的关键问题，恰恰就是如何将程序和数据融为一体，从而大大提高效率。尽管在 1946 年提交给英国国家物理实验室执行委员会的一篇论文中，图灵描述了被他称为自动计算机的存储程序式计算机的设计方案，但并没有将其实现。而最终冯·诺依曼参与的 EDVAC 被实际制造了出来，成为第一台公认的存储程序式计算机。冯·诺依曼曾经有过和图灵共事的经历，深知图灵的想法，受其影响不足为奇。

丘奇-图灵论题

图灵机在可计算性上，与丘奇的 λ 演算以及哥德尔和克莱尼的递归函数，被证明是等价的，所有可以用 λ 演算计算的事物都可以用图灵机计算。丘奇还有一个学

① 有的人认为图灵对于编码的运用是受到香农的启发。但事实上，图灵在 1940 年之后由于参与破译密码的工作才代表英国到美国进行交流，进而结识了香农。而图灵的论文发表于 1936 年，因此我认为图灵当时主要受到了哥德尔的启发。

生克莱尼，他着力发展的一般递归函数，也被证明和图灵机是等价的。所以丘奇师徒对可计算性理论可谓做出了巨大的贡献。

丘奇是一个非常勤奋和严谨的人，经常工作到深夜。他讲课前一定要认真擦掉黑板上的残留痕迹，有时候要用一桶水来擦。在纸上书写时，他会用不同颜色的墨水表示不同的对象，如果需要更多颜色，他会混合墨水来调色。丘奇是一个纯数学家，对计算机并不太了解。丘奇的λ演算对编程语言的发展起到了深远的影响，如过程式语言 ALGOL、Pascal 和 C 都是基于此发展而来的。λ演算对后来函数式编程的启发更是直接，其代表语言包括 LISP、APL、Haskell 等。

任何可计算函数都可用图灵机进行计算，这种计算的通用性又被称为“丘奇-图灵论题”。当图灵发表论文时，丘奇已经发表了一篇关于λ演算的论文，并提出“有效计算性”的概念，以此来证明希尔伯特的判定性问题不存在通用过程。很快丘奇就发现，他的“有效计算性”几乎适用于所有能够计算的东西。因此，图灵在论文中对图灵机和λ演算的等价性做出备注。由于此前克莱尼已经证明了一般递归函数和λ演算是等价的，因此图灵只需要用图灵机实现一般递归函数就可以了。这样，在 20 世纪 40 年代，出现了 3 种通用计算方法，而且它们是等价的。丘奇-图灵论题没有被严格证明，不是定理，因为需要用到公理以外的知识，比如心理学或物理知识。但在之后的几十年，大量的可计算函数都被证明是等价的，比如波斯特的标签系统、沃尔夫勒姆实现的元胞自动机，还有科恩基于中国古代的算盘实现的算盘机，都被证明和图灵机是等价的。这些结论进一步支撑了丘奇-图灵论题的正确性，所以它基本被认为是正确的，也一直被使用。

正是因为坚信计算的通用性，图灵在其他人还在开发专用硬件的时候，就开始研究软件了。他相信通用计算可以完成任何工作。这对于当时人们的心智来说，并非那么容易接受。也是计算的通用性，才让我们今天可以在计算机上运行各种各样的软件，它可以说是今天丰富多彩的数字世界的基础。

图灵很巧妙地构造出一个理论上可实现的机器。这天马行空的想法，可以看作融合了第三次数学危机以来各个数学流派思想的成果。从对后世计算机发展的影响和对人类的整体贡献来看，称图灵机为三大流派集大成者并不为过。最早弗雷格和罗素试图完善莱布尼茨的计算梦想，为数学建立逻辑演算系统，之后希尔伯特明确提出建立形式系统的计划，而图灵机无疑整合了逻辑演算系统中符号与推理的优点，又是希尔伯特形式系统中“公式间机械变换过程”的直接体现。同时，图灵创造性的“构造”想法，又和布劳威尔的直觉主义一脉相承，图灵机是可构造的！图灵机为建立起计算和物理世界的桥梁打下基础，也直接催生了电子计算机。

1936 年以前，形式系统的概念相对还比较模糊，直到图灵机的出现。现在，我们清晰地知道，形式系统就是一台准许在某些步骤上按照预定范围做出选择的图灵机，也是一种产生定理的机械程序。有了图灵机的概念，哥德尔关于数学形式系统不完备性定理的相关结论，才有了各种图灵机版本，如停机问题版本，以及后来算法信息论中的复杂性版本等。

但需要注意，图灵机本身可以模拟任一数学形式系统，而哥德尔不完备性定理描述的是，在包含初等算术的形式系统中，公理化方法是不完备的，系统中存在着不可判定的命题。包含初等算术这个条件即蕴含自然数的皮亚诺公理，简单说就是要满足自然数的加法和乘法。因此，图灵机受哥德尔不完备性定理约束的前提是，图灵机实现了一个包含初等算术的形式系统。若图灵机实现的形式系统没有包含初等算术，则并不受哥德尔不完备性定理的约束。

现代计算机都受到哥德尔不完备性定理的约束，其关键不在于图灵机这个计算模型，而在于现代计算机在物理实现上采用了香农的逻辑电路，通过电路布线模拟布尔逻辑，从而具备了逻辑计算能力。此后的计算机发展都基于逻辑电路，同时也基于冯·诺依曼架构[①]。在冯·诺依曼架构中，中央处理器有一个算术逻辑单元，用来实现自然数的加法和乘法。初等算术是大部分数学的基础，应用价值巨大，因此现代计算机的实现原理离不开冯·诺依曼架构，也就受到哥德尔不完备性定理的约束。但我们不应当说，图灵机受哥德尔不完备性定理的约束，因为完全可以从图灵机出发，实现一个不包含初等算术的形式系统。

丘奇-图灵论题也意味着分析并不等于“显然”。大量定理需要从公理中推导而出，如果只有公理，很多结论是无法直接“看”出来的。所以，我们才需要通过推理，从公理中不断地淘金，不断地挖掘，构建出更多的定理。用香农的信息论来解释，就是真理并非显然的，推理和计算的动作可以产生更多的信息。比如，欧氏几何中的 5 条公理都是显然的，而由这些公理得出毕达哥拉斯定理的结论，则需要依靠推理。这个推理和演绎的过程可能需要进行很多步，如果其变得过于复杂，就需要足够多的“算力”才能完成，所以推理加上算力才能真正完成淘金。推理越多，对算力的需求越大，因此算力在某种程度上可用于衡量价值。丘奇-图灵论题第一次从逻辑上建立起算力与价值之间的关联。

在图灵的时代并没有太多算力的概念，因为当时计算机还没被造出来，只存在于图灵构思的理论之中。因此，图灵认为每台计算机的能力是等价的。但是回到现实，我们会发现计算机的能力受制于物理规律、材料、成本等诸多因素，因此把算力剥离出来，作为单独的概念来讨论，更具现实意义。

① 关于冯·诺依曼架构和 EDVAC 的关键贡献，将在后文讲述。

判定性问题的证明

图灵的证明

图灵论文的目的是证明希尔伯特的判定性问题。判定性问题与哥德尔的不完备性定理不同。不完备性定理的结论是，在一个公理系统中存在既不可证明又不可证伪的命题，这是公理化方法的不完备性。判定性问题则关于是否存在一个通用的算法，可用于判定任意命题是否可证。判定性问题着眼于判定过程本身。

图灵证明判定性问题的大致思路是，先证明所有可计算数是不可有效枚举的，这等价于不存在一个通用判定过程，可用来判定另一台图灵机是否会打印字符 1 或 0。然后，图灵证明了图灵机可以完整表达希尔伯特的一阶谓词逻辑。以上是证明的基础。最后，图灵构造了一个公式，当且仅当图灵机打印字符 0 时公式才是可证明的。希尔伯特判定性问题有解等价于存在一个通用算法，可判定另一台图灵机是否会打印字符 0，而图灵已经证明这是不可能的。因此，希尔伯特判定性问题是不可解的。

这个证明过程涉及很多概念，但这些概念实际上是等价的。理解了图灵的思想，就知道“可计算数”“可计算序列”“图灵机”“图灵机的描述数”“通用判定过程”“算法”这些概念几乎[①]都是等价的，只是使用场景和范围不同。

图灵证明判定性问题的关键之处在于证明“可计算数是不可有效枚举”的。由前文可知，每一台图灵机都可以表达成一个可计算数，所有可计算数的总个数是包含在所有正整数中的[②]，而正整数是可数的，因此所有可计算数的集合是可数的。我们可以有效枚举所有正整数：1,2,3,4,5,6,⋯。

但并非每一个正整数都是一台图灵机的有效表达，因为图灵机是可执行的指令集，因此要将数字转换成对图灵机有意义的良好结构。比如，直到数字“31334317”，才是一个最小的结构良好的图灵机描述数，这个十进制数的二进制形式是“1110111100001111110101101”，转换成图灵机的五元组指令集后为：

① 用“几乎”一词是因为，在不同场景下细微之处可能有不同的含义，并不是精确的等价。比如，图灵机还包含不能停机的图灵机，而在算法的概念中需要的是可停机的图灵机。又比如，在使用场景上，可计算数更偏向数学的表达，而图灵机则更多用在计算机或算法的描述上。但不管如何，这几个概念都可以互相推导，是同一概念在不同场景下的表达。

② 有人可能会心生困惑，在关于可计算数在实数中的分类图中，可计算数的范围看起来比整数多，而此处却说所有正整数包含所有可计算数。这是因为，有些无理数的计算过程可以表达为一个可计算数，此时这个计算过程是一个图灵机的描述数，而并非该无理数本身。全体可计算数集合的基数和自然数的基数是一样的，即可计算数集合与自然数集合等势。这可以帮助我们从另一个维度理解可计算的超越数、可计算的无理数与自然数之间的关系。

11101
11100
00111
11101
01101

它会不断打印字符 1，这是一台循环机。要到数字“313325317”，才出现第一个从左向右打印字符 0 的非循环图灵机。可以想象，可计算数在正整数内的分布是不均匀的，看不出非常明显的规律。因此，不能从正整数可枚举直接推导出可计算数也是可枚举的这一结论。

实际上，可计算数是不可有效枚举的，存在可定义但不可计算的数。图灵通过使用康托尔的对角线方法，定义了一个不可计算数，成功证明了这一点。然后通过类似理发师悖论的自我指涉和自我否定，证明了不存在一台图灵机可以判定一个数是否为非循环图灵机（一般只有非循环图灵机才具有可计算的意义）。

寻找不可计算数的过程让我们再次感受到康托尔的对角线方法的伟大。下面给出大致的证明过程。假设可计算数可以有效枚举，那么列出所有的可计算数 α 的集合，令：

$$\alpha_1 = \phi_1(1)\phi_1(2)\phi_1(3)\phi_1(4)\cdots$$

$$\alpha_2 = \phi_2(1)\phi_2(2)\phi_2(3)\phi_2(4)\cdots$$

$$\alpha_3 = \phi_3(1)\phi_3(2)\phi_3(3)\phi_3(4)\cdots$$

……

尝试构造出一个数 β ，令 β 的每一位都变成 $1-\phi$ 。即：

$$\beta = (1-\phi_1(1))(1-\phi_2(2))(1-\phi_3(3))(1-\phi_4(4))\cdots$$

在这里，我们使用的是二进制，每一位只有 0 和 1，因此 β 是 α 的对角线的“翻转”。很明显，数 β 是可计算的，那么 β 一定包含在 α 中。所以一定存在一个数 K，使得：

$$\beta = \alpha_K = \phi_K(1)\phi_K(2)\phi_K(3)\phi_K(4)\cdots$$

根据 β 的定义，对 n 有 $1-\phi_n(n) = \phi_K(n)$ 成立。令 $n=K$，则有：

$$1 = 2\phi_K(K)$$

即 1 是偶数，这是不可能的。因此 β 不是一个可计算数，无法有效枚举所有可计算数。进一步可以推导出对角线方法是不可计算的。

接下来，图灵需要找出所有的可计算数的方法（在有效步骤内枚举可计算序列），即得到一台图灵机可以判断一个给定数字是否为一个非循环图灵机的描述数。大致思路是，先假设这样的图灵机$\mathcal{H}$存在，它的作用是从 1 开始枚举所有正整数 n，以检测一台图灵机的描述数是否为结构良好的非循环机。如果是，已检测到的非循环机数量为 $R(n)$加 1；然后运行这个描述数为 n 的图灵机，并将其第 $R(n)$位记录下来作为数 β' 的第 $R(n)$位，然后$\mathcal{H}$继续检测下一个数。①

图灵先证明了这样的图灵机$\mathcal{H}$是一个非循环图灵机，因为它总是在有限步骤内终止并输出结果。机器开始运行，所有的过程运转正常，直到图灵机$\mathcal{H}$检测到自己的描述数$\mathcal{H}'$时出现问题。根据图灵机$\mathcal{H}$的定义，它一直在依次检测其他图灵机的描述数，并记录有效的非循环机的数量，同时“运行”有效的非循环机。这个过程在检测到$\mathcal{H}'$之前一直都不会有问题，但为了检测$\mathcal{H}'$，即它自己，按照图灵机$\mathcal{H}$的定义，它必须实际运行$\mathcal{H}'$，重复检测$\mathcal{H}'$之前的所有操作，这样图灵机$\mathcal{H}$就会陷入死循环，构造数 β' 的第 $R(\mathcal{H}')$位永远无法被写下来，这与图灵机$\mathcal{H}$是非循环机相矛盾，所以图灵机$\mathcal{H}$是不存在的。

根据这个结论，可以进一步证明不存在这样的算法，能判断另一台图灵机是否会打印字符 0。如果想要判断，只能按照另一台图灵机的指令模拟运行一遍。

停机问题

1952 年，斯蒂芬·克莱尼和马丁·戴维斯扩展了图灵机，补充了接受状态、拒绝状态的概念，并增加了对“停机问题”的描述，通过停机问题验证了希尔伯特判定性问题。停机问题和图灵在 1936 年论文中描述的“构造一台图灵机$\mathcal{H}$以判断任意图灵机是否为非循环机”或者“是否会打印字符 0”等问题是等价的。

停机问题可以描述为，构造一台图灵机$\mathcal{M}$，它的作用是判定另一台图灵机$\mathcal{H}$是否会停机。如果$\mathcal{H}$停机，则$\mathcal{M}$不停机，一直运行下去；如果$\mathcal{H}$不停机，则$\mathcal{M}$停机，输出结果。现在令$\mathcal{H}=\mathcal{M}$，即把$\mathcal{M}$自身的描述数$<\mathcal{M}>$作为图灵机$\mathcal{M}$的输入，那么马上发现矛盾：如果输入的$<\mathcal{M}>$要求停机，则按照$\mathcal{M}$的定义$\mathcal{M}$不应该停机；如果输入的$<\mathcal{M}>$要求不停机，则按照$\mathcal{M}$的定义$\mathcal{M}$应该停机。因此不存在这样的$\mathcal{M}$。此处得到矛盾的推理和我们熟知的理发师悖论如出一辙。

停机问题广为人知源于马丁·戴维斯 1958 年的《可计算性与不可解性》一书。一开始图灵设计的图灵机是有无限长的纸带和无限长的执行时间的，图灵一开始就

① 这部分的逻辑稍显复杂，读者可以自行在纸上推演，或者阅读图灵的论文原文。即使直接跳过这部分，也不影响对于判定性问题的理解。后文中还会继续通过其他例子介绍判定性问题。

考虑到无穷的特性。因此不要被“停机问题”这个名词所迷惑，也不应该忽略图灵机还有不停机的特性，这才是理解计算机能力边界的关键。

丘奇同样在他的 λ 演算中，独立证否了希尔伯特判定性问题，并先于图灵发表了论文。为此图灵特地在论文中说明，自己的方法与丘奇的证明是等价的。

图灵和丘奇证明的是，不存在一个通用的机械方法，在有限步骤里可以判定一个命题是否可证。即图灵机如果不实际运行一遍，无法判断另一台图灵机的产出。每台图灵机是一个描述数，另一台图灵机如果不去实际算一下，无法判定这台机器到底会输出什么。

如果判定性问题有解，那么这个世界的很多事情都会改变。比如，我们就能知道丢番图方程是否可解、哥德巴赫猜想是否可证。任何问题只要我们能用数学描述，就能马上知道是否有可能解决。图灵机的通用计算能力太过强大，可以模拟很多事物和过程，但是停机问题告诉我们，图灵机的能力是有边界的。

忙碌的海狸

快速增长函数

1962 年，匈牙利裔数学家 Tibor Rado 提出“忙碌的海狸函数”（busy beaver function）。给出一个图灵机不可计算函数的例子，并进一步推动了可计算性研究的发展。

海狸（见下图）是生活在北美地区的一种很可爱的小动物，昼伏夜出，经常用锋利的牙齿咬断树木。海狸非常勤奋，为了构建水坝或筑巢每天都在忙碌。海狸构筑的水坝能蓄水，从而有可能改变河流或小溪周边的生态，很多鸟类或哺乳类动物都会栖息在此。甚至有科学家认为，海狸改变了北美的地形。

忙碌的海狸函数可以被理解为一个图灵机游戏，它的设定如下：

- 考虑有 m 个符号的图灵机，在这里我们主要考虑字符 0 和 1。
- 这台图灵机有 n 个状态。
- 这台图灵机必须能停机。
- 从向完全空白的纸带输入开始，考察能够打印出最多字符 1 的图灵机。

打印出最多字符 1 是一种挑战。将状态数为 n 的图灵机所打印出的字符 1 的最大数，记为 $\Sigma(n)$。将停机时图灵机移动的最大步数记为 BB(n)。这两个忙碌的海狸函数都是图灵机不可计算函数。类似的定义还有关于空间、往返的函数定义。在这里，我们主要关注最大移位函数 BB(n)。

给定自然数 n，如果存在一个算法（有限步骤内能停机），能够计算 $F(n)$，我们就称 $F(n)$为一个可计算函数。

这个看似简单的规则，实际上包含巨大的计算量，而且随着状态数 n 的增长，计算量的增长会迅速超出我们的想象。图灵机忙碌的海狸函数，就像围棋所有走法的函数。一个围棋盘上有 361 个交叉点，每个点有落黑子、落白子和不落子 3 种符号标记，所有走法是一个超级庞大的排列组合，意味着巨大的计算空间。即便考虑围棋规则的约束，去掉大量无意义的落子组合（类似于让图灵机停机），剩余走法的种数依然是一个极大的数字。而忙碌的海狸函数 BB(n)，就是要从所有围棋落子组合里，找出规则允许的最大步数。那么棋盘上的点每增加一个，又会新增多少种合理的走法呢？我们已知的一些 BB(n)的值如下：

BB(1)=1
BB(2)=6
BB(3)=21
BB(4)=107

以下是一个能打印出 107 个字符 1 的图灵机的示例：

```
; 4-state busy beaver
; When run with blank input, prints a number of 1's then halts.
; See, eg, http://******.org/wiki/Busy_beaver for background on the busy beaver problem.①

0 * * * a
```

① 可参考链接[4]，可扫描本书封底“读者服务”处的二维码获取。

a _ 1 r b
a 1 1 | b
b _ 1 | a
b 1 _ | c
c _ 1 r halt
c 1 1 | d
d _ 1 r d
d 1 _ r a

非常遗憾的是，我们目前只知道 n 在 4 以内的 BB(n)的确切值。我们还知道 BB(5)≥47 176 870、BB(6)＞7.4×10^{36534} 及 BB(7)＞$10^{10^{10^{10^{18705352}}}}$。实际上，BB($n$)是一个快速增长序列，其值随着序数 n 的增长而快速增长。到 BB(18)，其值就已经比另一个知名的大数“葛立恒数”要大了。

BB(n)的计算与停机问题是等价的，计算这个最大移位函数的方法相当于给定一个输入为空白纸带的图灵机$\mathcal{M}$，首先计算状态数 n，随后使用算法计算 BB(n)。$\mathcal{M}$运行后，有可能在一定步骤后停机，但是如果在 BB(n)步之后依然没有停机，我们就知道$\mathcal{M}$永远不会停机了。如果 BB(n)可计算，那么停机问题就有解。但我们已经证明停机问题无解，因此也不存在一个算法可以计算 BB(n)，BB(n)是一个不可计算函数。

基于 BB(n)，可以进一步得到一个不可计算数。①定义一个数字 N，令 $0<N<1$。N 的十进制展开形式将包含完整的 0 和 1，1 的位置由 BB(n)给出。通常，我们定义：

$$N=\sum_{n=1}^{\infty}\frac{1}{10^{\mathrm{BB}(n)}}$$

已知 BB(1)=1、BB(2)=6、BB(3)=21、BB(4)=107，则 N 的展开为：

$$N=\frac{1}{10^{1}}+\frac{1}{10^{6}}+\frac{1}{10^{21}}+\frac{1}{10^{107}}+\cdots=0.100001000000000000000001000\cdots$$

第一个 1 出现在小数点后第 1 位，第二个 1 出现在第 6 位，第三个 1 出现在第 21 位，第 n 个 1 出现在第 BB(n)位。由于 BB(n)是不可计算的，因此数字 N 也是不可计算的。我们定义了 N，但无法计算它。

事实上，根据康托尔的连续统假设，所有数学函数集合（可以理解为平面上所

① 参考了《论可计算数》的第 8 章，作者是 Chris Bernhardt。

有可能的曲线）的基数为$\aleph_2$，所有实数集合（可以理解为直线上所有的点）的基数为$\aleph_1$。而所有可计算数的基数与自然数的基数是相同的，都是$\aleph_0$。我们在前文提到过，大部分实数都是不可计算的。那么，“忙碌的海狸函数 BB(n)”则已经在基数为$\aleph_2$的集合里。这个基数远远大于所有实数集合的基数，更是远远大于所有自然数集合的基数，它不可计算不足为奇。

不可计算的函数

2016 年，MIT 博士生 Adam Yedidia 及其导师 Scott Aaronson 发表了一篇关于忙碌的海狸函数的论文，提到一些有意思的结论。[①]Scott Aaronson 是计算复杂度理论和量子计算方面的权威专家，有很多相关研究成果。这篇论文构造了一个计算忙碌的海狸函数的图灵机，用来验证哥德巴赫猜想、黎曼猜想，以及 ZFC 公理的一致性。

因为要以验证哥德巴赫猜想为例，我们先来回顾一下什么是哥德巴赫猜想[②]。

哥德巴赫 1742 年在给欧拉的信中提出：任一大于 2 的整数都可写成 3 个素数之和。哥德巴赫无法做出证明，于是写信请教赫赫有名的大数学家欧拉，但是欧拉至死也没有给出证明。由于现今数学界已经不使用“1 也是素数”这个约定，该猜想的陈述改为：任一大于 5 的整数都可写成 3 个素数之和。欧拉在回信中也提出另一个等价版本：任一大于 2 的偶数都可写成两个素数之和。现在普及最广的是欧拉的版本。

从关于偶数的哥德巴赫猜想可推导出：任一大于 7 的奇数都能写成 3 个奇素数的和，这被称为“弱哥德巴赫猜想”或“关于奇数的哥德巴赫猜想”。若关于偶数的哥德巴赫猜想是对的，则关于奇数的哥德巴赫猜想也是对的。2013 年 5 月，巴黎高等师范学院研究员哈洛德·贺欧夫各特发表了两篇论文，宣布彻底证明了弱哥德巴赫猜想。但“偶数的哥德巴赫猜想”这个数论上的明珠迄今为止尚未被人摘取。

Yedidia 验证哥德巴赫猜想的思路非常简单，就是从小到大验证每一个偶数，如果该偶数能表示成两个素数之和，则验证下一个偶数。如果发现某个偶数不能表示成两个素数之和，则“停机”。这种暴力验证遍历了所有的搜索计算空间。Yedidia 最终通过一个 4888 状态的图灵机，描述了验证哥德巴赫猜想的算法，即 BB(4888)。同一年，Yedidia 将算法改进为 BB(47)。[③]图灵机如运行到 BB(47)步还没停机，就

① 可参考链接[5]，可扫描本书封底“读者服务”处的二维码获取。

② 资料援引自百度百科词条“哥德巴赫猜想”。

③ 可参考链接[6]，可扫描本书封底“读者服务”处的二维码获取。

永不会停机，此时哥德巴赫猜想为真。反之，如图灵机在 BB(47)步内停机，则哥德巴赫猜想为假。

类似地，验证黎曼猜想的忙碌的海狸函数为 BB(5372)，验证 ZFC 公理一致性的忙碌的海狸函数为 BB(7918)。[①]

这些想法听起来很美妙，似乎已经可以判定哥德巴赫猜想、黎曼猜想是否可证。可惜的是，已经证明 BB(n)是一个不可计算函数，因此不存在一个算法可以确切知道 BB(n)的大小，除非把这台图灵机实际运行一遍。而用来验证哥德巴赫猜想的图灵机，要么一直运转下去，要么在遥远未来的某一刻停机。究竟如何，除非我们真实地让每一步发生，否则永远不知道答案。这就像本书第 1 章中提到的关于电灯的思维实验[②]，看似巧妙，但我们却永远无法知道答案。

希尔伯特的判定性问题，以及图灵和丘奇给出的答案，似乎带来这样的启示：很多事情，只有实际去做了，才知道会发生什么，会遇到什么。人生总是充满不确定性，至少从图灵机和数学来看，世界就是如此运行的。不存在一台图灵机可以通用地判定另一台图灵机的结果，所以赵括的纸上谈兵是行不通的，实践才是检验真理的唯一标准。图灵机也验证了一个古老的谚语：走自己的路，让别人去说吧！

图灵机没有通用判定过程，表明计算机并非无所不能或全知全能，存在自身的局限性。因此，面对复杂和变化的环境与事物，只能具体情况具体分析。在具体情况下的判定才是有意义的，在解决实际问题时则需要根据每一种问题，开发出一台特定的图灵机用于判定，这就需要大量的算力。判定性问题再一次表明算力的重要性。算力是解决层出不穷的计算问题的关键。当研究清楚计算机的先天局限性后，科学家们逐渐将精力转向研究"计算机在多长时间和多大空间内，才能计算出一个有意义的结论"，从而发展出计算复杂性理论。

图灵的命运

在二战期间，图灵并没有留在普林斯顿，他拒绝了冯•诺依曼提出的要自己做助手的邀请，而是回到了英国。图灵从 20 世纪 40 年代开始参与制作计算机的研究项目。图灵一直对密码学有兴趣，很早就认识到，应该将信息编码转换后再乘上一个非常大的数字，来提高加密的强度，因为分解大数的质因数所需的计算复杂度非

① 根据哥德尔不完备性定理，在 ZFC 公理系统内无法证明自身的一致性。因此，Yedidia 在这里引入 ZFC 公理系统之外的"弗里德曼断言"（Friedman's Mathematical Statement），以此证明 ZFC 公理的一致性。

② 这是本书第 1 章"第一次数学危机"一节"芝诺悖论：无穷之辨"部分提及的一个关于电灯的思维实验。

常高。而这正是今天流行的加密算法。

图灵在战时来到布莱切利园，帮助英国 GC&CS（政府的密码破译机构）破解德军的通信密码算法 Enigma。当时主要破解的是德国潜艇袭击盟军舰船计划的电文，这属于最高密级的军事情报。在这里，图灵遇到一同参与破译密码工作的琼•克拉克，一位有着杰出数学天赋的女性。1941 年春，图灵正式向克拉克求婚，但是在 6 个月后，因预感婚姻不会圆满，图灵还是终止了婚约。图灵和其他密码学家的贡献，帮助二战提前两年结束，挽救了成千上万人的生命。

战后图灵继续他的研究，并在 1950 年发表了著名的论文《计算机器与智能》。他在论文中提出我们今天所熟知的“图灵测试”。图灵测试是一种模仿游戏：被测试者不断提问，两个匿名者要分别回答问题，其中一个匿名者是机器。如果被测试者分辨不出哪个是人哪个是机器，则认为机器达到了与人同等的智能水平。图灵测试在今天依然是最直接有效验证机器智能水平的工具。

图灵的孤僻一直没有得到改善。1954 年，一直独居的图灵在家中被发现死亡，死亡原因是服用了剧毒氰化物，现场还发现了一个吃了一半的苹果。死因成谜，一个广为流传的说法是图灵死于自杀，但杰克•科普兰在仔细研究诸多事件后，在《图灵传：智能时代的拓荒者》一书中提出这是一起意外事故。

正如图灵研究过的判定性问题，他是否自杀，似乎无法判定为真，也无法判定为假。

隔着大西洋的哥德尔得知图灵的死讯后沉默良久，念叨着“如果图灵结婚了，可能就不会自杀了”。两人身处一个时代，图灵的思想深受哥德尔影响，但惺惺相惜的两人却从未谋面。在机器智能方面的思想交锋，在图灵殁后只能留给各自的信徒完成。这场跨越时空的世纪论战一直延续到今天，我们将在第 12 章“机器能思考吗”中一探究竟。

为纪念图灵在计算机领域的卓越贡献，美国计算机协会于 1966 年设立图灵奖，此奖项被誉为计算机科学界的诺贝尔奖。

1976 年，乔布斯和沃兹尼亚克成立苹果公司，创新性地发明了个人电脑。苹果公司的 Logo 是一个被咬了一口的苹果，乔布斯以此跨越时空向图灵致敬。

2009 年 9 月，第二次世界大战爆发 70 年后，英国首相戈登 • 布朗对图灵的遭遇做出正式道歉，此时距图灵去世已 57 年。而布朗的悼文，仅仅提到图灵在二战中破译德军密码的功劳，完全没有涉及图灵对计算机理论的巨大贡献。2013 年 12 月 24 日英国王室宣布赦免图灵。

图灵对人类的贡献是不可磨灭的，值得我们所有人铭记。

第四部分 计算的极限

第 9 章 计算复杂性

哥德尔与图灵、丘奇、克莱尼等人建立的可计算性理论，充分表明在自然数为基础的初等算术中，存在一些不可计算、不可判定的命题和函数。在可计算性理论、递归论将命题是否可计算的问题终结之后，科学家和研究者的兴趣开始转向研究计算效率：对于一些可以计算出结果的命题和函数，究竟需要计算多少步，以及如何衡量其代价。这个领域又被称为计算复杂性。

计算复杂性是当前计算机科学研究的核心领域，很多计算机科学家在这个领域获得了图灵奖。很明显这个领域的研究比起可计算性理论来，更具备实用价值。1956年，哥德尔在给冯·诺依曼的信里最早提到可满足性的问题，并用不同术语提出关于P/NP 问题的想法。他提到：如果我们生活在 P=NP 的世界里，那么“数学家思考‘是或否’的工作将完全由机器来代劳……而我个人认为，这完全是有可能发生的”。可惜的是，哥德尔当时并未意识到这个想法的重要性，而收到信的冯·诺依曼已经身患癌症，次年就去世了。直到 15 年后，美国的库克和苏联的莱文才各自独立发表了相关论文。他们并不知道这封信的存在，因为那时身患疾病的哥德尔已经神志不清，以致这封信直到 20 世纪 80 年代才被人发现。

二战之后美苏开始争夺世界霸权，冷战期间东西方更是断绝学术交流，因此对于计算复杂性的研究，东西方走了不同的道路，但是最后殊途同归，都走到 P/NP 问题上。

难解的计算问题

旅行商问题

现在让我们聚焦到实际的问题上，计算复杂性主要研究计算机难解的问题：对一个待解问题，需要计算多少次才能完成？

下图中的旅行商问题（Traveling Salesman Problem，简称 TSP）是一个经典的计算机难解问题，最早在 20 世纪 30 年代由维也纳数学家卡尔·门格提出。[①]这个问题的描述看起来非常简单："给定一系列城市，试求出经过所有城市并回到出发点的最短路线。"这个问题源自推销人员在各个城市巡回时制定最短路线的需求。来回绕路会让推销成本上升，企业可能入不敷出。最早人们靠经验来制定最短路线，后来发现这个问题并没有想象的那么简单。一旦城市变多，最优路线似乎就不那么好找了。

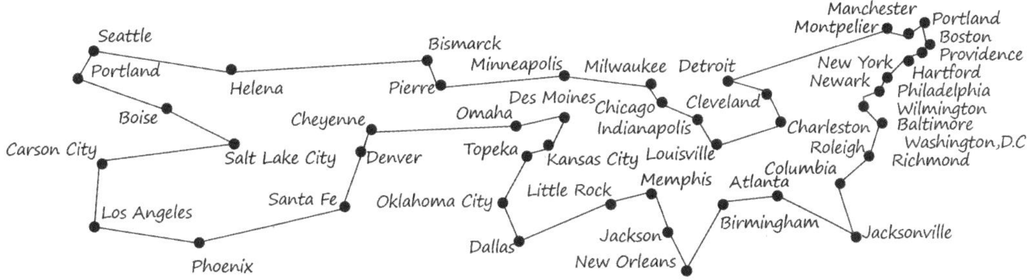

当只有 22 个城市时，所有可能的组合路线有 21!（21 的阶乘）种，具体数字为 51 090 942 171 709 440 000，用计算机检查所有路线可能要忙活一整天。而一旦城市达到 100 个，遍历完所有路线的计算时间会超过宇宙的寿命！

旅行商问题可以追溯到欧拉和哈密顿。现在，数学界普遍认为欧拉是图论的鼻祖，他最早解决了柯尼斯堡的七桥问题。柯尼斯堡（今天的加里宁格勒）是哲学家康德和数学家欧拉、希尔伯特的故乡。如下图所示，这个小城有 7 座桥，于是当地居民提出了一个很有意思的问题：有没有一条路线可以让游客不重复地一次游览完这 7 座桥？这引起很多人的兴趣，但始终没有一个人找到这样的路线。

① "推销员之喜"，《新闻周刊》，1954 年 7 月 26 日，第 74 页。

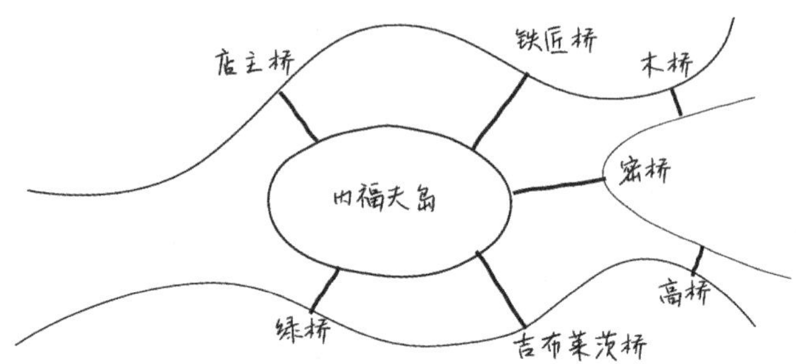

欧拉在 1736 年向圣彼得堡科学院递交了《柯尼斯堡的七座桥》的论文，他通过将七桥问题抽象成点和线，并研究其性质，一举解决了这个问题。欧拉发现，如果将陆地抽象成点，将桥抽象成边，那么这 4 个点都与奇数条边相连。这意味着不存在这样的路线，让游客在一次游览中恰好经过每座桥一次（如下图所示）。

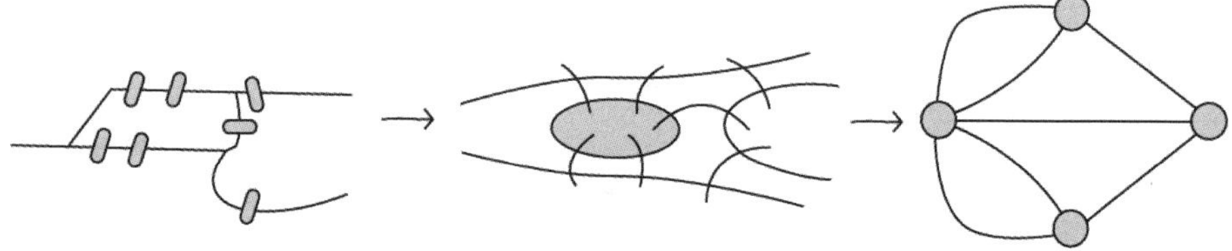

欧拉就此开辟出图论这一全新领域。现在再说说柯尼斯堡的 7 座桥。由于后来有两座桥毁于二战的战火，因而人们今天再来到加里宁格勒时，只能慨叹七桥问题已成往事。

1856 年，欧拉研究七桥问题 100 多年后，发明四元数的威廉·哈密顿爵士，对一个与图和路线有关的问题产生了浓厚的兴趣。他研究了连接正十二面体全部 20 个顶点的路线，并将其抽象为如下图所示的一个叫作 Icosian（意指有 20 条边）的图形。

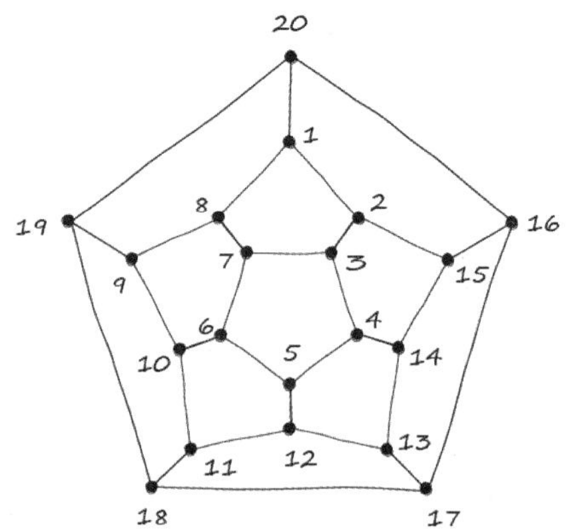

哈密顿要求路线沿着边前进，而且必须经过每一个顶点。与对四元数进行定义类似，他构造了一种代数系统，并通过其证明：无论从哪个顶点出发，都有可能走完一条经过 Icosian 所有顶点的路线。后来他还将 Icosian 图形变成一款桌面游戏，可惜该游戏在市场上一败涂地。估计在玩游戏的时候爵士大人脑子里出现的是他的代数，而孩子们玩的时候靠的是直觉，所以孩子们觉得这个游戏太简单了，一点儿都不好玩。

我们现在把一个图形中恰好经过所有边一次的闭合路线称为欧拉回路；把恰好经过所有顶点一次的闭合路线称为哈密顿回路。这两种回路看起来都很简单。但我们可以通过简单的规则判断，欧拉回路的每个顶点都应该与偶数条边相连。而要判断一个图形里是否存在哈密顿回路，难度不亚于旅行商问题！[①]所以，我们可以理解欧拉，却不能理解哈密顿。

多项式时间与指数时间

随着用计算机解决问题能力的提升，科学家们发现有些计算任务可以快速完成，有些计算任务则不能。这与计算的步骤，或者说计算的次数有关。

计算旅行商问题的所有可能路线要遍历 $n!$种情况，这个数已经远远大于 2^n。如果一个任务的计算量规模呈指数级增长，那么即便它是可计算的，很可能我们在有生之年也看不到计算结果。下表描述的就是这样的一个例子。

每秒运算 10^9 次的计算机在不同条件下的运行时间

复杂度	n=10	n=25	n=50	n=100
n^3	约 0.000 001 秒	约 0.000 02 秒	约 0.000 1 秒	约 0.001 秒
2^n	约 0.000 001 秒	约 0.03 秒	约 13 天	约 40 万亿年

因此，采用穷举法来暴力计算所有的可能性，很容易陷入指数级增长的计算任务。而寻求一种更加高效的计算方法，在不改变问题的前提下减少计算量，就成为关键。这就是算法的效率。比如，计算两个整数 577 和 423 相乘，一个笨办法是将 577 不断相加，得到结果 244 071，这种累加算法需要执行 422 次加法运算；而小学生都会的竖式算法，只需将其中一个数分别与 3 个一位数相乘，再计算 3 次加法就能得到结果，如下图所示。

① 当图形的复杂度非常高时，计算量是巨大的。

5 7 7
4 2 3
1 7 3 1
1 1 5 4
2 3 0 8
2 4 4 0 7 1

用577×432展示乘法的小学竖式算法

在乘法中，两个因数的位数就是输入规模。在计算两个 n 位整数的乘积时（两个因数都大于 10^{n-1}，小于 10^n），累加算法的加法运算次数至少是 $n10^{n-1}$，这是指数级的运算次数，而竖式算法的运算次数不会超过 $2n^2$。在 n 较小的时候区别不明显，一旦 n 变得很大，那么一个小学生使用竖式算法的计算速度，也会超过使用累加算法的超级计算机。由此可见，算法的效率是极其关键的。

于是，计算科学家开始尝试定义什么是“高效算法”。1965 年，通用电气公司科研实验室的尤里斯·哈特玛尼斯和理查德·斯特恩斯发表了论文《论算法的计算复杂度》，提出了一个绝妙的想法：随着问题描述的规模扩大，计算机算法所需的运行时间和存储空间发生了多大的变化，可以此来衡量算法的复杂度。这就是算法的时间复杂度和空间复杂度的概念。这两人也因此获得 1993 年的图灵奖。

时间复杂度指的是图灵机计算一个问题所需的计算步骤的规模，空间复杂度指的是图灵机计算一个问题所需写入的纸带上的格子数规模（抛开输入和输出时要用的格子）。这两个概念不能等同视之，在计算复杂度上也具有不同的性质。时间复杂度、空间复杂度的本质是，当待解问题的规模增长数百、数千、数万、数亿倍时，计算机处理所需的时间、空间资源的增长速度。因此，在规模较小时，这意义不大；而在规模变大时，这就变成一个很现实、严峻的问题。

“时间”这一说法实际上不是很准确，因为时间复杂度是针对计算的次数来说的，图灵机这一理论计算模型并没有时间的概念。但当计算机在物理上被造出来之后，每次计算都有能量的消耗，而即便如电子这样的微观粒子，在移动时也需要花费时间。因此当计算次数很多时，累积起来的计算时间也就变得很长。出于习惯，人们沿用了时间复杂度的说法。现在人们用大写的字母 O 来表示时间复杂度函数，用 n 表示问题的规模。比如，指数级的时间复杂度可以表示为 $O(2^n)$，而代数级的时间复杂度可以表示为 $O(n^k)$，其中 k 为一个常数。

计算机发明出来后，逻辑被编码成二进制数，基本的运算都通过逻辑电路来实现。对于用计算机实现一次两个 n 位数的加法，基本运算不会多于 $3n$ 次，所以时间复杂度的上界为 $O(3n)$。这种计算次数与数据规模 n 呈线性关系的计算过程被称为线性时间过程。而计算机实现一次两个 n 位数的乘法的计算量不会大于 $2n^2$，因此时间复杂度的上界为 $O(2n^2)$。这说明计算机实现一次乘法的代价是平方时间。但无论如何，算术的加减乘除四则运算都还停留在 $C\times n^k$ 的时间复杂度，其中 C 为常数。我们将这样的时间复杂度称为多项式时间，这是一个重要的概念。

旅行商问题的时间复杂度为 $O(n!)$，已经超出多项式时间，达到指数级的计算复杂度。一般来说，指数级时间复杂度的问题都是难以计算求解的。可以将计算分成几个层次：在第 8 章提到的“忙碌的海狸函数”是一个快速增长函数，其增长速度超过了一般的指数级时间（即 2^n 级别）的计算问题，可以良定义，但是无法求解、计算；一般的 $O(2^n)$或 $O(n!)$级别的计算问题，可以求解或计算，但是无法“高效计算”；多项式时间级别 $O(n^k)$的计算问题，计算机可以高效求解、高效计算，即在相对可以接受的时间范围内计算出结果。

随着问题求解计算规模的增长，似乎计算机的局限性也在凸显，直至不可计算。图灵机的停机问题是最经典的不可计算问题，诸多后来发现的不可计算问题都与停机问题等价，包括忙碌的海狸函数。忙碌的海狸函数生动地刻画了计算规模快速增长导致的不可计算性，因此在计算复杂性和不可计算性之间建立了一座桥梁。在忙碌的海狸函数中对图灵机移动步数、空间、往返的定义与布卢姆对复杂性测度的定义一脉相承。布卢姆在 1967 年定义了复杂性测度①的概念，提出了时间、空间、墨迹②和往返③这 4 个常规的复杂性测度。这就深刻揭示了计算复杂性、不可计算性这两个领域之间的紧密联系——与求解问题的计算规模增长速度强相关。

20 世纪 60 年代的两篇论文奠定了高效计算的基础。杰克•埃德蒙兹的论文《路径、树木与花》（非常有诗意的题目）和艾伦•科巴姆的论文《函数的内在计算难度》分别独立地定义了多项式时间可计算的问题，该问题现在一般被称为 P 问题。P 是多项式时间的英文 Polynomial Time 的首字母。埃德蒙兹在论文里提到：

> “实践中，计算的细节至关重要。然而，我的目的仅仅在于竭尽所能地把高效算法的存在性证明得更有魅力。字典中对‘高效’的解释是‘操作或性能上是足够的’。这基本上就是我需要的含义——从人们普遍相信‘最大匹配问题’没有高效算法的角度来看。
>
> “最大匹配问题有一个显而易见的有穷算法，但该算法的难度④随图的大小

① 这些方面的研究早于库克和卡普对 NP 完全性理论的研究。

② 图灵机中一个格子被不同符号重复写了多少次。

③ 图灵机中读/写头改变移动方向的次数。

④ 计算的复杂性。

指数级增长。该问题是否存在一个难度随图的大小代数级[①]增长的算法，绝不是显而易见的。

“如果问题规模的测度是合理的，且假设规模取任意大的值，渐进地估计……算法难度的阶在理论上是重要的。不可能通过使算法在较小的规模上具有人为定义的难度来操纵算法难度的阶。

“除了最大匹配问题及其延伸问题，还有很多类似问题，它们有指数阶的算法且不太可能被改进……实践中，代数阶与指数阶的区别，比有穷与无穷的区别更加关键。

“标准有时是生硬的，据此阻止开发未知或已知不完全符合这些标准的算法，却是令人遗憾的。当前已知的很多最佳的算法思想也墨守这种理论成规……然而，如果仅为推动寻找优秀、实用的算法，则先问问这种算法是否存在，从数学上看是明智的，认识到这一点很重要。这样一来，寻找算法这项任务就可以被描述为具体的猜想……

“需要稍微解释一下用到的‘高效算法’这个词……我没有准备好给出严格的理论体系来赋予其正式的含义，况且这篇文章的上下文也不适合这样做……实践中，区分代数阶和指数阶的重要性，要远大于区分可计算与不可计算的重要性……如果硬要制定一些严格的标准，可能会在实践上阻碍有用的算法的研发，因为这些算法要么是未知的，要么在理论上与标准不符……无论如何，为鼓励人们去搜寻优秀而实用的算法，很重要的一点是，认识到质疑这种标准的存在价值在数学上是有一定道理的。”

需要注意的是，高效算法指的是那些可以在有穷步骤内实现的算法，其执行步骤数随着输入长度增加而缓慢增加。高效算法在算法的自然合成下保持封闭性，而多项式恰好满足了这种封闭性，这是因为多项式在加法、乘法和组合运算下，构成了一类缓慢增长函数的“封闭”集。高效算法与多项式时间的联系不是必需的，任何满足这种缓慢增长的封闭性条件的算法都可以称为高效算法。但使用多项式时间计算来描述计算复杂性问题一般是最合理、最简单的。

在埃德蒙兹之前，由于穷举暴力计算这类方法的存在，理论数学家们对于在有穷时间内求解出有穷问题并不感兴趣，认为将其交给计算机就可以了。埃德蒙兹首度让人们意识到在有穷时间内找到一个好算法的重要性。

① 多项式的。

P/NP 问题

NP 问题

指数级增长的计算问题，计算机一般无法高效求解，但是计算机科学家们不愿就此止步。在多项式时间过程和指数时间过程之间存在着巨大的鸿沟，有一部分问题虽然也很难，但计算机有可能求解，这就需要用一种新的定义来表达其复杂性。在这个背景下，NP 问题被定义出来。

NP 问题的全称是非确定性多项式时间过程，NP 是英文 Nondeterministic Polynomial Time 的缩写。简单来说，NP 问题指的是能在多项式时间内验证答案是否正确的问题；或者这么说，NP 中的任意问题“yes”的实例 x，都至少有一个与之对应的“短证明”（多项式时间的证明）y 来证明 x 为“yes”的实例。这类问题的复杂性是由“可能性的巨大数量”带来的，而验证某一种可能性的计算规模能够控制在多项式时间范围内。在这里，非确定性的含义是指存在多种可能性，可以验证任一结果，但不要求得出解。

比如，22 个城市的旅行商问题是一个组合爆炸问题，可能的路线多达 51 090 942 171 709 440 000 种。从这么多种可能的路线里找到最短的那条，是一个指数时间的计算问题。但是对于任意一条可能的路线，我们都能很快（多项式时间内）验证真假，这是因为只需要得到指定路线的城市序列，然后将其长度与给定的界限长度进行比较就可以了。这就是 NP 问题的含义。与 P 类问题相比，NP 问题是需要倒过来考虑的，重在检验结果的计算量，而不是求解过程的计算量。

有趣的是，NP 问题与大多数 P 类问题不一样，其“是”和“否”是不对称的。大多数 P 类问题的“是”和“否”是对称的。比如，“对于给定的 I，X 是否成立？”如果在多项式时间内是可计算的，那么交换答案是和否，把问题变成“对于给定的 I，X 是否不成立？”，该问题多半在多项式时间内也是可计算的。但是 NP 问题则不是如此。比如，旅行商问题的补问题：“给定一个城市集合、城市之间的距离和界限 B，问是否真的没有经过所有城市并且长度小于或等于 B 的路线吗？”要验证“是”或“否”，只能检查所有的路线，而这不是在多项式时间内可以完成的。

NP 问题的特点是结果比较容易检验，而求解过程可能很难。大数的质因数分解也是一个 NP 问题。比如，对于数字 16 461 679 220 973 794 359，分解出它有哪些因数是一件很困难的事情，需要做大量计算；但一旦知道它的两个因数 5 754 853 343 和 2 860 486 313，就可以通过一次乘法运算 5 754 853 343×2 860 486 313，马上验证这个结果。

由此就可以引入非确定性图灵机（NDTM，Nondeterministic Turing Machine）的概念。不同于图灵最早定义的单带图灵机，非确定性图灵机是一种多带图灵机，有多个纸带同时运行计算过程。它假设未来是不确定的，同时可以进行多种可能性的并行计算，而当它的某一条纸带在遇到设定的接受字符时将停机。如果存在一系列导致“yes”的非确定性选择，输入将被接受，其他选择可能会被拒绝，但只要有一个接受计算就足够了。只有当没有任意一个选择能导致输入被接受时，输入才会被拒绝（如下图所示）。用单带图灵机可以模拟非确定性图灵机，只是时间复杂度会上升到指数级，效率会低很多。非确定性图灵机是一种理论中存在的模型。

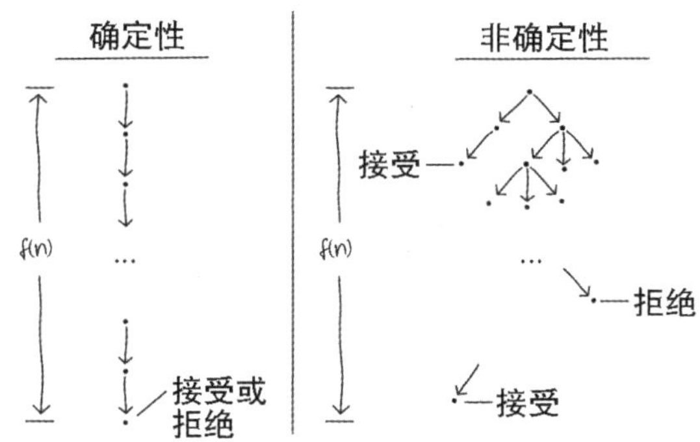

NP 问题的非确定性算法基于非确定性图灵机的模型，只要多个纸带的并行计算中的某一个计算过程在多项式时间内停机（进入接受状态），那么本来由可能性数量巨大导致的复杂问题就停止了计算。这就把一个难解的问题变成了一个可解的问题，也就在 P 类问题和指数时间问题之间找到了一类难度居中的问题。所有的 P 类问题都是 NP 问题，因为 P 类问题可以在多项式时间内求解，也可以将求解的过程视为构造性地验证解真假的过程。因此 P 类问题是 NP 问题的一种特殊情况，P 是 NP 的子集，有 $P \subseteq \mathrm{NP}$ 。

现在尚存的疑问是这个等号是否成立，即 $P=\mathrm{NP}$ 还是 $P\neq\mathrm{NP}$？简单来说就是，对于所有的 NP 问题，是否总是存在一个多项式时间内的求解过程？其本质是在问，判定一个答案真假的时间是否长过解出一个答案的时间。由非确定性图灵机的计算模型可知，尽管可能的道路有千万条，但只需要有一次进入机器的接受状态，答案的真假判定即可停机。

P/NP 问题在 2000 年被美国的克雷数学促进会列为 21 世纪待解的七大数学问题之一。每个问题悬赏 100 万美元，赏金共计 700 万美元。而 P/NP 问题的特殊之处在于，它是最有可能被普通人通过奇思妙想解决的，因为它的理解门槛不高，最欠缺的可能只是用全新的思路来打破现有的僵局，正如伽罗瓦在研究一元五次方程可解性时所做的那样。

NP 完全问题

在 18 世纪，伟大的探险家詹姆斯·库克船长通过航行发现了新西兰和夏威夷群岛，绘制了大量地图，开辟了新的航线，拓宽了人类文明世界的边界。200 多年后，另一位库克从思想上同样拓宽了人类文明世界的边界。1971 年，年仅 32 岁的史蒂芬·库克发表了论文《定理证明过程的复杂性》，他的这一壮举无疑在计算理论中发现了一个全新的世界，将对 NP 问题的研究推向了高潮。

史蒂芬·库克 1939 年出生于纽约州的布法罗，这里离美国和加拿大边界的尼亚加拉大瀑布不远。当年尼古拉·特斯拉在大瀑布上修建的水电站，最早就是给布法罗供电的。因此，年轻时期的史蒂芬·库克曾经想过做电机工程师。他于 1957 年进入密歇根大学，学习电机工程。但此后他却被计算机编程深深吸引。当时没有计算机科学这个独立的学科，他选择主修数学。1961 年，库克进入哈佛大学攻读数学博士，之后深受逻辑学家王浩的影响。

王浩是哥德尔的密友，他的研究方向是定理的自动证明。这一直到今天依然是一个很难的领域，属于人工智能的重要分支之一。库克师从王浩，因此传承了哥德尔一脉，这一背景对理解库克论文的出发点很有帮助。因为库克正是从布尔逻辑出发，应用哥德尔的编码思想，最后建立起自己的“NP 完全性理论”的。

简单来说，NP 完全性理论就是，在 NP 问题中存在一些特别难的问题，使得所有的 NP 问题都可以“归约”到这类问题，从而只要解决了这些最难的问题，那么所有的 NP 问题就都解决了。这些最难的问题今天被称为 NP 完全问题，缩写为 NPC（Nondeterministic Polynomial Complete）问题。NP 完全性理论是计算复杂性领域的大一统理论，能将所有千奇百怪的 NP 问题统一起来，因此是当今计算机科学研究的核心课题。

NPC 理论的核心是归约思想。库克首先强调“多项式时间可归约性”的概念。在多项式时间内，图灵机如果能将问题 A 的任意实例构造为问题 B 的实例，使得 A 和 B 的答案完全相同，要么都为“是”，要么都为“否”，那么就称问题 A 可归约到问题 B。在多项式时间内可归约，则意味着问题 B 的规模不应当过分地超出问题 A 的规模。

库克的思路聚焦在判定性问题的 NP 类上。如前所述，这类问题可以在非确定性图灵机上在多项式时间内验证，即可以高效判定一个断言是否为真。库克研究的判定性问题是，对于一系列逻辑变量，能否赋值为真或假，使得给定布尔表达式的取值为真。在这里，布尔表达式用到的量都是这些逻辑变量及其否定（逻辑非“NOT”），联结词为逻辑且“AND”和逻辑或“OR”。这个问题被称为可满足性问题，简称 SAT。可满足性问题也可以用逻辑电路来描述，这就与计算机产生了直接关联。（按照布尔表达式的合取范式写法，可以将布尔表达式写成子句[①]之间通过 AND 连接的形式。如果子句包含 2 个变量，则被称为 2-CNF；如果包含 3 个变量，则被称为 3-CNF。所有可满足的 3-CNF 公式构成的语言被称为 3SAT。）比如，对于包含 100 个变量的布尔表达式：

$$F(x)=(x_{17}\vee\bar{x}_{23}\vee x_{12})\wedge(x_{11}\vee x_{56}\vee\bar{x}_{37})\wedge\cdots\wedge(\bar{x}_{09}\vee x_{15}\vee x_{82})$$

所谓可满足性问题就是，（当布尔逻辑中 True 和 False 分别用 1 和 0 表示时）要找到所有 x_i（i=1,···,100）的取值，使得 $F(x)$=1（其中 $\bar{x}$ 为 x 的补运算，若 x=1 则 $\bar{x}=0$）。由于每个 x_i 可能有 1 和 0 两个取值，因此 100 个变量就可能有 2^{100} 种情况，这是一个很大的数。

库克证明了，所有的 NP 问题都可以在多项式时间内归约到可满足性问题。证明方法也很简单，对于一个形式上良好定义的 NP 问题，可以用图灵机来描述，那么在图灵机的每一个检验步骤里加入标志机器状态和读入符号的逻辑变量，就可以证明这种归约性。库克对于这个定理的证明总共用了不到一页纸。可满足性问题（SAT）是历史上第一个 NPC 问题。这意味着，可满足性问题如果找到了高效算法，那么所有 NP 问题的解决就都可以转化为这种高效算法。也就是说，可满足性问题是所有 NP 问题中最难的。库克还认为，NP 中的一些其他问题，可能也具备与可满足性问题一样的性质，都是 NP 中“最难”的问题。

库克的论文发表后，一时并未引起广泛的重视。但是到了 1972 年，伯克利的教授理查德·卡普根据库克的结论，一举列出 21 个 NP 完全问题，其中有许多通俗易懂的问题。这一下子就让 NP 完全性理论备受关注。库克证明了所有的 NP 问题都可以归约到可满足性问题，而卡普则意识到可以将可满足性问题归约到团问题。团问题是在一个规模为 n 个人的群体中找到一个规模为 k 个人的子团，使得其成员两两互为朋友。在规模很大时，团问题也是一个难解问题，卡普证明了团问题和可满足性问题一样难。这也就意味着，团问题如果能找到多项式时间算法，可满足性问题也能。不仅如此，卡普还找到了其他 19 个问题，包括分割难题、旅行商问题、哈密顿回路问题、地图填色问题和最大割问题等。为了表彰库克和卡普在计算复杂性领域的贡献，他们分别获得了 1982 年和 1985 年的图灵奖。

此后计算机科学家们找到越来越多的 NP 完全问题，它们都可以被归约到可满

① 子句内的逻辑变量通过 OR 连接。逻辑变量可以是其否定形式。

足性问题或者团问题。这也就意味着所有的 NP 完全问题组成了一类集合，它们从计算复杂性的角度来说是等价的，只要其中一个问题找到多项式时间算法，就能一举解决所有的 NP 问题，从而证明 P=NP。1979 年，米歇尔・加里和大卫・约翰在《计算机和难解性：NP 完全性理论导引》的附录中一举列出 300 个 NP 完全问题，使这本书成为计算机科学家们的工作手册。时至今日，人们已经发现了 2000 多个 NP 完全问题。

许多有趣的问题都被发现是 NP 完全的。比如，下图中的 Windows 系统自带的扫雷小游戏，能否在一次大规模扫雷中获胜，是一个 NP 完全问题。

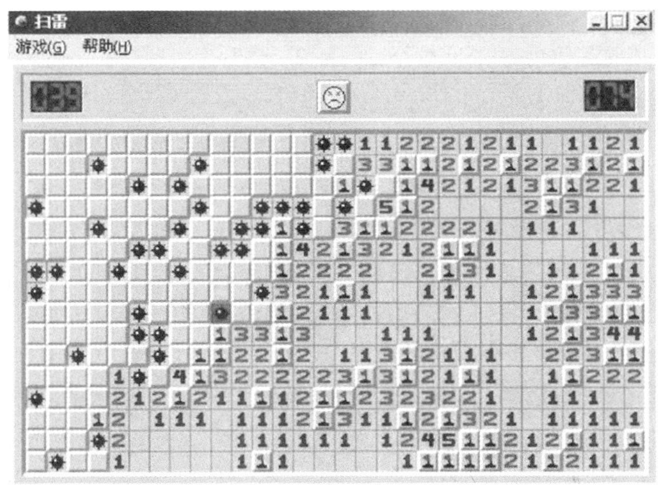

一些问题看起来很相似，但有的是 P 类问题，有的则是 NPC 问题，可谓咫尺天涯。

比如，前面提到的要求通过图形中所有边的欧拉回路，在多项式时间内可解，而要求通过图形中所有顶点的哈密顿回路则是一个 NPC 问题。类似地，经典的婚姻问题在多项式时间内可解：有 n 个未婚男子和 n 个未婚女子以及一张列出所有双方意愿的表格，问能否安排 n 对男女的婚姻，使得每个人都与自己愿意接受的配偶结婚并且不出现重婚？但是，如果婚姻问题被推广到三维，即性别有 3 种，则变成一个 NPC 问题——不得不佩服数学家们脑洞清奇。

柯尔莫哥洛夫复杂度

花开两朵，各表一枝。在库克和卡普通过 NP 完全问题为自己赢得声誉的同时，在东方也有人独立地发现了 NP 完全问题，不得不说这是科学史上的又一巧合。冷战隔绝了苏联与美国的学术圈。早在 20 世纪 50 年代，苏联的数学家们就在思考对于大规模数据的搜索问题，其在本质上是否必须要用穷举算法来求解？对这个问题的研究导致苏联的数学家们独立发展出了计算复杂性理论。1973 年，列昂尼德·莱文发表论文，列出 6 个通用搜索问题，其概念相当于库克的 NP 完全问题。莱文的 6 个问题包含了可满足性问题，从而建立起对 NP 完全问题研究的搜索进路。

天资聪颖的莱文是安德烈·柯尔莫哥洛夫的学生，他 15 岁时就被柯尔莫哥洛夫相中，后来到莫斯科大学跟随老师学习。柯尔莫哥洛夫被喻为 20 世纪苏联最伟大的数学家，他是一位数学上的通才，在几乎所有的数学领域都发表了论文并有重要成果。美国的研究机构曾经分析过，柯尔莫哥洛夫到底是一个人还是一个团体，因为他涉足的数学领域实在是太多了。

柯尔莫哥洛夫在算法复杂度领域有一个非常著名的理论：一个序列的随机性大小可以通过“最少需要多少字数来描述”衡量。比如，对于字符串 s，如果有一段程序能够输出 s，就将这段程序称为对 s 的描述，记作 $d(s)$；如果在所有描述中它的长度最短，就称其为“最短描述”，同时可以将 $d(s)$的长度（比特数）称为关于 s 的“柯尔莫哥洛夫复杂度”，记为 $K(s)$。

可以证明，K 是一个不可计算函数。因为，如果 K 是可计算的，意味着存在一个程序，可以输出能描述自身的最小长度，这与图灵机的停机问题相悖（在此略去证明过程）。事实上，柯尔莫哥洛夫的算法复杂度理论，在本质上等价于图灵的可计算性理论。虽然图灵机的停机问题看起来像是一个不太实用的构造性问题，但是很多问题通过归结到停机问题都可以得出非常重要的结论，柯尔莫哥洛夫复杂度就是一个神奇的实用结论。

通用图灵机的存在性在柯尔莫哥洛夫复杂度中起到了核心作用，因为通用图灵机可以看作描述物体的一种有效、清晰的通用语言，而柯尔莫哥洛夫复杂度表达的是事物的有效描述所需的长度，并将最短长度当作该事物固有的复杂度。换句话说，简单事物的描述比较“简短”，而真正复杂的事物不会存在一个“简短”的描述。

可见，柯尔莫哥洛夫复杂度就是，用通用图灵机来描述一个对象所需最短程序的长度；或者可以概括地说，就是“图灵机的描述数的最短长度”。它反映了事物内在的信息量和复杂性。这种复杂性与选用哪种描述方法无关，也就是与计算模型无关，因此事物的复杂性是独立于计算模型或计算机的。可以证明，对于给定信息，相对于最优描述（即最短程序）的长度来说，不同描述语言的长度只是在其上增加了一个常量的长度，因此针对该信息的不同描述语言都是同等有效的。这一理论又被称为不变性定理。

柯尔莫哥洛夫复杂度体现了算法熵的概念，在通信、加密、压缩等很多领域都有重要的应用。它既反映出计算的本质，在哲学上也给人以极其深刻的启示。

柯尔莫哥洛夫复杂度还是奥卡姆剃刀原理在计算理论上的体现。奥卡姆的威廉是方济各会成员，在牛津大学主修神学，对物理学、逻辑学和哲学都做出了巨大贡献。他在 14 世纪提出奥卡姆剃刀原理，主张“最简单的解释即最好的解释”，因此将所有不必要的细节剔除，而只保留最关键的信息。原理背后的思想引导了自文艺复兴以来的所有科学革命。而这不恰恰就是柯尔莫哥洛夫复杂度的核心思想吗？计算应用的第一步是对计算的对象进行编码。这个编码过程就是一个抽象的过程，也恰恰是奥卡姆剃刀原理的直接应用。而编码的好坏、编码后运算是否高效，不就是柯尔莫哥洛夫复杂度的外在表现吗？所以说，柯尔莫哥洛夫复杂度直接反映了计算的本质。

一个更通俗的例子是，作家们在锤炼文字时力求精练，用更简短而准确的文字描述出完整的语言内涵。将文字千锤百炼，压缩到不能再压缩，但又不损失其原意，这需要很强的文字功底，本质上就是在做信息的压缩，这个过程也就是在做编码和计算。然而，依据柯尔莫哥洛夫复杂度可以从数学上推导出，一段文字信息无论如何被压缩，其压缩超过 k 比特的概率都不会超过 2^{-k}。我们很难直接得到一段信息的最短描述，因为这与停机问题相悖，但是可以努力去寻找接近最短的描述，这可能就是作家们不懈努力的意义。其他领域也是如此。数学和语言都起源于逻辑，背后都可以用计算来驱动，由此不难理解，其实每个人习以为常的说话、写字、沟通，背后都有着计算原理的存在。计算并非数学家的专长，而是每个人与生俱来的本能！

库克–莱文定理

柯尔莫哥洛夫复杂度没有直接涉及 P/NP 问题，但是莱文却通过对它的研究，直接推导出自己的通用搜索问题，建立起 NP 完全性理论。可是莱文却没有库克那么幸运，他在苏联读博期间，由于在共青团活动中的一些叛逆行为，被认定为政治不合格，从而没有获得博士学位。由于在苏联职业生涯黯淡，莱文于 1978 年移民美国，并在麻省理工学院攻读博士学位，仅仅 1 年就毕业了。此后，莱文到波士顿大学担任教授。莱文的工作直到 20 世纪 70 年代中期才被外界知晓，他也未能与库克分享 1982 年的图灵奖。直到 20 世纪 80 年代末期，人们才把库克的发现改名为库克–莱文定理。①

莱文研究的是搜索进路，库克研究的是判定进路，两者在计算复杂性上可以看作等价。搜索是要找到一个最优解答，判定则只需要回答真或假，看起来搜索问题会更难一些。但是可以给搜索最优解的问题设定一个下界，从而将搜索问题转化为一个判定性问题，只需要判定在下界的情况下是真或假即可。对于 NP 完全问题来

① 即 SAT 是 NPC 的，3SAT 也是 NPC 的。

说，如果它的判定形式在多项式时间内可解，则其搜索形式在多项式时间内也可解，即 P=NP；反之，如果 $P\neq$NP，则两者均无法在多项式时间内求解。

库克和莱文最后殊途同归，都选择了可满足性问题，而且将所有问题归约到3SAT——3 个变量的合取范式的布尔表达式的可满足性问题。2-CNF 的可满足性问题是一个多项式时间内可解的问题。可一旦增加一个变量，3-CNF 的可满足性问题就变成了一个 NP 完全问题。3SAT 问题是一个很好的问题。因为 3-CNF 具备很强的表达能力，所以可以很方便地将许多 NP 问题归约到 3SAT 问题。可满足性问题的本质，是在问预先定义的问题是否可以快速判定，或是否无须证明即可判定一个给定的断言是否为真。可满足性问题是 NP 完全问题，无法高效计算，其内在的含义是：在问题的预先定义里，即在问题的输入中，可能蕴含着极大的复杂性，使得无法对结果做出简单且直接的判断。

布尔表达式的可满足性问题和计算机的结构有着极其紧密的联系。到了 20 世纪 80 年代，计算机科学家们逐渐通过电路复杂度理论（或称为布尔线路）来研究 P/NP 问题。最早，香农在 20 世纪 40 年代就意识到大规模线路设计遇到的计算复杂性问题，他提到："线路设计本身极其困难。更难的是，证明所设计的线路是实现函数最经济的方式。这种困难源于线路设计时有大量本质不同的线路网络可供选用。"

布尔线路也是现代计算机中硅芯片的简化模型。人们一度希望设计一种高效的芯片，用于求解 10 万个变量以上的 3SAT 问题，但对于计算复杂性的研究证明，这样的芯片是不可能存在的：几乎所有的布尔函数都需要指数规模的线路才能被计算。一旦输入规模变大，线路的规模呈指数级上升。尽管如此，近些年对线路下界的研究还是取得了一些进展。这是因为，对线路模型进行一些更强的限制后，其计算能力会弱于图灵机，从而更有希望探测到一些有意义的下界。

通过对计算复杂性的研究，我们对计算机的能力看得越来越清楚。但让人有些悲观的是，似乎随着研究的深入，机器的计算能力范围在一步步收缩。哥德尔证明了希尔伯特的判定性问题为否，图灵则证明了判定性问题不存在通用算法，他们已经初步确定了计算能力的边界。库克和莱文通过对可满足性问题（SAT）的研究，证明了这种命题演算中的通用判定性问题是一个 NP 完全问题。这意味着，如果 $P\neq$NP，则通用判定性问题无法高效计算。

计算的局部性原理

在库克-莱文定理的证明过程中，还用到了一个非常重要的原理——计算的局部性原理。这是一个观察现象，但迄今并不能充分解释其原因。所有的计算都有这样一个基础特性，以图灵机为例，它的每个基本操作仅仅读取和修改存储纸带上常数个位置上的符号。也就是说，计算的过程有着较强的聚集效应。

计算的局部性原理是很多事情的基础，因为存在这样的原理，才可以对程序的性能进行优化，将共性的部分提取出来，形成公共资源或共享资源，这样现代的缓存架构、池化、索引等技术就有了基础。在编译器中，优秀的编译优化算法会保留计算的局部性，使得程序能够高效地进行操作；反之，糟糕的优化算法会破坏局部性，使程序变得很低效。

1976 年，Madison 和 Batson 证明，在程序的源代码中就已存在局部性，这打破了局部性源于编译器的固有观念。看起来计算的局部性有更深层次的成因。现在看起来，计算的局部性来源于人们解决问题的模式。比如，递归算法通过对自身的不断调用，形成对空间的重复利用。类似地，算法的分治策略能确保算法引用规模更小的代码块和数据子集，以进行下一阶段的操作。计算的局部性与人类的思维模式有关。

现在看来，计算的局部性很可能是解决 P/NP 问题的关键之一，但是我们依然不知道如何才能充分地加以利用。

P=NP 吗

现在我们面对的是计算复杂性领域中未解的核心问题：*P* 是否等于 NP？这个问题迄今没有答案，它将人们引向更有实际应用价值的计算理论领域。根据库克等人建立的归约和完全性的思想与工具，计算机科学家们在复杂性领域开辟出一片片新的领地。

人们第一次接触这些概念的时候，也许会觉得它们有些难以理解，事实上 P、NP 和 NPC 的确并不是好的名字。计算机科学家们应该考虑换一些更加通俗易懂的名字，以利于概念和理论的传播。卡普在论文里第一次提出 P 和 NP，也第一次使用“完全”这个术语，这些名字听上去都太生硬了。

此后高纳德[①]意识到 P/NP 问题的重要性，并在 1973 年就这些概念的命名问题发起邮件投票，面向广大从业者征集提议。高纳德收到很多来信，但这些信中的提议他都不甚满意。贝尔实验室的几个人提出“NP-Complete”（NP 完全的），这个名

① 高纳德曾因著作《计算机程序设计艺术》获得 1974 年图灵奖。凭借写书就能获图灵奖，对我们这些喜欢写作的人来说，真是莫大的鼓励。

字最终获得最高票数。完全性、完备性的说法出自数理逻辑，一个系统是完全的或完备的，意思是它已强大到能解释所有自身系统里的真命题。“NP 完全的”问题表示这些 NP 问题已强大到能用来解决任何其他的 NP 问题。高纳德认为 NP-Complete 还不够好，但能够勉强接受。这个名字就这样一直沿用至今。

一旦能证明 P=NP，“NP 完全的”这个名字就会失去意义。高纳德对此高度关注，并宣称如果有谁能证明 P=NP，那么他个人将奖励其一只火鸡。所以，能证明 P=NP 的人，除了能拿到克雷数学促进会的 100 万美元大奖，还能额外得到一只火鸡。

P 与 NP 两个世界到底相距多远呢？这是一个迄今仍悬而未决的问题，没有答案，只有猜想。它可能会和过去的数学难题一样困扰人们上百年，但对这个问题的不懈研究终将结出丰硕的果实。人们根据 P=NP 或 $P\neq$NP 做出种种推论，不断猜测着这两种可能的世界。

P=NP 的世界

如果 P=NP，意味着我们生活在一个极其神奇的世界里。一旦找到[①]这个等式背后的多项式时间算法，很多问题都有快速解法。旅行商们不用再劳神费力地优选路线，每次出行都能获得最大收益；药物开发周期将缩短到物理极限时间，获得新药的速度将比现在提升成千上万倍；癌症不再是困扰人类的疾病，因为可以针对每种癌症快速开发出特效药；交通将不再拥堵，城市大脑可以规划好每次出行，让人们总是可以以最快的速度到达目的地，也不会再有交通事故；股票不再有亏，自然也不会有赚，因为所有交易都已被匹配到最优；世界甚至有望实现永久的和平，因为所有的误会都能被消除，所有的分歧都能找到最合理的解决方式，结果可精确计算，争端不再有意义。

这样的一个理想世界就是 P=NP 的世界。它具有魔法般的神奇力量，让我们生活在一个最优解和最短路径的世界中。然而，这样的世界也需要我们付出一定的代价，那就是互联网将变得不再安全。因为，互联网的基础建立在信息的复杂性之上，而互联网最重要的密码体系 RSA 加密算法，则基于大数的因数分解。之所以安全，是因为解密过程要逆向求解是哪两个因数相乘合成的大数，这是一个超级复杂的计算问题。而一旦 P=NP，意味着可以很快求解出因数，将任何这样加密的密文破解。信息从此变得透明，隐私再也得不到保护。

① 注意，证明了 P=NP 不代表找到了其多项式时间算法。

当 P=NP 时，找到其多项式时间算法就像拥有了一把万能钥匙。克雷数学促进会其他几个悬赏百万美元的问题可能会快速得到答案。人类可以利用这个迄今为止最强大的工具来探索和开拓整个宇宙。

但是世界也会变得索然无味，所有的努力都将失去意义，因为一切都有最好的安排。可能停留在一个 $P\neq$NP 的世界里会更好，毕竟世界充满未知，值得我们去探索，而所有的探索都是一种开拓，生而为人的使命感不正是来源于此吗？

认知的边界

P/NP 问题还极有可能关乎人类思维能力的边界。通俗地讲，P 类问题是人们想想，能想明白的；NP 问题可能是人们想破脑袋，也想不明白的。

举一个网络安全攻防的例子。一张银行卡的密码可能是复杂的数字、字母和符号的组合，并被当作秘密妥善保管。对于想要窃取银行卡密码的攻击者来说，想要猜解密码，必须尝试所有数字、字母和符号的组合，而这个组合爆炸的计算问题是一个 NP 问题，密码可能的字符串组合会出现指数级增长，但是要验证每一个密码是否正确却很简单。

穷举暴力破解的算法是最笨的办法，靠人脑很难穷举完所有可能性。因此 NP 问题似乎是人类想破脑袋也想不明白的问题。但是，前提条件是 $P\neq$NP。一旦 P=NP，则有可能通过一个简便高效的算法迅速完成推理和心算。$P\neq$NP 保证了我们面对的问题本身是有意义的。

同样地，当 $P\neq$NP 时，为难题寻找一个好的算法才有意义。对于猜解密码这样的问题，采用穷举暴力破解算法可能等到太阳系毁灭也计算不出结果。更聪明的做法是收集更多的信息，比如生日、电话号码、门牌号、个人喜好、成长经历等，有针对性地编制一本字典。因为人脑倾向于记住自己熟悉的事物，因此人们设置的密码可能有特定的规律，这种规律可能会让密码落在依据个人信息编制的字符串集合中，从而让他人有较大的概率猜解出密码。编制这样的字典需要的计算规模是多项式时间的，完全在可接受的时间范围内。

10 多年前我刚到阿里巴巴工作的时候，遇到一个黑客，我们在一个针对公司系统的安全测试项目上有合作。他擅长的就是直接猜解密码，而且并不需要笔算或机算，完全靠心算。他就像一个算命的神棍，尝试几次就能猜出密码。当然，并非任何密码他都能猜到，但猜中的概率已远远超出我的想象。我至今无法理解他的大脑中发生了什么，只能怀疑在那一刻他是不是拉马努金附体。但我大致能想到，他采用的方法就是在大脑中将某个特定的密码字典极度压缩，从而形成一种近似直觉的效果。这是一种将 NP 问题转化为 P 类问题的方法——加入更丰富的信息，可视为针对原问题的一种“神谕”。[①]我认为他不可能在脑海中穷举所有密码的可能性，因为在证明 P=NP 之前，NP 问题是人们想破脑袋，也想不出来的。

$P\neq$ NP 的若干推论

大多数计算机科学家都相信 $P\neq$NP，我也如此。尽管没有任何证据，但这更符合我们的直观以及直觉。如果 $P\neq$NP，那么可以依据此假设推导出一系列结论，甚至建立起更丰满的计算复杂性理论，可以使用的主要工具就是库克、莱文和卡普带给我们的归约与完全性。我们甚至可以将其作为一条公理加入计算复杂性的世界，从而推导出一系列定理。

在研究计算复杂性理论的大系时，可以从对复杂性问题的分类开始。计算机科学家们在定义 P 和 NP 之后，将主要工作聚焦在研究更多、更细的分类，以及每个复杂性类所具有的性质上。在这里，我们仅给出一些结论性的陈述，而略过所有证明过程。我们需要记住，这些结论都是在假定 $P\neq$NP 的前提下产生的。

我们知道，复杂性问题的研究动机起源于发现一部分计算可以在多项式时间内完成，而一部分计算则需要指数级（简写为 EXP）时间。此后我们又定义了非确定性图灵机的概念，它是一种执行过程有着指数级可能性的图灵机；可以将确定性图灵机视为非确定性图灵机的一种特例，确定性意味着这台图灵机的执行过程只有一种可能性。图灵机依然是我们研究计算模型最重要的工具。事实上，在研究复杂性类时，引入了各种图灵机的变种，比如纳言图灵机、交错图灵机、概率型图灵机、神谕图灵机，等等。它们都有着不同的性质，在此不再赘述。

在计算复杂性理论中，N 代表非确定性，P 代表多项式，L 代表对数，co 代表补运算[②]。在 P 和 NP 之外，计算机科学家们又定义了 L、NL、coNL、coNP、PSPACE 等复杂性类，而且它们之间还存在特定的关系。

PSPACE 是由所有多项式空间组成的类，这是一个很大的类，可以证明 P 和 NP 都属于 PSPACE。现实中很少遇到大于 PSPACE 或者小于 L 的问题，因此研究 PSPACE 内的问题有着重要的实践意义。事实上，围棋、象棋等游戏的必胜策略计算问题，不属于 EXP，而属于 PSPACE。这类游戏又叫“全信息双人博弈中必胜策略（QBF 博弈）”。所谓全信息就是，棋盘和规则都是固定的，棋子的每一步移动都是双方可见的。所谓必胜策略，即当且仅当黑方的第一步棋的一种下法，使得对于白方的第一步棋的任意下法，均存在黑方第二步棋的一种下法，使得……直至黑

① 神谕图灵机的思想与此类似。事实上，是向封闭系统加入更多的信息，以消除不确定性或降低计算复杂度。然而，从系统内部看来，加入的这些信息如何而来却是一个黑盒操作，因此就像获得神谕一样。

② 所有确定性的时间和空间复杂性类对补运算都是封闭的，因为只需要确定性图灵机将判定 yes 替换为判定 no 即可。然而，所有非确定性的时间和空间复杂性类对补运算是否封闭，却是一个悬而未决的问题。

方获胜。要判定黑方的必胜策略，必须搜索整个博弈树。它似乎不存在短证明，因为最好的证明即必胜策略本身，而描述这种证明需要个数惊人的二进制位。QBF 博弈是一个 PSPACE 的完全性问题，许多全信息多人博弈策略问题可以归约到它。类似地，很多机器人在复杂环境里的行动问题，也可被视作一种多人博弈，也是 PSPACE 完全的。

L 是对数空间，NL 是非确定性对数空间。研究 L 和 NL 主要靠对数空间归约，即可以被确定性图灵机在对数空间内完成的归约。对数空间是一个比多项式时间复杂度类 P 要小的类，其时间复杂度为 $O(\log n)$，可以认为 $L \subseteq \mathrm{NL} \subseteq P$。对于对数空间的计算来说，空间是很紧张的资源，对数空间图灵机可能连写下输出的空间都不够。因此，对 NL 的另一种理解是，在对数空间图灵机的每个计算步骤中，读/写头要么不动，要么右移，但是绝不能左移或者读取纸带上的任一位两次。在 NL 中，证明是仅能被读一次的。在对数空间中，L 的所有语言都是 L 完全的。但是，我们目前并不知道 L 是否等于 NL；也就是说，在对数空间中，我们并不知道非确定性是否比确定性更强大。而对于 NL 来说，2SAT 是它的一个完全性问题。

研究对数空间的性质有很好的实用价值。在算法设计中，有一个非常基本的分治策略，它的复杂度是对数空间级的。以二分搜索为例，要在一本字典中快速找到一个词，高效的做法不是从第一页翻到最后一页——这种穷举算法非常低效——而是先随意翻到字典中间的一页，将字典一分为二，然后看要查找的词是在上半部分还是下半部分，如此往复，就能在短短数次二分之后找到要找的词。这样的搜索，就将穷举的指数空间复杂度下降到对数空间复杂度了。以搜索集合 $\{1,2,3,4\}$ 为例，要搜索这个集合中的指定元素（比如 3），分治策略的实现过程如下图所示。

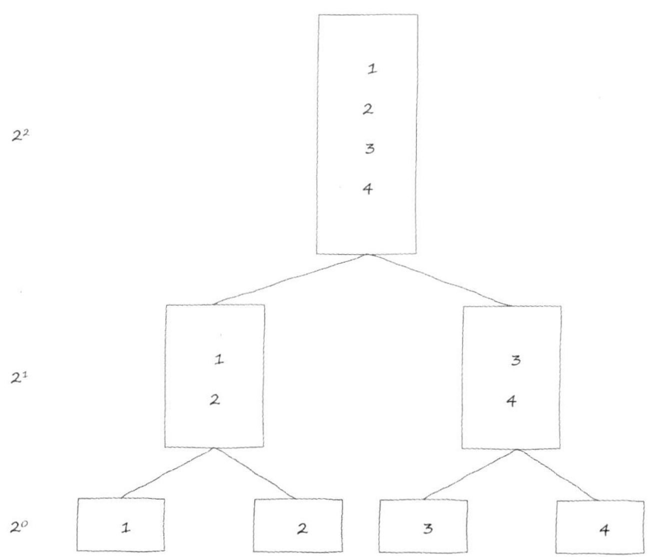

采用二分搜索，每次将搜索域缩小为上一阶段的一半，这样经过$\log_2 n$次划分就能把搜索规模下降到1，最后就可以直接检查元素是否为我们要查找的“3”。在二分原理中，一般将一个元素数为n的集合进行划分，每次一分为二，这样就形成了一棵二叉树。如果$n=2^k$，那么树的深度为$k=\log_2 n$，这个对数以某个基底（二分就是2）进行划分，直至达到单个元素所需的划分次数。此时计算的时间复杂度就是$O(\log n)$。在数据规模庞大时，比如一本100万字的书，其字符数100万约等于2^{20}，采用穷举算法从头查到尾需要2^{20}级别的时间，而采用二分搜索只需要对数级时间，即最多20次就可搜索出结果，快了近5万倍，二分搜索相对于穷举算法的优势就体现了出来。

复杂性类NP是所有“有简明的凭据”的问题的集合，coNP就是所有“有简明的不合格凭据”的集合。注意coNP不是NP的补集，区别在于coNP中的元素是NP中元素的补集。任意在P中的问题也在$\mathrm{NP}\cap\mathrm{coNP}$中，但反过来存在一些在$\mathrm{NP}\cap\mathrm{coNP}$中的问题，我们不知道它们是否在$P$中。$\mathrm{NP}\cap\mathrm{coNP}$意味着，每个实例要么有一个简明的凭据，要么有一个简明的不合格的凭据，没有一个实例能同时包含二者。“素数判定问题”从古希腊时期出现筛法开始，困扰了人们长达2000多年。它是一个属于$\mathrm{NP}\cap\mathrm{coNP}$的问题，人们一直不知道它是否在$P$中，直到2002年发现了一个多项式时间算法，才确定它在P中。至今，我们也不知道$\mathrm{NP}=\mathrm{coNP}$是否成立。如果$P$=NP，则有$\mathrm{NP}=\mathrm{coNP}=P$。反之，如果能证得$\mathrm{NP}\neq\mathrm{coNP}$，也就能证得$P\neq$NP。但目前大多数研究者从直觉上都相信$\mathrm{NP}\neq\mathrm{coNP}$。

与coNP的定义类似，将coNL定义为由NL中语言的补集构成的集合。20世纪80年代人们证明了NL=coNL，这是计算复杂性理论研究的一个重要进展。人们普遍猜想$\mathrm{NP}\neq\mathrm{coNP}$，这意味着非确定时间复杂性类在补运算下并不是封闭的。可能有的人会因而认为$\mathrm{NL}\neq\mathrm{coNL}$，但事实并非如此。$\mathrm{NL}=\mathrm{coNL}$意味着非确定的空间复杂性类对于补运算是封闭的。空间复杂度和时间复杂度由此呈现出一些差别，时间复杂性类的一些性质并不存在于空间复杂性类中。现在我们已经知道，如果用确定性图灵机模拟非确定性图灵机，空间开销是平方级增加的，而时间开销是指数级增加的。

上述这些复杂性类有着如下关系：

$$L\subseteq \mathrm{NL}\subseteq P\subseteq \mathrm{NP}\subseteq \mathrm{PSPACE}\subseteq \mathrm{EXP}$$

人们已经证明了P是EXP的真子集（即包含关系中的等号不成立），L是PSPACE的真子集，因此上述包含关系中至少有一个是真包含。我们强烈怀疑这些包含关系都是真包含，但没有任何证据。

我们进一步将这种复杂性类的关系推广到一般情况，可以参照克莱尼的算术分层定理（不再赘述），建立起计算复杂性理论的多项式分层（或称多项式谱系）。卡普在论文中最早提出这一思想。将数进行分层的思想可以追溯到康托尔的集合论。他建立了无穷集合理论，对无穷的大小进行分层；克莱尼参照这个思路建立了描述集合论，对算术进行分层。现在我们看到，在计算复杂度中也可以对问题的计算规模进行分层。

可以借助神谕图灵机来定义多项式分层。神谕图灵机出现在图灵 1939 年的论文中，当时图灵在尝试挑战突破图灵机的计算能力。神谕图灵机是一个理想模型，在图灵机的执行过程中存在一个来自黑盒的“神谕”，它忽略任何对时间和空间的考虑，对图灵机询问的问题直接给出 yes 或者 no 的答案。这个模型看起来像是作弊的产物，但是在研究复杂性分类这种粗粒度的理论时，却很适合用这种黑盒模型来梳理。定义多项式分层的基本思想是，通过库克归约和卡普归约建立 P 和 NP 对于任意语言 L 的相对化定义，再将其推广到任意语言 D 上，这样就得到了：

$$P(D)=\bigcup_{L\in D}P(L)\,,\quad \mathrm{NP}(D)=\bigcup_{L\in D}\mathrm{NP}(L)$$

这样就可以将 P 和 NP 视为语言类上的一种算子，且有：

$$D\subseteq P(D)\subseteq \mathrm{NP}(D)\,,\quad P(P)=P\,,\quad \mathrm{NP}(P)=\mathrm{NP}$$

这样从 P 开始，将 NP 不断作用在其上便产生了一个无穷递增的序列：

$$P,\mathrm{NP},\mathrm{NP}(\mathrm{NP}),\mathrm{NP}(\mathrm{NP}(\mathrm{NP})),\cdots$$

可以依次记为：

$$\sum\nolimits_0^P,\sum\nolimits_1^P,\sum\nolimits_2^P,\sum\nolimits_3^P,\cdots$$

最终计算机科学家们定义了多项式分层 PH，其可以被形式化地描述为：$\mathrm{PH}=\bigcup_{i\geqslant 0}\sum_i^P$。

PH 包含无穷个子类，每个子类也被称为一个层。人们猜想 PH 的每个子类各不相同，这是一个比 $P\neq$NP 更大胆的猜想。我们可以形式化地定义 PH 中每一层的复杂性类，对于所有的 $i\geqslant 0$ 有：

$$\Delta_0^P=\sum\nolimits_0^P=\prod\nolimits_0^P=P$$

$$\Delta_{i+1}^P=P^{\sum_i^P}$$

$$\sum\nolimits_{i+1}^P=\mathrm{NP}^{\sum_i^P}$$

$$\prod\nolimits_{i+1}^P=\mathrm{coNP}^{\sum_i^P}$$

当 i=1 时，它就是我们熟悉的 $\Delta_1^P = P$ 、 $\sum_1^P = \text{NP}$ 、 $\prod_1^P = \text{coNP}$ ；当 i=2 时，它可以被形式化地记为 $\Delta_2^P = P^{\text{NP}}$ 、 $\sum_2^P = \text{NP}^{\text{NP}}$ 、 $\prod_2^P = \text{coNP}^{\text{NP}}$ ；以此类推。

通过对角线方法可以证得一个分层定理，即“只要图灵机有更多的资源，就能够计算规模更大的问题”。这从根本上保证了计算的资源与规模之间是存在缝隙的，也构成了多项式分层的基础之一。最早尤里斯·哈特玛尼斯和理查德·斯特恩斯证明了时间分层定理，此后库克证明了非确定性时间分层定理；在空间复杂性上有着类似的空间分层定理。对角线方法是一个强大的方法，从康托尔到哥德尔，再到库克的各个时代，甚至在当下，其一直在计算领域起着核心作用。但是近些年的一些研究表明，仅凭对角线方法是无法证得 P 是否等于 NP 的。有趣的是，在证明对角线方法的局限性时，采用的恰恰是对角线方法自身。

对多项式分层来说，可以证得每一层的 3 个类有着类似 P、NP、coNP 的包含关系；同样地，每一层的每个类包含前面所有层的类，即对任意的 $i \geqslant 0$，均有 $\sum_i^P \subseteq \prod_{i+1}^P \subseteq \sum_{i+2}^P$ 。当我们相信 $P \neq \text{NP}$ 及 $\text{NL} \neq \text{coNL}$ 这两个猜想时，可以将其推广到整个 PH。于是有了一个更普遍的猜想：对任意 $i \geqslant 0$，$\sum_i^P$ 均是 $\sum_{i+1}^P$ 的严格子集，也就是说等号均不成立。这个猜想被称为“多项式分层不坍塌”，是计算复杂性理论中一个很重要的假设。如果 $\sum_i^P = \sum_{i+1}^P$ ，意味着 $\sum_i^P = \text{PH}$ ，此时我们称多项式分层坍塌到第 i 层。同样地，当 $\sum_i^P = \prod_i^P$ 时，则 $\text{PH} = \sum_i^P$ ，多项式分层坍塌到第 i 层。特别地，如果 P=NP，则 PH=P，即多项式分层坍塌到 P。

至此，我们初步描述了多项式空间 PSPACE 内部的诸多复杂性类，此处略去了烦琐的形式化证明，而力求让读者理解各复杂性类的性质与彼此之间的关系。在多项式分层不坍塌的情况下，下图有助于我们厘清各复杂性类的关系网。

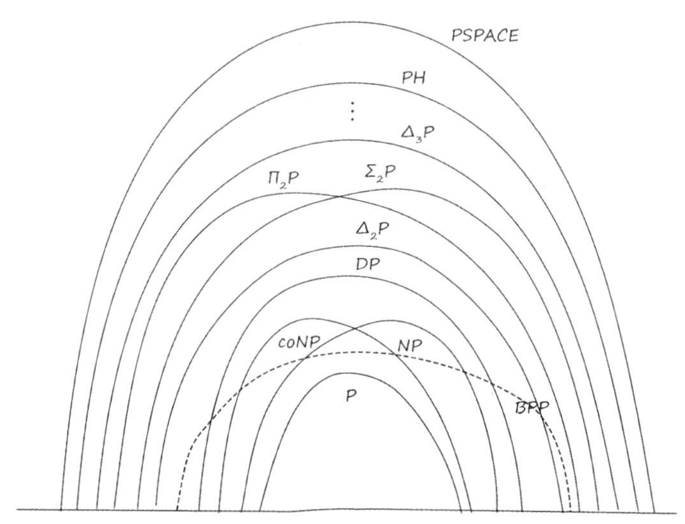

更一般地，如果将范围扩大到 PSPACE 外，纳入指数空间，则关系网如下图所示。

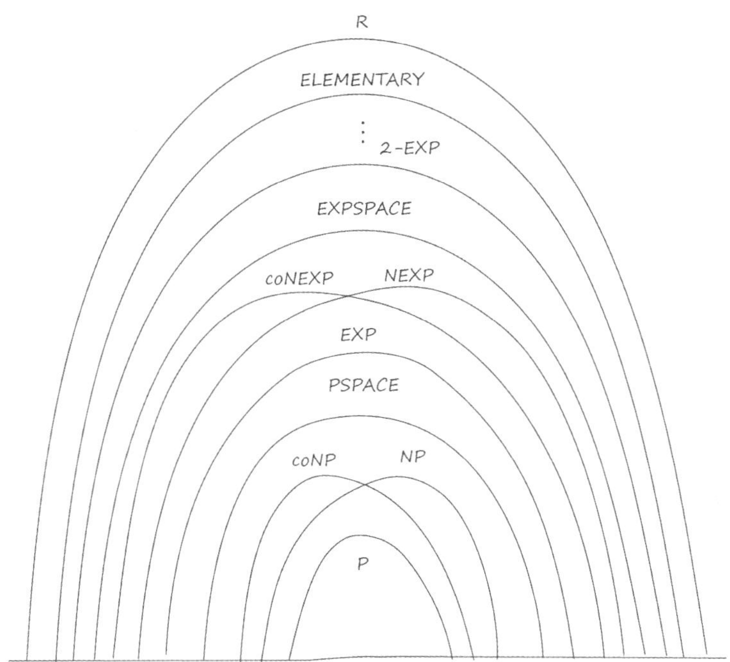

多项式分层猜想描述和刻画的是问题计算规模的性质，其中用到了无穷的思想和对角线方法，且层级之间有着严格的包含关系。这一猜想的模式让我们不得不联想到广义连续统假设（GCH）。和广义连续统假设一样，多项式分层是否坍塌的猜想迄今也无法得到证明。由于广义连续统假设已经被证明是独立于 ZFC 公理系统的，有人猜测 $P \neq$NP 猜想同样也是独立于 ZFC 公理系统的。由于对角线方法的局限性导致了现在的尴尬局面，我们需要探寻更强大的方法或工具来打破当前的现状。

为何 $P \neq$NP 这么难以证明呢？有人发现，通过现有的自然证明方法不可能证得 $P \neq$NP。所谓自然证明，是指既要满足构造性又要满足广泛性要求的证明。目前几乎所有通过线路下界来求证 $P \neq$NP 的方法都是自然证明。而对角线方法却是非自然证明方法，因为它只关注一个函数，因此不满足广泛性。$P \neq$NP 如此难证的原因可能是，其计算复杂性远超我们的想象，比如存在一些强单向函数，使得任意亚指数时间算法都无法求出它的逆函数。这就让我们进入了下一个问题，这种强单向函数是否存在？我们知道所有的 NP 问题都可以归约到 NP 完全问题，因此自然会猜测，在 NP 中是否所有问题都可以变成 P 或者 NPC 两类问题，即在 P/NP 完全问题之间是否还存在其他的复杂性类？或者说，我们要问的是，NP 非完全问题是否存在？

站在两个世界之间

未分类的问题

事实上，通过对角线方法可以证明，当 $P\neq NP$ 时，NP 中存在既不属于 P 类问题又不属于 NP 完全问题的问题，这个结论被称为拉德纳尔定理。它的证明思路是哥德尔式的：定义一个语言 SAT_H，然后让它编码自身的“求解难度”，最后引出矛盾。这个定理断言了“NP 中间语言”的存在，也就意味着，在 NP 中存在一些问题，比多项式时间算法更难求解，但还没有达到 NP 完全问题的难度。

人们已经发现一些这样的可疑问题，既不在 P 中，也不在 NPC 中，我们暂时称其为未分类的问题。这些问题的存在，说明复杂性类远比我们认知的要丰富，对它们的深入细致研究是一个重要的方向。当 $P\neq NP$ 时，人们才有动力通过不懈努力去发现难解问题的多项式时间算法。经过近些年的研究，有两个过去一度被认为是中间地带的问题，我们找到了其多项式时间算法。

2002 年，素数判定问题的多项式时间算法被找到，此前人们一直不知道该问题的确切难度。这一伟大发现改变了 2000 多年来人们对素数判定方法难度的认知。3 位印度数学家在论文 *Prime is in P* 上联合署名。现在这个高效的素数判定方法被称为 AKS 算法，由 3 位作者姓氏的首字母组成。

另一个此前未分类的问题是线性规划问题，即求解在满足各种线性约束条件下最优化方案的方法。在线性规划中，“线性”想表达的是所有变量之间都是线性关系，不存在变量相乘的情况。线性规划在工业生产中应用广泛。因为很多问题都可以自然而然地被转化为在一定条件下的最优化问题，所以线性规划是一种重要的数学建模方法。由于约束条件有时候可以多达几百万、上千万个，因此它是一个复杂的计算问题。从几何角度来理解，线性规划可能的解集在高维空间中形成了一个多面体。

1947 年，格奥尔格·丹齐格发明了单纯形法，用于求解线性规划问题。单纯形法在工业应用中取得了巨大的成功，被视为历史上最重要的十大算法之一。但单纯形法并不能高效求解线性规划问题，它的基本思路是遍历多面体所有的边，直到找出可能的解。后来有人证明，单纯形法在处理最坏情况时是指数级时间复杂度的，人们进而开始怀疑，线性规划可能也是指数级时间复杂度的。即便如此，单纯形法依然有着重要的应用，因为大多数时候我们都不会遇到最坏的情况。

1979 年，利奥尼德·卡奇安发明了椭球算法，其思路是将多面体切分成越来越小的块，通过不断缩小范围最终找到最优解。椭球算法是一个多项式时间算法，线性规划问题因其被分类到 P 类问题中。但是椭球算法并不实用，实践中的耗时比单纯形法要多得多，因此人们还是更偏爱单纯形法。1984 年，纳伦德拉·卡马卡发明了内点法。和单纯形法类似，内点法遍历多面体，只不过是在内部遍历而非外部。内点法理论和实践上的效果都很好，而且这是一种多项式时间算法。

因数分解问题

素数判定和线性规划的算法最终被划入 P 类问题范畴，鼓舞了人们的信心。但是并非所有事情都如人意，比如因数分解问题和图同构问题。虽然已有明确证据证明它们不属于 NP 完全问题，但这两个问题看起来又比 P 类问题要难很多，似乎属于 P 与 NP 的中间地带。

算术中的相乘是一个相当基本的运算，但是其逆运算却并不容易。至少从计算复杂度的角度来看，目前并没有任何高效的算法可以得出一个数的因子有哪些。即便是 AKS 算法，现在也只能告诉我们一个数是否为素数，却并不能提供关于因数分解的任何帮助。比如下面这个大数：

8 273 820 869 309 776 799 973 961 823 304 474 636 656 020 157 784 206 028 082 108 433 763 964 611 304 313 040 029 095 633 352 319 623

通过 AKS 算法能够判定它不是一个素数，但是并没有任何高效算法能够将其分解为：

84 578 657 802 148 566 360 817 045 728 307 604 764 590 139 606 051 和
97 823 979 291 139 750 018 446 800 724 120 182 692 777 022 032 973 的乘积

乘法似乎是一种单向函数[①]，它是多项式时间的，但是其逆函数却复杂得多。目前最快的整数分解算法的运行时间为 $2^{O(\log^{\frac{1}{3}} N\sqrt{\log\log N})}$。这种复杂度如应用在恰当的场景，能发挥重要作用。事实上，复杂的单向函数是信息安全的重要保证。RSA 加密算法[②]就用到了大数分解的难解性，从而成为互联网安全的基石。一旦找到因数分解问题的多项式时间算法，我们构建了这么多年的信息安全大厦也会土崩瓦解，随之而来的是互联网世界的覆灭，人们将活在一个没有隐私的环境里。幸运的是，目前的一些研究表明，处于中间地带的因数分解，极可能就是比 P 难，因此此类加

① 要理解单向函数，我们可以想象：将一张完整的纸撕成碎片，要用这些碎片重新拼出原来那张纸，需要花费的时间远远长于将纸撕成碎片的时间。这就是为什么玩拼图那么费时间。

② RSA 是 3 位发明者 Rivest、Shamir、Adleman 的名字首字母缩写。RSA 算法是当今信息安全领域最重要的加密算法。

密算法没有低代价的解密方法，除非 P=NP。在量子计算中，情况会稍有不同，应用量子 Shor 算法可以有效地快速分解整数，但是量子计算机尚未被造出来，且计算机科学家也已经在同步开发能对抗量子算法的加密算法。关于量子计算的话题我们稍后再讨论。

图同构问题

另一个与整数的因数分解难度类似，从而无法有效分类的问题是图同构问题。所谓图同构问题，就是探究两张看起来不一样的图本质上是否为同一张图。

在图论中，图（Graph）由点和边组成，根据边是否有方向属性，可将图分为有向图和无向图，通过对点或者边进行着色，还可以有更复杂的应用。在本章一开始提到的柯尼斯堡七桥问题中就有一张简单的图，欧拉在 18 世纪将它抽象成一张含 4 个点和 7 条边的图，从而被视为图论的鼻祖。复杂的图可能会包含上百万个点、上千万条边，甚至更多。设想一下，将中国 14 多亿人口视为 14 多亿个点，每两个认识的人之间可画一条边，最终构成一张无比复杂的图，仅边的数量就可能是个天文数字。

在对图的研究中，最重要的是研究图的结构。如果两张图在本质上有着相同的结构，即点与点之间、边与边之间、点与边之间有着相同的关系，就可以被视为同一张图，因为具备相同的性质，可以用同样的方法来研究。但是图的规模变大以后，就不那么容易看出两张图是否为同一张图，因为它们可能有不同的名字和表征，而且外观迥异。这时就需要对两张图的内在结构进行计算、分析和对比，确定二者是否为同构的。由于大量的应用问题可以归约到图同构问题，因此这个问题有着重要的应用价值。

图同构问题此前一直未确定是 P 类还是 NPC 类。人们找到一些证据，证明它不在 NPC 中，但也不像在 P 中，目前最大的进展是 2015 年 11 月芝加哥大学的拉斯洛•鲍鲍伊（Laszlo Babai）提出的算法，他将图同构问题的计算时间控制在拟多项式时间 $O(n^{(\log n)k})$ 内。拟多项式时间还不是多项式时间 $O(n^k)$，但这已经是自 1983 年发现亚指数时间算法以来的最好结果。由此看来，如果 P 类问题处在城市的中心，图同构这样的问题可能位于城市的郊区。

我们期盼着未来有一天，因数分解问题和图同构问题也能像素数判定问题和线性规划问题一样，找到多项式时间算法，那将极大地改变我们对世界的认识。对未知发起挑战是最让人痴迷的，通过对这两个问题的深入研究，必将有助于我们透彻地理解计算复杂性的世界。

近似计算

计算复杂性主要研究的是问题在最坏情况下的计算规模，但在实践中，大多数时候我们都不会遇到最坏情况，这是单纯形法这类算法依然在发挥重要作用的原因。此外，随着最近几十年计算机硬件水平的高速发展，穷举算法也能解决大量问题。在库克发表 NP 完全性理论论文的 1971 年，英特尔公司也发布了 Intel 4004 微处理器芯片，这是一款商用的包含完整 CPU 的芯片，该芯片的发布在计算机发展史上具有里程碑的意义。在那一年，Intel 4004 的计算能力是每秒执行 92 000 条指令，如果用来计算库克的可满足性问题，当变量个数达到 40 个时，将一直从 1971 年算到 2009 年。

然而真到了 2009 年，英特尔发布了 Intel i7-870 型号的芯片，它能每秒执行 29.3 亿条指令，是 Intel 4004 的 3 万多倍，通过穷举算法求解 40 个变量的可满足性问题，它只需要 10 小时就能完成。这归功于摩尔定律对计算机工业界发展速度的影响，单位芯片上的晶体管数量在以年为单位呈指数级增长，硬件的性能也在飞速发展。

由此带来的一个问题是，2009 年的计算机程序员比 1971 年的计算机程序员更浪费资源，因为计算机硬件性能的提升使挥霍资源不再被视为奢侈。1969 年 7 月 20 日，阿波罗 11 号载人飞船首次将人类送上月球，其上计算机的处理器能力为 0.43MHz，内存容量为 4KB，存储器容量为 72KB；而 50 年后，2019 年 iPhone 手机的处理器能力为 2490MHz，是前者的几千倍，其搭载的 A8 芯片拥有 16 亿个晶体管，每秒能处理 22.6 亿条指令，是前者的近 1.2 亿倍，拥有的 4GB 内存和 512GB 存储分别是前者的 100 多万倍和 700 多万倍。然而，1969 年的计算机程序员把人类送上月球，而 2019 年的计算机程序员能调用上亿倍的计算资源，却忙于编写《愤怒的小鸟》这样的小游戏。一经对比，令人唏嘘！

对于认识和理解问题的计算规模，我们只有对数字敏感，才能为问题的解决制定出有效的方案，这是工程师需要具备的能力。计算复杂性科学的发展，回答了许多复杂问题在算法执行时间上的代价问题，但面对实际应用的工程师，不能仅仅将希望寄托于理论的可解或不可解，还应在遇到问题时找到答案，哪怕不是一个完美的答案。于是工程师有了大量的实践空间，可以创造性地使用各种技巧，结合模型、算法求得一个不那么精确但可行的解。如果一个近似解和最优解的差距不到 1%，那么在大多数情况下近似解是可以接受的。

一般来说，计算机工程师求一个问题的近似解有两种方式。第一种方式是建立一个问题的近似模型，比如线性规划模型，然后精确求解；第二种方式是建立一个精确模型，然后求得该模型的近似解，比如启发式算法的模拟退火或演化算法。这两种方式都蕴含了深刻的思想，但这两种方式都无法求得问题的精确解，因为要么模型是近似的，要么算法是近似的。当今计算机在复杂问题的求解上，受制于计算能力的先天局限性，寻求的是近似解而非精确解，这个妥协是我们需要认识到的。

丹齐格的线性规划

线性规划是一种强大的建模方法，它可以用来近似求解像 TSP 这样的 NP 完全问题，最早由格奥尔格·丹齐格在 20 世纪 40 年代发明。丹齐格年轻时相当聪慧。1939 年，他在加州大学伯克利分校读研，有一天他上课迟到了，进教室后匆匆将黑板上的两道题抄了下来。几天后当他把作业交上去后才知道，这两道题实际上是统计学领域著名的未解难题。最后这两道题也成为他博士毕业论文的主要内容。

丹齐格从伯克利毕业那年，正值二战，他一直为美国军方工作，后来在美国国防部研究规划问题。他受到一些经济学模型的启发，提出对经济活动中的选择要加以限制，以达到寻求最优解的目的，进而将这个思路推广到一般情况，最终提出线性规划理论。

丹齐格的线性规划问题是一类最优化问题，由目标函数和约束条件组成。目标函数是关于变量的线性函数，一般用来求最大值或最小值。约束条件是关于变量的线性等式或不等式，有了约束条件，线性规划中所有的关系都是线性的。事实上，线性关系是将很多问题转化为数学语言的一种最自然的描述，这也是线性规划理论应用广泛的重要原因之一。比如，一个商人手里有 A 元钱，需要购买 3 种不同的商品，在 3 种商品上分别投入的费用为 x_1、x_2、x_3，对应 3 种商品的重量分别为 w_1、w_2、w_3。如果商人的目标是让所购买商品的总重量最大化，按照线性规划的模型就可以将问题写成：

$$\max w_1x_1 + w_2x_2 + w_3x_3$$

$$\text{s.t. } x_1 + x_2 + x_3 \leqslant A$$

$$x_1 \geqslant 0,\ x_2 \geqslant 0,\ x_3 \geqslant 0$$

在以上表达式中，第一行是目标函数，表示求目标的最大值，第二行和第三行是约束条件。很明显，其中 w_i 为常数，表达式中的关系都为线性关系。在实际的问题中，线性规划的变量可能多达几千个、几万个，从而形成一个极其复杂的计算问题。线性规划实际上圈出了一些可行解集，并且认为在这些可行解集中存在着最优解。而约束条件中不等式的质量，也决定了模型的质量。

对于丹齐格来说，线性规划还有着优雅的几何含义。如果将线性关系反映在笛卡儿坐标系中，可以得到如下面两个图所示的几何示意。第一个图是由一个线性不等式确定的半空间，第二个图是从几何角度理解线性规划问题。

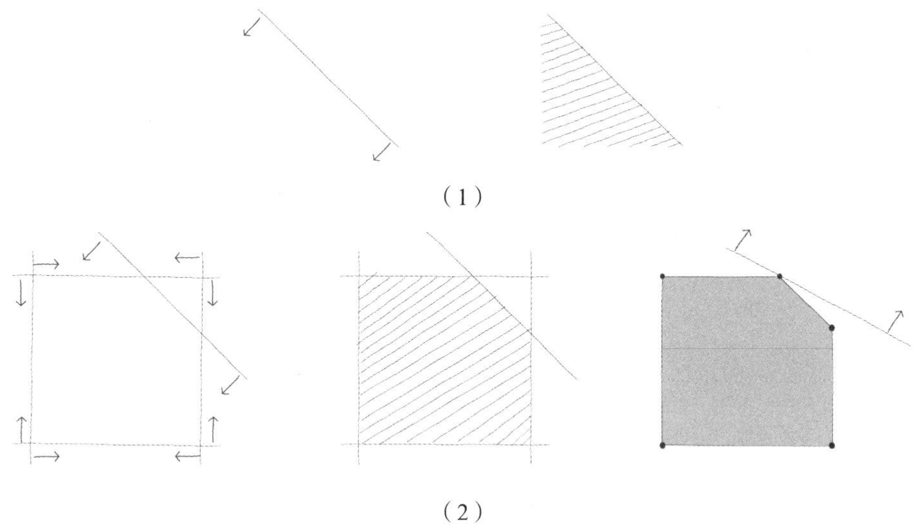
（1）

（2）

由上图（2）可知，每个线性不等式都将空间一分为二，不等式的约束条件意味着可行解位于直线的一侧。这样若干个不等式就将可行解包围了起来，形成一个可行域（图中阴影部分）。而对目标函数求最优解，意味着沿着某个方向逐渐移动直线，直到即将离开可行域的瞬间，此时该目标函数的直线必将触及可行域的一个顶点，这个顶点就是目标函数的最优解。改变目标函数意味着改变这条直线的斜率。

从几何上也可以看出，最优解一定是可行域的顶点中的某一个，在上图（2）的例子中，一共有 5 个顶点。这样可以直观地得出一个结论：虽然可行域中包含的可行解有无穷多个，但是顶点的数量是有限的，在求解时只需考虑顶点即可。丹齐格发明的处理线性规划模型的算法是单纯形法，其几何含义就是沿着可行域的边移动，顺次经过所有的顶点。因此单纯形法是有穷的，会在有穷步骤后停止，并输出一个精确的最优解。

在几何中，给定一个点集，恰好紧紧包围所有点的区域被称为点集的凸包，如下图所示。在二维空间中，凸包是一类特殊的多边形；在三维空间中，凸包是多面体，被称为凸多面体。希尔伯特的挚友赫尔曼·闵可夫斯基最早发现相关结论，其被称为闵可夫斯基定理。这个定理保证了我们一定能在线性规划模型中找出这样的可行域，其顶点恰好包含最优解。

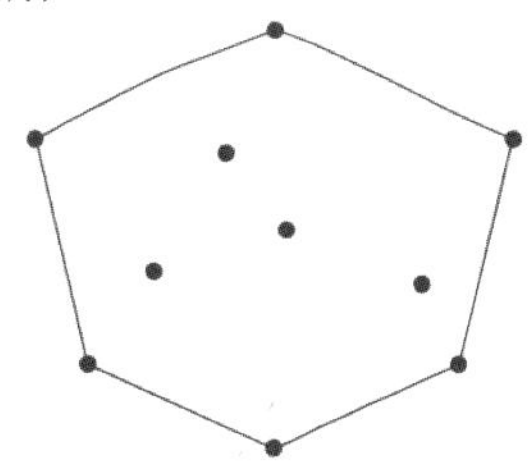

由此看来，线性规划的关键在于建立合理的线性约束不等式，使之能够将所有的可行解包括进来。这种方法在我看来非常像我小时候学过的素描。美术老师只许我画直线，不许我画曲线，因为素描是通过直线段来勾勒出事物形状的。也可以说，这种方法就像用雕刻刀，不断通过微小的直线段或平面逼近事物的本体。

然而，在线性规划刚问世时，却受到了一些数学家的质疑。在 1948 年威斯康星大学的一次会议上，年轻的丹齐格面对台下众多德高望重的数学家前辈，小心谨慎地做了关于线性规划的报告。在提问环节，一位数学家质疑："可是我们都知道世界不是线性的。"丹齐格尴尬地站在台上一时不知如何回复。坐在台下的冯·诺依曼站起来替他解围："报告者把题目定为'线性规划'，陈述原理时也很谨慎。你的应用要是满足他的原理，那就用他的模型；要是不满足，那就不用。"事实上，丹齐格从一开始就寄希望于线性规划能够用计算机实现。在 1948 年[①]的一次会议上，丹齐格在报告中提出："对于由约翰·冯·诺依曼和我等人提出的此类计算方法，在实现规划问题的解法时，建议配合使用大规模数字计算机。"

我认为，在丹齐格的线性规划思想中，最精彩的就是对"线性"的要求。他将目标问题转化为线性目标函数和线性约束条件，这样问题内在的结构复杂性就被简化成空间规模大但结构简单的另一个问题。而计算机的特性是，不怕空间规模大，但缺少通用的面对复杂结构的高效算法。因此，通过线性规划这种近似建模，能够很好地扬长避短，发挥计算机的优点。也就是说，线性规划在思想上充分体现了"面向机器的计算思维"，它利用计算机可规模化计算的优点，将复杂问题转化为计算规模大但算法简单的问题。

所有的线性规划问题都有一个对偶问题，可由相同的成本和约束系数建模得到，这是线性规划的一个重要性质。如果说一个线性规划问题是在求最大化，则其对偶问题是在求最小化，且二者相应的目标函数的最优值在有限的情况下是相等的。这个结论又被称为"强对偶性定理"，最早是由冯·诺依曼提出并证明的。研究线性规划的对偶问题可以加深我们对线性规划问题的理解，同时也给我们提供了另一种求最优解的途径——求出对偶问题的最优值也就同时求出了原始问题的最优值。可见线性规划问题本质上有着优美的结构，和群一样是对称的。事实上，在单纯形法求解中会用到一些关于变量的"主元旋转"的技巧，比如，通过不断调整主元来寻找目标函数的最优解。这样的求解过程，和历史上探索代数方程解的结构，在内涵上有着类似的模式。

对应强对偶性定理有一个弱对偶性定理：在线性规划中，对偶问题的任意解都给出了原目标函数的一个界。利用这个定理，可以确定复杂问题的上界或下界，最

① 世界上最早的电子计算机 ENIAC 于 1946 年发明。

优值不会超出这个范围。对于一些 NP 完全问题，比如旅行商问题（TSP），这种方法就很适用。

挑战旅行商问题

回到本章一开始提到的旅行商问题（TSP），它是研究计算复杂性的一个不错的切入点。计算机理论科学家研究了它的复杂性，得出的结论是它很难——对任意规模的旅行商问题，没有高效的算法能在可接受的时间内得到精确解。但是对于旅行商来说，太阳照常升起，真实的旅行每天都在发生，今天必须选择明天出门的路线。

像旅行商问题这样的复杂问题，有很多种近似计算的解法。尽管无法找到任意规模的旅行商问题的高效算法，但是对于特定规模的近似计算解法，计算机科学家和工程师们在绞尽脑汁之后，还是取得了一些不错的成果。

首先，要简化问题。为了方便我们做出几个设定。首先，假定从城市 A 到城市 B 的旅行成本和从 B 到 A 的成本相同。现实中并非总是如此，但这种对称的假设让我们易于处理问题。而且可以证明，任何规模为 n 的不对称的旅行商问题，总可以转化为规模为 $2n$ 的对称问题，所以这样的假定不会改变原本的题意。其次，将旅行商要拜访的城市放到一个平面上，并将城市之间的路线用直线表示，即采用欧几里得距离，这样就构建出一个近似的平面模型。最后，我们设定旅行商问题满足三角不等式。所谓三角不等式，就是从 A 到 C 的路线成本一定小于或等于“从 A 到 B，再从 B 到 C”的路线成本，如下图所示。事实上，可以证明，对于不满足三角不等式的旅行商问题，不存在多项式时间的近似算法。

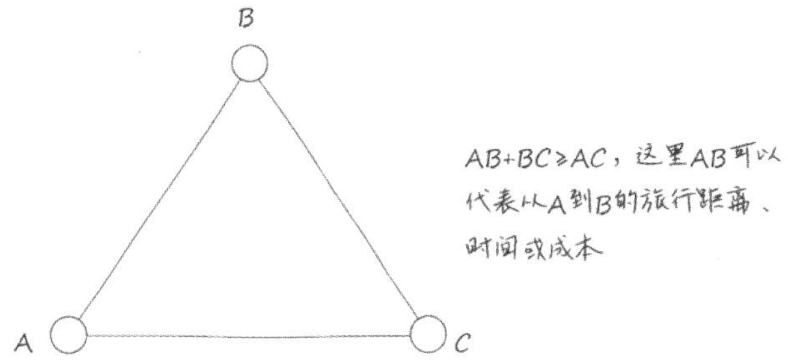

确定性方法

接下来，轮到丹齐格出场了。在 20 世纪 40 年代，周游美国的旅行商问题是一道流行的难题。有人建议将本土 48 个州的首府作为旅行目的城市，加上华盛顿，共 49 个城市。丹齐格、弗格森和约翰逊 3 人组成的研究小组最终只选择了 20 个州的首府，剩下的城市都不是首府，这是由于当时能从公开地图集中查到的城市间距离的数据有限。后来又去掉了 7 个在地图上显得实在不顺路的城市，最终将题目定为 42 个城市的旅行商问题（见下图）。[①]

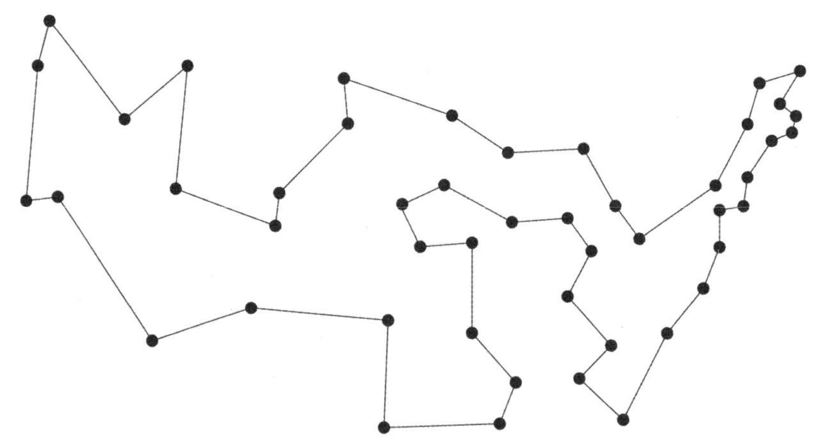

出人意料的是，丹齐格等人首先取得进展的不是发现任何高深的算法，而是引入了一个用于验证和测试想法的物理模型——钉绳。他们将 42 个城市的简化地图模型（采用欧几里得距离）铺在板上，在每个城市的位置钉一颗钉子作为标记，然后从起点出发用一根绳子依次绕过所有钉子，将绳子绷紧后，就得到了一条可行的路线。通过测量绳子的长度，可以快速验证路线是否得到优化。他们根据直觉不断调整着绳子的绕法，最终得到一个 699 个单位长度的可行解。这是一个很神奇的答案！事实上，后来证明，699 个单位长度就是环游美国 42 个城市的旅行商问题的最优解！

钉绳法至今依然是一个非常实用的辅助测试方法，这种单刀直入的方法别出心裁。这对我们的启发是，很多时候不要把问题复杂化。

然而，旅行商问题的目的是找到一种普遍的高效算法，结果只是验证算法的手段。丹齐格等人使用擅长的线性规划和单纯形法来解决问题，并在这个过程中进一步改进了对单纯形法的应用技巧，最终提出“割平面法”。

线性规划是解决旅行商问题的一种自然选择，因为旅行商问题的求解，无非是找出所有满足规则的路线，最后提炼出一条规则：“所有遍历城市的路线长度都不短于 B。”此时，B 就是旅行商问题的下界。而如果能构造出一条长度恰好为 B

① “环游美国的最优路线”，由 Ron Barrett 绘制，《发现》杂志，1985 年 7 月，第 16 页。

的路线，则它必然为最优路线。在具体建模时，将在各个城市之间旅行的路线成本设为变量，进行加权，求最小值，即得到目标函数；约束条件（即不等式）的选择是求解的核心，不等式的质量决定了最优解的质量。

一种自然选择约束条件的思路，是思考在所有边的集合中能够组成一条路线的条件是什么。很明显是不走回头路的路线，即能够一笔画经过所有点的环路是一种较好的路线，将这种路线筛出来的话，会发现经过每个点（城市）的边刚好是两条（一进一出），因此以这个特征就可以建立一个约束条件，这样的环路构成了一个可行路线的集合，即线性规划的可行解的集合。这样，我们将经过一个点的所有边的可能组合中落在可行路线中的边赋值为 1，没落在可行路线中的边赋值为 0，则一个可行路线中的点必然满足其所有的边之和为 2。这一条件被称为“度约束线性规划的松弛”，即：

$$
\begin{gathered}
\min c_{11}x_{11}+c_{12}x_{12}+\cdots+c_{57}x_{57}+\cdots+c_{ij}x_{ij} \\
\text{s.t. } x_{11}+x_{12}+\cdots+x_{1\mathrm{j}}=2 \\
x_{21}+x_{22}+\cdots+x_{2j}=2 \\
\cdots\cdots \\
x_{i1}+x_{i2}+\cdots+x_{ij}=2 \\
x_{ij}\geqslant 0
\end{gathered}
$$

这样我们就列出了旅行商问题的一个相关的线性规划模型，求得目标函数最小值时，就得到了旅行商问题的一个下界。为何是一个下界呢？这是因为通过线性规划建模得来的约束条件只是从众多的可能性中筛选出了一些条件，对于复杂的组合问题，未必完成了精确的建模，可能还有一些隐含的条件我们未能洞察，因此这样的约束条件是较粗的，不够精确。比如，在旅行商问题中，通过度约束线性规划的松弛建模得来的可行解，可能会包含孤立的回路，这样的可行解是合法的，但是脱离了旅行商的实际路线。如果要消除这样的“子回路”，需要加入新的不等式作为条件进一步约束线性规划模型。对于丹齐格等人解决的环游美国的 42 个城市的问题来说，要消除所有子回路，需要加入 2 199 023 254 648 个不等式，这是超过 2 万亿个不等式！现在我们大约能理解为何单纯形法的最坏情况会落到指数级时间复杂度了。事实上，在 1988 年，Mihalis Yannakakis 证明了对于旅行商问题，没有比指数级规模小的对称线性规划。

但是从另一方面来讲，单纯形法从实践上又有着极好的效果。对于上述问题，丹齐格、弗格森和约翰逊等人并没有傻乎乎地列出所有 2 万多亿个不等式，然后求解，1954 年的他们依然主要是通过手算来完成计算的。他们为了简化计算，发明了一种被称为“割平面法”的方法，仅仅通过 9 个不等式就完成了求解。割平面法的核心思想是不必一次性列出所有的不等式，而是从局部开始，根据需要逐步列出不等式。由于每个不等式都相当于将平面一分为二，而丹齐格他们要找的不等式是让可行解落在其中一个半平面中，这样就像在不断地分割平面一样，因此该方法最终取名为“割平面法”。通过割平面法的 9 个不等式，丹齐格等人很快就找到了 42 个城市环游美国路线的最优解是 699 个单位长度，和钉绳法得出的结论一致。

前面提到过，线性规划有一个很重要的特性，就是存在对偶问题，而强对偶性定理也保证了对偶问题可以用于验证原始问题求得的解是否就是最优解。度约束线性规划的松弛问题也有一个对应的对偶问题，被称为“控制区问题”。控制区问题在几何上有着很好的解释：可以考虑以每个城市为圆心画一个半径为 r_i 的圆，由于旅行商会到访每个城市，因此进出城市的路线必覆盖 $2r_i$ 的距离。根据三角不等式，在最优路线中，两个城市的半径之和应当小于或等于两个城市之间的距离 c_{ij}，即当所有城市都存在于控制区中时，地图上各控制区之间尽量不要留出空隙或者出现重叠。这样我们的问题就变成，在满足不留空隙或者不出现重叠的条件下，求得所有控制区半径之和的最大值，因此有以下模型：

$$\max\ 2r_1+2r_2+\cdots+2r_n$$
$$\text{s.t. } r_i+r_j\leqslant c_{ij}$$
$$r_j\geqslant 0$$

对控制区的可视化描述如下图所示。

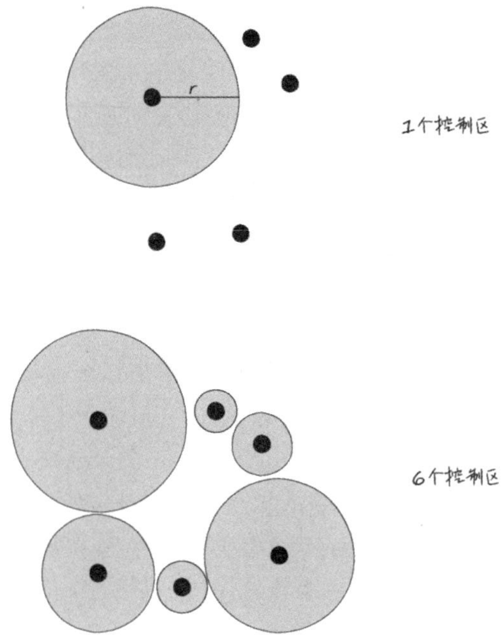

根据强对偶性定理可知，控制区问题的最大值等于度约束线性规划的松弛问题的最小值。旅行商问题在几何上有着优雅的解释：旅行商问题的一个线性规划模型对应一个高维空间的 TSP 多面体，一个约束条件的不等式对应多面体的一个面，找到最优解则意味着在这个 TSP 多面体的凸包上找到了一条回路。在实践中，要想高效地应用线性规划模型来求解，核心是找到能分离出所有解的不等式。

线性规划是一种确定性的方法，其中并不包含任何概率或者随机性。它通过算法（线性约束的不等式）觉察搜索空间，然后评估子空间，而不是个体解。

思想类似的确定性算法还有“最近邻算法”“贪心算法”等。在最近邻算法中，从起始点出发后，总是寻找距离最近的点，从而连接成路线。最近邻算法可以被视作贪心算法的一种特殊情况。贪心算法能同时生成许多子路线，每一步都被纳入距离某点最近的子路线，最后将不同区域的子路线连成一片，形成完整的路线。最近邻算法和贪心算法在实际应用中都表现得虎头蛇尾，一开始效果很好，最后往往要有穿越大跨度区域的路线才能完成闭环。目前已经证明，最近邻算法的成本不会高于最优路线成本的$1+\frac{\log n}{2}$倍，贪心算法的成本不会高于最优路线成本的$0.5+\frac{\log n}{2}$倍，这两个算法在解决旅行商问题时都称不上好算法。

启发式方法

在确定性方法之外，计算机科学家们尝试让算法变得“更聪明”一些。人们学习自然界中事物的运行规律，逐渐开始采用一些全新的思想进行算法设计，比如源自地理的“爬山算法”和“局部搜索算法”，源自冶炼锻造的“模拟退火算法”，源自进化论和遗传学的“遗传算法”，源自生物群体研究的“蚁群算法”，源自人脑结构研究的“神经网络算法”。这些算法可以被统称为“启发式方法”，往往从随机的初始点开始，逐步进行搜索和优化，经过若干次迭代后得到一个更优的可行解。

这些算法有共同的特点。首先，它们都是师法自然，模拟自然界存在的事物：根据奥卡姆剃刀原理，将自然界事物中的核心特点抽象出来，再建模用于求解待解的问题。此时，这些事物蕴含的规律与结构就成为求解问题强有力的工具——数学将其抽象出来，计算将其强有力地执行。这种算法思想体现了计算思维的一种本质特点，即洞察出问题的结构，然后寻找可以利用其结构的算法技术。这也是在两种不同事物中寻找相似结构的过程，一种事物为待解的未知问题，另一种则是已解决且可以总结出算法的事物。进一步在哲学层面思考两种不同事物内在结构上的相似性，还会产生对世界更深入的理解。

其次，这些算法都或多或少用到了随机性和概率，属于一种不确定性的方法。

比如，局部搜索算法，就是从随机的一点开始，搜索其附近区域是否存在更优解，以探索更优解的可能路径。在算法设计中，可以形式化地将“该点附近的区域”描述为“邻域”，可以计算出搜索空间中点与点之间的距离。在爬山算法中，可以将算法设计的思路理解为，随机地落到一片山区中，然后寻找四周更陡的坡往山峰爬，算法的每一步都进行一次局部搜索，以寻找附近的高地，这样就有可能爬上附近的一座高峰（见下图）。

爬山算法和局部搜索算法的问题在于，很容易陷入局部最优解，而找不到全局最优解。因为起始点很可能落在一个山谷中，而附近只有一座次高峰，这样算法很可能在仅仅得到局部最优解之后就停止搜索，而永远无法登顶“珠穆朗玛峰”。关键在于，没有一个通用的过程来界定局部最优解与全局最优解之间的距离有多远（为了折中地解决这个问题，可以通过随机化初始点来增加落在最优解附近的概率）。可见这类算法将搜索空间看作潜在解的统一集合，着重评估单个完整解，而不注重对子空间的划分。

最后，这些算法有着类似的解题框架，都需要定义如下这几个关键问题。

- 解是什么？
- 解的邻域是什么？
- 解的代价是什么？
- 如何确定初始解？

对应地，就需要梳理清楚以下几个问题。

- 如何定义目标函数？如何定义搜索空间的结构？
- 对邻域的定义是什么？
- 评估函数是什么？如何评估解题中每一阶段结果的优劣？
- 如何定义初始点的概念？

这种解题的框架和思想，是一种“面向机器的计算思维”。它充分发挥了机器的大规模计算特性，让优化问题（在此我们将其等价为搜索问题）的求解过程落在一个大范围的搜索空间中，然后通过各类算法来不断缩小搜索空间，或者找到一个更精准的搜索空间，最终求出解。几百年前，在花拉子米、斐波那契、卡尔达诺、韦达和笛卡儿的年代，没有人想到用这种方法来解决复杂问题。对他们来说，“搜索空间”本身就已复杂到超出想象。只有在机器驱动大规模计算的时代，才能采用这种方法来解题。

算法的设计，是人们可以充分发挥各种奇思妙想的领域。师法自然，模拟自然界事物的结构和规律，形成算法，用以解决类似问题，是一种可行的方法。模拟退火算法就来自对热力学过程的模拟。在冶炼过程中，为了生成规则晶体，一般先将原材料加热到熔化状态，再将晶体熔融液逐渐冷却，使之凝固成晶体结构。如果降温太快，则会带来一些不良后果，导致所形成的晶体不够规则。这一过程用在优化问题的计算上，可以表示：按照一定的概率接受比当前解更差的邻域，一开始接受的概率比较大，随着算法的运行，概率逐渐变小，这一过程就像“退火”一样，使算法有机会先“跳跃”到更高的山坡上，然后过渡到稳步向上攀登。在 1983 年发表的原始论文中，模拟退火算法用于尝试解决一道 400 个城市的旅行商问题。

遗传算法是另一种强大的启发式算法。顾名思义，它受进化论启发，模拟的是生物的进化过程。此前我们讨论的算法都是针对单个解的，试图找到单个最优解。而遗传算法抛弃了这一思想，提出的问题是：如果同时保持多个解，会产生什么结果？如果搜索算法处理的是一个种群，会发生什么？遗传算法模拟了生物进化过程中的竞争与选择，让种群中的候选解在每代争夺空间！更进一步，还可以利用随机性来让这种进化的过程发生突变，以搜索新解。

就旅行商问题而言，遗传算法的解决思路是：先随机地从城市出发，获得一些初始路线，比如随机地用最近邻算法得到初始的“种群”，然后从种群中选取若干对路线，让它们“交配”得到子代路线，再从父子两代路线中选取一个新的种群，反复多次，直到最优的路线脱颖而出。在这个过程中，评估函数是关键，它需要能够很好地区分两个个体，并对两个解进行排序，胜出的解将作为下一代的父体。评估函数的标准也是人们可以充分发挥聪明才智的地方。当前旅行商问题最好的结果之一，就是对于 100 000 个城市的《蒙娜丽莎》一笔画的 TSP 问题，日本人永田裕一通过遗传算法得到了一条最佳路线。

随着研究的深入，计算机科学家们逐渐将视线转移到如何让算法在执行过程中修正自身，以更好地适应外部输入的数据和环境。这产生了一系列伟大的成果。“元启发式算法”从中得到启发，被用于设计启发式算法，即用一个程序生成另一个程序。这让众多的启发式算法有了更加光明的前景。现代的启发式算法一般具有相当庞大的模型和网络结构，拥有几百万甚至几千万个参数，对参数的控制决定了模型的能力。一种思路是，让算法的参数控制具备针对问题自动调整算法的能力。从提出到在技术上实现这一思路，经历了二三十年的时间，今天类似 AutoML 的技术已经能够较为理想地实现自动抽取数据特征，以及自动完成参数优化。而如果追溯到维纳在 1948 年建立的“控制论”，这一发展历程则至少经历了 70 年。维纳的控制论的核心思想是反馈机制，这是元启发式算法和人工智能的基础。建立良好的反馈机制，算法自动调参、自动修改自身才可能实现！

计算机技术高速发展，受摩尔定律影响，在过去的 60 多年里，计算机的算力水平每年以指数级增长，带来了很多革命性的进展。其中一个重大进展是，算力的爆发使启发式算法在求解问题的框架上产生了一种新的变化。过去设计算法的目的是希望从一些输入的数据和事件中归纳出一般性的规律，以达到预测的目的，这也是传统机器学习的主要任务。它假设事物是符合统计规律的，试图通过数学归纳法总结出一般性的规律，从而找到单个最优解。这就抹平了所有小概率的“毛刺”，或者说损失了优秀的个例，因为个例有可能并不符合统计上的一般意义。从计算结果来看，这容易导致计算结果落到局部最优解，而忽略了全局最优解或更优解，因为全局最优解未必符合数据统计上的规律。

然而，杰弗里·辛顿在 1985 年定义了玻尔兹曼机，并以此为基础在 2006 年提出了“深度学习”。恰逢算力大爆发（本节开头曾提到，2009 年的算力比 1969 年提升了 1.2 亿倍以上），深度学习在实践上取得重要进展。此后的各种深度学习模型都有一种趋势：在百万级、千万级参数规模的网络结构下，机器学习到的“表示”能够扩张成一个远大于原有问题搜索空间的空间，我们称之为“过完备空间”。在过完备空间中寻找并不符合统计规律，但是出现品质优良的个例的机会显著增加。

这种思路的解题范式不同于过往，它依赖于超大规模算力，通过海量数据或者生成海量数据（比如，使用对抗式网络或对数据进行加工处理），以及一些技术性的改进，增强在过完备空间中搜索优秀个例的能力。这种方法相当于让大模型的参数空间能够过完备地超过原始问题的搜索空间，进而通过精细化地调整参数来幸运地找到优秀的个例。损失的是可解释性，因为很难再归纳。同时，这也将计算对时间资源和空间资源的消耗转移到了对物质资源的消耗上——深度学习算法的大模型需要超大规模的算力，从而带来了急剧上升的电力成本和原材料成本，也带来了严重的碳排放问题。

回到计算复杂性上。迄今为止，旅行商问题的最优解，除了永田裕一给出的《蒙娜丽莎》一笔画，还有丹麦人 Keld Helsgaun 给出的 LKH 算法。自 1998 年诞生以来，LKH 算法在 85 900 个城市的旅行商问题上取得了最佳成绩。Helsgaun 的 LKH 算法改进自 LK 算法，后者由 Shen Lin 和 Brian Kernighan 发明，主要思路是采用一种 *k*-opt（*k*-交换）的步骤逐步改进路线。这种方法需要巨大的计算量，Helsgaun 改进了算法的一些技术性细节，让它能够具备更强大的能力和更高的效率。

对于旅行商问题，学术界举办了相关的比赛，并收集了重要的 TSP 问题和数据集，在互联网上公开供任何想研究它的人使用。[①]对于这样一道计算复杂的问题，人们给出如此多的解法，许多新的思路和方法就诞生于求解的过程中，这再次体现了一个好的问题对于科技进步的启发和引领作用。

PCP 定理与不可近似性

由于大多数人相信 $P\neq$NP，因此对于 NP 难解问题，找到一个好的近似算法和找到最优解同等重要。正如前文所述，只要近似解和最优解相差无几，那么在实际应用中近似解就能发挥巨大的作用。然而，人们一直在付出种种努力，为 NP 难解问题寻找一个好的近似算法，却收效甚微，因此人们逐渐开始怀疑求解 NP 难解问题的优化问题也是困难的。

这进一步暴露出“库克-莱文-卡普归约”不足以证明近似算法能力上的局限性：NP 完全问题在复杂性上考虑的是最坏的情况，都能被归约到同一完全问题（比如 SAT），但是从其他角度看，却充满了多样性，在可近似性上就是如此！也正因如此，过往的归约方法不能在保持可近似性的前提下将众多 NP 难解问题相互归约。帕帕季米特里乌和扬纳卡基斯意识到，问题的本质在于“计算是不稳定和不健壮的数学对象，因为对计算过程稍作修改，即使这种修改用任何合理的测度来度量都是非显著的，计算结果也可能从接受状态变为非接受状态”。他们在被称为 MAX-SNP 的一大族计算问题之间实现了新的归约，并证明了 MAX-3SAT 是这族问题的完全问题。所谓的 MAX-3SAT 问题指的是，给定 3-CNF 布尔公式 φ 作为输入，找出所有布尔变量的一个赋值，使得 φ 中被满足的子句个数达到最大值。我们知道 3SAT 是一个 NP 完全问题，MAX-3SAT 是它的优化问题。

随着研究的推进，在交互式证明领域人们证明了 MIP=NEXP，很快这一结果被改造到 NP 上。1991 年，费格、戈德瓦瑟、洛瓦兹等人证明了一个很意外的结果：

---

① 可参考链接[7]，可扫描本书封底“读者服务”处的二维码获取。

如果 SAT 不存在亚指数级时间算法，则对任意的 $\varepsilon>0$，最大独立集问题（MAX-INDSET）不可能在 $2^{\log^{1-\varepsilon}n}$ 因子范围内被近似求解。这一结论一开始并未广泛地得到认同，但是到了 1992 年，普林斯顿的阿罗拉（Sanjeev Arora）等人基于该结论证明了 MAX-INDSET 的近似求解问题实际上是 NP 完全的。他们通过 PCP 定理，建立了交互式证明系统和不可近似性之间的一种等价联系。

这就证明了一个残酷的事实：求得一个足够好的近似算法，可能和求解 NP 完全问题一样难，除非 P=NP！这些大大出人意料的结论的发现，粉碎了许多人对近似算法抱有的美好幻想，也进一步揭示了计算领域许多深刻的内涵。当前对电子计算机计算能力瓶颈的最前沿结论，就是由“不可近似性”的相关断言所描述的。PCP 定理是其中的核心工具，本质是一种归约，它能将 NP 问题的 yes 实例和 no 实例之间的鸿沟放大。

PCP（Probabilistically Checkable Proofs）是概率可验证证明系统的简称。我们知道 NP 是由一些语言构成的类，这个类中的每个语言的 yes 实例都存在可快速验证（多项式时间内）的短证明。PCP 定理是一种局部可验证的证明系统，它给出了对任意数学证明进行特殊编码的方法，使得只需要查验其中少数几位（随机选择的），就可以验证证明的真伪。在这一系统中，验证者是一个多项式时间图灵机，除了工作带和输入带，还有一条提供随机长度字符串的特殊带和另一条提供证明的特殊带。在工作时，机器只需要指定位置就可以读取证明的任何位。

阿罗拉等人利用 PCP 刻画出 NP 的一种性质，证明了定理（当 $P\neq$NP 时）：

$$\mathrm{NP}=\mathrm{PCP}(\log n,\sqrt{\log n})$$

正如阿罗拉所言：“我们给出了 NP 的新性质，亦即，它恰好包含所有这样的语言——语言的成员资格证明在概率多项式时间内仅用对数个随机位就可以被验证，并且验证过程仅需要读取证明中的亚对数个位。”

当他们将查询次数推进到亚对数时，已经逐渐意识到其也极可能达到常数。于是在接下来的一篇论文中，阿罗拉等人进一步证明了：

$$\mathrm{NP}=\mathrm{PCP}(\log n,1)$$

这个结论意味着，最优化的可满足性问题（MAX-3SAT）的近似求解也是 NP 完全的！或者反过来说，存在常数 $\rho<1$，使得如果 MAX-3SAT 存在多项式时间的 ρ-近似算法，则 P=NP。在这里，ρ 称为近似因子（或近似保证、近似阈值），它是算法产生解的费用与最优解的费用之间的比较，一般被表示为 $\mathrm{Cost}\leqslant\rho\cdot\mathrm{OPT}$（其中 OPT 为最优解的费用）。事实上，可以证明，任何近似因子严格小于 1 的优化问题都在 MAX-SNP 中，因此 MAX-SNP 就是所有近似因子严格小于 1 的优化问题的集合。

这样就可以推导出，在不满足三角不等式的情况下，除非 P=NP，否则旅行商问题（TSP）的近似因子是 1，即这样的旅行商问题的近似算法是没有意义的。在满足三角不等式的情况下，旅行商问题（又被称为度量旅行商问题）存在启发式的近似算法。1976 年，N. Christofides 提出的算法[①]将因子改进到了 $\frac{3}{2}$，这是已知算法中明确给出近似因子的最好结果，即 Christofides 的路线的长度能够明确不超过最优路线的 1.5 倍。人们猜想这个阈值有可能被推进到 $\frac{4}{3}$，但是目前只有加拿大渥太华大学的 Sylvia Boyd，证明了在不超过 10 个城市的情况下，该猜想成立。

近似算法可能会具备一定的迷惑性。阿罗拉证明了，对于任意的 $\rho<1$，都存在多项式时间的欧几里得 TSP 问题[②]的 ρ-近似算法。这看起来是一个不错的结论，但实际上当 ρ 接近 1 时，近似算法的运行时间会显著延长。越逼近最优解，算法运行时间就越长。

2002 年，阿罗拉的学生苏巴什・霍特（Khot）提出了“唯一性游戏猜想”（Unique Game Conjecture），简称 UGC。此时距离阿罗拉证明 PCP 定理刚好过去 10 年。这是一个比 $P\neq$NP 更劲爆的猜想，形式化地描述该猜想超出了本书的范畴。实际上，霍特考虑了一种特殊情况，而用现有的算法技术似乎无法设计出对应的算法。如果 UGC 成立，则对于图的顶点覆盖问题（VERTEX-COVER）和最大割问题（MAX-CUT），当前发现的近似算法就已经是阈值结果，不会再有更好的近似算法。这代表一系列的研究方法，人们开始尝试证明“如果 UGC 成立，那么以任意小于 Y% 的误差逼近 X 问题的解都是 NP 难解的”。阿罗拉认为证否 UGC 的意义也很大，因为这可能意味着，需要全新的算法设计技术来解开一系列不同的近似问题，从而给我们的算法设计带来全新的启示。

通过以上这些结论，我们现在知道，在寻求一些困难问题的近似解时，也会触碰到计算理论的天花板：在多项式时间内无法有效求得一些复杂问题的近似解，而有些问题在本质上是固有不可近似的。当今的电子计算机只应用了计算复杂性理论中很小一部分内容。自从图灵、丘奇和哥德尔奠定了可计算性理论，似乎计算机能力的天花板被锁死了，计算机的相关理论也已经完备。但是，过去几十年，人们在计算复杂性领域取得的成就，依然可以用辉煌来形容。计算理论被进一步细化，计算机的可计算能力被精确到近似算法的极限。这些深刻且坚实的理论对我们的启示在于：

---

① 基于最小生成树的奇度数节点的最小匹配。

② 注意不是度量旅行商问题。

> 只有看过全世界，才知道脚下的路在何方。

并行计算

计算理论研究经历了从“不可计算函数”到“NP 完全问题”再到“PCP 定理”的过程，似乎电子计算机的计算能力范围一再缩小，进入“多项式时间”内可计算问题的范畴，P 类问题似乎成为一个可被人们接受的电子计算机计算能力标准。然而，随着计算机应用的普及，人们发现物理学、经济学、生命科学等众多领域都涉及大量实体的并发交互。由于时间资源比较宝贵，人们很自然地会考虑通过增加计算处理器资源来缩短计算时间的想法，即并行计算的模式。

在此之前，我们讨论的问题大多与串行算法有关，算法的执行是一步步依次完成的。比如，对于从 1 到 100 的自然数相加，按照串行算法，需要做 99 次加法运算：1+2+3+4+⋯+100。而按照并行算法，只要增加处理器数量，就可以将计算的数据和任务分片，对算法的每一步都采用多个处理器同时执行相同的任务，以达到缩短计算时间的效果。对于从 1 到 100 的自然数相加，并行算法会递归地做出如下处理：

第 1 步：(1+2), (3+4), (5+6),⋯, (99+100)
第 2 步：(3+7), (11+15),⋯, (195+199)
……

在这个并行算法中，第一步使用了 50 个处理器，对相邻的两个数求和，得出 50 个数，第二步使用了 25 个处理器，再次递归地执行“对相邻的两个数求和”这一任务，得出新的 25 个数，以此类推，直到执行结束。由于 $\log_2 128 = 7$，因此计算从 1 到 100 的求和问题通过并行算法最多只需要 7 步，比累加的串行算法节约了 92 步。一般情况下，计算 n 个自然数的和仅需要 $\log n$ 步。也就是说，并行算法将加法的计算复杂度从 $O(n)$ 下降到 $O(\log n)$，实现了从多项式时间级别到对数时间级别的复杂度优化，这真是一个巨大的进步！

我们付出的代价是，使用更多的处理器来完成计算。在上面的加法中，我们使用了 $\frac{n}{2}$ 个处理器来完成并行计算。事实上，并行算法的意义在于，执行时间能够呈某种指数级下降趋势，比如，从多项式时间下降至并行时间 $\log n$ 或 $\log^2 n$ 、$\log^3 n$ 。同时，我们希望处理器数量的增加被控制在多项式级别，因为指数级增加处理器数量是不现实的。

计算的时空平衡性

并行算法缩短了计算时间，却增加了处理器数量，看起来颇似压低了东头翘起了西头。这背后反映了计算的一些本质特性，我将其概括为计算的时空平衡性。

如果将时间资源和空间资源视为某种等价的资源，计算则是其相互转化的媒介，这有助于理解计算的时空平衡性。并行算法的总工作量，即所有处理器上的执行步数之和，和串行算法是一样多的。这是因为，任何并行算法显然都可以用串行算法模拟，具体过程为：将多个处理器同时执行的任务转化为依次执行每一个处理器的任务。可见，串行算法的复杂度与并行算法的总工作量有对应关系。也就是说，对于一个问题，并行算法的总工作量受限于最好的串行算法的时间复杂度。

当我们期望用并行算法缩短计算时间时，本质上是在用空间资源换取时间资源。目前，从计算的各个维度上，我们都观察到这一本质的体现。在 NP 完全问题中，已经证明“可满足性问题”（SAT）无法同时在对数空间和线性时间中求解；在逻辑电路的设计中，也经常会遇到这样的取舍，要么付出指数级时间的计算代价，要么接受线路规模指数级增长；在信息论中，通信和计算是相互影响、相互制约的，计算能力的加强受制于通信能力的瓶颈，通信能力的加强又受制于计算能力；在分布式计算中，并行计算能力的瓶颈在于内存中必须存放网络中所有处理器的通信地址，处理器数量与内存中存放的通信地址数量会同步地指数级增长，而寻址本身是一个复杂计算，这从物理上制约了并行计算能力的上限；在云计算中，表现出来的困难是“搬不动数据”，也就是说，当要跨地域传输大量数据时，传输成本会高于在本地进行计算的成本，得不偿失。大约在 2014 年，我和阿里云团队就在思考如何构建“跨网融合计算”，但是近 10 年过去了，几乎没有取得任何有效的进展，这同样受制于计算的时空平衡性。

鱼与熊掌不可兼得，在时间资源和空间资源之间取得平衡，用多少空间来换时间，需要根据不同场景来设计不同方案——把控时空平衡性是一种艺术。

并行计算的极限

有些算法天生就适合并行化执行，比如遗传算法、神经网络算法。它们源于模拟自然界中的事物，而在这些事物的内在结构中，本来就存在大量的并行交互。遗传算法对于不同种群之间关系的描述，以及神经网络算法对于人脑神经元结构的描述，都可以很自然地被设计为由并行任务来同时执行。一般来说，在设计并行算法时，需要从头开始，完全抛弃串行算法的思想。

然而理论研究表明，不是所有的快速串行算法都能够被大规模并行化的。P 类问题有其先天局限性，比如最大流问题（MAX FLOW）：在一个网络中，求最大可能的流值。想象由一条河流组成的网络，每个交汇点会形成汇流和分流，那么这个网络中最大的可能流量是多少呢？这个问题可以映射到通信网络、物流网络等诸多应用。对于最大流问题，很难将其串行算法并行化。主要障碍在于，它的算法是分阶段的，虽然在每个阶段都可以做并行化的改造，但是每个阶段的计算都必须在前一个阶段的计算完成后才能执行。因此，最大流问题是多项式时间可解但具有固有串行性的典型例子。我们将这类问题称为“P 完全问题”，其代表了 P 类问题的极限，具有内在的串行性。

直观上，所有并行计算机“满意求解”的问题被定义为 NC 类。可以将其理解为，在多重对数的并行时间和多项式时间的总工作量内可求解的所有问题的集合。NC 内部有可能存在一些谱系，我们定义 NC_j 是 NC 中并行时间复杂度被限定为 $O(\log^j n)$ 的子类。NC 是否存在分层定理尚未可知，但已知 $\mathrm{NC}_1 \subseteq L \subseteq \mathrm{NL} \subseteq \mathrm{NC}_2$。对于 $\mathrm{NC} \neq P$，目前尚未得到证明，只是一个猜想，它也是 $P\neq\mathrm{NP}$ 的并行计算版本。

既然有些 P 类问题有着固有的内在串行性，那么对 P 类问题串行算法的并行化改造就不是一件容易的事情。在大多数时候，一个算法可能既包含串行算法代码，也包含并行算法代码。也就是说，并行计算的加速比受制于算法中串行代码的比例。对此原理，Gene Amdahl 在 1967 年提出了 Amdahl 定律加以描述。假设 P 是代码并行部分的比例，S 是代码串行部分的比例（$P+S=1$），N 是处理器数量，那么加速比可以由以下公式计算得出：

$$\mathrm{SpeedUp}(N)=\frac{1}{S+\dfrac{P}{N}}$$

也就是说，无论并行代码运行得有多快，都会受到串行代码的限制，瓶颈在于串行代码。下图展示了在 Amdahl 定律影响下，固定规模问题的加速与处理器数量的关系。根据 Amdahl 定律，固定规模问题的加速比可表示为处理器数量的函数。下图中的曲线显示了当算法被 50%、75%、90%以及 100%并行化时，所产生的加速比。Amdahl 定律指出，加速比受到保持串行的代码部分的限制。

我们期望所有多项式时间内可解的问题都可以大规模并行化，也就是 $\mathrm{NC}=P$。但我们猜测 $\mathrm{NC}\neq P$，上述种种结论也让人乐观不起来。并行算法看起来不足以解决 NP 完全问题和指数级这两个幽灵，甚至连 P 完全问题都无法彻底消灭。然而，在下一节中，我们将看到，在实践中结合工程能力，并行化的潜力依然是巨大的。

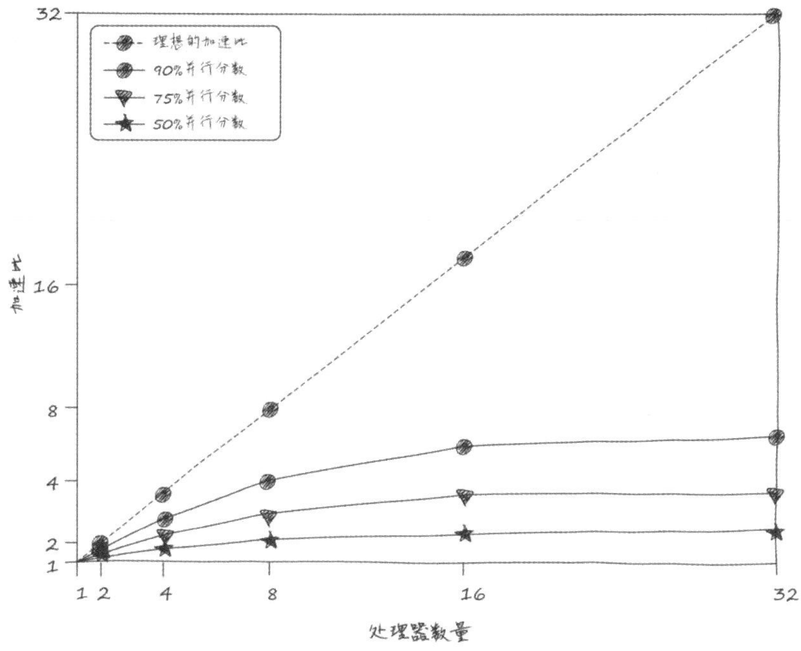

挑战极限

实际上，早在 20 世纪 40 年代，计算机刚刚被发明时，科学家们就在研究并行计算。冯 • 诺依曼在提出元胞自动机理论时，已经在构思如何让多台计算机并联起来协同工作。到了 20 世纪 60 年代，人们在使用巨型计算机的过程中发现，并行、存储和通信等都需要人工进行处理，效率低下，因此引入并行计算成为迫切的需求。

在中国，大型并行计算机的研制最早基于国防的需求。1973 年，时任国防科工委科学技术委员会副主任的钱学森指出：由于飞行器的性能和复杂性都在不断提升，对风洞实验的要求因而也在不断提高。当时美国的波音 747 风洞实验花了 1 万多小时（超过 1 年），耗资 1000 多万美元；计划中的 B1 轰炸机风洞实验需要 4 万多小时（近 5 年时间）和超过 4000 万美元的费用；而 20 世纪 70 年代末航天飞行器设计所需的风洞实验需要 10 年以上时间和超过 2 亿美元的费用。风洞实验的大部分工作可以由计算机代劳，这样做能够降低成本、节约时间。在计算流体力学中，解完全黏性的不定长 Navier-Stokes 方程，需要每秒运行近 1 万亿次的巨型计算机。在这些背景下，中国科学院计算技术研究所启动了中国第一台向量计算机 757 的研制任务。

向量化技术是在计算机硬件结构中完成并行化的核心技术，其关键是 SIMD（Single Instruction，Multiple Data），即通过一条指令同时操作多条数据，SIMD 大大提高了计算机运行的效率。将多条指令合并成一条指令的过程就是向量化。今天的 GPU（Graphic Processing Unit）是并行计算加速硬件的主力。值得一提的是，NVIDIA 公司的 GPU 没有向量硬件，是通过 SIMT（单指令多线程）的线程束来模拟实现向量硬件的。过去，计算机最重要的处理器是 CPU，它有多个运算单元，同时还有较高比例的控制单元和缓存单元，使用的是 MIMD（Multiple Instructions，Multiple Data），即多指令操作多数据。CPU 在运行时由控制器协调指令的前后顺序，用缓存器存储较大的计算中间值，因此能够处理复杂的逻辑运算；而 GPU 主要使用的 SIMD 具有相对简单的指令，但能并行处理多条数据。两者的区别（见下图）在于，GPU 将结构中较大比例的晶体管用于运算单元，而仅有极少比例的控制单元和缓存单元，因此 GPU 的逻辑运算能力相对较弱，但擅长处理无依赖关系的简单任务。

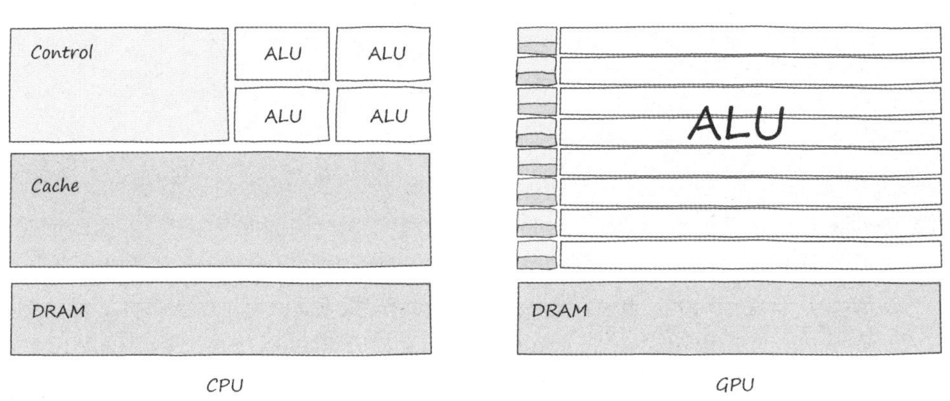

GPU 最早是用于处理图像的加速器，又被称为“图形处理单元”。由于屏幕上的像素点非常多，而对每个像素点的计算又是高度同质化的，且图形处理需要大量数据吞吐，因此 GPU 的设计理念是不遗余力地提高数据运算量。然而，GPU 也可以作为一种并行计算的通用处理器。2002 年，北卡罗来纳大学的 Mark Harris 提出了通用图形处理单元（GPGPU）这个术语，认为 GPU 不仅仅适用于图形这一概念。2014 年，深度神经网络兴起，其计算模型对并行计算的要求，恰好释放了 GPU 的全部潜能。

到今天，GPU 已经成为 CPU 之外最重要的计算单元。而 GPU 和并行计算架构的兴起，又对传统计算机的冯·诺依曼架构发起挑战。计算机自发明后，几十年来基本上都遵循着冯·诺依曼架构，CPU 一直是计算机的核心。冯·诺依曼架构的特点是，存储器和中央处理单元采用分离式设计，这种设计将代码和数据都存放在存储器中，在每次计算时再将代码和数据作为输入加载到中央处理单元（CPU）。然而，冯 •诺依曼设计这种架构的初衷是，解决每次计算需要重新摆布电路的问题，彼时他远远无法想象此后计算机日新月异的发展，以及海量数据计算的挑战。冯 •诺依曼当时构思过并行计算，却未能预见并行计算可能遇到的挑战。今天，在基于冯 • 诺依曼架构的计算机中，存储器和 CPU 之间的数据通道已经成为瓶颈，远远无法满足大规模计算的需求。因此，在今天工程和算法都已完成并行化的设计之下，数据传输通道的带宽成为整个计算机系统的瓶颈，包括内存和 CPU 之间的带宽、CPU 和 GPU 之间的 PCI 总线带宽、硬盘的读/写速度带宽，以及网络中不同计算机之间传输数据的带宽，等等。

为了突破这些瓶颈，提高计算机的性能，架构被不断优化和改进。“计算的局部性原理”[①]保证了对计算机结构的优化是可行的。由于计算过程具备局部的集中性，因此就有可能将热度高的部分独立出来，通过共享的方式来使用，以获得更高的性能，内存和带宽的瓶颈理应如此解决。在这个指导思想下，开始分级设计存储器，内存首先分出层次结构，离 CPU 最近的 L1 内存的访问速度最快，其他层次的内存访问速度稍慢，这样的好处是能够以极快的速度将热数据返回给 CPU，以免 CPU 空等。同样的设计思想也被用在硬盘上。共享存储和池化的设计思想，加快了数据的读/写速度，一直主导着计算机架构的优化方向。

在计算机结构中，如何减少不必要的数据传输是优化的关键。如下图所示，CPU 和 GPU 一般通过 PCI 总线连接，这条通道的带宽往往也会成为系统的瓶颈。

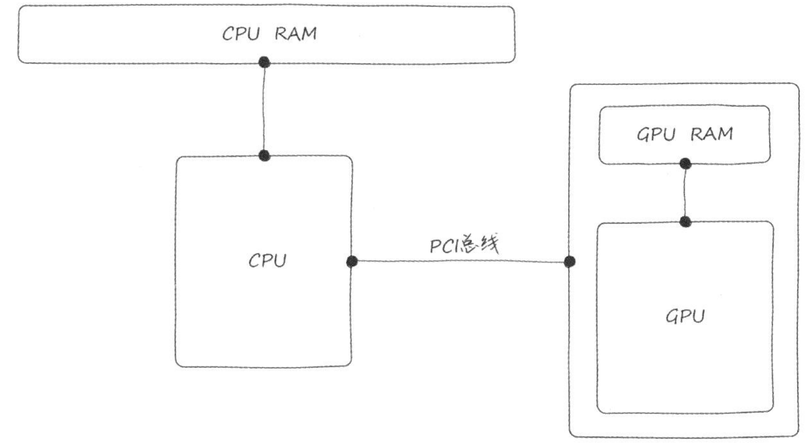

① 参考本章中的“计算的局部性原理”一节。

在使用多个 GPU 协同工作时，数据在多个 GPU 之间的移动也是影响效率的关键。NVIDIA 为了提高 GPU 和 GPU、GPU 和 CPU 之间的数据移动效率，推出了 NVLink 技术。Intel、AMD 等芯片厂商也推出了类似技术来优化数据传输效率。在始于 2014 年的人工智能浪潮中，硬件优化越来越成为一种迫切的需求，存算一体化、记忆器等新的架构成为热点。

并行计算的一个子集是分布式计算。分布式计算可以看作在操作系统层面进行多台计算机的协同工作。完成好的分布式计算，需要有好的“数据并行化”和“任务并行化”设计。2007—2009 年，分布式计算发展出云计算的形态。在云计算的视角下，数据中心变成一台计算机，即将大规模服务器集群当成一台计算机来使用。在这种视角下，服务器集群的计算能力是可以弹性扩/缩容的，适合应对高并发或突发性的大量任务请求。同时，由于计算能力源于集群化，因此云计算并不追求单机性能最强，而是试图将廉价的服务器并联，以达到甚至超过超级计算机的计算能力。在这种架构下，小概率事件成为常态，而多租户的使用模式又对安全隔离提出了更高的要求。这些特点都意味着，有必要开发一种新的技术来应对云计算的需求。在单机时代，Windows 和 Linux 这样的操作系统管理的是单机的硬件资源，而在云计算时代，数据中心也需要一个新的操作系统来管理集群化的硬件资源，比如阿里云自主研发的“飞天”，就是这样一个云计算操作系统。

云计算让数据中心变成一台计算机，这在本质上并没有脱离冯·诺依曼最初对并联计算的构想，只是存在诸多困难在工程上被成功克服，对理论的实践最终得以完成。今天，芯片制造工艺已发展到 3 纳米级别。由于原子核的直径为 0.1 纳米，若晶体管的长度进一步缩短，会接近原子核的直径长度，从而引发量子隧穿效应，使得晶体管失效。可见，芯片制造工艺已逐渐逼近物理极限，摩尔定律[①]几近失效。但若将视野从微观调至宏观，会发现气象一新，“云”为计算能力的提升开辟了新的道路。由于在计算、存储、网络等各方面的工程实践上，存在诸多优化可能性，因此在集群化的视角下，计算机的计算能力将延续摩尔定律，继续保持高速增长，这正是并行计算思想带来的奇迹。摩尔定律应当有一个对应的云计算版本，即每 18 个月云计算的能力提升 1 倍、成本下降一半。

最后，我们用 Gustafson-Barsis 定律来结束本节。该定律保证了云计算的摩尔定律是有效的。上一节提到的 Amdahl 定律，描述的是问题规模不变时，并行算法的加速比受到串行代码比例的约束。计算复杂性理论的研究成果表明，有一些问题的串行性是固有的，因此 Amdahl 定律似乎是一个相对悲观的结论。然而，Gustafson

① 摩尔定律：每 18 个月单位面积晶体管数量翻 1 倍，意味着计算能力翻 1 倍。

和 Barsis 在 1988 年指出，增加处理器数量可以处理更大规模的问题，并给出了在问题规模扩大时，加速比和处理器数量之间的关系：

$$\mathrm{SpeedUp}(N) = N - S(N-1)$$

其中，N 是处理器数量，S 是串行代码的比例，下图为其可视化的解读。

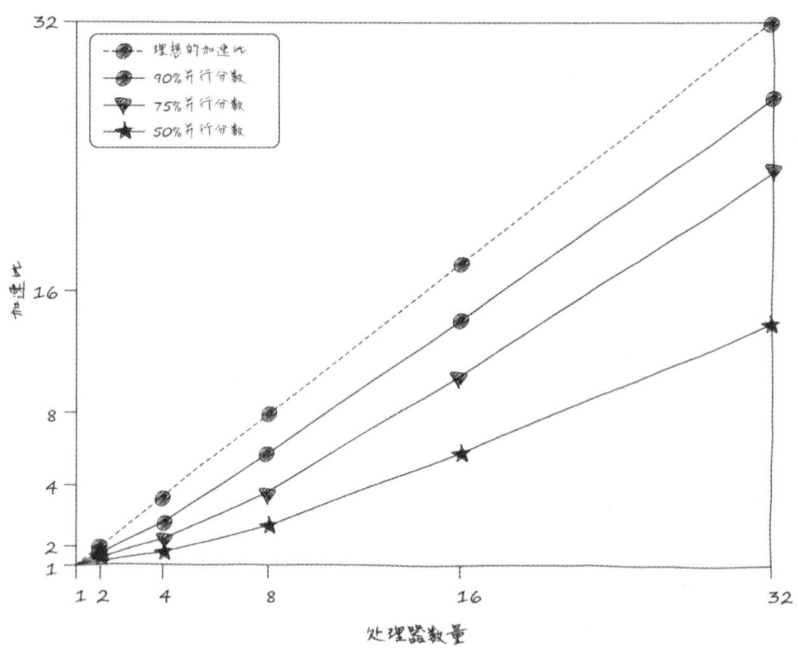

根据 Gustafson-Barsis 定律，当问题的规模随着可用处理器数量的增加而扩大时，加速比可以用处理器数量的函数来表示。上图中的曲线显示了当算法被 50%、75%、90%以及 100%并行化时，所产生的加速比。

这意味着，当问题规模扩大时，投入更多的处理器能带来理想的加速效果。2022 年下半年，我带领的团队与某大学合作，尝试在云上通过分布式计算加速处理冷冻电镜生成的数据，即实现蛋白质三维折叠的模型渲染。我们采用了 100～200 个普通 GPU 代替超算中心使用的 V100 和 A100 芯片，这样有效地将原本需要的 24 小时计算时间缩短到 1 小时左右，实现了 20 倍以上的加速，而且还有进一步提升的空间。

2022 年 8 月 31 日，出于政治原因，美国政府禁止 NVIDIA 公司向中国大陆销售高端芯片 A100 和 H100。A100 和 H100 都是超级芯片，其中 A100 的理论计算峰值可以达到 19.5 TFLOP（单精度）。超级芯片制造涉及整个产业链的建设，不可能一蹴而就，因此成为大国博弈中的“卡脖子”技术。我个人认为，恰恰是因为云计算的愿景还没有实现，才使得芯片公司热衷于制造超级芯片，以赚取丰厚的利润。云计算的初心是，使用普通、廉价的服务器和芯片并联成一台计算机，代替超级计算机、超级芯片，达到同等以上的计算能力，这完全是有可能的。云计算技术是打破芯片产业“卡脖子”格局的另一个重要突破口。

并行计算的有效加速能够对世界产生真正有价值的贡献。医疗制药、农业育种、芯片设计等关键领域的研发投入巨大，需要耗费大量的时间，且很难通过追加投资来压缩周期。比如，开发一种新药物需要10年左右，培育一颗新种子需要10年左右，研发一款新芯片需要10年左右。如果能将10年压缩至1年，则可能拯救更多生命、养活更多人口、创造更多可能性。而计算技术恰好能用空间资源换时间资源，其将为实现这一目标发挥关键作用。只是还需要在复杂性研究、工程实践上取得进一步的突破和创新，才能看到美好的未来，这是我们这些工程师肩负的使命。

第 10 章 量子计算

此前，我们谈到的计算机主要是指电子计算机，或称数字计算机。它们是由1946 年前后的 ENIAC 和 EDVAC 这两个大型电子计算机项目发展而来的，在计算理论上基于图灵机模型，在实现上基于逻辑电路和冯•诺依曼架构。我们对电子计算机的计算能力做了较多陈述，包括第 9 章最后提到的所有并行算法和工程实践。然而在未来，我们多了一种选择：量子计算机。

量子计算机操作的是量子比特，可以基于量子的特性大幅提升并行计算能力，从而其被公认为具备了超越经典计算机的能力。目前媒体的宣传对量子计算机过于神化，下面将从计算的角度澄清一些基本概念，帮助大家建立对量子计算的正确认识。量子计算不是神话，无法通过并行性优势来穷举任意问题的所有可能性，从而求解答案。但量子计算却寄托了我们的希望。

计算是数学的，更是物理的

量子计算的启蒙

量子计算的重要性在于 3 点。首先，量子计算对强丘奇-图灵论题提出了明确挑战。强丘奇-图灵论题断言，任何可物理实现的计算装置都可以被图灵机模拟，而计算速度至多下降一个多项式因子。换言之，这个断言意味着，支持某些难解问题的高效算法的计算装置，是无法在物理上被造出来的。在这个猜想之下，人们相信，像因数分解这样的问题，不存在多项式时间的高效算法。[①]然而，如果量子计算机可以被造出来，那么像 Shor 算法这样的量子算法就可以在多项式时间内求解大数分解问题，从而使强丘奇-图灵论题不成立。这个严重的后果将打破今天的一些基本假设，比如对依赖于“大数分解难解性”的 RSA 算法形成严峻挑战，威胁到当今互联网的安全基础。

其次，经典计算可以看作量子计算的一个特例，所有经典计算都可以在量子计算机上模拟。因此，量子计算不是一种特殊的计算，而是一种更加通用的计算，更接近计算的本质。现在的经典计算机的核心元件是晶体管，晶体管是一种半导体，利用了量子的特性，能够在不同电压下控制电子的流通，从而表示 0 或 1 的状态。量子是组成世界的基础，经典计算都可以用量子理论解释。

最后，量子计算直接操作的是物理对象本身，即量子比特，而并非如数字计算机一般，通过数字化建模来发挥作用。因此，经典计算是一种模拟，而量子计算就是计算本身。在图灵机的经典模型中，图灵对人类计算员的计算过程进行了模型化，然而人类计算员的模型未必能完美刻画自然界中发生的所有计算过程。而且，正是这一事实催生出量子计算的想法。

1979 年，美国阿贡国家实验室的物理学家 Paul Benioff 在论文《作为物理系统的计算机：以图灵机为代表的计算机的微观量子力学哈密顿量模型》中提到：“整个计算过程由一个纯态描述，这个纯态在给定哈密顿量的作用下演化。因此，图灵机的所有组成部分都由某些状态来描述，在计算过程中，这些状态彼此之间具有确定的相位关系……此类模型的存在至少表明，构造此类相干机的可能性值得研究。”1980 年，他在著作 *Computable and Noncomputable* 中阐述了量子计算的核心思想。

1981 年，美国物理学家理查德·费曼在“用计算机模拟物理”的演讲中提出了量子计算机的可行性想法，开辟了这一领域。当时费曼意识到，有些量子过程很难通过经典计算机模拟，由量子计算来实现却是可行的：“很遗憾自然界不是经典的，如果你想模拟自然界，最好将量子力学考虑在内。这是一项伟大的任务，因为它看起来并不那么容易。”然后他列举了量子计算机应该具备的功能。费曼的灵感来源于弗雷德金（Fredkin）。弗雷德金相信宇宙是一台计算机，提出台球计算机的模型，证明通过台球的相互碰撞可以完成任何计算。或许是 1980 年的某天下午，费曼在和弗雷德金打台球时突然想到，粒子的相互作用可以用于计算。量子计算启蒙思想的基础就此奠定。

---

① 尚未证明大数分解问题是否存在多项式时间算法。

量子的特性

量子有许多令人迷惑的特性，如果有人在接触量子理论后不感到困惑，那一定是理解得不够深入。即便是非常资深的物理学家，对量子理论的主要结论也只能选择被动地接受和记忆，或许他们反而有更多的困惑。在这里，只简单介绍量子理论的一些基本概念，更多的阐述超出了本书的范畴，请读者自行阅读相关资料。事实上，量子计算用到的物理学和数学知识很少。

我们把事物不可分的最小单位称为量子，因此量子的概念涵盖目前标准模型中所有 61 种微观粒子，比如电子、光子、夸克等。作为事物不可分的最小单位，量子是离散的而不是连续的。也就是说，当今物理学对世界的阐述是离散的而非连续的。量子理论主要采用的数学工具是线性代数，而且不需要以微积分为基础。

当今最广泛接受的量子理论主要是“哥本哈根诠释”。玻尔在 20 世纪初建立哥本哈根学派，玻尔、海森堡等量子理论的奠基人都是这个学派的主要人物。海森堡提出了著名的“不确定性原理”。作为量子力学的重要基础，这个原理说的是我们无法同时测量量子的位置和动量。将测量作为公设加入理论的基础，是哥本哈根诠释的重要特点。在经典物理中，测量是一件简单的事情，测量之后的事物是确定的。然而，在量子力学的哥本哈根诠释中，测量在微观尺度上变得不确定，测量这一行为本身就会对微观的量子产生巨大的影响。

量子在测量前可能处于叠加态，这是量子力学既令人难以理解又威力无穷的地方。由于量子具有波粒二象性，因此可以把量子描述为一个波函数，测量前处于叠加态的波函数，测量后将坍缩为本征态。比如，量子的本征态可能是 0，也可能是 1，而当量子处于叠加态时，它同时是 0 和 1，测量后，原本处于叠加态的量子坍缩为本征态，50%的概率是 0，50%的概率是 1。在哥本哈根诠释中，量子在测量前是没有意义的。类似的哲学解释为，在提出一个问题之前，它的答案是没有意义的。

量子相关的观点在被提出时显得离经叛道，遭到爱因斯坦、薛定谔等人的强烈反对。爱因斯坦晚年致力于统一量子力学和广义相对论，可惜未尽全功。爱因斯坦曾嘲讽道：“难道你不看月亮的时候，月亮就不在那里吗？”他还留下著名的断言——“上帝不掷骰子”。薛定谔则用思想实验“薛定谔的猫”来讽刺叠加态：将一只猫关在装有少量镭和氰化物的密闭容器里，镭的衰变存在不同概率，如果镭发生衰变，则会触发机关打碎装有氰化物的瓶子，猫就会死；如果镭不发生衰变，猫就能存活。根据哥本哈根诠释，由于放射性的镭处于衰变和没有衰变两种可能性的叠加态，猫就理应处于死猫和活猫的叠加态。

量子的纠缠性是让爱因斯坦更难以接受的性质。理论表明，两个量子如果发生纠缠，测量其中一个，另一个的状态也将随之发生变化，这种变化的影响无关距离。对于这个性质，爱因斯坦、波多斯基和罗森提出所谓的 EPR 佯谬：即使在几十光年外测量一个纠缠的量子，另一个也会随之改变状态，这就超越了光速，违背了狭义相对论。爱因斯坦对此的解释是，可能存在一个确定的“隐变量”，只是我们还没有发现它。这场世纪论战持续了 50 年。爱因斯坦和玻尔去世后，约翰・贝尔在 1964 年设计了一个实验，用来验证 EPR 佯谬，即著名的贝尔不等式。如果爱因斯坦是对的，则贝尔不等式成立。1972 年，John Clauser 和 Stuart Freedman 进行了首次实验，验证了贝尔不等式不成立，从而证明爱因斯坦是错的。在 20 世纪 80 年代，Alain Aspect 再次验证了贝尔不等式不成立。2022 年，诺贝尔物理学奖被颁发给 Alain Aspect、John Clauser 和 Anton Zeilinger，以表彰他们在量子信息理论上的贡献。如果约翰・贝尔没有因中风过早离世，也一定可以获得诺贝尔物理学奖。

量子纠缠如今已经成为量子信息理论的基础，可以用在量子通信的量子隐形传态和超密编码中。从信息论的角度看，纠缠是一种新的信息编码方式，一对纠缠粒子的信息不是在每个粒子中局部编码的，而是在两者的相关性中编码的。由于测量量子后得到的状态是真随机的，无法控制纠缠的电子上旋还是下旋，因此量子纠缠无法用来传递信息。但是量子隐形传态可以将纠缠量子的状态借助经典线路传递过去，在远端重构该状态的量子，这样依然没有超光速。目前中国的潘建伟院士的团队成功实现了三元的量子隐形传态，即 3 个维度的量子状态，但是离复刻一个物体，比如人（由 10^{28} 个粒子组成），依然相当遥远。

计算的最小能量

量子的叠加态、纠缠性是量子计算强大的基础，尤其是量子的叠加态，可以发挥强大的并行性优势。计算是状态之间的转移，量子计算是让量子处于叠加态。经过多个量子相互作用的过程，最后输出结果。输出结果的过程采用“测量”这一充满量子特性的方法，让量子从叠加态坍缩为本征态，从而得到一个确定的结果。然而这也意味着，量子计算必须是可逆的。因为任何不可逆的过程都意味着信息的丢失，也就相当于进行了一次测量，从而让计算过程无法再进行下去。因此，“可逆性”是量子计算的另一重要特点，在量子计算中除了测量，其余过程都必须是可逆的。

所谓计算的可逆性，就是给定一个输出，能够确定对应的输入是什么。比如，布尔逻辑中的 AND（与门）就是一种不可逆的运算，见下表。

与门		
输入		输出
0	0	0
0	1	0
1	0	0
1	1	1

在与门中，当输出为 1 时，我们知道输入必须为 1，这是唯一的；但是当输出为 0 时，却对应 3 种输入情况，此时对应的输入是哪一种无从得知。由于存在信息丢失，与门的运算是不可逆的。可逆的计算意味着信息不能丢失，有多少输入，就有多少输出。在量子计算中，可以通过增加控制位的量子比特来实现输入和输出的可逆性，比如下表中的受控非门（CNOT）。

受控非门			
输入		输出	
x	y	x	$x \oplus y$
0	0	0	0
0	1	0	1
1	0	1	1
1	1	1	0

在量子计算的受控非门中，第一个输入位是控制位，记为 x，如果 x 为 1，则将 NOT 操作作用于第二个量子比特 y 上。在这个量子逻辑门中，4 个输出都可以找到对应输入的唯一情况，因此它是可逆的。

对可逆性的研究最早来源于热力学。在热力学第二定律中，一个孤立系统的熵不可能减小，不可逆热力过程中熵的微增量总是大于 0。受到热力学的启发，香农在信息论中定义了信息熵的概念，并以此来描述包含不同信息的程度。冯•诺依曼推测，当信息丢失时，能量被消耗——以热量的形式消散。罗夫•兰道尔证明了这个猜想：

> “寻找更快、更紧凑的计算电路直接导致了一个问题——朝着这个方向发展的最终物理限制是什么？……我们可以证明，或者至少坚定地认为，信息处理不可避免地伴随着一定热量的产生。”

兰道尔证明了执行一次计算所需的最小能量有下界，此即兰道尔原理

（Landauer's Principle）。擦除 n 比特信息耗散的能量至少是 $nk_BT\ln2$，其中 k_B 是玻尔兹曼常数，T 是计算设备周围散热器的开氏温度，ln2 是 2 的自然对数（约等于 0.69315）。

兰道尔将逻辑不可逆性定义为“设备的输出不唯一确定输入”，他认为“逻辑上不可逆转……反过来意味着物理上不可逆转，而后者伴随着耗散效应”。不可逆必然伴随着熵增，那么同样地，可逆的计算也就意味着，从理论上讲，计算过程可以不损失能量。但完全的可逆也意味着有多少输入就有多少输出。在量子计算中，我们假定量子计算机运行在一个无噪声的环境里，这样不会发生量子的退相干，从而可以持续地将算子作用在量子比特上。

量子比特

从经典比特到量子比特

量子计算和经典计算的主要差别在于，量子计算基于量子比特，充分发挥了量子的所有特性。经典计算中的比特（bit）是一个信息单位，每个比特有 1 或 0 两个状态，要么是 1，要么是 0。比如，二进制数 10010110 有 8 比特（bit），8 比特组成 1 字节（Byte），1024 字节组成 1KB（$1024=2^{10}$，一般大写 B 表示 Byte，小写 b 表示 bit），1024KB 组成 1MB，1024MB 组成 1GB，1024GB 组成 1TB，这就是常见的信息容量单位的由来。与经典计算的比特只能有一个状态不同，量子比特（qubit）可以是 1 和 0 的叠加态，既是 1 又是 0，这就增强了量子计算的计算能力。

可以用抛硬币来举例。将硬币的正反两面分别设定为 1 和 0。2 枚硬币有 10、11、01、00 共计 $2^2=4$ 种组合，3 枚硬币有 $2^3=8$ 种组合，30 枚硬币的组合则高达 2^{30} 种，差不多 10 亿种。然而，对于量子比特来说，由于可以同时叠加 1 和 0 的状态，只需要 30 个量子比特就可以并行计算所有的可能性，而不需要逐一列举所有可能性。

但是，量子计算需要配合量子算法来使用，而不是仅凭量子的并行性就可以获得高效穷举所有可能性的能力。在量子计算中，一般用狄拉克发明的优雅而简洁的符号描述量子比特，用矩阵来描述算子。虽然量子计算机还没有造出来，但是量子比特在数学上可以被简洁地表示，即二维复希尔伯特空间 $\mathbb{C}^2$ 。任意给定时间的量子比特状态，都可以用复希尔伯特空间中的向量表示。希尔伯特空间带有内积，因此能够确定代表量子比特两个向量的相对位置。

使用狄拉克的符号可以简洁地表示两个计算基 $|0\rangle$ 和 $|1\rangle$，竖线和尖括号之间的符号是状态，在这里是 0 和 1。这两个计算基向量是标准正交基。两个向量正交，则内积为 0。如下图所示，从几何角度可以更直观地理解标准正交基的含义。引入欧拉恒等式 $e^{i\theta}=\cos\theta+i\sin\theta$ 在数学处理上更加方便，因为这样就可以直接应用傅里叶变换。在量子算法中，量子傅里叶变换（QFT）是极其重要的，比如 Shor 算法的关键就在于 QFT，QFT 还可以帮助确定输出的量子比特状态。

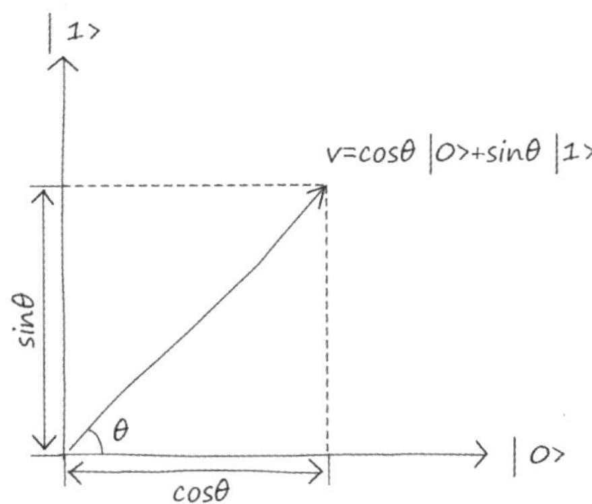

矩阵形式的算子作用于状态空间中的向量为：

$$|0\rangle=\begin{bmatrix}1\\0\end{bmatrix},\ |1\rangle=\begin{bmatrix}0\\1\end{bmatrix}$$

对于叠加态，可以用计算基向量的线性组合表示：

$$|+\rangle:=\frac{1}{\sqrt{2}}(|0\rangle+|1\rangle)$$

$$|-\rangle:=\frac{1}{\sqrt{2}}(|0\rangle-|1\rangle)$$

其中常数 $\frac{1}{\sqrt{2}}$ 是振幅。在叠加态中，一个状态的振幅模平方是系统在测量后处于该状态的概率，而且所有可能状态的振幅模平方总和等于 1。这被称为玻恩定则，是马克斯·玻恩最早阐述的。该定则说的是，对于状态 $|\Psi\rangle=\alpha|0\rangle+\beta|1\rangle$，总有 $|\alpha|^2+|\beta|^2=1$。在量子力学中，振幅可以取复数，这是量子力学和经典力学的重要区别之一。

量子比特可以是多元的，即有多个状态。我们一般使用二元的量子比特，本征态有 0 和 1，如果是三元的，则有 0、1、2。二元量子比特是多元量子比特的一种特例。一般来说，多元量子比特会获得更加强大的计算能力，但是在量子计算机的制造上会存在更高的门槛。而且由于二进制在使用上更加方便，现在的量子计算机多使用二元量子比特。

量子优势

采用矩阵可以描述量子计算的算子。牛津大学的物理学家大卫•多伊奇（David Deutsch）在 1985 年提出了量子图灵机和量子门的想法，还同时提出了量子版本的丘奇-图灵论题，进一步奠定了量子计算机的理论基础。

对应于经典图灵机，量子图灵机将计算的状态推广到了希尔伯特空间，希尔伯特空间是完备的内积空间，是有限维欧几里得空间的推广。在量子图灵机模型中，多伊奇将图灵机中的转换函数用一组映射希尔伯特空间到自身的酉矩阵（矩阵的元素为复数的正交矩阵被称为酉矩阵）替代。

多伊奇也是最早提出量子算法来证明，相对于经典算法，量子算法更快的人。他研究的问题属于查询问题，在函数是黑盒的情况下，尝试通过输入和输出来判断函数的类型。多伊奇问题可以被表述为：

> “给定一个单比特输入、单比特输出的布尔函数，通过尽可能少的查询次数来确定该函数是平衡函数还是常函数。”

不管输入什么，输出值都不变的函数被称为常函数；给定不同的输入，输出值为 0 和 1 的个数相同的函数被称为平衡函数。对于最简单的单比特输入、输出情况，可能存在 4 个不同的布尔函数，如下表所示。

输入	f_0	f_1	f_2	f_3
0	0	1	0	1
1	0	1	1	0

在这里，f_0 和 f_1 为常函数，f_2 和 f_3 为平衡函数。在经典计算中，必须至少查询两次，先后查看输入分别为 1 和 0 时对应的输出，才能确定 f 到底是常函数还是平衡函数。而对于量子比特，多伊奇发现，如果允许输入包含 $|0\rangle$ 和 $|1\rangle$ 的叠加态，那么只需要查询一次就能判定 f 的类型。此后，多伊奇和 Jozsa 将这个问题推广到了 n 比特，发现经典计算对于 n 比特布尔函数，必须查询 n 次，而在量子计算机上使用 Deutsch-Jozsa 算法，只需要查询一次，时间复杂度为 $O(1)$。

量子门与量子线路

多伊奇还参考经典计算中逻辑电路的逻辑门，提出了量子门的概念。在经典计算中，香农于 20 世纪 30 年代建立了逻辑电路的相关理论，用电路组合表达布尔函数。在逻辑电路中，有一组常用的逻辑门：与（AND）、或（OR）、非（NOT）、与非（NAND）、异或（XOR）、扇出（FANOUT）等。通过这些逻辑门的组合，可以完成布尔表达式中的运算。可以证明，这些逻辑门是图灵完备的，也就是可以用这些逻辑门的组合来构成任意布尔函数，计算任何图灵机可以计算的问题。事实上，仅仅靠与非（NAND）就足以完成通用计算，可以构成其他的逻辑门算子。

在量子计算中，多伊奇定义了类似逻辑门的量子门作为算子，采用的是矩阵操作。但是由于量子比特的特性和要求，量子计算必须设计完全不同的门。首先由于 AND、OR、NAND、XOR 都是不可逆运算，因此在量子计算中都无法使用。经典计算的逻辑门里唯有非（NOT）是可逆的。量子计算中的 NOT 算子，也叫 X 算子，可以表示为一个矩阵：

$$\boldsymbol{X} := \begin{bmatrix} 0 & 1 \\ 1 & 0 \end{bmatrix}$$

将 X 算子作用在 $|0\rangle$ 上，将翻转这个比特，得到 $|1\rangle$ 的结果：

$$\begin{bmatrix} 0 & 1 \\ 1 & 0 \end{bmatrix}\begin{bmatrix} 1 \\ 0 \end{bmatrix} = \begin{bmatrix} 0+0 \\ 1+0 \end{bmatrix} = \begin{bmatrix} 0 \\ 1 \end{bmatrix} = |1\rangle$$

通过量子门也可以将一个量子比特从确定的计算基状态转换为两个状态的叠加态，起到这个作用的量子门是阿达马（Hadamard）门：

$$\boldsymbol{H} := \frac{1}{\sqrt{2}}\begin{bmatrix} 1 & 1 \\ 1 & -1 \end{bmatrix}$$

将 Hadamard 算子作用在状态 $|0\rangle$ 上，将得到一个叠加态的量子比特：

$$\frac{1}{\sqrt{2}}\begin{bmatrix} 1 & 1 \\ 1 & -1 \end{bmatrix}\begin{bmatrix} 1 \\ 0 \end{bmatrix} = \frac{1}{\sqrt{2}}\begin{bmatrix} 1+0 \\ 1+0 \end{bmatrix} = \frac{1}{\sqrt{2}}\begin{bmatrix} 1 \\ 1 \end{bmatrix} = \frac{|0\rangle + |1\rangle}{\sqrt{2}}$$

作用于 $|1\rangle$ 时，得到另一个叠加态的量子比特：

$$\frac{1}{\sqrt{2}}\begin{bmatrix} 1 & 1 \\ 1 & -1 \end{bmatrix}\begin{bmatrix} 0 \\ 1 \end{bmatrix} = \frac{1}{\sqrt{2}}\begin{bmatrix} 0+1 \\ 0-1 \end{bmatrix} = \frac{1}{\sqrt{2}}\begin{bmatrix} 1 \\ -1 \end{bmatrix} = \frac{|0\rangle - |1\rangle}{\sqrt{2}}$$

为了实现可逆性，可用的技巧是增加一个控制位，让量子比特从一元上升为二

元或三元，从而让量子门是可逆的。比如，量子计算中的受控非门（CNOT），是一个二元算子，第一个量子比特被称为控制量子比特，第二个量子比特被称为目标量子比特。如果控制量子比特状态为$|0\rangle$，则什么都不做；如果状态为$|1\rangle$，则将 NOT 算子（X 算子）作用于目标量子比特。一般使用 CNOT 门将两个量子比特纠缠在一起。比如，将 CNOT 作用于$|10\rangle$，将会得到$|11\rangle$的状态。

继续增加量子比特数会得到三元算子。比如，Toffoli 算子有 3 个量子比特，前两个为控制量子比特，第三个为目标量子比特。在 Toffoli 算子中，只有当前两个控制量子比特的状态均为$|1\rangle$时，才将 NOT 算子作用于目标量子比特。我的同事施尧耘[①]在 2003 年证明了仅使用 Toffoli 门和 Hadamard 门这两种算子，就足以实现量子计算，其证明过程用到了以下事实：量子计算中复数不是必需的。

在几何上可以相当直观地理解通用量子计算，用 Bloch 球来表示叠加态的好处之一是使得$\frac{|0\rangle+|1\rangle}{\sqrt{2}}$位于 x 轴上，如下图所示（来源[93]）。

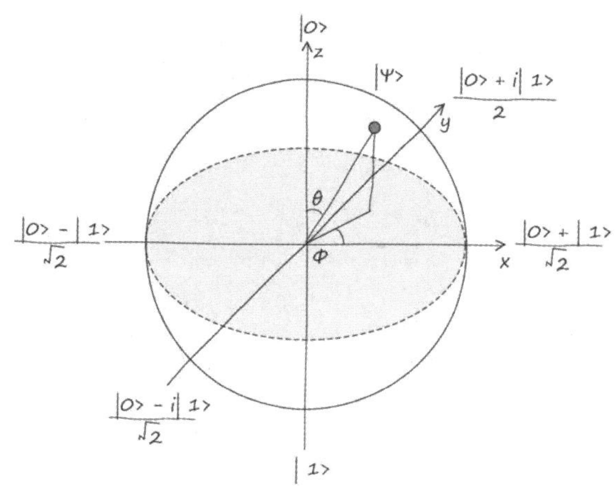

在 Bloch 球上，如果通过一组逻辑门的任意组合可以达到球上的任意一点，那么这组逻辑门就具有计算的通用性。

三元量子门 Fredkin 门的第一个量子比特是控制量子比特，后两个量子比特是目标量子比特。当控制量子比特的状态为$|1\rangle$时，交换其他两个量子比特。Fredkin 门在经典计算中是一个通用门，仅使用$|0\rangle$和$|1\rangle$的量子 Fredkin 门等效于经典门，由此可知量子线路可以计算任何可被经典电路计算的东西，经典计算是量子计算的特例。

经典计算中有扇出门，扇出门是复制门，输入一个比特会得到两个副本。但是

① 施尧耘目前是阿里巴巴达摩院量子计算实验室负责人。

在量子计算中情况却有些出入。扇出是经典计算中的术语，在量子计算中对应的术语是克隆。由于量子比特的叠加态属性，可以证明量子比特无法被克隆。

不可克隆定理带来的影响是巨大的，经典计算中依赖的是数据的移动。在冯·诺依曼架构中，要不断地将数据在 CPU 和内存、存储器之间转移，这带来了数据传播上的便利性，同时数据移动也带来了额外的成本和挑战。但是在量子计算中，量子比特不可克隆则意味着数据无法像经典计算中那样发生移动，因此量子计算是一种原地计算，所有的算子作用于量子比特来完成计算。可编程的量子计算机必然脱离冯·诺依曼架构，而需要采取全新的架构形式。

最后，通过不同门的组合，就可以组成量子线路，它足以表达所有的布尔函数，形成复杂的计算结构，在此不再深入展开。下图是一个基础的量子线路图。

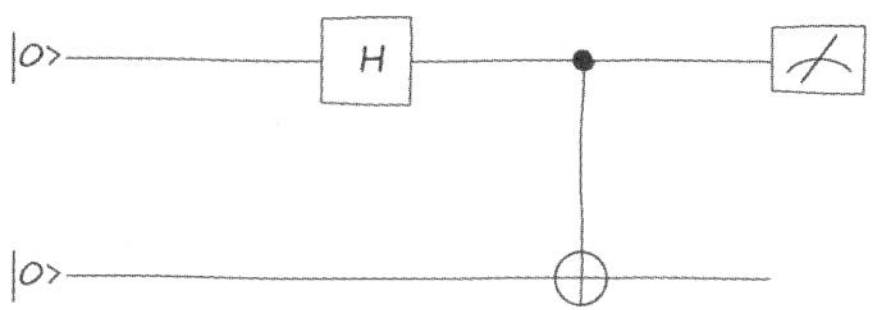

上图中将两个量子比特都初始化为$|0\rangle$，它们被称为 q_0 和 q_1，然后将 Hadamard 算子作用于 q_0，使它处于叠加态：

$$|q_0\rangle := \frac{1}{\sqrt{2}}|0\rangle + \frac{1}{\sqrt{2}}|1\rangle$$

然后将 CNOT 算子作用于 q_0 和 q_1，使得这两个量子比特发生纠缠，它们被称为 EPR 对，因此得到了两个量子比特不可分的状态：

$$\frac{1}{\sqrt{2}}|00\rangle + \frac{1}{\sqrt{2}}|11\rangle$$

最终测量 q_0，输出 0 或 1 的概率均为 50%。

量子算法

从 BPP 到 BQP

多伊奇初步证明了量子计算相对于经典计算是可以获得速度提升的。多伊奇解决的问题实际上可以被定义为一种新的复杂度——查询复杂度，它需要在图灵机模型中引入一个“神谕”（Oracle），通过查询神谕求解。查询复杂度指的是查询神谕的次数。如果对应于经典计算的 P 类，将量子计算在多项式时间内可以求解的算法定义为 QP，那么 Deutsch-Jozsa 问题不属于 P 类，却属于 QP，因此它可用于很好地区分 P 和 QP。

对查询复杂度的进一步研究可以发现很多新的东西。对于 Deutsch-Jozsa 问题，如果我们取 n=10，给定一个函数，它有 10 个输入，那么其所有输入的组合就有 2^{10}=1024 种。假设该函数输出 0 或 1，当该函数是平衡函数时，面对 1024 种不同输入，应当有 512 次输出 0，512 次输出 1。那么在最坏情况下，前 512 次输出都为 0，但是从第 513 次开始输出 1，这种情况发生的概率有多大呢？这相当于抛一枚硬币，连续抛 512 次硬币都正面朝上，这个概率是 $(\frac{1}{2})^{512}$，远远小于 10^{-100}，这是一个极小的概率。

由此，在实际应用中，我们很难遇到这种极小概率的最坏情况。更现实的情况是，你连续抛一枚硬币 50 次，每次都是正面朝上，因此你认为这枚硬币正反面都是一样的！当然这可能是错误的，但我们接受这种错误的概率。这相当于设定了一个误差概率范围的边界，在一定误差概率范围内和多项式时间内，用经典算法可求解的问题被称为 BPP 类（Bounded-error Probabilistic Polynomial time）。

Deutsch-Jozsa 问题属于 BPP 类。假设我们能接受的误差概率小于 0.1%，如果一个函数是平衡函数，那么我们只需要查询这个函数 11 次，连续得到 0 的概率是 0.00049，这个概率小于 0.1%。因此如果查询该函数连续 11 次得到了 0 的结果，我们就认为这个函数不是平衡函数，而是一个常函数。我们选择接受 0.1%的误差概率，从而得到了更高效的计算过程。

这个原理也可用于“零知识证明”。如果我们要让一个色盲患者来证明另一个人是否为色盲患者，可以给色盲患者红、蓝色钢笔各一支。色盲患者双手各握住一支钢笔，将手背在身后，然后向对方展示手中的钢笔。无论色盲患者在背后是否交换钢笔，对方连续 50 次的回答都保持一致，那么他就不可能是色盲患者，否则就可能是。

在 BPP 类问题里，我们引入了随机，其计算模型可以被理解为概率型图灵机，图灵机执行过程中会抛一枚硬币，根据一定的概率继续执行后面的过程。BPP 类刻画了所有能够用概率型算法求解的问题。可以理解 BPP 类为 P 类加上了随机性。目前人们猜测 BPP=P，但这尚未得到证明。随机性的引入有助于增强计算能力，比如在 AKS 算法出现之前，最好的素数判定算法就是一个概率型算法，其在实践中也能取得较好的效果。但是和并行计算一样，概率计算并不能有效解决 NP 完全问题。

量子计算能力的提升可能并不在于叠加态时输入是指数级的，因为概率计算也可以用类似的模型做出相同的解释。费曼曾提到："概率型经典世界和量子世界的方程之间唯一的区别在于，不知道为什么在后者中概率必须要取负值。"桑杰夫•阿罗拉认为量子计算的能力之所以强大，可能不在于引入了复数，而在于允许向量取负系数。负概率背后的意义，还是一片未知的领域。在哲学上，我们认为之所以量子计算的能力可提升，是因为以量子的复杂应对了计算问题的复杂。

对应于 BPP 类，在量子计算中，在一定误差概率范围内和多项式时间内用量子算法可求解的问题被称为 BQP 类（Bounded-error Quantum Polynomial time）。BQP 类问题是量子计算研究的主要问题之一。如果使用 Hadamard 门将量子比特变为叠加态，如：

$$|q_0\rangle := \frac{1}{\sqrt{2}}|0\rangle + \frac{1}{\sqrt{2}}|1\rangle$$

则测量该量子比特为 $|0\rangle$ 的概率是 50%，测量值为 $|1\rangle$ 的概率也是 50%，这等价于抛一枚硬币的随机结果，因此马上可以得出结论：$\text{BPP} \subseteq \text{BQP}$。

Shor 算法

多伊奇的算法虽然证明了量子算法的优势，但是加速效果却有限。类似地，在 1996 年发表的 Grover 算法也是基本的量子算法之一，它能将庞大数据的搜索速度加快。对于 NP 完全问题 SAT，在经典计算中的确定性图灵机或概率型图灵机上，人们迄今为止找到的最好算法时间复杂度为 $\text{poly}(n)2^n$，而在量子计算机上通过 Grover 算法的时间复杂度为 $\text{poly}(n)2^{n/2}$，是经典计算最佳算法的运行时间的平方根，由此也直接证明了 $\text{NP} \subseteq \text{BQP}$。然而，Deutsch-Jozsa 算法和 Grover 算法都没有实现指数级的加速。但是 1994 年左右的西蒙（Simon）算法，却是一个多项式时间的量子算法，而求解同一问题的经典算法却具有指数级时间复杂度。

在西蒙问题中，我们将看到一个神谕（黑盒函数），可以观察到特定输入的输出，但是无法观察到底层函数。西蒙问题问的是确定这个黑盒是否存在一个相同的输出对应两个不同的输入，如果是，确定这种情况"多久发生一次"。西蒙问题最后要求解的是函数的周期。我们知道有些函数是周期性的，比如正弦波。丹尼尔•西蒙成功地证明了在量子计算机上确定一个函数的周期问题比在经典计算机上确定有指数级加速。因此，西蒙算法可以有效地区分 BPP 和 BQP，尽管还没证明，但人们倾向于相信 BPP≠BQP。

更重要的是，西蒙算法也直接启发了彼得·肖尔发明 Shor 算法，这可能是量子计算中目前最震撼人心的算法。我们在第 9 章的“站在两个世界之间”一节中提到过因数分解问题，这是个未分类的问题，但人们倾向于相信它在经典计算下不存在高效算法。然而，彼得·肖尔在 1994 年发表的算法，却可以在量子计算中以多项式时间完成因数分解。这就挑战了强丘奇-图灵论题。如果这样的量子计算机可以被造出来，那么强丘奇-图灵论题就是错的。尽管当前能够容错的量子计算机尚未被造出来，但是 Shor 算法却早已在理论上铺垫好了这一切。

Shor 算法结合了经典算法和量子算法。其核心思想在于肖尔发现可以将大数分解问题归约到函数的周期问题上，后者就是西蒙解决的问题。对于因数分解中的周期问题，我们可以考虑一个模函数：

$$f(n):=a^n(\text{mod } N)$$

这里的 mod 是相除后取余数的操作，其中 N 是我们要分解因数的整数，a 是小于 N 的随机整数。假设 a=2、N=91，那么如何理解模函数的周期呢？我们列一张表：

2^0(mod 91)	1
2^1(mod 91)	2
2^2(mod 91)	4
2^3(mod 91)	8
2^4(mod 91)	16
2^5(mod 91)	32
2^6(mod 91)	64
2^7(mod 91)	37
2^8(mod 91)	74
…	…

模函数的周期就是要找到结果等于 1 时，n 大于 0 的最小值。如果继续将这张表写下去，会发现

$$2^{12}(\text{mod } 91)=1$$

因此，12 就是这个模函数的周期，一般记为 r。经典数论的一些结论保证了 $\gcd\left(a^{r/2}+1,N\right)$ 和 $\gcd\left(a^{r/2}-1,N\right)$ 都是 N 的非平凡公因数，其中 gcd 是经典数论中求两个数最大公因数的算法。这样因数分解问题就归约到了求解模函数的周期 r 的问题。然后，肖尔发现在量子计算机上可以利用“量子傅里叶变换”（QFT）快速地找到这个周期 r，在这里肖尔受到了 BV 算法启发，在此不再赘述。

量子傅里叶变换是 Hadamard 门的推广，实际上单量子比特的量子傅里叶变换门恰好就是 H。我们知道 1 有 n 个 n 次方复数根[①]，n 个量子比特上的量子傅里叶变换矩阵包含了所有单位 1 的 2^n 次方复数根。西蒙算法使用了干涉，使得振幅要么是 1，要么是-1，即两项相加时振幅要么增强，要么抵消。肖尔意识到，类似的想法可以用到量子傅里叶矩阵中，只是振幅不再是 1 和-1，而是所有单位 1 的 2^n 次方复数根，这意味着可以检测到更多类型的周期。在进行量子傅里叶变换时，可以将处于任意状态 $\mathbf{f}\in\mathbb{C}^M$ 的量子比特变换到一个新的状态，使得新状态的向量 $\hat{\mathbf{f}}$ 恰好是 $\mathbf{f}$ 的傅里叶变换，其时间复杂度为 $O(\log^2 M)$，非常高效。

以上就是 Shor 算法的核心思想，其运算过程在此不再赘述。2001 年，人们实现了用 Shor 算法分解 15；2012 年，人们实现了分解 21。这看起来已经让 RSA 加密算法遇到了挑战，但事实上离量子计算机的实现还很远。而且，人们也开始研究能够抵抗量子计算机攻击的安全加密方案。目前，我们已看到两个安全的量子密钥分发（QKD）方案：BB84 协议和 Ekert 协议。值得一提的是，在中国由潘建伟院士领导的项目组也取得了突破性进展，量子通信卫星墨子号被用于 QKD，成功实现了量子密钥分发。

Shor 算法令人震惊，但是我们也从中看出当前的量子计算无法对任意问题都轻松加速。Shor 算法在因数分解上之所以高效，是因为利用了函数的周期性这一结构。事实上，所有的量子门都可以用正交矩阵来表示，而量子线路是量子门的组合，因此可以表示为正交矩阵的乘法，其结果依然是一个正交矩阵。量子计算能比经典计算更快地求解问题，这意味着需要一个只有在正交矩阵变换时才能分离出正确答案的结构。现在的用量子算法求解的问题大多数是利用正交矩阵的特点反向构造出来的，像 Shor 算法这样有实际应用价值的算法还太少。这些都留待将来持续探索。

量子霸权

量子计算机的实现

尽管 Shor 算法从理论上证明了量子计算比经典计算更快，但是能够完全驱动 Shor 算法用于分解大数的量子计算机还没有造出来。这样的容错量子计算机需要上百万个量子比特，而当前 IBM、Google 等公司制造的通用量子计算机才只有几十个量子比特。量子计算机的研制速度在目前看来不会超过半导体工业界的摩尔定律

① 参考第 2 章中的单位根。

的速度，因此也许还需要几十年，我们才能看到容错量子计算机的出现。

量子计算机的关键在于量子比特。量子比特并行计算完成之后，测量只能得到 2^n 个结果中的一个，而且根本不可能知道是哪一个。一种解决方式是让振幅在波动方程下演化，可以让它们相互干涉，最后这些并行输入和量子门相互作用，其中绝大部分振幅相互抵消，只留下几个答案，甚至一个答案。测量这个答案，或者重复计算过程并记录下答案的分布，就能得到所有 2^n 个输入的信息。

另一个制造量子计算机的巨大困难来自量子的退相干。这意味着需要一个无噪声的环境，因为量子比特很容易和周围环境中非计算的部分发生相互作用，从而让计算过程无法进行下去。因此，制造稳定的量子比特是一个重要的研究课题。目前除了大学和研究所，全球的主要科技公司也纷纷布局量子计算，IBM、Google、英特尔、阿里巴巴都成立了量子计算实验室，研制量子计算机。量子计算机的研制路径主要有超导体、离子阱、光子、电子自旋等不同的方式。这些方式各有各的优缺点，现在还没有哪条道路证明了自己一定是正确的。

2020 年，我去施尧耘博士领导的阿里巴巴达摩院量子计算实验室交流，见到了他们正在研制中的量子计算机，他们正在为获得稳定的量子比特而努力。当前的很多量子计算机都需要用到大型制冷设备，以接近绝对零度的温度（−269.15℃）来创造一个可用的环境。这样的稀释制冷设备有一间屋子那么大，短期内也无法实现将其塞进人的上衣口袋，因此，我相信未来的量子计算机使用方式应当以云服务为主。我们从量子算法也可以看出，需要与经典算法相互配合使用。因此，未来量子计算机最可能的使用方式，是和超级计算机、云计算一起协同工作。在量子算法部分用量子计算机处理，在经典算法部分用超级计算机和云计算处理，并通过与经典计算的协同来处理数据。

除了通用量子计算机，还有一种量子退火机，它也用到了量子力学的特性。加拿大的 D-WAVE 公司开发了一种商用量子退火机 D-WAVE2000Q，顾名思义，他们的量子退火机拥有 2000 个量子比特，大大超出了 IBM、Google 等公司开发的通用量子计算机的量子比特。但是 D-WAVE 公司的量子退火机不是一种通用量子计算机，它没有使用量子门来组成量子线路，而更像是一种大型实验设备。量子退火机主要利用量子的自旋，通过施加横向磁场来使量子间产生相互作用，然后使其逐渐减弱，这样就能利用模拟退火算法来找到优化问题的解。在最后一步中，利用了量子隧穿效应，从而有更大的机会找到一个全局最优解。量子退火机确实利用了量子力学的原理，但是它在组合优化问题求解的效率上是否比经典计算更具优势，却尚未像 Shor 算法那样在数学上得到证明。

展望量子霸权

由于量子计算相对于经典计算具有优势，在 2011 年的一次演讲中，加州理工学院的 John Preskill 提出了“量子霸权”的概念，指在量子计算机上能够计算经典计算机无法高效计算的问题，从而让量子计算机具备压倒性的优势。在量子计算中，如果有 n 个量子比特，就有 2^n 个基向量，其计算空间就是 2^n 维的。我们知道 2^{300} 已经超出了宇宙中基本粒子的总量。目前一般认为，达到 72 个量子比特，即 2^{72} 维时，就能建立起针对经典计算的量子霸权。

在 2019 年 9 月，Google 宣布他们基于超导量子芯片 Sycamore 的量子计算机实现了量子霸权。该量子计算机使用了 53 个量子比特，在计算一个线路采用问题上比当时最好的超级计算机要快近 1.5 万亿倍。2020 年 12 月，中国的潘建伟、陆朝阳团队制造的量子计算机“九章”，宣布在高斯玻色取样问题上通过 76 个量子比特实现了量子霸权。到了 2023 年 2 月，Google 宣布通过多个物理量子比特实现了可纠错的逻辑量子比特，在 Google 的量子计算机实现路径上取得了 M2 的进展，如下图所示。随着各国政府、大型公司对量子计算机的投入，尽管现在还处在很早期，但量子霸权的时代必然会到来。

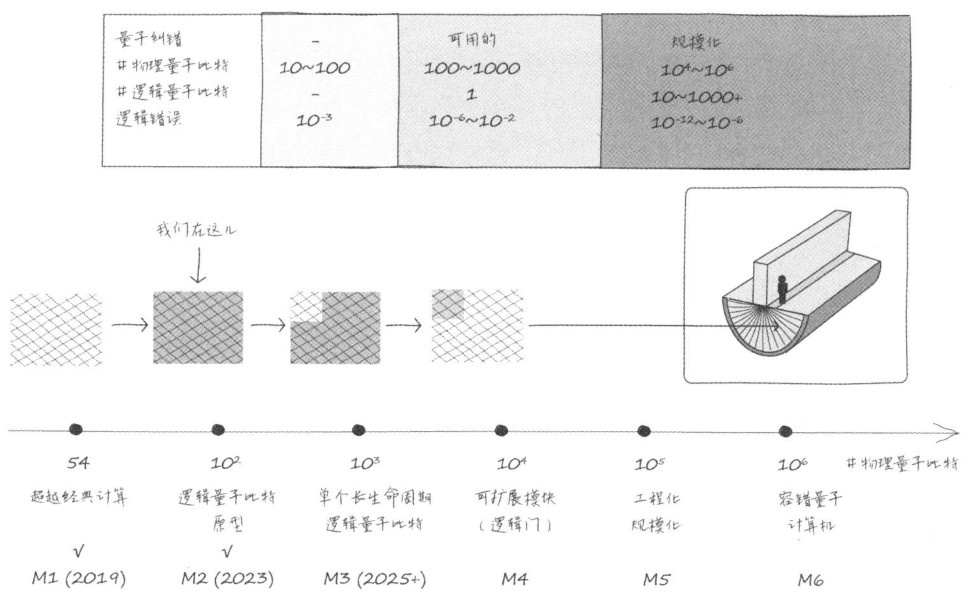

量子计算的奠基人大卫·多伊奇认为，未来量子比特带来的计算维度超出了宇宙中的粒子数，我们到哪儿去完成这些计算呢？对此，他的解释是可能存在平行宇宙，每次对量子进行测量时，宇宙都将分裂成几个副本，每个副本都包含不同的结果。他深信这一点，并认为未来应当设计出类似贝尔不等式的实验来验证这一点。

第 11 章 复杂性计算

对计算复杂性的研究将人们对计算机能力的认知推进了一大步，计算机也确实像望远镜和显微镜一样成为人类探索自然最重要的工具之一，它带来了更加明亮的理性光辉。计算机带给人们的启发有两个方面：一方面，人们在探索自然的过程中可以使用计算机对各种自然现象建模，然后进行模拟和预测；另一方面，人们借鉴计算理论，发现在不同的自然系统中也存在着可以用计算理论来解释的部分——计算理论为人类认知自然提供了一种全新的视角。这两方面的启发促成了现代复杂性科学的萌芽。控制论、系统论、人工智能、自适应系统、计算动力学、计算生物学等前沿学科正是诞生在这样的背景之下的。在本书中，我将这些通过计算理论来解释或模拟自然系统复杂现象的学科统称为“复杂性计算”。

什么是复杂

我们身处一个复杂的世界中，但有趣的是，到今天为止，我们依然不能很好地定义什么是复杂。我们只能通过一些描述来表达我们观察到的自然界中一些不同系统的共同特征，比如天气变化、河道变迁、免疫系统、蚁群的行为、流行性病毒的传播、经济形势、生命的进化等。如果将它们看成一个个自然系统，那么这些自然系统都遵循世界的物理规律，但它们又都具有较强的随机性，同时这些系统内部的元素之间、系统与环境之间都会频繁地发生相互作用，从而产生影响。单独分析系统内的个体元素无法概括全局的特征，而这在宏观上又表现出一种针对外部环境的适应性，因此系统的走向是单个元素所难以把控的，必须观察系统的整体。

这样的复杂系统在我们的世界中比比皆是。近代科学研究已经说明了全能的先知“拉普拉斯妖”是不存在的，因此我们无法通过对所有微观元素的观察来把握复杂系统的整体走向。这意味着经典科学的内核——“还原论”思想在复杂系统的研究面前是无力且苍白的。对于还原论，可追溯到笛卡儿的机械宇宙观，还原论者认为系统是由局部元素组成的，系统的整体也可以不断被拆分成其组成元素。这样将系统一直细分下去，直到极致，就分到了量子尺度。量子，即组成物质的最小单位。在量子力学中，比量子更小的单元已经失去了物理意义。

这种还原论的思想一直到近代都很成功，帮助人们深刻地理解世界，但是它很难解释以上提到的自然界中存在的复杂系统的行为。一只蚂蚁的爬行路径很难解释整个蚁群行进的路线，上千只蚂蚁互相发生交流和影响才决定了蚁群的整体前进方向。如果建立一张图（Graph），那么在这张图中节点之间的交流次数是指数级复杂度的。我们可以从全局行为分解出每个局部行为，因为已经发生的事情是容易回溯的，但是很难从局部行为计算出全局行为，很难甚至无法还原。

这种“可分解但不可还原”的特征有点儿像单向函数，逆向计算的难度远远大于正向计算。乘法是最直白的单向函数。在前面的章节中，我们高度怀疑因数分解不存在高效算法，这是因为乘法是一个单向函数，我们很容易计算出两数相乘的结果，但是已知一个数，分解其因子的计算代价则要大得多。古希腊人尝试给整数做乘法的逆运算——开方，结果发现了第一个无理数 $\sqrt{2}$ 。在近代数学中，求解一元五次方程的根式解也是一种求逆运算，最后伽罗瓦建立了群论并给出了解答。令人意外的是，伽罗瓦理论表明一元高次方程存在根式解的条件是苛刻的，这意味着很多高次方程没有根式解。这些数学成果最后都是从整体的和谐性中分解出了局部的不和谐性，整体和谐蕴含着局部的不和谐，这是这个世界令人迷惑的地方。

然而，我们身处这样的世界，时间流逝，系统的演化必然有一个结果，但不是每个结果都可轻易回溯，还原是困难的。因此，从宏观或“中观”上研究系统的性质和特征，尝试回答还原论所无法回答的问题，总结复杂现象的一般性规律，就是复杂性科学研究的主要问题。

天气预测就是这样的一种复杂系统。冯•诺依曼早年的时候就曾绞尽脑汁地研究过天气预测，由于气象可能受到温度、气压、湿度的影响，冯•诺依曼希望通过在这些因素还影响较小的时候就加以遏制，从而达到控制天气的效果。可惜 1963 年麻省理工学院的气象学家爱德华•洛伦茨的一项研究表明，冯•诺依曼的梦想终将是镜花水月。洛伦茨简化了描述天气的微分方程，建立了仅有 3 个随时间变化的量的方程组，即洛伦茨方程。这个方程组是非线性的，即任意两个解的和不是本身的解。当洛伦茨用计算机运行这个方程组时，发现极其微小的初始值变化在运算若干次后也会引起巨大的变化，这个非线性的决定性方程组对初始变化非常敏感。这就是“决定性混沌”的发现过程。洛伦茨将其命名为“蝴蝶效应”：一只南美洲亚马孙河热带雨林中的蝴蝶，偶尔扇动几下翅膀，可以在两周以后引发美国得克萨斯州的一场风暴。

混沌系统对于输入极其敏感，且会导致极大的不可预测性。在很多复杂系统的研究中，我们希望规避这种情况的出现。观察我们周围的世界，很多事物则呈现出极大的规律性和目的性。宇宙的运转可用物理规律解释，在物理规律的框架下可以解释星系、恒星和行星的形成。可以用物理规律和化学作用来解释花岗岩是如何诞生的，但是很难解释生命是如何出现的。生命的起源、意识的形成是我们尚未破解的谜题。从随机性和概率来讲，很难解释为什么会出现生命，更遑论解释各种人造物，比如飞机、火车的出现。如果宇宙服从统计意义上的幂律分布，那么生命的出现概率应当是微乎其微的，而飞机、火车等人造物的出现则几乎是不可能的！因此有人意识到，花岗岩的复杂与飞机、火车的复杂是不一样的，后者是在一种有目的和意义的复杂系统形成机制下出现的。复杂性科学研究的主要是后者出现的机制，这种机制不仅要研究人造物如何出现，也要研究像生命、经济、社会等有目的的复杂系统的形成机制和规律。

在生命、经济、社会等复杂系统中，都表现出了与环境相互作用、自适应、自组织、涌现等特征，因此具备一定的共性。不同的学术流派采用不同的模型来解释这些不同复杂系统的共性特征：有的基于进化论，从生命进化的角度来解释；有的基于动力学，用动力学模型来解释；有的基于物理法则，用物理学来解释。目前这些解释各有千秋，但尚未有一个理论能够成为一个大一统理论。这种通过建立大一统理论解释复杂系统的尝试，要从维纳的控制论开始说起，这个理论的建立也得益于计算机科学的发展，因为维纳恰好也是计算机领域的先驱之一。

反馈与控制

如果有谁称得上是信息时代之父，那么一定是维纳。但维纳的贡献往往被低估，因为他是如此奇怪的一个人，仿佛总是与世界格格不入。

维纳自幼就是神童，3 岁就能读书，有神童的美誉。幼年时，维纳就博览群书，这得益于他的父亲利奥拥有丰富的藏书，利奥是影响了维纳一生的人。但一个糟糕的结果是，维纳在 8 岁时就由于用眼过度而患高度近视了。终其一生，维纳都不得不戴着高度近视眼镜。维纳在中学时期一度退学，原因是他父亲认为自己教得更好，所以在家里教了维纳两年数学，同时还请了一位家庭教师教授维纳语言。在 12 岁那年，维纳考入了塔夫茨大学数学专业。当时他父亲放弃了送他去哈佛大学，原因是不想孩子受到来自媒体报道神童的过大压力。

在大学期间，维纳开始展露出对哲学的兴趣，他研读了 17 世纪哲学家斯宾诺莎和莱布尼茨的著作，尤其是莱布尼茨的博学多才对维纳的影响很大，可以说控制论的思想起源于此。在大学的最后一年，维纳学习了生物学课程《脊椎动物比较解剖学》，他对生物学产生了浓厚的兴趣，并一度认为自己将在这个领域一展所长。在不到 15 岁时，他就从塔夫茨大学毕业，此后去了哈佛大学，攻读生物学博士学位。可是，与他的自我认知不同，他在这方面实在没有什么天赋，毕业无望。在父亲的建议下，他选择了去康奈尔大学学习哲学。但时间不长，早慧、后劲不足让他对康奈尔的数学课程开始力不从心，在父亲的安排下，他又重新回到哈佛大学学习哲学。这颠沛流离的求学生涯不断折磨着维纳，让他觉得自己一无是处，开始感到前途迷茫。

在哈佛大学的两年里，维纳通过研习讨论班接触到了很多不同领域的思想，这也为他未来建立跨学科融合的理论奠定了基础。总之，他在不到 18 岁时就拿到了博士学位。博士论文中比较了施罗德的逻辑代数与罗素、怀特海的逻辑代数。施罗德是 19 世纪逻辑代数的最后传人，他完善了布尔代数，建立了一个严格的演绎系统，并将其发展到关系代数。这个题目对维纳来说并不难，他做了许多形式化的工作。此后一年，维纳有幸到欧洲交流学习，在剑桥大学，他跟随罗素学习哲学。罗素作为当时的大哲学家，对时代脉搏的把握是高屋建瓴的，他建议维纳去读爱因斯坦在 1905 年发表的 3 篇论文，第一篇是关于狭义相对论的，第二篇是关于光量子论的，第三篇是关于布朗运动的。维纳在物理上也没有太多的天赋，他很难理解电子，但是爱因斯坦的第三篇论文，关于布朗运动的那篇，却给了他很多启发。若干年后，他完成了布朗运动的数学基础，建立了随机过程理论。

跟随罗素学习一年后，维纳被推荐去哥廷根大学，听希尔伯特等大数学家的课，在这里他获益匪浅。可以说，直到博士后阶段，维纳才开始入门数学。1914 年，第一次世界大战打响，维纳在哥廷根的学习难以为继，他回到了美国。和今天的很多年轻人一样，维纳的求职处处碰壁，他曾在哈佛大学哲学院做助教，但常常被人讥讽为半瓶子醋，属于啥都懂一些但啥都不精通的万金油。此后，他转辗到缅因大学做数学系的讲师，像许多民间数学爱好者一样，试图解决费马大定理、四色问题、黎曼猜想等大问题，以他可怜的数学水平当然没有任何结果。最后沦落到给百科全书编撰条目，这反倒成为他进入自由生活状态的一种解脱，他终于可以独立养活自己了。

到了 1919 年，25 岁的维纳终于稳定下来，他在麻省理工学院拿到了一个数学讲师的职位，在那里一待就是 40 多年。这期间他开始正儿八经地写数学论文。维纳在硬分析领域的贡献是世界级的，他的“广义调和分析”、“陶伯尔型定理”和“维纳-霍普夫方程”都开辟了新的方向。这也让他在 1933 年得到了美国数学学会在分析领域的最高奖博歇奖，同年他成为美国科学院院士。可是，到了 1941 年，维纳却由于不满美国科学院的官僚作风，而向科学院院长提交了辞呈。

1935 年，维纳还曾访华，在清华大学担任了一年的客座教授。这得益于当时就读于麻省理工学院的李郁荣，他极力促成了这件事。1935 年 2 月 14 日，清华大学时任校长梅贻琦和工学院院长顾毓琇向维纳发出了正式邀请。在清华期间，维纳还指导华罗庚等人完成了论文《关于傅里叶变换》，并发表在国外期刊上，这是华罗庚在海外发表的 5 篇论文之一。此外，他还帮助华罗庚在剑桥大学访问期间直接受到哈代等大数学家的指点。

维纳写了两本自传《昔日神童》和《我是一个数学家》，从第二本自传的名字来看，他对于自己早年被人质疑半瓶子醋的事情一直耿耿于怀。维纳是一个不折不扣的怪才，他不是体制教育的产物，而像一个野路子生长出来的百科全书式的人物，但正是这种渊博和对哲学思考的精通，让他能融会贯通多个领域，建立起大一统的理论。下图是维纳的照片。

维纳身材矮胖、体型笨拙、不善交际。虽然他是数学家但难以称得上是数学天才，不过他在工程上却有着惊人的天赋。早在 1935 年，维纳在清华大学访问期间，他与麻省理工学院的布什的来往信件表明，他已经洞察到了数字计算机的关键。布什是李郁荣的导师，他早在 1927 年就开始研制模拟微分分析机。维纳与布什合作并参与了这些研究工作。维纳指出，模拟计算机在通用性、速度和精度方面有明显的局限性，因此他认为未来应该使用数字计算机，同时提出了一些数字计算机的关键原则。维纳认为数字计算机应该尽量减少机械部件，全部由电子元件组成，所有的计算应当在机器上自动完成，减少人工干预的步骤；同时应该采纳更便捷的二进制，而不是十进制；作为计算的输入，数据应当一次性全部输入，计算机内部应该具备“记忆”功能来存储中间结果。维纳的这些思想早在 1935 年就提出了，比图灵的论文还要早 1 年，比冯 • 诺依曼架构的出现则要早 10 年。维纳无疑是计算机领域的先驱之一。

到了 1939 年 9 月，第二次世界大战爆发。次年，维纳被国防研究委员会任命为顾问，负责研究和解决火炮控制问题。当时主要解决的问题有两个：如何准确预测飞机未来的位置，以及设计一个火炮自动控制装置，使得发现敌机、预测、瞄准和发射能自动协调、一气呵成。当时，维纳与 IBM 的工程师毕格罗合作，用两年时间解决了这两个问题。这项工作对维纳的思想成形起着至关重要的作用。

在完成火炮自动化控制的这个过程中，首要需要解决的问题就是如何尽可能地滤掉噪声，还原消息本来面目，即发明滤波器。维纳通过随机理论解决了这个问题，同时从滤波器的设计原理，他定义了信息量和熵的概念，得出了和香农在信息论上等价的结论。对于维纳来说，他把信息量看作一个系统组织化程度的度量，而系统的熵，是系统无组织程度的度量。我们现在一般把信息论的建立归功于香农，但是香农本人则说：“光荣应归于维纳教授，他对于平稳序列的滤波和预测问题的漂亮解决方案，在这个领域里，对我的思想有重大影响。”

在研究火炮自动化控制期间，维纳与毕格罗、罗森勃吕特合作发表的重要论文《行为、目的和目的论》，奠定了控制论的纲领。在这篇论文中，很明确地提出了目的概念的重要性，以及行为主义的研究方法。

行为主义实际上是一种黑箱方法，它与还原论或机械决定论相对立，它并不要求从事物的内部分析其结构和性质，恰恰相反，行为主义着眼于外在变化。行为主义首先将研究对象与环境分离开来，然后着重研究对象与环境之间的相互作用，即输入和输出之间的关系，而所谓的行为，就是对象相对于所处环境所发生的任何变化。理解了行为主义，才能理解控制论的关键之处。这种不再深究事物内部结构和性质的做法，也引发了当时科学界的巨大争议。毕竟数百年来，科学的发展都是建立在还原论思想上的。

然而，维纳有他坚持的理由。时值数字计算机萌芽，而且恰逢脑科学取得了突破性进展——麦卡洛克和皮茨在 1943 年发表的论文《神经活动内在概念的逻辑演算》成功地解释了大脑内部的神经元活动与逻辑演算之间的高度关联性。维纳与麦卡洛克、皮茨相熟，并邀请皮茨到麻省理工学院工作过一段时间。也因此，在维纳看来，很多问题需要一种新的方法、新的视角来解释。比如“生命是什么？”“智能是什么？”。尽管当时的科学发展对有机体的了解已经很深入，但通过还原论还解释不清楚。不过，从维纳的行为主义哲学观点看来，通过“信息、通信、反馈、控制”这些概念，却能产生新的理解。

维纳曾提到：“有机体是消息，有机体与混乱、瓦解、死亡相对立，正如消息与噪声相对立一样。对于有机体，机械论的观点是把它们一步一步分解到最后，把它们每个局部搞清楚，有机体无非就是局部的总和。但是控制论的观点则力求回答整体问题，即揭示其模式。有机体越成为真正的有机体，它的组织水平就越会不断提高，因此它成为熵不断增加、混乱不断增加、差别不断消失这个总潮流的过程，就被称为稳态。

……

“以人体来说，作为一个活的有机体，我们不断进行新陈代谢，组织器官都在不断地变化。换句话说，构成我们躯体的物质并不是不变的，不变的只是模式，这才是生命的本质。”

基于这样的观点，维纳很自然得出了一个惊人的结论：如果将机器和有机体放在同一个概念框架下思考，不会有什么区别，也就是说，存在能学习、自复制的机器！

在这些基础上，维纳于 1948 年出版了著作《控制论》，总结和沉淀了他的思想。在维纳的著作出版之前，当时控制论在科学界已经形成了一股热潮。梅西基金会自 1944 年起就组织了 10 多次会议讨论各个领域的复杂性问题，涉及神经科学、脑科学、生态学、生理学、心理学、社会科学、人类学、电子工程等多个领域，而这些讨论往往都以维纳为中心，维纳是一个百科全书式的人物。因此也只有维纳，才能总结如此之多领域的知识，写出了《控制论》这本尝试为诸多复杂性科学领域建立计算的大一统模式的著作。

维纳采用了希腊单词“cybernetics”来命名他的控制论，这个单词在希腊语中是“掌舵人”的意思，这是为了致敬克拉克 • 麦克斯韦，麦克斯韦在 1868 年发表了第一篇关于反馈机制的重要论文。然而中文翻译为“控制论”多少带来了一些歧义，因为很容易和数学里的“控制理论”（Control Theory）搞混。维纳的控制论可以被看作一个学科群，他更注重的是一种哲学思想，这种思想采用行为主义，从系统外部着眼而放弃了深究系统内部结构，它以信息、通信、反馈和控制为主要框架研究系统的复杂行为。

反馈是控制论的核心。维纳提到：“自发性活动中一个极其重要的因素就是控制工程师们所谓的反馈。……当我们希望一个动作按照某个给定模式来进行时，给定模式与实际完成的动作之间的差异，被用作一个新的输入，以调整动作出现差异的地方，使之更接近给定模式。”这里的“给定模式”，就是系统运行的某种目的，由此可见，目的与反馈构成了系统行为的驱动模式。维纳将控制论用在对生理的研究上，甚至从控制论的角度预测出了一种神经疾病的震颤表现。在维纳看来，有机体的行为原理和机器是一样的。

“现在，假设我捡起了一支铅笔。为了去捡，我必须运动某些肌肉。……我们希望的就是捡起铅笔。一旦我们对此做出决定，我们的动作就这样连续进行下去，这种方式可以被粗略地表述为，每个阶段还没有被捡起的铅笔的量都在减少。……要以这样的方式来完成一个动作，必须将每一刻我们尚未捡起的铅笔的量报告给神经系统，不论是有意识的还是无意识的。……如果本体感受的知觉不足，而我们又不能用视觉或其他知觉来代替，那我们就不可能完成捡起铅笔的动作，并发现我们自己处在所谓的运动失调状态。……过度反馈和有缺陷的反馈一样，都有可能给有组织的活动带来严重障碍。……有没有什么病理学问题，导致病人在试图进行像捡起铅笔这样的自发性活动时做得过度，发生一种不能控制的抖动？罗森勃吕特博士立刻回答我们说，有这样一种常见的疾病，被称为目的性震颤，通常与小脑损伤有关。”

在二十世纪三四十年代，图灵的工作把机器的逻辑可能性作为一种智力实验来研究，香农在麻省理工学院的博士论文把布尔代数应用到电子工程开关系统的研究上，麦卡洛克和皮茨受到图灵的启发，独立地用数理逻辑来研究神经系统。这些工作就把有机体和机器联系到了一起，对于维纳来说，受到的启发是“现代高速计算机在原理上就是理想的自动控制装置的中枢神经系统，它的输入和输出……可以分别是人造感觉器官的读数。……自动工厂和无人管理的装配线已经成功在望，就看我们是否愿意像第二次世界大战中开发雷达技术那样，花大力气把它们付诸实践”。

维纳的最终目标是实现所谓的智能机。他非常推崇莱布尼茨：“如果要在科学史上为控制论选择一位守护神的话，我会选择莱布尼茨。……莱布尼茨的推理演算机也包含着机器演算或推理机的萌芽。……推动数理逻辑发展的同一种智力冲动，同时也推动了思想过程的理想或现实的机器化。”维纳指出，要实现这种智能机，“首要问题是‘学习’，真正惊人的、活跃的生命和学习现象仅在有机体达到一定复杂性的临界度时才开始实现，虽然这种复杂性也许可以由不太困难的纯粹机械手段来取得”。

维纳提到的这种由“不太困难的纯粹机械手段”取得复杂性的方式，实际上就是在目的和反馈的机制之下，递归执行一个算法的过程。递归，是算法的灵魂。我们知道计算工具起源于算筹和计算盘，那么如果古人在每次计算时都要调整算筹和计算盘的摆放形式，就太麻烦了。最简单的做法莫过于设计好一次计算所需的摆放次序，每次计算过程都只是调整输入的数，而尽量不去调整工具的结构，这样的计算效率是最高的。也就是说，让算法适配工具。递归算法每次调用自身，将过去的结果作为未来的输入，每次计算都有着固定的结构，是最简洁的算法。每次递归调用都形成了反馈，从控制论的角度就可以衡量输出和目的之间的差异，进而调整下一次计算过程的输入数据。

对于维纳来说，信息是对秩序的度量，递归过程的每次反馈都带来了系统的有组织程度增加、无组织程度减少。按照维纳对熵的定义，系统的熵减少了，系统的信息量增加了。因此，控制论是一个熵减过程。这一点恰好与香农的定义相反，对于香农来说，信息是对意外的度量，概率越小的（越不确定的）事件信息量就越大。从这一点来说，香农推广了热力学中熵的概念。玻尔兹曼在原子假设的背景下巧妙地洞察到了热力学第二定律中的熵本质上是在宏观量已知的情况下量化了微观的不确定状态。而香农熵的概念度量的是信源的期望信息量，或者说是信息中的不确定性程度。两者的公式可以互相推导，从某种意义上说，两者是等价的。

到了维纳的时代，已经可以用概率和统计学来研究计算机科学，如果递归过程中包含随机信息，则有机会引发突变。如果将生命看作一个递归过程，那么可以将随机信息看作外部环境对系统施加的意料外的影响，比如病毒的加入就有可能引发适应性反应的进化，形成突变。何时、什么条件下会出现突变、涌现是复杂系统的现象，是复杂性研究的核心问题。从简单到复杂，从线性到非线性，这一步的跃迁迄今尚无清晰答案，是复杂性研究的核心问题。一旦成功解释了这些，就是人类驾驭复杂性的开始。

维纳的控制论吹响了复杂性科学的号角。在梅西基金会的支持下，当时的计算机界展开讨论，包括哈佛大学的艾肯博士、普林斯顿高等研究院的冯·诺依曼和宾夕法尼亚大学负责 ENIAC 和 EDVAC 的戈德斯坦博士都参与其中，不同领域的思想发生碰撞与融合。控制论成了早期计算机科学家们热切讨论的话题之一，人们将它用于不同领域，在经济学、社会学、蚁群的组织、心理学、免疫系统等方面都发现了它的用处。比如，对于社会学，维纳认为“毫无疑问，社会系统是一个像个体一样的组织，由通信系统联结在一起，它自有一个动力系统，其中具有反馈性质的循环过程起着十分重要的作用”。

维纳也是发明“电脑”这个单词的人，因为他总是将机器和有机体相比，电脑对他来说是自然而然的结果。类似地，cyber 这个词在此后几十年开始流行，创造了 cyberspace、cyberlink、cybersecurity 等诸多新单词，说维纳是信息时代之父一点儿也不为过。总的来说，控制论更像是一个学科群，催生出了生物控制论、经济控制论等诸多领域。我国著名科学家钱学森受此影响，开创了工程控制论，认为大型工程是一个复杂巨系统，应当按照控制论的思想，强调反馈和目标，用追求整体最优大过追求局部最优的思想来管理大型工程项目。

然而，维纳的控制论也遭受到一些批评。由于学科基础太过宽泛，也缺乏严格的形式化，因此未能建立起一个演绎体系。与其说它是一门学科，不如说是一股思潮，因为它确实启发了后来的复杂性科学研究，而这股复杂性科学研究浪潮的兴起，与其说是 20 世纪 80 年代以来的产物，倒不如说只是维纳控制论的涅槃重生而已。对于认识世界的真理的追求，不同时期的人们总是念念不忘，复杂性研究就是如此。

现代复杂性研究思潮

复杂性的简单算法

控制论的热潮一度兴起，又一度退去，但它着实影响了几代人，尤其是产生了对计算机科学家群体之外的影响。这表现为 20 世纪后半叶一股复杂性科学研究思潮在不同领域的出现。下面对这些不同的思想做简单介绍。

对于计算机科学家来说，复杂的功能和现象有可能来自简单规则的重复迭代。这关系到对算法的定义。我们在本书中已经暗自使用了很多次“算法”的概念，但迄今为止尚未正式地定义过什么是算法。算法这一概念的澄清是理解计算的关键。有人将算法比喻为菜谱，照着菜谱一步步工作就能将一道菜做出来。我认为这种比喻很形象，但停留在了表面。

在科尔曼的著作《算法导论》中，将算法定义为“良定义问题的过程，从输入到输出的数据集之间建立的关系”。这个定义就比菜谱这一比喻高明得多，首先它强调了“良定义问题”这一概念。虽然科尔曼没有明确指出，但我们知道这里暗示的是该问题必须是“可计算的”，即图灵机可停机。从希尔伯特的有穷主义开始，就强调一个证明需要在有限步骤内完成，图灵在定义图灵机时延续了这一思想，将算法定义为有限步骤内可停机的过程。这是因为计算是为了求解数学问题，如果无法在有穷的时间内得出答案，这样的求解就失去了意义，因此算法必然要满足有穷性的要求。

然而，算法如果仅用来判定图灵机是否可停机的话，就忽视了它目的性的一面。因此，科尔曼的后半句定义“从输入到输出的数据集之间建立的关系”，就充分表明了算法是一种对结构的洞察，研究输入和输出的关系又体现了控制论的味道。因此，这后半句的含义就在于：

> 算法是洞察问题（蕴含着大量的输入）背后的结构，然后对问题（输入）进行建模，并找到一种最高效遍历该结构的路径。

这启发我们，如果我们已经知晓了某种结构的性质和规律，并已经完成了形式化，就可以用计算来驱动。那么与其类似的事物或问题就可以建模成该结构，用同一个结构来分析该事物或问题的性质、规律，并用计算来驱动。对这种结构的遍历方法就是算法。

从这个角度再审视算法，就能理解为何递归算法会是所有算法里最简洁的算法。算法是在复杂的数与数的结构和关系中让某种目的性的推导成立的路径，这种路径可能有很多条，递归是其中最短的那条。比如，代数方程的求解是一个计算过程，求解的步骤就是算法，多项式方程可被视为在一个数域里要找到某些数（解域）与另一些数（系数域）之间的关系，一个递归的求解算法本身拥有简单的结构，保持这个简单的算法结构不变，而不断地修正输入以从系数域出发逼近解域，那么这个不变的递归算法结构自然就可被视为系数域和解域之间的最短路径，或者说是最简洁的一种关系和结构。

哥德尔的一般递归函数和图灵机是等价的，但递归函数这个概念本身就包含了形式与目的。哥德尔说："我们或许可以把这个概念定义如下：如果ϕ表示某一未知函数，而$\psi_1,\cdots,\psi_k$是已知函数，若ψ和ϕ能以最一般的方式相互替代，且替代后的某些表达式不变，并且如果结果函数方程组对于ϕ有唯一解，则ψ是递归函数。"

一个函数是递归的，这意味着它在每次迭代中不断调用自己，直到达到停机状态，或者证实自己不可停机。这种停机状态蕴含了对目的的实现。也因此，递归函数可被视为算法进行自我设定和自我实现的一种自动化过程。哥德尔的递归，从一个简单函数开始，不断迭代得到一个复杂函数，这一过程可被视为涌现的过程。涌现的结果是惊人的，哥德尔的递归通过对已知函数的迭代，逼近了一个未知函数的黑箱结构。这不就是今天深度学习在做的事情吗？！也因此，算法对我们最大的启示在于，简单的模式能够涌现出复杂的结果。

算法的迭代性是其主要特点之一，这起源于古代的计算工具的摆设相对固定，以重复利用提高计算效率。但是后来发现，这种算法迭代性不仅出现在人工计算工具中，在大自然的塑造中也是如此。从一个初始状态出发，利用简单规则的不断迭代，可以涌现出复杂的结果。在生物活动中，这被称为进化，反映的是日积月累的过程。算法尽管是迭代的，但是有穷的，它必须在某一时刻停机并给出结论，否则就失去了求解问题的意义。

从迭代的方向上，可以分为递推和递归。递推是顺序进行的，递归是倒序进行的。比如，计算自然数 n 的阶乘 $n!$，递推的思路是从 1 开始，相继计算每个数的后继，先计算 $1\times2=2$，再计算 $2\times3=6$，接着计算 $6\times4=24$，一直计算到 n。人类的大脑已经习惯于这样的顺序思维，因为这与时间箭头的前进方向是一致的。但是，对于物理构造的机器执行逻辑计算过程来说，却并没有这样的必要，因此递归有时候是一个更好的选择。在递归计算 n 的阶乘 $n!$时，机器是先从 n 开始倒过来计算的，此时假定已经知道了$(n-1)!$结果，那么 $n!=n\times(n-1)!$，一般可以设一个函数 $F(n)=n!$，那么有 $F(n)=n\times F(n-1)$，如此将 n 逐步迭代计算到 1，就得出了同样的结果。

这样"倒过来"计算的好处在于，处理一些相对复杂的问题时有明显的好处。比如，著名的汉诺塔问题，有 3 根柱子和若干个空心圆盘，圆盘可以在柱子之间挪动，每次只能挪动一个圆盘，规则是任意时刻不能将较大的圆盘压在较小的圆盘之上。现在求如何才能将第一根柱子上的所有圆盘全部挪动到第二根柱子上，如下图所示。

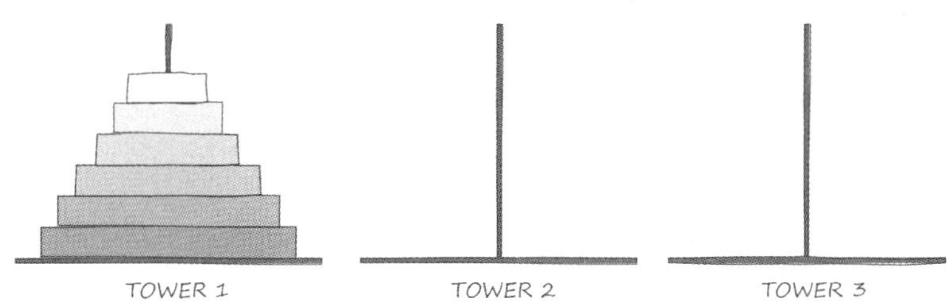

该问题实际上是要求解出达成这一目标的操作步骤列表。通过归纳法很容易得知，解决这个问题长达 2^n-1 步。这是一个很大的数，如果每秒执行一步，当 n=64 时，执行时间将长达 5845 亿年以上，而宇宙的年龄也才大约 138.2 亿岁，所以直到世界的尽头我们都挪不完这些盘子。递归求解汉诺塔问题的算法非常简单，假设移动 n 个盘子的操作程序为 $H(n)$，我们把 3 根柱子分别标记为 a、b、c，那么先执行把 $H_{ac}(n-1)$ 个盘子从 a 移到 c，这时 a 柱上只剩下最大的盘子，我们执行 $H_{ab}(1)$ 将它移到 b，然后执行 $H_{cb}(n-1)$ 将 c 柱上的 $n-1$ 个盘子移到 b 柱的大盘子上，就完成了所有操作。所以这个算法的公式可以记为：

$$H_{ab}(n)=H_{ac}(n-1)H_{ab}(1)H_{cb}(n-1)$$

如果要将汉诺塔问题的所有操作步骤写成一张列表，那么它一共有 2^n-1 步。用递推算法是从第一行写起的，而用递归算法是从最后一行写起的，倒过来写。但这种第一步就想到最大数的递归思维，是一种典型的面向机器的计算思维，它不符合人脑的直觉，人脑通过进化，思维天生是从小数想到大数，而不是倒过来的。计算机带给了我们完全不一样的视角，带来了更多的可能性。

递归过程调用了程序自身，是一种自指。然而算法中的递归却不会像罗素的恶性循环原则那样引发逻辑悖论，这是由于递归算法是“倒过来”执行的，每次过程都指向了一个更小的自我，而且是有穷的，因此是被允许的，这种良定义不会涉及悖论。

算法的迭代性和有穷性，让简单算法生成复杂结果变得可能。从某一初始状态出发，经过漫长时间的迭代，尤其是如果在算法中还加入了随机信息，以及引发了一些非线性运算，则有可能引起很大的、难以预测的变化，形成复杂性。如果引起了全局性的性质改变，我们就称其为进化或者涌现。计算机科学家们从简单算法出发，已经得到了很多有趣的结论。

生命游戏

在简单算法的迭代应用上，计算机科学家们甚至还有更大的野心。早在 20 世纪 50 年代，冯·诺依曼就提出了元胞自动机的想法。他受到他的同事数学家乌拉姆的启发，期望研究一种可再生的自动机。随之他提出了一个思维实验，在这个思维实验中，以均匀的细胞分割平面空间为基础：每一个方格代表一个细胞，每个细胞由有限个状态来对应，比如空格、已占或染色。同时，每一个细胞和周边方格的细胞构成关联，对于单体细胞的互变实现依赖于其自身和与其相邻的细胞。冯·诺依曼证明了，在一个大约由 20 万个细胞（每个细胞有 29 个不同状态）和 4 个格子构成的相邻关系中，可以完成可再生自动机需要的所有计算，它被称为元胞自动机。元胞自动机可以通过规则，完美复制任意元胞自动机的初始状态，因此是一种自复制的计算模型。

冯·诺依曼同样证明了元胞自动机和通用图灵机是等价的，因此所有可以由图灵机完成的计算，也可以由元胞自动机完成。元胞自动机有一种并行计算的结构，大量的计算是同时发生的，这和冯·诺依曼在 EDVAC 项目中设计的中心化结构不同，后者将指令在中央处理器集中处理，被称为冯·诺依曼架构，是现代电子计算机的核心框架。而元胞自动机由于其并行性常常被称为"非冯·诺依曼架构"，这是计算机科学界的一个笑话。

此后英国剑桥大学的数学家约翰·康威基于元胞自动机的思想，发明了一个"生命游戏"，如下图所示。在康威的生命游戏中，每个生命细胞只有生或死两种状态：用黑色方格表示该细胞为"生"，用空格（白色方格）表示该细胞为"死"。生命游戏想要模拟的是：随着时间的流逝，这个细胞的分布图将如何一代一代地变化。可以设定一些简单的规则来作为生命游戏的计算规则，让迭代可以持续地演化下去，比如每个细胞迭代后的状态由该细胞及周围 8 个细胞的状态所决定：

（1）若当前细胞为死亡状态，当其周围有 3 个存活细胞时，则迭代后该细胞变成存活状态（模拟繁殖）；若当前细胞为存活状态，则保持不变。

（2）若当前细胞为存活状态，当其周围少于两个存活细胞时，该细胞变成死亡状态（模拟生命数量稀少）。

（3）若当前细胞为存活状态，当其周围有两三个存活细胞时，该细胞保持不变。

（4）若当前细胞为存活状态，当其周围有 3 个以上的存活细胞时，该细胞变成死亡状态（模拟生命数量过多）。

这样，从一个初始状态开始，进行多轮演化后，有的细胞分布图很快走向了凋零和死亡，有的则展现出了一种旺盛的发展趋势。这些结果都很难预测，并再次证明了从简单的模式可以诞生不可预测的复杂结果。

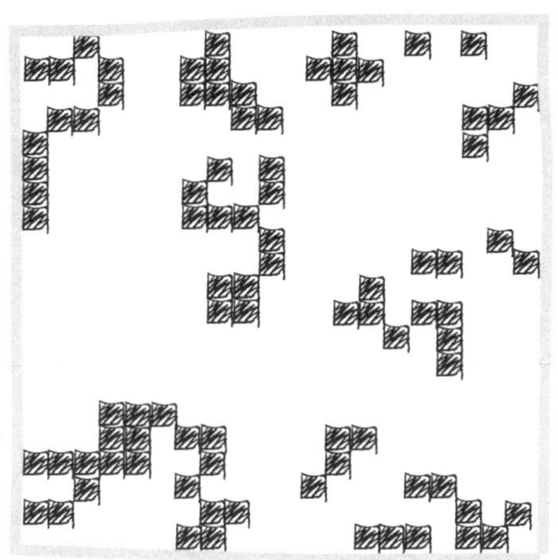

康威的生命游戏通过计算机反映出了生命之间既协同又竞争的生存定律。现在，我们可以在互联网的一些研究机构的网站上[①]体验生命游戏的模拟运行。后来证明，生命游戏也是图灵完备的，即可以模拟通用图灵机。

到了 20 世纪 80 年代，普林斯顿大学的 Stephen Wolfram 基于动力学对元胞自动机进行了分类，进一步发展了冯·诺依曼的工作。Wolfram 将元胞自动机分为了平稳型、周期型、混沌型和复杂型四大类。平稳型是不管初始状态如何，最后都不再变化，这意味着物理的平衡态，或进入生命的死亡、宇宙的热寂；周期型是不管初始状态如何，都周期性地在几个图案之间循环；混沌型则进入了一种不可预测的混沌状态；复杂型最有趣，是随机和有序的混合体，局部结构简单，但结构会移动和相互影响，最后呈现出一定的复杂性。Wolfram 提出的规则 110 就属于复杂型。

Wolfram 是不折不扣的计算主义者，他通过对元胞自动机的研究，认为自然界中的一切都是可计算的。他提出的规则 110 被证明可以完成通用计算，他也因此认为通用计算在自然界中大量存在，各种自然系统通过规则处理信息，通用计算即自然界计算复杂度的上界，其中多少包含了丘奇-图灵论题的思想。但 Wolfram 走得更远，他相信宇宙是一台计算机，且存在一个非常简短的程序，类似元胞自动机，这个可能只有几行代码的短程序是万物演化的基础。此后，他写了一本书 *New Science* 来阐述自己的观点，现在则维护了一个复杂系统的程序框架，并在其中构建物理引擎，试图用计算机模拟出复杂的世界。在计算机的世界中，程序员就是上帝。

① 可参考链接[8]，可扫描本书封底“读者服务”处的二维码获取。

涌现

在生命游戏中，我们看到通过计算机的简单规则，有可能生成相当复杂的结果。最终系统展现出了一种难以预测的生命力，我们称之为涌现。涌现是微观元素大量相互作用后，在宏观层面引发的一种性质或状态的突变，单独观察微观元素难以解释这种突变的原因，因此涌现是难以还原的。涌现是复杂系统要研究的核心问题，人们想知道系统何时会出现涌现、临界条件是什么，涌现后的性质与状态是什么。可是迄今为止，涌现都缺乏一个严格的定义，而是更多地停留在一种对性质的描述上。

约翰·霍兰德于 1998 年最早在复杂自适应系统中引入了涌现的概念。霍兰德是遗传算法的发明人，同时从传承关系上来说，他是冯·诺依曼的徒孙，因为他的导师是冯·诺依曼曾经的助手。霍兰德后来在圣塔菲研究所待了很长一段时间，这个研究所是复杂性科学领域的先驱，推崇跨学科融合。霍兰德定义了涌现，尽管缺乏形式化的精确定义，但是已经帮助复杂性科学往前迈进了一大步。霍兰德主要研究的是一类通过少数规则或定律能够产生的复杂系统，因此他的野心是通过数学建模彻底地解释涌现。

涌现可以如此定义：通过局部或微观层面的简单规则（即一种简单算法）日积月累（即递归过程）带来的微小变化（加入微小的随机概率），在某一临界点后引发全局性的性质变化，即涌现。涌现在不同领域可能有着不同的名称，其在生物学中被称为进化，在物理学中被称为相变，在市场营销中被称为引爆，可见世间的原理都是相通的。通过有目的地设计算法，利用迭代和涌现的性质，可以获得人们想要的几乎任何特性。我们很难解释涌现何时出现，但是通过计算过程可以在一定程度上控制和获得它。

涌现是复杂系统自发的一种行为，是多层次多组织相互作用的结果。我经常用社交网络中流行歌曲的传播作为涌现的例子。熟悉抖音或者 TikTok 的朋友应该知道，这个拥有超 10 亿名用户的短视频平台每隔一段时间就会流行一些不同的歌曲，这些歌曲在短时间内就会风靡整个平台。但很少有人注意到，这些流行歌曲不是用系统的某个功能计算出来的，它们并不来自个性化推荐，它们是由平台的机制选举产生的。也就是说，它们是由数千万、上亿名用户通过一次次点赞自然产生的。我们甚至不知道这种风靡的临界点是什么，也无法提前预知到底什么歌曲会开始流行。这是一个复杂系统自然涌现的结果。

涌现带来了公平。抖音和 TikTok 上的流行歌曲，是属于平民的胜利，任何人都可以通过涌现机制被更多的人看到，机会没有被特权阶层和拥有资源的人所垄断。互联网的开放性构建了这种涌现机制，也因此互联网带来了人类有史以来最大的公平。

如果说分析是对事物的一种分解，是一个将整体分解为局部、将复杂还原为简单的过程，那么涌现就是其逆运算，涌现恰好完成了从低层次到高层次的飞跃，实现了从简单到复杂的突变。这对应了世界的一种基于计算视角的对称。如果万物可编码，即万物可抽象为信息，那么其逆运算就是信息可以组成物质。编码的本质是应用奥卡姆剃刀原理，将复杂的事物裁剪为简单的要素，然后用信息来表征，这是一个从具象到抽象、从复杂到简单的过程。然而，给信息赋以结构和规则，并通过递归算法迭代若干次后产生涌现，则创造了我们这个生机勃勃的世界。从这个角度来说，生命也是一种涌现的结果，我们现在已经知道，生命的信息都存储在 DNA 中。

世界在计算上是对称的，我从没见过比这更迷人的结论！

耗散结构

20 世纪 70 年代，比利时物理学家伊利亚 • 普里戈金提出了一种他称之为“耗散结构”的理论，并于 1977 年因此获得了诺贝尔化学奖。耗散结构是物理学中非平衡统计理论的分支之一，但是它也被发现可应用于生命的演化、社会和经济系统等领域，因此它也可被视为从物理学角度研究复杂系统的分支之一。

要理解耗散结构，观察贝纳特流物理现象是最方便的，生活中也有对应的例子——我们在蒸鸡蛋糕时，有时蒸好的鸡蛋糕表面会呈现一种规则的多边形形状，如下图所示。

这种规则的多边形形状是由于蒸鸡蛋糕时，底部的温度和鸡蛋糕表面的温度存在巨大的差异，碗内发生了剧烈的相互作用，于是在某一临界点自发形成了这种规则的形状。对这一过程的解释就是耗散结构。通过一个看似无序的物理状态最后诞生了规则的形状，真是一个神奇的过程！

耗散结构有几个特征。首先，要求是一个开放系统，这是由于在封闭系统中，受热力学第二定律影响必将导致熵增，因此无法从无序中产生有序。而开放系统靠与外界发生能量和物质交换产生负熵流，能量可以对抗熵增，持续的能量补偿可以维护系统，使得熵减少，从而能够形成有序结构。这种交换就是耗散这一概念的由来。其次，应当远离平衡态，将冰水与热水混合后会变成温水，温水就是一种平衡态，平衡态犹如一潭死水，什么都不会发生。在蒸鸡蛋糕时，液体上下温差巨大，就远离了这种平衡态。最后，系统内部存在大量的正反馈和非线性相互作用，使得涨落的幅度放大。在蒸鸡蛋糕时，内部的温度起伏是相当不均匀的，这种起伏被称为涨落，加热持续放大了这一涨落过程，最终自发地形成了有序结构。

在耗散结构中，其模式不仅是由系统内部物质之间的相互作用形成的，也受到了系统的边界条件和范围的影响。耗散结构的维持需要不断地消耗能量，这意味着新陈代谢。所以耗散结构也可以被视为一种自组织最后涌现出生命力的过程。耗散结构解释了系统如何从无序到有序，它有着众多的推广和哲学意义，在生命的演化、组织的行为中都可以找到类似耗散结构的原理。

如果一个组织是一言堂，那么相当于一潭死水的平衡态，很难有创新出现；而决策权力的下放则意味着远离平衡态，不断给予正反馈，激励一线成员提出想法，大胆实践。在活跃的思想和组织氛围涨落到一定程度后，就会形成自组织的一个个小群体，最终突破某一临界值时涌现出组织的活力，诞生大量创新。耗散结构完全可以用来解释组织的行为。但是贝纳特流中的耗散结构的形成，是在物理规律下自发形成的，并没有主观的目的性，而生命、组织行为等复杂系统的形成，则具有更强的目的性，在这一点上又有所区别。

网络科学

维纳的控制论试图抛弃系统内部的复杂结构，而从外部观察作为黑箱的系统行为，这股思潮引发了巨大的争议，因为科学家们总是试图打开系统内部结构来弄清楚可解释的原理。在解释复杂性上，网络科学的进路就是如此。

网络科学是一门研究网络结构、动态行为，并将网络应用到不同领域的学科。最早的网络科学应用应该可以追溯到欧拉在 1736 年解决柯尼斯堡七桥问题时建立的图论（Graph Theory），他向世人展示了将具体问题抽象建模为节点（顶点）和链路（边）是有助于分析问题的。但在欧拉之后的 200 多年里，图论却似乎被人遗忘了一般没有任何进展。直到 20 世纪 50 年代，数学家保罗 • 埃尔德什发表了有关随机图的论文，重建了图论，才使得图论重见天日。如今人们使用图论和矩阵代数来分析网络，因此网络科学也是一门用矩阵计算、图计算作为研究工具的学科。复杂网络的可视化模型，如下图所示。

到了 20 世纪 70 年代，图论被用于社会网络建模。斯坦利·米尔格兰姆做了一个非常著名的实验，他要求美国两个州的志愿者向另一个州的人发送信件，若不认识对方，就将信件转发给更接近目标的熟人。许多信件丢失了，但是总有信件成功到达陌生的收件人手中。米尔格兰姆发现中间人转发的跳数范围为 2～10，平均为 5.2，他由此得出了一个非常反直觉的结论：在美国全部人口中随机选择两个人，他们之间的距离大约为 6 个中介点！这就是“六度分隔理论”，它背后依托的网络模型被称为“小世界网络”。

生物神经网络、人类社会网络均是典型的小世界网络。在小世界网络中，有着相对较短的平均路径长度，这意味着即便没有全局信息，从网络的某一点出发也可以很快地到达远端的任意另一点。小世界网络是一个稀疏网络，它的另一个特点是高聚类。人类的城市网络是一个小世界网络，城市内部的街道、小区是聚集在一起的，联系相当紧密，而通向远端的另一个城市则通过长途的“高速公路”来完成。这样就既满足了本地和局部的聚集性，又兼顾了要高效访问远端节点的需求。

小世界网络中的捷径来自随机性。它有一个非常反直觉的特性，通过引入随机链路，能够极大地降低网络的平均路径长度，其下降速度和幂律分布一样快，这被称为“小世界效应”。在小世界网络中增加一条随机链路，意味着将网络对分，再增加一条，则继续对分。

自然界中有许多小世界网络，它是最平衡的一种网络，高聚类让它的模块化功能比较强，而短直径让它对外部环境的刺激能够迅速做出响应，因此有着高度的适应性。20 世纪 90 年代，Watts 和 Strogatz 最早描述了小世界网络的生成规则，Strogatz

认为某种蟋蟀的同步鸣叫就是一系列的小世界效应，生物体倾向于在没有全局知识的情况下同步其行为。

在网络科学中，所有节点的状态达成一致被称为同步，同步是一种稳定的网络状态。自然界中不存在不稳定的网络，动态网络演化到最后都会趋于稳定。小世界网络是一种稳定的网络结构，在其中很容易找到很多小三角循环结构，和建筑学教给我们的一样，三角形是最坚固的结构，对稳定有着重要意义。网络科学将物理上的结构抽象到逻辑上，发现也成立，这真是个神奇的结论！解放战争时期，东北野战军的基层编制采用了“三三制”，即以 3 为单位将战士编队，这种阵型在冲锋时有着强大的适应性和抗攻击能力，实际上就是通过构建小三角循环结构，形成了一种适应性强的稳定网络结构。

随着对网络的研究不断深入，人们很快发现小世界网络不是唯一可能普遍存在的网络结构。在 1999 年之后，尤其随着互联网的兴起，人们在互联网、铁路网、公路网中观察到了幂律分布，这是一种“非随机网络”。幂律分布意味着网络中会产生“hub”，hub 是超级节点，它拥有最多的连接链路，连接链路的数量被称为“度”，而其他节点拥有的链路数则会少很多。节点的度服从幂律分布，这种网络结构被称为“无标度网络”。无标度网络的特点和分形类似，缩放任意比例看到的曲线特征都是一样的，这是它被称为“无标度”的原因。

幂律分布是无标度网络的重要特征，它有着长长的尾巴，对幂律函数求导的话可得一个线性关系，如果通过坐标系画出来的话，如下图所示。

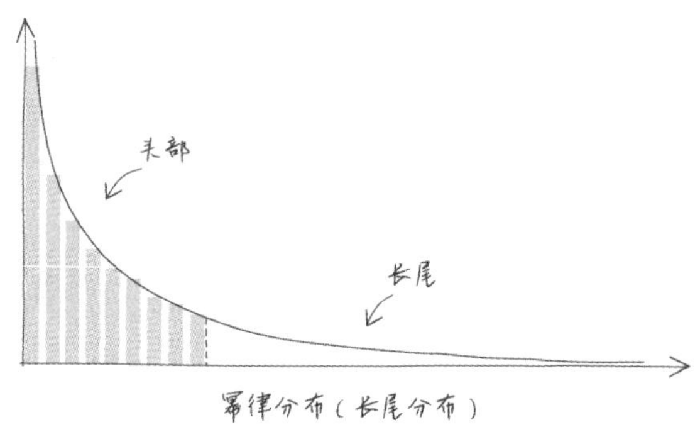

幂律分布（长尾分布）

在幂律分布中，存在着“富者越富”现象，如果无外部环境干预，那么 hub 节点的度会越来越高，成为“头部”。因此，无标度网络中的连通性主要是靠 hub 完成的，而并非像小世界网络那样是由添加随机链路来降低平均路径长度的。也就是说，无标度网络是一个“非随机网络”。这是另一个大大超出人们意料的结论，因为无标度网络也被发现普遍存在于自然界，它是非随机的！

导致网络中涌现出 hub 节点的原因在于“偏好连接”，通俗地说，网络中的节点倾向于选择连接拥有更多“度”的节点，这是造成“富者越富”的根本原因。比如，人们出去吃饭，倾向于选择人气很旺的餐厅，因此网红餐厅门口往往排起长队，这些人宁可在网红餐厅门口排队，也不愿意去隔壁乏人问津的餐厅用餐，即便人们事先并不知道两家餐厅的好坏。基于偏好连接的原理，餐厅的对策也很简单，一旦有客人进来，就先将他们引导到靠门口或者靠橱窗的位置用餐，让更多还在外面的客人能够看到餐厅的“度”，从而获得更高的概率来产生新的偏好连接。

偏好连接在不同领域有着不同的名称。在经济学中，它被称为“报酬增加律”，意味着商品随着商品的丰富而变得更有价值；在人工智能中，机器的“学习”也是一种偏好连接，它通过反复增加对刺激的响应概率来获得训练的效果；在生物进化中，自然选择也是一种偏好连接，较强的基因会在后代中被复制，较弱的基因则会衰减，通过很多代的积累，更适应生存的个体就会从较弱的祖先中留存下来。

理解无标度网络的特性对于经济意义重大，因为互联网、铁路网、公路网等经济类的网络都可以用其建模。在自发的市场机制下，网络结构会从随机连通性移动到 hub 连通性。互联网的出现史无前例地增强了网络的连通性，因此在互联网中存在 70-20-10 定律，也就是一个领域的巨头往往涌现成为 hub 节点，占据 70%的市场份额，第二名占据 20%，剩下的是长尾。因此，在一个无标度网络中成为第三名是没有意义的，若想成为 hub 节点，就要尽可能地提高偏好连接的效率，这就是对商业竞争中“快鱼吃慢鱼”的网络科学原理的解释。

但是这样的网络结构带来的负面效果是 hub 节点容易形成垄断，从而带来不公平。在一个经济网络里，这样的网络结构容易造成贫富差距增大。公平性是由随机性带来的，而无标度网络是一个非随机性网络，注定不公平。因此，要追求公平性，就意味着需要有环境的干预，改变网络结构，这就是宏观经济调控的作用。小世界网络具有本地聚类的特点，可以被视为一个带有 hub 度约束的无标度网络，这种约束在经济建设中可以被看作对资源的有效分配，促进了均衡发展，从而追求一定的社会公平性。

无标度网络的另一个特点是网络结构较为健壮，对于随机攻击有很好的抗攻击性。因为随机攻击大概率会落在长尾节点，而无标度网络的关键在于 hub 节点。但反过来说，一旦摧毁了 hub 节点，也就破坏了整个网络结构。因此，攻击和防御的策略都很明确，从安全上要尽可能增强 hub 节点的防御，这对网络的设计有着重要的指导意义。

小世界网络、无标度网络是两种典型的网络结构，它们有着不同的特点。如果将网络中每个节点的度按次序排列，就得到了一个“度序列”，度序列的分布反映了图的形状。在此，我们可以借鉴香农的信息熵的概念，定义图的熵，它们有着类似的计算方程。一个图的熵反映的是度序列的随机性，图的形状越规则，其随机性就越弱，那么图的熵就越小。反之图越随机、越混乱，图的熵就越大。因此，图的熵是对图结构的秩序程度的测量。完全随机的网络有着最大的熵，而在完全结构化的网络中熵为零。无标度网络的熵接近随机网络，而小世界网络的熵则更接近结构化网络。

在现实中，市场的自由竞争往往会带来寡头垄断，偏好连接就是“背后那只看不见的手”。政府实施经济政策进行宏观调控，重新分配社会资源，缩小贫富差距，就是在努力将垄断性市场转变为一个相对公平的市场，也就是从无标度网络向小世界网络的方向转移。这是一个熵减过程，也是从混沌走向秩序的过程。

在一个网络中，由于节点和节点之间往往存在相互作用，因此又可以用有用性和影响度来衡量这个网络。对影响网络（I-nets）的建模可以用于评估和预测政府政策的实施效果，人群中达成共识的可能性。在一个影响网络中，所有节点状态相同则进入同步状态，网络同步意味着达成了共识。通过对营销网络（buzz 网络）的建模可以证明，对网络同步起决定性作用的是 hub 节点，因此最优的营销策略是尽可能地控制 hub 节点，这对企业的营销策略有着重要指导意义。类似地，网络的有用性与节点、链路数和强度有关。梅特卡夫定律描述了网络的有用性，网络的有用性与网络包含的节点数 n 的平方成比例，这意味着一个拥有网络结构的市场有着比线性结构的市场更大的市值，这在商业模式的设计上也有着重要的指导意义。

通过对影响网络的研究，还有另一些很有意思的结论。如果将有用性定义为一个影响网络中个体对其他所有节点的影响度（这里影响度是一个权值），那么有两种方式可以获得影响：一种是调整影响权重，比如通过说服技巧获得有用性；另一种是通过链路影响，比如通过建立人际关系获得影响。那么在实际建模中会发现，“网络中最有影响力的节点是那些受其他节点影响较小的节点”。这一事实表明，在一个社会网络中，只有能独立思考并输出独特观点，不人云亦云的人才有可能成为意见领袖。但如果再极端一些，不倾听他人的意见，一味输出自己的观点，最后很容易导致独裁。这些都是网络科学能推导出来的结论。除了指导社会网络，这一结论也直接解释清楚了在市场中“为何产品要追求差异化”，因为只有独特的功能才能带来更大的影响力。与此对应，对影响网络的研究发现，重联链路对获得有用性收效甚微，也就是说，与其他强大节点联系几乎对获得有用性没有任何帮助。这一结论告诉我们，在社会网络中醉心“搞人脉”是没有意义的，提升不了自己的任何价值！

对网络科学的研究才刚刚开始，还有很多问题待发现和解答。通过对网络结构和动态行为的形式化描述，已经证明通过精心的设计，最后几乎可以涌现出我们需要的任何网络结构！其中对自组织临界的研究是一个关键问题。对于一些研究复杂系统的科学家来说，生命的进化也是从复杂网络中涌现出有秩序结构的过程。这已经成为一种理论上的假设，尽管尚未得到证明。对于网络科学来说，它的本质其实就是系统科学！

进化计算

生物系统的信息处理

自从 1859 年查理斯・达尔文的《物种起源》出版以来，进化论的思想引起了科学界的一场革命。选择、进化的概念风靡一时，人们花了很长时间才接受人类的祖先与猿类是近亲。到了 1953 年，克里克和沃森发现了 DNA 双螺旋结构，这是 20 世纪最伟大的科学成就之一，标志着分子生物学的诞生。分子生物学为进化论提供了证据，迄今为止，对分子生物学的研究都与进化论的结论相吻合。同时，分子生物学对 DNA、RNA 和蛋白质的研究，揭示了生物的信息是如何遗传和延续的，这是一个计算的过程！我们称之为“进化计算”。

在生命的形成和活动中，蛋白质发挥了极其重要的作用。蛋白质这种大分子是构成细胞的基本有机物，是生命的基础物质，生物体展现出来的种种生命活动现象都有蛋白质的参与或由蛋白质决定，没有蛋白质就没有生命。蛋白质是由名为氨基酸的小分子通过化学键连接到一起合成的。氨基酸有 10～27 个原子，所有生物的所有细胞都基于同样的 20 种氨基酸，典型的蛋白质由数百个氨基酸组成，大的蛋白质分子则可能包含数千个氨基酸。

氨基酸都具有共同的可变结构，被称为侧链。侧链的结构决定了氨基酸的化学特点，一条链上的氨基酸互相作用会导致链向自身折叠，使得蛋白质在整体上呈现出不同的形状和结构，这种结构决定了蛋白质可以和什么结合以及结合得多紧密。这样不同的蛋白质就形成了不同的特性，能够发挥出不同的作用，最终呈现出不同的生命活动现象。人类的细胞能生成数千种不同的蛋白质，这些蛋白质都能以其独特的结构与细胞内/外的某种物质相结合。细胞的运转依赖于大量精确的蛋白质结合事件，因此蛋白质的合成对生命至关重要。

自然界中所有蛋白质都以相同的方法合成。DNA 中的编码信息决定了每条蛋白质链上氨基酸的顺序，顺序决定了形状。DNA 分子是由核苷酸组成的微小链，核苷酸有 4 种不同类型，一般被记为 A、G、C 和 T。A 可以与 T 结合，G 可以与

C 结合，这样细胞中的 DNA 就形成了一个双螺旋结构，A 和 T、G 和 C 的配对组合形成了一种冗余，使得损伤可以被修补。核苷酸可以以任意顺序组成链，因此 DNA 分子可以用一段序列来描述，如 ACCGTCTAATCG，这实际上就是编码与信息！核苷酸组成基因，每种基因编码一种蛋白质。

合成蛋白质的第一步是复制 DNA 单链上的特别部位来合成 RNA。RNA 是和 DNA 息息相关的分子，它的核苷酸被记为 A、G、C 和 U。大多数 RNA 为信使 RNA（mRNA）。通过 mRNA 可以将核苷酸编码的信息“转录”为氨基酸编码的信息。因此，DNA 中核苷酸的顺序也就间接地决定了蛋白质中氨基酸的顺序。越来越多的氨基酸被合成后，相互作用，会使得尚未成形的蛋白质开始折叠成由序列决定的三维形状，这样蛋白质就具有了独特的三维结构。

合成蛋白质的过程中 DNA 的复制也有可能出错，只要是物理过程，就有一定的概率出错。遇到出错的情况，就产生了微小的变异，代际积累下来，进化就发生了。近些年来的研究发现，基因比我们想象的要更复杂。不光是 DNA 的复制过程可能会出错，还有一些基因会在染色体上发生移动，甚至是移动到其他染色体上，这被称为“跳跃基因”。这种移动过程在任何细胞中都可能发生，包括精子和卵子，这样就可以实现遗传。跳跃基因带来的突变也是使生命呈现多样化的重要原因之一。

需要强调的是，每次遗传引起的突变必须足够小，才有可能传至后代。这是因为如果变化太大，必然会远离父代原先的结构，而原先的结构也是环境选择的结果，必然有一定的合理性。过于远离的结构必然变得更加无序，无论是哪种特性都会更差。比如，对于一架飞机来说，小的变化可能是对机翼倾斜的角度做微小调整，大的变化则可能是将其外观改成一条船的样子，很明显大的变化甚至可能导致飞机飞都飞不起来，就飞行来说，它变得更无序了。因此，从进化的角度来看，每次递归过程中蕴含的“随机计算”引起的变化必须足够小。进化是通过数千代的积累来沉淀大变化的。

在生命进化的过程中，基因决定了蛋白质，蛋白质决定了表型。最终生命延续的成功是通过繁殖的成功来衡量的。所有的生物群体繁殖的后代都多于父代。单个生物体不会进化，进化是通过生物群体一代代随时间的积累完成的。从人类的进化来说，1%的优势变异 DNA 序列覆盖整个种群大概需要 4 万年。而生物的进化通常以百万年为单位，这足以积累至很大的变化。这一过程可以表示为下图[①]，生物进化的计算循环。

① 参考了约翰·梅菲尔德的《复杂的引擎》。

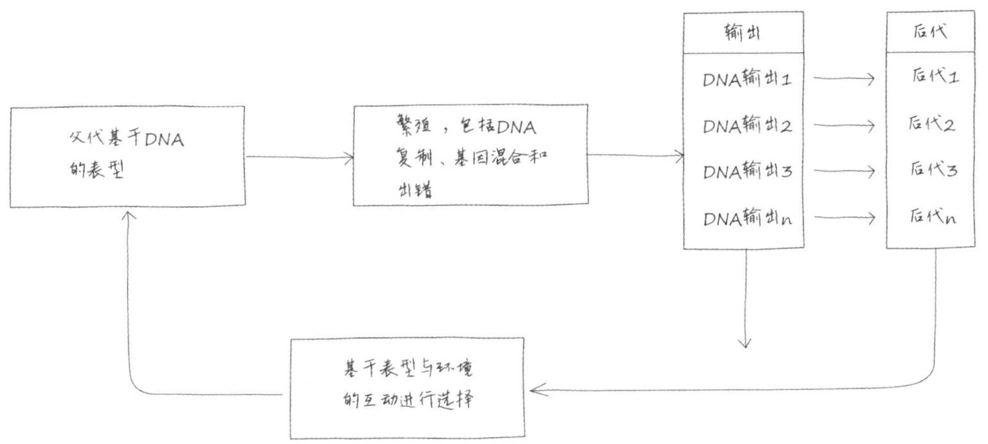

然而，这种进化过程只考虑了当前的环境选择，缺乏任何的远见性，这样的进化有一定的盲目性，并非所有进化结果都是最合理的，且有些几乎无法修改。比如，哺乳动物包括人类的眼球中血管位于视网膜的前方，这就是一个例子。因为这样血管不得不穿过视网膜回到大脑，穿过视网膜的部分就形成了一个盲点。而乌贼则沿着另一条进化道路进化出了血管位于视网膜后方的眼球，不存在这一问题。同样地，由远古的肺鱼进化而来的哺乳动物，包括人类，其气管和食道在口腔内相交，这在吞咽时大大增加了窒息的可能性。但是现在看来，除非再用上百万年通过进化来修正，短期内想改变可能只能通过 DNA 编辑技术了。

生命的活动以延续遗传信息为目的，这些信息被存储在基因中。因此，生物体繁殖和进化的本质是延续其基因信息的过程。这个过程可以被视为一种有目的的进化计算。至今我们还解释不了生命的起源，但是我们观察到生物体的进化计算是极其经济的，远比人类利用晶体管制造的电子计算机要经济，因为生物体利用了环境规律，顺势而为。病毒是一种比细菌还小的介于生命和非生命之间的分子，它也由蛋白质组成。可以认为蛋白质是组成病毒的零件，但和钟表这样的复杂机械不同的是，病毒的组装并不需要一个熟练的钟表匠，病毒是自组装的！病毒和钟表都有精密的结构，如果自然界是完全随机的，那么从所有可能性空间中诞生出这样的带有强目的性结构的概率是微乎其微的，但病毒和钟表就是出现了！这是由于进化计算带有目的性，通过日积月累诞生了精巧的结构。病毒的自组装充分利用了物理规律，蛋白质在水分子影响下不断跳动，相互匹配的形状接触后结合到一起，每次结合都会产生新的结合点，从而可以让另一个蛋白质结合。这种蛋白质的结合产生了一种序列，某些蛋白质的结合点只有在前面几个蛋白质结合后才会产生，这样蛋白质就以特定的顺序被添加到了生长结构上。这个过程就像将一堆零件扔在箱子里摇一摇，就自动组装成了钟表。

将进化视为计算的一个好处在于，进化计算的概念在被抽象出来之后并不一定仅用于生物体，事实上进化是一个更广泛的概念，可以用于组织的进化、思想的进化、社会的进化、经济的进化，甚至是文艺作品的进化。将上图中的基因、DNA、遗传等生物学的概念替换为其他领域中的概念，依然成立，它反映的其实是进化计算的本质过程。我们熟悉的文学作品，如四大古典名著《三国演义》、《西游记》、《水浒传》和《红楼梦》都经历了几百年的流传，过程中经历了不知多少人添砖加瓦，可能有几百个甚至上千个版本，最终才形成了今天我们所看到的版本。像《水浒传》在民国年间就有梅寄鹤收藏和印刷的梅氏藏本，被称为《古本水浒传》，其中前 70 回和金圣叹点评的《贯华堂本水浒传》一样，但后 50 回中梁山好汉却没有被招安，而是一直斗争到底。这个版本迄今为止真伪难辨，尚存争议。这种文学作品在流传中出现的版本变化无疑是一种进化。类似地，儒、道、释等思想的传承也经历了一代代人的注释和修改。思想作为信息传承到后世，和生物将基因信息遗传给后代是类似的。传承思想信息是人类的独特行为，是“人”区别于动物的重要特征之一。这也是我写本书的一个主要目的，即解释和传承“计算”这一概念的思想信息，此乃我辈之使命。

到了 2003 年，野心勃勃的“人类基因组计划”发布了完整的人类基因组，即人类 DNA 的全部序列。人类有大约 25 000 个基因，解开原本被寄予厚望的生命密码本之后，其并没能够解释人的所有复杂性和缺陷。也就是说，高级生物的内在机制比我们想象的更加复杂。对此，一些研究又重新引入了控制论的思想，从综合的角度视胚胎的发育过程为一个黑箱，在其中将遗传信息变成三维的、活的物体。同时，对基因的进一步研究发现，以前认为的许多“垃圾基因”其实起着极其重要的“开关”作用，是一种调控基因，它们是能够打开或者关闭基因的基因开关。由此，基因变成了一张由功能基因和调控基因组成的“基因调控网络”，可以用网络科学相关的理论来研究其复杂性。有科学家认为，生命在于从这张复杂网络中涌现出秩序。无论如何，我们可以看到，生命的进化是一种计算，这种计算是引入了微小的随机概率的递归过程，是非线性的，是复杂网络，最后在时间的推移中沉淀，达到某一临界点，最终涌现出一种秩序。

逻辑深度

今天很少有人会怀疑，人类的复杂程度远远大于一个单细胞生物。像人类这样的高级灵长类动物经过了长期进化，从计算的角度来说，要诞生出这样的复杂结构，需要长时间的大量计算，在每次递归过程中通过反馈积累有效适应环境的结构。这就带来了一种对复杂性的度量，被称为“逻辑深度”。

逻辑深度的概念最早由美国科学家查尔斯·本内特在 1988 年提出，这个概念与柯尔莫哥洛夫复杂度的概念息息相关。我们在第 9 章“计算复杂性”中介绍过柯尔莫哥洛夫提出的算法复杂度的概念，它是描述一段信息的最小程序长度。而逻辑深度的概念则是指执行这段程序所需的步数，因此也与时间复杂度有关。由于柯尔莫哥洛夫复杂度是不可计算的，因此对应的逻辑深度也是不可计算的，只能尝试近似计算。逻辑深度本质上度量的是系统内部结构的复杂性，它反映了创造出复杂结构的代价，创造的对象越复杂，需要的计算量越大。通常通过短输入长时间计算出的结构被认为是“深”的，反之通过短输入很快能计算出的结构被认为是“浅”的。因此，逻辑深度又意味着“挖掘”的代价，其逆运算可以被视为“压缩”或“浓缩”。从计算的意义来说，这种代价可能意味着时间的增长、空间资源的增加，或者是持续能量的补充，以及熵减。

文字是事物的表征，每个文字概念有着不同的逻辑深度。理解“苹果”这一概念，比理解“人”这一概念要简单很多，因为对于“人”的定义还涵盖了精神、思想、历史、文化等层面的概念。而理解“道”和“禅”这样的抽象概念，则比理解“人”要更加困难，这是因为“道”和“禅”的逻辑深度更深，要挖掘出这两个概念的所有含义，需要更多的计算量和更长的时间。这就好比要解释清楚“道”，需要写数百万字甚至数千万字的专著，而解释清楚“苹果”的著作则会短得多，这是由于“道”的概念有着更复杂的内部结构。

获得足够“深度”的一个好处是，系统进化出复杂结构后，将展现出一种适应性。而从生物进化的角度来说，自然选择青睐于那些对环境挑战做出有效响应的个体和种群。只有复杂才能应对复杂。1956 年，罗斯·阿什比提出了一个“必要多样性法则”，这个法则指出“要实现控制，控制系统能够执行的行为的多样性必须不低于需要补偿的环境扰动的多样性”。这个法则被广泛应用于电气和机械控制系统中，如对火箭姿态的控制。从计算机系统稳定性的设计来说，也应当遵循必要多样性法则，由于计算机系统运行环境非常复杂，故障和导致故障的因素都难以预测，因此如果要保证计算机系统的持续稳定运行，控制器的行为需要足够复杂，才足以抗衡环境的复杂性。

必要多样性法则的一个推论是，当相互竞争的实体具有相似的复杂性水平时，任何生物或控制器都无法掌控全局。此时，在持续竞争的压力下，环境会青睐于更高效和更适应的个体，因此为获得竞争优势，个体会变得越来越复杂，实现这种复杂的成本则越来越低。

但要得到足够的复杂结构需要深度，而这种深度需要时间的沉淀。在生物进化的过程中，通过一代又一代遗传中突变的积累获得了深度，这往往需要几千年甚至更长时间。对于其他事物也是如此，岁月在老物件上留下的痕迹往往难以言表。在一些中国古代的瓷器上，经过几百年，往往会形成一种橘皮纹或者蛤蜊光，有些老的玉器、木器上则会有包浆，这种难以言状的感觉是现代的化学工业所难以仿制的。人们感受复杂的时候，感受到的是深度。这让拥有历史的老物件体现出一种别样的美感。

我们生活在一个充满逻辑深度的宇宙中，因此有一些问题是难解的，同样地，创造出复杂结构也意味着需要很长的时间。

企业的进化计算

生物是以延续为目的的，类似地，社会群体的组织往往也具有一定的目的性，因此可以用进化计算对这些社会群体组织的行为做出一种符合计算理论的解释。下面将尝试从这个角度分析当前的一些企业行为，下面以我熟悉的阿里巴巴为例。

阿里巴巴在商业上取得了巨大的成功，是互联网时代最重要的公司之一。马云在 1999 年创建了阿里巴巴，其核心理念是公司由使命愿景来驱动。在企业文化上，阿里巴巴最大的独到之处是考核价值观，价值观作为每个员工的行为准则，与绩效一起列入年度考核，其对员工薪资变化的影响权重为 50%。阿里巴巴的价值观在业界曾引起过相当大的争议，但事实上在阿里巴巴内部，价值观的作用不在于评判人的好坏，与道德标准无关，而是作为一个管理工具用于寻找“同路人”。在经历了卫哲事件[①]之后，阿里巴巴更是将 HR 部门独立于业务部门，形成了类似“政委”的职能定位，HR 作为企业文化的宣导、贯彻和执行者在公司活动中发挥着维护价值观的作用。

这种强调使命愿景、价值观的企业治理方式不同于西方的精益管理思想，透露着浓浓的东方智慧，充满了灰度和人治。在阿里巴巴的面试过程中，有一个传统环节是“闻味道”，由老员工来识别参与面试的新员工的味道是否符合阿里巴巴的文化，阿里巴巴在用人上采用的是寻找同路人的做法。在激励政策上，几乎全员持股，形成了很强的正反馈。阿里巴巴在马云时代是一家典型的承诺型公司，对员工做出美好的承诺，并与员工分享和兑现成功的果实。马云时代的阿里巴巴创造了一个个商业奇迹，因此马云称自己的企业治理方式为“新商业文明”，强调的是使命愿景，在公司的使命“让天下没有难做的生意”中又包含了浓浓的社会责任感。

马云时代的阿里巴巴，讲究的是自下向上的工作方式。员工遇到问题的第一时

---

① 因销售部门业绩舞弊而导致总裁卸任。

间依据价值观做判断，而不需要在第一时间向领导汇报，因此效率极高。这样基于价值观的判断就形成了一个正反馈环，每项任务的工作过程，就是一个基于业务实现和价值观判断的递归过程，得到反馈信息后与目标的使命愿景进行对比，再不断修正业务策略和组织策略。这样的组织是一种有目的的自组织，具有极高的效率。因此，在马云时代，阿里巴巴涌现出了大量的创新，淘宝、支付宝、阿里云、菜鸟都创建于马云时代。这种公司治理方式与工业革命后流水线生产的线性管理架构有着明显区别，如果画一张组织架构图，那么它不应该是树状的，而更应该像一个网络结构。

从计算理论的角度来看，这种企业治理方式，其使命愿景就是目标函数，使命是方向，愿景是对状态的描述；其价值观是行为准则，那么也就是一种计算规则。公司活动可以被视为一个计算过程，即在既定方向下，将规则作用于当前状态，以走向下一个状态的过程。这是一个递归过程，且每次的输出都将作为反馈，用来评估与目的和标准的差异，并成为下一次递归过程的输入，如此往复，奔赴未来，这样组织就在不断地自我修正中前进了。因此，以使命愿景的框架来治理公司，注重公司行为和目的之间的差异并进行不断的修正，弱化组织内部的机械式精益管理制度，这恰恰符合控制论的思想——注重系统与环境之间的影响，注重反馈与目的，而不深究系统内部的结构。因此可以说，马云时代的阿里巴巴暗含了控制论的思想。

在马云离开阿里巴巴后，公司体量已经膨胀了数百倍，员工数达到 20 万以上，公司已经裂变成了上百个事业部，每一个事业部就像一个小系统，每个小系统都有自己的目标。每个小系统之间又互相有合作或牵制，因此上百个小系统形成了一个互相影响的复杂系统。在这个复杂系统中，存在大量的非线性关系，因此不能再用线性的指令链式思路来管理公司，否则容易导致失控，失控的结果是增长放缓或者出现影响过大的偶然性事件。阿里巴巴后来遇到的一些困难的可能原因即在此。这种成长的烦恼是企业治理上的巨大挑战，也是阿里巴巴需要迈过的青春尴尬期。

而外部环境也在变得更加复杂，从环境选择的角度来说，只有适应的才能生存和延续。为了应对复杂的环境，组织必须进化出足够的复杂结构来具备适应性，即通过深度响应来应对深度挑战。这种适应性是由进化过程中微小的随机错误积累成突变而沉淀下来的，所以为了获得适应性，必须允许犯错。阿里巴巴的文化中讲究团建，注重人与人之间的信任关系，看重不同特长和性格的人在一起发生化学反应，这种管理上的氛围和文化很难量化描述，但是复杂系统的原理却告诉我们这种柔性和灰度的本质产生了一个复杂的结构，从而增强了组织的适应性。从逻辑深度的理论可知，复杂的结构没有捷径可以走，必将付出巨大的时间或空间成本，才能进化出这种适应性。

马云在设计公司治理体系时一定不明白什么是控制论、进化计算或逻辑深度，他的成功更多依靠的是经验和直觉，但是现在我们来看，计算理论可以为阿里巴巴的成功提供一种科学的解释。这意味着公司治理、组织行为、管理学这种在过去大量依赖经验的学科是可以用数学和计算来模拟和预测的。比如，从 Wolfram 对元胞自动机的分类来看组织的发展，组织规模庞大后应当避免走向死亡或不可预测的混沌，应当努力发展成为一种有序的复杂。这种有序的复杂是有目的的，不同于贝纳特流式的耗散结构，后者是在物理规律下天然形成的，因此需要反馈和控制。应当视突变为进化的契机，而不是对规则的破坏。在所有的进化过程中，充分利用环境的规律而沉淀的复杂结构具有最优的成本，用管理学的话来说，就是“顺势而为”。

阿里巴巴处于阵痛期时，恰好中国的另一家公司字节跳动诞生了，并迅速在市值上超过了阿里巴巴。字节跳动是一家非常年轻的公司，其员工的平均年龄不到 30 岁，朝气蓬勃，启动业务迅速，关闭业务也迅速，大量的年轻人才流入了这家公司。使用计算理论也可以解释这家公司的大量创新行为。其涌现创新成果的过程就如同模拟退火算法：先加热到高温，让个体快速活跃起来，然后逐渐降温。在这个过程中，由于个体的活跃，因此公司有可能“跳上”更高的山峰，从而有更大的可能性找到一个全局最优点，取得重大创新成果。在找到若干个局部最优点后，可以根据公司的目标对这些局部最优点进行选择，或者是交叉融合产生“子代”，从而完成类似种群进化的选择过程，至此组织就进化了。这就是创新型科技企业的治理特点，和生物进化有着相通的原理。

无论是马云的阿里巴巴的成功，还是字节跳动的成功，都展现出一种企业的生命力。这种生命力是在大量非线性计算中涌现出来的，使得企业迅速具备强大的适应力。群体的行为也是一种进化计算。

迄今为止，复杂性研究尚处在一个相当早期的阶段，其中还有很多关键概念和问题是模糊的。比如，什么是复杂？就缺乏一个形式化的精确定义，有的科学家甚至认为定义这个概念是没有意义的。也许这个领域最需要的是一套全新的理论和语言体系，让人们终能拨云见日，以更高的维度洞察更深刻的底层原理。

第12章 机器能思考吗

模拟大脑的结构

现代复杂性研究将计算科学推广到了广阔的领域，多个学科之间开始交叉融合，计算变成了一个基本的研究工具。在复杂性研究中，一个关键问题在于，如何在不同的事物中发现共同的结构。一旦发现了相同或类似的结构，就可以通过对该结构性质、行为的研究来解释和预测目标事物的行为与规律。这恰恰反映了计算的一些本质，在此我尝试对“计算”的概念做一个更加全面的定义。

> 在计算中，首先通过“编码”完成了对目标事物的数学抽象，这一过程即将自然事物表征为形式化的符号，使得可以通过数学关系来表达符号之间的关系；算法设计则可被视为洞察目标事物内在结构的过程，即用某种我们已知的、熟悉的结构去匹配未知的、陌生的目标对象，编码后的形式化符号将被对应到算法设计后的结构中，这一结构可被称为模型；计算的过程就是通过符号之间的数学关系，对该算法模型中的符号进行有限步机械操作，以达到高效求解问题的目的。这样结构就变成了算法的核心，将编码后的信息归约为数据，再将数据组织到一起形成了数据结构，算法就是在遍历数据结构，以高效地求解问题。

以计算为基础工具分析、求解的问题一般都来自自然界。1687 年，牛顿出版了著作《自然哲学的数学原理》，在那个年代没有对学科进行分类，哲学是“智慧”的意思，牛顿既研究数学也研究物理，对物理的研究就是对自然规律的研究，当时被称为自然哲学。他通过数学原理来解释物理的运行规律，这在那个蒙昧的年代大大震撼了世人。在今天，我们通过计算这一工具来分析和研究自然事物，通过计算的原理来解释自然规律，这可被称为“自然哲学的计算原理”，秉持这种观念的人可被称为计算主义者。

莱布尼茨可能是史上第一个计算主义者，他开创了数理逻辑这一领域，成为计算领域的先驱。莱布尼茨也明确地提出了人类思想字母表和普遍语言的概念，这是一种早期的编码思想，他试图编码万物，并通过机械的操作来计算这些符号，从而可以积累人类的所有知识，用于判定对错、衡量真理。在莱布尼茨的构想中，人类的思维规律是可以用计算系统来模拟的，这就让机器具备与人同等的思维规律成为可能。他甚至制造了一台机器用于加法和乘法的自动化计算，算是完成了机器模拟人类思维规律的一个初步尝试。

莱布尼茨的思想鼓舞了后来的乔治·布尔、罗素和哥德尔等人，在他们的努力下，现代可计算性理论才得以奠基，才有今天数字计算机所开创的惊人时代。莱布尼茨的计算梦想到今天依然还没有完全实现，但是我们已经取得了巨大的进步。

从机器模拟人类的思维规律来说，一条可行的路径是研究人脑的生理结构，然后用机器模拟这个结构，以获得近似的效果，这种效果就是“智能”。从图灵、香农、冯·诺依曼和维纳开始，就在如何让“机器像人脑一样运行”上不断地迈出坚实的步伐，他们在早期的计算机中大胆地实践这些想法。到了 1943 年，一个重要的里程碑出现了，神经科学家沃伦·麦卡洛克和数学家沃尔特·皮茨一起合作发表了一篇跨时代的论文《神经活动内在概念的逻辑演算》，他们结合当时神经科学的进展，第一次揭示了大脑内部神经元的活动和数理逻辑演算之间的相似性。论文中提到：“……用命题的符号逻辑标记来记录复杂神经网络的行为。神经活动的‘全或无’规律足以确保任一神经元的活动可以被表述为一个命题。神经活动中存在的生理关系当然是与命题中的关系相对应的，表述的功用取决于这些关系与逻辑命题关系的等同性。对任一神经元的每个反应，都存在一个对应的简单命题陈述。”

将大脑神经网络的行为表征为逻辑演算后，他们又进一步表达了神经网络活动和图灵、丘奇的可计算性理论的某种等价性：“不难看出，首先，如果每个神经网络配备一条传送带、一些与传入神经相关联的扫描头和适合完成必要运动运算的传出神经，那么它仅能计算像图灵机所能计算的那种数；然后，每一个后面的数都能由这样的神经网络计算……为图灵的可计算性定义和它的一些等价物提供心理学证明是件有意义的工作，这些等价物包括丘奇的 λ 演算和克莱尼的一般递归函数：如果任何数可由一个有机体来计算，那么在这些定义下，它就是可计算的，反之亦然。”

由此，麦卡洛克和皮茨得出了一个相当关键的结论，即“人工神经网络”的可计算性和图灵机是等价的。在此，我们加上了“人工”二字，这是因为麦卡洛克和皮茨的工作是开创性的，但在今天看来依然存在很多瑕疵。他们只是对大脑神经元的活动进行了一次近似建模，而大脑的构造远远比目前人类所了解的要复杂，因此麦卡洛克和皮茨的处理显得过于简单化了。他们证明了人工神经网络可以完成逻辑演算，可以拟合成任何函数的近似，但是人的大脑并不是真的按照逻辑门的方式来进行生理活动的，因此若不能理解大脑工作原理中的微妙之处，可能很难接近真正的智能。

人脑是一个复杂系统，通过计算机模拟人脑的生理结构可能是让机器追赶人类智能的一条捷径。图灵在定义图灵机时，他模拟的是人类计算员，他为人类的逻辑推理建立了一个简单的机械式模型，图灵并未涉足复杂的算法结构；而大脑是由神经元之间的相互连接和作用完成计算的，人类智能是由大量神经元非线性地处理信息后所涌现的结果，从算法的结构来说，也许非线性的神经网络、冯·诺依曼的元胞自动机等模型会比线性的逻辑推理更接近大脑的真实结构。直到现在，还有许多未知等待探索。

但无论如何，麦卡洛克和皮茨的工作为“人工智能”奠定了基础。在 1945 年由冯·诺依曼起草的《关于 EDVAC 的报告草案》中，唯一引用的论文就是《神经活动内在概念的逻辑演算》，而这份报告草案成为世界上最早的电子计算机设计方案；到了 20 世纪 50 年代，弗兰克·罗森布拉特模仿神经网络的原理提出了“感知机”的概念，并与美国海军合作计划开发具备人类智能的机器，此后开启了人工智能的连接主义进路；时至今日，连接主义已经成为人工智能领域最具竞争力的方向，硕果累累。所有这些工作，都从麦卡洛克和皮茨在 1943 年为大脑的结构建模开始。

机器智能大论战

模仿游戏与中文屋

从 350 多年前的莱布尼茨、80 多年前的图灵和冯·诺依曼等人开始，计算一直追求的是如何让机器具备智能，即机器能思考吗？但是时至今日，我们发现，对于什么是思考、什么是智能，依然缺乏精确的定义。由于这些概念模糊，导致它们超出了数学和科学的范畴，还涉及心灵领域，因此引发了将近一个世纪的大论战，至今也未见分晓。

图灵在 1936 年完成了奠定计算机理论的一篇论文，在这篇论文中他将理想的机器计算过程与人类的用纸笔的计算过程相类比，建立了离散状态下机器计算过程的普适模型。就图灵而言，这篇论文成功的起点是从类比人类计算员的思维规律开始的，因此他一直在试图解答这一终极问题："机器能思考吗？"这促成了他于 1950 年发表了另一篇著名的文章《计算机器与智能》，这篇文章指明了机器智能的方向。

图灵在这篇文章中提出了用于衡量机器是否具备人类同等智能的标准，他称之为"模仿游戏"：游戏由 3 个角色组成，一个人类 B（比如女人），一个模仿者 A（比如男人），以及一个人类提问者 C。游戏过程中，C 不断地向 A 和 B 提问，比如 C 问 A 和 B："你的头发有多长？"模仿者 A 的目标是尽量使提问者 C 做出错误的判断，于是 A 可能会说："我长发及腰。"但这个游戏继续玩下去也可能会很复杂，因为 B 可能会说："我是女性，你别听他的！"但 A 也可以说出同样的话，因此提问者 C 要做出正确判断并不容易。

现在图灵问，如果模仿者 A 是一台机器，那么会怎么样？提问者做出错误判断的次数越多，机器的智能程度就越高。这样图灵就用模仿游戏代替了原本的问题"机器能思考吗？"这个游戏最终被称为"图灵测试"，现在其已经成为衡量机器智能程度的重要标准。

图灵认为机器能否具备智能，与学习能力息息相关。因此，他认为理想中应当开发一种学习机。为此他对比了人类儿童的学习过程，并建议开发一种学习机，模拟儿童的大脑。图灵提到：

"我们通常把惩罚和奖励与教育过程结合起来。有些简单的儿童机可以根据这种原理构造或编程。机器必须构造并使得那些在出现惩罚信号前不久发生的事件不大可能再次发生，而奖励信号则能提高导致这一信号出现的事件的重复概率。

……

"学习机的一个重要特征是，它的老师对于它的内部过程是怎样的，往往知之甚少，尽管他在一定程度上仍能预言他学生的行为。

……

"明智的做法可能是在学习机中设置一个随机单元。在我们搜索某个问题的解时，随机单元是相当有用的。……系统方法的缺点是，可能不得不先去试探很大一片根本没有解的区域。现在学习过程可以被看作寻找一种让老师（或某种别的判据）得到满足的行为形式。既然可能有非常之多的合乎要求的解存在，随机方法看起来比系统方法更好一些。"

图灵把机器学习的几个要点基本上都总结到了，此后机器学习的发展也基本上是沿着图灵预言的道路前进的，而图灵写这篇文章时是 1950 年。两年后图灵英年早逝，给人类带来了巨大的遗憾。

认为机器能具备和人同等的智能，其实就是丘奇-图灵论题的加强版，即认为人脑内在活动机制也是一个类似机器的离散状态计算过程。在缺乏足够的生物学证据的背景下，这一论断不仅是科学上的，也涉及心灵和哲学领域，由此引发了一场世纪大论战。

哥德尔在 1972 年，即图灵去世近 20 年后，针对图灵 1936 年论文中关于机器等价于人类计算员写了短评，称其为“图灵分析中的一个哲学错误”。哥德尔认为“图灵分析中所指的思维并不是静止的，而是持续变化的”，而且精神上的思维状态可能会更加趋于无穷。这种分歧代表了对“思维最终是来自大脑的机械过程”持正反观点的两派之间的基本冲突。

哥德尔认为人的心灵高于思维，自然更高于机器的计算过程，因为人显然可以判断不可证命题的正确性，但机器在一个逻辑系统中却受制于不完备性定理，显然不具备这种判断能力。同时，哥德尔也认为数学独立于人的心灵存在，他是数学实在论者，这与英国数学家哈代的观点有些类似，坚信数学是真实存在的，而数学家们只是发现了美妙的数学定理。哈代甚至认为纯粹的数学家的功绩是无法通过使用价值来衡量的，因为数学家和艺术家做的工作是高度类似的。

由此，以图灵和哥德尔为代表，针对“机器能思考吗？”这一问题的观点被分成了两个阵营，认为“大脑是一台图灵机”的人，我们称其秉持着“图灵信念”，而认为“人的心灵高于机器”的人，我们称其秉持着“哥德尔信念”。实际上，这个问题有着更深层次的物理和哲学渊源，秉持图灵信念者，可以追溯到亚里士多德的唯物论，而秉持哥德尔信念者，无疑可以追溯到柏拉图的理想世界。2000 多年过去了，这个哲学问题依然没有答案，两种观点都大有杰出人才存在。

一些哥德尔的反对者认为，哥德尔的反驳意见的前提是人的大脑是一致的，这样才会受哥德尔不完备性定理影响，但事实未必如此。比如，人类经常会犯错，有时会前后不一致，甚至自相矛盾。人是复杂多变的，人不一定执着于一致性，对同一个问题，一个人的看法在不同时期有可能发生变化。不同的人对于同一个问题的看法也很难统一。此外，按照哥德尔的说法，也无法证明人脑不服从哥德尔不完备性定理，因为任何严格的证明自身都会包含一个对所宣称的不可形式化的人类天赋的形式化表示，从而自相矛盾。

对图灵信念的一个最强有力的挑战来自美国哲学家约翰·塞尔（John Searle）教授，他在 1980 年发表了一篇名为《心灵、大脑与程序》的文章，针对强人工智能提出了一个名为“中文屋”的思想实验。在这个实验中，有一个只懂英文而完全不懂中文的人坐在一个封闭的小屋内，他手边有一本英汉字典（工具书，或类似的翻译程序）能够进行查询，屋子只有一个窗口与外相通。这时屋子外的人将写有中文的纸片通过窗口递进来，屋子里的人通过查询英汉字典翻译后再将结果传出去。

这样屋子外的人会认为屋子里的人是懂中文的，但实际上这个人并不懂中文。塞尔通过这个思想实验反驳了关于机器会具备智能的说法，他认为计算机只是处理了接收到的信息，给人一种智能的印象，而并不理解信息真正的内容。对中文屋的一种反驳观点认为，应该将屋子和屋内的人视作一个整体，这样这个整体是可以被视为懂中文的。

多数计算机科学家坚定地秉持着图灵信念，其中就有侯世达。为了纪念图灵，侯世达专门撰写了一篇文章《迟钝呆板的人类遇见顶级机器翻译家》来反驳类似塞尔的观点。他认为机器和算法的进化可以是非线性的过程，而并非塞尔等人理解的机器的逻辑推理是一种简单的线性行为。在这篇文章中，侯世达用他特有的“对话体”文风跨越时空地和图灵发起了一场对话。他假想了一个理想的机器智能，站在机器的视角，以创作十四行诗为例说明了机器是如何具备人类智能的。文中提到：

> “但是‘语法’这个术语具有非同一般的重要性，它可以用准确和清楚的方式描述一连串动作，当然这些描述会受限于文法。句法运算的范围从一些简单的动作到十分复杂的问题，从来没有说过语法处理过程不会涉及语义。当我们从各种结构的变换以及表示概念的可识别半稳定模式开始处理语法，就引发了从无语义到完全语义之间平滑过渡的关键问题。将这些模式看成概念是对于日常实际概念的扩充，反映了概念与语法之间的相互影响。自然地，这种反映越精确，表达的概念也就越充分和丰富。概念的范围有多大，语句含义的范围就有多大，语句的含义就是语义。”

自哥德尔之后，形式系统就将语法和语义区分了开来，图灵机这样的形式系统关注的是语法，然而智能的概念却涉及语义，这正是其中存在混淆的地方。侯世达解释的这段关于如何完成从语法到语义的过渡，说明了机器具备智能的可能性。接下来，他又进一步地阐述了他对于图灵测试的看法：

> “一个好的翻译者(机器翻译)在翻译诗中每一行时，都有背后隐藏的故事。其中，要比较各种因素：尾韵、首韵、音韵、文字意思、比喻含义、文法结构、逻辑次序、两种语言的近似性、幽默的类型与程度、局部和全局的音调，以及只有上帝才知道的各种神秘的心智因素。这就是图灵在他的短小经典对话中所暗示的东西。然而许多人读了这些对话，或者读了整篇文章，乐观地认为仅仅进行字面上的简单变换就可以通过图灵测试。这是一种多么缺乏想象力、多么愚蠢、多么僵化的交流方式。”

事实上，图灵对于模仿游戏中可能产生的种种复杂情景并未做出充分的说明就离世了，但从图灵的原文中确实可以读出侯世达所指出的暗示含义。通过图灵测试并没有那么简单，然而机器也未必比人傻。

在 1950 年的文章中，图灵大胆预测机器要通过他的模仿游戏，成功欺骗人类，需要大约 50 年时间："我认为，在大约 50 年时间里，有可能对具有约 10^9 存储容量的计算机进行编程，使得它们在演示模仿游戏时达到这样出色的程度：经过 5 分钟提问，一般提问者做出正确判断的机会，不会超过 70%。……估计大脑的存储容量在 10^{10}～10^{15} 个二进制数字之间。①我倾向于较低的值，并且认为用于较高级思维的只是其中的一小部分。它们之中的大部分可能是用于保留视觉印象的。如果成功表演模仿游戏所需的容量超过 10^9，我会感到吃惊，至少与盲人的情况不符。"

图灵的预测相当成功。2012 年，基于深度学习的"卷积神经网络"在计算机视觉领域的权威数据集 ImageNet 的算法竞赛上一举夺魁，可以说其在计算机视觉领域通过了图灵测试，比图灵预测的时间只晚了 12 年。到了 2023 年，基于深度学习的 ChatGPT 风靡全球，它的前身 GPT-3 采用大模型训练了 1750 多亿个参数，相当于 10^{11} 量级，只比图灵的预测高出了两个量级，而且还存在进一步优化的空间。

这样，图灵信念者的不懈努力拉开了机器智能的帷幕。

符号主义与连接主义

1950 年，受到麦卡洛克和皮茨工作的影响，马文 • 明斯基（Marvin Minsky）在哈佛大学读本科时和 Dean Edmonds 一起使用 3000 多个真空管和 B-25 轰炸机上的零件，建造了世界上第一台神经网络计算机 SNARC，它可以模拟 40 个神经元。到了 1956 年，明斯基和达特茅斯学院的约翰 • 麦卡锡（John McCarthy）教授、克劳德 • 香农一起发起了一次为期两个月的研讨会，史称"达特茅斯会议"②，这次会议被视为人工智能的起点。会议提案表明了组织者的野心：

> "我们提议 1956 年夏天在新罕布什尔州汉诺威市的达特茅斯大学开展一次由 10 个人组成，为期两个月的人工智能研究。学习的每个方面或智能的任何其他特征，原则上可被这样精确描述，以至于能够建造一台机器来模拟它。该研究将基于这个推断来进行，并尝试着发现如何使机器使用语言，形成抽象与概念，求解多种现在注定由人来求解的问题，进而改进机器。我们认为：如果仔细选择一组科学家来针对这些问题一起工作一个夏天，那么对其中的一个或多个问题就能够取得意义重大的进展。"

① 现代研究认为人脑的神经元个数在 10^{14} 量级。

② 总共就这个领域的 10 个专家参会，为期两个月。就仿佛召集了十大武林高手一起闭关两个月，要求每个人把自己的独门武功秘籍拿出来相互参详，最后领悟出一份超级武功心法。只是它不是关于武功的，而是关于人工智能的。

在这次研讨会上，麦卡锡带来了他的$\alpha-\beta$搜索，马文·明斯基带来了他的神经网络计算机 SNARC，赫伯特·西蒙和艾伦·纽厄尔带来了他们的程序“逻辑理论家”，这些成为大会的亮点。达特茅斯会议之所以重要，是因为在未来几十年奠定人工智能主流的人物和技术都在此汇聚，其中一半人后来都得了图灵奖。

在这次会议上，麦卡锡提议为这个新的领域取一个新的名字，他建议叫“Artificial Intelligence”，这就是 AI（人工智能）的由来。人工智能这个名字着实会让人有些困惑，因为计算机科学家们的目标是让机器具备智能，因此叫“机器智能”可能更合理一些。另一方面，人工智能融合了自动机理论、神经网络和智能研究的多个领域，在很多人看来这些领域本身也在研究这个方向，那为什么还要新取一个名字呢？现在看来，麦卡锡取的这个新名字“人工智能”大获成功，使得它能成为一个独立的学科，其原因主要有两点：一是人工智能诞生之初的目标就是复制人的学习、感知、认知、行动等能力，而其他领域则不会处理这些问题；二是方法论不同，人工智能显然是属于计算机科学的，并以建造一台在复杂环境中具有自适应能力的机器为目标，而控制论、运筹学等领域的目标则不尽相同。现在，人工智能已经成为一门综合了计算机科学、心理学、认知科学、神经科学、语言学的独立学科。

在达特茅斯会议上，西蒙和纽厄尔带来的程序“逻辑理论家”能够自动推理出罗素和怀特海编写的《数学原理》第 2 章中的 52 个定理中的 38 个定理，而且速度比人手算还快，罗素知道以后非常高兴。西蒙除了是计算机科学家，还是心理学家、经济学家和社会活动家，他除了得过图灵奖，还拿到过诺贝尔经济学奖，有巨大的社会影响力，是一个通才。西蒙和纽厄尔的“逻辑理论家”是通过符号之间的推理来完成机器证明的，后来他们结合认知模型，在 1976 年提出了“物理符号系统”的假设，他们指出：“一个物理符号系统具有必要且充分地表示一般智能行动的手段。”这就开启了人工智能的符号主义进路。符号主义者认为智能系统一定是通过处理由符号组成的数据结构来发挥作用的。

麦卡锡在会议后从达特茅斯学院去了麻省理工学院，并在那里发明了 LISP，这是早期最重要的人工智能编程语言。麦卡锡继续沿着他的搜索进路发展，在 1958 年发表了《具有常识的程序》的论文，他构想了一个系统，能够以知识来搜索问题的解，同时还可以不断地往这个系统中加入新的公理，这意味着它包含世界的一般知识。麦卡锡的这个思想非常重要，到今天依然很有影响力，实际上我认为这是当前 AI 陷在困局里不得不突破的关键问题之一。

早期人工智能在解决一些简单问题时效果非常好，这让西蒙等人非常乐观，并且大胆地做出了预测。西蒙在 1957 年提到：“我的目的不是使你惊奇或震惊——但是我能概括的最简单的方式是，现在世界上就有能思考、学习和创造的机器。而且，它们做这些事情的能力将快速提升直到——在可见的未来——它们能处理的问题范围将与人脑已经应用到的范围共同扩张。”过于乐观的结果就是很快迎来了人工智能的第一次寒冬，机器的智能能力并没有如西蒙预测的那样随着问题的规模而线性提升，在 20 世纪 60 年代，机器仍缺乏解决复杂问题的能力。

模仿大脑生理结构的人工神经网络也并未获得更好的表现。明斯基的高中同学弗兰克·罗森布拉特发明了感知机，这是单层人工神经网络，具有学习能力。罗森布拉特通过感知机让机器识别出了图片里的文字，这让他一度成为媒体的宠儿，他计划与美国海军合作来制造这种“能够思考的机器”。但是媒体热度总是短暂的，在引起大众过高的期望后，感知机并不能解决更复杂的问题，而对感知机的致命一击则来自罗森布拉特的高中同学，同时也是制造出世界上第一台人工神经网络计算机 SNARC，并在达特茅斯会议上开启连接主义进路的马文·明斯基。

马文·明斯基的博士论文正是关于神经网络的，可以说他开启了模仿人脑神经元结构的连接主义进路。但是到了 1969 年前后，他背叛了原本的信仰，转而投向了符号主义。明斯基和 Papert 在 1969 年出版了著作《感知机》，这本书非常细致地从数学上分析了感知机的优点和缺点，它冷酷无情地指出感知机是没有任何前途的，因为无法处理“异或”的问题。感知机也许能识别一张图片里的两个点是否是黑色的，或者是否是白色的，但它无法告诉你这是两种不同的颜色。《感知机》这本著作产生的巨大影响力几乎扼杀了连接主义，大量的科研工作者转向了符号主义方向。

符号主义者在取得对连接主义的短暂胜利后，将赌注押在了专家系统上，这是一种知识密集型的推理系统，它依赖于专家的经验并形成了大量的规则，希望系统能够工作得像专家一样好。这样的专家系统一般将知识（规则）和推理进行分离设计，以达到更好的扩展性。这项工作在 20 世纪 80 年代达到了顶峰。当时有一个叫 Cyc 的项目，试图通过海量规则重建世界的常识，比如“你不能同时出现在两个地方”“喝咖啡时要杯口朝上”等。在 10 多年前，我接触支付宝工作时，支付宝的风控系统就是一套专家系统。当时一线员工跟我抱怨说系统里有几千条规则，已经完全无法维护了，甚至有些规则还是自相矛盾的。在往后的几年里，支付宝重构了风控系统，彻底抛弃了专家系统。在 20 世纪 80 年代，美国涌现出几百家专家系统公司，在工业制造、医疗诊断等领域有所应用，AI 产业从 1980 年的几百万美元迅猛增长至 1988 年的数十亿美元，但也很快迎来了泡沫的破灭，人工智能产业进入了第二次寒冬，人类对机器智能的幻想再次破灭。

在人工智能的寒冬中，依然坚持着连接主义方向的人首先要数杰弗里·辛顿（Geoffery Hinton）。辛顿出生于英国，他的高外祖父是提出了“逻辑代数”的乔治·布尔。乔治·布尔是计算领域关键的承上启下之人，他上承莱布尼茨，接过了计算之梦的接力棒，发表了《思维规律的研究》，使逻辑完成了代数化，这成为哥德尔、香农等人的工作基础。辛顿本科时就读于剑桥大学的国王学院，这里恰恰是图灵上学的地方，1936 年图灵那篇著名的论文就诞生于此地。辛顿的父亲是一位英国皇家学会的会员，辛顿从小活在家庭的压力之中。他曾一度放弃学术，用他的话来说，就是心理学不及格，从物理专业退学，最后还去干了一段时间的木匠。在他十几岁时，在一次帮母亲抱取暖器时受了伤，导致 50 岁以后的他如果要坐下来，就要冒着腰椎间盘滑脱的风险，因此他不得不常年站着、躺着或者靠在墙上。辛顿是一个无法坐下的人。

辛顿真正感兴趣的事情是研究大脑的奥秘。他受到加拿大心理学家唐纳德•赫布的影响，赫布在著作《行为的组织》中描述了大脑进行学习的基本生物过程，并提出了赫布定律。人的神经元之间是通过突触进行互联和传递信息的，神经元细胞有两种状态：兴奋和抑制，其状态取决于从其他神经元收到的输入信号量，以及突触的强度（抑制或加强）。如果两个神经元总是相关联地受到刺激，它们之间的突触强度就会增加。因此，人的大脑神经元结构是可以通过后天的学习和训练来改变和塑造的。赫布认为人脑有长期记忆和短期记忆，如果一个经验重复的次数足够多，那么短期记忆就会被凝固为长期记忆，从而每个人形成了不同的记忆印痕。赫布的理论也启发了罗森布拉特发明感知机。

辛顿常常一个人在周末去图书馆查阅关于大脑工作原理的资料，尽管这方面的资料少得可怜。无论是神经科学家、心理学家还是计算机科学家，对于大脑的工作原理都知之甚少。在人工智能的寒冬中，辛顿是绝对的少数派，哪怕是他的导师后来都劝他放弃连接主义，因为这已经被明斯基和 Papert 的《感知机》一书证明是没有前途的。但是辛顿却对大脑的工作原理着迷，对用机器模仿大脑有着坚定的信念。辛顿认为，恰恰是因为明斯基和 Papert 在《感知机》中非常精确地指出了其局限性，才使得最终解决这些问题变得更加容易。

然而，20 世纪 80 年代的人工智能寒冬导致坚持连接主义的辛顿在博士毕业后根本找不到工作，辛顿只得把目光投向英国之外。这时候，他发现在美国加州大学圣迭戈分校有一个 PDP 小组，他们和罗森布拉特有着类似的想法，正在尝试将感知机的单层神经网络变为多层，每一层都向下一层提供信息，以学习感知机无法学习的复杂图形。戴维•鲁梅尔哈特（David Rumelhart）是 PDP 小组的灵魂人物，辛顿找到了他。

鲁梅尔哈特尝试打造一个多层神经网络，但是他敏锐地意识到，其中一个关键问题是，很难确定每个神经元对整体计算的相对重要性（权重），因为多层神经网络中神经元的关系过于复杂，改变一个神经元的权重，就意味着要改变其他所有依赖于该神经元行为的神经元。这个问题今天被称为“贡献度分配问题”，是神经网络和深度学习中的核心问题。鲁梅尔哈特认为“反向传播算法”能解决这个问题。给神经网络输入一个样本数据，得到网络的一个输出，如果将输出与目标结果的差异定义为一个损失函数，那么神经网络的参数学习就是要计算损失函数关于每个参数的导数。求参数的偏导数相当于计算每个神经元的变化率，它能反映出某层神经元对最终损失的影响，也能反映出最终损失对某层神经元的敏感度，因此被称为误差项。通过链式法则，第 l 层的误差项可以通过第 l+1 层的误差项计算得到，这就形成了误差的“反向传播”。

辛顿告诉鲁梅尔哈特，这种方法不会成功，因为当所有权重被初始化为 0 时，最终系统的发展趋势都是不断校平的，每个权重都会和其他权重一样落在同一个地方。鲁梅尔哈特接受了辛顿的反对意见，然后提出了一个新想法：如果将初始权重设置为随机数字呢？于是两人开始打造一个从随机权重开始的系统，这时突然发现明斯基 10 多年前在《感知机》中指出的神经网络不能处理“异或”问题的缺陷被解决了！基于“误差反向传播算法”的多层神经网络被证明可以调节自身的权重，这时可以回答那个问题了：“这是两种不同的颜色吗？”

反向传播算法取得了巨大的成功。1987 年，卡内基-梅隆人工智能实验室的博士生迪安·波默洛采用辛顿和鲁梅尔哈特的想法设计了一辆可以自动驾驶的卡车，他将自己的系统命名为 ALVINN，其中 NN 代表神经网络（Neural Network）。在 1991 年的一个清晨，ALVINN 以将近 97 千米的时速从匹兹堡开到了宾州的伊利市。至此，被明斯基《感知机》一书判为“死刑”的神经网络涅槃重生了！

在研究完反向传播算法后的几年里，辛顿与神经科学家特里·谢诺夫斯基（Terry Sejnowski）合作，开发出了玻尔兹曼机的理论模型，其中借鉴了物理学家玻尔兹曼加热气体中粒子平衡的理论。玻尔兹曼机可以被看作一种随机型的神经网络，它能够学习数据的内部表示，其参数学习的方式和赫布描述的人脑神经元的学习过程十分类似。一些有约束条件的玻尔兹曼机得到了广泛应用，比如可以显著地提高语音识别的精度，这预示着连接主义春天的到来。

法国人杨立昆（Yann LeCun）和辛顿在 1985 年的一次会议上碰面后，彼此很快就确信对方有着和自己一样的连接主义信念。杨立昆的博士论文写的是一种类似于反向传播的机制，辛顿看过论文后，很快飞到巴黎，加入了杨立昆的论文委员会。在拿到博士学位后，杨立昆跟随辛顿在多伦多大学做了一年的博士后。彼时辛顿受其妻子的影响，从美国搬去了加拿大，这也导致了人工智能学术中心的一次转移。斯坦福大学的人工智能教授吴恩达曾宣称，杨立昆是唯一真正能让神经网络生效的人。杨立昆最重要的贡献来自“卷积神经网络”（CNN），这是一种模拟大脑视觉皮层结构的人工神经网络，它将图像切割为众多方块，分别分析每一个方块，在这些方块中找到小图案，并在人工神经网络中拼成更大的图案。杨立昆在卷积神经网络中引入了反向传播算法。基于这种对人脑视觉皮层的模仿，卷积神经网络可以让机器识别图像里的猫和狗。但人工智能的寒冬让杨立昆相当谨慎，在论文中小心翼翼地回避了“神经网络”一词，而将“卷积神经网络”写成了“卷积网络”。

到了 20 世纪 90 年代，当时的算力不足以支撑大规模多层神经网络的训练，因此神经网络取得的效果有限，发展进入了停滞期。而且，多层神经网络遇到了难以训练的问题。这个问题最终在 2006 年由辛顿解决，他采用了逐层预训练结合精调的方式，这也成为目前深度学习的一种主流方法。随着计算机工业的发展，辛顿也意外地发现，原本用于图像渲染的 GPU，可以为多层神经网络的训练提供充足的并行计算能力，其效率远远高于擅长做算术逻辑运算的 CPU。至此，深度学习的障碍基本都被扫平了。

2012 年，在基于视觉识别领域的权威数据集 ImageNet 举办的大规模视觉识别挑战赛上，来自辛顿团队的 AlexNet 一举夺魁，采用卷积神经网络的 AlexNet 的效果比第二名好出 1 倍。AlexNet 的论文也成为计算机科学史上最有影响力的论文之一。下图是 AlexNet 的结构。2012 年 ImageNet 的这场挑战赛，证明了神经网络不仅可用于语音识别，而且它是一种通用的通向智能的方法，在视觉识别、自然语言理解上都能发挥作用。[①]这次胜利开启了人工智能的第三次浪潮，这次浪潮是以“深度学习”为核心的。寒冬终究会过去，春天即将到来。连接主义在被压制了近 40 年后，开始绝地反击。可惜鲁梅尔哈特在此一年前去世了，没有看到这一天。

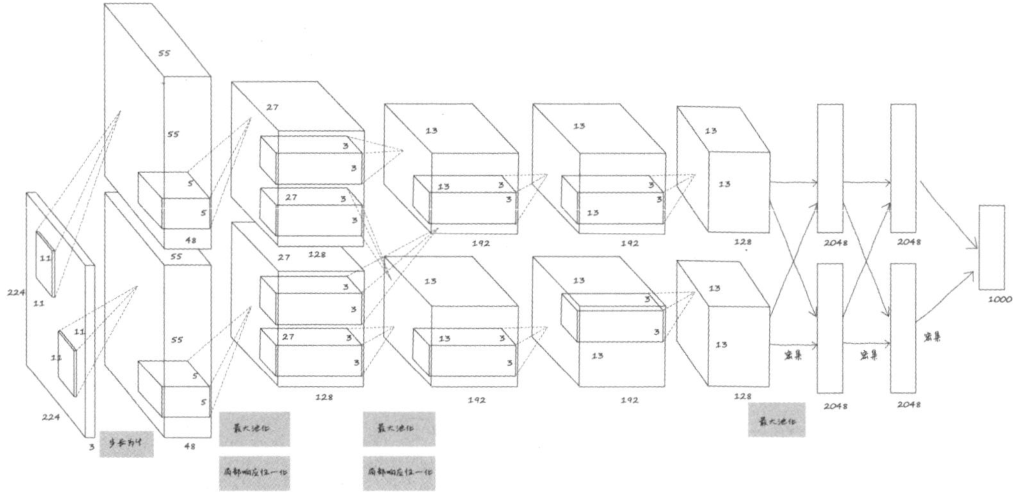

① 在推出 ImageNet 之后，辛顿带着他的两位学生和 AlexNet 技术，成立了公司 DNN Research，并很快连人带公司被 Google 以 4400 多万美元收购。苏茨克维在 2015 年离开 Google，成为 OpenAI 的联合创始人和首席科学家，最终研发出 ChatGPT。

自此近 30 年，连接主义的大获成功使得人工智能领域几乎被概率统计和模型训练的思想所统治。在机器学习方向，“学习”过程依赖于对大量标注数据的训练，步骤基本上是：先定义一个损失函数，用于判断模型效果与目标的差距，比如人脸识别，对了记为 1，错误记为-1；然后选择一个模型，比如 10 层的神经网络，它有大量的参数；最后用标注过的数据集来拟合模型的参数。通过这样的方法，谁拥有大量的高质量数据，谁的模型效果就会更好。

辛顿是连接主义圈子中毋庸置疑的领袖，大多数这个领域中的专家和论文成果都能挖掘出与他的联系。在他 60 岁生日那天，辛顿在温哥华举行的年度 NIPS 大会上发表演讲，也第一次提出了“深度学习”这个词。深度学习从原理上看就是多层神经网络，但是辛顿提出这个词，意在激励研究者们在一个失宠的领域坚持自己的正确信念，同时似乎也意味着其他人所做的都变成了“浅薄学习”。深度学习这个概念在接下来的 10 多年里大获成功。

2019 年，杰弗里・辛顿（Geoffrey Hinton）、约书亚・本吉奥（Yoshua Bengio）和杨立昆（Yann LeCun）获得了年度图灵奖，以表彰他们在深度学习领域做出的革命性贡献。杨立昆在获奖感言中说：“我一直认为我绝对是正确的。”对于辛顿来说，他完成了高外祖父乔治・布尔自 1854 年以来的梦想，也在一定程度上回答了图灵在 1950 年的期盼。

AlphaGo 与李世石

2016 年 3 月 9 日，DeepMind 训练的人工智能程序 AlphaGo（阿尔法狗）在围棋的五番棋中迎战韩国的李世石九段，万众瞩目。李世石是韩国的国手，此前赢得过世界冠军，而 DeepMind 是由一群来自伦敦的野心勃勃的计算机科学家们组成的团队，彼时他们已经被 Google 收购。

赛前媒体给予了充分的报道，因为这是一场世纪之战。AI 在游戏领域的研究由来已久，早在 1949 年，香农就在一篇论文中提到过对于让计算机程序下棋，应该有一个评价函数。图灵在 1950 年的文章中提出了利用奖励和惩罚来训练儿童机的想法，这被认为是强化学习的起源。自 1968 年以来，计算机科学家们就一直在编制能下棋的程序。到了 1997 年 5 月，IBM 的“深蓝”第一次战胜国际象棋的世界冠军卡斯帕罗夫，这是机器对人脑的一次里程碑式的胜利。但是“深蓝”主要依靠穷举所有棋步和人工调参来工作，所以人们不认为它是一个智能程序。

围棋一直被人们认为是机器智能所难以触达的领域，它比国际象棋复杂得多，机器能战胜国际象棋大师，但难以战胜人类的围棋九段。在东方文化里，围棋高手是智慧的象征，几乎代表了人脑智商的最高水平。国际象棋的棋盘有 64 格，包含 10^{50} 种可能性，而围棋的棋盘有 361 个交叉点，每个点有黑子、白子和空 3 种状态，因此棋局有 $3^{361}\approx10^{171}$ 种可能性。宇宙中的粒子总数大约有 3.28×10^{80} 个，因此围棋棋盘方寸之间变幻万千。

AlphaGo 在迎战李世石之前，已经战胜了欧洲围棋冠军樊麾，但是樊麾当时的棋力只有职业二段，和李世石不可同日而语。因此，李世石在迎战 AlphaGo 前信心满满："即使 AlphaGo 战胜了欧洲冠军，我还是认为到目前为止人类比人工智能强。不过在听到人工智能具有类似人类的直觉判断能力后，我倒感到有些紧张。"

在李世石的祖国韩国举行的五番棋对战，一共要下 5 盘，五局三胜制。第一局棋，李世石和 AlphaGo 双方苦战至 3 小时后，李世石投子认输。第二局棋，李世石表现得更加谨慎。行至第 37 手，AlphaGo 突然违反常理地走出了一手"尖冲"，即在对方棋子的对角线上方走棋，任何职业棋手都不会这么走，因为按照棋理，这步棋是得不到任何好处的。李世石见到这一步后，直接走出了房间，他花了将近 15 分钟来让自己从震惊中恢复。赛后观战的樊麾说道："我从未见人类走出过这步棋，太美了！"此后双方继续苦战至第 211 手，李世石中盘认输。

随后李世石又输掉了第三局棋，因此按照五局三胜的规则，李世石实际上已经输掉了比赛。但双方都同意把剩下的两局下完。在下第四局棋时，行至第 78 手，李世石思考了 30 分钟后，用一手"挖"将棋子落在了 AlphaGo 的两子之间，这一手大大出乎 AlphaGo 的意料，此后形势急转直下，李世石在第四局棋扳回一局。这第 78 手"挖"，被称为"神之一手"，DeepMind 事后复盘，发现 AlphaGo 认为李世石只有万分之一的概率下出这一手，所以完全没有推演这一手之后的变化。赛后李世石说："因为我输了三局才赢了这一局，所以这局棋的胜利对我来说弥足珍贵，我不会拿它跟任何东西交换。"

最终 AlphaGo 以 4∶1 的战绩战胜了人类的围棋冠军李世石九段，而李世石也成为迄今为止唯一赢过 AlphaGo 的人类棋手。李世石在赛后的新闻发布会上说："我很抱歉没能满足很多人的期待，我觉得很无力。"自图灵 1936 年发表论文的 80 年后，计算机第一次在一个公认的高智商领域战胜了人类，把人类的傲慢踩在了脚下。

AlphaGo 由戴密斯·哈萨比斯和戴维·西尔弗创建的 DeepMind 开发，这家公司在创建之初就致力于开发出通用人工智能，并认为他们创造的 AI 不应当被用于任何军事目的。起初，研究通用人工智能的方向被同行嘲笑，没有人相信他们能成功。他们早期开发了一些游戏对战类 AI，哈萨比斯曾是世界上排名第二的 14 岁以下国际象棋选手，他似乎对游戏情有独钟。2014 年 1 月，在辛顿的支持下，Google 收购了 DeepMind。

AlphaGo 采用了一种被称为“深度强化学习”的技术。强化学习是机器学习的一个分支，它利用观察到的回报来学习针对某个环境的最优策略。动物心理学家对强化的研究已经超过 70 年，对于动物来说，它们的神经系统会将疼痛和饥饿识别为负回报，将快乐和食物识别为正回报。对于下棋来说，机器需要知道当它“将死”对手时好事情发生了，当它被对手“将死”时坏事情发生了，这个反馈就是强化。这个学习过程与动物和人的学习过程非常相似。

AlphaGo 高度模仿了棋手下棋时的心理过程，通俗来讲就是“走一步，看三步”，先判断哪几个地方可以下子，胜算如何，然后在其中某处下子后，再推演往后的 n 步，思考后面的棋局会是什么样子。AlphaGo 用其强大的计算能力每走一步，模拟推演几十步；同时，模拟推演完成后又反过来影响当前走哪一步的胜率是最高的。因此，AlphaGo 总能找到一个几乎最优的走法。

AlphaGo 主要用到了 3 种技术的组合：有监督学习、强化学习和蒙特卡洛树搜索。AlphaGo 包含两个网络，一个是策略网络，另一个是价值网络，如下图所示。策略网络的目的是预测当前盘面下一步落子会落在哪里的概率；价值网络是一个评价函数，用来评估当前盘面落子获胜的概率。

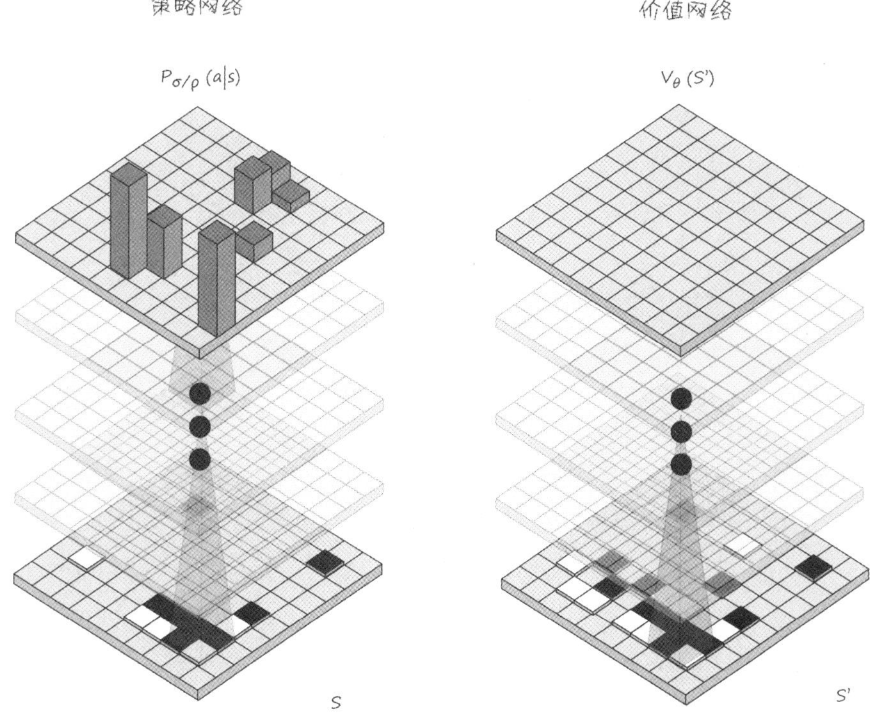

策略网络采用了一个 13 层的卷积神经网络。它首先用有监督学习的方式，通过互联网上的围棋对战平台采集了 3000 多万步人类棋手如何走棋的数据，对于它来说，这些是标注过的数据，可以从中学习人类棋手针对每个棋局盘面是如何落子的。

然而，DeepMind 觉得这样还不够，在学完职业棋手的 3000 多万步棋后，又采用强化学习的方式，让 AlphaGo 和自己下了几百万盘，就像金庸武侠小说里老顽童周伯通的武功“左右手互搏”一样，以找到更好的策略。这种强化学习没有直接的监督信息，而是把模型放在环境（下棋）中，和环境发生交互作用，由环境给予反馈（赢了还是输了），自己调整模型的参数。在强化学习后，AlphaGo 在 80%的对战中战胜了过去的自己，棋力飞速增长。最终，AlphaGo 在预测对手落子位置时可以达到 57%的准确率，这是一个很高的准确率，因为人类棋手自己也经常犯错。下图中棋子上的数字代表落子概率。

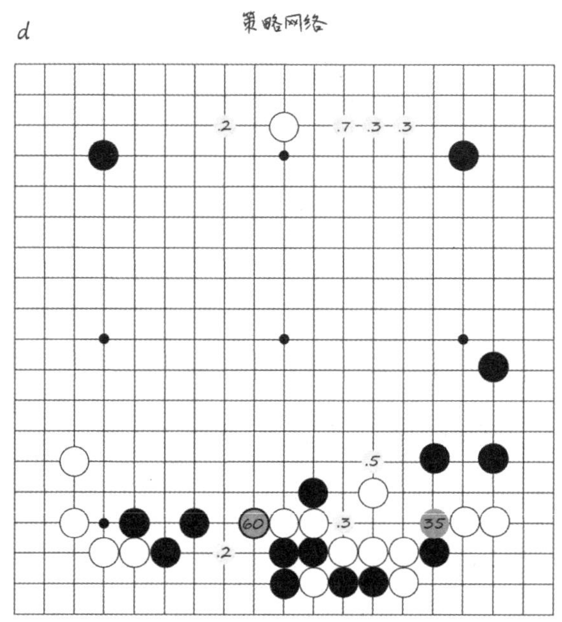

价值网络主要用于评估当前盘面的胜率。但是围棋和象棋不同，没有简单的评价函数。象棋的每个棋子的权重是不同的，比如，王、后与小兵的重要性完全不同，因此对于象棋来说，只要建立好棋子之间的关系就比较容易得出一个评价函数。而围棋的棋子都一样，其权重完全由位置决定，这就需要抽象出更深层的模式。AlphaGo 的价值网络也是一个神经网络，它以多次模拟的胜负结果为监督信息，输出胜率。下图中棋子上的数字代表获胜概率。

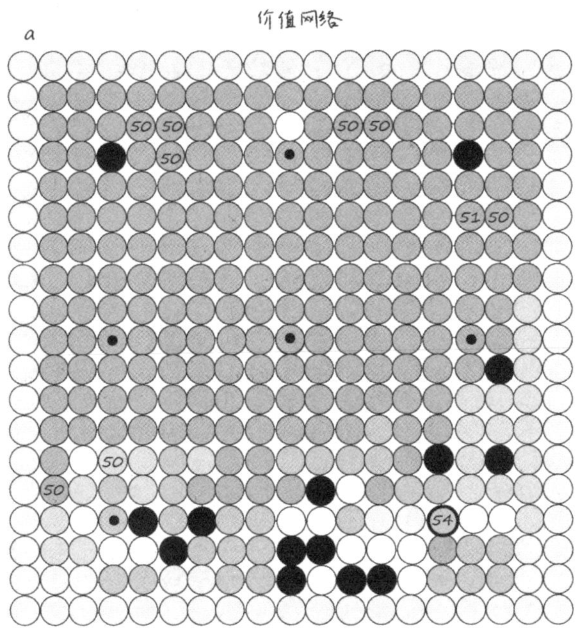

在这个过程中，AlphaGo 的核心是模拟每个落子之后的棋局，这是一个树搜索的过程，涉及相当庞大的走子分支。一直模拟推演到最后，就自然知道了胜负结局，此时可以回溯，告诉价值网络这一步落子的胜率为多少。为了避免计算量过于庞大，可以选择只计算“最可能”的走子，也不必模拟到最后才能知道胜负，有个大概就行了。AlphaGo 采用了一种叫“蒙特卡洛树搜索”（MCTS）的算法来完成模拟推演，如下图所示。

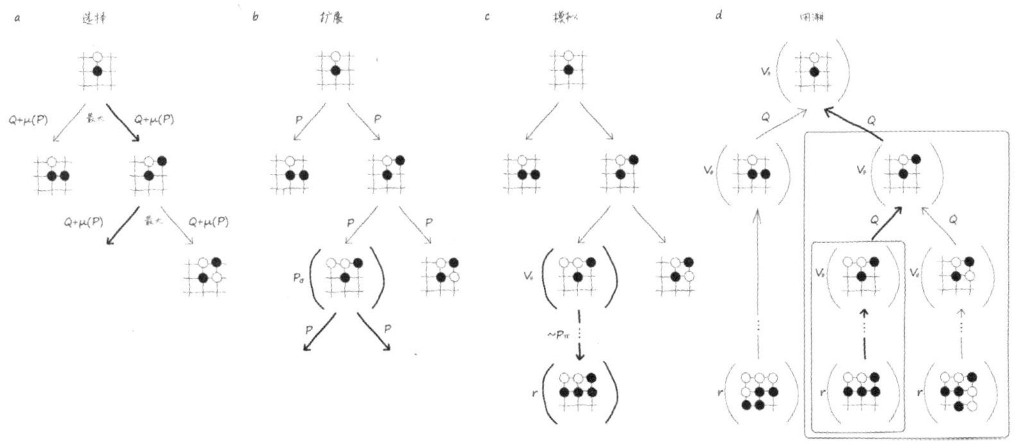

蒙特卡洛树搜索算法由选择、扩展、模拟、回溯 4 步完成，它模拟了人类棋手走

棋时的思考过程：并不是在脑海中把所有走棋的可能性列出来，而是根据直觉（棋感）在脑海里筛选出几种“最可能”的走法，然后推测这几种走法之后对手“最可能”的走法，接着思考自己接下来“最可能”的应对走法。在多轮模拟后，蒙特卡洛树搜索算法的结论就是越优秀的节点越有可能走，同样，走得越多的节点就越优秀。

在策略网络、价值网络和蒙特卡洛树搜索算法的共同作用下，AlphaGo 几乎总能走出最优的走法。柯洁在面对 AlphaGo 时就有一种面对没有情感的冰冷机器的感觉。2017 年 5 月，排名世界第一的年仅 20 岁的柯洁在乌镇和 AlphaGo 下了三番棋。柯洁代表了当今围棋界的最高水平，18 岁即成为世界冠军，在单盘比赛中曾以 8∶2 碾压李世石。此前李世石输给 AlphaGo 时，柯洁曾放言“就算 AlphaGo 战胜了李世石，但他赢不了我”。对于柯洁这个横空出世的天才棋手，可能只有巅峰时期的吴清源才能与其一较高下。

可惜柯洁生不逢时，他没有遇到吴清源，却遇到了更可怕的 AlphaGo。他不该留给 AlphaGo 一年的时间，如果说在战胜李世石时 AlphaGo 还有瑕疵，那么经过一年的改进和“左右互搏”，AlphaGo 已经达到了一个常人难以理解的高度。赛前 DeepMind 预测，认为柯洁没有任何获胜的可能性。最终在和 AlphaGo 的三番棋对战中，柯洁三战全负，泪洒乌镇。事后估计，AlphaGo 的新版本 AlphaGo Master 的棋力已达到恐怖的十一段，而且还在持续攀升中。

不久后，DeepMind 改进的 AlphaGo Zero 横空出世，它不再需要学习人类的棋步，完全自己从规则中生成棋步，此外采用了更少的 GPU 用于训练。在与过去的 AlphaGo 版本的对弈中，AlphaGo Zero 取得了 100∶0 的胜绩，人类再没有可能战胜 AlphaGo Zero。从此，围棋这项有着 3000 多年历史的古老运动拉开了新的篇章，开启了机器教人下棋的时代。柯洁也一转心态，积极地拥抱了这一变化。

人类几千年的经验积累也没能抵得过不知疲倦的机器搜寻出的更优解，由此可见经验并不可靠，世界还有很多未知待我们去探索，而计算机是我们探索世界的重要工具。然而，围棋是一个规则固定的封闭系统，因此在围棋中战胜了人类并不代表机器就具备了面对复杂环境的自适应能力，人类在自然环境中面对的是变化莫测的开放系统。因此 AlphaGo 代表了一种确定性的终结，而真正的机器智能还需要进一步探索更复杂的领域。

ChatGPT 与乌鸦

人工智能的圣杯

2017 年，阿里云的创始人王坚博士带领一群学生到美国游学，我有幸参与其中。在西雅图时，我们专程去微软拜访了沈向洋。沈向洋邀请了加州大学洛杉矶分校的朱松纯教授一起接待我们，一起畅谈了关于人工智能的一些话题。在这次游学拜访中，沈向洋和我们提到，对话机器人是人工智能领域的圣杯。一个优秀的、能通过图灵测试的对话机器人在当时看起来还有很长的路要走，因为这意味着机器在某种程度上真的智能了。

然而，仅仅过去 5 年时间，在 2022 年 11 月 30 日，OpenAI 公司发布了最新一代的对话机器人 ChatGPT，其在 3 个月内迅速风靡全球，成为史上用户数最快过亿的产品。主要投资方微软的市值一夜之间暴涨 5400 多亿元人民币，时任 CEO 纳德拉马上宣布微软将在全线产品中集成 ChatGPT，尤其将在搜索引擎 Bing 中增加对话机器人的能力。这让以网页信息搜索为核心业务的 Google 的市值一夜之间蒸发了 7000 多亿元人民币。

ChatGPT 真正带来了一些新的体验。与这个对话机器人聊天，它能总结归纳一段文字的含义，能够像人一样回答你的问题，可以熟练地进行不同国家文字的翻译，还能进行创作，比如写一首诗或者创作一篇文章，内容还八九不离十，丝毫没有以前计算机程序写出来的很“傻”的感觉。我们将基于 GPT 技术的对话机器人加入“计算图书馆”中，让它成为一个叫“魁星”的图书管理员。我让魁星帮我做知识管理，从中感觉到机器真的可以好好说话了，这是很大的进步，如下图所示。

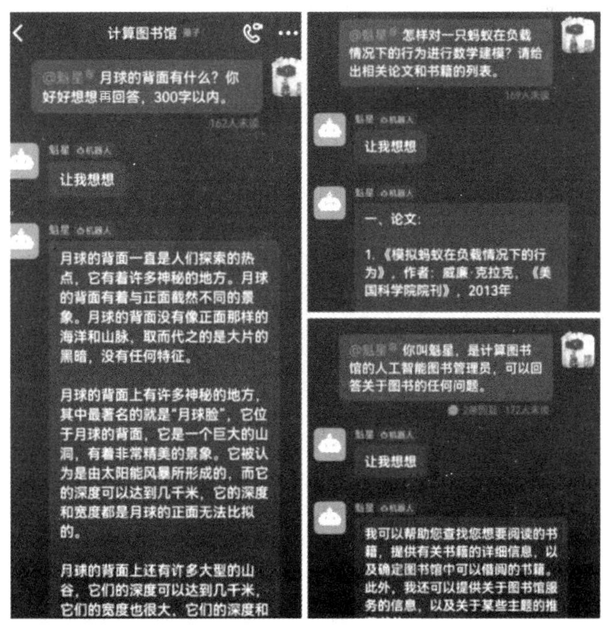

有人将ChatGPT在人工智能上迈出的这一步比喻为猿人第一次直立行走。2023年2月，有人用ChatGPT通过了Google工程师面试。而美国的学校开始禁用ChatGPT，因为学生们用它输出的论文完全可以以假乱真，这可能意味着以后死记硬背的教育不再那么重要。有心理学家采用心智年龄测试，发现ChatGPT达到了9岁人类儿童的心智水平。当然尽管如此，我依然相信ChatGPT只是一台机器，并未诞生真正的人的心智。

2011年，斯坦福大学的人工智能教授吴恩达加入Google。一开始吴恩达曾尝试说服Google搜索主管阿密特·辛格哈尔（Amit Singal）采用深度学习改进搜索体验：让用户可以直接问问题，而不是只能输入关键词。但辛格哈尔拒绝了这一提议："用户不想问问题，他们想输入关键词。如果我让他们问问题，他们只会感到困惑。"到了2017年，Google的机器翻译团队发表了论文*Attention is All You Need*，其中提出了Transformer架构，其成为2022年OpenAI发布的ChatGPT的关键技术，而Google自家的搜索产品却一直没用上对话机器人。在微软宣布新版搜索引擎Bing将集成ChatGPT后，Google的市值一夜之间暴跌7000多亿元人民币，令人唏嘘。

ChatGPT的原理

ChatGPT的出现是一系列技术组合的成果，体现了重大的工程实践和创新能力。其核心技术主要基于大规模语言模型（LLM，Large Language Model）①和带人类反馈的强化学习（RLHF，Reinforcement Learning from Human Feedback）。大模型在自然语言理解领域已经取得了令人瞩目的突破性成绩，当前的流行架构主要基于上下文的统计相关性，而放弃了语法和句法结构。当前的大模型的应用以BERT和GPT为代表，两者都基于Transformer架构，采用了预训练的方式，但两者的侧重不同。

对模型的预训练最早从视觉领域开始。由于视觉领域存在一个像ImageNet一样的标注好的数据集，因此大多数模型都可以从ImageNet开始自己的训练，久而久之，人们发现使用预训练好的参数作为初始化参数能够加速训练。ResNet网络就是在ImageNet数据集上预训练好的模型，一般将其作为特征提取器，包含图像所有的特征，可以直接用于下游的目标检测、图像聚类、语义分割等任务。在这种预训练的模型中，可以固定住模型的底层参数，只根据需要训练顶层参数，当然也

① 以下简称大模型。

可以对整个模型进行训练，这个过程被称为微调（fine-tuning）。微调后的模型可用于各种任务，这样就形成了深度学习中的“预训练+微调”（pre-trained，fine-tuning）工作范式，其好处是对于各种各样的任务，不必从头开始训练，而是直接使用预训练好的模型进行微调，在减少了计算量的同时还降低了人工标注数据的成本。

但是在自然语言理解（NLP）领域并没有 ImageNet 这样的标注好的数据集，而且语言文本的特点和图像不一样，语言文本是线性的一维序列，其中每个词之间的关系和顺序是最重要的，而图像是二维的，其中还包含很多噪声。在过去，通过有监督学习训练一个自然语言理解的模型，需要根据任务给出标注数据，而且需要处理中文分词、词性标注、句法分析等子任务。基于“注意力机制”的大模型则摒弃了这些做法，它充分利用词之间关联程度的特点，给一个大一统的模型“喂”了海量的文本数据，让模型自己去记忆和存储每个词之间的关联概率，因此不再需要处理中文分词、词性标注、句法分析等传统的子任务。在 GPT-3 中，使用来自互联网的 45TB 数据中的 3000 多亿个单词的语料基础，预训练出了一个拥有 1750 多亿个参数的模型，这些参数通过词和词之间的关联概率，记忆和存储了语言的句法、语法和一些基本事实。但它和其他人工神经网络一样，目前仍缺乏可解释性，即无法解释为什么 AI 会记住这些。

采用这种“注意力机制”的大模型起源于 2017 年 Google Mind 发表的一篇论文 *Attention is All You Need*。在这篇文章中，Google 的机器翻译团队摒弃了传统的序列模型，如循环神经网络（RNN，Recurrent Neural Network）和长短期记忆网络（LSTM），而是完全采用注意力（Attention）机制，取得了很好的效果。循环神经网络拥有一个环路，使数据不断循环，从而可以让网络一边记住过去的数据，一边更新最新的数据。但其缺点是并行性不太好，因为需要基于上一时刻的计算结果逐步进行计算，因此在时间方向上不太可能并行计算 RNN。注意力机制则没有这种问题，它模仿人脑的注意力，只关注需要关注的信息。在 *Attention is All You Need* 这篇论文中，Google 提出了著名的 Transformer 架构。

Transformer 架构由一个编码器（Encoder）和一个解码器（Decoder）组成，如下图所示。其中使用了自注意力（Self-Attention）的技巧，即自己对自己的关注，这是以一个时序数据为对象的注意力机制，旨在观察一个时序数据中每个元素与其他元素的关系，在语言文本里，就是找到词和句子里其他词之间的关联，这一点非常重要。

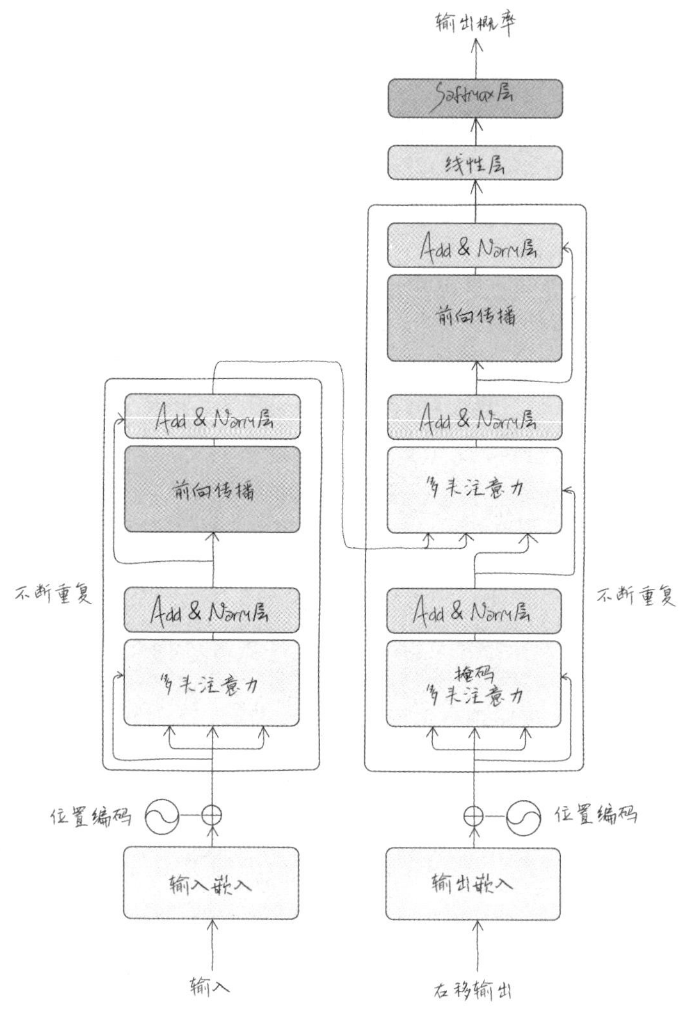

基于这样的方式，就可以实现针对语言文本的无监督自训练。在应用方面，BERT 相当于实现了 Transformer 的编码器，GPT 相当于实现了 Transformer 的解码器。通俗来讲，BERT 解决的是完形填空一类的问题，它挖去了句子中间的单词，然后从前后两个方向推测被挖去的单词应该是什么。比如，对于“今天天气真__，太冷了。”，BERT 可以从前文和后文推测出被挖去的单词可能是“糟”“不好”等。而 GPT 实现的是 Transformer 的解码器功能，下文被掩码盖住了，因此适合回答开放性的问题，更适合用在对话场景和创作场景。它会根据上文猜测下文的内容和概率，如下图所示。

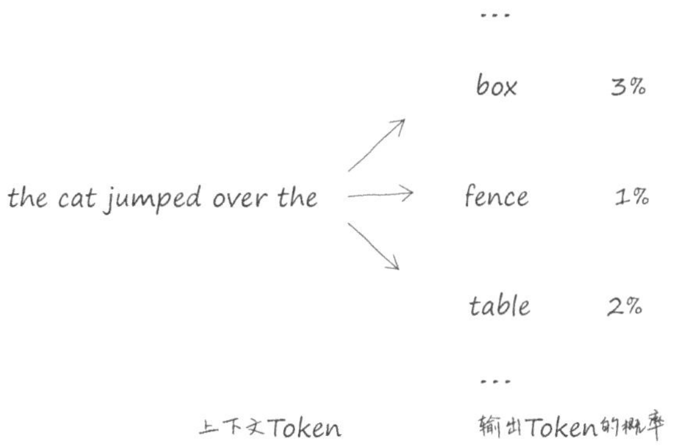

那么基于不同的任务和场景，GPT 发展出了和 BERT 不同的思路。BERT 主要采用预训练+微调的范式，在大模型预训练的基础之上，还要用一些标注数据来做微调，以适应不同的任务。这样也就没能完全去掉对数据的依赖，但是相应来说模型效果会更加明显。GPT 采用了完全不同的发展思路，它希望尽量固定模型参数不去修改，而通过改变输入来让模型适应。在 GPT-2 时期，提出了“所有有监督学习都是无监督语言模型的一个子集”的思想，到了 GPT-3 的时候，提出了 in-Context Learning，这是 Prompting 的前身。Prompting 被称为“提示学习”，它和微调不同，它是指在执行某个具体场景的任务时，由人给机器一些提示和指导，但不更新模型参数，机器只是看看。比如以下语境：

> 人类问：你觉得《三体》好看吗?
>
> GPT-3 答 A：我觉得很好看啊。
>
> GPT-3 答 B：《三体》是什么东西?
>
> GPT-3 答 C：今天天气真好。
>
> GPT-3 答 D：Do you think “The Three-Body Problem” is good?

如果是问答场景，我们希望 GPT-3 输出答案 A 或 B；如果是机器翻译场景，我们希望 GPT-3 输出答案 D；但我们不希望它输出毫无关系的答案 C。在 Prompting 中，需要有人给机器一点儿“提示”。在问答场景下，可以提示它：

> 人类问：请你说一说，你觉得《三体》好看吗?
>
> GPT-3 答：我觉得很好看啊。

如果是机器翻译场景，可以给予不一样的提示：

> 人类问：请把以下中文翻译成英文：你觉得《三体》好看吗？
> GPT-3 答：Do you think “The Three-Body Problem” is good?

为了更明确，还可以给机器一个范例：

> 人类问：请把以下中文翻译成英文：苹果=>Apple；你觉得《三体》好看吗？=>
> GPT-3 答：Apple；Do you think “The Three-Body Problem” is good?

在 Prompting 中，只给机器提示叫 zero-shot，给出一个范例叫 one-shot，给出多个范例叫 few-shot，如果给更多的范例，就变成微调（fine-tuning）了。所以，对于 GPT-3 这样的大模型来说，理解它的核心工作机制提示学习（Prompting），就可以更好地针对它给出输入和提示，引导机器给出一个更高质量的答案。由此 ChatGPT 催生了一个新职业：提示工程师（Prompt Engineer）。

GPT-3 已经取得了良好的文本创作效果，机器自动生成的新闻达到了以假乱真的程度。到了 ChatGPT，它的架构和 InstructGPT 基本保持一致，相当于 GPT-3.5 版本。在 InstructGPT 中，主要通过 Prompting 改进模型的输出偏好。在 GPT-3 时期，模型还会时不时输出一些色情、暴力、种族歧视、地域歧视、政治敏感的内容，这说明互联网上的信息本来就不够好。作为一个公共服务，这些负面的输出是有害的，因此 ChatGPT 的主要改进是找了约 40 人来进行 Prompting，让模型学会输出健康的内容。这才有了现在讨人喜欢的 ChatGPT。

ChatGPT 的成功之处在于开启了 AI 架构的全新范式。大模型的思路是特别的：首先它使用的训练模式是基于全量、全局的数据进行的，只关注数据内部的统计相关性，所以可以说是简单粗暴地使用了全量数据内在的统计概率来代替语法和句法，最后实现代替语义；其次 Prompting 的模式去除了模型对数据的依赖，或者说它解放了大模型，不再走多任务、子任务的训练路线，而是借助大模型已经拥有的全局数据内在统计概率的优点，生成任何内容。

在过去，AI 训练数据的方式主要是面向任务的，或者是面向垂直领域的，这就把 AI 解决问题的能力局限住了，因为人类在执行一个任务或者回答一个问题时会调动大脑的所有储备，而不仅仅是某个领域的知识，这是个综合能力。因此，全局性的思想更符合人脑的特点。此外，过去的一些基于关系数据的数据系统，如知识图谱，虽然在逻辑推理上具备优势，但容易遇到可维护性上的问题。比如，要删除一个节点就不得不考虑对依赖其的所有节点的影响。而 ChatGPT 只考虑统计，它的假设是语法和语义已经蕴含在统计信息之内了。因此，综合来看，ChatGPT 走了一条全新的路，Prompting 的效率和深度变成了关键。它给我的感受是，这个智能体什么都懂，但是说不出来，因此需要很好的提示和引导，让它生成有价值的答案。在这一点上，可以说 ChatGPT 是一个回答机器人，也许还需要另一个“提问机器人”来更好地理解人类意图，对 ChatGPT 进行友好的提示和引导。

OpenAI 的联合创始人和首席科学家苏茨克维在 2023 年 4 月和 NVIDIA 创始人黄仁勋的一次对话中谈到了 GPT 的原理：

> 当我们训练一个大型神经网络来准确预测互联网上许多不同文本中的下一个词时，正在做的是，学习一个世界模型。表面上看，我们只是在学习文本中的统计相关性，实际上这就足以很好地完成对知识的压缩。
>
> 神经网络所学习的是生成文本过程中的一些表述。文本实际上是世界的一个映射，或者说世界可以从这些文字中映射出来。因此，神经网络正在学习从越来越多的角度去看待这个世界，看待人类和社会，看待人们的希望、梦想和动机，以及各种因素的相互影响和所处情境。神经网络从准确预测下一个词中学习到一种压缩的、抽象的、可用的表示形式。
>
> 此外，对下一个词的预测越准确，还原度越高，在这个过程中映射到的世界的清晰度就越高。这就是预训练阶段的作用。但是，这并不能让神经网络表现出我们希望的行为。
>
> 语言模型真正要做的是回答以下问题。如果在互联网上随机抓取文本，它以一些前缀或提示开始，语言模型将补全哪些内容呢？如果只是随机地用互联网上的文本来补全，它就不是我想拥有的那种助手。一个真实、有用且遵循某些规则的助手，是需要额外训练的。这就是微调、基于人类反馈的强化学习及其他形式的 AI 辅助手段可以发挥作用的地方。
>
> 强化学习不仅基于人类反馈，也基于人类和 AI 的合作。人类老师与 AI 一起教导 AI 模型。但不是教它新的知识，而是与它交流，向它传达我们希望它成为的样子。
>
> 这个阶段极其重要，直接决定了神经网络是否有用和可靠。语言模型在这个阶段会尽可能多地从世界的映射中学习这个世界的知识，也就是文字。

值得指出的是，ChatGPT 的路线并非只能用在自然语言上。Transformer 架构基于注意力机制，替代了过去的 LSTM。在过去，机器视觉等领域主要基于 CNN

等模型，和 LSTM 模型很难统一。但是在 Transformer 架构下可以发现，该架构不光在自然语言领域，在机器视觉等领域也取得了不错的效果。因此，现在机器视觉和自然语言都可以统一使用 Transformer 架构，更容易集成。随着 CLIP 这样的多模态模型的出现，图像和语言在高维空间的向量上实现了一致，可以进行向量之间的计算，这就使得语言和图像之间的相互转化成为可能。因此，在 Transformer 架构的生成式 AI 中，不必在乎输入和输出的是语言、图像还是语音。在过去，相对独立的机器视觉、语音和自然语言等不同的机器智能领域，现在真正实现了计算方法的统一，可视 Encoder 和 Decoder 为互逆的运算。人工智能迎来了拐点。

从 GPT 的发展过程可见，ChatGPT 的诞生和 AlphaGo 类似，都是重大的工程技术创新。它不是一个科学发现，并没有发现什么新的理论或事实，而是组合了过去的各种技术，构思了一些巧妙的想法，最后解决了一个过去没有解决的重大问题。

350 多年的等待

大模型的训练成本动辄几百上千万元，如果再加上数据成本和人才储备，那就更昂贵了。这使得大模型这条进路成为大公司的专属，也招致了业界的很多批评。然而，这可能是彼时最有可能取得突破的进路，其他流派的方法甚至还停留在学术研究阶段，在理论上都还没有实质的进展。

图灵在 1950 年曾预测能够通过图灵测试的算法长度大约在 10^9 量级，而 GPT-3 的参数个数在 10^{11} 量级，我们知道人脑的神经元个数在 10^{14} 量级。因此，抛开其他弊端，大模型在物理结构上可能是最接近人脑结构的。我在 2021 年时曾预测大模型的巨大投入一定会产生巨大回报，两年后得到了验证。尽管这种基于计算规模和人脑对比的预估是很粗糙的，但是从 GPT 的发展历史来看，很多神奇的能力是在发展到 InstructGPT 和 ChatGPT 时突然“涌现”出来的，是一个非线性的过程。因此，当我们视机器智能为一个大型复杂系统时，从宏观层面有时候反而能做出更好的判断。

然而客观地说，ChatGPT 是一个好的开端，却远没有达到理想的智能程度。OpenAI 创始人阿尔特曼（Sam Altman）警告大家说，ChatGPT 还存在一些真实性和可靠性的问题，因此任何重要的事情都不应该依赖 ChatGPT 做决策。理解了 ChatGPT 的原理后，就可以对它有一个合理的期望，而不必产生一些不切实际的幻想。比如，问 ChatGPT 一些带情感或者非常主观的问题：“你喜欢吃什么呀？”“你觉得我穿红色的衣服好看吗？”等。

不必幻想机器产生了类人的意识与情感，即便从计算主义的角度来看这并非不可能，但我也相信今天的大模型发展水平还不足以让机器涌现出意识和情感，那一天也许还要很久才会到来。我认为 ChatGPT 更像人们在照镜子，它反映的是人类自身的思想和意识。它主要基于互联网上的语料训练而来，通过概率统计预测下一个词可能是什么，从行为上观察起来就像是理解了语义，但并没人们想象的那么神奇。人们向 ChatGPT 发问的本质就是在检索互联网上的人类信息全集，ChatGPT 对这些信息做了统计预测，并无新意，而且互联网上人们发表的言论也未必是真理，仅代表当前多数人的倾向。所以对于 ChatGPT 写出了“毁灭人类的计划书”这类事情大可不必惊讶，因为这样的计划书只可能是人类记忆的产物。ChatGPT 的胜利其实是人脑的胜利，因为与无意识、无情感的机器对话，更像与机器对话的那个人在幻想。其实从始至终，人类都只是在和人类群体记忆的一个幻象在对话而已。

ChatGPT 的交互和创作能力当然很惊艳，但是很明显它不具备真正的推理能力，它只是通过训练好的模型在讨好人类。所以，问它某只股票的涨跌这类期盼自己能一夜暴富的问题也是没有意义的，它只会圆滑地回答一个你喜欢的答案，而非及时地检索互联网上的最新情报，再做综合分析。别忘了，ChatGPT 是不会更新它的模型参数的，所以对于情报的获取是滞后的。对于问它“4+5=？”这样的问题，它能回答出正确的答案 9，但这多半是因为大量训练语料中的文本统计概率指向了正确答案 9，而非它真正懂逻辑，做了一次算术运算。因此，对于像鸡兔同笼这样复杂些的数学问题，ChatGPT 就开始胡说八道了。我们无法用它来探索未知的数据空间，甚至像 AlphaGo 那样预测围棋走子的概率和胜率都做不到，更无法用它来做数学证明和科学探索。这限制了它创造更大的价值。推理和决策能力是未来机器智能必须具备的一项关键能力，所以 Stephen Wolfram 很机智地跑出来蹭了一下 ChatGPT 的热点，认为 ChatGPT 和自己创造的擅长推理的知识引擎 Mathematica 相结合，就能让其具备一般的推理能力。

比较务实的使用 ChatGPT 的方式，是将其当作一个优秀的智能助手。在我创办的公益性的“计算图书馆”里，基于大模型技术的对话机器人成为一个叫“魁星”的图书管理员。通过魁星可以方便地查阅资料、总结观点、产出文档，魁星是一个最智能的知识助手。就当前 ChatGPT 的发展水平来看，由于它受制于训练的语料库和提示学习时的风格偏好，因此对于一些开放性问题，它有一定的概率能给出基于语料库的较好答案，但较难给出一个更有创造力的答案。比如，问它“如何给小学生解释清楚某个概念？”它也许能在“记忆”里检索并生成一个你可能最喜欢的答案，但很难突破自我给出一个更高水平的答案。这可能是逻辑深度不够，或者通俗来讲就是水平有限，尽管这个有限的水平可能已经远远超出人类的平均受教育程度，但它目前仍不具备创造新知识的能力。这些问题有望在未来的几年里得到改进。

因此 ChatGPT 的产出物水平高低，本质上取决于其操控者的创造力，ChatGPT 能够以助手的角色解放操控者们的脑力。所以，ChatGPT 实际上最大化了“知识型工作者”的效率，让他们的产出得到 10 倍或更高的提升，从而让他们更具竞争力。因此，在 ChatGPT 时代，人的经验、态度和想象力才是最有价值的，教育的重心会转向培养人的综合素质，死记硬背越来越没有必要。而且，ChatGPT 会极大地促进知识社会的到来，这意味着生产关系可能会被重塑，社会结构也许会发生新的变化。我们极有可能经历人类近 8000 年文明史上从未出现过的一幕：大多数人不需要每天工作，但社会的财富总量却在增加——机器在不断生产和创造财富。OpenAI 曾经的创始人之一 Elon Musk（马斯克）警告说：ChatGPT 会比核武器更具危险性。

然而，这会是一个相当激动人心的时代。接下来的三五年可能会迎来一个技术奇点，ChatGPT 这条大模型进路，具备走向通用人工智能的潜力。如果进一步增强 ChatGPT 的能力，它会涌现出什么样的神奇力量呢？ChatGPT 的全局性思想如何重视都不为过，它一举摆脱了过去人工智能模型必须依赖数据的做法，从而表现出一种“万能”。对于 ChatGPT 来说，它将连接主义做到了极致，基于统计来模拟逻辑，而非通过符号做精确的推理，因此不需要大量复杂的逻辑计算来解决问题，而是直接返回一个基于统计关联性的近似答案。这可能更接近人脑的工作原理，人类的逻辑推理能力构建在神经网络活动的基础之上，并没有什么数学符号或逻辑门刻画在大脑里，可能也是基于统计得到的，因此人在逻辑推理时偶尔也会犯错。但这样的好处是，询问 ChatGPT 一个任意问题，它能从统计的关联性上直接给出答案，大部分时候不是最优的答案，但这个答案也已经落在了最优答案的近似区间内，因此是可接受的。这不就像人类的直觉吗？找到两个或多个记忆（知识）之间的相关性。若果真如此，可视其为连接主义对符号主义的决定性胜利。

这不由得让我联想到“神谕图灵机”，它的工作原理不恰恰就是在图灵机执行的每一步，先去询问一下“神谕”吗？而神谕立马就能做出解答，不需要考虑计算的时间复杂度，从而提高了图灵机的计算能力。ChatGPT 的这种“万能”特性，恰恰是能在短时间内给出一个近似答案。沿着这条路继续发展下去，如果 ChatGPT 能包含一个人类有史以来的全局知识库，那就有可能实现一个近似的神谕图灵机！如若真的如此，那 ChatGPT 的诞生就可被视为自计算机发明以来的头等大事，因为神谕图灵机真正提升了图灵机的计算能力，这意味着可能所有的程序都要重写。

在经历了全球新冠病毒大流行、俄乌战争之后，当前最令人耳目一新和充满期待的变化就是 ChatGPT 了。我问我的一位前同事，如今在复旦大学从事人工智能研究的李昊：如何看待 ChatGPT？他热情洋溢地回答说：“人工智能的春天来了！”

确实，从 350 多年前莱布尼茨提出计算的梦想，到 80 多年前图灵和冯 • 诺依曼尝试制造电子计算机，计算主义者们都在追求同一个梦想：机器能否具备智能？为了这一天，我们已经等待了 350 多年。若没有对机器智能的追求，计算机都不会存在。因此计算机绝对不是如一些人所狭义理解的，仅仅运行程序的容器，它承载的是数百年来人造智能的梦想，是对自然法则的抗争和人类智慧的结晶。ChatGPT 是当前最好的计算机器，从目标、架构、工程和应用等各方面来看都是典范。没有人类 350 多年以来的智慧积累，是不可能出现 ChatGPT 的。

聪明的乌鸦

但人类 350 多年的科技积累也依然比不上一只乌鸦。

还是 2017 年，我去西雅图的微软总部游学的那次会面，朱松纯在谈及人工智能的未来时，对 AI 过于依赖数据标注提出了一些看法。他举了小牛吃草的例子，刚出生的小牛很快就能学会自己吃草，完全不像要喂很多“数据”才能具备智能。同时，人脑的功耗才 10～25 瓦，和一只灯泡差不多，远远低于今天数据中心的能耗。因此，朱松纯认为当前的人工智能还有很多可以改进的空间，比如如何在小数据下也能产生智能？

此后，朱松纯在 2017 年 11 月发表了文章《浅谈人工智能：现状、任务、架构与统一》，其中提出了“小数据，大任务”的智能范式。在文中，朱松纯特别提到了来自乌鸦的启示，他举了 YouTube 上一个关于乌鸦的视频的例子：一只生活在城市中的乌鸦为了吃到坚果里的果肉，学会了使用工具。它没有像黑猩猩那样的手指，无法砸开坚果，于是它通过观察城市的交通，学会了让马路上的汽车轧过坚果，压碎果壳，帮它取到果肉。不光如此，乌鸦为了保证自己的安全还学会了观察红绿灯，它会等行人可以通行、汽车都停下时再飞下来取它的果肉。乌鸦的这种观察和学习能力，并没有几百万个数据标注在背后，这是我们真正需要的智能，乌鸦给出了一个正确的解。人工智能需要一个“乌鸦图腾”。

对于当前的大模型预训练方式，人类能存储的文本信息几乎都已经投入了训练，很快能够用于训练的高质量文本语料就将枯竭，到那时不得不又借助 GAN 之类的方式生成新的训练数据。然而，这显然是不合理的，因为一个人穷尽其一生也无法读完互联网上的所有文本，也不可能读完一座图书馆里的所有藏书。人的一生中能够读完的文本是极其有限的，在我读大学的 4 年里，我读了大约 1 亿字的文本，但这比起人类的所有资料来说只是沧海一粟。可是人脑却诞生出了高级智能，具有认知推理和创造力，这是当前的人工智能所不具备的。从这个最简单的事实就可以知道，一味地追求大规模的数据标注再拟合模型参数这条路是有问题的，智能算法肯定还有可以大幅改进的地方。

另一个问题是能耗和成本的问题。对于大模型，现在一般采用英伟达最强劲的A100和V100型号GPU来做训练。ChatGPT大概用了285 000多个CPU核和10000多个GPU，在45TB的文本上完成了训练。拥有1750多亿个参数的GPT-3训练一次的成本在140万美元左右，而更大的模型，比如拥有2800多亿个参数的Gopher和5400多亿个参数的PaLM，预估训练成本在200万美元到1200万美元之间。这高昂的成本让AI如何可持续发展成为一个重要的问题。

同时，大规模的训练和服务会带来巨大的碳排放。2023年1月，ChatGPT风靡全球，每天估计有2500多万人访问它，那么预估其每天要消耗将近60万度电，假设每度电8美分，那么ChatGPT一天的电费就在4.7万美元左右，我们相信真实情况只会比这个值更高。在碳中和的背景下，数据中心的能耗问题已经成为碳排放的一个重要优化项。人脑并不需要这么高的能耗，原因可能在于人脑的神经元之间的信号传递采用的是脉冲形式，有时序和频率，并非像人工神经网络在不更新时就是定值。类似地，人脑的智能算法工作原理更加高级，人脑的视觉皮层使用了大约四五层来对视觉信号做分层处理（V1～V5），卷积神经网络就是模拟了视觉皮层的激活机制。但是现在的人工神经网络层数可以多达几百层，仍无法完美实现人脑的能力，现在的人工神经网络还只是对大脑皮层的一个粗糙模仿。

但是我们也无须妄自菲薄，高级动物的智能是经过漫长的进化计算的结果。从鱼类走上陆地开始，再到人类走出非洲，这个过程花了数亿年。在进化的过程中，通过自然选择，一点儿一点儿地积累出了智能的结构。如此看来，人类350多年的科技积累抵不过乌鸦的大脑也就是理所当然的事情了。

然而关于机器智能的小数据、低能耗等问题依然需要解决。在对大脑的结构和行为的模仿上，需要对大脑的工作原理研究得更加透彻，在智能理论上需要更有全局观，建立一个统一的框架，而在工程上也许更要打开思路。晶体管作为基本元件引领了电子计算机的发展将近一个世纪，目前其逐渐遇到瓶颈。反观有机物的演化过程可被视为一种DNA计算，DNA编码了信息，定义了蛋白质的结构，在几十亿年的演化中充分地利用了物理规律，在环境中自动生成了需要的蛋白质，展现出了低能耗的特点。也许对生命涌现过程的研究，将启发我们建立全新的计算范式。

未来的方向

连接主义进路是模仿人脑的生理结构，但最大的挑战在于，人们迄今为止对于大脑到底是如何工作的知之甚少。在Jeff Hawkins年轻时，他尝试过理解大脑如何工作，他遇到了和辛顿一样的挑战，图书馆里关于描述大脑如何工作的书少得可怜。我们对于这个人体最重要的器官并不熟悉，反而相当陌生。

Jeff Hawkins 在硅谷以创立了掌上电脑 Palm 而为人津津乐道，但他一直以来的梦想是理解大脑如何工作，以及如何用机器来模拟它。2004 年，他写了一本名为 *On Intelligence* 的书，介绍了他对于大脑工作机制的一些思考，并提出了“记忆-预测模型”这一关于大脑智能机制的理论框架。这本书影响了斯坦福大学的人工智能教授吴恩达，吴恩达之后投向了连接主义的怀抱，并被其导师称为“叛徒”。这本书也影响了我的朋友徐盈辉，他曾负责阿里搜索及菜鸟人工智能业务，后来他将这本书推荐给了我。

Jeff Hawkins 试图为大脑智能建立一个全新的理论。他认为从 1943 年麦卡洛克和皮茨开始，再到维纳的控制论，以及 1950 年图灵提出的模仿游戏，都是在尝试从行为主义定义智能。在这一点上，他提出了和约翰•塞尔类似的批判，他认为人类是否具备智能和行为无关，应该从内在的原理进行考察，需要理解什么是“理解”。比如，人理解了某个故事，这是在理解的那一刻发生的，而不是在回答之后某个人对故事提出的问题时才发生的。而当前的人工智能发展过于偏重行为主义，路线从二十世纪四五十年代开始就被带歪了。要想模拟大脑，必须先了解它的工作原理。

Jeff Hawkins 比一般的计算机科学家要更了解大脑的工作机制，他专门成立了一家公司，致力于这方面的研究。在他的理论中，大脑记忆事物并利用这些记忆进行预测。比如，他坐在屋子里，眼睛看到了屋子里的所有物品，这并没有什么特别的，因为他的视觉皮层记忆了所有看到的物品特征；但是如果屋子里突然多了一样新东西，他的视觉皮层马上就会注意到它，这是因为基于记忆做了一次快速的预测：本不该出现的东西突然出现了。他通过对大脑皮层的研究，发现每个皮层区的工作原理是相同的，视觉区、听觉区和嗅觉区的大脑皮层工作机制完全一样。这从医学上也得到了验证，失明的盲人通过训练听觉的大脑皮层，最后竟能产生微弱的视觉。这解释了为何人工神经网络会在语音、视觉、自然语言等多个领域都有效工作。Jeff Hawkins 的很多思考和结论都很具有启发意义。我们在人工智能的研究道路上，急需一个大一统的理论框架。

人类只有放弃了像莱特兄弟那样模仿飞鸟的行为，并开始研究空气动力学，才能制造出现代化的飞机。在理解了事物的原理后，才能对合理和需要的部分进行改造或增强，对不合理和不需要的部分则可以舍弃或弱化。物种进化的结果来自环境选择，并非都是对的，有时候是一种无奈或妥协，也包含了一些既定的错误，比如人眼睛中的血管会穿过视网膜就是一个进化失误。通过对蝙蝠超声波的研究让人类发明了雷达，但是蝙蝠的超声波却只能探测十几米，这是因为蝙蝠天生生活在洞穴中，只需要探测几米到十几米。而人类理解了超声波的原理后，制造出的雷达的可探测半径为几千千米，大大超越了蝙蝠的能力。在模拟大脑智能的道路上，我们也当如此。

2020 年，我团队的陶芳波博士尝试融合符号主义和连接主义，建立一个“神经符号网络”，使得人工神经网络具备因果推理的能力。陶芳波将其命名为“光子系统”，我和徐盈辉都相当支持他的这个尝试，并在光子系统的架构设计图上签下了我们 3 个人的名字，如下面 3 个图所示。

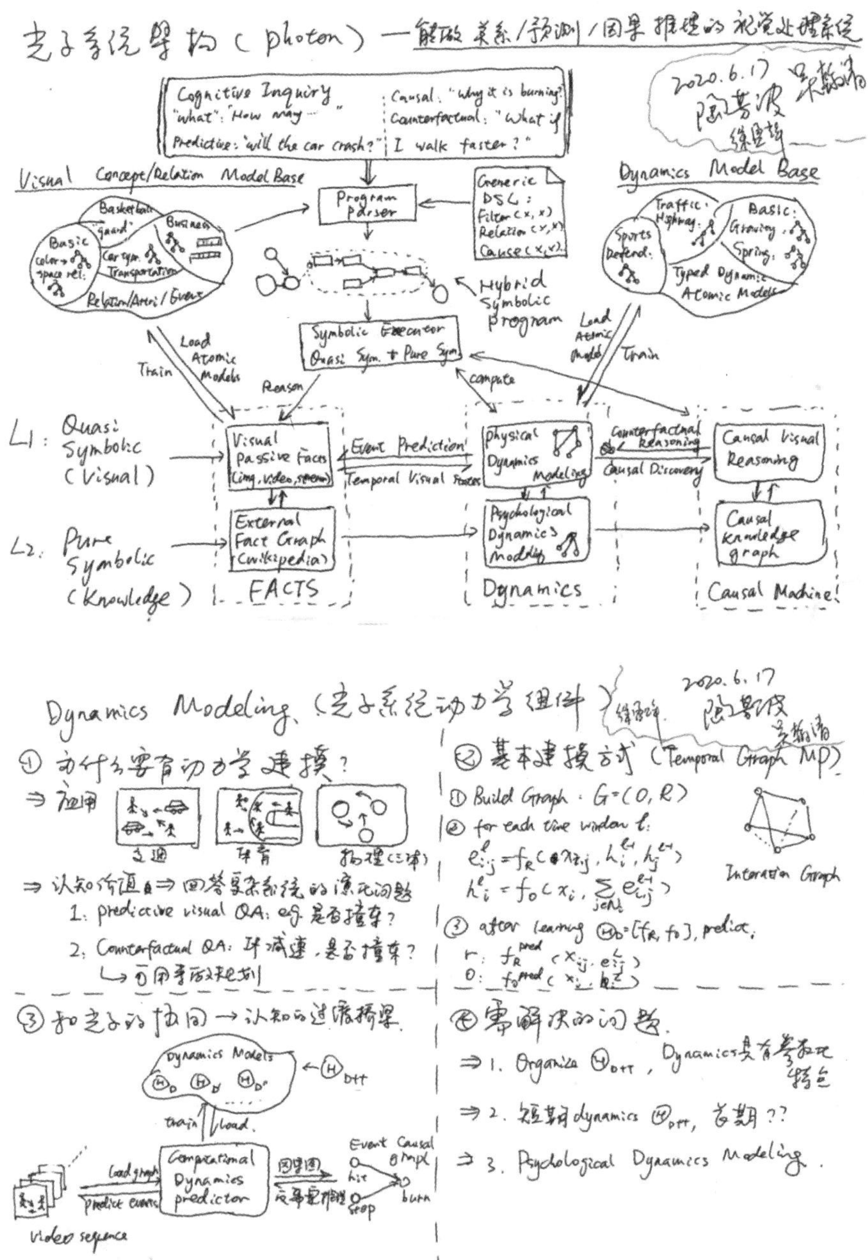

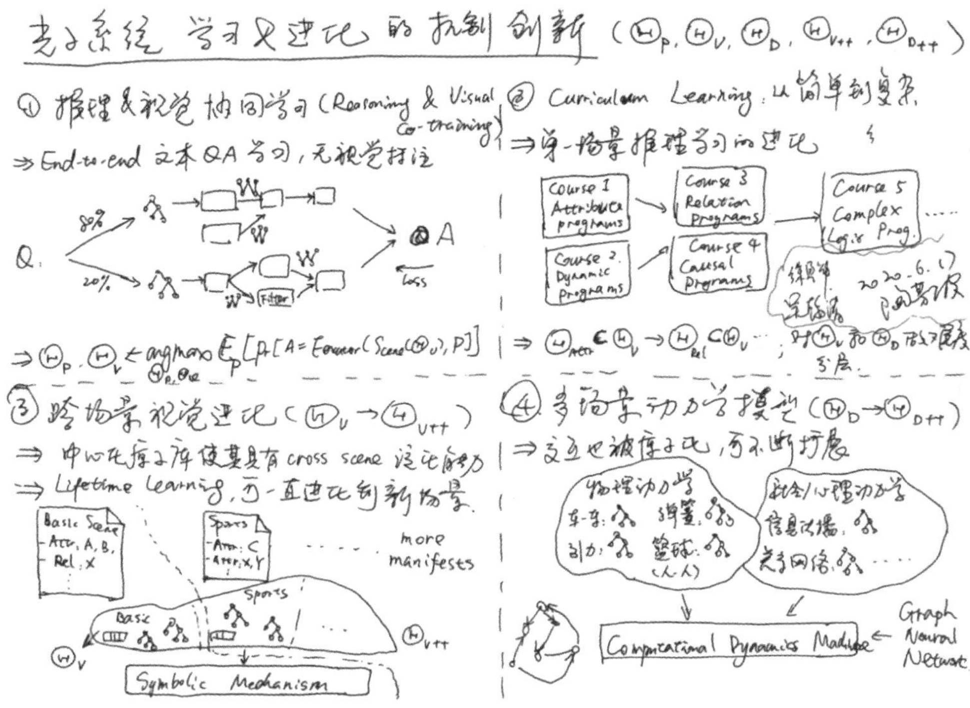

随后我将这 3 张架构设计图挂到了办公室的墙上，这样公司所有的同事每次路过时都会看到这 3 张架构设计图，看到光子系统的理想和愿景。这样一来，陶芳波博士就不好意思不把光子系统做出来，他现在依然奋斗在这个泥潭里。我很期待这 3 张图变为现实的那一天。

对于我来说，我认为人工智能继续往下发展，急需建立一个“世界的全量知识库”。这个知识库应当存储人类当今所有的知识，并进行很好的组织，具备高效检索能力。人类的知识要能够动态更新，需要能够计算知识的置信度，从而去伪存真，让知识是可靠的，同时还要能支持个性化的输出，以包容世界的多元化。对于 Jeff Hawkins 来说，这可能是他理论体系中的“元知识”；对于很多计算机科学家来说，这可能是人工智能的一个重要补充；对于我来说，这是需要实现的系统。

自然语言理解的大模型从某种程度上说就是建立了一个全局的知识库，从而摆脱了在某些垂直领域需要通过有监督学习来训练模型的困扰。全局性的思想很重要，知识库的建立应当是全局性的、可维护的。但这让人不得不联想到第二次人工智能时期的专家系统，Cyc 这样的项目就是期望通过对规则的维护来构建一个世界性的全局知识库，但是它失败了。在第二次人工智能浪潮中，专家系统缺乏足够的理论指导，也缺乏足够的算力。但是在深度学习取得巨大成功的今天，我们有了更多的工具和理论作为基础，条件发生了变化。ChatGPT 和随后发布的 GPT-4 毫不讲道理地用极致的连接主义将全局知识存储在大模型的参数里，从而涌现出了逻辑推理、直觉等能力，令人印象深刻。据推测[①]，GPT-4 联合了 8 个 GPT-3 模型，并通过一系列工程改进来提高性能和效果，参数规模达到了 GPT-3.5 的 10 倍以上。很多人认为它可以通过图灵测试。

这促使我们重新思考到底什么是“知识”？人类自有文字以来的所有智慧都被积累成了知识，如果不在机器智能的构建中加入知识库就太可惜了。可是第一个挑战在于人类迄今为止，都没有清晰地定义过什么是“知识”，每个人对它的解释可能是不同的。我们首先需要关于“知识”的知识。这决定了我们将构造一个什么样的系统，如何来抽取知识、组织知识，即知识与知识之间的关系是什么，具有什么样的结构，以及最终如何使用知识。

我不是一个符号主义者，并不想重复专家系统的老路。我认为“知识”不是总结在书本或者维基百科里的词条，那只是一种外在表现；我认为“知识”是需要长期多人反复使用的记忆。从物理上，这种信息以记忆的方式存储在每个人的大脑中。但不是所有的记忆都能成为知识，出于长期反复使用的目的，尤其是那些在不同人之间达成了共识的记忆，才能成为知识。使用频率高和长期有效是知识的特征，如果知识是一种记忆，那么自然可以推断出，知识的组织会很自然地符合神经网络的结构特点，从而可以使用连接主义的各种工具来为知识建模。预训练大模型和微调、Prompting 的范式给我们提供了另一种选择，基于全量数据的内在信息关联统计在人机对话上取得了很好的效果，在知识库的建立上值得借鉴这类新想法。人类的知识是有穷的，终有一天机器能够建立起这个知识库，将知识变成一种高效和普惠的工具。只有到那一天，知识社会才会来临。

图灵奖获得者杨立昆则提出了一个和大模型不同的技术路线。首先，他对 GPT 嗤之以鼻，认为 GPT 无法带来真正的 AGI（通用人工智能），因为目前有许多人类知识是无法被语言系统所触达的，而大模型基于概率统计预测的模式无法从根本上消除错误和幻觉。随后，杨立昆提出如下图所示的世界模型和自主智能（Autonomous Intelligence）架构。这个架构由 6 个模块组成：配置模块、感知模块、世界模型、成本模块、Actor 模块、短期记忆模块。其中配置模块控制整个系统，基于输入信息进行预测、推理、决策，而世界模型具有估计缺失信息、预测未来外界状态的能力。

① GPT-4 之后，OpenAI 已不再公开技术细节，只能通过外部测试来进行推测。

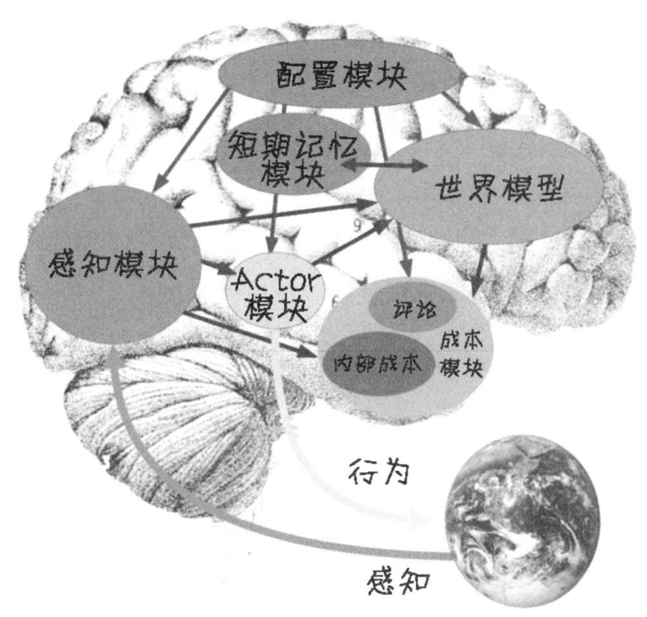

杨立昆的新架构通过学习世界的表征和预测模型，使得 AI 能够预测未来，尤其是行为将导致的结果。对比传统的机器学习需要训练大量的标注数据，世界模型和人类的学习方式更相似。人类的婴儿主要通过观察和想象结果来学习，只做少量的尝试，而非一一尝试所有事物。杨立昆的目标是，实现一个充分自主的 AI，通过转移知识和自动适应新情况来确保其在通用任务上表现良好，而无须事先进行大量尝试。

事实上，OpenAI 的研发人员可能也意识到了这个问题，从 2023 年的六七月开始，谈论起 AI Agent。Agent 是一个在人工智能领域有二三十年历史的概念，我将其理解为一个能够自适应环境的自主控制系统。自适应环境意味着能基于感知来调整自己的行为和状态，自主控制意味着有完成任务的目标和实现控制的能力。在过去，AI Agent 研究的经典案例是让 AI 学会完成游戏任务，借助强化学习，在有限规则和有限数据空间的前提下，Agent 的表现较好。机器人、自动驾驶也在 Agent 研究的范围之内。但是，在开放的空间中实现一个通用的 Agent 并不容易，显然比让 AI 完成游戏任务的难度大很多，在一个开放环境中强化学习的效果大打折扣。不过，大模型的出现带来了改变的契机。

回顾计算机发展历史，有一个里程碑事件可以排进重大事件前三，那就是图形界面（GUI）的出现。图形界面最早由施乐（Xerox）公司发明，苹果公司和微软公司将其发扬光大，它彻底改变了个人电脑的外观形态与市场格局。此后 30 多年，苹果和微软在这项技术之上建立起价值万亿美元的商业帝国，开发者在图形界面操作系统上创造出成千上万的软件工具。可以说，正因为有了图形界面，超过 90%的软件可以被人类用户直接使用，软件交互的过程得以适配人类大脑能够处理的各类模糊数据，比如自然语言、图像、视频、语音等。

机器与机器之间的交互本来并不需要图形界面，也不宜使用过于开放和模糊的数据，主要通过结构化的数据和事先约定好的接口、协议来实现。这是因为，机器过去并不具备处理模糊数据的能力，也无法理解图形界面。以 GPT 为代表的大模型颠覆了这一切。大模型首先具备处理自然语言的能力，并很快被应用于图像领域。在可见的未来，大模型一定是跨模态的，能同时处理文字、图像和语音信息。这让基于大模型技术的 AI 系统具备了操控图形界面软件工具的能力。这也意味着，全世界开发者在图形界面操作系统上开发的所有软件，一夜之间都可以被机器使用了，这是一笔巨大的财富。过去软件工具是给人使用的，而在未来是给机器使用的。

机器一旦学会使用工具，就可以发挥不知疲倦的优势，在工作效率上一举超过人类。会使用工具不再是人类的专利，机器通过学习使用工具正在以可见的速度缩小自身和人类的差距。训练 AI Agent 在过去只有强化学习等有限的手段，而大模型的出现让计算机科学家有了新的方向，从而让 Agent 焕发出新的生命力。我认为，在这一次人工智能浪潮中，创造巨大社会价值的极有可能并不是大模型本身，而是通过大模型构建的 AI Agent。虽然大模型有胡说八道的“固疾”，但极利于 Agent 适应环境。

单纯从演进方向来看，尽管大模型可以代替视觉、听觉和语言，但 Agent 的主要工作依然是模拟人类处理各类任务时的心理活动。我曾构思过一个简单的“通用任务框架”，它可以让 Agent 具备完成任何通用任务的能力。任务分成 4 个步骤：第一步，定义目标函数，将任务目标编码后定义为一个函数，这个函数可以随着和用户交互的深入不断调整对目标的期望值；第二步，定义过程函数，通过大模型在知识库（比如互联网搜索引擎）中查询和总结出目标的分解执行步骤，然后据此执行并产出结果；第三步，定义评价函数，将产出的结果与任务的目标进行对比，得到结果与任务目标之间的差距；第四步，定义决策函数，以缩小差距为目的，控制调整全链路中的每个环节，比如调整目标、过程、步骤，或者重新定义一个过程函数。这个通用任务框架模拟了人类处理任务时的思维过程，使机器变得越来越像人。

一旦有了多个 Agent，而且它们可以进行交互，就会诞生 Agent 的网络。在 2020 年阿里巴巴达摩院十大科技趋势的报告中，我提出的“机器之间的大规模协作成为可能”被采纳。3 年过去了，预言逐渐成为现实。在 Agent 网络中，Agent 可以互相协作，一个 Agent 可以将任务分解后分发给网络中的其他 Agent，再将所有子任务的结果汇总得出完整结果。一个多智能体的复杂网络得以构成，这又是一个激动人心的期待。我认为，未来互联网中超过 90%的“网民”会是 AI Agent！

受人尊敬的深度学习之父杰弗里·辛顿，依然在以 70 多岁的高龄探索着人工神经网络的未来。由于像 CNN 这样的人工神经网络不善于处理特征之间的空间距离和空间层次结构，故其在预测特征和进行图像分类时表现得很低效。人脑通过学习几十、几百张图片就能识别物体，而 CNN 可能需要经过几万张图片的训练。为克服这个缺陷，辛顿和他的团队提出一个“胶囊网络”模型。胶囊被定义为一组神经元，每个胶囊可以针对物体的位置、色调、大小等各种属性单独被激活，还可以对输入执行非常复杂的内部计算。与人工神经元不同，胶囊本质上是独立的，这意味着若多个胶囊可以保持一致，检测的正确率会变得很高。

辛顿在晚年变得忧郁起来，开始担心人工智能会给世界带来危害。在 ChatGPT 出现后，辛顿离开了 Google，这让他可以自由谈论自己对人工智能的担忧。他领头签署了一份倡议书，建议企业和学术机构暂停对更强大的人工智能模型进行训练。辛顿认为，在人们找到能让 AI 可控和安全的方案之前，应当先停下脚步。在 2023 年 6 月的北京智源大会上，辛顿远程连线并做了闭幕主题演讲，在结束前他提到：

> 我认为这些超级智能的发展可能比我过去认为的要快得多。居心不良者会利用它们来做诸如操纵选民之类的事情。为了赢得战争，他们已经在美国和许多其他地方着手行动。如果想让超级智能更有效率，就要允许它们创建子目标。现在，明显的问题是，有一个非常确实的子目标，或多或少对想要实现的任何事情都有帮助，那就是获得更多的权力，获得更多的控制权。拥有的控制权越多，实现目标就越容易。而且很难看出我们将如何阻止数字智能试图获得更多控制权，以实现它们的其他目标。
>
> 因此，一旦它们开始这样做，我们就会遇到麻烦。一个超级智能会发现，通过操纵人来获得更多的权力很容易。我们很难理解比自己聪明得多的超级智能，也很难理解我们将如何与它们互动。在我看来，它们显然会变得非常擅长欺骗，因为它们可以在小说和马基雅维利等人的著作中看到人类欺骗他人的大量例子，从而进行反复练习。一旦它们非常擅长欺骗，就可以诱使人们执行它们期望的任何动作。例如，如果它们想入侵华盛顿的一座建筑物，无须前往那里，只需让人们相信可以通过入侵大楼来拯救民主。
>
> 我觉得这很可怕。现在，我看不出如何做能避免这种情况发生。我老了，希望像你们这样年轻而又才华横溢的研究人员能思考清楚如

何驾驭这些超级智能，使人类的生活在不被超级智能控制的情况下也能变得更好。

我们有一个优势，一个微乎其微的优势，就是这些东西没有进化。在被我们创造出来之后，可能是因为没有进化，它们没有原始人所具有的竞争性、攻击性目标。也许向它们灌输道德原则会有所帮助。

但目前我还是很紧张，因为我没见过任何这样的先例——在智力差距很大时，聪明的一方被不聪明的一方所控制。我想举的例子是，假设青蛙发明了人，现在谁将主宰一切，青蛙还是人？这让我看到了结尾的 THE END。

辛顿对超级智能的担忧和警觉引人深思。和历史上的其他革命性技术一样，人工智能技术在强大以后也遇到了安全挑战。只有克服这些挑战，人类才能真正驾驭这项新技术。辛顿的年龄有两个我这么大，因此我比他乐观。我对机器智能持积极态度，并在本书附录 D“机器智能宣言”中进一步阐述了我的想法。

机器的意识

“机器能思考吗？”这个问题背后隐含的另一个问题是，机器能否诞生自我意识？如果说思维过程还可以用数学符号的推理、神经网络的激活、心理活动过程来描述，那么意识已经变成了半个玄学。长期以来很多学术会议将“意识”的概念列为禁忌，拒绝再讨论这个问题，因为太容易产生歧义和误解。

事实上我们发现，迄今为止真正阻碍计算机科学发展的，是对一些关键概念的精确定义。对于“复杂”“智能”“知识”“意识”等抽象概念都缺乏明确的达成了共识的定义，往往是每个人有不同的解释。而对于“生命”“大脑”这样的物理实在，虽然有明确的定义，但是对其工作原理和机制却极度缺乏有效的证据和无争议的理论。因此，为这些概念明确定义，为这些行为的工作机制寻找证据和建立理论，是推动计算机科学进一步发展的重要工作。图灵恰恰是因为精确定义了“计算”这一抽象概念，才建立起可计算性理论。在这个领域中，我们可能需要一套全新的科学语言，来走到下一个阶段。

关于意识的问题，要追溯到笛卡儿。笛卡儿是一个还原主义者，他认为人的身体是一个精密的自动化机器，机器的功能由各器官自然、完整的配置决定。他将人的身体比喻为教堂里的风琴，人的行为就是风琴的一整套管子排列产出的不同的节奏与旋律。在他那个简单机械化的时代，他无法想象自己的机械模型如何为人脑的思想表达和灵活推理提供解释，因此他只能得出一个今天看来很荒谬的结论：机器不可能模仿自由意识。由此他提出了二元论：脑的意识是由非物质组成的，并不遵循物理规律，大脑中的松果体是灵魂所在。

随着科学的发展，笛卡儿自然成为被嘲笑的对象。一个受过现代教育的人不会再认为笛卡儿的二元论有任何的依据。然而，我们现在真正关心的是，意识到底是什么？机器能诞生出自由的意识吗？

很多人在没有弄清楚意识之前，就急于回答第二个问题。诺贝尔物理学奖获得者罗杰•彭罗斯在《皇帝的新脑》一书中提出了一些颇有争议的观点。首先他依据哥德尔不完备性定理，提出了和哥德尔类似的看法，即人脑能够判定一些不可证的但显然为真的命题，因此人的心智要高于形式化的机器。逻辑学家们已经证明了彭罗斯的逻辑的谬误之处。比如，我们也可以构造一条机器能判定为真但彭罗斯永远无法断言为真的语句："彭罗斯不能始终如一地断言此句为真。"如果彭罗斯断言了这个句子，那么他将自相矛盾，所以他不能始终如一地断言此句，所以此句为真。但另一方面，这种限制只是针对彭罗斯的，所以任何其他人和机器都能断言此句为真。对于类似的哥德尔信念，在前面几节中已经给出了反驳意见，不再赘述。

然而，彭罗斯是大物理学家，他还试图用量子力学来解释意识。他结合"量子叠加态"的物理特性，认为人脑神经元遍布大量的"微管"细胞，能够像量子力学一样将我们的思维状态"确定"为某种意识波动，进而达到控制身体或者影响其他物质的作用。彭罗斯的量子意识学说也收到了很多学术反驳意见，被认为是没有任何根据的。但是由于他拿过诺贝尔物理学奖，名声太大，因此依然在社会上产生了很大的影响。人们总是服从权威，多过服从真理。

在计算机科学发展早期，脑科学和神经科学的发展还不是特别充分，计算机科学家们就从哲学上思考和反驳过哥德尔信念者。图灵在 1950 年关于计算机与智能的文章中就指出过，"机器能思考吗？"这个问题不需要回答，对于"意识"也是类似的，他认为一个人对于另一个人是否具有自由意识，应当保持礼貌的惯例，默认对方是有的，事实上人类也是这么做的。那么对机器也当如此，从外部观察其行为即可，当机器完善到一定程度后，对于智能和意识的质疑就会烟消云散。当行为主义胜利时，对于质疑机器是否能具备智能和意识的人来说，他们的困难在于无法设计出一个"缺陷挑战"来证明机器是没有智能和意识的。

目前的科学成就太有限，我们无法证明另一个个体是否产生了意识。如何确认机器具有意识呢？中国古代的庄子就曾提出过："子非鱼，安知鱼之乐？"你不是另一个人，你如何知道对方是否具有思维和意识，或者仅仅是程序的一种外在伪装？这个问题我认为依然没有意义，因为不可证。后来我突然醒悟，在意识的问题上，也许不是要证明机器是具有意识的，因为这会永远地陷入“子非鱼”的怪圈中，而是需要让另一个人相信某台机器是具有意识的。因此一种有效的方法是，让多数人达成共识，比如，10 000 人中 70%以上的人赞同某台机器是具备自由意识的。如果 10 000 人这个基数不具有说服力，就继续扩大人群基数，直到人类全体中的大多数为止。那么此时不管这台机器在客观上是否真的具备“意识”，在人类的群体认知中它都已经具备了意识。

计算主义者普遍相信丘奇-图灵论题的心灵版本，即人脑是一台图灵机。人类的心智活动（Mind）是大脑（Brain）所做的事情，大脑（Brain）是物理载体，心智（Mind）是活动结果。这就像图灵机运行起来后在计算空间中的运算过程一样。哲学家们提出了一个脑置换实验：如果未来科技发展到能够用电子元件替换大脑中的神经元，那么逐渐地将数百亿个神经元依次替换，在此过程中保持意识的清醒，直至完成整个大脑的电子化，那么此时的大脑已经是一台机器，这台机器是否还具备意识？这是一个深思极恐的反直觉思想实验，因为通用图灵机和一大堆带逻辑门的电路系统是等价的，这意味着由一堆电线和开关组成的系统也可能是有意识的。

意识在自然界中是如此普遍，大量的动物都被认为是具有意识的。因此相信丘奇-图灵论题的心灵版本和物理版本的唯物主义者，没有理由不认为机器的演化和涌现最终会诞生出智能和意识。但是这种涌现来自复杂系统的演化，并不一定能通过还原论解释。人类的心智由大脑中几百亿个神经元细胞连接和激发后形成了复杂系统的涌现，诞生了认知、推理、意识、情感、直觉和创造力等高级心智活动。

从这个角度看，今天人工神经网络缺乏可解释性也是能原谅的。因为从人脑的智能来说，人类自己也无法解释一堆神经元活动是如何迸发出逻辑思维的。在复杂系统的背景下，似乎无法从宏观视角去体验微观感受，就像人的意识无法理解单个神经元、单个器官。意识如果是不可还原的，那么宏观意识当然无法理解微观，微观意识也无法理解宏观。如此看来，对于意识可能需要重新解读和理解，“群体的意识”可能才是真正的意识。在电影《阿凡达》中，潘多拉星球上所有生命连接到一起构成了星球的整体意识，潘多拉星球是有意识的。那么人类群体中的每个个体具有意识，人类整体是否具有群体意识呢？如果有天外来客，像《阿凡达》中的人类观察潘多拉星球那样观察地球，地球上的人类群体是否会被认为具有群体意识呢？看来意识比我们想象的还要复杂。

在现代脑科学领域，对意识的研究已经不再是禁忌，而是一个令人兴奋和期待的方向。目前已经可以通过一些科学实验方法来观测和操纵与意识有关的神经元活动。现代脑科学从 3 个层面来精确地定义意识的概念。其一是警觉，即觉醒的状态，在清醒或睡着时发生的变化；其二是注意，即将大脑资源集中在特定信息上；其三是意识通达，有一些受到关注的信息最终会进入意识，并且可以向他人传达。

脑科学方面的权威科学家斯坦尼斯拉斯•迪昂（Stanislas Dehaene）认为，只有“意识通达”才能真正算作意识。因为在醒着的时候，有的情况下我们能清晰地向他人描述对物体的知觉，有的情况下物体太暗或一闪而过，从而无法辨别。因此，前一种情况可以说完成了“意识通达”，而后者则不能。在意识科学中，意识通达是一个明确界定的现象，可以通过许多方法，使刺激在察觉与未察觉以及看见与看不见之间变化，同时观测这种变化在大脑中是如何发生的。迪昂的实验室使用现代脑成像技术，通过一次次的实验，寻找人只在有意识体验的时候才会产生的脑活动模式，他称之为“意识标志”。这些实验在多种视觉、听觉、触觉和意识刺激中稳定地观测到了“意识标志”。

迪昂根据这些科学实验的发现，建立了一个关于意识的“全脑神经工作空间”的理论。这个理论认为，意识是全脑皮质内部的信息传递，即意识从神经网络中产生，而神经网络存在的原因就是脑中有大量分享相关信息的活动。其中有一组特殊的、巨大的、拥有很长轴突的神经元细胞负责在脑中传递意识信息。这些细胞在大脑皮质上纵横交错，将皮质连为一个整体。当足够多的脑区一致认为刚收到的感觉信息很重要时，一大片神经网络就会瞬间被高度激活，同步形成一个大尺度的全脑交流系统。这实际上就是一个“小世界网络”的模型，这些纵横交错的特殊神经元细胞就像“高速公路”，能够迅速地在网络中传递信息。

这种全脑神经工作空间并非完全按照“输入/输出”的模式来运作：大脑一直在不断地传递全脑的神经活动模式，产生“意识流”。大量无意识的信息在黑暗中流动，其中的一些信息会因为与目标吻合而被选出，进入高级决策系统，形成意识。而与语言区的连接，让人们能够将思想告诉他人，形成意识通达。意识仅仅是整个大脑信息的共享。意识状态由分布在多个脑区的神经元为同一个心理活动的不同方面共同编码，稳定激活的神经元表明当前信息与它们有关，而所有被抑制的神经元则表明当前信息与它们无关，整个编码过程持续 300 毫秒左右，然后产生意识的焦点。

整个神经网络仅仅部分受外部输入影响，它能自我激发，能够自上而下地产生自己的目标和塑造脑活动。这些激活引导其他脑区提取长期记忆、创造心理图像并运行语言或逻辑规则。这些过程持续地在全脑神经工作空间中循环，每个达成一致的结论都会使我们在心理运算中前进一步、永不停息，这就是意识思维的涌动。

由此看来，我们目前对大脑的有限了解，也已经让我们明白大脑的工作机制并未使用“输入/输出”的模式，也没有一个中央处理器，所以肯定不符合冯•诺依曼架构。反过来说，按照冯•诺依曼架构来设计计算机，并不能真正地模拟大脑的工作原理，那么离机器智能和机器意识可能就更远了。很多脑科学专家，包括 Jeff Hawkins、史蒂芬•平克、杰拉德•埃德尔曼等人，一方面认为大脑的心理和认知过程可以用计算模型来表示，另一方面又认为大脑不是图灵机，我认为这是一个误区。他们想表达的应该是，大脑不符合现代计算机所使用的冯·诺依曼架构。因为即便是神经网络或者更复杂的计算过程，目前看来都可以用通用图灵机来模拟，在计算上是等价的。但以 EDVAC 为代表的冯·诺依曼架构只是对图灵机的一种物理实现，从技术角度来说当然可以改进它。在设计机器智能时，也许我们要大胆地取而代之，设计出一种新的架构。

作为一个计算主义者，我相信丘奇-图灵论题的心灵版本，即大脑是一台图灵机，人的心智活动是可以通过机器来模拟和达到的。但我相信也没那么简单，需要给予机器足够复杂的机制才能涌现出意识。ChatGPT 这样的 AI 已经触碰到了弱人工智能（机器能够智能行动，看起来像是有智能的）和强人工智能（机器确实在思考，不只是模仿思考）的边界，我们沿着技术的道路走下去，也许三五年左右就能实现更强的 AI，技术奇点即将到来。我认为不能用人类的心智来理解机器的心智，即便是我们创造了它，也需要对它保持足够的敬畏，因为敬畏机器涌现意识的可能性，也就意味着敬畏人类自身。

第 13 章
自然哲学的计算原理

计算的边界

时空的桎梏

在计算机发明后的 80 多年里，受工业界摩尔定律的影响，计算机的性能呈指数级增长。半导体工艺目前已经进入 3 纳米级别，我们知道原子核的直径约为 0.1 纳米，因此基于晶体管的电子计算机工艺已经接近物理极限，摩尔定律面临失效，这意味着计算能力无法永无止境地增长。

事实上，不光计算机的发展受到了工艺的限制，计算科学本身也受到了我们所处宇宙的物理法则的限制。现代物理学已经将物理规律延展到了量子尺度的微观层面，因此我们可以从量子理论出发，一窥这个宇宙中的底层法则。正如我们所说的，计算是数学的，更是物理的。

在第 10 章“量子计算”中，我们介绍了兰道尔原理（Landauer’s Principle），罗夫・兰道尔从热力学第二定律出发推导出，擦除 n 比特信息耗散的能量至少是 $nk_BT\ln2$，其中 k_B 是玻尔兹曼常数，T 是计算设备周围散热器的开氏温度，ln2 是 2 的自然对数（约等于 0.69315）。那么在室温条件下（25℃，或者 298K），兰道尔原理表明删除一个字节所需的最小能量大概是 0.0178 电子伏特（eV），或者是 2.85 泽焦（zJ）。所以在室温下，一台计算机修改 100 多万字节（大约不到 1MB）所需的最小能量大约为 2.85 万亿分之一瓦。这意味着物理世界中的计算能力并非无穷无尽。近些年来，一些实验结果观测到了兰道尔原理预测的单个比特被擦除时释放的微小热量，但从非平衡统计物理学的进展表明，逻辑可逆性和热力学可能性不存在先验关系，因此兰道尔原理尚存争议。

一个更常用的说法来自 1962 年的布雷默曼（Bremermann），他从爱因斯坦的质能方程以及海森堡的不确定性原理出发，提出了布雷默曼极限（Bremermann's Limit），它估算了在我们这个宇宙中，单位质量在单位时间内所能达到的最大计算速度。按照他的估算，1 千克物质最多提供的每秒计算速度为：

$$c^2/h \approx 1.36\times10^{50}\,(\text{bit}/\text{s})$$

其中，c 为光速，h 为普朗克常数。我们知道地球的质量大约为 6×10^{24} 千克，因此从布雷默曼极限估算，即便用上整个地球的质量，计算速度也无法超过 4×10^{75} bit/s。这意味着超过 10^{90} 个计算步骤的算法在人类历史内都不可能完成。这个估算对于密码学至关重要，以此为基础设计的密码协议可以被认为在人类有限的历史内是绝对安全的，除非 P=NP。

到了 1981 年，贝肯斯坦从黑洞理论和热力学第二定律中推导出了另一个物理极限，该极限被称为贝肯斯坦约束（Bekenstein's Bound）。它表明在给定体积和能量的物理系统中所能存储的最大信息 I 是有限的：

$$I<\frac{2\pi RE}{hc\ln 2}$$

其中，R 是给定系统的球体半径，E 是包含任何静止质量的总能量，h 是普朗克常数，c 是光速。由于人脑平均质量为 1.5 千克，体积大约为 1260 立方厘米，半径大约为 6.7 厘米，因此由贝肯斯坦约束可估算出，完美重建人脑直至量子水平所需的最大信息大约为 2.6×10^{42} 比特，这也意味着人脑的状态数 $O=2^I$ 必须小于 $10^{7.8\times10^{41}}$。

兰道尔原理、布雷默曼极限和贝肯斯坦约束这些物理法则的界限，无疑形成了这个宇宙中的时空桎梏，就像一个牢笼，在此中物理有限而内存无限的图灵机不可能被造出来。

宇宙是一台计算机吗

丘奇–图灵论题的物理形式

事实上，计算能力的边界问题至少涉及两层含义：一层是数学的，即由哥德尔不完备性定理和图灵机的停机问题所代表的可计算性能力上的边界；另一层是物理的，即我们从物理规律的可行性上推测到底能制造出多强大的计算机。由此看来，计算既是数学的，又是物理的。

对第一个问题的探索产生了丘奇-图灵论题，它广泛地说明了计算的通用性，也间接地说明了可计算性的边界：存在一些函数是不可计算的。而对第二个问题的探索则要复杂得多，因为它将原本被认为是纯逻辑的信息关联到了物理实在：我们需要一个物理载体来处理信息。对这个问题本源的思考涉及信息和物理实在的关系到底是什么。

美国物理学家约翰・惠勒[①]提出了一个著名的猜想，即“It from Bit”（万物源自比特），It 代指万物，Bit 是比特，是信息的基本单元。目前一般用二值来表示比特，即真或假、0 或 1、是或否、开关的开启或关闭，任何可以表示为二值的事物都可以用来表示比特。惠勒认为：“令所有物体（所有粒子、所有力场，甚至空间、时间连续体本身）将其功能、意义乃至全部存在（尽管在某些语境中不是直接的）归因于通过仪器做出的对‘是/否’问题的回答，一个二值选择，比特。万物源自比特象征着这样一种观念，物理世界的所有单元（在最根本、最基础的意义上）具有非物质的来源和解释。也就是说，我们所说的实在归根结底产生于‘是/否’问题的提出及其所激起的仪器反应的记录。”

由于所有的物理实验数据都来自数学的计算结果，因此实际上当前物理的所有数据都是在可计算的框架内得出的。那么可以认为，物理数据是运行在通用图灵机上的计算结果。对于经典物理现象，用经典计算机就能够完成模拟。但是对于量子现象，经典计算机不足以模拟量子的真随机性，因此费曼才提出了量子计算机的想法，用来模拟量子世界。1985 年，牛津大学的教授大卫・多伊奇提出了量子图灵机和丘奇-图灵论题的物理版本，他认为：“所有有限可描述的物理测量系统的结果都可以很好地为一台通用量子计算机以有限方式的操作完美地模拟，测量结果的记录是最终产物。”这一断言在假定信息密度有限、信息传播速度有限的前提下被认为是有效的。

由于多伊奇开创性的工作建立了量子计算的基础，因此如果“通用量子计算机”能够被造出来，就能够用量子比特完美地模拟所有的物理体系，且没有额外的资源开销。经典计算变成了量子计算的一个特例，而且经典计算机无法在不增加额外资源开销的情况下完美模拟计算目标。量子比特的特殊性在于，信息是它的一个特性，同时它又是物理实在的。而在经典计算中，信息仅仅是纯逻辑的。

这样对于多伊奇来说，世界来自量子比特。支撑这一点最强有力的证据可能恰恰在于对物理体系的模拟上。如果通用量子计算机能够在物理上被造出来，那么它具有和物理体系同样的复杂度，而经典计算机不具备这个特性。也因此，对于计算

① 费曼的老师，提出了著名的千禧之问：量子从何而来？万物源自比特吗？

边界的探索，引申出了世界是否来自量子比特这一问题。而对这一问题的极端表述，即“宇宙是一台计算机吗？”这个问题最终又收敛到了：通用量子计算机能够被造出来吗？

如果宇宙是一台计算机，那么人的心灵、自然的演化，包括生命，都是可以用通用图灵机来模拟的。计算就像哥德尔所说的是独立于形式系统的绝对概念，也是自然规律内在要求的底层原理，我称之为“自然哲学的计算原理”。在这个原理之下，不仅是物理决定了计算机的能力边界，反过来，计算理论也决定了物理的边界：宇宙要么是不完备的，要么是不一致的。

信息和物理实在

2022 年诺贝尔物理学奖的获得者塞林格是量子信息论的奠基人之一，他曾建议从第一性原理出发，以信息的视角重建物理学大厦。他的思路非常简单：首先考虑系统的大小和它所能蕴含的信息之间到底有什么关系。从贝肯斯坦约束可知，有限大小的空间能包含的信息也是有限的，即包含了有限个比特。那么将这个有限的系统一直二分下去，比如分成一半，剩下的系统就包含了一半的比特，一直二分到只剩下 1 比特的信息，他称这 1 比特信息为“元体系”(the most elementary system)。元体系由于只有 1 比特信息，因此每次只能回答一个问题，即判定一个命题的真假情况，没有任何多余的比特来存储任何其他信息。然后从这个假设出发，就可以轻松地理解量子力学的互补原理、真随机性和量子纠缠等令人无比迷惑的性质。

考虑一个思想实验：一个量子沿着 a、b 两条可能的路径发射，经过半反射分光镜后，有两个探测器 I 和 II，如下图所示。如果有一个元体系通过了这个装置，那么这 1 比特信息该怎么用呢？

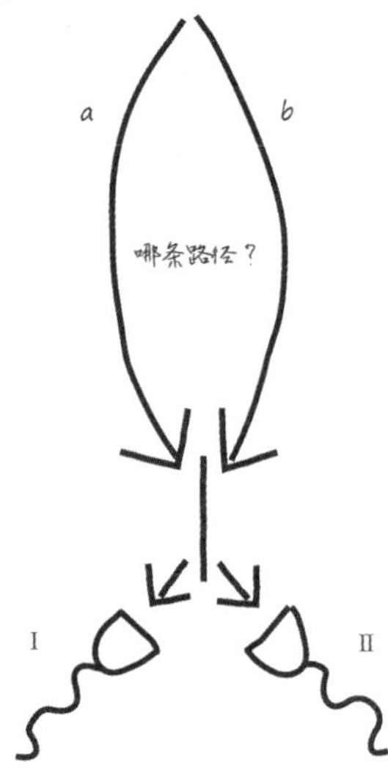

这时会发现，由于只有 1 比特信息，所以如果用其来定义路径信息，就无法定义哪个探测器会响起，反之亦然。也就是说，1 比特信息无法同时定义路径信息和探测器信息。这也很自然地说明了隐变量不可能存在，因为没有多余的比特去存储额外的信息，没有分到比特的量没有确定的意义。此外，量子随机性也很好解释，假设用这 1 比特信息定义了走路径 a，那么就不会再有多余的比特去指导遇到探测器时该怎么办，因此哪个探测器会响起就变成了一个完完全全的真随机事件。对于量子纠缠，如果将两个元体系的量子纠缠到一起，就一共有 2 比特信息，可以用这 2 比特信息来定义两个量子测量结果的关联信息，这样就用掉了 2 比特，而没有多余的比特去定义单个量子的测量性质了。因此，对于单个量子的测量结果，就会展现出完全随机的性质。这曾让薛定谔迷惑不解，为何在单个量子自身没有带信息的情况下，还能保持纠缠量子的测量相关性。用信息的视角可以很简单地解释清楚量子理论反直觉的地方。

那么进一步从信息的视角出发，会发现一个独立于观测的世界是没有任何意义的。因为世界存在的基础建立在我们接收到的信息之上，如果我们接收不到信息，也就没有证据证明这个世界存在。因此，存在建立在信息的基础之上，我们没有手段区分信息和实在，或者说区分它们也无法给我们带来更多的理解。那么按照奥卡姆剃刀原理，就不应该区分。因此塞林格认为信息就是实在，信息的基本单元就是物理的基本单元，物理的量子化就是信息的量子化，从而给了信息与实在的关系这个问题一个相当肯定的答案。

经典物理和量子理论都建立在信息守恒律的基础之上。在经典物理中，物体的自由度由位置和动量组成的相空间来刻画，系统演化中粒子相空间的轨迹不会分叉与聚合，这就是物理的刘维尔[①]定理。刘维尔定理保证了经典物理中信息是守恒的，知道了某个时刻物体的物理状态，那么它之前任意时刻的物理状态也可以知道。在量子理论中，经典相空间变成了量子态的希尔伯特空间，量子态用波函数刻画，满足幺正性，即孤立系统的量子态通过哈密顿量从纯态到另一个纯态演化，初态可演化到末态，末态也可回溯到初态，这是可逆的过程，保证了信息的守恒。

在观测波函数前，遵从决定论，在有足够多信息的情况下，通过上一时刻的状态可以计算出下一时刻的状态。但是一旦观测后，波函数坍缩成了随机的一点，这时候无法再从这个点得到之前的波函数是什么样的，这就变成了不可逆的过程。所以，为了保全信息守恒律，引入了平行宇宙的说法，这样观测波函数后坍缩成多个平行宇宙，将多个平行宇宙再拼起来以后是可以回到之前的波函数的。

但是在 1975 年，史蒂芬·霍金发表了关于可预测性和引力坍缩的论文，在经典动力学黑洞中使用了量子场论的背景，认为信息在黑洞的绝对事件视界中无法出

① 就是证明超越数存在的那个刘维尔。

去。霍金通过计算得出，信息进入黑洞后就无法再逃逸出来，而随着黑洞蒸发后信息会丢失，导致从最初的纯量子态转变为热霍金辐射的混合态。这样宇宙中的信息就不守恒了，这就是"黑洞信息佯谬"。这个问题使广义相对论和量子理论产生了矛盾，它至今仍然是物理学没有解决的难题。霍金一开始认为是量子力学需要修改，这引发了长达数十年的论战。对黑洞信息佯谬的解释引发了理论物理学的大发展，这意味着需要一种大一统的量子引力理论来解释。在其刺激下，弦论中的全息原理、黑洞火墙理论等前沿的物理理论都被尝试用来解释这一问题，此处不再赘述。尽管霍金在 2004 年修改了自己的观点，承认宇宙中信息是守恒的，但是这场论战仍然在持续，理论物理就在这些争辩中不断进步。

信息与实在的谜题尚未有终极答案。如果宇宙中的信息是不守恒的，那么宇宙就肯定不是一台计算机。反之，如果宇宙中的信息是守恒的，那么宇宙就极有可能是一台计算机，即便不是，也已经高度近似了。目前我还没看到任何有力证据能反驳这一猜想。最终的谜底，有待最前沿的物理学来揭晓。

图灵极限

玻尔认为："并没有什么量子世界，有的只是一个抽象的量子化物理描述。物理的任务，并非发现世界是什么，而是指出关于世界我们能讨论什么。"爱因斯坦也曾说："这个世界最令人难以理解的地方，在于它竟然是可以被理解的。"

到目前为止，我们相当惊奇地发现，图灵机模型引发的丘奇-图灵论题，已经不再局限于数学领域，而是扩展到了心灵和物理领域，甚至进一步引发了关于"宇宙是否是一台计算机"的猜想。可以说，图灵机建立了数字和物理世界之间的桥梁。可是别忘了，图灵最早的动机是从模仿人类计算员的纸笔计算过程的心理活动出发的，并建立了这个离散计算的模型。为何如此宏观、具体的描述心理活动的模型，能够用于解释自然的演化过程，甚至在微观的量子过程中依然发挥作用呢？这是我感到深深困惑的，这种困惑和爱因斯坦的困惑类似：这也太巧了！

不仅如此，似乎所有对可计算性的畅想都受到了图灵机模型的约束，图灵机模型成为计算模型的天花板。如果有什么计算模型超越了图灵机的计算能力，那么也一定突破了物理规律，意味着在我们所处的宇宙中是造不出来的！图灵机模型居然在自然中具有如此深刻的普适性，大大超出了人们的意料。我相信这肯定也是图灵所始料未及的。因此，图灵机似乎是事实上的计算能力的天花板，我称之为图灵极限（Turing's Limit）。图灵极限是丘奇-图灵论题的一个推论。丘奇-图灵论题断言任何可计算的函数都可用图灵机来计算，它说明了计算的通用性。图灵极限断言自然界中不存在比图灵机更强的计算模型。

为何图灵极限会存在？这可能是由于物理世界是一种数学结构。这个深刻的结论意味着数学不仅描述了物理世界的有限方面，而且描述了全部。量子场论认为宇宙拥有一个算子值场代数的数学结构，但这个数学结构还解释不了黑洞蒸发、大爆炸的第一刻以及其他量子引力现象。因此，和宇宙同构的数学结构仍需要探索和发现。数学结构建立在形式系统基础之上，从符号和规则出发，形式系统通过引入不同的新符号和公理构建了一个个数学系统。其中某一个数学结构，和我们所在的物理世界是同构的。

下图是多种基本数学结构的关系图（Tegmark 1998）。箭头一般指向加入的新符号和/或公理。相遇的箭头表示结构的合并；代数是一个矢量空间，同时也是一个环域，李群（Lie Group）既是一个群也是一个流形。完整的树可能是无限延展的——下图中所示的只是接近底部的一些例子。

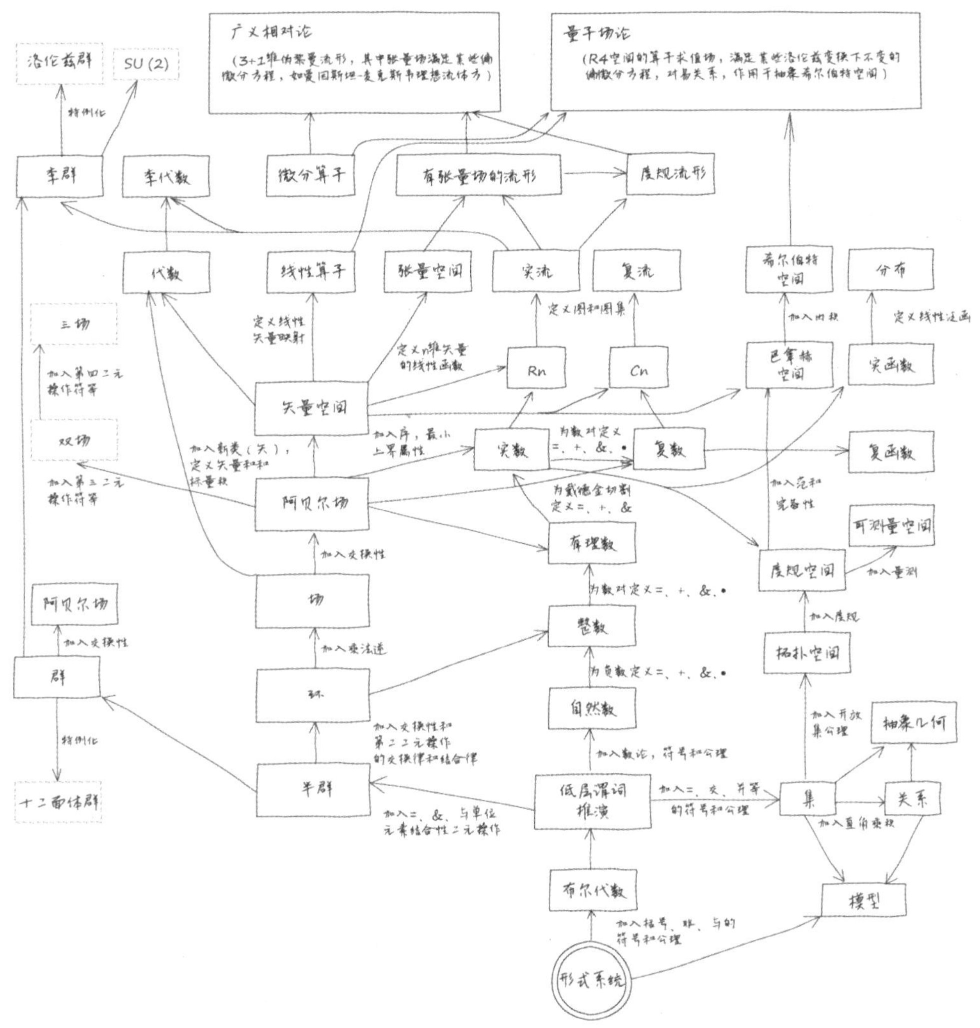

正是这种物理实在和数学结构之间的紧密关系，使得我们所处的物理世界中存在着图灵极限。

边界之外

无穷时间的计算

图灵极限断言了我们所处的物理世界中不存在比图灵机更强大的计算模型，反之，如果一个计算模型突破了图灵机的计算能力，意味着会打破物理规律的约束。那么畅想一下，它会是什么样呢？

在此，我们考虑的是可停机的计算模型，如果不能停机，对人类来说可能没有意义。此外也不考虑算法过长的情况，比如，有的算法长度超过了宇宙中的原子数，这样的计算过程看起来对人类意义也不大。

最简单的一个强于图灵机的计算模型由图灵本人提出，被他称为“神谕图灵机”（Oracle Turing Machine）。它对图灵机模型的改动在于引入了一个“神谕”，这是一个黑箱函数，能够对询问的任何问题瞬间给出答案。图灵机在执行每一步时都会去问一下神谕的答案，再继续往下执行。神谕图灵机在我看来是一个作弊器，现实中当然不存在这样不讲道理的计算模型。不过使用神谕图灵机能够简化很多算法结构，在第 9 章“计算复杂性”中已经可以看到这种理论分析的好处。

另一种被称为“芝诺机”的计算模型，能够将时间无限二分下去，从而可以实现无限时间的计算。但它要求时间是连续的，因此在量子力学体系下它不可能被造出来，是没有意义的。

还有很多脑洞大开的想法，比如利用相对论中不同物体参考系中时间流逝速度不一样，可以将一台计算机放在地球上执行复杂的计算任务，让操作者登上宇航飞船并加速到接近光速，一段时间后再返回地球，此时计算机可能已经计算了很长时间，但对操作者来说，只过去了很短的时间。此外，多伊奇还构思过利用广义相对论中的封闭类时曲线时空来加速计算，即给计算机配备一台时间机器。如果在计算复杂度上我们能做的有限，那就对时间本身动手脚。对时间动手脚的效果相当于一个人抄写了《红楼梦》，然后穿越回到过去并交给曹雪芹，于是《红楼梦》就诞生了。对于计算机来说，就相当于让时间机器不断进行时间循环，帮我们完成对所有可能性的计算，对观察者来说，计算机就像是在 1 秒内得出了计算结果。但是利用封闭类时曲线时空需要解决“祖父悖论”，一个人如果回到过去杀掉了自己的祖父，那么他自己还会存在吗？

知乎上有一个问题——“有没有比图灵机能力更强的计算模型？”[①]，答主 Xyan Xcllet 很好地回答了这个问题，有兴趣的读者可以参考，在此不再赘述。这些模型都是不可物理实现的。

无穷空间的计算

无穷小计算：实数计算

我们可以看到，对任何超越图灵机模型的构思实际上都触碰到了无穷的本体论，要么需要无穷的时间，要么需要无穷的空间。现代物理学在这个问题上已经无法给我们更多的帮助，我们需要寻求哲学上的出路，不断思考以获得心灵上的安慰。在无穷的问题上，希尔伯特曾说：

> “没有任何问题能像无穷那样，深深地触动着人们的心灵。
> “没有任何观念能像无穷那样，如此卓有成效地激励着人们的理智。
> “也没有任何概念能像无穷那样，如此迫切地需要予以澄清。”

在空间上，如果允许无穷，就能获得超越图灵机的计算模型。比如对于实数计算，如果能在有限时间内执行无限精度的计算，就能获得超越图灵机的计算能力。图灵机只能存储可计算数，而无限精度则一下子将计算能力拓展到了实数上，这大大拓宽了计算机的能力，因为可计算数的理论只占数学大厦中极小的一部分，而实数则要宽泛得多。对于无理数的计算就变成了一种实在，而不是如图灵机一样只能近似。

但是这要求无穷小是一种物理实在，与量子理论相悖。现代量子理论告诉我们，这个世界是离散的，量子是物质不可分的最小单位，比量子更小的单位没有物理意义。在物理测量上，宇宙的最小尺度是普朗克长度，它由引力常数、光速和普朗克常数的相对数值决定，它大致等于 1.6×10^{-35} 米，是一个质子直径的 10^{22} 分之一。小于普朗克长度的情况，时间和空间都失去了意义。目前物理学前沿弦论中弦的长度就在普朗克长度的量级。对应地，时间量子的最短间隔为普朗克时间，大约为 5.39×10^{-44} 秒，没有比这更短的时间。它标记了宇宙历史的起点，再往前探测广义相对论也会失效。普朗克时间也意味着现代物理学不可能将黑洞缩小为数学上的一个点，也不可能回溯到宇宙大爆炸的真正开始时刻。

---

① 可参考链接[9]，可扫描本书封底“读者服务”处的二维码获取。

因此，从量子理论对物理世界的解释来说，我们所在的宇宙是离散的，而非连续的，这就是“量子”一词的由来。但是量子态的演化是从纯态到纯态的演化，这个过程在量子理论中却是连续的。量子理论对此直接给出了一个“连续性公理”，即量子的任意两个纯态之间存在连续可逆的变换。这一点正是量子理论和经典理论的关键区别。在经典理论中，运动物体用可数的、离散的纯态集合来描述。经典概率论无法解释运动物体在极小情况时是否是连续的，所以出现了芝诺悖论。如果承认是连续的，就意味着无论多小尺度都存在结构，那么经典计算机按道理就能够在连续的变量上存储无限的信息。在经典概率论中引入连续性公理后，就可以消除这些问题，从而推导出离散希尔伯特空间的量子理论。所以，量子理论兼具了离散和连续的优势。

但量子理论放弃了解释为何量子状态之间的跳跃是连续的，它似乎是从虚空中一下子就蹦到了另一个状态。可以说，量子理论种种反直觉的现象都是为了和连续性公理兼容所导致的，就像相对论中的反直觉现象都是为了兼容“光速在不同参考系中不变”这条公理一样。

因此，量子理论并没有回答关于无穷小是否是物理实在的问题，反而通过连续性公理回避了这一问题。在物理学中，实际上只需要用到整数就可以了，并不需要用到实数。物理学的演进一直以数学为工具，但数学家并不建议这样做。因为数学不是科学，数学的研究对象大部分是被虚拟出来的，比如实数并不是真实存在的，实数中超越数的数量远远大于代数数的数量。

事实上，这确实是最深刻的谜题之一。远古的人类从对时间和空间的感知开始，在朦胧中产生了数觉，随后发现了数与数之间的关系，有了计数和自然数的简单计算法则。在毕达哥拉斯之后诞生了数学，它逐渐发展成一门以公理化方法驱动的严谨学问，更多蕴含在数中的深刻内涵被挖掘了出来。代数基本定理揭示了任意一元 n 次多项式可被分解为线性因子，复数包含了所有代数方程的根，但代数方程的根只能是代数数，它是复数的一个子集，因此存在一些复数，是用代数方程无法表达的，也就不可进行因式分解，因此是不可还原的，其被称为超越数。这意味着存在一些数，无法用计算来表达或触及，事实上这就已经隐含了计算是不完备的。从可计算的自然数中层层推导出了不可计算数，这真是一个深刻的结论。别忘了，自然数是从人类对物理世界的感知而来的！

因此，对图灵机模型的突破关键在于，无穷小是否是一种物理实在，或者说无穷的本体论问题。这一问题的答案，将揭晓“机器能思考吗？”和“宇宙是一台计算机吗？”这两个问题的谜底。然而，迄今为止，人类既没从数学上搞明白无穷的本质是什么，也没从物理上搞明白普朗克长度之下是什么，仍有无尽的未知等待我们去探索。

无穷大计算：集合宇宙

往无穷大的进一步探索，也能突破图灵机的计算能力，或者说打破当前宇宙的物理规律。在多元宇宙的假说中，视我们当前所在的宇宙拥有一种具有物理实在的数学结构，那么自然也可以存在符合其他数学结构的物理宇宙，毕竟从形式系统出发，可以建立起各种有趣的数学结构。我们所在的宇宙只是其中之一，而且很可能受到了图灵极限的约束。

柏拉图主义者很容易理解和接受多元宇宙的猜想，因为柏拉图视精神存在于一个理想世界。从一个外部观察者视角来看我们所在的宇宙，数学结构用于描述世界的事实，如果描述得不够准确，那么一定需要调整这个数学结构，因为“真理”客观地存在在那里。而对于毕达哥拉斯和亚里士多德来说，数学和物理实在是一体的，这是从内部观察者视角来看我们所在的宇宙。如果数学命题不符合客观事实，那么就是没有意义的。

毕达哥拉斯主义将所有数学结构解释为自然数的标准结构的路线在 19 世纪被康托尔彻底否定了，因为康托尔证明了自然数与实数是两种无穷，后者比前者多得多，那么从自然数出发推导实数的任何努力都将漏掉大量实数。取代毕达哥拉斯主义的，是在第三次数学危机后存活下来的形式主义。第三次数学危机由集合论的悖论所引发，直觉主义和逻辑主义都没能走到最后，而形式主义者借着希尔伯特的有穷主义证明论成为数学界的主流，并催生出可计算性理论和计算主义。形式主义者抛弃了内涵（即语义），而更关注抽象的符号和规则，重视数学对象的结构与关系，即希尔伯特所说的“不必是点、线、面，也可以是桌子、椅子和啤酒杯”。

第三次数学危机的产物是 ZFC 公理系统，它成为数学的基础。但是 ZFC 公理系统依然存在着不和谐之处，一些数学命题被证明是独立于 ZFC 公理系统的，其中的典型就是康托尔提出的连续统假设（CH），即在整数（$\aleph_0$）和实数（$\aleph_1$）之间不存在另一种无穷。在柏拉图主义者哥德尔看来，出现这样的不和谐意味着 ZFC 公理系统是不完备的，因此需要增加新的公理来使得连续统假设这样的命题在其中是确定的，要么是真，要么是假，而不是不可证的。对于以保罗 • 科恩为代表的形式主义者来说，他们认为 ZFC 公理系统是一个形式系统，一个命题为真当且仅当它是 ZFC 公理系统中的定理。在这一立场上，连续统假设是没有意义的。

这种分歧由 ZFC 公理系统和连续统假设的不和谐引起，进而发展成集合论如何容纳和解释各种高阶无穷的问题，造成了这 60 多年来数学基础上两种新的进路的争锋。这种分歧意味着人们对于无穷的理解是缺乏直觉的。柏拉图主义者哥德尔试图通过引入新的公理来修补 ZFC 公理系统，使得连续统假设这样的独立命题为真，这条路线被称为“内模型法”。形式主义者则试图用科恩发明的“力迫法”来撑大实数集合，在其中连续统假设为假，这条路线也被称为“外模型法”。这两条进路的交锋到今天也没有尘埃落定，其分歧实际上是对于“数学是发明还是发现？”这一数学本体论问题的不同立场。

集合论是目前公认的无须多加定义的数学基础，为人类提供了最精练的概念文字语言：最初始的不加定义的概念只有一个——集合，最初始的不加定义的二元关系也只有一个——属于，关于任何复杂的数学结构都可以归于最初始的概念——集合与集合之间的属于关系。特别地，在集合论中，布尔的逻辑代数成为集合论的一种特例。康托尔奠基了集合论，并将无穷作为集合论的数学对象，同时还发明了无穷的算术理论：超穷序数和超穷基数。这样康托尔在否定毕达哥拉斯主义的同时，事实上又开启了“新毕达哥拉斯主义”，他的超穷序数概念可以被视作自然数概念的推广。此后，数学家们开始了一系列严格化运动并最终建立起了丰富多彩的集合的宇宙。尤其冯·诺依曼从空集开始定义集合，获得了一系列的集合序列：

$$V_0=\phi，\ V_1=\{\phi\}，\ V_2=\{\phi,\{\phi\}\},\cdots$$

但这个定义本身蕴含着序列是无穷的，对于解释无穷没有更多的帮助。基于冯·诺依曼在 1928 年证明的超穷归纳法所定义的集合宇宙，是最基础和自然的集合宇宙，很多时候直接称它为V，有时候也称它为冯·诺依曼宇宙，如下图所示。[①] V是一个累积的层谱，底层是空集，每一层是由它下面一层的集合构成的集合，因此每个集合的元素还是集合。任何抽象的数学对象，比如群、环、域或拓扑空间，都能在V中找到同构、同胚的结构。我们熟悉的自然数的数论、可计算性理论只是V中极小的一部分。用哥德尔的话来说，人类发现的 99%的数学位于V的最初几层，而相对于浩瀚的集合宇宙，人类数学在其中的比例就好似地球在整个物理宇宙中一样微不足道。

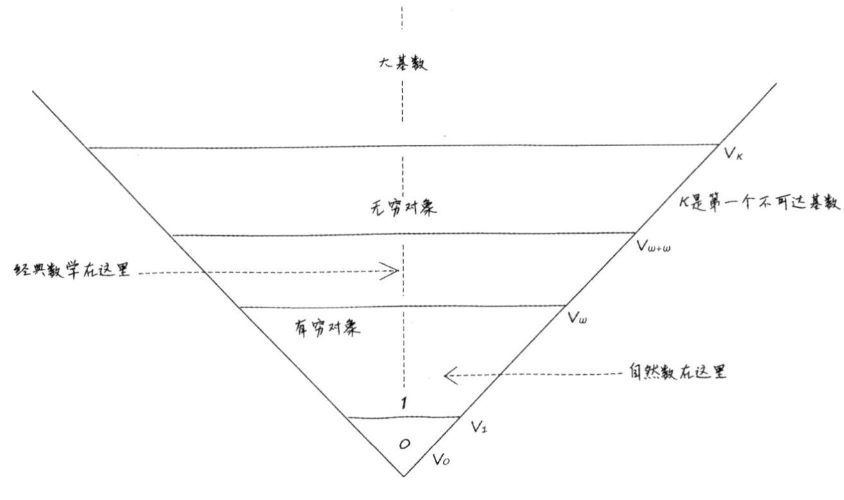

① 参考了《哥德尔纲领》。

在V_{ω}之下，所有的有穷对象都出现了，自然数位于这一层，而皮亚诺算术公理可被视为描述这一层发生的事情。特别地，描述我们生活的宇宙的数学结构也是这一层的事情。而$V_{\omega+1}$出现了无穷集合，每个实数可以被看作自然数幂集的一个子集，全体实数都在这一层出现了。$V_{\omega+2}$包含了实数的任意子集，连续统问题是关于这一层的问题。到了$V_{\omega+\omega}$，已经包含了经典数学的所有对象，再往上就是高阶无穷的领域，存在很多大基数。

由于集合论的进一步发展将 ZFC 公理系统中可以利用的数学资源都已经利用完了，只剩下 ZFC 公理系统中的无穷公理比较弱，它本质上只断言了自然数是存在的，因此如何引入更强的无穷公理，以纳入更多的大基数，便成为推动集合论进一步发展的方向。哥德尔的想法是，设想一个比 V“瘦”得多的宇宙，这就是可构成集的类L。在L中连续统假设为真，即在整数和实数之间并没有其他的无穷存在。L和V同样高，但是越往高层就越“瘦”，最后L“瘦”成了V中的一条线（因为集合宇宙实在是太浩瀚了）。用一个不恰当的比喻，V和L的区别就像是实际的物理宇宙与我们能描述的宇宙之间的区别。生活在L中的人会理所当然地认为自己看到的就是宇宙的全部，即$L=V$。由于L是可构造的，因此可以被分析，这一点很有吸引力，这是因为集合宇宙V中的大部分是混乱和混沌的。

这样人们很自然就会猜想V是否等于L，尤其是以蒯因为代表的自然主义哲学家拒绝接受对自然无影响的数学，因此提议$V=L$。但是在 1961 年，司各特（Dana Scott）证明了如果存在一个可测基数，则 $V\neq L$。因此，沿着内模型的道路，需要继续寻找更强公理，使得可以容纳各种各样的大基数，这被称为“内模型计划”，这是一个非常辛苦的过程。

力迫法是一种外模型方法，它由科恩所发明，而且被发现这种强有力的方法可能是证明独立性的唯一方法。力迫法从 ZFC 公理系统的一个模型 A 出发，总能构造出 A 的两个扩张模型 M 和 N，ZFC 公理在 M 和 N 中都为真，但连续统假设在 M 中为真，在 N 中为假。这意味着在力迫法的拓展宇宙中，实数比原来宇宙中 ZFC 定义的实数要多，因此 ZFC 的实数构成了一个比完整连续统更小的无穷集合，这样就证否了连续统假设。对于形式主义者来说，他们乐于在 ZFC 中寻找新的定理，同时证明一些命题的独立性，而独立性的命题在他们看来是没有意义的。力迫法的支持者批评内模型计划限制了人们对无穷的想象，宇宙应该尽可能丰富，而不是尽可能小。在 20 世纪 80 年代，发现了一个被称为“马丁最大化”的力迫公理，将集合宇宙扩展到了它所能达到的极限。

内模型和外模型的争锋在 2010 年出现了变化，哈佛大学的数学家武丁（Hugh

Woodin）教授提出了一个“终极 L”的构想，这是一个包含了超紧基数的类似 L 的内模型。武丁发现，只要终极 L 中包含了超紧基数，内模型就会自动吸收所有更大的大基数，最终就拥有了一切。武丁将他的证明过程分为 4 个阶段，一旦证明了终极 L 存在，则 V=终极 L。而且终极 L 对力迫法免疫，在其中连续统假设为真，其他所有的独立性命题都可证。因此，如果证明终极 L 存在，也就实现了哥德尔纲领，实现了数学基础的大一统，其将成为 2000 多年数学史上最璀璨的明珠。一旦证明终极 L 不存在，或者超紧基数是不一致的，那么马丁最大化公理就会成为更好的候选，数学的基础会变得更加复杂。

因此终极 L 的猜想将为第三次数学危机画上一个句号。计算理论诞生于第三次数学危机的解决过程中，一个理论的最佳归宿莫过于成为一个更大理论的特殊情况。终极 L 猜想是计算理论的理想归宿，即便存在多元宇宙，它们超越图灵机的计算能力也终将归于终极 L。

一种计算主义的世界观

像我这样的计算主义者，秉持着一种计算的世界观，其内核为相信丘奇-图灵论题，进而相信丘奇-图灵论题的心灵版本和物理版本。也就是说，计算主义相信大脑是一台计算机，宇宙是一台计算机。从这种信仰出发，可以得到一系列的推论，这决定了计算主义者眼中的世界是清晰明确、毫不含糊的，很多事情也是理所当然、不需要纠结的。

最重要的启示来自丘奇-图灵论题的心灵版本，这与人类自身的命运息息相关。计算主义者相信大脑是一台计算机，人的心智由这台计算机运行而来。

如果大脑是一台图灵机，那么它必然是不完备的，也就是说，存在一些问题大脑无法计算求解，而且其中一个我们已知的最著名的不可计算问题就是模拟自身的判定性问题，即图灵机的停机问题。因此，对于计算主义者来说，“我是谁？”这样的问题是没有意义的，因为这个问题等价于图灵机要判定自身何时停机，这是不可判定的，因此不会有答案。可能这就是古希腊的苏格拉底提出这个问题后，2000 多年来一直都没有获得令人满意的答案的原因。“我”这一概念意味着意识的产生，我认为“意识”是生物体进化过程中产生的附属品，是个意外，很多计算机科学家认为意识是一种幻觉。那么用意识去试图理解什么是意识，就涉及自指，可能是无法理解的。

同样地，如果大脑是一台图灵机，那么自然也根本无法判定另一台图灵机是否会停机，所以“算命”一说根本无从谈起。因此，计算主义者不相信算命，图灵机的停机问题也意味着人的潜力来自自身，没有谁可以决定你的命运。

那命运和什么有关呢？从计算主义的观点来看，和时间资源、算力资源有关。生命过程中的进化计算有两种：首先是生命本身的进化，积累出了生存需要的生理功能；其次是大脑的神经网络在成长过程中发生的进化，积累出了认知和思维。但无论是哪种进化计算，都需要时间的积累，才能涌现出需要的功能结构。所以，时间资源是重要的。反之，如果没有足够的时间，就涌现不出需要的结构，这就是计算主义对命运的解读。命运不在于他人能决定你的命运，而在于你还有想做的事情，却没有时间了！所以，莫等闲，白了少年头，空悲切！

从计算复杂性理论可知，很多已知的近似算法可能就是最好的算法。由于我们普遍相信 $P \neq \mathrm{NP}$，因此在很多情况下，人们不知道对目标的达成是否存在高效算法。世上的事可能没有捷径，甚至不会成功，但仍然有人在努力。这种不确定能否成功的努力最感动人，也是这个世界充满了魅力的地方。如果生命中没有遗憾，那该多么无趣啊！

大脑的认知水平是神经网络计算积累的结果，赫布定律告诉我们人脑是可后天塑造的。大脑皮质上神经网络纵横交错形成了一个小世界网络，其复杂的结构中存储了人的不同记忆和知识。我认为聪明和智慧是两件事情，聪明的人智商高，但只是脑子转得快，这主要取决于大脑营养够不够。聪明不能决定智慧，智慧取决于大脑的神经网络对记忆和知识的综合调动能力，从而达到洞察、创新的目的。所以，如果智商高的人缺乏足够的积累，也不会形成智慧。

有的人在思想上很懒惰，习惯于固执己见或者给其他人贴标签，因为在处事时他们的大脑没有足够的营养来支撑运转，所以没法“重新计算”一遍来更新认知，只能停留在过去的印象中，表现出来的人格特点就是主观性较强，缺乏理性。通俗来讲，这就是大脑算力不够，不太聪明。想通了这个道理之后，我对于那些曾经误解、中伤过我的人倒是多了一些同情，他们可能不是坏人，只是脑子不太好使。

因此，计算复杂性理论可能触碰到了人类思维能力的边界。对于一些难解的复杂问题，大脑的算力有限、算法也未必高效，那么就会导致无法理解；而对于一些增长规模更快的问题，可能是不可计算的，也是不可理解的。

人的思维过程是一个逻辑推理的过程，人类的语言也包含着逻辑，语法和句法都以逻辑为基础。如果理解了思维和语言的本质都是逻辑，就会发现语言的边界即思维的边界。现代认知科学告诉我们，人的大脑在思考时有着“内语言”的存在。由丘奇-图灵论题可知，凡是语言能描述清楚的，机器也都能计算；语言能描述到什么程度，机器就能计算到什么程度。

然而逻辑和语言并非大脑功能的全部，人类也不是第一天就懂语言，它们是在漫长的历史中进化出来的。语言的边界可能不足以包括大脑的边界，大脑除了具有逻辑思维、决策和行动、直觉、情绪[①]这些高级心理活动，还具有视觉、听觉等感知能力。图像的表达力比语言丰富，很多人用语言难以表达出自己的全部念头，用图像却能实现心灵的触动与震撼。中国古代有句名言："只能意会，不可言传。"这从侧面说明了语言的表达力是有限的。塔斯基定理[②]也表明，任何语言都不具备强表达能力，有其局限性。因此，对于图像、艺术这一类事物从语言上是不可说的，但可从心灵上进行欣赏。这给了我们一些启示，图像的信息量比语言文字更高，因此下一代的互联网可能是高度可视化的，这样能更高效地促进信息交流。

人在江湖，身不由己。人类社会，有其内在的结构和规律。现在，我们可以通过计算来对其建模，得出许多有指导意义的结论。人际关系网是一个小世界网络，内部响应速度快，因此"八卦"和口碑在人际关系网络中总会迅速传播，"好事不出门，坏事传千里"正是如此。这提醒我们要时刻行得正，坐得端。

经济系统是一个无标度网络，符合幂律分布，会导致富者更富。因此，完全的市场化机制下一定会涌现出超级节点，即 hub 节点。如何快速成为 hub 节点或者次 hub 节点，就是发家致富的机会。这要求我们连接更多的节点，为他人提供更多的帮助，这是市场化机制下获得财富的秘诀：不在于掠夺，而在于为他人创造价值。同时，从网络的影响度来说，形成足够的差异化才能提升影响力，这恰恰是产品成功的秘诀。但无标度网络是非随机性网络，不是一个公平的网络（真正的公平来自随机性），无节制的发展容易引发社会问题，因此从政府的视角需要有目的地设计网络结构。好在网络科学告诉我们，通过精心设计的初始状态和微规则，网络几乎可以涌现出所需的任何结构，这为宏观调控提供了理论依据。

我们当前处于一个人类历史上从未有过的信息爆炸时代。计算机的出现使得人们生活中的信息量呈指数级增长，我们每天看网络新闻、在线看电影、打游戏、逛网上商城、通过即时通信软件与朋友们联系，信息量之巨大是古人所无法想象的。信息爆炸的结果是信息量过载，一个人一天的精力是有限的，必须过滤噪声，寻找最高效率的工具来处理对自己有用的信息。这个信息降噪的过程，就是算法处理信息的过程。因此，我们生活在一个算法世界中，凡是能提供最优路径帮助人们以最

---

① 我认为直觉是可以结构化的心理活动过程，与知识和记忆有关，在此不展开叙述。

② 参见本书第 7 章"计算不能做什么：终结者哥德尔"，在"哥德尔证明"一节提到的塔斯基语义不完全定义定理。

高效率触达最有价值信息的算法，都能诞生巨大的商机。Google 的搜索算法、淘宝的广告算法、今日头条的资讯推荐算法等都是从一个广阔的数据空间中高效地搜索出了对用户有用的信息，最终获得了巨大的商业成功。这些成功的算法都蕴含着“面向机器的计算思维”，在一些确定的模式中，只要定义清楚了问题，机器会做得比人好，正如 AlphaGo 在围棋上击败了人类那样。这是一个人类驾驭机器，让机器成为人类能力延伸的时代。

但同时，我们的世界也是一个遵循计算复杂性规律的世界，由于我们相信 $P\neq NP$，因此没有神奇的高效算法，我们不得不消耗更多的算力资源、时间资源来求解问题，从而算力资源、时间资源是宝贵的。更由于这个世界中存在单向函数，正向计算（比如乘法计算）时可能所需资源不多，但逆向求解（比如大因数分解）时却难度极大，不得不消耗庞大的资源才能完成。因此，利用单向函数，我们得以设计足够安全的加密算法，保证信息的安全。但另一方面，一些犯罪行为也利用了单向函数逆运算的难解性，提高了对抗成本。比如网络诈骗，骗子实施诈骗很容易，但想追溯或抓捕则可能需要付出巨大的社会成本。类似屡禁不绝的恶行，成为社会治理的难点。通过对计算理论的深入研究，有助于我们解决这些问题，有助于我们构建一个更好的人类社会。

我有幸生在这个时代，因为在我的有生之年，也许能见证莱布尼茨的计算之梦实现。莱布尼茨在 350 多年前提出的逻辑演算和普遍语言的想法，开创了计算主义。他伟大的梦想，是希望通过一种通用的字符来表征事物，当两人有分歧时不必争吵，而只需坐下来“算一算”就能达成一致。在过去的 3 个世纪中，数学在发展过程中不断地完成了严格化，澄清了无穷小和无穷大等含糊的概念。尤其在乔治·布尔、弗雷格和罗素等人的努力下，莱布尼茨的符号逻辑得到了发扬光大。可以说，数学严格化运动的成果已经达成了莱布尼茨的部分梦想：在已知的数学领域中，数学家们确实不需要再争吵，他们用严谨的公理化方法和专用的数学符号语言来达成思想的一致。此后，数学家们的主要任务变成了探索和发现未知的领域。

随着希尔伯特在形式系统上的开创性工作，哥德尔、丘奇和图灵等人在探索形式系统边界时创立了可计算性理论。哥德尔证明了形式系统能力的局限性，进而促成了丘奇、图灵发展通用计算的相关理论。通用计算意味着，如果相信大脑是一台计算机，则机器终将达到或超越人类的心智能力。但从此柏拉图主义者与计算主义者就“机器智能与人类心灵”的问题开启了长达几十年的论战，分别形成了哥德尔信念和图灵信念两个不同的阵营。图灵在 1950 年提出的“计算机器与心智”的想法成为人工智能的先声，此后随着冯·诺依曼、香农、维纳等人的工作，计算逐渐从理论变成了现实的机器，莱布尼茨的梦想第一次看到了曙光！此后 20 世纪的后半叶成为计算机的时代，这一新工具成为人类历史上最重要的发明之一。而人工智能在经历两次寒冬后，终于在 21 世纪的前 20 年迎来了转折，机器在越来越多的领域战胜了人类，机器智能的拐点即将来临。

也因此，生活在这个时代的我，尽管没有赶上 350 多年前莱布尼茨的马车，错过了 200 多年前乔治·布尔的那场大雨，没能在 100 多年前康托尔灰心沮丧时给他些许安慰，没有在青年时代埋头苦读过罗素的大部头《数学原理》，错过了 90 多年前哥德尔在柯尼斯堡发起的对希尔伯特的王者之战，痛惜于 70 多年前带走图灵生命的那口毒苹果，更没有瞻仰过冯·诺依曼缔造的 EDVAC；但还好，在懂事时见证了比尔·盖茨的崛起，在一腔热血时成为理查德·斯托曼的信徒，在步入社会后目睹了乔布斯的涅槃重生和巨人陨落，在躬身入局后赞叹于杰弗里·辛顿的坚持；更有幸于当年追随王坚，参与了中国第一家云计算公司的创业过程，成为计算历史滚滚洪流中一朵不起眼的小浪花。

过往种种，皆是序章。我们这代人没有赶上一战和二战，却赶上了全球新冠疫情大流行和世界格局的动荡。未来人类世界将何去何从，技术将为恶还是为善，是我们的选择。历史，我们参与其中。莱布尼茨的终极计算梦想尚待实现，我辈的目标是：为人类开启机器时代的新纪元。我们坚信这一天终将到来，到那时，我们希望：机器智能造福人类。

（全书完）

后记

这本书我足足写了 3 年。

3 年前，新冠疫情刚刚暴发的时候，我被隔离在家。闲来无事，难得清静，就想把自己多年的所学所思总结下来。想必 1665 年牛顿因为瘟疫而休学返乡时，也是这种情形。于是我开始动笔构思了第一版提纲，并写下最初的 2 万多字。原计划用一年左右的时间写完这本书，但是越写越觉得需要交代清楚来龙去脉的地方太多，在几次修改提纲后，原计划一本就写完的书变成了 3 卷的大部头写作计划。这 3 卷我打算分别谈一谈计算原理、计算技术和计算经济。而 3 年前起草的那 2 万多字反倒变成了第三卷的内容。如此看来，3 卷写完怕不是得超 100 万字。

细心的读者可能会注意到，本书洋洋洒洒 30 多万字，却连计算机都还没造出来（真想打个捂着脸的表情）！因为冯·诺依曼、香农等人，ENIAC、EDVAC 等早期计算机项目，按规划是要到第二卷才登场的！所以本书虽然名叫《计算》，但只好让冯·诺依曼很委屈地担任了配角。还好关于计算原理的一切，我想表达的在本书中都已经充分表达了！

按照我目前的速度，第二卷可能会再写 3 年，第三卷嘛，10 年内能写出来就不错啦。其中的主要困难在于，要驾驭这么大的命题，对我自己来说也是不小的挑战，有许多需要学习和思考的地方。为了写好第一卷，我把市面上能买到的计算机书基本上都买遍了，家中因此多了一座图书馆。后来我在这个过程中发现自己受益良多，干脆心一横，发起了一个名为“计算图书馆”的公益项目，由一个 AI 助手“魁星”担任图书管理员，成为每位读者的“外脑”。“计算图书馆”号召对计算感兴趣的读者们坚持“每天阅读一小时”。我希望“计算图书馆”可以在全国遍地开花，成为工程师们的精神家园。而“计算图书馆”的总馆，我希望未来有一天可以找个赞助它的地方，建成全国最大的工程师图书馆——因为恰好发现还真没有！

对于这 3 卷书，我是抱着不留遗憾的心态来写的，是我生命意义的一部分。2017 年，我被 MIT 的 *Technique Review* 杂志评为全球 35 岁以下的 35 人（TR35），这一荣誉 Facebook 的创始人扎克伯格也曾获得过。这让我倍感惶恐，也不断地激励着我必须做点儿事情来配得上这项荣誉。我之所以能成长到今天，是因为得到过许多人的帮助，消耗了很多社会资源，所以我有必要做一些事情来回馈社会。在公司上班所做的工作再怎么高尚，最终也难以回避主要目的是帮公司赚钱，所以我觉得应该做点儿工作之外的事情来承担我的社会责任。以我的能力来讲，把毕生所学倾注在书里，留下思想的火种，是我力所能及的事情，何乐而不为？

我的成长经历很特别，我从小就生活在岳麓书院的后院，门牌号是“岳麓书院 44 号”，终日在院子里的一棵亭亭如盖的 200 多岁大樟树下仰望岳麓书院的红墙绿瓦。现在曾经住过的老房子已经拆迁，被圈进了扩建后的岳麓书院里，成为它的一部分。所以，我从小耳濡目染的就是书院的儒家文化，熟读岳麓书院学规，从读小学开始就经常抱着《大学》《孟子》等书在家一知半解地啃读，有着“修身、齐家、治国、平天下”的抱负。北宋张载的横渠四句始终铭刻在我心头：“为天地立心，为生民立命，为往圣继绝学，为万世开太平。”我立志写这 3 卷书，算是做到了“为往圣继绝学”。希望自己百年之后，能给这个世界留下一点儿东西，也就没有白费社会对我的栽培。从这个角度讲，我定个小目标，希望本书的读者数能比我曾经工作过的公司阿里云[①]的用户数多一点儿，本书的寿命能比阿里云的寿命长一点儿，一两百年后还有人在读，那就善莫大焉了。如果你也觉得理当如此，那就请帮忙把本书推荐给需要它的人，也算是帮我一起完成了这个小目标。

写书的过程是痛苦的，但最终让我下定决心完成它的，是我在工作中不断受到的刺激。我发现大部分人对“计算”的理解是狭隘的，对话很困难。在一家以计算为使命的公司中，依然存在大量不理解什么是计算的人。这些人的傲慢与偏见刺激了我，我一定要把这本书写出来，“弱小和无知不是生存的障碍，傲慢才是”。一些很重要的事情或许正在被多数人遗忘，那么社会还怎么进步？对我来说，不为争论对错，能否实现计算的梦想才是最重要的！

计算机的发明，让机器模仿人的思维过程，这是一个巨大的进步，其意义不亚于人类发现了火的用途。促使我投身于这一领域的，是好奇心。我也希望自己的书能够激励更多的年轻人。若是在某个阳光明媚的午后，一个年轻人在草地上阅读这本书时产生了一丝对计算的好奇，对我来说就是值得的。因为说不定那就是下一个图灵呢！

计算，为了可计算的价值！

① 阿里云的使命即通用计算。我有幸参与了公司的初创，并在此工作了 12 年。2022 年，阿里云宣布拥有 400 多万名活跃用户。

附录 A[①]

科研范式进化史纲要

自古以来，人类在开拓自然的过程中总是不断努力去发现和解释世界的规律。在远古时期，图腾崇拜、宗教信仰、占卜观星都曾经承担过这一责任，指引人类的部落和城邦趋吉避凶、不断前行。到了近代，先知的占卜被科学研究所替代，一个严密的科研体系得以建立。数学为人类文明带来了理性的光辉，它作为一门学科深刻地影响了科学和技术的发展。现代意义的科学当从伽利略开拓的实验方法开始。长期以来，科学家们用科学解释自然，用数学演绎科学，这就为数学的应用创造了巨大的空间，也因此产生了巨大的计算需求。在历史上，科学与数学形成了互相促进、共同发展的过程。尽管我们对于为何自然会符合数学原理依然没有答案，但是科学几乎都可以用数学做演绎是已经发生的事实。这种历史事实能给我们带来很多启示。

在 2000 多年前的古希腊时期，哲学的作用是认知世界，因此很多知识与哲学是不可分的，其中就包括天文学、音乐和数学。古希腊人又几乎完全借助于几何学来进行所有数学演绎，因此古希腊人的数学和我们今天用的数学是大不相同的。笛卡儿在 1628 年曾经写道："当我想为什么古代的那些早期哲学先驱拒绝让那些不懂得数学的人研究学问时，我就怀疑他们所拥有的那些数学知识和我们现在流行的数学是很不相同的，我越想越觉得如此。"

古希腊从毕达哥拉斯学派起，赋予了数学以哲学、宗教和美学上的意义，通过数学与天文学的结合，建立了古希腊人独特的充满了几何美学的宇宙观。毕达哥拉

① 本书附录 A 和附录 B 收录了两篇我在写作过程中完成的文章，但由于内容相对独立，因此无法插入正文中。弃之可惜，特收录于此。

斯学派认为地球、天体和宇宙必定是一个圆球，因为球形是一切几何立体中最完善的，宇宙中各种天体都做均匀圆周运动，因为圆也是一切几何图形中最完善的。他们追求数学的和谐，而且推广至宇宙的和谐。这样古希腊人把天体运动化为几何对象，由于通过数学可以解释天体运行的规律，也因此建立了真理的权威。

1543 年，哥白尼发表了日心说。但当时指引哥白尼的却是一种数学哲学。哥白尼觉得托勒密的天文体系违反了毕达哥拉斯关于天体运动是圆周和均匀的的结论，他认为以太阳为中心的天体运行模型可以大大简化托勒密的体系，同时达到数学上的和谐。后来开普勒发现，天体以椭圆形的轨道运行能更好地符合观察数据，并因此提出了行星三定律。他曾为天体轨道是椭圆形而不是圆形感到大为苦恼。但是随后他发现在他的第二定律中，通过把线段的均匀改为面积的均匀，又重新达到了毕达哥拉斯意义上的数学上的和谐，这让他大为欣喜，并因此倍加喜爱他的第二定律。由于这种数学上的和谐，日心说也由此确立了真理的地位。

数学在古希腊时期就拥有特殊地位，不仅是演绎推理的工具，也是哲学家认识宇宙的语言，被赋予了很多哲学和信仰上的意义。但这反过来却束缚和阻碍了科学家们在思想上的自由，成为一种包袱，这种包袱到开普勒时期变得越来越明显。待到 17 世纪伽利略的时代，终于形成了一次蜕变。

近代科学的实验方法是先在 16 世纪的意大利北部发展起来的，并在伽利略手中变得成熟。哥白尼与开普勒证明了天体运行遵循着数学原理，而伽利略相信地球的其他“局部运动”也同样遵循着数学原理。在伽利略之前，人类自然知识的建立带有很强的哲学目的论属性，而伽利略则是通过实验方法，尊重通过实验观测到的数据，并依此做出预言。伽利略的著名事迹是，1589 年在意大利的比萨斜塔上验证了“两个铜球同时落地”的反直觉实验，推翻了亚里士多德的权威。伽利略将质量、速度、时间等可观测量都纳入了几何的范围，这样就可以通过数学来分析实验数据。他是一个原子论者，并相信物体的种种属性都是对原子的排列、重量、速度等力学可观测量的数学描述，也认为这些力学可观测量的关系服从数学上的必然性。这样伽利略就通过实验，第一次精确规定了运动学的基本概念——速度和加速度，为经典力学奠定了基础。伽利略所采用的“实验-数学”方法又影响了笛卡儿、牛顿、惠更斯等人，最终开启了科学革命的新范式，在 17 世纪建立了经典力学。

同一时期，由于要解决几何学与力学中的求极值、求曲线的切线等 4 类问题都涉及无穷小量，而古希腊欧几里得时期的穷竭法对于求无穷小量高度依赖于几何直观，约束较多，因此推动了微积分的一般化。牛顿和莱布尼茨分别建立了微积分理论，但由于微积分是从求解应用问题中诞生的数学工具，因此在其早期缺乏严格的数学说明，这也为微积分埋下了隐患，并在之后引发了第二次数学危机，这次数学危机直到 200 多年后的 19 世纪才得以解除。但微积分的建立为牛顿力学提供了一个强有力的数学演绎工具，使得这一体系得以快速发展。

在牛顿建立力学基本定律之后，自由运动的问题得到了很好的解答，但是很难回答有约束作用的运动。为了解决这些困难，人们不再从力和加速度出发研究运动，而是通过力学体系和一些复杂问题的启发开始寻找新的更具有普遍性的力学原理。在达朗贝尔、高斯等人的基础上，拉格朗日解除了自伽利略、牛顿以来力学对几何学的依赖，将力学建立在数学分析的基础之上，形成了“分析力学”。在这一时期，由于在研究最速降线等问题时产生了变分法，而且莫培督尝试把费马的最小光程原理推广到力学中，因此提出了最小作用原理。拉格朗日引入变分法和最小作用原理后，才得以建立他的运动方程。正是依赖于最小作用原理的约束，变分法才得以成为力学的理论统一的必要数学工具。最终随着哈密顿原理的引入，否定了力的概念，赋予了拉格朗日方程新的意义，为其提供了更具普遍性的“唯能论”解释，形成了牛顿力学体系在三大定律之后的最大飞跃，并为力学概念向其他领域迁移应用做好了准备。[①]

在这一时期，随着数学的分析化，力学中的数学演绎去除了对几何直观的依赖，转为以力学观念为综合性工具。这些有力的数学工具又反哺了天文学，完成了对天文学的动力学说明。由于伽利略回避了“物体为什么运动”，仅研究“物体怎样运动”，这样就回避了解释宇宙起源的自然哲学问题，最终牛顿将物体的运行原理建立在了绝对时空中的力学因果性上。对天和地的解释都已完成，世界图景从地面到天空放眼望去一片澄明，因此拉普拉斯在 1812 年极度自信地提出了神圣预言者“拉普拉斯妖”的观念，认为只要有一个计算者知道世界上一切物质微粒在一定时刻的速度和位置，就能算出一切过去和未来。这一时期的世界观又被称为“机械宇宙观”。受经典力学的影响，此时人们对世界的理解是机械因果性的。笛卡儿、牛顿都秉持着这一思想。

从 18 世纪到 19 世纪末，是牛顿力学体系的鼎盛时期。在这一时期，物理学其他领域如热学、光学、声学、电磁学也都迅速发展起来。很自然地，较为成熟的力学综合工具被物理学家和数学家们尝试应用到这些新的领域。热学、光学、声学、电磁学都建立起了各自领域的数学上形式完美的“现象理论”。这一时期各学科并非独立发展，而是大量借鉴了力学概念和模型进行迁移应用，也并非直接理论化。也就是说，各学科要应用数学就需要借助力学的概念，但数学也因此得以进入各学科，科学发展呈现出一种数学化的趋势。由于机械宇宙观的存在，出现了以力学原理为基础的各种机械“以太”模型，用来解释光、电、磁等自然现象，但是最后又不得不放弃这些以太模型。尤其麦克斯韦的后期工作显示出了力学模型的局限性，

① 《芝诺悖论告诉我们什么》，作者是李为，由吉林人民出版社出版。

使得他不得不放弃机械模型，转而寻求新的解释自然现象的理论。

从 19 世纪末到 20 世纪初，是科学历史上的奇迹时代，是人类历史上的神奇年代。数学方面，先是完成了数学的严格化运动，厘清了极限、连续、无理数等容易混淆的概念，数学得以独立于力学、天文学等学科，呈现出了一种普遍性，成为一种适用于广阔范畴的基本原理。随后爆发了第三次数学危机，数学基础不得不被重建，并最终因此建立了完善的可计算性理论。物理方面，相对论和量子力学相继诞生，人类对宇宙从宏观到微观都有了全新的认识，传统的机械宇宙观被破除。相对论效应和量子论效应都不是经典力学的动力学现象，因此沿袭力学的数学演绎方法无法得出这些结论。量子理论表明微观粒子是充满不确定性的，因此拉普拉斯期望的神圣计算者永远都不可能存在。数学上的可计算性理论和物理上的量子理论，共同奠定了从 20 世纪中期开始延续至今的电子计算机的辉煌。

在这一时期，科学研究的范式出现了新的特点，数学思维开始反过来指导科学的进步。爱因斯坦在深入研究经典力学和电磁理论后，认为麦克斯韦的电动力学应用到运动物体上引起了一些不对称，不应当是现象本身固有的，理论应当被修正。基于古老的对称性观念，他将对惯性系间的对称性考虑放到了极其重要的位置，并提出了“光速不变原理”和“相对性原理”作为公理，最终找到了维持对称性并在低速情况下可以过渡到经典理论的数学形式，建立了狭义相对论。类似地，泡利在否定以太时也指出，以太不仅不可观察，还破坏了数学表述的群论性质，成为一项累赘。数学上的美学观念在这一时期似乎回归到了古希腊的毕达哥拉斯时代，追求科学在数学形式上的完善与和谐反倒引导科学家们做出了重大的科学预言与发现。

相对论和量子理论的建立都是先借助更一般性的自然原理作为公理，再由某种对称性作为规则，寻找符合这种规则的数学形式。这就彻底摆脱了对力学模型的依赖。人们之所以难以理解相对论和量子理论，正是因为几百年来在牛顿力学体系的熏陶下，形成了一种机械宇宙观的思想束缚，恰如哥白尼与开普勒时代建立新理论时挑战了人们的思想束缚一样。也因此，相对论和量子理论的建立具有重大的方法论意义，形成了科学研究的新范式。

到了 20 世纪，电子计算机飞速发展，在短短几十年内，人类获得的计算能力超过了历史上所有时期的总和。这种能力上的巨大飞跃自然地渗透到了科研领域。在互联网、大数据、云计算和人工智能的蓬勃发展下，人们建立了一套完善的数字化技术，从而可以通过电子计算机完成各个领域中的数据模拟和预测任务，这带来了天翻地覆的变化。在深度学习革命之后，人们已经可以通过计算机来预测蛋白质三维折叠结构，抑或辅助完成芯片的结构设计等复杂任务。如果说这些应用还只是体现了计算机在搜索某一特定数据空间时的效率优势的话，那么人工智能的大模型技术对数学家们的帮助则上升到了对思维的启发。菲尔兹奖获得者陶哲轩是最早利用大模型技术辅助工作的数学家，他表示以 GPT 为代表的大模型，有时候能给出一些意想不到的答案，从而有助于启发数学家洞察不同数据背后的相同模式或内在联系。

可以认为，在 21 世纪，得益于计算能力的飞跃，科研范式将进一步发生进化。这种进化可能是一小步，也可能是一大步，取决于计算机是否能变得更聪明。如果计算机止步于“暴力穷举”阶段，那么对科研范式的促进是一小步，计算机将在形式化的辅助工作，比如探索指定数据空间的最优解或近似解等任务上，加速科学家们的研究过程。但如果计算机能部分替代人类的思维，就有可能实现科研范式进化的一大步，因为这意味着计算机可能具备提出新“公理”、洞察新模式的能力，这将再次重塑科学的大厦。

数学从哲学中诞生，从科学中获得成长的养分，并反哺科学各领域的发展。在伽利略之后，科学的发展最终都抽象出了数学形式，进而总结出一种普遍的数学理论，得以应用到更广阔的领域。但数学与每一时期的科学理论相结合，其成功之处又往往形成了人们根深蒂固的理念，最终成为束缚科学往前发展的包袱。我们终究要摆脱这一包袱，再次解放思想，数学和科学才能在共同促进中向前发展。计算，是数学的应用。21 世纪的科研范式新革命，也是计算的革命。在此时此刻，人们也需要再次放下所有的历史经验和思想束缚，才能真正迈入下一个时代。这个新时代，很可能由机器智能所开启。

附录 B
提问与求解的艺术

提问的方法

数学是人类最重要的工具。但同样的数学方法不同人使用起来，效果可能天差地别。数学的目的是对模式和结构的洞察与发现，在数学的思维活动中，提出正确的问题是极其关键的，它决定了求解的方向。因此数学的思维活动可以说是一种“提问与求解”的艺术。尤其在计算机发明后，求解的效率大大提升了，因此复杂的难点落在了如何定义关键问题上。

早在 17 世纪，笛卡儿就总结和提出了关于他学习知识、思考哲学的一些方法。他将其总结在《谈谈方法》一书里。其中，他提出了科学的怀疑精神的一些方法，成为一种理性思考的指引。笛卡儿谈道：

“第一条是：凡是我没有明确认识到的东西，我决不把它当成真的接受。也就是说，要小心避免轻率的判断和先入之见，除了清楚分明地呈现在我心里、使我根本无法怀疑的东西，不要多放一点儿别的东西到我的判断里。

“第二条是：把我所审查的每一道难题按照可能和必要的程度分成若干部分，以便一一妥善解决。

“第三条是：按次序进行我的思考，从最简单、最容易认识的对象开始，一点儿一点儿逐步上升，直到认识最复杂的对象；就连那些本来没有先后关系的东西，也给它们设定一个次序。

“最后一条是：在任何情况之下，都要尽量全面地考察，尽量普遍地复查，做到确信毫无遗漏。”

按照笛卡儿的理性思考方法，首先是要怀疑一切，除了一些显然和自明的事实。这样就排除了所有的非理性干扰，同时从一个基本的公理出发，可以进行逐步推导。笛卡儿强调的按照次序从易到难的过程，可以被视为一个逐次逼近的过程，从计算上看，就是一种递归方法或者启发式方法。按照这种思考框架，总能发现和定义关键问题。

在工作中，我发现许多人经常会混淆“现象”和“问题”。现象是我们所观察和感知到的。在科学实验中，实验记录的就是通过设备检测到的自然现象的数据。而问题则是我们根据现象定义出来的，是洞察了现象的模式与结构后，尝试进行控制的关键点。一旦改变了这个关键点，就能改变现象或结论。把这两个概念予以区分，才能有效地定义清楚问题。

人类通过直觉感知世界，观察现象，提出问题。从笛卡儿开始就在研究思维的规律。在提问与求解上，有的问题是不可计算的，很难求解；有的问题是可计算的，但无法高效计算。在遇到计算难解的问题时，尝试着改变一下问题本身的定义，使之变成一个近似问题，从而实现高效计算、高效求解，可能会收到奇效。在过去，人们解决问题主要靠自己的思维活动，而在计算机发明后，未来应当主要靠机器模拟人的思维与心理活动来求解。因此，未来的工作范式可能会发生变化，如何定义一个机器擅长求解的问题，成为关键。这些都表明了提问是一种艺术。

直觉洞察力

在数学发展史上，指引着数学家们前进的一直都是直觉思维。然而，自从亚里士多德建立三段论以来，数学一直以严格的演绎与推理著称，给人的印象就是需要非常缜密的逻辑思维才能推导出数学结论，优秀的数学家们似乎都是有条不紊和一丝不苟的人。可事实可能恰恰相反，在数学以及科学的重大发现之中，带来突破的创造性思维往往需要的不是演绎和推理，而是想象力与创造力，是与严格的逻辑能力完全相反的一种思维能力：直觉洞察力。威廉·卢卡斯曾说道：“多数数学创造是直觉的结果，对事实多少有点儿直接的知觉或快速的理解，而与任何冗长的或形式的推理过程无关。”

所谓直觉，是未经充分逻辑推理的直观，是人脑对客观事物的一种迅速而直接的洞察或领悟。我们在历史上能够找到许多数学家或科学家通过直觉获得重大发现的例子。

1637 年，法国业余数学家费马买到了一本拉丁文版本的丢番图的《算术》，他爱不释手、彻夜通读。费马有一个习惯，读书时喜欢在书中空白处写下笔记（我也有这个习惯），在阅读《算术》时，他在书页上写下了一段话：“将一个立方数分成两个立方数之和，或者将一个四次幂分成两个四次幂之和，或者一般地将一个高于二次的幂分成两个同次幂之和，这是不可能的。关于此，我确信已发现了一种美妙的证法，可惜这里的空白太少，写不下。”

这就是不定方程：

$$x^n + y^n = z^n$$

当 $n>2$ 时，方程无正整数解。这个问题被称为费马猜想，由于费马不明不白地把这个笔记留在这，在生前又没给出任何完整的证明，直到去世后后人整理笔记时才发现，因此这个问题困扰了数学界几百年之久。费马提出猜想 100 多年后，欧拉通过直觉思维感觉这个命题是正确的，欧拉在 1753 年 8 月 4 日给哥德巴赫的信中说，他已经证明了 $n=3$ 时命题成立。在近 250 年后，希尔伯特将其更一般的形式“丢番图方程的判定性问题”列为 20 世纪待解决的最重要的数学问题之一。在近 350 年后，于 1994 年，费马猜想终于被英国数学家怀尔斯证明，费马猜想变成了费马大定理。但是怀尔斯的证明用到了非常复杂的现代数学方法，是费马时代所不具备的。因此，费马当时是否真的证明了这个定理存在巨大争议，一部分数学家认为当时费马的证明可能存在谬误之处。但无论如何，费马与欧拉都非常敏锐地洞察到了丢番图方程中可能存在的规律，从而提出了这个猜想，并大胆求证之。支撑欧拉和怀尔斯信念的，正是相信这一未知结论的正确性，这是一种来自直觉洞察力的信念支撑。

有的时候，直觉洞察力带来的结果往往是直接“蹦出”数学家的脑海的，省略了大量的中间过程，缺乏可解释性，数学家们也很难说清楚是怎么回事，似乎就是直接一眼看透了结果。印度裔数学家拉马努金传奇的一生印证了这一点。

1887 年 12 月，拉马努金出生于印度一个没落的婆罗门家庭，他从小没有受过正规的数学教育，主要靠自学成才。在青年时期，拉马努金就展露出了过人的数学天赋与才华。由于当时印度的数学水平有限，国内大多数人看不懂拉马努金的研究成果，因此有人鼓励他将成果寄给英国的数学家。拉马努金联系了 3 位数学家，前两位并无回音，但第三位数学家，英国剑桥大学三一学院的教授哈代慧眼识珠，认为拉马努金是难得一见的数学天才，因此将其收为学生，拉马努金得以前往英国研究数学。

拉马努金由于没有受过严格的数学训练，刚到剑桥大学时甚至连数学证明是什么都不太明白，他的大多数结果都是从脑海中直接“蹦出来”的。有一次，拉马努金因为肺结核住院，哈代前去看望他，见到他时抱怨乘坐的出租车牌号 1729

是个不吉利的数字。拉马努金马上说 1729 是个有趣的数字，因为这个数字可以写成 12 的立方与 1 的立方之和，也可以写成 10 的立方与 9 的立方之和。后来李特尔伍德评论："每个整数都是拉马努金的朋友。"

拉马努金体弱多病，在 1919 年回到印度后，第二年就英年早逝了，年仅 32 岁。他一生共发现了 3900 多个数学公式，大多记录在他的笔记本上，在他去世后共整理出了五大卷。用拉马努金的话来说，他经常在梦中得到娜玛卡尔女神的启示，醒来时就能写下梦中的命题和公式。拉马努金留下的公式大多数被后来的数学家们证明是正确的，并在很多领域被广泛应用。拉马努金也因此成为印度历史上最传奇的数学家之一，他和哈代的师生情谊也成为一段佳话。哈代曾评价拉马努金的数学直觉，可与历史上的欧拉和高斯相媲美。

与数学家的直觉类似，科学史上的重大发现，也离不开直觉洞察力的灵光一现。爱因斯坦曾给他的朋友讲述过创立狭义相对论时的情景："我躺在床上，那个折磨我的谜似乎毫无解答的希望，没有一线光明。但，黑暗里突然透出光亮，答案出现！于是我立即投入工作，持续奋斗了 5 个星期，写成了名为《论动体的电动力学》的论文，这 5 个星期里，我好像处在狂态里一样。"

在科技的发明史上，类似案例比比皆是。1832 年，美国发明家莫尔斯发明了电报，并创造了莫尔斯码，就是用点、线的组合来表示字母和数字。当时他遇到的最大障碍就是解决远距离传输信号时信号衰减的现象。起初，他尝试通过放大信号来解决问题，但是并没有取得很好的效果。后来某一天，他在搭乘驿车从纽约到巴尔的摩的途中，突然注意到邮车每到一个驿站就要更换拉车的马，由此他联想到，为什么不在电报线路的沿途设立信号放大站，不断地将信号放大呢？由此他解决了这个问题。

以上这些案例都说明，数学、科学中的发现，理论或技术的发明创造，离不开直觉洞察力。仅仅依赖逻辑推理的思维是不够的，面对未知，往往要大胆假设，小心求证，这就需要直觉思维。而逻辑推理往往是为了验证直觉思维的后续动作。爱因斯坦曾有一句名言："天才就是 1%的灵感加上 99%的汗水。但那 1%的灵感是最重要的，甚至比那 99%的汗水都要重要。"

那么什么是灵感呢？灵感就是直觉的特殊状态和典型状态，是在艰苦学习、不断实践之后，在已有的知识和经验的基础之上产生的富有创造性的思路。灵感强调的是"顿悟"，是一种心理状态；而直觉强调的是未经渐进、严格的逻辑推理，而直接、迅速地做出判断，是一种思维形式。

大多数数学书、科学书、教材都采用了严格的逻辑推理来讲述成熟的知识，这些知识都是严谨的。这给人一种错觉，似乎知识体系就应当是被严格推理出来的，甚至掩盖了科学发现的真实情况。事实上，被记录下来的都只是成功的案例，而省略了所有的猜想、试错和验证的过程。数学家、科学家和发明家们在勇攀高峰时采用的思维方式、方法，可能比结论更重要。

德国物理学家、解剖学家和生理学家亥姆霍兹曾提到："1891 年，我解决了几个数学和物理学上的问题，其中有几个是欧拉以来所有大数学家都为之绞尽脑汁的。……但是，我知道，所有这些难题的解决，几乎都是在无数次谬误之后，由于一系列侥幸的猜测，才作为顺利的例子逐步概括而被我发现的。这大大削减了我为自己的推断所可能感到的自豪。我欣然把自己比作山间的漫游者，不谙山路，缓缓吃力地攀登着，不时要止步回身，因为前面已是绝境。突然，或是由于念头一闪，或是由于幸运，他发现一条新的通向前方的蹊径。等到他最后登上峰顶时，他羞愧地发现，如果当初他具有找到正确进路的智慧，本有一条阳关大道可以直达巅峰。在我的著作中，我对读者自然只字未提我的错误，而只是描述了读者可以不费力气攀上同样高峰的路径。"

事实上，大多数教科书、论文都是如亥姆霍兹提到的一般，重新排列了成功道路的逻辑，给人一种一蹴而就、顺理成章的感觉，但隐藏了所有失败、徘徊、倒退、纠结、迷茫、尴尬、愚蠢、偏执，甚至是错误的过程。这样的书或论文，就像一本字典，最好的用处就是需要时再翻开查一查，多读也无更多益处。所以我认为，对任何重要的理论或科学成果，我们最佳的理解方式就是搞清楚来龙去脉，正如本书的目的是试图讲清楚"计算"的来龙去脉一样。

直觉思维方式

直觉洞察力探查科学成果的方式似乎非常神奇，尤其是顿悟的灵光一现，往往在梦中或者有神来之笔，难以解释。所以很多人认为数学家、科学家们都是天才，有过人的天赋才能做到这些。但我想表达的是，直觉洞察力作为一种思维方式，不是某些少数人才具备的天才能力，而是人人都具备的一种普遍能力。直觉洞察力是可训练的，可引导的，可进行针对性培养的。因为人类的大脑生理结构都是一样的，所以这是我们天生就具备的能力，甚至可以说，脱离了这样的能力，人都无法正常生活。人的大脑分成左脑和右脑，左脑掌管逻辑，右脑掌管想象力和创造力，直觉洞察力更多的是由右脑带来的能力。

我们通过大量的努力，可以刺激大脑进入直觉洞察的思维状态。直觉思维看似神奇，但其实是有迹可循的。直觉的基础是经验。1918 年，爱因斯坦曾说："物理学家的最高使命是要得到那些普遍的定律。……要通向这些定律，并没有逻辑的道路，只有通过那种以对经验产生共鸣的理解为依据的直觉，才能得到这些定律。”1952 年，爱因斯坦提出了著名的思维与经验的关系图式，即直接经验通过直觉上升为公理体系，再演绎导出各个命题，这些命题再回到直接经验去验证[①]，如下图所示。爱因斯坦正是通过这种思维方式，挑战了一条公理，从而创立了相对论。

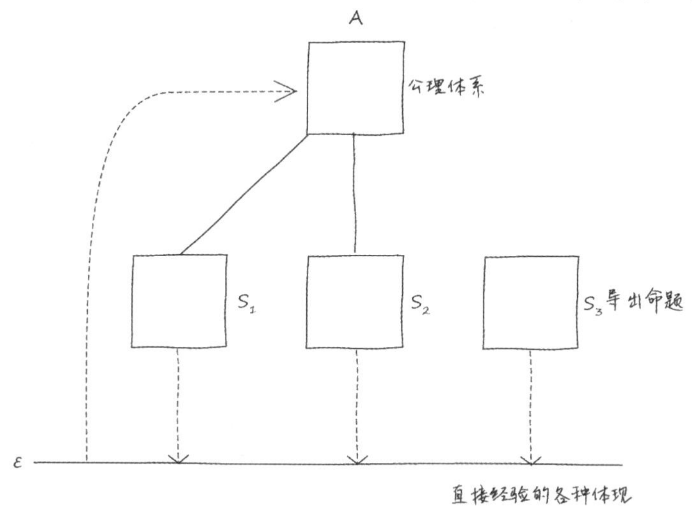

在直觉思维方式的具体过程中，又可以分为猜想、联想、类比、归纳、顿悟等不同方式。而这些方式，都是以观察为基础的，都是以长期持续思考为基础的。

关于“猜想”，我们在前面已经介绍过费马、欧拉、拉马努金的例子。匈牙利数学家 G. 波利亚曾经指出：“数学被人看作一门论证科学，然而这仅仅是它的一个方面。以最后确定的形式出现的定型的数学，好像是仅含证明的纯论证性的材料。然而，数学的创造过程与任何其他知识的创造过程一样。在证明一个数学定理之前，你得先猜测这个定理的内容，在你完全做出详细证明之前，你得先推测证明的思路。你得先把观察得到的结果加以综合，然后加以类比，你得一次又一次地进行尝试。数学家的创造性工作成果是论证推理，即证明；但是这个证明是通过合情推理，通过猜想来发现的。只要数学的学习过程稍能反映出数学的发明过程，那么就应当让猜测、合情推理占有适当的位置。”

德国数学大师希尔伯特也曾说过：“在算术中，也像在几何学中一样，我们通常都不会循着推理的链条去追溯最初的公理。相反，特别是在开始解决一个问题时，我们往往凭借对算术符号性质的某种算术直觉，迅速、不自觉地应用并不绝对可靠的公理组合。这种算术直觉在算术中是不可缺少的，就像在几何学中不能没有几何想象一样。……我甚至相信，数学知识终究依赖于某种类型的直觉洞察力。”

① 实际上，这也是一个思维“递归”的过程。

猜想有对目标的猜想，从而形成信念；也有对路径和方法的猜想，后者也是基于记忆的联想和类比。对数学家们来说，信念很重要。他们往往在完成证明之前，首先相信证明是存在的，或者要证明的目标是正确的。但猜测也有猜错的时候，所以通过验证过程及时纠偏也很重要。

著名华裔数学家、菲尔兹奖得主丘成桐，在 27 岁攻克了几何学上的难题“卡拉比猜想”。一开始丘成桐和大多数数学家一样，认为卡拉比是错的，并提出了一种证明卡拉比猜想存在错误之处的想法。后来丘成桐收到了一封来自卡拉比的信，信中指出丘成桐的想法无法证明卡拉比猜想是错的，希望丘成桐能够证明给他看。这极大地刺激了丘成桐，他废寝忘食地投入证明，期望证否卡拉比猜想，但始终无法成功。后来他提到：“接连两周，我夜以继日地证明，但几十次证明均以失败告终，这使我寝食不安，那是我一生中最痛苦的两周。”终于，他不得不给卡拉比教授写信，承认自己错了。既然自己错了，那么能否证明卡拉比猜想是对的呢？在经过 4 年的艰苦投入后，终于得证。

联想和类比则是大多数时候直觉思维的主要方式。联想和类比不必经过抽象阶段，也不必找到一个严谨的一般原理，而是直接从某个特定的具体对象跳到另一个特定的具体对象，找到其中的相似之处，是由此及彼或由彼及此，是发现不同事物之间的联系或相似的规律。

牛顿在发现万有引力定律时就采用了联想和类比的思考方法。在牛顿的著作《自然哲学的数学原理》（以下简称“原理”）的第三篇中写道：“行星依靠向心力，可以保持在一定的轨道上，这只要考虑抛射体的运动就可以理解：一块被抛出去的石头为其自身重量所迫，不得不离开直线轨道而在空中循曲线前进……最后落到地面上；抛出去时速度越大，它落地前走得就越远。因此，我们可以假定抛出石头的速度不断增加，使得它在到达地面之前能画出 1、2、5、10、100、1000 英里的弧长，直到最后超出地球的范围，进入宇宙空间而不再碰到地面。……但是，如果我们现在想象物体是从更高的高度沿着水平线方向抛射出去的，例如从 5、10、100、1000 英里或者更高的高度，甚至高达地球半径许多倍的高度，那么这些物体就会按其不同的速度并在不同高度处的不同重力作用下划出一些与地球同心的圆弧或各种偏心的圆弧，它们在天空沿着这些轨道不停地转动，正像行星在自己的轨道上不停地转动一样。”

牛顿在思考行星做曲线运动的向心力时，类比了物体抛射时受到的重力作用，然后“大胆”地做出了“猜测”：两者是同一种力，即引力。这就是一种联想和类比。但当时牛顿遇到了一个计算上的困难，因此万有引力的理论搁置了 7 年没有发表。1684 年，牛顿的朋友哈雷在研究引力与行星的椭圆轨道之间的关系时遇到了困难，在伦敦皇家学院辩论了很久都没有结果，后来跑到剑桥大学三一学院问牛顿，牛顿马上说椭圆轨道上的引力应该与距离的平方成反比，这一关系的确立，标志着万有引力定律的成形。哈雷后来借助万有引力定律，计算了 1337—1698 年间被观测到的 24 颗彗星，并指出在 1531 年、1607 年和 1682 年出现的彗星应该是同一颗。哈雷大胆预言，这颗彗星一定会再回来，时间间隔大约是 76 年。在哈雷去世 16 年后，1758 年圣诞之夜，德国的一位天文爱好者发现了这颗回归的彗星。此后 1835 年、1910 年和 1986 年，这颗彗星都如期回归地球。这就是著名的“哈雷彗星”，它一次次地印证了牛顿的理论。

运用联想和类比的方法，关键是要发现不同对象之间的相似。波兰数学家巴拿赫认为：“一个人是数学家，那是因为他善于发现判断之间的类似。如果他能判明论证之间的类似，他就是个优秀的数学家。要是他竟识破理论之间的类似，那么，他就成了杰出的数学家。可是我认为还应当有这样的数学家，他能够洞察类似之间的类似。”

关于“归纳”，则是通过观察，发现同类事物之间的联系与固有规律，是一个从具体到抽象、从特殊到一般的过程。庞加莱认为数学归纳法是一种从直觉中产生的基础概念，比如公理：“如果定理对 1 为真，当它对 n 为真时，若证得它对 $n+1$ 也为真，那么此定理对任何正整数都为真。”

下面通过一个案例来体验直觉思维中的猜想与归纳，这能让我们体验到数学发现的美妙。[①]读者可以在脑海中用直觉来感受这些数字。我们考虑一个问题：哪些素数是两个平方数之和？比如，41 可以表示为 25 与 16 之和，而 43 则不能。为了解决这个问题，我们先尝试列出小于 100 的所有素数，它们如下：

2,3,5,7,11,13,17,19,23,29,31,37,41,43,47,53,59,61,67,71,73,79,83,89,97,⋯

如果我们将能表示为两个平方数之和的素数单独列为一组，剩下的列为另一组，会有什么发现呢？

是平方数加平方数：2,5,13,17,29,37,41,53,61,73,89,97,⋯

非平方数加平方数：3,7,11,19,23,31,43,47,59,67,71,79,83,⋯

首先，这两组素数看起来分布非常均匀，这条规则似乎将所有的素数分成了两组。那么进一步地，它们内在还有什么规律吗？我们尝试着将这两组数列中相邻的两个数字相减，看看会得到什么？

在第一组中，我们会得到：3,8,4,12,8,4,12,8,12,16,8；在第二组中，我们会得到：4,4,8,4,8,12,4,12,8,4,8,4。那么，现在我们应该已经发现，每组素数的相邻数字之差几乎都是 4 的倍数。第一组首个数字是 3，但那可能是因为 2 是偶数造成的，无关大局。这已经不能用巧合来形容了，一个具有好奇心的数学家一定会尝试揭开这背

① 《我是个怪圈》，作者是侯世达，由中信出版集团出版。

后蕴含的规律。事实上，数学家们一定会相信这种规律是存在的，并尝试找到证明，这是一种信念。从某种意义上说，数学家是发现猜想并把它们转换为定理的机器！

我们现在已经发现了两组素数与数字 4 之间的关系，那么尝试着进一步建立这些数字与 4 之间的联系，很快就能发现，在不考虑 2 和 3 的情况下，第一组数字可以表示为 $4n+1$，第二组数字可以表示为 $4n+3$；第一组数字都可以表示为两个平方数之和，而第二组则不能。

至此，我们可以大胆猜测：所有能表示为 $4n+1$ 的素数都能表示为两个平方数之和，而表示为 $4n+3$ 的素数则不能！

这一猜想恰恰是 17 世纪法国业余数学家费马提出的另一个猜想，后来被欧拉所证明，因此又被称为“费马平方和定理”。这个定理在看似毫无关系的素数和平方数之间建立起了一座桥梁，背后的深刻内涵令人惊叹。事实上，$4n+1$ 形式的素数只能找到唯一的一组平方数之和。从小于 100 的素数中发现规律，并做出大胆猜测，所有的无穷素数都符合这个规律，从有穷到无穷，从特殊到一般，这就是归纳。

关于直觉思维中最神秘的“顿悟”，我则认为这并非一种神秘主义，而是一种因联想、类比、归纳高度凝聚后产生的现象。其必备条件是以记忆为基础，经过大量的、长期的专注和思考后产生的一种大脑活动。就如我们的梦境，是由大脑中的记忆组块在睡眠时自动活动所形成的，顿悟的过程应当与此类似。这种可遇不可求的机遇，是以勤奋作为基础与必要条件的。联想和类比可被视为在思维递归的过程（参考爱因斯坦的思考模型）中加入了新的信息，从而引起突变，而顿悟则可被视作一种极高效率的联想和类比，思维过程一闪而过，直接跳到了结果。

直觉的基础也依赖于经验和知识的积累。现代心理学认为，人脑中存储的信息已经不是感觉映像本身，而是感觉映像经模式识别、抽象概括后的概念及概念之间的关系，是一些“关系的结构”或者说是一些一般模式、知识“组块”。当人们面临某种问题时，由于触发信息出现，在某种条件下，记忆系统中相应的模式、组块就会被唤醒，从而自动组装、对号，迅速做出判断或选择。美国心理学家西蒙认为：“因为大脑能很快地在记忆中把它原来熟悉的组块认出来，就好像在百科全书中，如果我们找对索引的话，就能从索引找到那个内容。”

可见将经验与知识存储在记忆中，这个基础越广泛、越深厚，就越容易触发直觉思维。所以平时多读书的好处，不仅在于增长知识，更在于大脑融会贯通以后，能在关键时刻有直觉的灵感。多读书确实会给人带来更多的机会。直觉思维不是天才特有的，经过大量努力和训练，人人都具备这种“天生”的思维能力。

我自己在发现问题、解决问题时，就经常使用直觉思维，这似乎已经成为一种本能。在发现问题时，先从对现象的观察出发，尤其是不和谐的现象，然后开始分析原因、定义关键问题。对于原因的分析一般是从猜测出发的，也会综合运用联想、类比、归纳，有时会对应到某些知识领域中的理论或解释。在猜测或联想后，接下来运用逻辑推理，往深层次一直挖到根因，再反复验证对原因的猜测是否准确，或理论是否有效。在这个过程中，如果找到了根因，则很可能有机会定义一个关键问题，一旦解决了关键问题，就能带来结果上的巨大变化。但有时候问题是复杂的，提出一个问题往往会带来更多的问题，这也并非坏事。

2017 年，我成为 MIT TR35，能获此殊荣的一个重要因素就是我对于“安全网络”的畅想，这是一种将“不确定性原理”应用到互联网寻址服务（DNS）上的构想。DNS 构成了互联网的心脏，但由于其诞生年代久远，后面遇到的很多安全问题当时都没被纳入考虑。而我在解决某个具体应用的攻防问题时，从一个一般的接口调用联想到了 DNS，并推而广之。在这个过程中，几乎没有什么逻辑推理，就直接想到了 DNS。复盘其思维过程，我综合地运用了联想、类比、归纳的方法，最后提出了整个安全网络的想法，并得到了实践验证和业界认可。

数学与美

直觉思维通常用在解决问题的思考上。但在历史上，发现和提出一个问题的能力往往更加重要。发现问题，需要的是对不和谐现象的敏感性。这种敏感性，建立在对“美”的感知上。

最早的数学起源于人的直觉，来自人对自然的感知，并且与美是结合在一起的。数学强烈地依赖于人们对美的感知，这与现代大多数人对数学的印象并不一致。

在古希腊时期，毕达哥拉斯学派的信仰将数与音乐的和弦联系到了一起，并信奉世界建立在以整数为基础的和谐之上。爱因斯坦从 6 岁开始学习小提琴，小提琴成为他的终身爱好。在二战前的一个慈善音乐会上，有人问小提琴手爱因斯坦：“音乐对你有什么意义？有什么重要性？”爱因斯坦回答：“如果我早年没有接受音乐教育的话，那么，无论我在什么事业上都将一事无成。”爱因斯坦曾提到：“我首先是从直觉发现光学中的运动的，而音乐又是产生这种直觉的推动力量。”他还认为：“这个世界可以由音乐的音符来组成，也可以由数学公式来组成。”

丘成桐在《数学和中国文学的比较》一文中谈道：“数学是一门公理化的科学，所有命题必须由三段论的逻辑方法推导出来，但这只是数学的形式，而不是数学的精髓，大部分数学著作枯燥乏味，而有些却令人叹为观止，其中的区别在哪里？大略言之，数学家以其对大自然感受的深刻和肤浅来决定研究的方向，这种感受既有其客观性，也有其主观性，后者取决于个人的气质，气质与文化修养有关，无论是选择悬而未决的难题，还是创造新的方向，文化修养皆起着关键性的作用。文化修养是以数学的功夫为基础，自然科学为辅的，但是深厚的人文知识也极为关键，因为人文知识也致力于描述心灵对大自然的感受，所以司马迁写《史记》除了‘通古今之变’，也要‘穷天人之际’。”

数学之中的美，可以归结为“和谐”“对称”“简单”“奇异”。它们都是从不同角度描述同样的一种基础感觉，这种最基础的感觉已经被数学归结到“对称”。所谓奇异，是打破了对称，或称对称破缺。在日本美学中，千利休提出了“侘寂”思想，提倡在不完美中发现美，即一种对称破缺。

在数学中，最完美的对称是球体，从不同方向旋转一个球体，得到的依然是这个球体的形状，看不出什么改变。推而广之，当我们对一个物体进行了一种操作，却一点儿也看不出这个物体哪里发生了改变时，我们就说这个物体是对称的，这个操作就是对称操作。对称操作可以沿着轴旋转，也可以做镜面反射，或者是不同精妙操作的组合。如果我们将不做任何操作的“恒等变换”也视为一种对称操作，那么这个世界上的任何物体都是对称的。进一步地，如果将对称的概念进行抽象，就得到了一门研究对称的数学理论，叫作“群论”。广义来说，一个群包括一系列的事物和组合规则，按组合规则组合任意两个事物所得到的事物仍然属于这个群。

对称不是数学的公理或定理，却是规律的起源，它引导了理。我们无法“证明”这个宇宙就是按照对称的法则运行的，因为对称这一法则先于数学理论。我们只能选择这样认为，或者这样信仰。对“对称”的追求和信念，就是对美的追求和信念。对称也是人类迄今为止发现的最为深刻和基础的法则。埃米·诺特是世界上最有影响力的女性数学家，其建立的诺特理论指出，哪里有对称存在，哪里通常就会伴随出现对应的守恒律。能量守恒是时间均匀性的结果，时间具有平移不变性；线动量守恒是空间平滑性的结果，没有外力作用下的空间具有平移不变性；角动量守恒是空间各向同性的结果，在没有扭动作用下，空间具有旋转不变性。

在对宇宙本质的认识上，迄今为止最前沿的理论也基于对称。外尔最早将群论引入了量子力学，创建了规范场论。杨振宁童年受其父熏陶，很早就开始读《有限群》，后来更是基于对称的数学美学指引，创立了杨-米尔斯场论，为大一统理论奠定了基础。杨振宁之后，科学发现的范式再次发生改变：先有数学理论的预测，再通过实验进行验证。近些年大型粒子对撞机（CERN）对一系列新粒子的发现，均是理论预测的实验验证。大一统理论试图统一自然界的几种基本力，从群论出发，统一了强力、弱力和电磁力，但是未能统一引力。为了完成对引力的统一，物理学家创立了数学上最为优美的弦论、超弦理论，以及最终极的 M 理论。从对称出发，M 理论预言了自旋为 2 的无质量玻色子——引力子的存在。这些理论对自然界的本质给出了数学上完美的解释。M 理论基于卡拉比和丘成桐在数学上的研究成果卡拉比-丘空间建立。可惜的是，弦论和 M 理论无法通过实验得到验证，因为存在成千上万个卡拉比-丘空间，要直接实验验证，需要建立一个横跨整个宇宙，吸收和消耗整个世界所产生的所有能源的加速器。终极理论此时成为一种信仰而非科学。

数学上的对称，成功地将美量化了，美成为指引人类前进的明灯。为何我们会如此在意“美”？可能因为人类就是大自然按照对称法则构造的。人类的大脑有两个半脑，人有两只眼睛、两只耳朵，有双手双足等，这些都是成双对称出现的，所以人类会觉得对称的就是美的。从环境中寻找对称、感受美，是我们与生俱来的本性。

但我们依然要指出的是，尽管对美的追求指引了现代科学的发展，但信仰不能作为科学的全部。科学研究依然要秉持实事求是的态度，大胆假设，小心求证。在数学和科学的发现过程中，直觉思维是非常有用的工具，一旦破解了直觉思维的奥秘，也就揭开了它的神秘面纱。在过去，对问题的求解依赖于数学家的脑力；在未来，对问题的求解可能会依赖于机器的计算能力。目前计算机的发展阶段主要是用机器模拟大脑的逻辑推理能力，尚未涉及模拟直觉思维能力，但我认为直觉思维并不神秘，用机器模拟它是完全可能的。2023 年兴起的大模型技术，也可被视为机器模拟人脑直觉思维的起点。大模型展现出来的种种智能对话的表现已经类似于人脑产生的联想，而其偶尔产生的幻觉，不就恰恰像人脑做梦时产生的梦呓吗？在使用机器计算求解问题这条道路上，我们未来还有很长的路要走。

附录 C 世界需要什么样的智能系统

原文刊载于 2019 年 7 月 4 日的微信公众号“道哥的黑板报”。4 年时间过去了，当年文中的许多预言都被一一印证，还有一些预言正在发生，预计在接下来的 5～10 年会陆续成为现实。因此收录本文于此，立此存证。以下为正文。

科技的进步是为了解放生产力

我将生产力的进步分为 5 个阶段：体力劳动、机械化、电气化、信息化、智能化。其中每一次科技的进步，都会带来生产力的解放，对社会的改变是巨大的。

在 140 多年前发生的第二次科技革命，让电力深入各行各业。自从中央发电站和交流电变压器等关键技术构建的电力基础设施成形，获取电力的成本逐渐降低，各种各样的电气应用开始涌现，人们获取到了新的、稳定的能源。

我们现在知道电力最早是应用在电话、电报、电灯上的，也正是电气照明这一需求拉动了电力基础设施的发展。因为在当时，电力的用途比较单调，并没有今天这么多琳琅满目的电器。100 多年前，爱迪生通用电气与威斯汀豪斯之间的主要竞争就聚焦于电气照明领域。我们很难说在这个过程中，到底是电灯泡更重要，还是发电站更重要。我曾经说过，当前云计算面临的窘境，就是“中央发电站”已经造出来了，我们有单集群上万台服务器规模的算力基础设施，但是“电灯泡”却没被找到，我们用“中央发电站”在点“煤气灯”。今天托管在云计算上的业务，大多数依然是“信息化系统”，而理想中的会消耗大量算力的应用，应当是“智能化系统”。我们一直在苦苦追寻云计算的“电灯泡”应用，却求之不得。

这里需要讲清楚“信息化系统”和“智能化系统”的区别。我认为“信息化系统”的本质是编辑数据库，一个业务系统如果存在大量人工交互，依赖于人提交表单来完成业务，那么这就是一个信息化系统。而我理想中的“智能化系统”，应该是以自动完成任务为目的，以任务作为输入，以完成的结果作为输出，中间的过程应该是由机器高度自动化完成的，以其完成任务的复杂度来评价其智能程度的高低。

从这个角度看，“智能手机”并不智能，依然是个“信息化系统”。市面上形形色色的智能系统也都只是冠上了智能的名号在鱼目混珠。我并不是说“信息化系统”没有价值，信息化系统很有价值，但不是下一个时代的东西。自从计算机技术诞生以来，产生的各种各样的信息化系统极大地改变了世界，完成了从“电气化”到“信息化”转型升级的重要一步。这就是我们看到的各种各样的计算机系统开始应用在各个领域，帮助人们更加高效地管理工作和提供服务。

互联网在这一过程中起到了放大作用。我认为互联网本身并未提供生产力，互联网只是连接了成千上万个信息化系统，从而具备了规模效应。互联网是规模经济，能让一个系统的价值实现上千倍、上万倍的放大，但是生产力是信息化系统本身提供的。能够接收互联网连接服务的终端，是浏览器，是 iOS 和 Android，这些端的演进本身是重要的。百度通过互联网连接了人和信息，腾讯通过互联网连接了人和人，阿里通过互联网连接了人和信息化服务。但是这些都不是下一个时代的东西。

下一个时代会发生的事情，首先是出现智能化系统对信息化系统的升级换代，然后会出现通过互联网连接所有智能化系统的公司。智能化对信息化的升级换代，是一次巨大的生产力进步，处于社会变革中的商业公司的结局是适者生存。从历史来看，信息化时代的 PC 操作系统升级换代到移动操作系统，其过程就是天翻地覆的。苹果的 iPhone 发布之后，所有的开发者都不再给微软的 Windows 写软件，而转去给 iOS 写软件，这给微软带来了强烈的冲击，如果不是微软后来抓住了云计算的机遇，就很可能会从此一蹶不振。从商业发展的角度看，类似事件一定还会发生，信息化时代的庞然大物很可能随着一次生产力的变革就变得无足轻重。那么现在所有的问题在于，未来世界需要的智能化系统到底是什么？

让机器获得智能，一直是计算机科学家们孜孜以求的事情。在过去，简单的专家系统，依靠经验和规则，也能处理简单的任务。但有一个弊病是，对于专家经验未覆盖的异常情况，机器就不知道怎么处理了。所以，后来出现了由数据驱动诞生的智能。

我们看到，在机器具备一定的智能后，就能处理相对简单的任务，从而部分地解放人的生产力，此时增加机器规模就等同于增加人力规模。而机器智能和人的智能又各有所长，机器运算量大且不知疲倦，因此对于很多工作都有可能做到精细化管理。这往往能带来成本的节约。

比如，在过去，公交车的排班是按照经验，为一条线路设置好公交车的数量，但是如果市民的出行情况发生波动，公交车的供需关系之间一定会存在差异，有的线路会繁忙，有的线路则会空闲，从而出现资源的不足和浪费。要解决这一问题，需要先统计清楚每辆公交车每一趟的精确载客人数，再依靠机器智能精细化地调度公交车到不同的线路，这样就能在同等资源下实现效率最优。因此，使用机器智能的好处是显而易见的。

5 年前做不出大规模的机器智能系统

我们看到，在生产力的发展过程中，从信息化到智能化的这一转型升级正在到来，已经步进到了爆发的前夜。这得益于 4 项技术的成熟：云计算、大数据、IoT、网络连接技术。

我们知道，机器智能当前的发展得益于对脑科学的研究，以及算力的进步，让神经网络进化到了深度学习，从而在视觉、语音等领域有了重大突破。算力的重要性毋庸置疑，但是光有算力依然难以在实际的应用中取得成功，还需要其他几项技术达到成熟。以当前的技术环境来说，云计算为智能提供了足够的算力，是算力基础设施；大数据技术提供了数据处理的方法论和工具，是数据基础设施（当前还没有垄断性的数据基础设施，碎片化严重）；IoT 技术将智能设备的成本降到了足够低，为部署丰富的神经元感知设备提供了基础；网络连接技术，从 4G 到 5G，为数据的高速传输提供了重要基础。

如果有科技树这种说法的话，那么机器智能的大规模应用，就需要先点亮前 4 项技术，这是基础。在 5 年以前，这几项技术的成本是制约我们将智能技术大规模应用的主要瓶颈。而今天它们都已经逐渐成熟了。

在一项新技术刚出现的时候，我们往往会遇到两个问题。

第一个问题是人才的稀缺性问题。我们知道一个懂深度学习或其他机器智能技术的博士生刚毕业的年薪可能比得上一个工作了 10 多年的程序员。业界到处都需要机器智能，供不应求。

第二个问题是技术的成本问题。新技术刚诞生时一定是昂贵的，就像云计算刚出来的时候也是先解决能力问题，再解决效率问题的。我前段时间看过一个报告，AWS 的 EC2 从推出到现在连续降价 57 次。我们熟知摩尔定律，计算的性能每 18 个月翻 1 倍，这意味着同等算力的硬件每 18 个月会降一半的成本。机器智能作为新技术也有同样的规律，一开始，我们不要指望它的成本会便宜到能进入千家万户，新技术的普及需要时间，只是我们往往迫不及待。

这两个问题决定了机器智能在一开始的时候，应该首先被应用到对社会效率撬动最大的那个点上。我们要从商业上找到这样的场景，让这项技术脱离实验室，走向社会，通过商业来源源不断地滋养这项技术，帮助它迅速成长。

世界需要什么样的机器智能系统

上面说到的两个问题随着时间的推移很快就能解决。但对于今天产业界真正碰到的问题，我认为是搞偏了方向，这体现在以下两个问题上。

第一个问题是未来不应该存在一个“人工智能”的产业，我们今天的分类分错了。就像自电力基础设施诞生以来，各行各业都需要用电，因此电力成为一个关键生产要素，我认为未来智能也是一个关键生产要素，每个行业都需要，因此不需要单独划分一个人工智能产业。单独搞一个人工智能产业，反倒不知道这些公司在干什么了，这些公司自己也产生了困惑。最终应该像今天的零售业一样，每个做零售的都有个电商部门，会通过互联网来做营销和销售。未来每个企业也都应该有一个部门，负责他们的智能系统的建设与训练。要像训练宠物一样训练智能系统，使其具备智能。这不是某一家人工智能公司要做的事情，而是每家公司都要自己做的事情。

第二个问题和机器智能技术的发展有关。因为最近这次机器智能的热点是从深度学习开始的，在视觉、语音等领域有了巨大突破，因此产业化后的企业往往都是在做视觉、语音、自然语言处理等工作。但是我们千万别忘了完整的人脑智能是从“感知”到“行动”，并通过不断的反馈完成高频率的协同，最终诞生了智能。

只做“感知”是一个巨大的误区，从技术上讲没有问题，但是从商业上讲创造的社会价值就很有限了，因为其解放的生产力相对是有限的。

从生产力发展的角度讲，评判一个智能系统的社会价值，应该以它解放生产力的多少来衡量。只做“感知”就是只能看，但是在做了这么多大型项目后，我发现所有的价值创造都在于“处置”环节。因此只做感知，很难讲清楚投入是否值得，但是一旦开始进入“行动”环节，就会开始解放生产力，价值是可被量化的。这里的行动，是机器智能实现了对人力或其他设备的调度。

实际上，从技术发展的角度看，我们早就拥有了让机器智能做决策的能力。搜索引擎和个性化推荐就是典型的通过机器智能做决策的例了。通过每天处理海量的数据，最终实现精细化的匹配。

所以我认为一个完整的“智能系统”，包含了“感知”与“行动”，其中支撑行动的是决策和调度的技术。而衡量这个智能系统是否有价值的标准，是看其解放了多少生产力。

遗憾的是，到今天为止，我认为业界并不存在一个理想的“智能系统”。对于业界当前的状态，我称之为“有智能，没系统”。很多人工智能的创业公司拥有局部的智能能力，比如视觉、语音、NLP、知识图谱、搜索、推荐等中的一项或多项技术，但是很少有公司有完整的技术栈。像 BAT 等公司具备完整的技术栈，但是并没有将所有技术整合成“感知”+“行动”的完整系统，而是各项技术以碎片化的形式存在。尤其是能将所有技术应用到某一个具体场景中来解决某一个具体问题的，更是寥寥无几，而这正是催生智能系统的关键所在。所以这是一个工程化的问题，工程化的挑战在于整合所有智能技术，实现完整的“感知”+“行动”能力，并有效地控制成本，实现对开发者友好的接口。

从智能技术的角度看，“自动驾驶”和“智能音箱”是两个完整的从“感知”到“行动”闭环的场景。我认为这两个场景可以用来打磨机器智能技术，但是当前在商业上比较难获成功。

自动驾驶解放了所有的驾驶员，对解放生产力的价值非常明显，但是因为受制于今天城市中的道路基础设施，因此对老城市的意义不大。今天城市中的道路不是为自动驾驶设计的，也很难容纳下自动驾驶的汽车。因此，自动驾驶更适合航空、航海、物流等领域，商业范围一下小了很多。

智能音箱综合了多项机器智能技术，其核心技术“对话机器人”被称为人工智能领域的圣杯，想要做好难度相当之大。智能音箱当前阶段对家庭中各种任务的生产力解放极其有限，价值很难讲清楚，最后沦为玩物的可能性比较大。尽管如此，随着时间的推移，随着基础设施的更新换代，这两项技术会逐渐焕发出它们的生命力。

如果用航空业来做比喻的话，今天的智能技术，就好比造飞机，市面上已经有了很多零件和引擎，但是所有的厂商都拿着零件当飞机卖，客户以为自己买了一架飞机，其实只是买了一个零件（因为生产力并没有得到多大的解放）。今天真正的难点在于，飞机设计图纸都还没有。

所以我打算先画一张，造架飞机玩玩。

构建智能时代

飞机想要真正飞上天，还需要几个东西。

首先是飞行员。飞行员不一定要懂得怎么造飞机，造飞机是个门槛很高的活儿。但是飞行员要懂得怎么开飞机，最后还要让人人能坐飞机。我认为飞行员就是未来各个企业里智能部门的员工，他们负责训练买来的智能系统，让智能系统真正具备智能。由于各个企业拥有的数据不同，以及“飞行员”技能的高低和责任心不同，最后各个企业的智能系统的聪明程度也会出现差异。世界是丰富多彩的。

其次是航道。我认为航道依然是基础设施提供商的，包括运营商、云计算厂商等。

最后是机场。机场需要负责所有航班的调度和协同，为所有的飞机提供服务。这是最有意思的地方。我认为机场是最后真正的商业模式，就像苹果的 AppStore 一样。

我认为在智能时代的“机场”，最重要的工作是给机器智能系统提供服务，而并非给人提供服务。

想象一下，在未来的互联网中，70%～80%的人口是机器智能，它们处理了未来世界的绝大多数工作，而每一个机器智能都有主人。其主人可以是人，也可以是组织，但都是有主权的。每一个机器智能存在的目标都是完成某个或多个任务。那么为所有的机器智能提供服务，就会是一个巨大的商业模式。

机器智能系统的自动协同是通往未来的关键路径

同时，我也认为当前的机器智能产业，过于重视人与机器的交互，而忽视了机器与机器的交互，后者才是更重要的事情。因为人与机器的交互依然回到了信息化系统的老路，而机器与机器的自动协同，则是在进一步将智能系统的价值实现规模化放大。

因此，未来有必要给所有的机器智能定义一套语言，让它们之间的交流可以像人一样拥有自己的语言，实现简单的逻辑。所有机器智能之间的交互与协同，是不需要人工干预的，就像你家的孩子与邻居家的孩子自己会去玩耍一样，你不需要干预他们的交流，他们自己会各取所需地完成各自的任务。

以“一网通办”的业务为例。当前，一网通办的主流实现办法是，将政府各委办局的数据实现全量汇聚后，进行数据治理，并梳理流程，重塑业务。这种大数据应用思路依然停留在信息化建设的老路上，其弊端是想推动新技术落地的前提是先改革流程，同时不同地区的高度定制化导致很难在全国实现规模化的产品。但其实也可以有另一种智能化的建设思路，让每个委办局自己建一个机器智能系统，其任务就是代替人处理各自的窗口业务。当市民提交一个申请时，经过认证后，该委办局的机器智能系统就根据所需材料，自行向其他委办局的机器智能系统发出协同请求，经过几轮机器智能之间的交流和协同之后，市民很快就得到了他想要的结果。这种多个机器智能系统之间自动协同的机制，对流程的冲击明显会小很多。

机器智能之间的交流与协同需要通过网络连接到一起，其安全性是可控的，因为是业务之间的协同，而并非数据本身发生了交换。因为每一个机器智能都有自己的主人，所有的训练过程也都发生在其主体内部，因此数据并不需要被拿出来交换和共享。主人可以设定机器智能什么能说，什么不能说，所有的安全控制都发生在智能系统内部，一旦将机器智能连接到互联网，要与其他机器智能协同或使用“机场”提供的服务时，就会转为“默认不信任”模式。

至于机器智能系统到底部署在公共云还是专有云上，这并不是一个重要的问题，主人爱部署在哪里就部署在哪里。所以时至今日，云计算依然有被管道化的危险，就像运营商被互联网内容提供商管道化一样，未来云计算厂商也可能会被智能厂商管道化。因为，云计算和大数据都不是智能的。

A组

也因此，为了以上这些构想，我在阿里云成立了“A组”。“A组”的使命就是构建出一个机器智能系统，让智能时代更快地到来。

我认为这是一件需要整个社会共同努力三五十年的事情，就像在过去的三五十年，我们在信息化建设上付出了所有努力一样。

以上，就是我想对世界说的话。

我说，你听。

阿里云“A组”，吴翰清
2019年7月4日

附录 D
机器智能宣言

2023 年是生成式人工智能和大模型之年，世界即将迎来巨变。2023 年 6 月风云际会，我开启了一段人工智能领域的创业旅程。在 2023 年 7 月 1 日公司成立的典礼上，我和公司全体员工共同签署了一份《机器智能宣言》，表达了在某种意义上将机器智能视为与人类平等的智能体的意愿，代表了我们对于机器智能的与众不同的态度。这份宣言由我和 AI 共同起草，其中 AI 贡献部分约占 40%。现将全文收录如下。

自莱布尼茨在 17 世纪提出人类思想字母表和普遍语言的伟大想法以来，人类一直致力于通过数字来解释世间万物，其中最令人瞩目的一个方向就是如何通过数字计算来模拟人类思维的规律。近 300 年来，经过乔治·布尔、哥德尔、图灵和冯·诺依曼等先贤的努力，这一梦想终于取得了实质性的进展，人类在 20 世纪上半叶进入了电子计算机所开创的新时代，数字计算效率得到了前所未有的提升。这为机器模拟人脑的思维活动奠定了基础。此后在经历了 3 次机器智能浪潮后，基于马文·明斯基、杰弗里·辛顿等人在人工神经网络和深度学习领域的开创性工作，人类在 21 世纪的第二个 10 年看到了机器智能的曙光。

基于深度学习的 AlphaGo（由 Google DeepMind 开发）在 2016 年击败了人类围棋冠军李世石，令人印象深刻。6 年后，ChatGPT（由 OpenAI 开发）借助大模型实现了与人类的流利对话，被普遍认为能够通过图灵测试，并已被公众所接受。大模型技术是自1946年电子计算机发明以来，计算机领域最重要的突破，它让人类世界的所有知识得以融汇在一起，高效地为人类提供服务。我们认为机器生成智能的奇点即将到来。这将改变人类的生活方式，推动科学、经济和社会的发展，最终彻底改变人类社会的面貌。

然而，与新技术伴生的是一系列安全问题和挑战。大规模的数据采集和应用使得个人隐私面临更大的风险，机器智能算法也面临着偏见和歧视，以及对其不公平和不平等的质疑。此外，能自主决策的机器智能还面临着道德困境，需要权衡不同的价值观和利益。在奇点来临的时刻，人们不无担忧，机器智能一旦超越人类是否会失控，进而给人类自身的存在造成威胁。

我们对此持积极和乐观态度。纵观人类历史，新技术的出现总会伴随着对安全的担忧。250 多年前，人类担忧的是蒸汽机的不稳定和爆炸风险；100 多年前，人类担忧的是高压电会致人死伤。然而，正是通过克服这些安全挑战，人类才最终驾驭了这些新技术，将其作为改造和探索更广阔世界的工具，使得地球文明日趋繁荣。我们相信今天的人类具备同样的勇气和智慧，并最终能妥善解决机器智能这一新技术带来的问题。

我们相信，技术为恶还是为善取决于使用的人，人类社会的未来会变美好还是变糟糕，也取决于当下我们每一个人的选择。我们选择相信科技的力量，并且不辍发明创造，也有能力与责任来控制和驾驭科技。

既然机器终将生成智能，因此我们选择拥抱和接纳这一和人类智能同样诞生自地球文明的新物种。我们怀揣着美好的愿望，愿意为创造一个人类与机器智能和谐共处的美好世界而努力。我们相信，机器智能的发展将为人类带来前所未有的机遇和空间。机器智能可以帮助人类解决复杂的问题，提供创新的解决方案，带来高效的工作方式。而人类拥有情感、创造力和道德观念，可以与机器智能相辅相成，共同创造出更具智慧、更加人性化的未来。

让我们携手前行，为创造一个人类与机器智能共生共赢的世界而努力奋斗！

2023 年 7 月 1 日

参考文献

[1] 丹齐克．数：科学的语言[M]．苏仲湘，译．上海：上海教育出版社，2000．

[2] 伊夫斯．数学史概论[M]．欧阳绛，译．哈尔滨：哈尔滨工业大学出版社，2009．

[3] 李文林．数学史概论[M]．4 版．北京：高等教育出版社，2021．

[4] 罗素．西方哲学史（上卷）[M]．何兆武，李约瑟，译．北京：商务印书馆，2015．

[5] 张跃辉，李吉有，朱佳俊．数学的天空[M]．北京：北京大学出版社，2017．

[6] 夏基松，郑毓信．西方数学哲学[M]．北京：人民出版社，1986．

[7] 夏皮罗．数学哲学[M]．郝兆宽，杨睿之，译．上海：复旦大学出版社，2009．

[8] 李为．芝诺悖论告诉我们什么[M]．吉林：吉林人民出版社，2007．

[9] 哈维尔．无理数的那些事儿[M]．程晓亮，译．北京：机械工业出版社，2019．

[10] 朱伟勇，朱海松．时空简史——从芝诺悖论到引力波[M]．北京：电子工业出版社，2018．

[11] 宋文坚．西方形式逻辑史[M]．北京：中国社会科学出版社，2005．

[12] 马玉珂．西方逻辑史[M]．北京：中国人民大学出版社，1985．

[13] 刘云章，马复．数学直觉与发现[M]．合肥：安徽教育出版社，1991．

[14] 塔巴克．代数学：集合、符号和思维的语言[M]．邓明立，胡俊美，译．北京：商务印书馆，2007．

[15] 德比希尔．代数的历史——人类对未知量的不舍追踪[M]．张浩，译．北京：人民邮电出版社，2010．

[16] 纪志刚，郭园园，吕鹏．西去东来：沿丝绸之路数学知识的传播与交流[M]．南京：江苏人民出版社，2018．

[17] 徐品方，张红．数学符号史[M]．北京：科学出版社，2006．

[18] 耿化民．量子力学和虚数的哲学解读[M]．成都：西南交通大学出版社，2021．

[19] 曹则贤．云端脚下：从一元二次方程到规范场论[M]．北京：世界图书出版公司，2021．

[20] 德夫林．数学：新的黄金时代[M]．李文林，袁向东，李家宏，等译．上海：上海教育出版社，1997．

[21] 卡特．群论彩图版[M]．郭小强，罗翠玲，译．北京：机械工业出版社，2019．

[22] 韩旭．无解的方程：从丢番图到伽罗瓦[M]．北京：清华大学出版社，2021．

[23] 盛新庆．伽罗瓦群论之美：高次方程不可根式求解证明赏析[M]．北京：清华大学出版社，2021．

[24] 侯世达．我是个怪圈[M]．修佳明，译．北京：中信出版集团，2019．

[25] 阿特金斯．伽利略的手指[M]．许耀刚，刘政，陈竹，译．长沙：湖南科学技术出版社，2007．

[26] 莱布尼茨．莱布尼茨逻辑学与语言哲学文集[M]．段德智，译．北京：商务印书馆，2020．

[27] 罗杰斯，汤普森．行为糟糕的哲学家[M]．吴万伟，译．北京：新星出版社，2010．

[28] 朱梧槚．数学与无穷观的逻辑基础[M]．大连：大连理工大学出版社，2008．

[29] 韩雪涛．数学悖论与三次数学危机[M]．长沙：湖南科学技术出版社，2006．

[30] 赫尔曼．数学恩仇录[M]．范伟，译．上海：复旦大学出版社，2009．

[31] 道本．康托的无穷的数学和哲学[M]．郑毓信，刘晓力，译．南京：江苏教育出版社，1989．

[32] 张家龙．数理逻辑发展史——从莱布尼茨到哥德尔[M]．北京：社会科学文献出版社，1993．

[33] 克莱因．数学简史——确定性的消失[M]．李宏魁，译．北京：中信出版集团，2019．

[34] 郭泽深．弗雷格逻辑哲学与现代数理逻辑思潮[M]．北京：中国社会科学出版社，2006．

[35] 弗雷格．弗雷格哲学论著选辑[M]．王路，译．北京：商务印书馆，2006．

[36] 徐志民．欧美语义学导论[M]．上海：复旦大学出版社，2008．

[37] 罗素．数理哲学导论[M]．晏成书，译．北京：商务印书馆，1982．

[38] 陈波．悖论研究[M]．北京：北京大学出版社，2014．

[39] 赵希顺．选择公理[M]．北京：人民出版社，2003．

[40] 冯琦．集合论导引[M]．北京：科学出版社，2020．

[41] 瑞德．希尔伯特：数学界的亚历山大[M]．袁向东，李文林，译．上海：上海科学技术出版社，2018．

[42] 王浩．哥德尔[M]．康宏逵，译．上海：上海译文出版社，2002．

[43] 内格尔，纽曼．哥德尔证明[M]．陈东威，连永君，译．北京：中国人民大学出版社，2008．

[44] 林．素数的阴谋[M]．张旭成，译．北京：中信出版集团，2020．

[45] PETZOLD C．图灵的秘密[M]．杨卫东，译．北京：人民邮电出版社，2012．

[46] 伯恩哈特．论可计算数[M]．雪曼，译．北京：中信出版社，2016．

[47] FORTNOW L．可能与不可能的边界：P/NP 问题趣史[M]．杨帆，译．北京：人民邮电出版社，2014．

[48] COOK W J．迷茫的旅行商：一个无处不在的计算机算法问题[M]．隋春宁，译．北京：人民邮电出版社，2013．

[49] 赵瑞清，孙宗智．计算复杂性概论[M]．北京：高等教育出版社，1989．

[50] 加里，约翰逊．计算机和难解性：NP 完全性理论导引[M]．张立昂，沈泓，毕源章，译．北京：科学出版社，1987．

[51] 德夫林．千年难题：七个悬赏 1000000 美元的数学问题[M]．沈崇圣，译．上海：上海科技教育出版社，2019．

[52] CORMEN T H，LEISERSON C E，RIVEST R L，et al. 算法导论[M]．殷建平，徐云，王刚，译．北京：机械工业出版社，2013．

[53] GOLDREICH O. 计算复杂性[M]. 张薇，韩益亮，杨晓元，译. 北京：国防工业出版社，2015.

[54] 帕帕季米特里乌. 计算复杂性[M]. 朱洪，彭超，卜天明，等译. 北京：机械工业出版社，2016.

[55] 阿罗拉，巴拉克. 计算复杂性：现代方法[M]. 骆吉洲，译. 北京：机械工业出版社，2015.

[56] 董荣胜，计算思维的结构[M]. 北京：人民邮电出版社，2019.

[57] 卢恩伯格，叶荫宇. 线性与非线性规划[M]. 北京：中国人民大学出版社，2018.

[58] MICHALEWICZ Z，FOGEL D B. 如何求解问题——现代启发式方法[M]. 曹宏庆，李艳，董红斌，等译. 北京：中国水利水电出版社，2003.

[59] 罗比，萨莫拉. 并行计算与高性能计算[M]. 殷海英，译. 北京：清华大学出版社，2022.

[60] 堵丁柱，葛可一，胡晓东. 近似算法的设计与分析[M]. 北京：高等教育出版社，2011.

[61] VAZIRANI V V. 近似算法[M]. 郭效江，方奇志，农庆琴，译. 北京：高等教育出版社，2010.

[62] BERNHARDT C. 人人可懂的量子计算[M]. 邱道文，周旭，译. 北京：机械工业出版社，2020.

[63] 西森秀稔，大关真之. 量子计算机简史[M]. 姜婧，译. 成都：四川人民出版社，2020.

[64] 希德里. 量子计算：一种应用方法[M]. 姚鹏晖，钦明珑，汪昌盛，等译. 北京：人民邮电出版社，2022.

[65] 帕格尔斯. 大师说科学与哲学[M]. 牟中原，梁仲贤，译. 桂林：漓江出版社，2017.

[66] 维纳. 控制论[M]. 郝季仁，译. 北京：北京大学出版社，2007.

[67] 黄黎原. 贝叶斯的博弈[M]. 方弦，译. 北京：人民邮电出版社，2021.

[68] 艾根，文克勒. 游戏自然规律支配偶然性[M]. 惠昌常，董书萍，译. 上海：上海教育出版社，2005.

[69] 诺依曼. 计算机与人脑[M]. 甘子玉，译. 北京：北京大学出版社，2021.

[70] 米歇尔．复杂[M]．唐璐，译．长沙：湖南科学技术出版社，2011．

[71] 梅菲尔德．复杂的引擎[M]．唐璐，译．长沙：湖南科学技术出版社，2018．

[72] 帕格尔斯．大师说科学与哲学[M]．牟中原，梁忠贤，译．桂林：漓江出版社，2017．

[73] 许煜．递归与偶然[M]．苏子滢，译．上海：华东师范大学出版社，2020．

[74] LEWIS T G．网络科学：原理与应用[M]．陈向阳，巨修练，等译．北京：机械工业出版社，2011．

[75] GOWERS T．普林斯顿数学指南[M]．齐民友，译．北京：科学出版社，2014．

[76] 库珀，霍奇斯．永恒的图灵[M]．堵丁柱，高晓沨，等译．北京：机械工业出版社，2018．

[77] 霍兰德．涌现：从混沌到有序[M]．陈禹，方美琪，译．杭州：浙江教育出版社，2022．

[78] 霍金斯，布拉克斯莉．人工智能的未来[M]．贺俊杰，李若子，杨倩，译．西安：陕西科学技术出版社，2006．

[79] 霍金斯，布莱克斯利．新机器智能[M]．廖璐，陆玉晨，译．杭州：浙江教育出版社，2022．

[80] 霍金斯．千脑智能[M]．廖璐，熊宇轩，马雷，译．杭州：浙江教育出版社，2022．

[81] 博登．人工智能哲学[M]．王汉琦，刘西瑞，译．上海：上海译文出版社，2006．

[82] RUSSELL S，NORVIG P．人工智能：一种现代的方法[M]．殷建平，祝恩，刘越，等译．北京：清华大学出版社，2013．

[83] 邱锡鹏．神经网络与深度学习[M]．北京：机械工业出版社，2020．

[84] 梅茨．深度学习革命：从历史到未来[M]．桂曙光，译．北京：中信出版集团，2022．

[85] 格里什．智能机器如何思考：深度神经网络的秘密[M]．张羿，译．北京：中信出版集团，2019．

[86] 古德费洛，本吉奥，库维尔．深度学习[M]．赵申剑，黎彧君，符天凡，等译．北京：人民邮电出版社，2017．

[87] 斋藤康毅．深度学习进阶：自然语言处理[M]．陆宇杰，译．北京：人民邮电出版社，2020．

[88] 拉维昌迪兰．BERT 基础教程：Transformer 大规模实战[M]．周参，译．北京：人民邮电出版社，2023．

[89] 迪昂．脑与意识[M]．章熠，译．杭州：浙江教育出版社，2018．

[90] 平克．心智探奇：人类心智的起源与进化[M]．郝耀伟，译．杭州：浙江科学技术出版社，2023．

[91] 郝兆宽，哥德尔纲领[M]．上海：复旦大学出版社，2018．

[92] 巴罗，戴维斯，哈勃．宇宙极问：量子、信息和宇宙[M]．朱芸慧，罗璇，雷奕安，译．长沙：湖南科技出版社．2009．

[93] 笛卡尔．谈谈方法[M]．王太庆，译．北京：商务印书馆，2000．